WETLAND ECOLOGY
습지생태학 개정판

구본학 지음

도서출판
조경

습지생태학

습지생태학 개정판

WETLAND ECOLOGY

초판 1쇄 펴낸날 2009년 3월 20일
개정판 1쇄 펴낸날 2018년 9월 21일

지은이 | 구본학
펴낸이 | 박명권
펴낸곳 | 도서출판 조경
출판신고 | 1987년 11월 27일 제2014-000231호
주소 | 서울시 서초구 방배로 143 그룹한빌딩 2층
전화 | 02-521-4626 **팩스** | 02-521-4627
전자우편 | klam@chol.com
편집 | 신동훈 **디자인** | 윤주열 **출력·인쇄** | 금석인쇄

ISBN 979-11-6028-010-4 93470

::책값은 뒤표지에 있습니다.
::파본은 바꾸어 드립니다.
::이 도서의 국립중앙도서관 출판예정도서목록(CIP)은 서지정보유통지원시스템 홈페이지(http://seoji.nl.go.kr)와 국가자료공동목록시스템(http://www.nl.go.kr/kolisnet)에서 이용하실 수 있습니다. (CIP제어번호 : CIP2018030200)

사랑하는 아들 한울, 딸 한별에게

졸저 『습지생태학』을 세상에 내놓은 지 십여 년에 가까운 시간이 훌쩍 지났다. 초판에 미처 담지 못했거나 후속 연구로 진행했던 더 깊은 연구 성과를 담아 습지 연구자들과 함께 나누겠다는 스스로의 다짐과 후속판을 재촉하며 기다린 연구자들의 성원에도 불구하고 별다른 진척없이 고민만 하며 시간을 보내다가, 이제 겨우 여전히 초판의 부끄러움을 미처 가리지도 못한 채 개정판을 늦게나마 조심스럽게 내놓는다.

돌이켜보면 습지 연구의 불모지에서 조심스럽게 습지에 눈을 떠 연구를 시작하던 일이 주마등처럼 스친다. 습지 연구는 물론 습지에 대한 인식조차도 부족하여 마땅히 도움 받을만한 문헌이나 연구 성과도 없던 시절에 겁도 없이 습지 연구를 시작하였고 습지생태학의 모태가 된 습지 연구로 박사학위를 받았으며 지금까지도 습지 생태학자의 길을 우직하게 걷고 있다. 10년 전, 부끄럼을 안고 졸저를 발표한 이후에 많은 연구자들이 습지 연구에 뛰어들어 이론과 기술을 발전시켜왔고 나아가 이제는 전문가가 아닌 분들조차도 누구나 습지가 중요하고 지켜야 할 소중한 자산이라고 말하는 데 조금도 주저함이 없을 정도로 습지에 대한 인식이 보편화된 것은 무척 다행스러운 일이고, 습지 연구에 대한 관심을 이끌고 동기를 부여했다는 자부심에 스스로를 자랑스럽게 생각하고 있다.

박사 논문을 포함하여 초판 발간 이전의 십여 년 이상의 연구 성과를 초판에 담았다면, 이제 개정판에서는 또 다른 십 년의 연구를 담아 더욱 풍부한 습지 연구 성과로 책을 단장하였다. 초판에서는 습지의 개념과 유형, 기능, 조사와 인벤토리 등 기본적인 습지의 학문적 틀을 정립한 독보적인 원론서로서 충실하고자 노력했고, 개정판에서는 습지 보전과 복원, 현명한 이용과 생태계서비스, 기후변화와 생물다양성 등 융복합적인 응용 습지 연구의 또 다른 기준을 제시하고자 하였다.

초판을 내놓으며 저자의 연구가 습지를 '종 수준을 넘어 개체군과 군집과 이들 생물을 둘러싼 물, 대기, 빛, 흙 등과 같은 무기 환경을 포함하는 복합적인 생태계'라는 시각에서 보면서 다양한 학문적 접근을 융복합적으로 고려한 종합적인 습지 연구로는 국내 최초의 연구였다고 감히 말한 바 있다.

지금 생각하면 정말 무모하고 터무니없는 선언이었지만 지금도 저자의 연구에 대한 스스로의 평가는 여전히 유효하며, 저자의 작은 노력이 습지 인식의 불씨가 되었고 습지 연구의 기준과 방향을 제시하고 있다고 단언한다.

이 책은 다음과 같이 구성하였다. 1장에서는 습지의 정의와 개념 및 습지보전을 위한 제도적 기반 등을 담고 있다. 첫째는, 습지에 대한 부정적 인식에서 벗어나 그 가치를 인식하고 강조하게 되는 일반적 흐름을 고찰하였으며 습지가 무엇인지에 대한 다양한 정의를 살펴보고 각 정의의 공통점과 차이점 등을 통해 저자의 시각에서 습지에 대한 정의를 내렸다. 둘째는, 습지생태계를 훼손시키는 중요한 원인을 유형별로 고찰하고, 습지 보전을 위한 노력으로서 습지와 관련된 국제적, 그리고 국내의 정책 및 법제를 수록하였다. 즉, 습지에 미치는 환경압에 대한 설명과 더불어, 람사르협약, 람사르습지, 습지의 날, 람사르당사국총회, 습지보전법, 습지보전기본계획, 습지총량제 및 습지은행 대체습지 등 습지를 보전하기 위한 국내외 제도와 법령, 기타 습지와 관련된 중요한 정책을 포함하고 있다.

2장에서는 습지의 조사 방법과 습지인지 아닌지에 대한 판별 및 유형 분류 체계와 습지인벤토리에 대한 전문적 내용을 담고 있다. 첫째는, 실내외 습지조사 방법 및 절차를 소개하였다. 실내에서의 도면 및 문헌, 위성영상 및 항공사진을 통한 조사와 옥외에서 현장 답사를 통한 습지조사 방법을 소개하였다. 아울러 습지인지 아닌지를 판별하고 어떤 종류의 습지인지를 판단하기 위한 지표를 살펴보고, 습지를 판별하기 위한 요소에 대한 구체적인 설명과 더불어 판별과정 범위 설정 등에 대한 이론 고찰 및 필자 등의 연구에서 다루었던 사례를 수록하였다. 아울러 전통적인 수문 특성에 의한 분류 등 다양한 기준에 의한 습지의 종류와 천이과정을 설명하였다. 둘째는, 습지의 유형을 위계에 따라 구분하기 위한 접근 방법으로서 습지유형을 분류하기 위한 지표를 살펴보고, 람사르협약, 미국 NWI와 국내 분류 체계 및 저자가 제안했던 분류 체계를 포함하여 국내외 연구자들의 습지유형 분류 체계를 고찰하였다. 아울러 유형별 특징과 사례들을 소개하였다. 셋째는, 습지 연구 성과를 국제적, 국가적, 지역적 수준에서 인벤토리를 구축하고 DB로 구축하기 위한 방법론과 과정 및 인벤토리 연구 사례를 소개하였다. 넷째는, 습지 관리를 위한 습지 경계와 범위 설정에 대한 기준과 실제 현장에서의 검증을 바탕으로 설명하였다. 습지 유형별로 수문, 토양, 식생 등 3요소를 바탕으로 경계 설정 방법과 사례를 소개하였다. 다음으로, 습지생태계를 도면으로 나타내기 위한 습지생태문화지도 작성 방법 및 과정을 설명하고, 과정별 및 습지유형별로 구체적 사례 등을 소개하였다.

3장은 습지의 중요성, 즉 기능과 가치에 대한 설명으로서, 습지 기능과 현명한 이용을 위한 이론과 방법론 기능평가 모델 및 평가사례 등을 담고 있다. 첫째는, 습지가 지니는 다양한 기능과 중요성을 여러 연구자들의 연구 성과와 더불어 람사르협약에서 제시하는 기능과 가치를 소개하였다. 아울러 습지생태계가 인류에게 제공하는 생태계서비스 혜택을 설명하였다. 둘째는, 기후변화의 해답이라고 불리는 습지의 탄소순환을 소개하고, 신데렐라 생태계 이탄습지의 구조적 생태적 특징과 탄소저감 기능을 설명하였다. 셋째는, 습지를 현명하게 이용하기 위한 실천 과제와 국제적 국가적 노력을 소개하였다. 특히 습지를 기반으로 하는 생태관광 전략 및 사례, 람사르마을 등을 소개하였다.

4장은 습지의 중요도와 보전가치를 평가하기 위한 이론적 틀과 성능평가 등을 다룬다. 첫째는, 기능평가 개념 및 유형, 구체적인 기능평가 방법을 일반기능평가와 정밀기능평가로 구분하여 살펴보고, 실제 필자가 수행했던 국내 대표적인 습지에 대한 평가 결과를 소개하였다. 둘째는, 복원된 습지가 목표를 달성했는지에 대한 성능평가 이론 및 방법론, 사례, 평가의 기준이 되는 표준습지에 대해 소개하였다.

5장은 습지를 보전하고 복원하며 생태적으로 건전하게 관리하기 위한 방법론과 사례를 다룬다. 첫째는, 습지보전 제도와 프로그램, 보전이용시설 및 사례를 소개하였다. 둘째는, 습지복원을 위한 복원목표, 복원계획 및 설계, 실제 습지복원 사례를 소개하고, 복원된 습지가 생태적으로 건전하게 유지될 수 있도록 생태적 원리에 입각한 순응형 관리에 대해 설명하였다. 셋째는, 인공습지와 대체습지 조성을 위한 이론적 틀과 더불어 해안습지, 내륙습지, 대체습지 등의 실제 사례를 포함하였다.

개정판을 준비하면서 초판에서 미처 다루지 못했던 부분과 후속 연구 성과들을 모두 담아 습지 연구의 기준을 완성하겠다는 의욕이 앞섰다. 초판에서는 전반적인 습지 이론과 실무, 주요 습지 등을 폭넓게 다루었다면, 개정판에서는 습지의 다양성을 더욱 효과적으로 담기 위해서 거듭된 고민 끝에 초판의 체제를 전면 개편하여 이론 부분과 주요 습지 부분을 분리하여 별도의 책으로 나누어 발간하기로 하였다. 이번 개정판에서는 초판 이후의 후속 연구 성과를 담은 습지생태 이론서인 『습지생태학』으로서 더욱 충실한 습지 교과서를 목표로 하였으며, 주요 습지 부분은 더 많은 국내외 습지 답사 성과들을 담아 더 멋진 이름을 가진 별도의 책으로 선보일 것을 약속한다.

2018년 7월

하늘 아래 살기 좋은 태조산 안서골에서

구본학

그곳은 우포였던가. 어떤 이는 우포를 신비롭다고 한다. 어떤 이는 우포가 태고의 숨결을 간직하고 있다고 한다. 저녁 무렵 우포늪 한 쪽 끝 대대제방 위에서 수면 너머 하늘을 온통 발갛게 덮고 있는 저녁놀에 온 몸을 내맡겨 버린 채 난 붉은 광채 가득한 몸으로 그저 한동안 서있을 수밖에 없었다. 쪽지벌 갈대밭을 뒤에 두고 깊은 포옹을 하고 있는 한 쌍의 젊은 남녀를 보면서, 왜 사랑이 그토록 아름다운지 왜 사랑하는 사람들은 그렇게 아름다운지 비로소 알게 되었다. 새벽녘, 왕버들 군락 사이로 피어오르는 물안개 속에서 첫사랑 여인의 감미로운 입술과 창백한 미소를 문득 느끼며 슬픈 추억에 젖어들곤 했다.

큰고니, 청둥오리, 노랑부리저어새, 흰죽지, 쇠물닭, 쇠기러기, 왜가리…. 이름조차 재미있는 철새들의 우아한 자태와 질서정연함, 그리고 넓은 수면 위로 온통 뒤섞여버린 새들의 사랑노래와 불협화음 속에서도 우포는 그렇게 우리 곁에 늘 존재하고 있다.

땅거미 스멀스멀 몰려드는 해질녘의 습지를 바라보면 시인의 가슴 속에서는 분화구 속 용암처럼 시구가 치밀어 오르며, 그 입을 통해선 정제된 시어가 흘러나온다. 그곳을 바라보는 화가의 손끝에선 이 세상 그 어느 아름다움보다 더 아름다운 세계가 그려진다. 그곳을 바라보는 음악가의 머릿속에선 온 세상을 감쌀 만큼 아름다운 선율이 요동친다. 그곳을 조심스레 찾아드는 연인들에겐 세상 끝 날까지도 멈추지 않을 사랑이 이루어진다. 습지에 미쳐버린 습지 연구자의 영혼은 이미 습지의 생명력과 더불어 그곳을 가득 덮어버린 삶의 흔적 속에 다시 태어난다.

어느 날 문득 나는 습지를 무척 사랑하고 있다는 것을 느끼게 되었다. 그곳이 어디든 습지가 있는 곳엔 나는 지체 없이 달려간다. 그가 누구든 습지를 보자고 하면 나는 한시의 머뭇거림도 없이 달려간다. 그때가 언제이든 습지가 부르면 나는 마치 습지에 빠져드는 영혼처럼 습지를 향한다. 동해에서 서해까지, 백두에서 한라까지, 산꼭대기에서 바다 속까지, 습지를 찾아 나는 간다. 압록강 하구에서 두만강 하구까지, 태평양과 동해바다와 서해바다와 남태평양을 건너, 그리고 비무장지대를 넘어 습지가 있는 곳엔 언제나 나는 간다. 그리고 세상 끝까지 습지의 숨결을 따라 오늘도 나는 힘차게 간다. - 우포 답사 길에….

언제부터인가 습지에 대한 중요성이 강조되면서, 이제 습지는 전문가는 물론 일반인에게조차 아주 자연스럽게 중요한 생태계의 하나로 받아들여지고 있다. 습지는 동화나 소설 속에서, 그리고 만화 속에서 대부분 부정적인 시각으로 묘사되곤 했다. 축축하고 버려진 땅, 무서운 괴물이나 병충해가 가득한 곳…. 실제로 선진국에서조차 습지는 버려진 땅으로 인식되어 정부 예산을 지원하면서까지 대지나 농지 등으로 용도를 변경할 것을 권장하는 정책을 펴왔던 것이 사실이다. 그러나 이제는 습지의 생태적 중요성이 새롭게 평가되면서, 생태적으로 건강한 습지를 보전하고 훼손된 습지를 복원하거나 기능을 향상시키며 또는 새로운 습지를 조성하는 정책이 강조되고 있는 것은 많이 늦기는 했어도 매우 바람직한 일이라 하겠다.

필자가 습지 연구를 시작한 지 벌써 10년의 세월이 훨씬 넘었다. 필자가 연구를 시작할 때만해도 습지에 대한 기본적 인식조차 없었던 시기였고, 전문가조차도 습지의 기능과 가치를 낮게 평가하거나 습지의 의미를 축소 해석하여, 습지보다는 다른 토지이용에게 비중을 두는 등 국내외 습지 연구 환경이 매우 열악한 시기였다. 일부 습지 연구자들의 연구도 습지와 관련된 물, 각 분류군별 동물과 식물, 토양 등 일부 전문분야에 국한되었고 그런 까닭에 습지에 대한 논의도 각자 공부한 전문 분야의 이론과 시각에 한정되곤 하였던 것을 다시 기억해본다.

어느 해인가 습지와 관련된 정부 정책을 결정하는 자리에서, 소위 습지 전문가로 알려진 어느 연구자와 습지의 개념에 대한 토론이 있었다. 안타깝게도 습지 전문가로 자처하는 그의 습지에 대한 이해 수준은 일반인의 그것을 겨우 넘어선 정도로서 습지의 기초적인 개념조차 충분히 이해하고 있지 못했던 것을 새삼 기억해본다. 불과 몇 년 후 오늘, 그가 뒤늦게나마 습지의 개념적 이해와 기능과 가치에 대한 제대로 된 인식을 통해 지금은 습지에 대한 중요성을 강조하러 다니는 것은 그나마 다행스러운 일이지만, 그 과정에서 정부의 습지 관련 정책은 당연히 혼선을 빚을 수밖에 없었던 것은 매우 안타까운 일이다. 한편으로 필자가 습지를 생태계라는 큰 틀에서 종합적 접근을 할 때도, 각 분야 전문가들 사이의 시각 차이를 좁히는 노력이 매우 중요한 목표의 하나였음은 습지 연구가 활성화되기 위한 하나의 과정이었음을 새삼 깨닫게 된다.

이 책은 필자의 박사학위 논문과 후속 연구 성과들을 근간으로 하고 있다. 내용 중 상당 부분은 이미 학위논문, 학술논문, 학술발표, 정부보고서, 전문지 기고 등을 통해 발표되었던 내용으로서 습지 연구자들이 어쩌면 이런 매체를 통해 필자의 글을 한번쯤은 접했을 내용도 상당히 포함하고 있다. 돌이켜보면 거의 습지에 대한 인식이 없었던 시기에 박사학위 논문을 쓰는 과정에서 반복되는 세미나, 학회 발표, 논문 심사 등을 거치면서 습지의 기본적인 개념 정립부터 시작해서 습지생태계의 이론과 유형분류, 기능평가, 매핑, 습지의 현명한 이용을 위한 국가적 국제적 제도, 정부 및 민간 차원의 적용 등 소박하면서도 만만치 않은 연구 성과를 이루었다고 자부할 수 있다. 단언컨대 필자의 연구는 습지를 생태계라는 시각에서 보면서 다양한 학문적 접근을 복합적으로 고려한 종합적인 습지 연구로는 국내 최초의 연구였다고 감히 말할 수 있다. 그럼에도 학위논문 발표 이후 곧바로 책을 출간하지 못한 것은 필자의 연구 수준이 아직은 부족하다는 부끄러움과 아울러 학위논문의 완성이 곧 연구의 완성은 아니라는 스스로의 진단 때문이었고, 늦게나마 『습지생태학』이라는 이름으로 책을 출간할 결심을 하게 된 것은 그동안 여러 해에 걸쳐 국내외 습지를 답사하고 외국의 연구자와의 교류를 하는 등 후속 연구를 통해 부족한 점을 어느 정도 보완할 수 있었다는 다소 무모한 확신 때문이다. 물론 그동안 더 뛰어난 습지 연구자들이 훌륭한 연구 성과를 이루었고 습지에 대한 인식도 이미 보편화되어, 필자가 연구를 시작할 때에 비하면 양적으로나 질적으로 습지 연구는 절정을 이루고 있다고 생각한다. 또한 2008년에는 우리나라에서 제10회 람사르당사국총회COP10가 개최되어 이제 우리나라도 명실 공히 습지 정책의 선진국에 부족함이 없다고 감히 말할 수 있다.

이 책은 대학 및 대학원의 습지생태학 또는 습지 연구에 적합한 내용을 담고 있으며, 일반 습지 전문가에게도 습지에 대한 유용한 정보를 제공하고 있다. 또한 정부의 행정가들에게는 습지와 관련된 의사결정 과정에 판단 근거를 제공해주면서, 국가 또는 국제적 습지의 현명한 이용을 위한 유력한 이론과 기술을 담고 있다. 그러므로 이 책이 이러한 연구자, 의사결정자, 정책입안자 등을 통해 국내외 습지 연구에 조금이나마 보탬이 된다면 이보다 더 큰 기쁨은 없을 것으로 생각되며, 아울러 대학이나 대학원에서 습지를 연구하는 동료 및 후학들과 습지에 대한 높은 관심을 가진 일반인 정부나 기업의 습지 담당자, 그리고 이제 학문의 길에 들어서 장차 우리나라와 나아가 인류를 위해 습지 연구에 매진하게 될 대학생, 대학원생들에게 습지를 이해하고 의사결정 하기 위한 기초적인 자료가 될 수 있다면 큰 다행이라 생각한다.

이 책은 다음과 같이 구성하였다. 1장에서는 습지에 대한 일반적 인식과 습지보전을 위한 국내외 노력, 습지와 관련된 이슈, 습지와 문화 등 이 시대에 습지에 대한 보편적이고 타당한 인식과 정책, 그리고 문화적 요소 등을 담고 있다. 첫째는, 습지에 대한 부정적 인식에서 벗어나 그 가치를 인식하고 강조하게 되는 일반적 흐름을 고찰하였으며 습지가 무엇인지에 대한 다양한 정의를 살펴보고 각 정의의 공통점, 차이점 등을 통해 필자의 시각에서 습지에 대한 정의를 내렸다. 둘째는 습지 보전을 위한 노력으로서 습지와 관련된 국제적, 그리고 국내의 정책 및 법제를 수록하였다. 즉, 람사르협약, 습지의 날, 람사르당사국총회, 습지보전법, 습지보전기본계획, 습지총량제 및 습지은행 대체습지 등 국내외 제도와 법령, 기타 중요한 정책을 포함하고 있다. 셋째는 습지를 훼손하는 중요한 원인을 유형별로 고찰하였다. 넷째는 습지와 관련된 문화적 요소, 즉 문학, 그림, 음악, 기타 일상생활을 통해 접할 수 있는 습지 문화를 고찰하였다.

2장에서는 습지의 정의와 판별에 대한 전문적 내용을 담고 있다. 첫째는, 습지인지 아닌지를 판별하고 어떤 종류의 습지인지를 판단하기 위한 지표를 살펴보았다. 둘째는, 습지를 판별하기 위한 요소에 대한 구체적인 설명과 더불어 판별 과정 범위 설정 등에 대한 이론 고찰 및 필자 등의 연구에서 다루었던 사례를 수록하였다. 셋째는, 습지의 종류를 구분하기 위한 접근방법으로서 전통적인 수문 특성에 의한 분류 방식과 더불어 람사르협약 및 필자가 제안했던 분류 체계를 포함하여 국내외 연구자들의 습지유형 분류 체계를 고찰하고, 최근 우리나라 국가습지목록 구축에 적용하기 위해 새롭게 제안된 국가습지유형 분류 체계를 소개하였다. 다음으로, 이러한 습지 연구 성과를 지도를 통해 나타내기 위한 방법론과 과정 및 연구자 등이 수행했던 사례를 소개하였다.

3장은 습지의 중요성, 즉 기능과 습지를 현명하게 이용하기 위한 이론과 방법론 기능평가 모델 및 평가사례 등을 담고 있다. 첫째는, 습지가 지니는 다양한 기능과 중요성을 여러 연구자들의 연구 성과와 더불어 람사르협약에서 제시하는 기능과 가치를 소개하였다. 둘째는, 습지를 현명하게 이용하기 위한 실천과제와 국제적·국가적 노력을 소개하였다. 셋째는, 습지의 중요도와 보전가치를 평가하기 위한 여러 이론적 틀과 구체적인 기능평가 방법을 일반기능평가와 정밀기능평가로 구분하여 살펴보고, 아직 완성단계는 아니지만 실제 필자가 수행했던 국내 대표적인 습지에 대한 평가 결과를 소개하였다.

4장은 습지를 조사하고 복원하고 관리하기 위한 조사방법, 정책, 시설, 대체습지 등을 다룬다. 첫째는, 습지 조사를 위한 다양한 방법과 답사를 위한 기록 방법을 소개하였다. 아시아습지목록$_{AWI}$에서 제안한 방법과 일반 조사방법 및 도면 및 자료를 통한 실내작업, 위성영상 및 항공사진을 통한 조사 등을 소개하였다. 둘째는, 습지 보전 및 관리를 위한 제도와 정책을 소개하였다. 셋째는, 습지 보전을 위한 시설로서 안내시설, 탐방시설, 조류관찰시설, 전시시설, 기타 생태적 목적으로 설치된 시설들을 실제 필자가 답사했던 사례와 함께 소개하였다. 넷째는, 습지복원 및 대체습지 조성을 위한 이론적 틀과 더불어 해안습지, 내륙습지, 대체습지 등의 실제 사례를 포함하였다.

5장은 우리나라의 중요한 습지를 보호보전지역 지정 방법에 따라 구분하여 소개하였다. 첫째는,

중요한 습지를 지정하는 제도로서 람사르협약에 의한 람사르습지 국내법에 의한 습지보호지역 등을 살펴보았다. 둘째는, 람사르협약에 등록된 국내의 중요 습지의 특징과 관리 현황, 훼손 및 복원방안, 기타 보전방안 등을 답사자료를 포함하여 소개하였다. 셋째는, 우리나라의 중요한 습지를 유역 및 권역별로 구분하여 다루었다. 즉, 한강 임진강유역, 낙동강유역, 금강·섬진강·영산강 유역, 제주도, 비무장지대, 서남해안 갯벌, 해안사구, 동해안 석호, 묵논습지 및 둠벙, 북한 습지, 기타 등으로 구분하여 그동안의 답사 결과를 포함하고 있다.

6장은 동북아의 중요한 습지를 다루었다. 첫째는, 중국 북동부와 상해 항주 지역을 중심으로 람사르협약에 등록된 습지를 포함한 자연습지와 복원된 습지 등의 특징과 훼손 현황 복원 전략 등을 소개하였다. 둘째는, 일본의 람사르습지를 중심으로 그 특징과 관리방안 등을 소개하였다. 셋째는, 러시아 극동부 및 몽골, 베트남 등의 습지를 답사자료와 함께 소개하였다.

마지막으로 7장은 습지의 미래에 대한 제안으로서 우리나라 습지를 보전하고 더욱 현명하게 이용하기 위한 제안을 담고 있다.

필자가 이 책을 쓰는 과정에서 그동안 습지 연구를 통해 모은 귀중한 자료를 미처 모두 담지 못한 것은 큰 안타까움으로 남는다. 이로 인해 습지를 사랑하고 습지에 대한 관심이 높은 독자들의 지적 욕구를 충족시키지 못한 점 깊이 사과드리며, 미처 담지 못한 자료들은 훗날 더 좋은 자료들과 이론들을 종합하여 더욱 발전된 내용으로 다시 선보일 것을 약속한다.

2009년 3월

하늘 아래 살기 좋은 태조산 기슭에서

구본학

습지는 아름답습니다. 그곳에 습지가 있었고, 오늘도 습지를 찾아 미지의 세계로 무작정 떠납니다.

2009년 부족한 졸저 『습지생태학』을 세상에 첫선을 보이던 그때의 설레는 마음으로 개정판을 선보입니다. 습지 연구자로서 부족한 점이 많음에도 불구하고 선후배 동료 연구자들에게 과분한 사랑을 받고 있어 늘 감사하면서도 조금이나마 기대에 부응하기 위한 욕심에 또다시 의욕만 앞세웁니다.

백두대간의 정기를 이어 온 금북정맥의 한복판 태조산에 올라 '천하대안'을 품었던 태조 왕건의 발자취가 남아 있는 '하늘 아래 가장 편안한 서식처(안서골)'에서, 가장 조용한 상록관 B209 연구실에서, 온통 책상 위 무질서하게 흩어진, 방안 곳곳에 정리되지 않은 채 쌓여있는 책과 자료들과 씨름한 끝에야 비로소 『습지생태학』의 가장 소중한 내용을 채울 수 있었습니다.

이 책이 나오기까지 늘 함께하셨던 분들의 격려와 사랑이 없었다면 습지 연구의 표준을 제시하겠다는 목표는 아마도 이루지 못했을 것입니다. 매월 첫 번째 토요일 오전이면 국제생태문화포럼GEF의 이름으로 우리는 함께 했습니다. 그리고 습지와 여러 가지 생태문화 자원을 이야기하면서 고민하곤 하였습니다. 여름이면 또 겨울이면, 국제적으로 중요한 습지와 작지만 의미 있는 습지를 찾았고, 또한 세계유산과 국립공원과 같은 보호지역을 찾아, 그리고 산과 들과 강을 찾아 세상 사람들을 만나며 크고 작은 다양한 유형의 습지들을 몸소 체험하곤 하였습니다. 오늘도 함께하는 국제생태문화포럼 가족들의 뜨거운 열정이 하나하나씩 모여 소중한 『습지생태학』을 탄생시켰습니다.

상명대학교 석좌교수이며 초판을 출판해주신 오휘영 교수님과 어려운 여건 속에서도 기꺼이 개정판을 맡아주신 도서출판 조경의 박명권 발행인께도 깊은 감사를 드립니다. 무엇보다도 저자와 늘 함께 고민하면서 습지 연구를 함께하고 멋지게 연구가 진행될 수 있도록 헌신적으로 도와준 나사렛대학교 박미옥 교수와 귀중한 정책 자료와 연구 성과를 제공해준 환경부 문상균 박사에게 감사드립니다. 상명대학교 대학원 환경생태계획연구실에서 그들의 청춘의 밤을 밝혔던 권효진 박사와 권순효 석사, 이란 박사, 김예화 석사, 임수현 석사, 김보희 석사에게 감사드리며, 지금 이 순간에도 연구실의 불을 밝히고 있을 훈남 양승빈 실장과 서효선, 황유리, 박은아, 한승태 연구원에게 감사드리며 나의 사랑을 드립니다.

이 책이 탄생하기까지 많은 분들의 가르침과 도움이 있었습니다. 참으로 감사드립니다. 먼저 학위 과정을 통해 습지 연구의 계기를 마련해주시고 연구자로서의 자세와 열정을 가르쳐주신 서울대학교 김귀곤 교수님께 감사드립니다. 국제생태문화포럼 및 국제경관생태공학회를 통해 습지에 대한 정보와 지식을 공유하여 습지의 안목을 더 넓히는 계기가 된 일본 교토대학의 모리모토 교수, 중국 상해 대학교의 루젠젠 교수께도 깊은 감사를 드립니다. 우리나라 습지 정책의 최일선에서 고민하며 습지를 사랑하는 환경부 진득환 사무관께도 감사드립니다.

순수하게 습지와 생태계를 사랑하는 마음과 열정으로 모여 우리나라와 동북아 주요 나라 습지와 생태계를 두루두루 섭렵한 국제생태문화포럼 식구들에게 감사드립니다. 중국 연변대학교의 주위홍 교수와 김현규 소장, 임봉구 선생, 한승호 소장, 전성우 박사, 박미수 선생, 이현재 상무, 이화 박사, 성지영 선생, 최희선 박사, 박미영 박사, 박재찬 소장, 신지영 선생, 대전환경연합 김종남 처장, 허성란 선생에게 감사드립니다. 또한 프로그램의 원활한 진행을 위해 물심양면으로 도와주신 한림에코텍 한현구 회장님과 한성식 사장님께 감사드립니다.

매주 토요일 오전이면 어김없이 상명대학교(서울캠퍼스) 전산원 502호에 모여 우리나라와 동북아, 나아가 국제적인 생태문화의 현상과 이론과 실제에 대해 고민하고 토론을 벌였던 상명대학교 생태문화포럼Eco Culture Forum 식구들에게 감사드립니다. 우리는 정말로 하나가 되어 우리나라는 물론 각 나라의 습지를 미친 듯이 돌아다녔던 기억이 새롭습니다. 이 책은 그런 노력의 결실이며 그러므로 우리 포럼 멤버들 모두의 것이라고 할 수 있습니다. SH공사 유인표 박사, 서울시 여환주 박사, 서울시설공단 청계천 관리센터 자연생태부장 강수학 박사, 생태꽃예술가 박미옥 박사, 킴준플라워 김준연 박사, 모아조경 정영선 소장, 선산섬 전영갑 박사, UNDP/GEF 습지사업단 문상균 선생, 한국수자원공사 변영철 차장, 문화재청 김영렬 소장, 정진용 사장, 상록조경 고승관 사장, 우영조경 주상현 박사, 주상대 선생, 청와대 진기정 선생, 에덴 한희동 소장, 경기도청 임병준 과장, 충남도청 홍승원 과장, 현대건설 김준범 부장, 서울시설공단 청계천 관리센터 윤소원 박사, 대창조경 최병순 사장, 계룡건설 권혁성 부장, 에코텍엔지니어링 양병호, 리드환경연구원 조운식 등에게 감사드립니다. 또한 생태문화포럼에서 주제 강의와 함께 귀한 사진과 자료를 제공해 주신 한국수자원공사 강서병 기술사에게도 감사드립니다. 마지막으로 학문적 원로로서 상명대학교 석좌교수이며 부족한 책을 기꺼이 출판해주신 오휘영 교수님께도 깊은 감사를 드리며, 이 책을 쓰는 과정에서 편집과 교정 등을 헌신적으로 도와준 상명대학교 대학원 환경생태계획연구실 김형국 실장, 손동혁, 설예환, 양재수, 이동복, 박미란, 안아름, 정다운, 이재영, 김하나, 김덕호 등에게 감사드리며 나의 사랑을 드립니다.

··· 차례 ···

Chapter 3. 습지의 기능과 현명한 이용 ___ 210

Chapter 4. 습지생태계 평가 ___ 258

Chapter 1

습지의 개념 및 제도적 기반

습지는 지구상에서 생물다양성이 가장 풍부한 서식처 중에 하나로 알려져 있고, 습지가 가지고 있는 기능도 생물다양성의 증진 이외에 홍수의 방지, 수질정화 등과 같이 매우 다양한 것으로 알려져 있다. 습지에 대한 일반인의 시각도, 쓸모없고 불필요한 버려진 땅이 아니라 생태계의 보고이며 가장 생명력이 높은 곳이라는 인식이 확산되고 있다.

일반적으로 습지는 물과 육지 사이의 전이지대로서 습지 고유의 특성 외에 물과 육지의 특성까지도 부분적으로 포함하는 매우 생명력 있고 중요한 공간으로서, 습지를 형성하는 물, 토양, 식생 등의 조건을 갖추고 있다.

습지란 '육지 환경과 물 환경의 전이지대로서 생물의 생장기를 포함한 연중 또는 상당기간 동안 물이 지표면을 덮고 있거나 지표 가까이 또는 근처에 지하수가 분포하는 토지'를 의미하며, 식생과 동물이 그 일생의 중요한 시기 동안 생활 근거를 이루기에 충분한 기간 동안 물이 못을 이루거나 흐르는 장소로서, 습지 구성 요소로는 습지 수문, 습지 식생, 그리고 습윤 토양 등 3요소를 포함하고 있다.

건설사업 관련 제 평가나 환경계획에 관련된 정부나 민간차원의 여러 가지 의사결정과정에서 습지의 중요성과 가치가 정당하게 평가되어야 할 것이며, 얼마 남지 않은 습지를 현재 수준 이상으로 유지하는 것이 중요하다.

습지의 개념 및 정의

I-1

가. 습지인식

습지란 무엇인가?

어릴 적 보았던 동화나 소설에서 습지는 곧잘 무섭고 축축한 곳으로 묘사되곤 하였다. 그곳에는 때론 괴물이 살기도 하고, 한번 빠지면 헤어나지 못하고 점점 빠져드는 그런 곳이었다. 이러한 시각은 멀리 그리스 로마 신화나 단테의 '신곡Divine Comedy'에서 지상과 저승의 경계를 이루는 스틱스 강River Styx[1] 이야기에서도 찾을 수 있다. 하데스(플루토)가 다스리는 지하세계는 뱃사공 카론의 영혼의 배를 타고 5개의 강을 건너야만 도달할 수 있다. 첫 번째 비통의 강 아케론acheron,[2] 두 번째 시름의 강 코퀴투스cocytus,[3] 세 번째 불의 강 플레게톤phlegethon,[4] 네 번째 망각의 강 레테lette[5] 등을 건너 세 심판관(아이아코스Aeacus, 라다만토스Rhadamanthus, 미노스Minos)의 심판에 따라 극락의 땅 엘리시온Elysium[6]으로 가거나, 증오의 강 스틱스를 건너 비로소 하데스의 궁전에 도달하게 된다. 스틱스 강은 지하세계를 일곱 번 휘감아 흐른다고 하며, 그 한가운데 거대한 습지를 둘러싸고 다른 강들과 합류한다고 묘사되고 있다.

습지는 한때 버려진 땅이라는 인식이 지배적이었으나, 지금은 야생동물 서식처이며 독특한 식생

---

1. 스틱스는 티탄족 여신으로서 제우스를 도와 함께 싸운 공로로 이승과 저승을 구별하는 절대 권위를 지닌 스틱스 강을 담당함. 스틱스 강에 몸을 담으면 불멸의 몸이 된다고 하며, 아킬레우스의 어머니 테티스가 아킬레우스를 스틱스 강에 담가 불멸의 몸이 되었으나, 손으로 잡았던 발뒤꿈치는 강물에 닿지 않아 치명적 급소가 됨.
2. 대지의 신 가이아의 아들로서 신과 거인족이 싸울 때 거인족을 도와 준 죄로 지하세계로 추방되어 강이 됨. 뱃사공 카론(Charon)의 배를 타고 아케론을 건널 때 죽음이라는 비통함을 안고 울면서 강을 건넘.
3. 아케론과 결혼한 님프 고르귀라에서 유래. 죽은 자들이 코퀴토스를 지나며 강에 비친 그림자를 보면 비통했던 과거가 보여 시름하게 됨.
4. 뜨거운 불덩이가 흐르는 불의 강. 죽은 자들은 플레게톤에서 불로 정화되어 깨끗한 영혼을 가짐
5. 레테를 건너거나 마시면 이승에서의 일을 모두 잊고 새로운 영혼으로 거듭나게 됨. 불화의 여신 에리스의 딸. 이문열의 소설 『레테의 강』은 여성에게 결혼이란 마치 이전의 삶을 망각케 하는 레테와 같다는 상상에서 출발
6. 높은 담장으로 둘러쌓인 귀족들의 정원을 의미하는 페르시아어에서 유래. 라틴어로는 Elysuim으로 표현

이 자생하고 있는 생태계의 보고로서 시각적 아름다움과 경제적 가치도 제공하며 인류의 삶과 함께하는 문화적 공간으로 인식되고 있다.

그림 1-1. 습지 인식 변화. 위: 습지에 사는 가상의 변형된 인간(Mitsch, 2001), 아래: 우포늪의 다양함(환경부 국립습지센터)

초기의 습지 탐험가들은 대체로 습지에 대해 친숙하지 않다 보니 부정적 이미지로 표현하였는데, 영화로도 공개되었던 'Swamp thing'에서도 대체로 부정적 이미지로 그려지고 있다. 그러다 보니 한동안 습지는 혐오스럽고 지저분한 곳으로 여겨져서 개발 과정에서 우선적으로 매립할 수 있는 땅으로 여겨졌다.

즉 과거에는 습지의 농업적 이용 가치에 판단 기준을 두고 쓸모없고 각종 병원이 되는 미생물이 서식하는 버려진 땅이라는 인식이 지배적이었으며, 비옥한 유기질 토양은 농지로 이용하기 위해 배수되고 개간되었고, 습지를 농지로 전환할 때는 혜택을 부여하는 등이 적극적 이용 전략이었다. 그 결과 습지는 농경지, 주거단지, 기타 인간의 윤택한 삶을 위한 명목으로 거침없이 개발되었고, 우리 주변에서 습지를 쉽게 찾아보기 힘들 정도로 사라져 갔다. 현재 지구상 습지 면적은 육지 면적의 약 6%에 이르는 것으로 추정하고 있다.

다행히도 지금은 습지에 대한 인식이 개선되고 그 중요성이 강조되고 있다. 습지가 지구상에서 생물다양성이 가장 풍부한 서식처로서 생물다양성의 보고이면서 수질 정화를 하고, 홍수를 예방하는 등의 다양한 기능을 수행하고 있다는 데 대체로 동의하고 있고, 국제적으로 습지의 보전과 복원을 위한 다양한 노력들이 진행되고 있다. 미국의 경우 1934년에 습지에 서식하는 오리류들을 보호해야 한다는 취지에서 'Duck Stamp'라는 우표를 만들고 물새를 보호하자는 주장을 펴기 시작한 것을 기원으로 두고 있다.

그럼에도 1960~70년대까지는 습지에 대한 일반인들의 인식은 그리 좋지 않았으며, 국제적인 노력이나 정부 차원의 노력 및 습지생태학자를 비롯한 다양한 습지연구자들의 꾸준한 노력으로 습지는 생태·물리·화학적 등의 측면에서 매우 중요한 서식처로 인식되기 시작하였다. 이후에 람사르협약 및 관련 기관과 USFWS, USACE, USGS 등의 다양한 기구들에서 습지의 중요성에 대한 인식이 대두되면서 습지에 대한 다양한 연구가 시작되었다. 이제는 각 나라마다 람사르협약에 의해 국제적으로 중요한 습지로 등록된 습지를 중심으로 현명한 이용을 위한 전략이 마련되고 있으며(Davis, 1993) 법적, 제도적 장치를 마련하여 습지를 관리하고 보호하고 있다. 나아가 습지의 훼손으로 인한 부정적 영향이 속출하면서 미국이나 캐나다 등을 비롯한 주요 선진국에서는 습지를 보전하고 복원하기 위한 전략으로서 습지총량제의 기본 전제가 될 수 있는 "No Net Loss(of Wetland functions)" 정책을 펴고 있다.

우리나라의 경우 1990년대 들어서야 비로소 습지의 중요성을 인식하게 되었는데, 1999년 습지보전법 제정을 계기로 다양한 방법으로 습지 인식 증진을 위한 노력이 진행되어 지금은 습지의 중요성에 대한 공감대가 형성되어 있고 전문가나 정부의 정책 입안자는 물론 일반인들에게도 생태관광 등 습지를 대상으로 하는 다양한 행위들이 이루어지고 있다. 이러한 노력에도 불구하고 한편으로는 여전히 습지의 가치에 대하여 충분히 이해하고 있지 못하기 때문에, 중요한 습지가 농경지로 전환되거나 도로 및 택지 개발 등 지속적으로 훼손되거나 감소해 가고 있다.

습지의 면적이 줄면서 습지를 기반으로 생활하는 동식물이 멸종 또는 다른 서식지를 찾아 이동함으로써 생물다양성이 갈수록 줄고, 수질이 악화될 뿐만 아니라 홍수와 같은 재해의 발생 빈도가 증가하게 된다. 이런 문제는 특히 도시 공간에서 심각한데, 도시 공간에서는 안정된 식생군락이 존재하지 못하는 경우가 많기 때문에 도시생태계는 외부 유입이 많고 생산보다는 호흡으로 인한 소비가 많은 종속영양생태계라고 할 수 있다. 나아가 물이 없어짐으로 인해 도시에서는 기온이 올라가는 현상까지도 발생하는데, 이로 인해 도시 열섬 현상뿐만 아니라 심지어 지구 온난화에 대한 부담을 가중시키고 있다.

습지의 발달 과정은 습지를 둘러싸고 있는 물리적, 화학적, 생물학적 조건에 의해 지배되므로, 도시 공간에 조성되는 습지가 그 자체로서 단위생태계로서의 기능을 충분히 만족하기 위해서는 내부 물질 순환이 가능한 규모의 생태계가 조성되거나 생태계 네트워크를 형성하여 각각의 단위 생태계가 유기적인 관련성을 유지하여야 한다.

한편, 과거 역사를 통해 습지를 근거로 생활하면서 인류가 많은 혜택을 받고 있음을 알 수 있다. 논습지를 근거로 생활하는 아시아 국가들의 인구는 지구 인구의 약 절반에 이른다. 습지는 또한 크랜베리cranberry 생산의 근거가 되기도 하며, 이탄습지의 생산성과 탄소 저장 기능은 매우 뛰어난 것으로 평가되고 있다. 또한 열대우림이나 맹그로브 습지 등에서 목재, 식량 생산, 탄소 저감 등의 기능과 더불어 다양한 문화적 혜택을 누리고 있다.

다양한 생물이 서식하는 공간(서식처habitat, 또는 비오톱biotop)으로서 중요한 기능을 하는 습지를 보호하는 것은 곧 생태계 보호를 의미하는 것이며, 이를 위하여 습지와 관련된 국제협약인 람사르협약Ramsar Convention에서는 매년 2월 2일을 '세계 습지의 날World Wetland Day'로 지정하는 등 각 나라의 습지 보전과 관리에 대한 이해와 관심을 유도하고 있다.

또한 국가적, 국제적으로 중요한 습지를 대상으로 국가습지목록을 구축하고 있으며, 이를 일정한 규칙에 의해 코드를 부여하고 도면화하는 등 습지를 현명하게 이용하고 체계적으로 관리하기 위한 근거를 제시하고 있다.

나. 습지 정의

습지는 다양한 형태를 지니고 있고 그 이름 또한 다양하기 때문에 이러한 다양성을 이해하기 위해서는 습지에 대한 정의가 필요하다. 그런데 습지에 대한 정의가 매우 다양하고 복잡하게 나타나고 있는데, 근래의 과학적 정의는 각 분야별 학자들이 관점에 따라 습지를 보는 시각 차이를 나타내고 있다.

최초의 국가 차원 정의는 Shaler(1890)가 내린 것인데, 이는 매우 광범위한 정의로서 농업 등 토지이용상 토양의 습윤 효과에 대한 고려를 포함하고 있었다. 근대적 의미의 습지에 대한 정의는 1950~60년대에 시작된 것으로 파악되고 있으며, 1953년 미국 어류 및 야생생물 보호국US Fish and Wildlife Service(USFWS)에서 국가습지목록을 작성하면서 물새와 중요한 습지에 대한 정밀 조사를 통하여 습지에 대한 정의를 시도하였는데, 이에 의하면 물새 등의 다양한 서식 환경과 식생, 토양, 얕은 물에 대한 개념이 포함되었으나, 깊은 물deep water은 배제되었다.

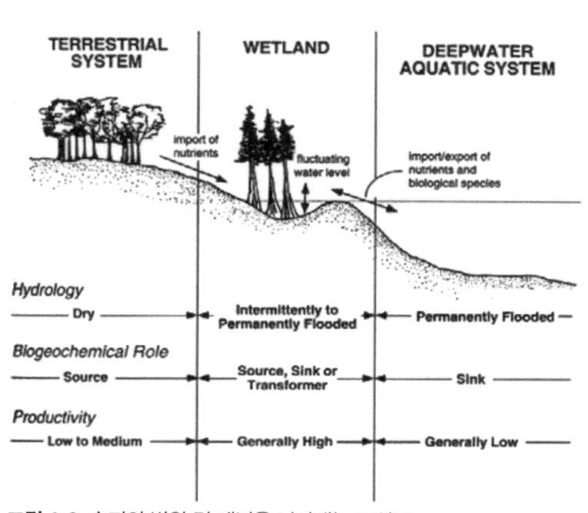

그림 1-2. 습지의 범위 및 개념을 나타내는 모식도
(자료: Mitch and Gosselink, 1993)

또한 습지는 학문적 연구와 습지 목록 작성을 위한 과학적 정의와 정부 차원에서 각종 개발 허가 여부를 판단하고 습지의 정책적 관리 전략 수립을 위해 내린 제도적 정의 등 크게 두 가지 관점에서 정의될 수 있다(구본학, 2002).

이렇게 다양한 습지 정의 중에서 대표적인 습지의 정의로는 국제적 기준이라고 할 수 있는 람사르협약에 의한 정의, 미국 국가습지목록NWI 구축을 위한 Cowardin System, 그리고 우리나라 습지보전법에 의한 정의를 들 수 있다.

(1) 람사르협약에 의한 정의

습지와 직접적으로 관련된 국제적 협약은 1971년 이란의 람사르에서 체결된 '물새 서식지로서 특히 국제적으로 중요한 습지에 관한 협약Convention on Wetlands of International Importance especially as Waterfowl Habitat'인데, 이를 줄여서 '람사르협약The Ramsar Convention on Wetlands' 또는 '습지협약' 등으로 부르고 있다.

Ramsar Convention Article 1.1에 의하면 습지는 다음과 같이 정의되고 있다.

"자연적 또는 인공적이든, 영구적 또는 일시적이든, 정수 또는 유수이든, 담수, 기수 혹은 염수이든, 간조 시 수심 6m를 넘지 않는 해양을 포함하는 소택marsh, 습원fen, 이탄지peatland, 물이 있는 지역"

또한 람사르습지를 등록할 때에는 다음과 같이 습지 정의를 확대하고 있다(Article 1.2).

"습지 주변에 인접한 하천변 및 해안지역, 습지 내 위치한 섬이나 간조 시 수심 6m를 넘는 해양을 포함"

이와 같이 람사르협약에 의한 정의는 물새 서식처로서의 습지에 대한 시각을 반영하여 식생과 토양보다는 수문의 관점에서 정의를 내리고 있으며 습지의 범위를 수심 6m까지로 확대하고 있다. 이는 식물 분포 관점으로 2m의 수심을 초과하는 것으로서, 다양한 서식 환경을 포함하고 있다. 수심 6m까지의 바다를 습지로 보고 있는 것은 그 이전까지 식물 등 다른 관점에서 본 시각과는 차이가 있으며, 이러한 시각은 현재도 보편적으로 받아들여지고 있다. 참고로 수심 6m라는 기준은 잠수성 물새가 먹이를 잡아먹는 깊이에 근거한 것으로 알려져 있다.

(2) Cowardin System

USFWS에서는 1976년 미국의 국가습지목록National Wetland Inventory(NWI)을 구축하면서 습지 정의 및 유형 분류 체계를 정립하였고, 1977년 수정안 초안에 이어 1979년에는 일반적으로 Cowardin 분류 체계로 알려진 습지 정의를 발표하였다(구본학, 2002). Cowardin System은 습지의 수문학적 특성과 지형학적 특성, 그리고 식생 특성을 고려하여 다음과 같이 정의하고 있다.

"습지란 육상생태계와 수생생태계 사이의 전이지대로서 지하수가 지표면 가까이에 위치하며 토양이 얕은 물로 덮인 지역을 말한다. 습지는 다음 속성 중 하나 또는 그 이상의 속성을 갖는다. ①영속적 또는 주기적으로 수생식물 우점, ②배수 불량한 습지 토양, ③매년 성장기 동안 토양이 없고 기반이 물로 침수되었거나 얕은 물로 덮임."

이 정의에 의하면 습지는 수환경과 육지환경 사이의 전이지역으로서 지하수위가 지표면 근처까지 유지되거나 지표가 얕은 물에 의해 덮이며, 생태학적 관점에서 다음 3가지 요소를 갖춘다.

- 수문: 홍수 범람 및 토양 침윤 등에 의해 지표 또는 뿌리 근처에 물이 존재한다.
- 습지 식생: 습윤 조건에 적응된 식생이 있다.
- 습지 토양: 인접한 육지 권역과 구별되는 독특한 토양이 있다.
- 습지는 습지 식생이나 습지 토양의 존재에 관계없이 일정 기간(특히, 성장기) 동안 침수되거나 얕은 물로 덮여 있다.

그림 1-3. 우포늪

여기서 '일정 기간'에 대해 습지 연구자들은 대체로 2주 정도 물에 잠기면 토양 및 식생이 습지로서의 특성을 나타내는 것으로 보고 있다.

(3) 우리나라 습지보전법에 의한 정의

람사르협약에 의한 정의가 국제적 표준이라 한다면 우리나라 국가 표준이라고 할 수 있는 습지보전법에서는 다음과 같이 정의하고 있다.

"습지"란 담수, 기수 또는 염수가 영구적 또는 일시적으로 그 표면을 덮고 있는 지역으로서 내륙습지 및 연안습지를 말한다.
"내륙습지"란 육지 또는 섬에 있는 호수, 못, 늪 또는 하구 등의 지역을 말한다.
"연안습지"란 만조 때 수위선과 지면의 경계선으로부터 간조 때 수위선과 지면의 경계선까지의 지역을 말한다.

그림 1-4. 독특한 습지 특성을 나타내는 물영아리오름

습지보전법에 의한 습지 정의는 람사르협약에 의한 습지 정의나 다른 습지 정의와 대체로 유사하나 하천을 제외하고 있고, 연안습지 경계를 간조 시 수심 6m가 아닌 간조선까지로 한정하며, 특히 습지 종류에서 하구를 내륙습지에 포함하고 있는 부분이 큰 차이가 있다.

(4) 기타 정의

이와 관련하여 필자는 아래와 같이 제안한 바 있다(구본학, 2008).

"습지란 자연 또는 인공에 의해 담수·기수 및 염수가 영구적이거나 일시적으로 그 표면을 덮고 있는 지역으로서 내륙습지와 해안·연안습지, 하구·기수습지 및 인공습지를 말한다.
내륙습지라 함은 육지 또는 섬 안에 있는 호 또는 못과 하천, 소택, 습원, 이탄지 및 배후습지 등의 물이 있는 지역을 말한다.
해안·연안습지는 해안습지, 하구습지, 기수습지 등을 말하며, 해안습지라 함은 간조 시 수위선에서 바다 쪽 수심 6m까지의 해양으로부터 만조 시 수위선에서 파도, 파랑, 기타 원인에 의해 염수의 영향을 받는 지면까지의 지역을 말한다.

하구습지라 함은 강과 해양이 만나는 부분의 조수의 영향을 받는 하구역을 말하며, 기수습지란 해안지역에 발달한 기수 상태의 석호 등 연안호소를 말한다.

인공습지라 함은 인간의 활동에 의해 새롭게 만들어지거나 복원된 습지로서 인공호수, 논, 양어장, 염전, 저수지, 생태연못, 대체습지, 인공수로 등을 말한다."

그 외에도 습지 정의는 Nearing(1991), Cylinder et al.(1995), Kusler(1996), Mulamoottil et al.(1996), Romanowsky(1998) 등에 의해 시도된 바 있으며, 기본적으로 수문, 식생, 토양 등 3요소를 포함하고 있다.

코네티컷 주에서는 습지는 배수가 불량하거나 하천 범람지에 형성된 토지이며, 하천, 계류, 수로, 호수, 연못, 늪, 소택지, 이탄늪, 기타 자연적이거나 인공적이거나, 공공 목적이거나 사적인 수체를 포함한다고 정의하였다(CT General Statutes, Sections 22a-36 to 45, inclusive, 1972, 1987).

뉴저지 주에서는 습지는 습지 식생이 자라기에 충분할 정도로 물에 의해 침수되거나 범람된 토지이며, 배수가 불량한 토양으로 덮인 토지를 포함한다. 연안습지와 내륙습지, 침수지역을 포함한다. 연안습지는 제방, 저지대의 늪, 초원, 평지, 기타 해안 습지 식생이 자랄 수 있는 조수의 영향을 받는 곳이다. 내륙습지는 식생의 관점에서 목본류가 생장하는 소택과 이탄늪, 늪, 호수와 연못, 하천 및 계류 등을 포함한다고 정의하였다(Pinelands Protection Act, N.J. STAT. ANN. Section 13:18-1 to 13:29.).

매사추세츠 주에서는 습지를 담수늪, 습초지, 늪, 소택, 이탄늪, 기타 지표수나 지하수 등에 의해 형성되어 연중 5개월 이상 식생을 유지하고 있는 토지로서 이탄늪, 소택지, 습초지, 늪 등으로 정의하였다(MA General Law Chapter 131, Section 40).

중국의 경우 람사르협약의 정의를 바탕으로 중국의 실정을 반영하여 정의하였다. 여기서는 육역지역에서는 60% 이상의 습지 식생이 존재하는 경우, 해안의 경우 수심 6m 이내, 내륙과 강어귀 유역에서 자연적이거나 인공적이거나, 담수 또는 기수인 모든 수역 구간을 포함하며, 이 구간에서 물이 흐르거나 정지 상태이거나, 간헐적이거나 영구적이거나 모두 습지로 정의한다(陸健健, 1998).

이와 같이 습지 제도, 관리 주체 등에 따라 습지의 범위가 다르지만, 미공병단US Army Corps of Engineers (USACE)에서는 맑은물법Clean Water Act(CWA)의 Section 404와 Section 10에 따라 관리권역의 범위를 〈그림 1-5〉와 같이 설정하고 있다.

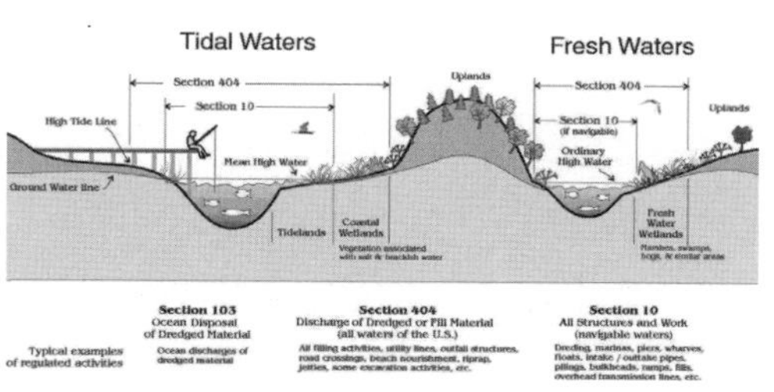

그림 1-5. 습지 관리권역(CWA Section 404, Section 10)
(자료: http://www.spk.usace.army.mil/)

다. 이 책에서의 습지 정의

위에서 살펴본 바와 같이 습지에 대한 정의는 매우 다양한데, 이러한 습지 정의들에는 각각 공통점과 차이점이 있다.

우선 각 정의에서 공통적으로 강조하고 있는 내용은 수문, 토양, 식생 등 습지 구성 요소이다.

- 수문: 생물의 성장기의 중요한 시기 동안 지표면이나 가까운 곳에 물이 존재
- 토양 및 지형: 습윤 상태에 적응된 토양 발달
- 식생: 습윤 상태에 적응된 식생 발달

즉 습지에는 일반적으로 볼 수 없는 독특한 수문학적 현상과 아울러 물 환경에 적응된 식생이 있고, 토양 조건도 내륙 지역과는 많이 다르다. 습지를 보는 시각, 목적, 전문 분야 등에 따라 차이는 있지만 습지를 결정하는 요소로서 습지 수문wetland hydrology, 습윤 토양hydric soils, 습지 식생hydrophytes, hydrophic vegetation 등을 습지를 판단하기 위한 기준으로 설정할 수 있다.

반면에 습지를 보는 시각이나 어떤 목적으로 보느냐에 따라 위 세 요소를 모두 만족해야 습지로 보는 경우와 어느 하나만 만족해도 습지로 보는 경우로 구분된다. 이것은 일반적으로 습지의 보전 상태가 양호하거나 양적, 질적으로 충분한 분포 특성을 보일 때는 습지의 3요소를 모두 고려하는 경향이 있고, 습지의 훼손이나 타 용도로의 전용 등이 심각한 경우에는 어느 한 요소만을 기준으로 판단하는 경향이 있다.

우리나라의 경우 습지의 훼손이 심각하고 급격하게 소멸되고 있다는 점에서 위의 어느 한 요소만을 만족해도 습지로 보아야 한다는 시각이 지배적이다.

그림 1-6. 자연습지 기능을 나타내는 묵논습지

다양한 정의와 개념을 종합하면,

① 육지 환경과 물 환경의 전이지대(transition area; ecotone)

생물의 생장기를 포함한 연중 또는 상당 기간 동안 물이 지표면을 덮고 있거나 지표 가까이 또는 근처에 지하수가 분포하는 토지

② 성장기 물의 영향

식생과 동물이 그 일생의 생활 근거를 이루기에 충분한 기간 동안 물이 못을 이루거나 흐르는 장소

③ 습지 구성 요소

습지 수문, 습지 식생, 그리고 습윤 토양(또는 지형) 등 3요소를 포함

- 수문: 지표수(하천, 저수지), 지하수, 강우(빗물이 직접 또는 분수령 내 유입)
- 토양 및 지형: 물에 의해 영구적으로 또는 일시적으로 포화되거나 지하수의 영향을 받아 혐기성 환경 형성, 지형의 경우 습지 판별보다는 유형 요소로 작용
- 식생: 물과 혐기성 환경에 적응된 식생

④ 수심

내륙습지의 경우 특별한 수심 제한은 없으며[7] 해안의 경우 간조 시 수심 6m까지를 습지로 판별(단, 해안의 경우 습지 내 섬이나 수심 6m 이상의 해양도 포함)

이상과 같이 습지에 대한 시각이 다양한 만큼 습지에 대한 정의 또한 다양하나, 이 책에서는 이러한 다양성을 고려하여 습지를 다음과 같이 정의한다.

- 육지 환경과 물 환경의 전이지대로서 생물의 생장기를 포함한 연중 또는 상당 기간 동안 물이 지표면을 덮고 있거나 지표 가까이 또는 근처에 지하수가 분포하는 토지
- 식생과 동물이 그 일생의 생활 근거를 이루기에 충분한 기간 동안 물이 못을 이루거나 흐르는 장소
- 습지 구성 요소로는 습지 수문, 습지 식생, 그리고 습윤 토양 등 3요소를 포함

이를 구체적으로 설명하면,

- 육지 환경과 물 환경의 전이지대로서 생물의 생장기를 포함한 연중 또는 상당 기간 동안 물이 지표면을 덮고 있거나 지표 가까이 또는 근처에 지하수가 분포하는 토지

7. 내륙습지의 경우 호수형(Lacustrine) 습지와 소택형(Palustrine) 습지를 구분하는 요인의 하나로서 수심 2m를 기준으로 한다.

- 식생과 동물이 그 일생의 생활 근거를 이루기에 충분한 기간 동안 물이 못을 이루거나 흐르는 장소
- 생물종다양성이 높고 육지 환경과 물 환경 사이 전이지대(transition, ecotone)
- 습지 구성 요소는 습지 수문, 습지 토양, 습지 식생 등 3요소를 포함
- 습지 수문: 지표 또는 뿌리 근처에 물이 존재하며 성장기 동안 물에 의해 기반이 침수되거나 얕은 물에 덮임
- 습지 토양: 인접한 육지 권역과 구별되는 독특한 특성으로서 연중 또는 일정 기간은 포화되어 있어 산소가 부족한 혐기성 환경을 형성하며, 유기물질이 많음. 배수가 불량한 토양이거나 범람지, 또는 충적지 토양으로 덮인 경우 습지로 판별
- 습지 식생: 습윤 조건에 적응된 식생
- 토양이나 식생이 습지의 조건을 충족하지 않더라도 호수나 하천의 수문 조건에 의해 수변식생대Riparian 포함

습지 보전을 위한 제도적 기반

I-2

가. 습지 훼손 요인

(1) 인위적 위협 요인

습지는 도로 등의 건설 공사, 유역 내 농축산업, 토지이용의 변화에 의한 육화, 농경지 개간, 편의시설 설치, 골재 채취, 구조물 설치, 낚시, 오염물질 유입 등 크고 작은 개발 압력에 노출되어 있다.

1) 영농 행위로 인한 훼손

습지를 기반으로 하는 영농 행위로 인한 농약과 비료 등 오염물질이 유입되고, 친환경영농법도 습지에 영양염류가 과다하게 집적되어 습지 훼손 요인이 되고 있다.

그림 1-7. 습지 주변 영농 행위(두웅습지)

2) 물순환체계의 교란

용늪의 경우 이탄층을 채취하여 스케이트장을 조성함으로써 이탄층 및 물이끼층이 함유하고 있던 지하수위가 저하되고 일부 웅덩이가 형성되면서 전체적으로 물순환체계가 교란되었으며, 제방 일부를 단절시켜 물을 배수하는 과정에서 다시 한 번 물순환체계가 교란되는 등 습지의 기능이

그림 1-8. 습지 훼손. 스케이트장 조성으로 이탄층이 파괴되고 물순환체계가 균형을 잃어 습지가 급격히 훼손(용늪)

급격히 저하되었다. 두웅습지의 경우 모내기철이나 생육기에는 주변 논에 물을 대는 수원으로 이용되고 있어 물 수지에도 영향을 주고 있다.

3) 각종 개발사업에 의한 인위적 교란

습지 주변의 도로, 집단시설 및 지원시설 건설사업은 습지에 직접적인 교란을 끼쳐 구조적 파괴와 기능적 저하 등 훼손 원인이 된다.

그림 1-9. 건설사업으로 인한 습지 훼손. 왼쪽부터: 도로나 교량 등 시설물 설치(갑천), 도로 등 각종 공사로 몸살을 앓고 있는 우포, 신설도로가 왕버들 및 가시연꽃 자생지 통과(임실습지), 도로와 각종 공사로 위협받는 하천의 왜가리(갑천)

4) 토지이용 변화로 인한 서식지 훼손

습지 내 또는 주변 토지이용 변화로 인해 생태경관 단순화, 자연천이 억제, 진입로 개설 등으로 인해 서식지 훼손 및 감소 원인이 되고 있다. 또한 도로 등 건설사업으로 습지가 단절되고 농경지 등으로 토지이용이 전환되어 극히 일부분만 남게 된다.

그림 1-10. 주변 토지이용 변화로 토사가 유입되면서 육화 진행. 왼쪽: 용늪, 오른쪽: 제주 동수악

5) 진입도로

습지에 진입하거나 가로지르는 도로는 도로 자체에 의한 훼손과 더불어 자동차, 4륜 오토바이 등 관광객의 활동으로 인한 훼손을 발생시키는 요인이 된다. 진입로를 통해 대형버스와 승용차 등 자동차를 이용하여 많은 탐방객이 습지 바로 앞까지 진입할 수 있어 접근성이 편리한 점은 있으나 습지 생태계에는 심각한 영향을 끼치고 습지 훼손을 가속화하고 있다. 노면 침식, 비산 먼지, 외부 토양 및 동식물 자원 진입 통로로 작용한다.

또한 사구 배후습지인 두웅습지의 경우, 진입도로가 사구-두웅습지-산림으로 이어지는 생태축을 단절하고 있어 소형 야생동물의 이동을 방해받고 있다.

그림 1-11. 습지를 농경지로 바꾸려는 노력으로 습지 훼손 가속화(금산 방우리)

그림 1-12. 하천습지의 기능을 저하시키고 훼손하는 직접적 원인(갑천)

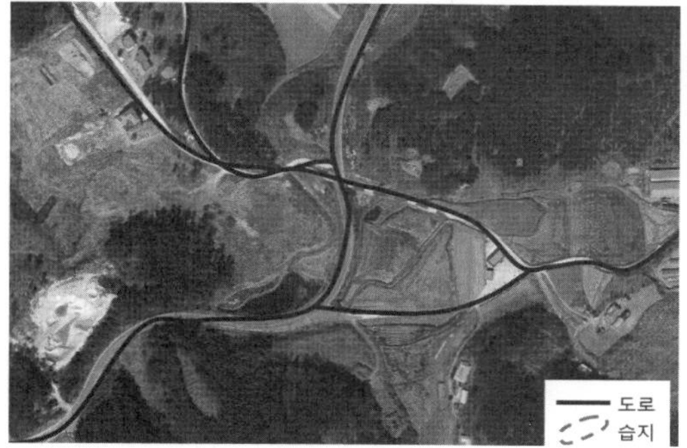

그림 1-13. 도로로 단절된 넝배골 습지(두웅습지)

그림 1-14. 도로에 의한 습지 훼손(두웅습지)

그림 1-15. 습지 훼손 유형. 왼쪽 : 산지습지 사이로 등산로가 지나면서 급격히 훼손(식장산). 오른쪽 : 유역 내 농가 및 축사 등이 오염원으로 작용(우포).

(2) 생물학적 훼손 요인

1) 생태계 교란종 및 외래종 유입

황소개구리 등과 같은 법정 교란종 포함 생태계 교란의 원인이 되는 외래종들이 생태계를 교란시키며, 칡, 돌콩, 환삼덩굴이 시각적인 훼손과 생태계에 악영향을 끼친다.

2) 인위적인 생태계 교란 및 생태 경관 훼손

자생식물이 아닌 인위적으로 식재된 식생이 습지 및 주변 생태계에 대한 교란 요인이 되며, 생태적으로나 경관적으로도 조화되지 않아 적절한 제거를 통한 관리가 필요하다.

그림 1-16. 인위적인 습지 훼손 사례. 왼쪽: 골재 채취로 하천생태계는 급속히 파괴, 오른쪽: 하천변 식생을 톱으로 자르거나 치명적인 약제를 살포하는 등의 방법으로 고사(갑천)

(3) 습지보호지역 및 주변의 주요 비점·점오염원

1) 농경지

습지 주변 지역 주민들의 영농 행위는 직접적인 오염원으로 작용하고 있다. 농경지는 취수원으로 습지에서 직접 물을 끌어 쓰고 또한 농경지로부터 습지로 직접 배수되어 습지에 직접적으로 위협을 주는 심각한 오염원이 되고 있다. 습지 주변 농경지에 방치된 농사용 농약병들은 직접적인 오염원일 뿐만 아니라 장기적으로 농경지는 습지 생태계를 훼손하는 가장 큰 원인으로 작용하고 있다. 수면에 인접하여 농경지가 분포하여 농약, 비료 및 폐기물 등 오염원이 되어 수질에 악영향을 주고 있고, 경작 과정에서 습지 및 주변 산림생태계를 교란할 우려가 높다.

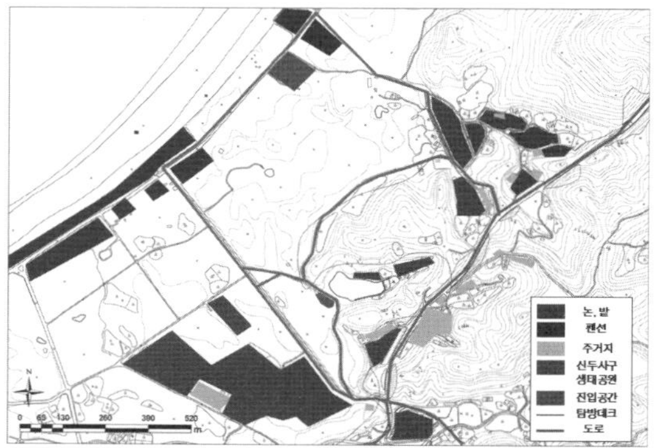

그림 1-17. 두웅습지 토지이용에 따른 오염원 분포

그림 1-18. 습지 주변 오염원으로서의 농경지 및 농약병(두웅습지)

2) 과도한 탐방객 출입

탐방 데크와 같은 보행자 동선을 통해 방문객들이 습지의 안쪽까지 진입하여 오염원이 발생하고 있다. 또한 습지 진입로를 통해 차량 진입이 가능하여 차량 이동으로 인한 오염이 발생하고 있다.

그림 1-19. 방문객으로 인한 오염(두웅습지)

3) 기타 요인

농경지, 산소 등 지역 주민의 생활과 관련한 진입도로가 물리적으로 습지를 훼손하거나 토사, 쓰레기 등으로 습지에 오염원이 유입되기도 하며, 매립, 간척, 굴착 및 활용 목적을 띤 습지의 토지용도 변경, 논, 밭 등의 경작지, 목축용지 등과 같은 주변 토지의 이용으로 발생하는 비점오염원과 점오염원에 의한 습지 훼손의 원인이 되고 있다. 또한 습지를 기반으로 하는 어로 행위와 습지에 설치된 관리사무실, 화장실, 주차장 등 시설들도 오염원으로 작용하고 있다.

그림 1-20. 낚시는 습지의 기능을 저하시키는 대표적인 위협(중국)

그림 1-21. 하천 범람원에 형성된 포장마차촌과 도로(유등천)

그림 1-22. 정화되지 않은 채 유입되는 오수(오산천)

그림 1-23. 하천 범람원에 조성된 운동시설

나. 국내 습지 보전 제도

우리나라에서는 1999년 제정된 습지보전법에 근거하여 습지보전기본계획을 수립하고 습지를 보전 관리하기 위한 법적 근거를 마련하였으며, 환경부와 해양수산부 등 정부 관련 부처에서 정책적으로 습지 기초조사와 보전계획을 수립 추진 중에 있다. 이미 5년 주기의 전국적인 습지 조사가 진행되고 있으며, 국가습지목록 작성 및 습지 보전·복원을 위한 정책들이 수립되고 있다. 또한 생태관광자원으로서 습지가 매우 중요한 생태관광지로 부각되고 있다.

그 외에도 국가습지목록 구축을 위한 습지 유형 분류 체계 및 기능 평가, GIS를 활용한 WEB DB

구축, 습지보전기초계획, 습지보전기본계획 등이 수립되었으며, 습지총량제 도입 및 습지은행, 대체습지 조성 등에 대한 국가적 차원의 연구가 이루어지고 있다.

개별 습지에 대한 보전계획은 이 책 '5장. 습지 보전·복원 및 관리'에서 다루고자 한다.

(1) 습지보전법

1) 주요 내용

습지를 효율적으로 보전·관리하기 위하여 제정된 법률로서 법 제1조에 의하면 습지의 효율적 보전·관리에 필요한 사항을 규정하여 습지와 습지의 생물다양성을 보전하고, 습지에 관한 국제협약의 취지를 반영함으로써 국제 협력의 증진에 이바지함을 목적으로 제정되었다.

습지의 정의, 습지보전의 책무, 습지 조사, 습지보전기본계획의 수립, 국가습지심의위원회의 설치 등에 대한 국가 및 지방자치단체 등의 의무를 포함하고 있으며, 습지의 보전 및 관리에 대한 제반 사항을 담고 있다.

매 5년마다 습지의 생태계 현황 및 오염 현황과 습지에 영향을 미치는 주변 지역의 토지이용 실태 등 습지의 사회·경제적 현황에 관한 기초조사를 실시하여야 하며, 국제협약 이행에 필요한 경우 정

	~ 2007 이전	1차 기본계획 2008 ~ 2012	2차 기본계획 2013 ~ 2017	3차 기본계획 2018 ~ 2022
	습지 여명기	습지 확산기	습지 정착기	전환 및 도약기(저자 제안)
	• 습지기반 마련 • 개별적 습지연구	• 습지를 생태계라는 시각에서 종합 관리	• 습지선진제도 구축 • 습지선진국 진입	• 습지선진국 • 글로벌 리더
습지조사정책기반	• 람사르협약 가입 • 습지보전법 제정 • UNDP / GEF • 습지사업단 • 국가습지상임위원회	• 람사르총회(COP10) 개최 • 국립습지센터 • 습지보호지역, 람사르습지 확대	• 습지보전법 정비 • 보전 전략 정착 • 복원 전략 미흡 • 습지보전가치평가 • 습지모니터링 →	• 생태계서비스 • 생활밀착형 습지 • 생태복지 • 생태계행정서비스 • 국제화와 지방화 균형 →
	• 전국내륙습지조사 → • 습지보호지역 정밀조사 → • 하구역생태계조사 → • 연안습지기초조사 → • 전국자연환경조사 →	→	→	→
습지인식현명한이용	• 습지인식 전환 : 부정적 인식 또는 무인식에서 긍정적 인식 • 습지기능 중요성 등 습지재평가 • 학술적 제도적 기반 • 습지총량제 • 습지건강성 평가 • 습지툴킷	• 생태관광프로그램 • 습지 유형 분류 체계 • 습지인벤토리 • 습지기능 및 중요도 평가 • 유형별 습지복원 매뉴얼 • 논습지 보전관리	• 생태관광지 • 람사르마을(도시) • 습지고도화(webGIS) • 동북아습지보전 네트워크 • 해양보호구역 네트워크 • 훼손습지 복원, 인공습지 조성관리 • 생물다양성 보전	• 습지환경정보 : 사물인터넷, 빅데이터, 스마트폰 등 ICT 기술 • 복원, 조성, 대체습지 성능평가 • 표준습지 • 숨은 습지 발굴(도시습지, 마을습지) • 국토 공간계획 환경계획 및 토지생태성 평가와 연계

그림 1-24. 우리나라 습지 정책 패러다임 변화(구본학, 2016)

밀조사를 별도로 수행할 수 있고, 습지의 상태에 뚜렷한 변화가 있는 경우 기초조사에 대한 보완조사를 실시할 수 있다.

2) 습지지역

습지보전을 위해서는 습지보호지역, 습지주변관리지역 및 습지개선지역 등을 지정할 수 있다. 즉, 환경부 장관(내륙습지)과 해양수산부 장관(연안습지) 및 시도지사 등은 습지 중 다음 조건에 해당하는 지역으로서 특별히 보전할 가치가 있는 지역을 습지보호지역으로 지정하고, 습지보호지역 주변지역을 습지주변관리지역으로 지정할 수 있다.

표 1-1. 습지지역

구분	내용
습지보호지역	다음 조건에 해당하는 지역으로서 특별히 보전할 가치가 있는 지역 1. 자연 상태가 원시성을 유지하고 있거나 생물다양성이 풍부한 지역 2. 희귀하거나 멸종위기에 처한 야생생물이 서식·도래하는 지역 3. 특이한 경관적·지형적 또는 지질학적 가치를 지닌 지역
습지주변관리지역	습지보호지역 주변 지역
습지개선지역	1. 습지보호지역 중 습지 훼손이 심화되었거나 심화될 우려가 있는 지역 2. 습지생태계의 보전 상태가 불량한 지역 중 인위적인 관리 등을 통하여 개선할 가치가 있는 지역

3) 습지보전이용시설

습지생태탐방 등을 목적으로 도입되는 시설은 습지를 보전하고 현명하게 이용하기 위한 구조와 기능 및 재료로 설치되어야 한다. 이와 관련하여 습지보전법에 의하여 습지를 보호·연구하기 위한 시설, 습지보전에 지장을 주지 않는 시설을 설치 운영할 수 있으며, 도입 가능한 시설물로는 습지 오염을 방지하기 위한 시설, 습지생태를 관찰하기 위한 시설, 습지를 보호하기 위한 시설, 습지를 연구하기 위한 시설 등이 있다.

4) 훼손된 습지의 관리

습지보호지역 또는 습지개선지역 중 1/4 비율 이상 면적의 습지를 훼손할 경우 다음과 같이 관리한다.

첫째, 당해 습지보호지역 또는 습지개선지역 중 1/2 비율에 해당하는 면적의 습지 존치

둘째, 존치된 습지를 5년간 관찰

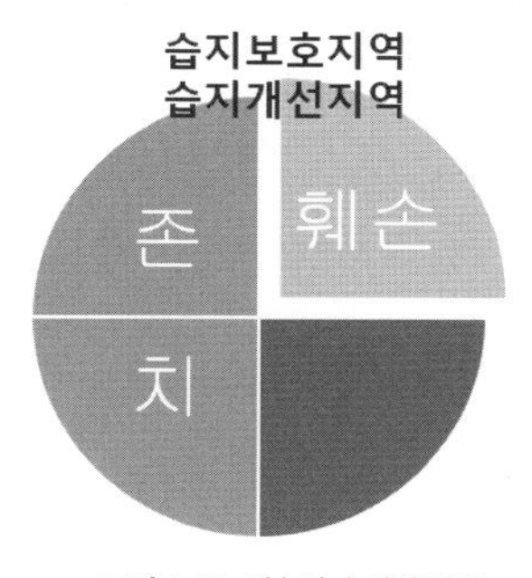

그림 1-25. 훼손된 습지의 관리

5) 인공습지의 조성 관리

환경부 장관·해양수산부 장관·지자체장 등은 생태계 보전·습지 환경 개선 등을 위하여 관계중앙행정기관의 장 또는 지방자치단체의 장으로 하여금 인공적인 습지를 조성하도록 권장할 수 있다. 또한 훼손된 습지의 주변에 해류·사구 등의 변화로 인하여 자연적으로 조성되는 습지를 가능한 한 유지 또는 보전한다.

(2) 습지보전기본(기초)계획 및 습지보전계획

습지보전법에 근거하여 습지보전기초계획 및 습지보전기본계획을 수립하여 보전 관리를 수행하도록 규정하고 있으며, 습지보호지역 등에 대해서는 보전계획을 수립·시행하여야 한다.

1) 습지보전기초계획·기본계획

습지보전기본계획은 우리나라 전국의 습지 관련 부분별 계획을 총괄·조정·통합하여 습지의 보전 및 지속가능한 관리가 이루어지기 위한 범 정부 차원의 종합계획으로 정책의 기본방향을 설정한다.

습지보전기본계획은 5개년 중기계획으로서 5년마다 실시되는 전국 내륙 및 연안습지 조사 결과를 토대로 [내륙습지보전기초계획]과 [연안습지(갯벌)보전기초계획]을 수립하게 되며, 이를 토대로 [습지보전기본계획]을 수립하도록 하는 법정계획이다. 지방자치단체에서는 습지보전기본계획을 근거로 자치단체별 세부적인 [습지보전실천계획]을 수립 시행한다.

기본계획에는 다음 각 호의 사항이 포함되어야 한다.

표 1-2. 습지보전기초계획과 기본계획

구분	계획 수립	계획 수립 근거
습지보전기초계획	내륙습지(환경부 장관) 연안습지(해수부 장관)	습지 조사
습지보전기본계획	전체습지(환경부 장관)	습지보전기초계획(내륙, 연안)

1. 습지보전에 관한 시책 방향
2. 습지 조사에 관한 사항
3. 습지의 분포 및 면적과 생물다양성의 현황에 관한 사항
4. 습지와 관련된 다른 국가기본계획과의 조정에 관한 사항
5. 습지보전을 위한 국제 협력에 관한 사항
6. 기타 습지보전에 필요한 사항

또한 습지보호지역 등에 대해서는 보전계획을 수립해야 하며 보전계획에는

1. 습지의 보전에 관한 기본적인 사항
2. 습지보전·이용시설의 설치에 관한 사항
3. 습지의 보전과 이용·관리에 관한 사항

등을 포함한다.

2) 보호지역과 습지보호지역

보호지역Protected Areas은 생물다양성과 자연 그리고 자연과 연계된 문화를 보호하기 위해 법과 다른 효과적인 수단으로 각별하게 관리되는 육상 또는 해양의 일정한 구역을 말한다.

세계자연보전연맹IUCN에서는 보호지역을 "법률 또는 기타 효과적인 수단을 통해, 생태계 서비스와 문화적 가치를 포함한 자연의 장기적 보전을 위해 지정·인지·관리되는 지리적으로 한정된 공간"으로 정의하고 있으며, 지정 목적에 따라 다음과 같이 7유형으로 구분하고 있다.

표 1-3. IUCN 보호구역 범주(자료: IUCN)

범주	명칭	내용
Ia	엄정자연보전지 Strict Nature Reserve	생물다양성과 가능하면 지리적/지형적 특징까지도 보호하기 위해 특별하게 지정된 엄정 보호구역. 보전가치 보호를 위해 인간의 방문과 이용, 영향이 엄정하게 통제되고 제한. 과학적 연구 조사와 모니터링을 위한 필수적인 표준생태계(reference area) 기능.
Ib	원시야생지역 Wilderness Area	보통 변형되지 않거나 약간의 변형만 있는 지역. 영구적이거나 심각한 인간의 거주 없이 자연 특성과 영향력이 유지되며, 자연 상태 보전 위해 보호관리.
II	국립공원 National Park	지역의 생물종과 생태계 특징의 완성과 함께 대규모 생태적 형성 과정을 보호하기 위해 따로 남겨둔 자연 상태 또는 자연과 가까운 상태의 지역. 환경적으로나 문화적으로 양립할 수 있는 영적, 과학적, 교육적, 휴양적 탐방 기반 제공.
III	천연기념물 Natural Monument or Feature	독특한 천연기념물 보호를 위해 따로 남겨두는 곳. 지형이나 해저 지형, 해저 동굴, 그리고 동굴 같은 지리적 특징이나 고대의 숲 같은 생활적 특징. 일반적으로 매우 작으나, 때로 탐방객은 매우 많음.
IV	서식지/종 관리지역 Habitat/Species Management Area	특정 종이나 서식지 보호 목적으로 관리. 특정 종이나 서식처의 필요 조건을 다루거나 서식처를 유지하기 위해서 정기적이고 적극적인 간섭.
V	육상(해상) 경관 보호지역 Protected Landscape / Seascape	사람과 자연의 상호작용에 의해 형성된 생태적, 생물적, 문화적, 경관적 가치가 있는 차별적 특징. 자연보전과 다른 가치를 보호하고 유지하기 위해서는 상호작용을 온전하게 보호.
VI	지속가능한 자연자원 이용을 위한 보호지역 Protected Area with Sustainable Use of Natural Resource	문화적 가치와 전통적 자연자원 관리 시스템과 함께 생태계와 서식지 보호. 지속가능한 자연자원 관리에 따르는 지역. 자연자원을 자연보전과 양립할 수 있는 낮은 수준으로 비산업적 이용. 일반적으로 규모가 크고 대부분 자연 상태.

모든 보호지역은 개별적 목적과 더불어 다음과 같은 공통의 목적을 갖는다.

• 생물다양성의 구성과 구조, 기능, 진화 잠재력을 보전한다.

- 지역의 보전 전략(핵심 보호구역core reserves, 완충지역buffer zones, 이동통로corridors, 이동생물종의 징검다리stepping-stones 등)에 기여한다.
- 자연경관이나 서식지, 관련 생물종과 생태계의 다양성을 유지한다.
- 지정된 보전 대상의 온전함integrity과 장기간의 유지를 확보할 수 있도록 충분한 크기를 갖거나, 이런 목적을 달성할 수 있도록 확대될 수 있다.
- 내재된 가치를 영원히 유지한다.
- 관리계획 지침과 적합한 관리를 위한 모니터링과 평가 프로그램에 따라 운영한다.
- 분명하고 공정한 관리체제 시스템을 갖춘다.

국내 내륙습지 총면적은 1,872.7km²로 전 국토대비 1.87%이며, 내륙습지의 분포 및 면적은 전국 내륙습지조사 및 자연환경조사 등에 따라 1,872.7km²로 나타났고, 연안습지는 대부분 서해와 남해에 분포되어 있으며 2013년 갯벌조사 기준으로 2,487km²로서 2008년 2,489.4km²에 비해 2.2km² 감소하였다. 지역별로는 서해안이 전체 갯벌 면적의 약 83.8%인 2,084.5km²이며, 남해안에 402.7km²가 각각 분포한다. 시, 도별로는 전남이 약 42.0%로서 가장 많고, 인천·경기 약 35.2%, 충남 약 14.3%, 전북 약 4.8%, 경남·부산 약 3.7% 등으로 분포한다.

2018년 1월 기준으로 습지보호지역은 총 44개소 365.970km²에 이른다. 내륙 습지보호지역이 총 24개소(128.016km²; 습지주변관리지역, 습지개선지역 포함), 시도지사 지정 7개소(8.254km²)이며, 연안습지보호지역은 총 13개소(229.700km²)를 지정·관리하고 있다. 또한 시도지사 지정 습지보호지역이 7개소 8.254km²에 이른다. 국내 습지보호지역 현황은 다음과 같다.

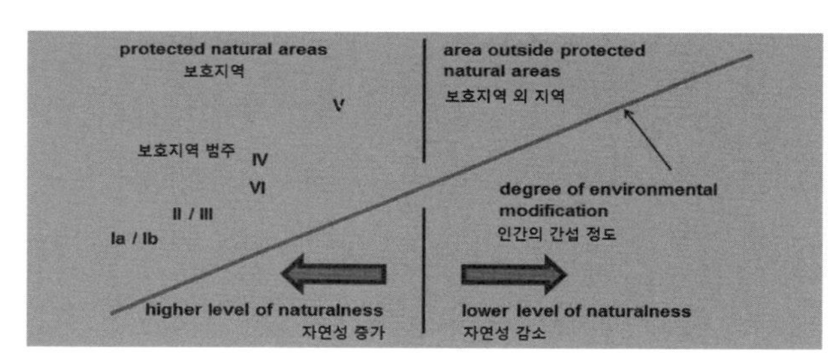

Source: Prepared using IUCN (2008).
NB: Ia = Strict Nature Reserve
Ib = Wilderness Area
II = National Park
III = Natural Monument
IV = Habitat Species Management Area
V = Protected Landscape/Seascape
VI = Managed Resource Protected Area

그림 1-26. 보호지역과 자연성(자료: IUCN)

표 1-4. 습지보호지역 지정 현황(2018. 01. 기준)

[단위: 개소, km²]

구분	계	내륙습지	연안습지	지자체
계	44	24	13	7
면적	365.970	128.016	229.700	8.254

표 1-5. 내륙습지 보호지역(2018. 01. 기준)

*주: 습지주변관리지역, 개: 습지개선지역

지역명	위치	면적(km²)	특징	지정일자(람사르등록)
환경부 지정 : 24개소, 128.016km²				
낙동강하구	부산 사하구 신평, 장림, 다대동 일원 해면 및 강서구 명지동 하단 해면	37.718	철새도래지	1999.08.09
대암산용늪	강원 인제군 서화면 대암산의 큰용늪과 작은용늪 일원	1.360	우리나라 유일의 고층습원	1999.08.09('97.03.28)
우포늪	경남 창녕군 대합면, 이방면, 유어면, 대지면 일원	8.609 (개:0.062)	우리나라 최고(最古)의 원시 자연늪	1999.08.09('98.03.02)
무제치늪	울산시 울주군 삼동면 조일리 일원	0.184	산지습지	1999.8.9('07.12.20)
제주 물영아리오름	제주 남제주군 남원읍	0.309	기생화산구	2000.12.5('06.10.18)
화엄늪	경남 양산시 하북면 용연리	0.124	산지습지	2002.02.01
두웅습지	충남 태안군 원북면 신두리	0.067	신두리사구의 배후습지 희귀 야생동·식물 서식	2002.11.1('07.12.20)
신불산 고산습지	경남 양산시 원동면 대리 산92-2일원	0.308	희귀 야생동·식물이 서식하는 산지습지	2004.02.20
담양하천습지	전남 담양군 대전면, 수북면, 황금면, 광주광역시 북구 용강동 일원	0.981	멸종위기 및 보호 야생동·식물이 서식하는 하천습지	2004.07.08
신안 장도 산지습지	전남 신안군 흑산면 비리 대장도 일원	0.090	도서지역 최초의 산지습지	2004.8.31(`05.03.30)
한강하구	김포대교 남단~강화군 송해면 숭뢰리 사이 하천제방과 철책선 안쪽(수면부 포함)	60.668	자연하구로 생물다양성이 풍부하여 다양한 생태계 발달	2006.04.17
밀양 재약산 사자평 고산습지	경남 밀양시 단장면 구천리 산1	0.587	절경이 뛰어나고 이탄층 발달, 멸종위기종 삵 등 서식	2006.12.28
제주 1100고지	서귀포시 색달동, 중문동 및 제주시 광령리	0.126	산지습지로 멸종위기종 및 희귀 야생동·식물 서식	2009.10.01('09.10.12)
제주 물장오리오름	제주시 봉개동	0.610	산정화구호의 특이지형, 희귀 야생동·식물 서식	2009.10.01('08.10.13)
제주 동백 동산습지	제주시 조천읍 선흘리	0.590	생물다양성 풍부, 북·남방계 식물 공존	2010.11.12('11.03.14)
고창 운곡습지	전북 고창군 아산면 운곡리	1.930 (개:0.133)	생물다양성 풍부, 멸종위기야생·동식물 서식	2011.03.14('11.04.07)
상주 공검지	경북 상주시 공검면 양정리	0.264	생물다양성 풍부, 멸종위기야생동·식물 서식	2011.06.29
영월 한반도습지	강원도 영월군 한반도면	2.772 (주:0.857)	수달, 돌상어, 묵납자루 등 총 8종의 법정 보호종 서식	2012.01.13('15.05.13)
정읍 월영습지	전북 정읍시 쌍암동 일원	0.375	생물다양성 풍부하고 구렁이, 말똥가리 등 멸종위기종 6종 서식	2014.07.24
제주 숨은물뱅듸	제주 제주시 애월읍 광령리	1.175 (주:0.875)	생물다양성 풍부하고 자주땅귀개, 새호리기 등 법정보호종 다수 분포	2015.07.01.('15.05.13)
순천 동천하구	전남 순천시 교량동, 도사동, 해룡면, 별량면 일원	5.394	국제적으로 중요한 이동물새 서식지이며, 생물다양성이 풍부하고 멸종위기종 상당수 분포	2015.12.24('16.01.20)
섬진강 침실습지	전남 곡성군 곡성읍·고달면·오곡면, 전북 남원시 송동면 섬진강 일원	2.037	수달, 남생이 등 법적보호종이 다수분포하고 생물다양성이 풍부	2016.11.07
문경 돌리네	경북 문경시 산북면 우곡리 일원	0.494	멸종위기종이 다수 분포하고 국내 유일의 돌리네 습지	2017.06.15
김해 화포천	경남 김해시 한림면 진영읍 일원	1.244	황새 등 법정보호종이 다수 분포하고 생물다양성이 풍부	2017.11.23

표 1-6. 연안습지 보호지역(2018. 01. 기준)

지역명	위치	면적(km²)	특징	지정일자(람사르등록)
해양수산부 지정 : 13개소, 229.700km²				
무안갯벌	전남 무안군 해제면, 현경면 일대	42.0	생물다양성 풍부 지질학적 보전가치 있음	2001.12.28('08.01.14)
진도갯벌	전남 진도군 군내면 고군면 일원(신동지역)	1.44	수려한 경관 및 생물다양성 풍부, 철새도래지	2002.12.28
순천만갯벌	전남 순천시 별양면, 해룡면, 도사동 일대	28.0	흑두루미 서식·도래 및 수려한 자연경관	2003.12.31('06.1.20)
보성·벌교 갯벌	전남 보성군 호동리, 장양리, 영등리, 장암리, 대포리 일대	10.3	자연성 우수 및 다양한 수산자원	2003.12.31('06.01.20)
옹진 장봉도 갯벌	인천 옹진군 장봉리 일대	68.4	희귀철새 도래·서식 및 생물다양성 우수	2003.12.31
부안줄포만 갯벌	전북 부안군 줄포면·보안면일원	4.9	자연성 우수 및 도요새 등 희귀철새 도래·서식	2006.12.15('10.02.01)
고창갯벌	전북 고창군 부안면(I 지구), 심원면(II지구) 일원	10.4	광활한 면적과 빼어난 경관, 유용수자원의 보고	2007.12.31('10.02.01)
서천갯벌	충남 서천군 비인면, 종천면 일원	15.3	검은머리물떼새 서식, 빼어난 자연경관	2008.02.01('09.12.02)
증도갯벌	전남 신안군 증도면 증도 및 병풍도 일대	31.3	빼어난 자연경관 및 생물다양성 풍부 (염생식물, 저서동물)	2010.01.29('11.09.01)
봉암갯벌	창원시 마산 회원구 봉암동	0.1	도심습지, 희귀·멸종위기 야생동식물 서식	2011.12.16
시흥갯벌	경기도 시흥시 장곡동	0.71	내만형 갯벌, 희귀·멸종위기야생동물 서식·도래 지역	2012.02.17
비금·도초도 갯벌	전남 신안군 비금면, 도초면	12.32	염생식물, 철새 중간 기착지 등 생물다양성이 풍부	2015.12.30
대부도갯벌	경기도 안산시 단원구 연안갯벌	4.53	멸종위기종인 저어새, 노랑부리백로, 알락꼬리마도요의 서식지이자 생물다양성이 풍부한 갯벌	2017.03.22

표 1-7. 지자체 지정 습지보호지역(2018. 01. 기준)

지역명	위치	면적(km²)	특징	지정일자(람사르등록)
대구달성 하천습지	대구시 달서구 호림동, 달성군 화원읍	0.178	흑두루미, 재두루미 등 철새도래지, 노랑어리연꽃, 기생초 등 습지식물 발달	2007.5.25
대청호 추동습지	대전시 동구 추동 91번지	0.346	수달, 말똥가리, 흰목물떼새, 청딱따구리 등 희귀 동물	2008.12.26
송도갯벌	인천광역시 연수구 송도동 일원	6.11	저어새, 검은머리갈매기, 말똥가리, 알락꼬리도요 등 동아시아 철새이동경로	2009.12.31. (2014.7.10.)
경포호· 가시연습지	강원도 강릉시 운정동, 안현동, 초당동, 저동일원	1.314 (주0.007)	동해안 대표 석호, 철새도래지 멸종위기종 가시연 서식	2016.11.15
순포호	강원도 강릉시 사천면 산대월리 일원	0.133	멸종위기종II급 순채서식, 철새도래지이며 생물다양성 풍부	2016.11.15
쌍호	강원도 양양군 손양면 오산리 일원	0.139 (주0.012)	사구위에 형성된 소규모 석호, 통발 서식	2016.11.15
가평리습지	강원도 양양군 손양면 가평리 일원	0.034	해안충적지에 발달한 담수화된 석호, 꽃창포, 부채붓꽃, 털부처꽃 서식	2016.11.15

일본의 중요한 습지 500

일본에서는 습지보전, 인식 증진 및 현명한 이용을 위해 500개의 주요 습지를 선정하였다. 습지 유형으로는 Bog/Fen, Tidal Flat, Seagrass beds/Seaweed bed, Coral reef, Artificial wetland 등이 있으며, 선정 기준은 다음과 같다.

① 유기체에게 서식처 및 산란처 제공하는 습지/염습지, 하천, 호수, 소택, 갯벌, 맹그로브 숲, 습초지, 산호초 등
② 희귀종 및 멸종위기종에게 서식처 및 산란처 제공하는 지역
③ 생물상이 풍부한 지역
④ 특정종의 대규모 개체군에게 서식처를 제공하는 지역
⑤ 유기체의 생활사에서 먹이와 산란을 위해 특별한 지역

다. 람사르협약 및 람사르습지

(1) 람사르협약

1) 개요

습지와 관련된 국제 협약인 람사르협약Ramsar Convention은 1971년 이란의 람사르에서 국제적으로 중요한 습지를 보호·보전하기 위해 맺은 협약을 말한다. 원래 명칭은 '물새 서식지로서 특히 국제적으로 중요한 습지에 관한 협약Convention on Wetlands of International Importance especially as Waterfowl Habitat'인데, 이를 줄여서 람사르협약, 람사르습지협약The Ramsar Convention on Wetlands 또는 그냥 습지협약 등으로 부르고 있다. 람사르협약은 당사국총회, 상임위원회, 사무국, 과학기술검토패널 등의 조직으로 구성되어 있으며, 협약 가입한 당사국은 국가람사르위원회 또는 국가습지위원회를 구성하도록 되어 있다.

2) MAR 회의

람사르협약은 1962년 11월 프랑스령 카마르그Camargue의 레 생마레 드라메르Les Saintes Maries-de-la-Mer에서 개최된 MAR Conference에서 비롯된다. MAR Conference는 1960년부터 시작된 MAR 프로젝트의 일환으로 개최되었는데, MAR 프로젝트는 소택지를 의미하는 'MARshes', 'MARecages', 'MARismas' 등으로부터 나온 용어로서 유럽의 대규모 습지들이 빠른 속도로 매립되거나 파괴되어 물새의 수가 감소되고 있다는 데 대한 위기의식에서 시작된 것이다.

MAR Conference는 국제 자연 및 자연자원 보전연맹The International Union for the Conservation of Nature and Natural Resources(현재의 국제자연보전연맹 IUCN), 국제 물새와 습지조사국The International Waterfowl and Wetlands Research Bureau(현 Wetland International), 국제조류보존협회The International Council for Bird Preservation(현 Birdlife International) 등이 참

가한 국제적인 습지 및 조류 서식처 보전을 위한 협의체다.

3) 람사르협약

이후 8년 동안 7차에 걸친 일련의 국제회의[8]를 통해 국제협약 본문이 협의되었고, 1971년 2월 2일 이란의 람사르에서 협약 본문에 대한 합의가 이루어졌고 그 다음날에는 18개국 대표가 서명하였다. 이후 협약은 두 차례에 걸쳐 개정된 바 있는데, 이를 각각 파리의정서Paris Protocol(1982년 12월), 레지나개정안Regina Amendment(1987년)이라 부른다.

람사르협약은 당사국총회, 상임위원회, 사무국, 행정당국, 과학기술검토패널 등이 구성되어 있으며, 당사국들은 국가람사르위원회 또는 국가습지위원회를 구성한다. 1974년 호주가 최초로 협약 가입 문서를 제출하였고, 1975년까지 핀란드, 노르웨이, 스웨덴, 남아프리카공화국, 이란, 그리스 등 7개 국가가 가입 문서를 제출함으로써 비로소 람사르협약의 효력이 발생되었다.

1980년 11월, 이탈리아의 칼리아리Cagliari에서 제1차 람사르 당사국총회가 개최된 이래, 2012년까지 11차에 걸친 총회와 2회의 특별회의가 개최되었는데, 각 회의의 개최지 및 주요 사건을 요약하면 다음과 같다.

- 1971년 2월 2일: 이란 람사르에서 18개국 대표가 '특히 물새 서식처로서 국제적으로 중요한 습지에 관한 협약Wetlands of International Importance especially as Waterfowl Habitat'에 합의 및 서명(다음 날)
- 1974년 1월: 호주가 최초로 협약 가입 문서 제출
- 1975년 12월 21일: 그리스가 7번째 가입 문서 제출하여 람사르협약 효력 발생(호주, 핀란드, 노르웨이, 스웨덴, 남아프리카공화국, 이란, 그리스)
- 1980년 11월: 이탈리아 칼리아리Cagliari, 제1차 람사르협약 당사국총회 개최. 국제적으로 중요한 습지 식별 기준 채택
- 1982년: 프랑스 파리, 람사르협약 개정에 관한 파리의정서Paris Protocol 채택
- 1984년: 네덜란드 흐로닝언Groningen, 제2차 람사르협약 당사국 총회. 협약 이행 기본틀, 당사국 의무사항 제시
- 1986년: 파리의정서Paris Protocol 발효
- 1987년: 캐나다 레지나Regina에서 레지나개정안 채택. 람사르습지 식별 기준 개정, 현명한 이용 지

---

8. St. Andrews, 1963; Noordwijk, 1966; Leningrad, 1968; Morges, 1968; Vienna, 1969; Moscow, 1969; Espoo, 1970

침, 상임위원회 설치, 사무국 설치(스위스 글랑 IUCN, 영국 슬림브리지 IWRB)

- 1988년 1월: 사무국 설치. 미국 댄 네이빗Dan Navid 사무총장 취임. 람사르자문단 설치
- 1989년: 람사르 로고 채택(날아오르는 파란색의 종을 알 수 없는 새의 뒤로 길게 늘어진 파스텔블루와 녹색의 흔적들)
- 1990년: 스위스 몽트뢰Montreux, 제4차 총회. 람사르습지 식별 기준 개정, 람사르사무국 통합(글랑), 몽트뢰목록 제정, 습지보전기금 제정, 현명한 이용 지침 확대
- 1991년 12월: 제1차 람사르 지역회의(아시아) 개최(카라치, 파키스탄)
- 1993년 6월: 일본 쿠시로Kushiro, 제5차 총회. 과학기술검토패널STRP 개설, 쿠시로성명 채택
- 1993년 10월: 현명한 이용 프로젝트 보고서 '*Towards the wise use of wetlands*' 발간
- 1996년 3월: 호주 브리즈번, 제6차 총회. 람사르와 물에 관한 결의안 채택, 1997~2002 전략 계획 채택. 람사르습지 기준에 어류 서식처 기준 적용
- 1996년 10월: 세계 습지의 날(2월 2일) 제정, 최초의 지역협정인 지중해습지위원회 설립
- 1997년 2월 2일: 제1회 세계 습지의 날. 대한민국 가입(101번째)
- 1998년 10월: 람사르 로고 수정
- 1999년 5월: 코스타리카 산호세, 제7회 람사르총회. 국가습지정책지침 툴킷 제정, 람사르습지 보전상 제정, 파트너 국제기구 선정 - BirdLife International, IUCN-International Union for Conservation of Nature, Wetlands International, and WWF International as 'International Organization Partners'(IOPs) of the Convention.
- 2000년 5월: 람사르툴킷(핸드북) 9권 세트로 출간
- 2002년 6월: 스페인 발렌시아, 제8차 람사르총회. 람사르지침 추가, 새로운 전략 계획 채택, 대중 인식 프로그램
- 2005년 11월: 우간다 캄팔라, 제9차 람사르총회. 지침 보완, 8개 지역 이니셔티브 승인
- 2008년 10~11월: 대한민국 창원, 제10차 람사르협약 당사국총회. 인류 복지와 습지에 대한 창원 선언문 채택. 논습지 결의안

그림 1-27. 초기의 람사르협약 로고
(자료: 람사르협약)

그림 1-28. 세계 습지의 날 로고
(자료: 람사르협약)

그림 1-29. 람사르협약 로고
(자료: 람사르협약)

• 2012년 7월: 루마니아 부카레스트Bucharest, 제11차 람사르협약 당사국총회
• 2015년 6월: 우루과이 푼타델에스테Punta del Este, 제12차 람사르협약 당사국총회
• 2018년 10월: UAE 두바이Dubai, 제13차 람사르협약 당사국총회

(2) 람사르습지

1) 람사르습지 등록 기준

람사르협약에 가입한 당사국들은 각 나라를 대표하는 국제적으로 중요한 습지를 람사르습지 Ramsar Site Inventory로 등록하여 국가적 차원에서 습지를 보전하고 향상시키는 전략을 수립하고 있다.

표 1-8. 람사르습지 등록 기준(자료: 람사르협약)

대분류	소분류	세부 기준
Group A 대표적이거나 희귀하거나 독특한 습지 유형		Criterion 1: 적절한 생물 지리학적인 지역 단위에서 대표적이거나, 희귀하고, 독특한 자연적 혹은 거의 자연적 습지의 예가 될 수 있는 습지
Group B 생물다양성 보전을 위해 국제적으로 중요한 습지	종과 생태적 군집에 근거한 기준	Criterion 2: 민감한 종, 멸종위기종, 혹은 심각하게 서식처가 위협당하고 있는 종 혹은 생태군집이 서식하고 있는 습지
		Criterion 3: 어떤 특정 생물 지리지역에서 생물다양성을 유지하는데 매우 중요한 동·식물 군집을 유지하고 있는 습지
		Criterion 4: 동식물 종의 군집이 생활사의 중요한 부분(기간)을 보내거나 환경이 좋지 않을 때 피난처로 활용되는 중요한 습지
	물새에 근거한 특별한 기준	Criterion 5: 20,000마리 혹은 그 이상의 물새가 정기적으로 서식하는 습지
		Criterion 6: 어떤 특정 물새의 종 혹은 아종 개체 수가 전 세계 개체 수의 1% 이상이 정기적으로 서식하는 습지
	어류에 근거한 특별한 기준	Criterion 7: 고유어종 혹은 해당과에 속하는 어류가 상당히 서식하거나, 습지의 가치를 잘 대변해 주는 어류 군집이 서식하는 습지로 지구 전체의 생물 다양성을 높이는데 기여하는 습지
		Criterion 8: 해당 습지가 어류의 먹이원의 원천, 산란장, 어린 물고기가 성장하는 곳 및 회유하는 어류군이 이동하는 통로로서 중요한 역할을 하는 습지
	기타 분류군에 근거한 특별한 기준	Criterion 9: 조류를 제외한 습지에 의존하는 하나의 종 또는 아종의 개체군이 전 세계 개체군의 1%가 정기적으로 유지되는 습지

2) 람사르습지 현황

1974년 호주의 Cobourg Peninsula가 최초의 람사르습지로 지정된 이래, 2018년 6월 기준으로 람사르협약에 가입한 나라는 170개국으로서, 2,314개, 면적 245,614,112ha에 이르는 습지가 람사르습지로 등록되어 있고, 면적 기준으로 콩고의 Tumba-Maindombe 습지와 캐나다의 Queen Maud Gulf 습지가 60,000km²로서 최대의 습지로 알려져 있다. 각 대륙별로는 유럽대륙이 영국 170개를 포함하여 전 세계 습지의 50%에 가까운 1,100개이며 아시아는 우리나라의 22개를 포함하여 321개 습지가 등록되어 있다. 그 외에 아프리카 394, 중남미 201, 북미 217, 오세아니아 81개 습지가 각각 람사르습지로 등록되었다. 지정기준별로는 대체로 기준 1, 2, 3, 4에 집중되어 있으며, 습지 유형별로

는 내륙습지가 1,869개로 해안습지 964개에 비해 많이 지정되어 있다. 인공습지도 781개가 람사르습지로 지정되어 있다.

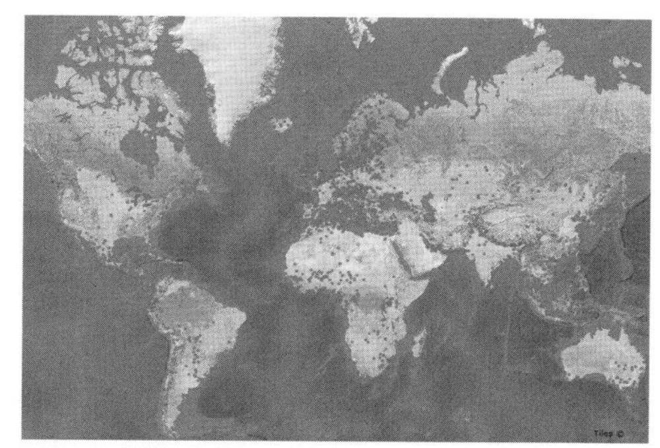
그림 1-30. 람사르습지 분포도(자료: Ramsar Convention)

한편, 습지가 인류에게 제공하는 편익을 의미하는 생태계서비스별로는 조절서비스와 공급서비스가 주를 이루며, 부양(유지) 서비스는 매우 미미한 실정이다. 특이한 것은 문화서비스가 가장 많은 분포를 보이고 있다. 즉, 습지는 생물다양성이나 기후변화 등 자연유산으로도 중요하지만 문화유산으로도 그 가치가 매우 높은 생태계라고 할 수 있다.

표 1-9. 대륙별, 지정기준별, 유형별, 생태계서비스별 람사르습지 현황(2018. 06. 기준)

분류 기준	현황
대륙별	Africa (394) Asia (321) Europe (1100) Latin America and the Caribbean (201) North America (217) Oceania (81)
지정기준별	1 (1595) 2 (1811) 3 (1488) 4 (1397) 5 (705) 6 (824) 7 (428) 8(624) 9 (47)
유형별	Inland wetlands (1869) Marine or coastal wetlands (964) Human-made wetlands (781)
생태계서비스별	Cultural Services (2161) Provisioning Services (1715) Regulating Services (1645) Supporting Services (376)

3) 우리나라의 람사르습지

우리나라는 1997년 101번째로 람사르협약에 가입하면서 대암산 용늪을 람사르습지로 등록한 이래, 2018년 6월 기준으로 경남 창녕 우포늪, 전남 신안군 흑산면 대장도 정상 부근에 있는 장도습지, 제주도 한라산에 있는 오름의 하나인 물영아리오름, 물장오리오름, 제주도의 독특한 생태계인 곶자왈에 발달한 동백동산, 제주도의 독특한 습지인 1100고지 습지, 충남 태안 신두리사구의 배후습지로 알려진 두웅습지, 경남 울산의 무제치늪, 순천만갯벌(보성벌교갯벌 포함), 전남 무안갯벌, 증도갯벌, 전북 고창-부안갯벌, 서천갯벌, 묵논습지인 부안 운곡습지, 논습지인 강화도 매화마름 군락, 오대산 국립공원 습지, 폭파되었다가 다시 자연의 힘에 의해 퇴적되어 형성된 한강 밤섬, 인천 송도갯벌, 곡류하천 범람지로서 한반도 지형을 이루고 있는 한반도습지, 제주숨은물뱅듸, 동천하구 등 총 22개 습지, 191,627km²가 람사르습지로 등록되었다.

표 1-10. 우리나라의 유형별 람사르습지 지정 현황(2018. 07. 기준)

[단위: 개소, km^2]

구분	계	내륙습지	연안습지
계	22	16	6
면적	191.627	22.027	169.600

위 습지 중 연안습지보호지역 8개소를 6개 람사르습지로 등록하였는데, 구체적으로 순천만갯벌과 보성벌교갯벌, 고창갯벌과 부안갯벌은 습지보전법상 각각 별도의 습지보호지역으로 지정되어 있으나 습지의 위치와 특성이 유사하므로 하나의 람사르습지로 등록되었다.

표 1-11. 우리나라의 람사르습지 목록(2018. 07. 기준)

지역명(등록명)	위치	면적(km²)	등록일자
대암산용늪(The High Moor, Yongneup of Mt. Daeam)	강원 인제군 서화면 심적리 대암산 일원	1.06	1997.3.28
우포늪(Upo Wetland)	경남 창녕군 대합면·이방면·유어면·대지면 일원	8.54	1998.3.2
신안장도 산지습지(Jangdo Island High Moor)	전남 신안군 흑산면 비리 장도(섬) 일원	0.090	2005.3.30
순천만·보성갯벌(Suncheon Bay)	전남 순천시 별양면·해룡면·도사동 일대, 전남 보성군 벌교읍 해안가 일대	35.5	2006.1.20
물영아리오름 습지(Mulyeongari-oreum)	제주 서귀포시 남원읍 수망리 수령산 일대 분화구	0.309	2006.10.18
무제치늪(Moojechineup)	울산 울주군 삼동면 조일리 정족산 일원	0.04	2007.12.20
두웅습지(Du-ung Wetland)	충남 태안군 원동면 신두리	0.067	2007.12.20
무안갯벌(Muan Tidal Flat)	전남 무안군 해제면·현경면 일대	35.89	2008.1.14
물장오리오름 습지(Muljangori-oreum wetland)	제주 제주시 봉개동	0.628	2008.10.13
오대산 국립공원 습지(Odaesan National Park Wetlands)	강원 평창군 대관령면 횡계리 일대(소황병산늪,질뫼늪), 홍천군 내면 명개리 일대(조개동늪)	0.017	2008.10.13
강화 매화마름 군락지(Ganghwa Maehwamarum Habitat)	인천 강화군 길상면 초지리	0.003	2008.10.13
1100고지 습지(1100 Altitude Wetland)	제주 서귀포시 색달동·중문동~제주시 광령리	0.126	2009.10.12
서천갯벌(Seocheon Tidal Flat)	충남 서천군 서면, 유부도 일대	15.3	2009.12.2
고창·부안갯벌(Gochang & Buan Tidal Flats)	전북 부안군 줄포면·보안면, 고창군 부안면·심원면 일대	45.5	2010.2.1
제주 동백동산 습지(Dongbaekdongsan)	제주 제주시 조천읍 선흘리	0.590	2011.3.14
고창 운곡습지(Ungok Wetland)	전북 고창군 아산면 운곡리	1.797	2011.4.7
증도갯벌(Jeungdo Tidal Flat)	전남 신안군 증도면 증도 및 병풍도 일대	31.3	2011.7.29
한강밤섬(Han River-Bamseom Islets)	서울시 영등포구 여의도동	0.273	2012.6.20
송도갯벌(Songdo Tidal Flat)	인천 연수구 송도	6.11	2014.7.10
숨은물뱅듸(Sumeunmulbaengdui Ramsar Site)	제주 제주시 광령리	1.175	2015.5.13
한반도습지(Hanbando Wetland Ramsar Site)	강원 영월군 한반도면	1.915	2015.5.13
순천 동천하구습지(Dongcheon Estuary)	전남 순천시 도사동, 해룡면, 별양면	5.339	2016.6.13

4) 북한의 람사르습지

북한은 2018년 5월 16일 170번째 람사르협약 당사국으로 가입하였으며, 라선 철새보호구 및 문덕 철새보호구 등 2곳을 람사르습지로 등록하였다. 그 외에도 람사르습지 기준에 적합한 수준의 물새 서식처로서의 중요도를 지닌 습지로는 다음과 같이 20여개 습지를 중요한 습지로 볼 수 있다.

5) 몽트뢰목록

람사르협약에 따라 국제적으로 중요한 습지로 인정된 람사르습지가 인위적인 간섭이나 오염 등

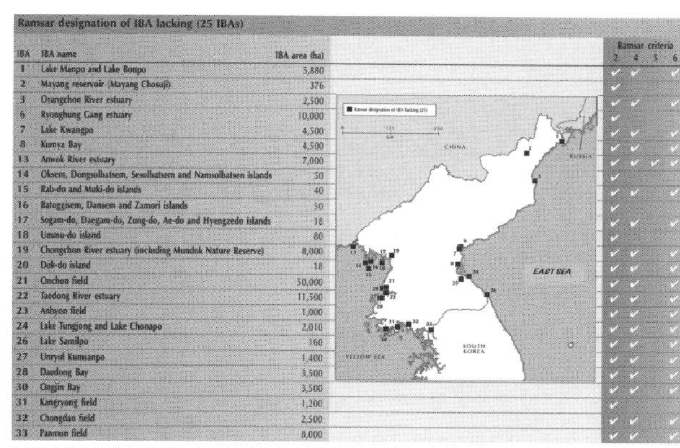

Ramsar designation of IBA lacking (25 IBAs)

IBA	IBA name	IBA area (ha)	Ramsar criteria 2	4	5	6
1	Lake Manpo and Lake Bonpo	5,880	✔	✔		✔
2	Mayang reservoir (Mayang Chosuji)	376	✔			
3	Orangchon River estuary	2,500	✔	✔		✔
6	Ryonghung Gang estuary	10,000	✔			
7	Lake Kwangpo	4,500	✔	✔		✔
8	Kumya Bay	4,500	✔	✔		✔
13	Amrok River estuary	7,000	✔	✔	✔	✔
14	Oksem, Dongsolbatsem, Sesolbatsem and Namsolbatsen islands	50	✔			
15	Rab-do and Muki-do islands	40	✔	✔		✔
16	Batoggisem, Dansem and Zamori islands	50	✔			
17	Sogam-do, Daegam-do, Zung-do, Ae-do and Hyengzedo islands	18	✔	✔		✔
18	Ummu-do island	80	✔			
19	Chongchon River estuary (including Mundok Nature Reserve)	8,000	✔	✔		✔
20	Dok-do island	18	✔	✔		✔
21	Onchon field	50,000	✔	✔		✔
22	Taedong River estuary	11,500	✔	✔		✔
23	Anbyon field	1,000	✔	✔		✔
24	Lake Tungjong and Lake Chonapo	2,010	✔	✔		✔
26	Lake Samilpo	160	✔	✔		✔
27	Unryul Kumsanpo	1,400	✔	✔		✔
28	Daedong Bay	3,500	✔	✔		✔
30	Ongjin Bay	3,500	✔	✔		✔
31	Kangryong field	1,200	✔			
32	Chongdan field	2,500	✔	✔		✔
33	Panmun field	8,000	✔	✔		✔

그림 1-31. 람사르습지 기준에 적합한 수준의 중요도를 지닌 북한의 습지(자료: 람사르협약)

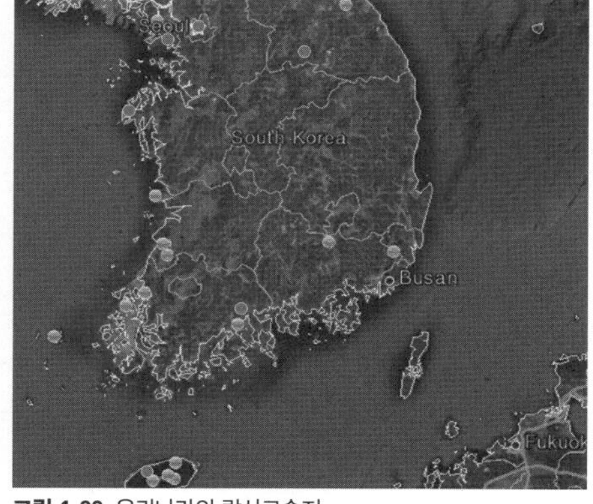

그림 1-32. 우리나라의 람사르습지

에 의해 훼손되어 생태적 특성이 변화된 경우 별도로 관리하게 되는데 이를 몽트뢰목록Montreux Record이라고 한다.

2018년 9월 기준으로 49개 람사르습지가 몽트뢰목록으로 지정 관리되고 있다. 대표적으로, 미국의 에버글레이즈Everglades 습지, 스페인의 도냐나Donana 국립공원 습지 등이 몽트뢰목록으로 관리되고 있다.

6) 람사르습지와 세계유산

람사르습지는 국제적으로 중요성이 인정된 습지라는 점에서 유네스코에서 지정하는 세계유산World Heritage 수준의 중요성을 지니고 있으며, 일부 습지는 람사르습지와 세계유산으로 중복 지정되어 있다.

람사르습지와 세계유산으로 중복 지정된 습지의 사례를 들어보면 다음 표 〈1-12〉과 같다.

7) 생물권보전지역과 람사르습지

세계유산과는 별개로 생물권보전지역Biosphere Reserves으로 중복 지정된 람사르습지도 상당수 있다.

예를 들면 미국 에버글레이즈 국립공원, 스페인 도냐나 국립공원, 필리핀 팔라완(생물권보전지역)의 투바타하 산호초 해양국립공원과 푸에르토 프린세사 국립공원(람사르습지), 네덜란드의 와덴해, 캐나다 펀디만(생물권보전지역)의 메리포인트와 쉐포디만(람사르습지) 등은 람사르습지와 생물권보전지역으로 지정되어 생태관광 등으로 각광을 받고 있다.

우리나라의 경우 람사르습지로 지정된 신안장도습지와 증도갯벌이 신안 다도해 생물권보전지역으

표 1-12. 세계유산으로 중복 지정된 람사르습지(자료: Ramsar Convention 일부 발췌) (MR: 몽트뢰목록, WH-D: 위험에 처한 세계유산 목록)

State Party	Ramsar Site Name (81)	World Heritage Site Name (56)
Albania	Butrint, 2003	Butrint, 1992, 1999
Algeria	La Vallée d'Iherir, 2001	Tassili n'Ajjer, 1982 *
Andorra	Vall de Madriu-Perafita-Claror, 2013	Madriu-Perafita-Claror Valley, 2004
Argentina	Humedales de Península Valdés, 2012	Península Valdés, 1999
Australia	Great Sandy Strait, 1999	Fraser Island, 1992*
Australia	Kakadu National Park, 1980, 1989	Kakadu National Park, 1981, 1987, 1992
Bangladesh	Sundarbans Reserved Forest, 1992	The Sundarbans, 1997
Brazil	Mamirauá, 1993	Central Amazon Conservation Complex, 2000 *
Bulgaria	Srébarna, 1975 (MR)	Srebarna Nature Reserve, 1983 (WH-D)
Cameroon	Partie Camerounaise du fleuve Sangha, 2008	Sangha Trinational (with CAR & Congo), 2012
Canada	Peace-Athabasca Delta, 1982 Whooping Crane Summer Range, 1982	Wood Buffalo National Park, 1983 *
Central African Republic	Rivière Sangha située en République Centrafricaine, 2009	Sangha Trinational (with Cameroon & Congo), 2012
Congo	Sangha-Nouabalé-Ndoki, 2009	Sangha Trinational (with Cameroon & CAR), 2012
Costa Rica	Isla del Coco, 1998	Cocos Island National Park, 1997, 2002
Democratic Republic of the Congo	Parc national des Virunga, 1996	Virunga National Park, 1979 (WH-D)
Egypt	Wadi El Rayan Protected Area, 2012	Wadi Al-Hitan (Whale Valley), 2005
France	Baie du Mont Saint-Michel, 1994	Mont-Saint-Michel and its Bay, 1979
Germany	Wattenmeer, Elbe-Weser-Dreieck, 1976 Wattenmeer, Jadebusen & westliche Wesermündung, 1976 Wattenmeer, Ostfriesisches Wattenmeer & Dollart (MR), 1976	The Wadden Sea (with Netherlands), 2009
Hungary / Slovak Republic	Baradla Cave System and related wetlands, 2001 / Domica, 2001	Caves of Aggtelek Karst and Slovak Karst, 1995, 2000
United Kingdom	Gough Island, 2008 Inaccessible Island, 2008	Gough and Inaccessible Islands, 1995, 2004
USA	Everglades National Park, 1987 (MR)	Everglades National Park, 1979 (WH-D)

로 지정되었다.

(3) 람사르협약 당사국총회

람사르협약 당사국총회The Meeting of the Conference of the Contracting Parties는 일명 람사르총회로 불린다. 1980년 11월, 이탈리아의 칼리아리에서 제1차 람사르협약 당사국총회가 개최된 이래, 2008년 11월 우리나라 창원에서 개최된 제10차 당사국총회 등 2015년까지 12차에 걸친 총회와 2회의 특별회의가 개최되었는데, 각 회의의 개최지 및 주요 사건을 요약하면 다음과 같다.

1) 당사국총회 정기총회

그림 1-33. COP10의 로고
(자료: Ramsar Convention)

1. 이탈리아 칼리아리Cagliari(1980): 국제적으로 중요한 습지 식별기준 채택
2. 네덜란드 흐로닝언Groningen(1984): 협약이행 기본틀, 당사국 의무사항 제시
3. 캐나다 레지나Regina(1987): 람사르습지 식별기준 개정, 현명한 이용 지침, 상임위원회 설치, 사무국 설치(스위스 글랑 IUCN, 영국 슬림브리지 IWRB)
4. 스위스 몽트뢰Montreux(1990): 람사르습지 식별기준 개정, 람사르사무국 통합(글랑), 몽트뢰목록 제정, 습지보전기금 제정, 현명한 이용 지침 확대
5. 일본 쿠시로Kushiro(1993): 과학기술검토패널(STRP) 개설, 쿠시로성명 채택
6. 호주 브리즈번Brisbane(1996): 람사르습지 기준에 어류 서식처 기준 적용, 람사르와 물에 관한 결의안 채택, 1997~2002 전략계획 채택

그림 1-34. 우리나라에서 개최된 제10차 람사르협약 당사국 총회(COP10)

7. 코스타리카 산호세San Jose(1999): 국가습지정책지침 툴킷 제정, 람사르습지보전상 제정, 파트너국제기구 선정-국제조류보호연합, 세계자연보전연맹, 국제습지보호연합, 세계자연보호기금
8. 스페인 발렌시아Valencia(2002): 람사르지침 추가, 새로운 전략계획 채택, 대중 인식 프로그램
9. 우간다 캄팔라Kampala(2005): 지침 보완, 8개 지역 이니셔티브 승인
10. 대한민국 창원Changwon(2008): COP10, 창원선언문, 논습지 결의안 채택
11. 루마니아 부카레스트Bucharest(2012): COP11
12. 우루과이 푼타델에스테Punta Del Este(2015): COP12
13. 아랍에미레이트 두바이Dubai(2018): COP13 예정

2) 제10차 람사르협약 당사국총회(COP10)

COP10은 2008년 10월 28일부터 11월 4일까지 우리나라에서 개최되었는데, 주제는 '건강한 습지, 건강한 인간Healty wetland, Healthy people'으로 설정되었다.

창원선언문을 발표하고, 아시아지역의 독특한 습지 문화인 논습지에 대한 중요성에 주목하여 논습지 결의안(습지 시스템으로서 논의 생물다양성 증진 결의문)을 채택하였다.

이후 창원선언문 이행네트워크 회의를 통해 선언문 이행을 위한 지식을 공유하고 국제적인 습지 관리 정책들이 논의되었다.

* 창원선언문 주요 주제: 물과 습지, 기후변화와 습지, 인류의 생활과 습지, 인류의 건강과 습지, 토지이

용 및 습지 생물다양성 감소 등 5개 주제를 다루고 있음

* 논습지 결의안: 습지 시스템으로서 논의 생물다양성 증진 결의문. 논을 지속가능한 습지 시스템으로 관리하고 보전하려는 당사국들의 약속

(4) 세계 습지의 날

매년 2월 2일은 세계 습지의 날World Wetland Day이다. 1971년 2월 2일 이란의 카스피해 해안도시 람사르에서 맺어진 람사르협약 결성 25주년을 맞이하여 1996년 지정되었다. 1997년부터 정부, NGO, 시민 등은 세계 습지의 날을 전후해서 각 나라마다 습지의 인식을 증진시키고 현명한 이용을 위한 행사를 개최한다. 2017년도 세계 습지의 날 주제는 '재난 위험 감소를 위한 습지'이며, 2018년도 주제는 '지속가능한 미래도시를 위한 습지'로서 습지가 도시문제나 기후변화, 재난 등에 대한 해답을 제공한다는 의미를 지닌다. 다음 그림은 세계 습지의 날 포스터 일부다.

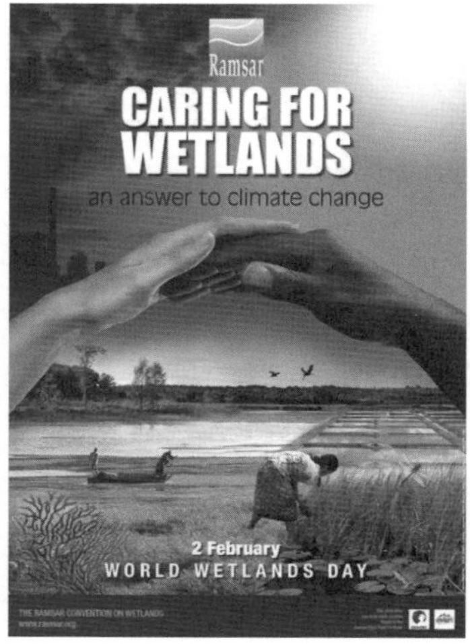

그림 1-35. 세계 습지의 날 포스터(자료: ramsar.com)

라. 습지총량관리 및 습지은행

(1) 습지총량관리

습지총량제, 즉 "No Net Loss (of Wetland Functions)" 또는 "No Net Loss and Long Term Net Gain" 및

저감mitigation은 중요한 습지를 보전하고 훼손된 습지를 복원하여 개발사업 전후의 습지의 순손실이 없어야 한다는 전략이다. 여기서 순손실의 기준은 단순한 습지의 면적보다는 습지의 기능 수준에 따라 판단되어야 하며, 이는 습지총량제의 기본 전제다.

습지가 훼손될 우려가 있을 때 가장 중요한 정책은 "우선 회피, 그 다음에 최소화Avoid First, then Minimize" 전략이다. 그럼에도 불가피하게 사업이 진행되는 경우 개발사업의 결과 습지의 순손실이 없어야 하며 손실이 발생한 경우 대체습지를 조성하여야 한다(No Net Loss (Long-Term Net Gain) of Wetlands Function).

이를 구체적으로 설명하면, 첫 번째 단계로 인간의 행위에 의한 습지의 상실 또는 훼손 시에는 행위나 행위의 일부를 취하지 못하도록 제한하는 회피Avoid전략을 우선적으로 적용하며, 불가피하게 습지 손실 또는 훼손이 초래할 때에는 그 영향이 최소화Minimize되도록 행위와 이행의 정도 및 규모를 제한한다. 불가피하게 습지의 상실 또는 훼손 시에 영향 받은 환경을 회복시키거나 복원함으로써 영향을 수정Rectify하거나 행위 기간 동안에 보전과 관리 작업을 일정기간 시행함으로써 영향을 감소Reduce 또는 제거Eliminate하도록 한다.

이러한 과정을 통해 상실되는 습지에 대한 영향을 상쇄할 수 없는 경우 대체자원 또는 대체습지를 조성하도록 하여 습지의 상실에 대한 보상을 취하도록 하고 있다. 또한 습지 손실에 따른 완화 조치로 대체습지를 조성할 경우에는 동일 지역in-situ 내 동종의 습지로 대체습지를 조성하는 것이 바람직하다.

이때, 대체습지를 조성하기 위한 중요한 전제는 다음과 같다.

- 습지를 포함하는 개발사업의 결과 습지의 순손실이 없어야 함
- 순손실에는 습지의 면적과 기능을 모두 고려
- 표준화된 습지기능 평가 방법 정립: 기능 평가 결과 습지가 수행하는 기능 정도에 따라 금전적 가치(습지권credit)로 환산

(2) 습지은행

1) 개요

미국, 캐나다 및 주요 국가에서 대체습지 및 서식지 보전을 목적으로 하는 습지은행Wetland Mitigation Bank 제도를 운영하고 있다. 습지총량관리에 의하면 습지개발사업자는 부득이하게 습지를 훼손한 경우 대체습지 등 보상 및 완화 조치를 취해야 한다. 그런데 습지 보상·완화 조치를 완료하기 위하여 자체적으로 습지 복원·향상 기술을 보유하거나, 대체습지의 선정, 조성, 유지에 전문적인 지식과 기술이 있는 전문가나 기업 등에 의뢰하여 대신 수행토록 하고 그 대신 적정한 절차로 산출된 비용을

부담하여야 하며 많은 시간을 필요로 한다.

즉, 개발사업자의 대부분이 습지에 대한 전문 지식이 부족하여 습지의 조성 및 유지가 불가능하고 더욱이 새로운 습지를 조성할 경우에는 오랜 기간이 소요된다는 문제점을 해결하기 위한 정책적 도구로 개발·시행하고 있다. 실제로 습지은행제도는 생태적·유기적으로 연계된 광범위한 지역을 장시간에 걸쳐 관리함으로써 동일 지역 내의 습지만을 다루는 프로그램보다 효과적이다.

또한 습지 전문가들에 의하여 습지의 복원, 조성, 향상 및 보전·관리가 이루어지므로 습지의 기능과 가치를 적절하게 유지시킬 수 있고, 습지은행이 미리 대체습지를 조성하여 필요한 습지권을 확보하여 언제든 판매가 가능하기 때문에 습지개발자에게는 보상·완화 조치를 완료하기 위한 기간을 단축시킬 수 있다는 순기능이 있다.

미국의 경우 각 주정부의 승인을 받아 습지은행을 설립 운영하고 있다. 각 주별로 습지은행을 운영하고 있으며, 캘리포니아, 플로리다, 오리건 등 습지 분포가 많은 주는 20개 이상의 습지은행이 분포하고 있다.

그림 1-36. 미국 오리건 주 Tualatin Valley Environmental Bank(오리건 주 홈페이지)

미국 오리건 주의 경우 2011년에 5개의 습지은행 설립을 승인하였다.

- Coyote Prairie North, Eugene
- Mud Slough Phase 4, Rickreall
- Bobcat, Hillsboro
- Tualatin Valley Environmental Bank, Farmington
- Wildlands Vernal Pools, Eagle Point

2) 습지은행 유형

습지은행은 특정 목적의 단일은행single user, 공공상업은행public commercial, 민간 또는 기업형 은행Public Commercial, 기타 등으로 구분할 수 있다.

- 단일은행: 특정 개인 혹은 기관이 자신의 개인적 목적을 위해 설립, 미국의 경우 도로 건설을 전담하는 연방교통성에서 주로 이용
- 공공 상업은행: 대규모의 습지은행을 설립하여 국민에게 저렴하게 습지권을 제공할 목적으로

정부, 공공기관, 비영리기관 등에 의해 설립되는 은행

- 민간 상업은행: 개인이나 민간 기업이 수익을 목적으로 습지 손실의 보상 의무가 있는 개발업자에게 상업적으로 습지권을 판매하는 은행. 미국 내 습지은행 대부분

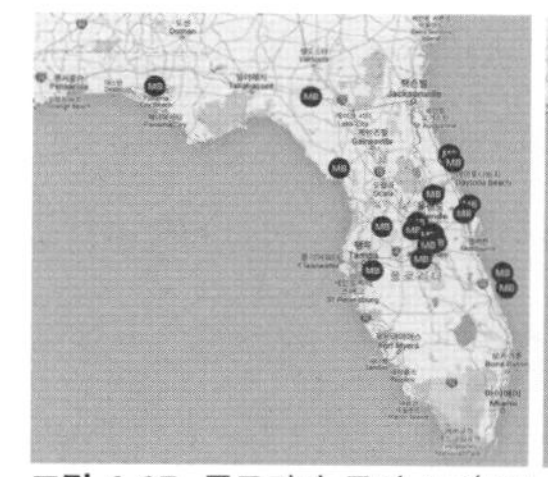
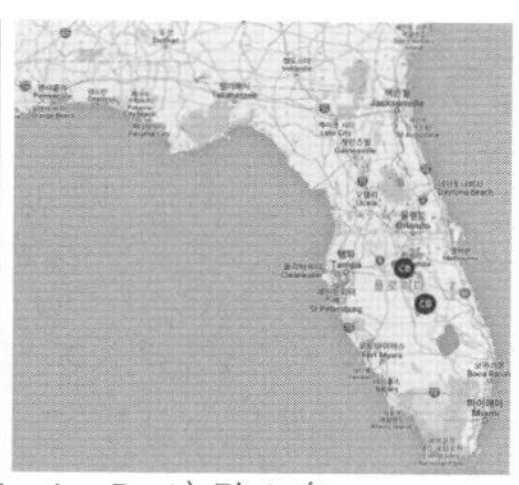

그림 1-37. 플로리다 주의 MB(Mitigation Bank) 및 CB(Conservation Bank) 현황(자료: www.mitigationmarketing.com)

- 기금/납부금 방식은 완화 요구를 충족시키기 위해 기금을 설립하고 이 기금(또는 대체납부금)에 금전적 기여를 한 개인 또는 단체에게 습지권을 제공하거나 그 의무를 면제시켜주는 방식
- 정부관리 방식이란 정부 혹은 개별 지자체의 모든 습지은행의 습지권을 정부의 관리 하에 두되 습지권의 자유로운 판매나 양도가 가능한 형태

한편, 습지은행은 목적에 따라 습지 대체 목적의 습지은행Wetland Mitigation Bank(MB) 및 서식지 보전 목적의 습지은행Conservation Bank(CB) 등으로 구분하기도 한다. 습지은행의 운영을 위해서는 습지은행 조성 대상지역Bank Sites, 습지은행 기구Bank Instruments, 습지은행 검토팀Mitigation Bank Review Team(MBRT), 영업지역Service Areas 등의 구성 요소가 필요하다. 특히 습지은행 기구는 습지은행의 목적 및 목표 설정, 습지권Credit, 조성 지역의 토지소유권, 습지권 조성 지역의 규모와 습지 또는 다른 수생태계자원의 종류 등의 정보, 습지권 조성 지역의 기초 현황 및 상황, 지리적 습지 완화 조치 지역의 정보, 보상 완화 조치에 적절한 습지 또는 다른 수생태계자원의 영향, 습지권 구매 및 판매량 결정 방법, 계정 절차, 습지권 이용성, 성능 기준Performance Standards, 모니터링 계획, 불의의 사고와 복원 행동 및 책임 절차, 재정보증, 보상율, 장기 관리 및 유지 규정 등이 포함된다.

그림 1-38. Collany Mitigation Bank에 의해 조성된 플로리다 주 대체습지(자료: www.fallingspringsllc.com)

마. 기타 습지보전 관련 제도 및 정책

(1) NWR 시스템

NWRNational Wildlife Refuge 시스템은 미국의 USFWS에 의해 관리되고 있는 야생동물 및 생태계 보호

제도이다. 미국 생태 환경 정책의 근간이 되고 있으며, 카리브해에서 태평양, 메인주에서 알래스카주에 이르기까지 미국 전역에 걸쳐 1억5천만 에이커에 이르는 토지와 물을 보호하기 위해 지정되고 있다. 1903년 3월, 미국 루즈벨트 대통령의 대통령령에 의해 플로리다주의 대서양 연안 석호에 위치한 1ha 면적의 Pelican Island를 최초의 NWR로 지정하였으며, 이후 람사르습지로 지정되었다. 현재까지 562개의 NWR이 지정되었고, 면적은 60km²를 넘는다. 이 중에는 물새 서식처로 중요한 습지 외에도 도서, 호수, 산림, 사막, 산지 등이 포함되어 있다.

그림 1-39. Flying Goose(자료: NWR)

나는 오리flying goose로 상징되는 NWR의 주요 임무는 국가 차원에서 야생동식물 등 생태 자원과 서식처를 복원하거나 보전 관리를 위한 생태네트워크를 구축하여 현재 및 미래세대에게 특별한 생태계 서비스 혜택을 제공하는 것으로서, 대도시에서 1시간 이내에 도달할 수 있는 거리에 도시민들이 일상생활을 통해 접근하여 혜택을 받을 수 있도록 서비스를 제공하고 있다.

현재 미국 전역에서 700종 이상의 조류와 220종 이상의 포유류, 250종 이상의 양서파충류, 1000종 이상의 어류 등에게 서식 환경을 제공하고 있으며, 380종의 멸종위기종 또는 보호가 필요한 야생생물이 보호받으며 살아갈 수 있는 환경을 제공하고 있다. 아울러 해마다 수천 마일을 이동하는 철새들에게 중간 기착지 또는 일시적 서식지를 제공하고 있다.

생태관광 프로그램도 활성화되어 사냥, 낚시, 조류 등 야생동물 관찰, 환경교육, 생태해설, 자연관찰 등의 활동을 제공하고 있고, 그 결과 연간 4천7백만 명이 방문하여 생태관광 등 다양한 프로그램을 이용하고 있다.

(2) Duck Stamp

Duck Stamp 제도는 공식 명칭은 The Migratory Bird Hunting and Conservation Stamp로 불리는데, 오리류 등 이동성 조류를 사냥하기 위해 연방정부에 의해 발급되는 우표를 말한다. 또한 NWR로 지정된 보호지역 출입 허가를 얻기 위해서도 필요하다. Duck Stamp 제도는 Jay Norwood "Ding" Darling 등의 노력에 의해 발전되었는데, 1929년 미국의 후버 대통령이 [이동성 조류 보전법the Migratory Bird Conservation Act]에 서명하면서 물새 서식처로서의 습지를 매입하고 보전하기 위한 기반이 마련되었고 1934년 3월 16일, The Duck Stamp Act로 알려진 The Migratory Bird Hunting Stamp Act가 미국 의회에서 통과된

그림 1-40. 첫 번째 Duck Stamp. Flying Goose를 모델로 "Ding"Darling에 의해 도안(자료: USFWS)

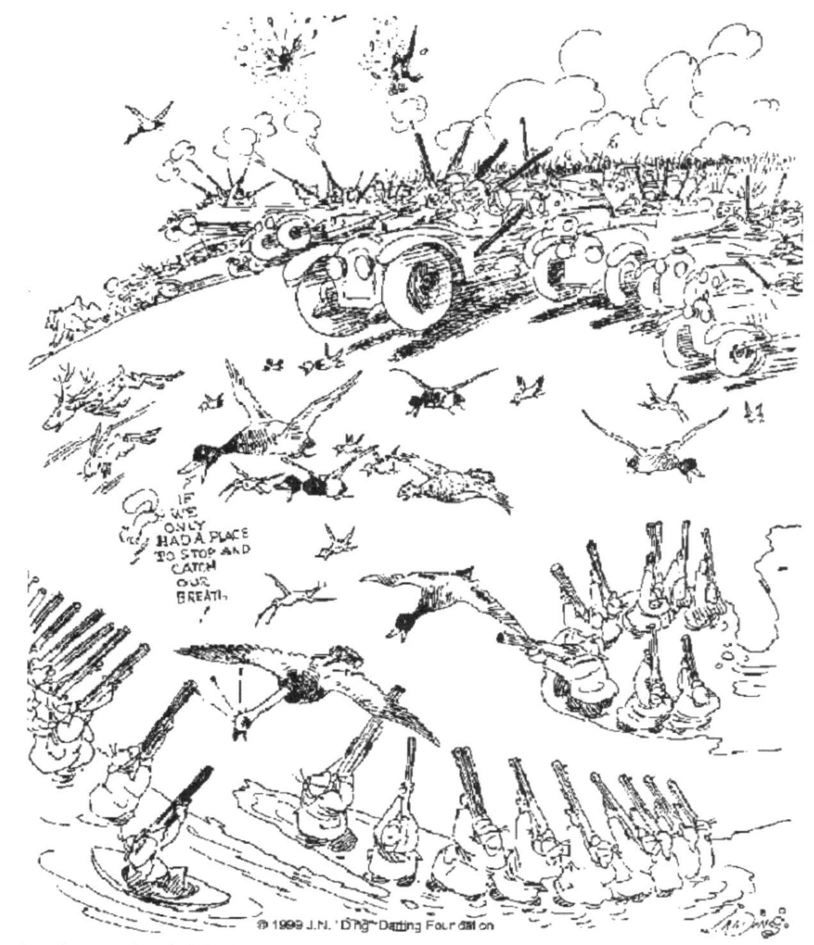

그림 1-41. “Ding” Darling이 그린 만화. 위협받고 감소하는 물새를 고발. (자료: “Ding” Darling Foundation의 자료를 USFWS에서 재인용)

데 이어 루즈벨트 대통령이 서명하였다.

이 제도는 습지보전기금을 증가시키는데 매우 가치 있고 중요한 제도이며 판매 수익금의 98%가 이동성 철새 보전 기금으로 활용된다. 그동안 조류와 야생동물 서식처 보호를 위한 많은 방법들이 제안되었지만 그 중에서도 Duck Stamp를 사는 행위가 조류 서식처 보전을 위해 사람들이 가장 쉽게 기여할 수 있는 방법이 되었다.

이 제도에 의해 획득한 습지는 수질 정화, 홍수 조절, 토양 침식과 침전물 저감, 옥외 레크리에이션 기회 증대 등 습지의 기능을 제공한다.

Duck Stamp 제도는 미국 외에도 캐나다, 호주, 멕시코, 러시아, 영국 등 여러 나라에서 채택하고 있다.

(3) 국립공원과 습지보전

국립공원 운동은 습지를 포함한 자연생태계의 보전과 현명한 이용을 위해 바람직한 대안을 제시하고 있다. 람사르습지 등 국제적으로 중요한 습지들이 국립공원이거나 국립공원의 일부로 포함되어 있다. 우리나라의 한라산 국립공원을 비롯하여 오대산 국립공원, 미국의 에버글레이즈 국립공원, 비스케인만 국립공원, 일본의 쿠시로 국립공원, 스페인의 도냐나 국립공원, 베트남의 껀져 국립공원 등 전 세계적으로 주요 습지들이 국립공원에 분포하고 있다.

에버글레이즈의 수호자

에버글레이즈 습지가 급격히 훼손되고 축소되어 생태적 위기에 놓였을 때 이를 지키기 위한 몇몇 선각자들의 노력이 있었고 에버글레이즈를 국립공원으로 지정하면서 더 이상 훼손 없이 본래의 모습으로 회복하려는 노력이 가능하였다(에버글레이즈의 생태적 위기와 복원 노력에 대해서는 이 책의 5장에서 상세히 다룬다).

그림 1-42. 에버글레이즈의 수호자 Marjory Stoneman Douglas

이러한 노력의 대표적인 사례로서 에버글레이즈의 수호자로 불리는 Douglas 여사를 들 수 있다. 1947년, Marjory Stoneman Douglas 여사가 발표한 『초원의 강The Everglades: River of Grass』이라는 책을 계기로 보석같이 귀한 자연자원으로서의 에버글레이즈를 지켜야 한다는 공감대가 형성되어, 1970년 에버글레이즈 지킴이 '에버글레이즈의 친구들the Friends of the Everglades'이 결성되기에 이르렀다.

에버글레이즈의 아버지

에버글레이즈를 지킨 다른 인물로는 미국의 대표적인 조경가Landscape Architect의 한사람으로서 '에버글레이즈의 아버지Father of the Everglades'로 불리는 Ernest F. Coe를 꼽을 수 있다.

그림 1-43. 에버글레이즈의 아버지 Ernest F. Coe Visitor Center에 헌액된 Ernest Coe 공적 기념 명패.

더글러스 여사의 책이 발표된 1947년은 에버글레이즈가 국립공원으로 지정된 해이기도 한데 에버글레이즈가 국립공원으로 지정 관리되기까지는 Ernest F. Coe의 노력이 크게 공헌하였다. 그는 1928년 무렵부터 에버글레이즈를 국립공원으로 지정하기 위한 노력에 전념하였고, 이러한 그의 노력은 미국 국립공원 운동에서 매우 의미 있는 불멸의 가치를 지닌 것으로 평가되고 있다. 이렇게 에버글레이즈를 보전하기 위한 그의 헌신적 노력을 기리는 의미에서 1996년 에버글레이즈 국립공원에 새로 방문객센터를 건립하면서 'Ernest F. Coe Visitor Center'라고 이름을 붙였다.

에버글레이즈는 과거보다는 많이 훼손되고 축소되기는 하였지만 이들을 포함한 많은 이들의 노력으로 오늘의 모습을 지켜낼 수 있었다.

(4) 생물다양성과 습지보전

2014년 우리나라 평창에서 개최된 제12차 생물다양성협약 당사국총회CBD COP12에는 동아시아 대양주 철새이동경로 파트너십EAAFP, 람사르협약 사무국, 생물다양성협약CBD, 국제조류보호협회Birdlife International 등이 참가하여 동아시아-대양주 철새이동경로EAAF 상 이동성 물새의 생태학적 위기를 주요 의제의 하나로 다루었다.

동아시아 대양주 철새이동경로 파트너십

EAAF에는 전 세계 45%의 도요물떼새, 오리기러기, 고니, 백로 및 두루미 등의 이동성 물새가 이동한다. IUCN 등급 기준으로 멸종이 임박한 '위급종'인 넓적부리도요를 포함하여 국제적으로 멸종위험에 처한 그리고 현재까지 살아남은 일부 개체 종들이 동아시아-대양주 철새이동 경로에서 서식

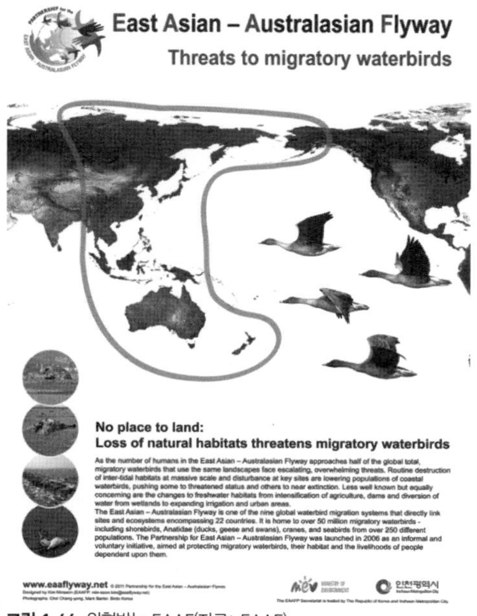

그림 1-44. 위협받는 EAAF(자료: EAAF)

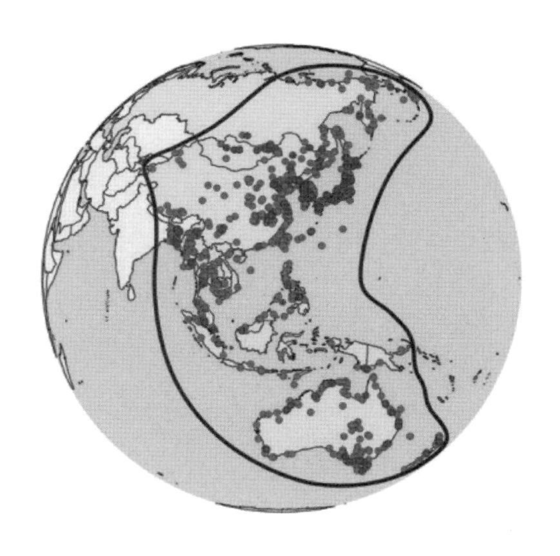

그림 1-45. 국제적으로 이동성 물새에게 중요한 700여개 서식지와 네트워크에 등록된 123개 서식지(자료: DAAFP)

하고 있다. 특히 우리나라의 유부도를 포함한 금강하구 갯벌은 넓적부리도요가 적어도 10만 마리 이상이 꾸준히 찾아오는 가장 중요한 서식지다.

이동경로 내의 사회기반시설 확충 및 그 외 지속불가능한 개발 등을 위한 무분별한 연안습지 개발은 철새 서식지 소실과 수많은 종들의 급속한 개체 수 감소를 초래하였다. 우리나라와 중국 사이에 있는 황해바다 지역은 이들 이동성 조류들에게 대단히 중요한 병목 지역으로서 이 지역 조간대 습지의 급격한 손실은 도요물떼새류에게 특히 가장 큰 위협 요소가 되고 있다.

한편, 동아시아 대양주 철새이동경로 파트너십EAAFP은 동아시아-대양주 철새이동경로의 이동성 물새류 보전과 서식지의 지속가능한 이용을 위한 파트너십 구축을 말한다. 개략적인 과정은 다음과 같다.

- 1996년 아시아-태평양 이동성 물새 보전 전략APMWCS 수립
- 2002년 남아공 WSSD 발의안에서 EAAFP 채택
- 2006 EAAFP 발족 및 제1차 총회(인도네시아 보고르)
- 2008 제3차 총회(대한민국 인천)
- 2009 제4차 총회 및 EAAFP 사무국 유치: 대한민국 환경부, 인천시
- 2015 제8차 총회(일본 홋카이도 쿠시로)

EAAFP에서는 2015년을 기준으로 우리나라를 포함한 17개 국가, 123개 서식지 습지를 등재하고 있다. 그러나 등록되지 않은 700여개의 국제적으로 이동성 물새에게 중요한 서식지가 분포하고 있다.

한편 각 등재 서식지들은 자매서식지를 체결하여 공동연구, 인식 증진, 보전 활동, 정보 교류 등을 위한 자매서식지 프로그램 운영 등을 수행하여 습지의 서식지 기능을 극대화하고 보전하려는 노력을 기울이고 있다.

등재기준은 다음 표 1-13과 같다.

표 1-13. EAAFP 서식지 등재 기준(자료: EAAFP)

등재 기준	세부 기준
가. 이동성 물새의 서식지, 특히 국제적으로 중요한 습지에 대한 국제협약(람사르협약)의 기준	기준 2: 취약종(VU), 멸종위기종(EN), 심각한 위기종(CR) 또는 위협받고 있는 생태적 군집의 생존을 지원하는 경우(IUCN 적색목록 기준) 기준 5: 습지가 통상적으로 2만 개체 이상의 물새를 지원하는 경우 기준 6: 습지가 통상적으로 물새류의 한 종 또는 한 아종의 총 개체군 1% 이상을 부양하는 경우
나. 아시아 - 태평양 이동성 물새 보전 전략(APMWCS) 하에서 적용된 중간 기착지 기준	기착지역이 이동성 물새류 한 종 또는 한 아종의 총 개체군의 0.25% 이상을 정기적으로 부양하는 경우 물새들의 이동기간 동안 한번에 5천 개체 이상의 물새를 부양하는 중간 기착지의 경우
다. 예외적인 경우	어떤 지역이 이동성 물새 개체군의 특정 생활사 단계에서 그 개체군을 부양하여 종과 개체군 유지에 중요하다고 판단되는 경우, 해당 지역을 지명한 후, 해당 지역을 등재 이 경우 등재 여부는 각 사례에 따라 심사

표 1-14. EAAFP 등재된 우리나라 습지(자료: EAAF)

EAAF 서식지코드	서식지명	가입연도
EAAF027	철원평야(Cheorwon Basin)	1997
EAAF028	한강하구(Han River Estuary)	1997
EAAF046	천수만(Cheonsu Bay)	1999
EAAF078	구미해평습지(Gumi Haepyung Wetland)	2004
EAAF079	순천만(Suncheon Bay)	2004
EAAF095	주남저수지(Junam Reservoir)	2008
EAAF096	우포늪(Upo Wetland)	2008
EAAF097	낙동강하구(Nakdong Estuary)	2009
EAAF100	금강하구(Geum River Estuary)	2010
EAAF101	유부도갯벌(Yubu-do Tidal Flat)	2011
EAAF107	칠발도(Chilbaldo Islet)	2011

연안 돌보기

'연안 돌보기Caring for Coasts'는 서식지 소실에 대해 대책을 촉구하는 새로운 제안으로서 핵심 내용은 다음과 같다.

"생물다양성과 생태계 기능 및 서비스, 특히 이동성 조류, 지속가능한 생태계, 기후변화 적응, 재난 위험 감소를 위해선 연안습지가 매우 중요함을 강조하고, 연안습지 보전과 복원에 마땅한 관심을 주기 위해 파트너들을 초대한다. 이와 관련해서 연안습지 복원에 관한 세계적 움직임의 일환인 '연안 돌보기' 계획을 발전시키기 위한 요소들을 포함하여 연안습지 보전 및 복원을 지원하는 다른 방안들과 람사르협약의 노력을 환영한다."(생물다양성협약 워킹그룹, The CBD Working Group on Ecosystem Conservation and Restoration)

(5) 기타 습지 보전 정책

북미습지보전법 및 관련 제도

앞에서 논의한 정책 외에도 미국 연방정부에 의한 습지 관련 프로그램은 습지의 용도 전환을 허용하기 위한 제도, 습지 용도 전환 억제 제도, 용지 취득, 기타 프로그램 등으로 구분할 수 있다.

그림 1-46. 북미습지보전법의 기조: 습지 관리, 복원, 보호 전략 일체화

북미습지보전법North American Wetlands Conservation Act(NAWCA)은 습윤 토양과 식물을 포함한 습지생태계는 다양한 기능을 하며, 야생동물의 서식처

외에도 탐방객에게 특별한 혜택을 제공한다. 즉, 건전하고 건강한 습지는 야생동물의 종다양성 증진과 더불어 사람들에게 다양한 생태적 경험과 현명한 이용을 위한 기회를 제공한다.

그 외에도 맑은물법Clean Water Act(CWA), 국가환경정책법, 멸종위기생물보호법, 습지규칙, 연안습지 계획, 보호 및 복원법, 기금프로그램 등의 여러 법률을 간접적으로 적용하여 습지의 종합적인 보전 관리를 수행하고 있다.

습지 관련 주요 법령으로는 다음과 같은 법령이 대표적이다.

- 1899: Rivers and Harbors Act
- 1948: Federal Water Pollution Control Act
- 1972: Clean Water Action(CWA), Section 404
- CWA Mandates Permits for the Release of Dredged or Fill Materials into U.S. Waters
- Corps Responsible to Administering Permits
- 1986: Emergency Wetland Resources Act(National Wetlands Inventory)
- 1987: Corps of Engineers Wetland Delineation Manual
- 1989: North American Wetlands Conservation Act
- 1990(2012): The Standard Grants Program
- 1996(2012): The Small Grants Program
- 2014: New EPA Wetland Rule

습지개발허가제

습지개발허가제는 New EPA Wetland Rule에 의해 시행된다. 2014년 맑은물법 개정을 통해 시행되었으며, 하천, 범람원 또는 수변식생대에 분포한 습지들은 공병단 관할 습지로서 개발행위 시 허가 대상이 된다. 이때 인공수로, 간헐하천, 건천 등으로 연결된 고립된 습지는 평가를 통해 case-by-case로 허가 여부를 결정하게 된다.

습지보호지역뿐만 아니라 모든 습지가 관리의 대상으로 법률에 따른 행위제한 및 관리가 진행된다. 미 환경청USEPA 등과 같은 연방정부 차원의 관리와 더불어 각 주별 독립적인 법률체계 및 공병단USACE과 같은 정부 기관에 의해 복합적으로 수행한다.

미국 육군공병단과 미국 연방환경보호청은 국가습지의 기능과 가치를 효과적으로 복원하고 보호를 보장하기 위한 국가습지이행계획National Wetlands Mitigation Action Plan을 마련한다. 습지보전에 따른 지역

주민과의 마찰을 최소화하고 습지의 효율적 관리를 위해서 습지총량제도No-Net Loss Goal 및 습지은행 Wetland Bank을 시행한다.

Chapter 2

습지 조사 및 인벤토리

습지는 자연적으로 생성되거나 소멸되면서 끊임없이 변화한다. 그러나 자연적인 습지의 변형보다 더욱 심각한 것은 인간에 의한 습지의 훼손이다. 오래 전부터 습지는 배수하거나 매립하면 농경지나 주거지로서 가장 이상적인 장소로 여겨져 왔고 이곳에서 형성되는 유기물이 풍부한 이탄은 연료와 퇴비로서 이용되었기 때문에 인간 활동이 확대됨에 따라서 파괴, 훼손된 습지의 면적이 급격하게 증가하고 있다.

생물 서식 공간으로서의 생태계 복원을 위해서는 자연스런 종의 유입, 서식 장소 조성에 따른 종의 정착 촉진, 종의 의도적인 도입 등이 필요하며, 먼저 어떤 종이 자연스럽게 정착하고 무엇이 정착했는지를 알고, 그 차이를 초래하는 원인을 생태학적으로 해명하는 것이 필요하다.

특히 각 종의 생육 특성을 밝히는 것과 아울러 각 생물간의 먹이 연쇄 과정을 밝히는 것이 매우 중요하다. 일반적으로는 각 단위 생태계(비오톱) 별로 그 생태계를 대표하는 최상위 소비자인 대표종을 결정한 후 그 대표종이 생육 가능한 규모와 구조를 가진 생태계를 구성한다.

습지 조사 및 판별

II-1

가. 습지 조사

(1) Field Survey

1) 개황 조사

습지 조사의 목적은 수문, 토양 및 지형, 식생 등 습지 3요소를 중심으로 습지 여부를 결정하기 위한 조사, 습지 유형을 판별하기 위한 기초 조사 등으로 설정할 수 있다. 습지 여부를 판별하기 위해서는 먼저 〈그림 2-1〉과 같이 현장에서 육안 등을 통해 습지 가능지를 확인하여 습지인지 아닌지 여부와 습지 유형 및 특성 등을 개략적으로 판단한다.

그림 2-1. 습지 판별 및 유형 분류를 위한 육안 조사

2) 수문 조사

수문은 습지를 결정하는 가장 중요한 요소다. 현장에서의 수문 조사는 지표수는 물론, 지하수, 수

그림 2-2. 하천수위, 지하수위 등 측정

그림 2-3. 습지 수문 조사

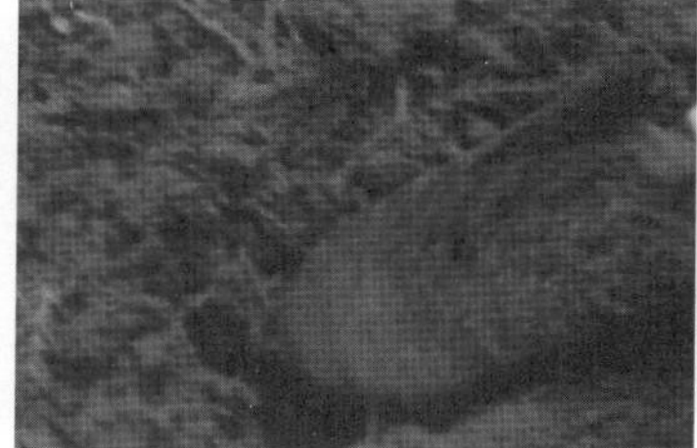

그림 2-4. 습지 토양 조사

문 흔적 등을 포함한다. 수원 유형을 지표수, 지하수, 강수 등으로 구분하며, 지표수의 경우 유입 하천, 유출 하천 여부를 조사한다. 수심, 지하수위, 물리화학적 특성(pH, DO, SS, BOD, COD, TOC, N, P 등)을 측정한다. 또한 습지와 생태적으로 연결 가능 범위에 존재하는 인접 수체 하천, 호소, 해역 등의 수문 환경을 포함한다. 도면 또는 현지 조사를 통해 집수 구역 범위를 파악하고 수문 흔적을 조사한다(그림 2-2, 2-3).

3) 토양 및 지형 조사

지형 조사는 습지 및 주변의 지형적 특성을 파악한다. 예를 들면, 범람원, 충적지, 산정, 능선, 비탈면, 해안사구 등이며, 산줄기의 흐름도 파악한다.

토양은 토양형과 토양 단면, 토양 색채 등을 파악하고, 이탄습지의 경우 이탄층 두께를 측정하고

그림 2-5. 토양조사. 왼쪽부터 먼셀색상환으로 색상조사, 토양단면, 유기질토양

토양 내 물리적 화학적 특성을 분석한다. 토양 물리화학성 조사는 휴대용 삽 또는 채취기 등을 이용하여 샘플을 채취하며 토양 단면, 색상, 기타 토양의 물리적, 화학적 특성을 조사한다.

〈그림 2-4〉, 〈그림 2-5〉는 습지 토양 조사 사례다. 먼셀색상표를 이용한 토양 색상 조사 및 간이기구 또는 채취기를 이용해 토양 단면을 조사한다. 습지 토양에서는 수생식물의 뿌리와 토양 사이의 산화작용으로 인해 암갈색의 토양 무늬가 형성된다. 이러한 토양이 형성되는 시점이 습지와 습지가 아닌 지역의 경계가 된다.

4) 식물상 및 식생 조사

식물은 식물상과 식생군락으로 구별하여 조사한다. 식물상은 습지 전 구간 또는 습지 면적이 큰 경우 일정 구간을 이동하면서 습지와 습지 주변에 분포하는 주요 습지식물을 기재한다. 학명과 국명으로 종 목록을 작성하되 멸종위기종, 특정종, 생태계교란종, 외래종 등을 파악하여 별도로 표기한다.

식생은 습지의 유형 및 기능을 평가하는 데 중요한 요소이므로 습지를 대표하는 식생군락을 선정하여 방형구를 설치하여 식생 구조를 파악한다. Braun-Blanquet법에 의해 방형구별 우점도(피도)와 군도, 출현 빈도 등을 분석한다.

〈그림 2-6〉은 식생 조사를 위해 방형구를 설치하는 모습이다.

기본적인 식물 조사 사항은 다음과 같다.

그림 2-6. 방형구 설치. 위쪽은 수생식물 우점 습지, 아래쪽은 산지 습지

- 보호 또는 제거 대상 식물: 멸종위기종, 희귀식물, 교란종 등
- 대표적인 수생식물: 조사된 습지를 대표한다고 판단되는 수생식물 명칭
- 주요 식생군락: 습지 내에 분포하는 식생군락 현황
- 보호 대상 식생군락: 보전 가치가 높은 식생군락
- 대표적인 수생식물군락: 우점종 등 습지와 습지 주변 지역에 분포하는 식생군락 중에서 습지 유형을 결정할 수 있다고 판단되는 군락
- 식물군락 출현 순서: 습지 중앙부에서부터 주변부에 이르는 순서로 출현하는 군락 명칭(예: 어리연꽃군락-줄군락-갯버들군락)

5) 동물상 조사

그림 2-7. 습지 동물 조사

습지는 야생동물의 서식처로서 매우 중요하다. 동물상은 전체 종 목록을 기록하되, 멸종위기종, 생태계교란종, 외래종 등은 별도로 표기한다. 각 분류군별로 특성을 반영하여 조사 시기 및 지점을 정한다. 예를 들어 조류의 경우 계절적 이동을 고려하여 여름철 및 겨울철 철새도래기의 조사가 필수적으로 포함되어야 한다. 양서파충류의 경우 동면기, 산란기 등 번식기, 알, 성체 등의 생활주기를 고려한다. 곤충류의 경우 야간 조사가 필요한 종들도 있으니 유의한다.

직접 관찰을 통해 조사하는 것이 바람직하나, 관찰이 어려운 경우 울음소리를 듣거나 또는 동물

표 2-1. 맹꽁이 대체 서식처 조성을 위한 조사 및 포획 과정(군포시 신기마을)

그림 2-8. 야생동물 흔적

의 흔적을 조사한다. 야생동물의 경우 사람과의 접촉을 두려워하여 일정한 거리를 유지하거나 야간에 활동하는 등의 여러 가지 이유로 실제 목격하기 어려운 경우가 많다. 이런 경우 야생동물의 흔적 조사를 하게 되는데, 예를 들면 발자국, 배설물, 둥지, 굴, 파헤친 흔적, 먹이나 탈피 흔적, 깃털 등의 흔적을 조사하게 된다.

〈그림 2-7〉은 그물을 이용해 습지 동물을 포획 조사하는 모습이며, 〈표 2-1〉은 맹꽁이 서식처 조성을 위한 조사 및 포획 과정이다. 〈그림 2-8〉은 대표적인 동물 흔적의 사례다.

(2) 도면 및 문헌자료 조사

야외 조사와 더불어 지형도, 토양도, 식생도, 기타 관련 도면을 대상으로 실내 조사 또한 중요하다. 습지 보전 및 복원 전략 수립을 위한 인문환경이나 관련 법률, 계획 등을 조사하며, 실내 조사 자료를 확보한 후 현장 조사를 통해 확인 검증한다.

- 토지 소유 현황: 습지의 소유 현황(국유지, 사유지)을 표시
- 국유지 관리기관: 국유지의 경우 관리기관(단체) 표기
- 보호지역 지정 현황: 습지 및 주변지역의 보호지역 지정(생태·경관보전지역, 국립공원, 습지보호지역, 천연보호구역, 람사르습지 등)
- 습지 토지이용: 습지의 토지이용 현황, 주민의 생업과 습지의 관련성(예: 용수원(식수, 농업용수, 공업용수 등), 관광, 양식, 낚시터, 경작지 등)
- 습지 주변 지역 토지이용 실태: 습지 주변 지역의 실제 토지이용 현황(예: 농경지(논, 밭, 과수원 등)), 산림, 도로, 양식장, 주거지, 공장부지 등
- 습지 주변 지역의 훼손 및 개발 현황: 습지와 습지 주변 지역에서 진행되고 있는 훼손 및 개발 행위(예: 매립, 불법 취수, 양식, 오염물질 방류, 폐기물 투기 등)
- 개발계획: 습지와 습지에 영향을 줄 수 있는 인접 지역의 개발계획 유무와 내용

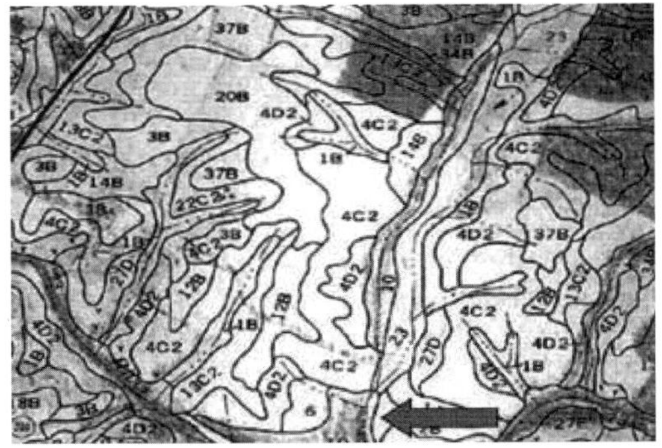

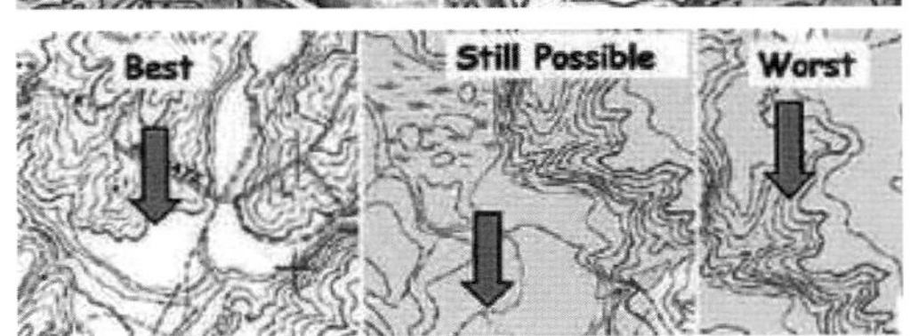

그림 2-9. 도면 분석

〈그림 2-9〉는 실내에서 진행 가능한 도면 조사의 한 예다. '23' 및 '34B' 등의 기호는 토양형을 의미하며, 수계는 '--__--'의 기호로 표기한

다. 위 그림에서 화살표의 왼쪽 지역은 아래 그림에서 'best'로 나타난 지역이다. 'worst'로 표기된 지역은 급경사지로서 습지의 발달이 어렵고 다양한 토지이용이 곤란한 지역이며 'best' 또는 'still possible' 지역은 하천에 인접하고 평탄한 지역으로서 습지이거나 습지 가능지다. 'best'로 표기된 지역은 식생이 없는 곳으로서 습지발달이나 다양한 토지이용이 가능한 구간이며, 'still possible' 지역은 숲이 있는 지역으로서 잠정적 가능지역이다.

(3) 위성영상 및 항공사진

Landsat 등 저해상도급 위성영상의 밴드 조합을 통해 습지의 분포에 대한 기초적인 현황을 얻을 수 있고, 고해상도급 위성영상으로는 세밀한 습지의 분포 및 경계에 대한 구체적인 정보까지도 얻을 수 있다. 구글어스, 블루버드 등의 위성영상 서비스를 통해 습지에 대한 구체적인 정보를 미리 파악할 수 있으며, 이렇게 사전에 확보된 사전정보를 토대로 현지답사를 통해 습지 여부와 유형 등을 확인할 수 있다.

〈그림 2-10〉에서 사진 위쪽은 구글어스에서 제공하고 있는 서울 한강의 밤섬의 영상으로서, 토사 퇴적으로 하중도가 형성되고 습지가 발달하고 있는 것을 확인할 수 있다. 또한 아래쪽 항공사진을 통해 본 한강 하남시 당정도 구간에서는 퇴적된 모래톱을 중심으로 습지가 발달해있는 것을 확인할 수 있다(구본학, 2002).

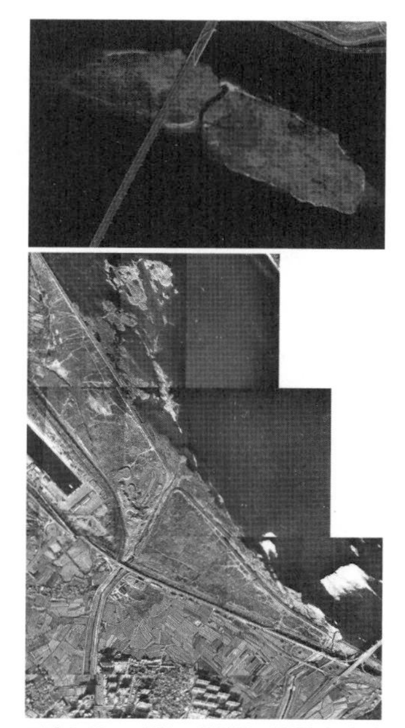

그림 2-10. 고해상도 영상을 이용한 습지 가능지 파악

나. 습지 판별[1]

습지에는 일반적으로 볼 수 없는 독특한 수문학적 현상과 물에 적응된 식생이 있고, 토양조건도 내륙지역과는 많이 다르다. 즉, 습지 수문wetland hydrology, 습윤 토양hydric soils, 습지 식생hydrophytes, hydrophic vegetation 등을 습지를 판단하기 위한 기준으로 설정할 수 있다.

1. 구본학(2002)에서 수정 인용

(1) 습지 수문 및 동태

1) 습지 수문

습지 수문은 물이 표층까지 범람하거나 침수된 토양에서 나타나는 수문학적 특성을 의미하며, 물수지, 수질, 수원 등을 다룬다. 습지 수문은 습지의 구동력driving force 지표이며Gray et al.(1998), 습지의 수문학적 특성이 식물종이나 식생군락에 영향을 끼치게 된다Pearsell & Mullamoottil(1996). 습지의 생태적 가치와 기능이 유지되기 위해서는 생물의 성장기 동안 영구적으로 또는 주기적으로 지표면이 침수되거나 포화 상태가 되어야 한다. 이 상태는 호기성 환경이 되며 식물과 토양에 영향을 준다.

습지의 물은 강우(강수), 지표수, 지하수 등을 수원으로 하며, 이들이 개별적으로 때로는 혼합 형태로 습지 내로 유입되어 습지의 수문 특성을 나타내게 된다. 습지 판별을 위한 수문 지표로는 침수 흔적, 수피나 다른 고정 물체에서의 침수된 흔적, 물에 의해 운반된 수목이나 수직 요소의 잔해 침전물, 습지 내 수원 및 배수 패턴, 잎에 생긴 검은색이나 회색 물때, 기타 침수 및 포화된 조건이나 습윤한 토양에 대한 형태학상으로 적응된 흔적 등을 들 수 있으며, 식물 성장기 동안의 최소 일주일 이상의 중요한 시기에 대한 토양 침수 및 포화된 상태의 기록이나 범람에 대한 항공사진 등도 유용한 정보가 된다. 침수 범람에 의해 씻겨 내려간 노출 나지, 수생식물, 물때가 든 잎, 나무 주위에 물이 감싼 흔적, 지표면에 쓰레기 등의 덮인 흔적 등이 습지 수문 지표로 설정될 수 있다.

습지 특성은 수원에 따라 달라질 수 있다. Brinson(1993)에 의하면 습지는 강수, 지표수, 지하수 등을 수원으로 하며(그림 2-11), 이들이 개별적으로 때로는 혼합 형태로 습지 내로 유입되어 습지 수문의 특성을 나타내게 된다. Mitch(2000)에 의하면 영양물질이 풍부한 이탄습지는 전형적으로 강우가 주를 이루며 무기성의 이탄습지mineral fen는 지하수가 주를 이루며, 하천변 습지와 호수변 습지는 지표유출수가 주를 이룬다.

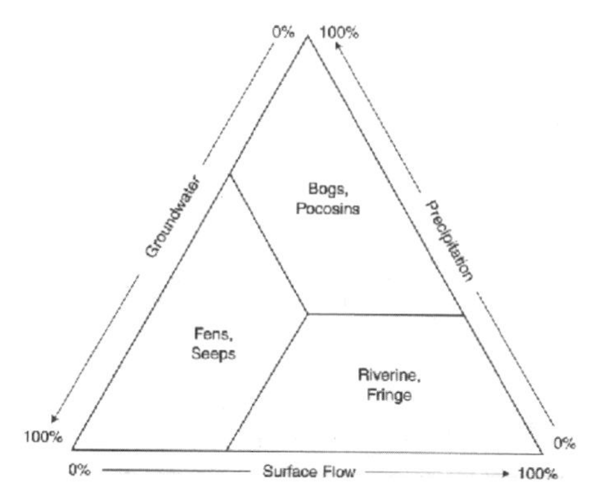

그림 2-11. 습지 유형별 수원 특성(자료: Brinson, 1993)

강수precipitation는 비, 눈, 우박, 기타 물의 변형 형태로 하늘에서 떨어지는 모든 것을 포함하며, 습지에 직접 떨어지거나 습지 유역에서 지표 및 지하의 흐름으로 유입된다. 이렇게 유입된 물은 증발산, 표면 유수, 지하 유출, 지하수 침투, 주기적 변동 등의 이유로 소멸된다. 증발산evapotranspiration은 계절별 또는 매일 많은 변화가 있으나, 식물종, 식생밀도, 활력도 등에 의해 차이가 있다. 지표수는 하천, 홍수 범람, 지하수 분출, 조수 등에 의해 발생되며, 지하수는 강수 침투나 지표수의 침투

표 2-2. 습지의 수문 특성

구분	지표	기준
빈도	빈번히 발생	100년에 50회 이상 침수
	자주 발생	100년에 5~50회 침수
	드물게 발생	100년에 1~5회 침수
	없음	
침수 기간	매우 오랜 기간 침수	1개월 이상 침수
	오랜 기간 침수	1주에서 1개월 침수
	보통	2~7일
	짧음	4~48시간
	매우 짧음	4시간 이내
토양 침수	심층 침수	표층 아래 2m 이상 침수
	표층 침수	지하수위가 높게 유지, 표층으로부터 침수, 2m 아래층은 침수되지 않음
	인위적 조절	인간에 의해 조절되어 농업용으로 이용

자료: Tiner, 1999a, Wetland Indicators: A Guide to wetland Identification, Delineation, classification, and Mapping

에 의해 유지된다.

또한 Tiner(1999a)는 습지 수문의 특성을 빈도, 침수 기간, 토양 침수 등으로 구분하였다(표 2-2).

습지의 생태적 가치가 유지되고 기능이 유지되기 위해서는 생물의 성장기 동안 영구적으로 또는 주기적으로 지표면이 침수되거나 포화상태가 되어야 한다. 이 상태는 호기성 환경이 되며 식물과 토양에 영향을 준다.

대표적인 수문 특성으로서 1년의 수문 특성에서 조수의 영향을 받는 해안지역의 염습지는 주기적으로 수위의 변동이 발생하며, 하천습지나 천변식생대에서는 건기와 우기의 구별이 뚜렷하게 나타난다(그림 2-12).

습지의 수문 현상 중 수위와 관련하여 갈수위, 저수위, 평수위, 고수위, 홍수위 등으로 구분할 수 있다. 이 범위에 따라 토양과 식생의 분포가 달라지며, 관리 전략이 달라질 수 있다. 습지에서 물의 저장 능력은 지표수, 지하수 등에 의해 결정되며, 지하수위가 높을수록 저장 능력은 감소된다. 일반적으로 지하수위는 강우, 증발산 등의 영향을 받아 계절적으로 변동이 심

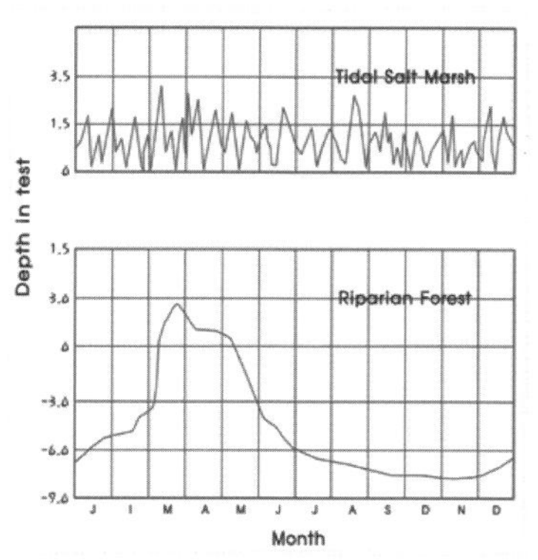

그림 2-12. 습지의 수문학적 특성(Cylinder et al., 1995 : 11) 위: 조석의 영향, 아래: 계절적 범람

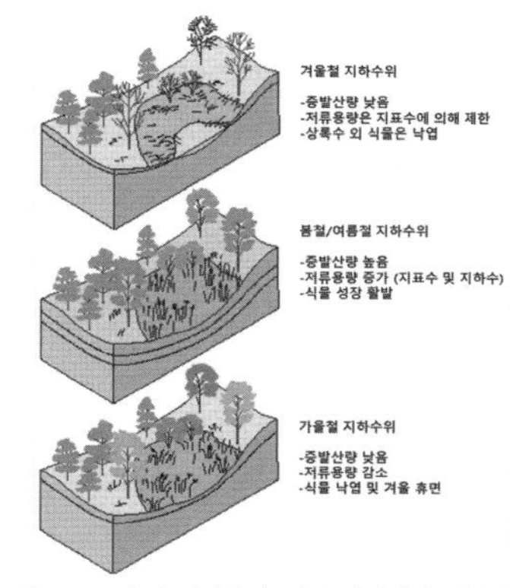

그림 2-13. 습지 저장용량 및 증발산량의 계절적 변화(자료: USGS)

하게 나타난다(그림 2-13).

2) 습지를 판별하는 수문 지표

습지의 생태적 가치와 기능이 유지되기 위해서는 생물의 성장기 동안 영구적으로 또는 주기적으로 지표면이 침수되거나 포화상태가 되어야 한다.

그림 2-14. 물이 보이지 않지만 물이 정체 혹은 흘렀던 흔적을 확인할 수 있는 곳, 습지 식생의 흔적이 나타나는 곳은 습지로 인식(우포늪)

습지의 수문 지표로는 범람 흔적, 물에 흘러내려온 침전물, 침전물의 퇴적 및 토양 침윤(실트질 흔적 포함), 씻겨 내려갔거나 물때 등에 노출된 지역, 습지 배수 패턴(지표수의 운동 특성), 나무의 줄기에 이끼류 등의 흔적 형성, 수목의 형태적 적응(습지 식생 특성), 물에 침수되었거나 씻겨 내려간 흔적, 물때가 든 잎 등이 있다. 예를 들어 수위 저하로 노출된 지면에 습지에 사는 개구리밥, 생이가래, 마름의 흔적이 나타나는 경우 이를 습지로 판단한다(그림 2-14).

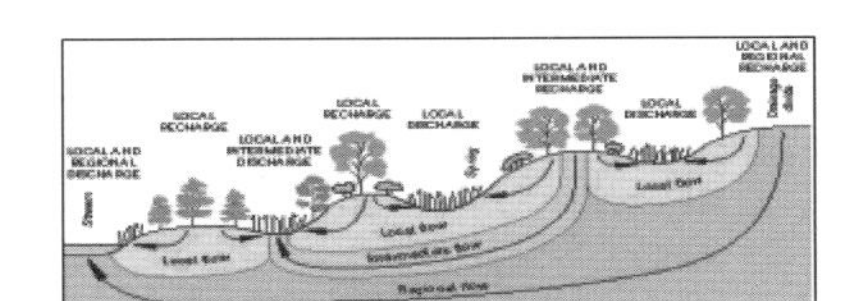

그림 2-15. 지하수 물순환체계(자료: USGS)

습지의 수원에 따라서 습지의 특성이 달라질 수 있으며, 다양한 수원에 의해 습지가 이뤄진다. Mitch(2000)의 주요 습지 유형에 대한 수원water source의 조합 특성을 살펴보면, 영양물질이 풍부한 bog는 전형적으로 강우가 주 수원이며, mineral fens와 분천형 습지seep wetlands는 지하수가 주를 이루며, 하천형 습지와 천변습지 및 호수변 습지riparian, fringe는 지표 유출수가 주를 이룬다.

〈그림 2-15〉는 지하수 물순환체계에 따른 습지의 생성 모식도를 나타내고 있다. 국지적 지하수 물순환체계는 지형에 따라 고지대에서 유출되어 바로 인접한 저지대로 흘러가며, 광역적 지하수 물순환은 지역의 지형에 따라 높은 곳에서 유출되어 가장 낮은 곳으로 흘러간다. 이 두 시스템 중간 수준에서 또 다른 물순환체계가 형성된다.

(2) 습지 토양 및 지형

1) 습지 토양 조건

습지 토양Hydric Soil은 오랫동안 침수되고 범람된 환경에서 형성된 토양으로서 내륙 토양과는 달리 배수가 불량하여 혐기성 환경을 유지한다. 이러한 토양 조건은 화학적, 물리적 변화를 초래하게 된다. 대표적이고 가장 먼저 발생하는 변화로는 산소의 급속한 감소를 들 수 있다. 토양 공극에 채워져 있는 공기가 식생이나 토양미생물에 의해 소모되면 침수 조건에서는 수분으로 채워지며 그 결과 점차 산소가 부족한 혐기 환경이 된다. 이러한 환경에서 죽은 식생 등에 대한 분해 작용이 거의 이루어지지 않고 오랜 세월 동안 축적된 결과 이탄층과 유기질 토양이 형성되어 유기물 농도가 높아진다.

그림 2-16. 유기질 토양(용늪, 물이끼에 의해 생성된 이탄층)

또한 식생이나 미생물에게 중요한 질소, 철분, 망간, 황 등의 무기염류가 불용성으로 전환되며, 토양으로부터 이동되거나 유리되어 심한 경우 위협적인 수준에까지 이르게 된다. 이러한 화학적 변화는 물리적 변화를 초래하며, 대표적인 예가 토양 색채의 변화다. 습지 토양은 무기염류로 구성되어 짙은 회색이나 검은색으로 나타난다. 때로는 망간이온, 철이온 등이 집적되고 산화되어 밝은 색 위에 짙은 색이 반점처럼 얼룩진다. 일반적으로는 포화상태에서 산화/환원층이 뚜렷하게 구별되며, 지하수위가 낮아지면 산화층이 발달하여 이탄층의 분해가 촉진된다. 이러한 습윤 토양이 조성되기까지는 시간이 걸리며, 규칙적이고 지속적인 침수와 범람에 의해 발생한다.

유기질이 많이 함유된 토양은 주로 표토층에 형성되며, 무기질층의 표면은 무기질층 아래보다 짙은색으로 나타난다.

- Organic Soils: 혐기성 조건에서 축적된 식물체의 잔해 등
- Mineral Soils: 모래, 실트, 진흙 등 글라이층(gleying: 다습한 지방의 배수 불량으로 생긴 청회색의 층)이나 모틀링(mottling: 얼룩 반점). 배수불량지에 주로 생성되는 푸른빛을 띤 회색 점토질인 글라이층은 A층의 바로 아래에 형성되며 먼셀색상환에 따른 채도가 1 이하다. 밝은색의 모틀은 A층의 바로 아래 또는 20~30cm 아래에 형성되며, 채도 2 이하다.

2) 습윤 토양으로 판단할 수 있는 지표

습지 토양은 전통적으로는 유기질 토양으로 인식하였다. 반면에 현재의 습지 정의에서는 반드시 유기질 토양만을 의미하지는 않으며, 유기질 또는 무기질 토양으로서 침수 조건에 의해 혐기성 환경이 형성된 토양 특성을 나타낸다.

습윤 토양과 습지 지역임을 나타내는 지표로는, 부엽토 등 유기물질 함량이 매우 높은 히스토솔Histosols, 유기질 함량이 높은 표층토인 히스틱 표층Histic Epipedon, 썩은 달걀 냄새가 나는 황화물H_2S, 수

분으로 포화되어 용존산소가 거의 없는 습윤한 토양 등을 들 수 있다.

(3) 습지 식생

1) 습지 식생 조건

습지 식생은 토양이 지속적 또는 주기적으로 침수되어 물로 포화된 토양에 적응한 식생으로서 혐기성 환경에 적응하기 위하여 뿌리에 산소를 공급하기 위한 생존 전략을 마련하고 있다.

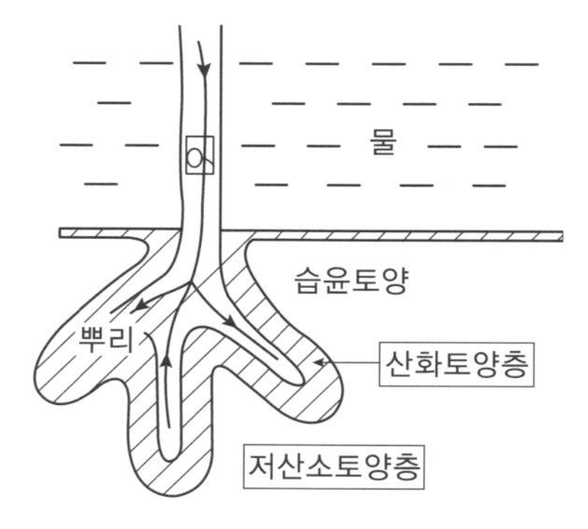

그림 2-17. 수생식물의 뿌리가 있는 습지 내 토양 단면

오래 계속되는 침수는 식물의 생존에 치명적인 영향을 미치지만 습지식물들은 오랜 침수에도 생존에 지장을 받지 않고 침수의 환경에서 살아가기에 적합한 특수한 구조를 지니게 된다. 대부분의 습지 식생은 천근성 뿌리 분포를 보인다. 습지 토양의 표토 부분에는 호기성 환경이 존재하므로 이 얇은 표층의 호기성 토양에 뿌리를 뻗게 된다.

그림 2-18. 수생식물인 부들의 줄기 통기조직(신두리 사구 내 습지)

또 다른 전략은 통기조직을 통해 대기 중의 공기를 뿌리까지 전달할 수 있게 된다. 뿌리가 있는 '근권'은 물에 의해 공기와의 접촉이 단절된 습지 토양에 산소를 확산시켜 산화층을 형성하여 뿌리 주위에 산소를 공급한다(그림 2-17, 18).

그 외에도 물질대사를 일시적으로 완화 또는 중단하거나, 화학적 과정을 변경하거나, 화학적 매개물 저장 등의 생리학적 메커니즘이 있다.

2) 습지 판별을 위한 식생 지표

습지 식생은 몇 가지 적응 특성을 나타내는데, 미공병단(1987), Cylinder et al.(1995), Kent(2001), Kentula et al.(1993), Tiner(1999a) 등에 의하면 습지 수문 및 토양 등 습지 환경에서 식생은 침수 및 포화된 조건이나 습윤한 토양에 대한 형태학상으로 적응된 흔적이 발생하며, 줄기 비대, 뿌리와 줄기의 안쪽이 비어있어 공기가 채워짐, 뿌리 부분 줄기가 부벽처럼

그림 2-19. 습지 판별을 위한 식생 조사(자료: 강서병)

표 2-3. 수환경 요구도에 따른 습지 식생의 구분

구분	특성	비고
절대 습지 식생(OBL) obligate wetland	▪ 특정 습지 환경에서만 생존하는 식생 ▪ 자연 상태의 습지 조건에서 항상(99% 이상) 발생	수생식물
상대적 습지 식생(FACW) facultative wetland	▪ 습지 환경과 내륙 환경 모두에서 생장이 가능한 식생 ▪ 주로 습지 환경에서 발생하며(67~99%), 습지가 아닌 지역에서도 때때로 발견	습생식물
중성 식생(FAC) facultative	▪ 습지 조건이나 건조 상태에서도 비슷하게 발견됨(34~66%)	습생식물
습성 내륙 식생(FACU) facultative upland	▪ 주로 습지가 아닌 지역에서 발생하며, 때로(1~33%) 습지에서도 발견	육상식물
내륙 식생(UPL) upland	▪ 침수 조건에 내성이 거의 없으므로 내륙 환경에서만 발생하는 식생(99% 이상)	육상식물

자료: 미공병단(1987), Cylinder et al.(1995), Kent(2001), Kentula et al.(1993), Tiner(1999a), 구본학(2002)

그림 2-20. 습지식물. 왼쪽: 갯버들 군락, 오른쪽: 물 환경에서 육지 환경으로 전이되는 전형적인 식생 변화(우포늪)

지지, 줄기에 세로로 된 홈이 패임 또는 다간multiple trunk, 천근성, 부정형 뿌리 형태, 호흡근, 호기성 호흡, 물속 발아, 뿌리 재생, 지나친 뿌리 신장, 적응된 잎, 뿌리와 줄기와 잎의 비정상적 생장 방향 등이라고 하였다.

일반적으로 수생식물은 Muenscher(1944)와 Sculthorpe(1967)에 따라 정수식물(추수식물 emergent hydrophyte), 부엽식물floating-leaved hydrophytes, 부유식물(부수식물 floating hydrophytes), 침수식물submerged hydrophytes로 구분될 수 있다.

또한 미국야생동물관리청(U.S. Fish and Wildlife Service, 1988) 및 구본학(2002)은 수환경 적응도에 따른 식물 생육 분포 특성을 5개 범주로 구분하였다(표 2-3).

이 중에서 습지 판별을 위한 지표종으로는 절대 습지 식생OBL종과 상대적 습지 식생FACW종이 적절하다. OBL종은 대부분 습지에서만 발생하기 때문에 OBL종의 출현은 그 지역이 습지라는 것을 의미한다. FACW종은 주로(2/3이상) 습지에서 발견되므로 역시 습지의 지표로서 많이 사용된다. OBL종 또는 OBL종과 FACW종이 우점하는 군집은 특별히 인간의 간섭이나 기타 외부 요인에 의해 수문 조건이 조절되는 경우 외에는 항상 습지라고 할 수 있다. 우점종의 ≥50%이 FAC이거나 그보다 습윤 토

양을 좋아하는 식물이 생육하는 지역을 습지로 판별한다. 이것으로 판별하기 어려울 때에는 FAC Neutral Test를 실시한다. FAC Neutral Test는 OBL+FACW 종이 FACU+UPL 종보다 많은 경우 습지로 판정한다.

3) 습지 수문 조건에 대한 식물의 적응

습지식물의 생리학적인 적응들은 부족한 산소 조건에서도 충분히 견디며 자랄 수 있는 능력을 포함하며 또한 생명 과정의 변화를 포함한다. 또한, 몇몇 습지식물들은 수위의 변동에 적응할 뿐만 아

표 2-4. 수생식물의 형태적 적응 유형과 식물 종(구본학, 2002)

적응 유형	종
부벽처럼 지지된 나무 줄기(뿌리 부분이 부풀어 오름)	Taxodium distichum(낙우송), Nyssa aquatica(닛사나무, 흑고무나무)
줄기가 여럿으로 갈라짐(Multiple Trunks)	Acer rubrum(루브르단풍나무)
기근(Pneumatophores) 수면 위 뿌리가 뭉툭하게 뭉쳐 튀어나옴(Knee)	Taxodium distichum, Nyssa aquatica
부정근(Adventitious Roots) 토양 위 줄기에서 여러 뿌리들이 생성	Plantanus occidentalis(양버즘나무, Sycamore), Salix(버드나무류), Ludwigia(물앵초)
천근성이거나 노출근	Acer rubrum
비대한 피목(Hypertrophied Lenticels)	Salix, Acer rubrum
활발한 기체 교환을 위한 큰 피목	
뿌리와 줄기의 통기조직(Aerenchyma), 공기로 채워진 조직	Juncus spp.(골풀류), Typha spp.(부들류), Cyperus spp.(사초류)
잎의 형태적 적응(Polymorphic Leaves)	Sagittaria(보풀 벗풀 소귀나물 등)
부엽(Floating Leaves)	수련 등

그림 2-21. 습지 특성에 적응된 식생. 위 왼쪽부터 물이끼와 처녀치마(용늪), 개구리밥과 생이가래(우포늪), 노랑어리연꽃(금산 방우리 습지), 아래 왼쪽부터 맹그로브(태국), 세모고랭이(묵논습지), 사초류와 물이끼에 의해 형성된 사초기둥(용늪)

니라 염분을 흡수하는 것을 방해하는 뿌리적응성과 염분을 방출하는 데 사용하는 특정 세포를 가지고 있다(Firehock et al., 1998). 아울러 형태학적 적응은 식물의 물리적 구조를 변화하여 산소와 영양염류의 흡수율을 증가시킨다. 형태적 적응들은 주로 산소 흡수율을 높이기 위한 뿌리 구조의 변형 기능과 관련되는데, 적응 유형과 그 유형에 해당되는 식물 종 현황은 다음 〈표 2-4〉와 같다.

습지 특성에 적응된 습지 식생의 몇 사례는 〈그림 2-21〉에 나타난 바와 같이 육지 환경에 적응된 식생과는 다른 특성을 보인다.

이상과 같이 습지를 구성하는 수문, 토양, 식생 등의 요소를 종합하면 다음 〈표 2-5〉와 같이 나타

표 2-5. 습지 지표(구본학, 2002)Co : US Corps, 1987; Cy : Cylinder et al., 1995; F : USFWS, K : Kent, 2001; Ke : Kentula et al., 1993; T : Tiner, 1999.

	지표	문헌
습지 수문 (Hydrology)	•범람 흔적 관찰	Co, G, K, F
	•물에 흘러내려온 침전물	K, G, T, F
	•침전물 퇴적 및 토양 침윤(실트 흔적 포함)	Co, K, T, F
	•씻겨 내려갔거나 노출된 지역	G, T
	•습지 배수 패턴(지표수의 운동 특성)	Co, G, K, T
	•나무의 줄기에 이끼류 등의 흔적 형성	T
	•수목의 형태적 적응(습지 식생 특성)	K, G, T
	•물에 침수되었거나 씻겨 내려간 흔적	Co, G, K, T, F
	•물때가 든 잎	K, G, T
	•현장에서 확인 가능한 습지 토양	K, F
습지 식생 (Hydrophyte)	•줄기가 비대해짐	T
	•뿌리와 줄기의 안쪽이 비어있어 공기가 채워짐	Co, Cy, G, T
	•뿌리 부분 줄기가 부벽처럼 지지됨	Co, G, K, T
	•줄기에 세로로 된 홈이 패임 또는 다간	Co, G, K, T
	•천근성	Co, Cy, G, K, T, F
	•부정형 뿌리 형태	Co, G, K, T
	•호흡근	Co, G, T, F
	•호기성 호흡	T
	•물속에서 발아, 비대한 수피	Co, G, K, T
	•뿌리 재생	K, T
	•뿌리가 지나치게 신장됨	T
	•적응된 잎	Co, K
	•뿌리와 줄기, 잎의 생장 방향이 비정상적임	G, T
	•습지식생의 출현	Co, K
습지 토양 (Hydric Soils)	•유기질 토양	Co, Cy, G, K, Ke
	•유기질 표층(Histic Epipedons)	Co, G, K
	•황화물	Co, G, K
	•수분 또는 습기가 많은 습윤토양	Co, K
	•환원조건	Co, K
	•토양색채	Co, Cy, G, K, Ke, F
	•반점 또는 응결물	Co, K, Kw, F
	•지표면에 물이 흐른 흔적 – 작은 수로 등	Co
	•지하층 줄무늬	Co, K, F
	•스포딕층(Spodic Horizon)	Co, K
	•토성 및 토양경도	Ke

낼 수 있으며, 이러한 습지의 수문학적 특성이 습지 토양이나, 식생군집의 구조에 영향을 끼치게 된다(Pearsell & Mullamoottil, 1996).

(4) 습지 판별 과정

습지인지 아닌지를 구분하는 판별 과정과 어디까지가 습지인지 범위를 설정하는 것이 중요하다. 우선, 습지 식생을 검토하고, 이후에 수문을 검토하게 된다. 습지 토양의 변수를 확인해야 할 필요가 있을 경우에는 습지 토양을 조사하여 습지 여부를 결정하며, 토양을 확인하지 않아도 될 경우에는 식생과 수문만으로 습지 여부를 결정한다. 습지로 판별되면 경계를 설정하는 과정을 거치고 있다(구본학, 2002).

습지인지 아닌지를 판단하는 구체적인 지표 및 과정의 예를 들면 다음과 같다(구본학, 2007a).

- 정체되거나 얕은 물이 지속적으로, 혹은 오랜 기간 동안 존재하는가?
- 교목과 목본식물에 물 자국 혹은 물 흔적의 증거가 있는가?
- 잎 위에 범람을 보여주는 침전물이 침전되어 있는가?
- 잎과 부스러기들이 뿌리, 울타리, 혹은 다른 장애물에 부딪혀 씻어지는 이동선이나 증거를 볼 수 있는가?
- 그 지역에 침하와 퇴적의 증거가 있는가?
- 우기 동안 형성되었을 특별한 얕은 수로가 존재하는가?
- 병과 캔이 침전물로 가득 채워질 수 있는가?
- 나무 기저부가 부풀어 보이는가?
- 교목과 관목의 뿌리가 노출되어 있는가?
- 습한 환경에 적응한 수생식물이나 유사 식생이 존재하는가?
- 토양이 흐리거나 회색인가?

이와 같이 전통적으로 습지의 정의나 판별을 위해서는 습지 수문, 습지 토양, 습지 식생의 3가지 지표를 근거로 판단하게 된다. 그러나 연구자나 기관에 따라서, 또는 목적에 따라서 습지 지표를 적용하는 방법에서 차이를 나타내고 있다. 이러한 차이는 3요소를 모두 만족해야 습지로 보는 관점에서 3요소 중 어느 하나만을 만족해도 습지로 판별하는 관점에 이르기까지 다양하다.

일반적으로 람사르협약, 우리나라의 습지보전법, The Keene-Nejedly California Wetlands Preservation Act, California Wildlife Protection Act, California Coastal Act, The Coastal

Commission under the California Code of Regulations, The U.S. Army Corps of Engineers,[2] U.S. Fish & Wildlife Service(1979),[3] Niearing(1991), Kusler(1996), Romanowski(1998) 등에 따라 앞에서 제시된 지표에 의해 습지를 판별한다.

다. 습지 종류[4]

(1) 여러 가지 습지

습지는 '습지'라는 용어 외에도 늪, 벌, 포 등의 용어로 불렸고, 외국에서도 wetland, marsh, swamp, fen, bog 등의 용어로 불리고 있다. 이러한 용어의 차이는 습지의 구조나 기능에 따라 차이가 있기는 하지만, 많은 경우 국가마다 지역마다 용어가 다르고 의미가 다르다(구본학, 2002). 일반적으로 '소택지swamp', '늪marsh', '이탄늪bog' 등 몇 가지 용어로 사용되어 왔으며, 때로는 식생의 발달과 토양 등을 기준으로 저층습원, 중층습원, 고층습원high moor; raised mire 등으로 구분하기도 하는데, 구체적인 분류 기준에 따라 여러 형태로 구분하는 방안이 바람직하다.

물론 이러한 분류 체계는 분류 기준에 따라 같은 의미의 습지를 다른 용어로 부르거나, 같은 용어를 약간씩 다른 의미로 해석하기도 한다. 예를 들어 앞의 경우에 해당되는 사례로서 'heath'를 다른 분류 체계에서는 'spong'으로 부르기도 하며, 뒤의 경우는 'bog'를 토양 중심의 관점에서 '이탄습지peat accumulating wetlands'로 보기도 하며 한편으로는 식물 중심의 관점에서 '이끼-지의류 습지moss-lichen wetland'로 보기도 한다.

습지의 종류는 여러 가지 기준에 따라 나눌 수 있는데, Vitt(1994) 및 Banner & MacKenzie(2000) 등에 의하면 토양 양분, 토양 수분, pH, 수문 동태wetland hydrology 등에 따라 bog, fen, marsh, swamp 등으로 구분하고 있다.

습지의 유형은 규모, 위치, 수문 조건, 물리·화학·생물학적 과정 및 특성에 따라 매우 다양하다. U.S. Geological Survey(USGS)에 의하면 초기의 습지 분류는 농업적 이용을 바탕으로 식생 중심의 서식처 관점에서 시도되었으며, 연구의 관점과 목적에 따라 범람의 정도·수문 동태 특성·침수 기간과

2. The Clean Water Act(CWA)의 Section 404
3. Cowardin et al.(1979)에 따름
4. 구본학(2000; 2001; 2002; 2008) 및 월간 『에코스케이프』 연재 원고 등을 수정 인용

빈도 등 수문 조건, 생물 서식처 등 생태계로서의 가치와 기능, 생태적 관점에서의 식생 피복 및 지반, 입지 및 지표 유형, 식생(우점종), 태양에너지 등 구동 기능forcing function과 스트레스, 수질 관리 및 유역 관리, 토양 등에 따라 분류가 가능하다(Ramsar, 1971; Odum et al., 1974; Gosselink et al., 1978; USFWS, 1979(Cowardin et al., 1979); Banyus, 1989; Moyle & Ellison, 1991; Brinson, 1993; Mitsch & Gosselink, 1993; Gilman, 1994; Cylinder et al., 1995; Kusler et al., 1996; Hammer, 1997; Romanowski, 1998).

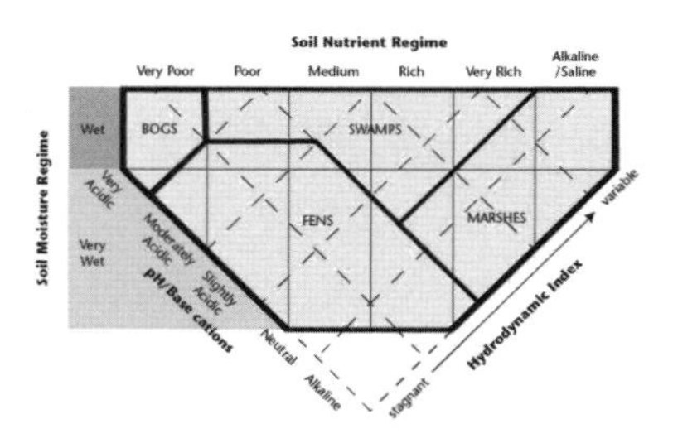

그림 2-22. 환경 조건에 따른 습지 유형
(자료: Vitt, 1994; Banner & MacKenzie, 2000)

(2) 수문 조건에 의한 습지 종류

습지는 침수 기간과 빈도 등 수문 조건에 따라 계절적 습지와, 영구적인 습지로 구분할 수 있으며, 우점종 식생에 따라 목본 우점, 초본 우점 또는 수생식물 우점 등으로 구분하기도 한다(Cylinder et al., 1995). 수문 조건에 따라서는 봄철 우기에 일시적으로 습지가 형성되는 vernal pool, 알칼리성 분천 alkali seep, 계절성 담수습지 등이 계절적 습지에 해당되며, 염습지, bog, 영구성 담수습지 등이 영구 습지에 해당된다.

또한, 담수 혹은 염습지, swamp, bog, fen, bayos, tules 등으로 구분할 수 있고, 각각에 대한 하위 분류 체계가 있다(Hammer, 1997). Romanowski(1998)는 물을 중심으로 파악하여 습지를 Dampland and Sumpland, Ephemeral Wetland, Fern Gullies and Spring, Marsh and Swamp, River stream and creek, Flood plain and billabong, Lake, Underground wetland, Salt marsh, Estuaries and mangrove, Farm dam and other artificial wetland 등으로 구분하였다.

수질 관리 및 유역 관리의 측면에서 물(수원)을 중심으로 한 분류 체계로서 습지는 강우, 지표수, 지하수 등을 주된 관점으로 강우형 습지, 지하수형 습지, 지표수형 습지 등으로 구분할 수 있다(Brinson 1993). 그 외에도 경관상의 위치와 물자원의 유형에 따라 서로 다른 몇 개의 유형으로 분류할 수 있다.

표 2-6. 수원에 따른 습지 유형

수원	특징
강우형	• 하천이나 지하수의 원천, • Bogs, Pocosins, Vernal Pools, Playas, Praire Potholes, Wet Meadows, and Wet Prairies 등
지표수형	• 물과 영양물질과 침전물 등을 제거하고 저장하며 조금씩 방출 • Marshes, Riparian Forested Wetlands, Tidal Freshwater Marshes, Tidal Salt Marshes 등
지하수형	Fen 등

1) 강우형 습지(Precipitation Dominated Wetlands)

강우형 습지Precipitation Dominated Wetlands는 주로 빗물 등에 의존하여 발달한다. 강우형 습지는 하천이나 지하수의 원천이 되며, Bog, Pocosin, Vernal Pool, Playa, Prairie Pothole, Wet Meadow, Wet Prairie 등이 있다.

■ 산성 이탄습지(Bog)

Bog는 물에 침수된 이탄지Bog로서 기상 현상으로 인해 이탄의 축적이 분해보다 빠르게 진행되어 생성된다. Bog의 특징은 스펀지처럼 물을 머금고 있는 이탄층과 산성의 물, 두텁게 덮인 물이끼층 등으로 요약할 수 있다. 물이끼류나 식충식물 등 독특한 식물이 생육하며 식물이 죽어 분해되지 못하고 이탄층이 퇴적되어 발생한다. 이탄과 물이끼 등이 빗물을 저장하는 기능을 한다. 매트처럼 생성된 물이끼층에 의해 주변 교목 및 관목 식생과 이탄층이 분리된다.

Bog는 지표수와 지하수 유입이 거의 없는 강우형 습지로서 식물 생육에 필요한 영양염류나 유기물질 공급이 없으므로 생산성과 분해능이 매우 낮다. Bog에는 물이끼 등 우점종이 H+이온을 방출하고 이탄층에서 유기산이 방출되어 pH 3.0~4.0 정도의 산성을 띤다. 이와 같이 Bog가 지니는 독특한 물리적 화학적 특성으로 인해 빈영양과 산성 수문 환경에 적응된 독특한 식물상이 형성되는데, 예를 들면 대표적인 식충식물은 잡은 곤충으로부터 영양물질을 흡수한다.

그림 2-23. Mer Bleue Bog, 캐나다

■ Pocosin

Bog와 유사한 개념으로 Pocosin은 교목과 관목이 빽빽하게 들어선 습지로서, 항상 물이 고여 있지는 않으나 연중 상당 기간 동안 지면 바로 아래 얕은 곳에 지하수가 유지되고 있어 지속적으로 영향을 받는다.

■ Vernal Pool, Playa, Prairie Pothole

Vernal(spring) Pool은 겨울과 초봄에 일시적으로 강우량이 증발산이나 침투량보다 많은 지역에서 자연적으로 발생하는 작고 얕은 함몰지로서 일종의 Marsh형 담수습지와 유사한 기능을 갖는 습지이나 지표수 유입보다 강우에 의해 발달되므로 Marsh와는 구별된다. 배수 불량한 토양으로서 봄철에 일시적으로 유출을 억제하여 습지 환경을 이루며 봄철 양서류와 물새들에게 매우 중요한 서식 환경을 제공해주고 있다. 우기가 끝난 후 야생화가 피어나고 서서히 증발산이 발생한다. 건조기가 시작되기까지는 대부분 완전히 건조하게 되어 식생이 사라지고 건기에는 종자나 알의 형태로 생물이 생존한다.

Playa는 건조지대에서 나타나는 독특한 Marsh형 습지다.

Prairie Pothole은 빙하의 작용으로 발생한 Marsh형 얕은 못으로서 함몰지에 발달하므로 주변 토지로부터 유입수를 받기도 하지만 주로 강우로 인해 수위가 계절에 따라 변하며, 상당기간 동안 건조 상태로 유지된다.

■ Wet Meadow, Wet Prairie

습초지Wet Meadow는 강우 이후 습한 토양에 발생되는 초지 습지로서 초본류와 사초류 등이 우점한다. Wet Prairie는 수문학적으로 Marsh와 Wet Meadow의 중간 단계다. 정체수가 짧은 기간 유지되나 Marsh보다 빈도가 높다. 간헐적으로 하천 유입에 의해 물이 공급되기도 한다.

Wet Meadow와 Prairie는 식생이 Marsh보다 건조하며, Upland Meadow나 Prairies Grass에 둘러싸인 낮은 평지에 발달한다. 또한 물이 강우에 의해 유지되므로 건조기에는 건조 상태가 된다. 대체로 배수가 불량한 토양으로서 관목류 등이 정착하기에는 침수 기간이 길어 어려운 조건이며, 정수식물이 정착하기에도 부적합한 수문 환경을 이루고 있다.

2) 지하수형 습지(Ground Water Dominated Wetlands)

지하수형 습지Ground Water Dominated Wetlands로는 Fen이 있다. Forested Swamp를 지하수형으로 분류하는 경우도 있으나 이 책에서는 지표수형 습지로 분류한다.

■ Fen

Fen은 Bog와 유사하게 이탄층이 발달한 습지이나 지하수에 의해 발달되기 때문에 산성이 아니라는 점에서 Bog와 다르다. 대체로 기온이 낮고 성장기가 짧은 지역에 발달하며, 강우나 지표수가 아닌 지하수 의존형 습지다. 지하수의 유입으로 연중 수위가 고르게 유지되며, Bog에 비해 영양물질이 풍부하여 동식물 종다양도가 높다. 이끼류가 적고 사초류나 골풀류 및 야생화 등 초본류 우점 습지인 건생초지 형태가 많다.

지하수가 지표로 유출되는 낮은 지역이나 경사지에 이탄층이 축적되어 발생하기 때문에 지하수에 포함된 탄산칼슘 등 무기염류의 영향으로 중성 또는 약알칼리성을 유지한다. 이탄층이 발달하면서 지하수 유입이 억제되고 점차 강우 의존도가 높은 Bog로 천이되는 경향이 있다.

3) 지표수형 습지(Surface Water Dominated Wetlands)

Riparian Wetland, Marsh, Tidal Wetland 등 지표수형 습지Surface Water Dominated Wetlands는 물과 영양물질과 침전물 등을 제거하고 저장하며 조금씩 방출한다. Marsh, Riparian Forested Wetland, Tidal Freshwater Marsh, Tidal Salt Marsh 등이 있다. Mangrove 습지는 Tidal Salt Marsh 등 기수형 습지로서 해양생물에게 매우 중요한 생명 부양 능력을 지니고 있다.

■ Marsh

Marsh는 대표적인 지표수 의존 습지로서 가장 물의 영향을 많이 받는 습지이며 생물종다양성이 높게 유지되는 습지다. 하천이나 호수 주위 등 지표수에 의해 침수되어 있거나 주기적으로 범람하는 저지대에 발달된다. 물이 주기적으로 또는 지속적으로 침수되며, 대부분 하천이나 표면유출수, 홍수 시의 월류 등 지표수로부터 공급받는다. 때로는 지하수 유입을 받기도 한다.

식물의 생육기에 대부분 물에 잠기거나 물의 영향을 받으며, 주로 정수식물이 우점한다. 이 식물들은 통기조직Aerenchyma이 발달하여 혐기성 토양에 형태적으로나 생리적으로 적응되어 있다. 표면수에 의해 빠른 속도로 유기물이 축적되어 유기물 함량이 높고 중성에 가까우며 물의 흐름과 영양물질의 유입으로 인해 이탄의 발달이 억제되고 식생이 발달되어 종다양도가 높다.

입지 및 조수의 영향에 따라 구분되며, 구체적으로는 염습지, 기수습지, 담수습지 등이 있고 때로 Prairie Pothole도 Marsh로 분류되기도 한다. 조수 영향을 받지 않은 Marsh는 하천, 호수 등의 범람지의 배수가 불량한 얕은 저지대에 발달한다. 유기질 함량이나 무기염류 함량이 높은 토양이나 모래, 실트, 점토 등이 토양층을 이루며 다양한 수생식물군락이 발달하여 물새나 소형 동물의 서식처를 제공한다. Freshwater Marsh, Prairie Pothole, Playa Lake, Vernal Pool, Wet Meadow 등이 Nontidal Marsh에 해당한다.

조수 영향을 받는 습지는 중위도 및 고위도 해안지역에 주로 발달한다. 일부 Freshwater Marsh를 포함하여 Brackish, Saline Marsh 등이 있다.

■ Riparian Wetland

Riparian Wetland는 지표수에 의해 유지된다. 호수나 하천 등을 따라 발생하여 홍수기에 범람하는 선형습지로서 때로 Marsh로 분류되기도 한다.

정수 또는 유수에 의해 영구적으로 또는 일시적으로 지표수 및 지하수의 영향을 받은 식물군락이 형성되는 지역으로서, 겨울이나 봄에는 전적으로 지표수에 의존하며 때로 상당부분 지하수의 영향을 받기도 한다. 생산성이 높은 생태계이며 홍수기 동안 상류로부터 많은 물과 영양물질이 유입된다. 하류부에 미치는 홍수가 빈번하게 비교적 대규모로 발생하며, 농업적 이용이나 시가화 용지로 자주 개발되곤 한다.

■ Swamp

Swamp는 목본류가 우점하는 습지로서 연중 대부분의 기간 동안 하천 등으로부터 물이 계절적으로 유입되며 식물의 생장기 동안 침수 영향을 받는 영구적 또는 반영구적인 범람습지다. Swamp는 성장기 동안 침수 또는 물로 포화되고 일 년 중 상당 기간 동안 물에 침수된다.

Marsh형 습지와 육상식생대의 전이지역으로서 유기질 토양이 두텁게 발달하여 수환경 적응도가 높은 식물들이 우점한다. Cypress Dome, Maple Swamp, Bottomland Hardwood Forest, Cottonwood Riparian Area 등이 있다.

입지 조건에 따라 Freshwater Swamp, Saltwater Swamp로 분류되며, 숲의 형태에 따라 관목우점 및 교목우점Forested Swamp 등으로 세분할 수 있다. 한대나 아한대 지역의 타이가 숲, 열대나 아열대 지역의 맹그로브 숲 등도 이에 속한다. 일부 Forested Swamp는 지하수형으로 분류되기도 한다.

습지 유형 중에서 가장 수문 환경이 열악한 습지에 속한다. 개발에 민감하며 훼손될 경우 보상 전략이 쉽지 않다. 습지에서 육상생태계로 천이되는 중간 과정에 위치하여 수문 조건의 변화에 예민하다. 유입량이 많을 경우 Marsh 형태가 되고, 유출량이 많을 경우 빠르게 육화가 진행된다.

(3) 식생 발달에 의한 습지 종류

우점종에 따른 분류 체계에서 Riparian Forest, Riparian Scrub 등이 Woody Wetland Habitat에 해당되며, Freshwater Marsh, Tidal Salt Marsh, Vernal Pools 등이 Herbaceous Wetland Habitat의 예다.

그림 2-24. 용늪의 식생, 왼쪽: 사초기둥, 오른쪽: 처녀치마

식생의 발달과 토양 등을 기준으로 저층습원, 중층습원, 고층습원High Moor 등으로 구분하는데, 두꺼운 이탄층으로 덮여 물이끼 등이 우점하는 경우를 고층습원으로 분류하며, 국내의 대표적인 고층습원으로 대암산 용늪이 있다.

라. 습지의 천이

습지는 시간의 흐름에 따라 영양물질의 유입 및 퇴적, 식생의 발달 등에 의해 점차 육화되어 가며, 궁극적으로는 육상생태계로 천이된다. 몇 가지 대표적인 습지 천이 과정은 다음과 같다.

Gilman(1994)은 이탄, 유기질, 산소 등을 분류 키워드로 하여 습지를 크게 Marsh, Fen, Bog 등의 3유형으로 대분류하였다. 이 분류 기준에서 습지는 Marsh에서 점차 Fen과 Bog 등으로 변화해 가는 것으로 파악하였으며, 그 과정에서 이탄의 발달이 매우 중요한 요소로 작용하는 것으로 이해하였다. 물의 흐름이 빠르거나 실트질이 충분히 공급될 때는 Marsh 이상으로 발달되지 않으며, peat와 유기물질

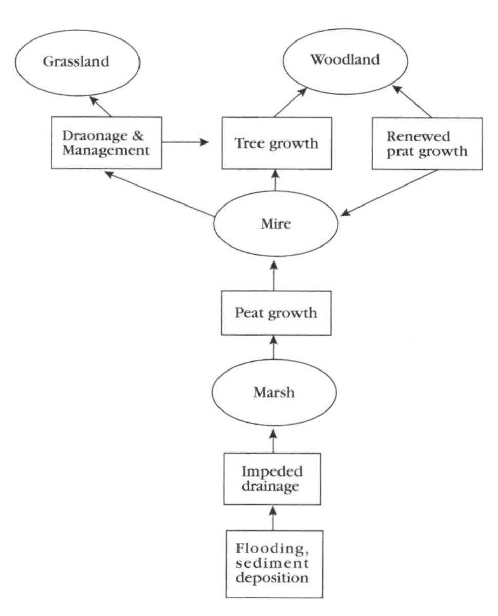

그림 2-25. 습지의 발달 과정(Gilman, 1994)

그림 2-26. 습지 천이 과정

이 포함된 점토 등이 공급되는 경우 정수식물이 빠르게 침입하며 Fen으로 발달된다.

소택형 습지에 속하는 내륙함몰습지Inland Depressional Wetland의 경우 가장자리 수심이 얕은 부분에는 정수식물과 습생식물이, 가운데 수심이 깊은 부분에는 개방수면과 더불어 부엽식물, 부유식물, 침수식물 등이 생육한다. 영양물질과 침전물이 습지 내로 유입되지만, 초기에는 여전히 정수식물과 부엽식물, 부유식물 등이 우점한다. 영양물질과 침전물 유입이 점차 증가하면서 바닥에 퇴적되고 수심이 얕아지면서 정수식물이 확산된다. 점차 수심이 더욱 얕아지면서 가장자리로부터 육지화가 진행되어 사초류 등 초본류로 천이되고 일부 가운데 수면부에만 정수식물과 부엽식물 등이 생육한다. 초본류에서 관목류로 천이가 진행되면서 급속히 육화가 진행되고 수면부가 점차 축소되면서 일부 정수식물 외 부엽식물 등은 소멸된다. 점차 천이가 가속화되고 교목류가 침입하여 급속도로 육화가 진행된다. 습지로서의 특성은 교목림 중 일부 저습지 형태로 흔적을 찾아볼 수 있다.

호수와 습지의 천이 과정에서 육화 작용과 소택지화라는 형성 과정을 거쳐 생성된다(그림 2-26). 육화 작용은 호수나 연못 등 정수생태계에 영양물질이 유입 퇴적되면서 육화가 진행되고 물이끼가 성장하게 된다. 다음으로는 소택화paludification 작용은 물이끼가 육화된 건조지에 매트 형태로 형성되며 습지 표면의 빗물을 저장하게 된다. 각각의 형성 과정에서 오랜 시간에 걸쳐 산성의 이탄층이 형성된다.

습지 유형 분류 체계

II-2

가. 습지 유형 분류 지표

(1) 습지 유형 분류 흐름

습지 유형 분류는 국제적으로는 람사르협약에서 정한 분류 기준이 있고, 각 나라의 특성에 따라 분류 방법을 정하기도 한다. 습지 유형 분류는 목표와 관점에 따라 다양한 지표와 방법이 있는데, 목적에 따른 분류 방법과 지표에 따른 분류 방법으로 나누어 볼 수 있다. 목적에 따라서 습지 목록 구축을 위한 분류, 습지 기능 평가를 위한 분류, 습지 조사를 위한 분류, 습지 교육을 위한 분류, 기타 습지 구조에 따른 분류 등으로 구분할 수 있다.

습지는 규모, 위치, 수문 조건, 물리적 화학적 생물학적 과정 및 특성에 따라 매우 다양하다. 구체적인 분류 기준에 따라 여러 형태로 구분할 수 있다. 초기의 습지 분류로는 1956년 미국의 한 보고서(Mattew, 1993), 1965년의 MAR List 등을 들 수 있는데, 이들 분류 체계는 식생 중심의 서식처를 주로

표 2-7. 분류 목적에 따른 습지 유형 분류 사례(구본학(2002; 2009)을 보완)

분류 목적	사례
습지 목록 구축	람사르 분류 체계, Cowardin 분류 체계, 이효혜미(2000), 환경부(2000), 구본학과 김귀곤(2001a; b), 구본학(2002), 주위홍(2002), AWI(2006), 구본학(2007), 주위홍과 구본학(2007), 구본학(2008)
습지 기능 평가	HGM 분류 체계(Brinson et al., 1993; 1996), Kusler et al.(1996)
습지 조사 및 연구	환경부(1996; 2000), Etheringtin(1983), Naiman et al.(1989), Banyus(1989), Mitsch & Gosselink(1993), USGS, Cylinder et al.(1995), Canadian Wildlife Service(1999)
습지 교육	미공병단(1996)
습지 관리 정책, 구조, 기타	Holland(1996), Shaw & Friedine(1956), Golet & Larson, USFWS(1979), Gilmann(1994), Romanowski(1998), Tiner(1999b), 습지보전법

다루었고, 담수와 염수의 구분이 명확하지 않으며, 유형 분류가 불명확하다.

The USFWS(1979)에서는 습지 수문, 토양, 식생에 따라 swamp, marsh(freshwater, brackish water, saltwater marsh), bog, vernal pool, 계절적 inundated saltflat, intertidal mudflat, wet meadow, wet pasture, spring and seep, portion of lake, pond, river and stream, 그리고 주기적이거나 영구적으로 얕은 물에 덮이거나 수생식물로 덮이거나 유기질 토양이 덮고 있는 모든 지역 등으로 구분하였다.

The Holland System(Holland, 1986)에서는 캘리포니아 지역의 습지를 습지의 형태와 현존하는 우점종 중심으로 구분하였다(표 2-8).

Banyus(1989)는 서식처로서의 기능을 분류 키워드로 하여 염수 서식처, 담수 서식처, 육상 서식처 등으로 구분하고 각 서식처는 식생 상태, 수문 상태, 우점종 등에 따라 20개 서식 공간으로 구분하였다.

표 2-8. Holland(1986)의 습지 분류 체계

Bogs and Fens	**Marshes and Swamps**
Sphagnum bog	Northern coastal salt marsh
Darlingtonia bog	Southern coastal salt marsh
Fen	Coastal brackish marsh
Riparian Forests	Cismontane alkali marsh
North coast black cottonwood riparian forests	Transmontane alkali marsh
North coast black alluvial redwood forests	Coastal and valley freshwater marsh
Red alder north riparian forests	Transmontane freshwater marsh
Central coast cottonwood sycamore riparian forests	Montane freshwater marsh
Central coast live oak riparian forest	Vernal marsh
Central coast arroyo willow riparian forest	Freshwater swamp
Southern coast live oak riparian forest	Ledum swamp
Southern arroyo willow riparian forest	**Riparian Scrubs**
Southern cottonwood-willow riparian forest	North coast riparian scrub
Great Valley cottonwood riparian forests	Woodwardia thicket
Great Valley mixed riparian forests	Central coast riparian scrub
Great Valley valley oak riparian forest	Mule fat scrub
White alder riparian forests	Southern willow scrub
Aspen riparian forest	Great Valley willow scrub
Montane block cottonwood riparian forest	Great Valley mesquite scrub
Modoc-Great Basin cottonwood-willow riparian forest	Buttonbush scrub
Mojave riparian forest	Elderberry savanna
Sonoran cottonwood-willow riparian forest	Montane riparian scrub
Mesquite bosque	Modoc - Great Basin riparian scrub
Riparian woodlands	Mojave desert wash scrub
Sycamore alluvial woodland	Tamarisk scrub
Desert dry wash woodland	Arrowweed scrub
Desert fan palm oasis woodland	
Southern sycamore-alder riparian woodland	
Vernal Pools	**Wet Meadows and Seeps**
Northern hardpan vernal pool	Wet montane meadow
northern claypan vernal pool	Wet subalpine and alpine meadow
Northern basalt flow vernal pool	Alkali meadow
Northern volcanic mudflow vernal pool	Alkali seep
Southern interior basalt flow vernal pool	Freshwater seep
San Diego mesa hardpan vernal pool	Alkali playa community
San Diego mesa claypan vernal pool	

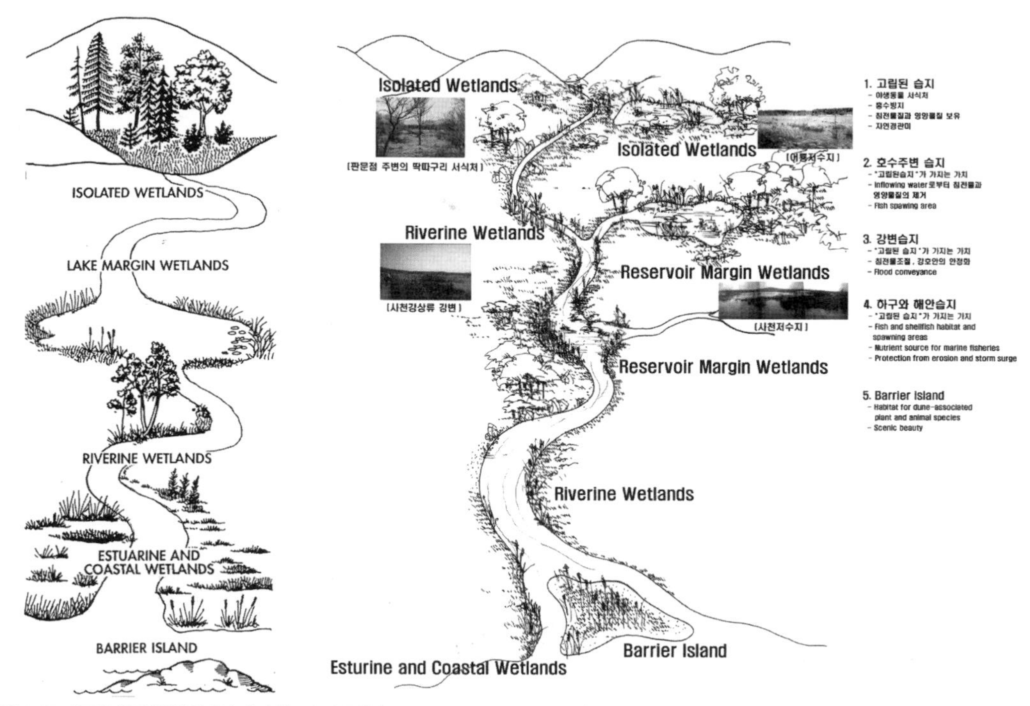

그림 2-27. 미국의 환경법위원회에서 제시하는 습지 유형과 DMZ 사천강 습지에 적용 예(자료: Jon Kusler & Teresa Opheim(1996) 및 서울대학교)

Brinson(1993)은 습지 분류를 위한 핵심 요소로 지형학, 수원, 수력학의 세 요소로 보고, 주변 경관에서 습지의 지형적인 위치의 차이로 depressional, riverine, fringe, extensive peatlands로 구분하였다.

또한 미국 환경법위원회에서는 습지 보호 가이드를 작성하면서 〈그림 2-27〉과 같이 고립된 습지 isolated wetlands, 호수변 습지lake margin wetlands, 하천습지riverine wetlands, 하구 및 연안습지 estuarine and coastal wetlands, 그리고 보초도barrier island 등으로 구분하고 있다(Kusler et al.,1996).

위계별 습지 분류 체계로는 Cowardin System, Ramsar System 등이 있다. Cowardin System(Cowardin, 1979)과 람사르협약의 convention manual에서는 생물 서식처의 가치를 강조하여 습지를 생태계, 수문, 식생피복, 지반 등의 기준에 따라 세부 유형으로 세분하였다(Cowadin et al., 1979; Ramsar, 1997).

위계별 분류 체계에 대해서는 이 단원의 후반부에서 자세히 다루고자 한다.

국내에서도 1990년대 중반 이후 습지에 대한 관심이 높아지면서 습지의 분류 방법에 대한 논의가 시작되었다. 환경부(1996)와 북한(森下强와 鄭鐘烈, 1996)에서는 람사르협약에서 제시된 기본 분류 틀을 통해 습지를 분류하고 목록을 작성하였다. 국내의 습지보전법(1999)에서는 단순히 지형학적 특성에 따라 연안습지와 내륙습지로 구분하고 있다. 환경부(2000)에서는 습지 조사를 목적으로 내륙습지를 수계권, 일련번호, 조사 우선 순위를 바탕으로 분류하고 개별 습지에 대한 분류기호를 부여하였다. 북한에서는 두루미를 중심으로 하는 물새 서식처로서의 습지 기능을 강조하였다.

습지 유형 분류 연구로는 람사르의 분류 체계에 따른 우리나라 습지 분류 및 식생 분석(이효혜미, 2001), 습지의 정의와 기능 설정 및 분류 체계 수립(구본학와 김귀곤, 2001a), 우리나라 습지 유형별 분류 특성에 관한 연구(구복학과 김귀곤, 2001b), 습지 유형 분류 및 도면화 방법(구본학, 2002), 동북아 3국의 습지 유형 분류 특성 비교(주위홍, 2002), 한강과 두만강 습지 유형 및 분포 특성(주위홍과 구본학, 2006), 국가습지 인벤토리 구축(구본학, 2007;2008a;b;c), 한국의 습지 유형 분류 체계 및 국가습지목록 구축(구본학, 2008) 등이 있다.

국내의 습지 유형 분류 체계에 대해서는 이 단원의 후반부에서 상세히 다루고자 한다.

(2) 습지 유형 분류 지표

습지 판별 및 유형 분류 사례를 수문, 토양, 식생, 지형, 지형학적 특성 및 기타 지표에 의한 분류체계로 구분해보면, 대부분 2가지 이상의 지표를 기준으로 분류되고 있다. 〈표 2-9〉 및 〈표 2-10〉에

표 2-9. 습지 분류 연구에서 분석된 습지 지표(구본학, 2002)

구분	수문	토양	식생	지형 특성	형태	염분	서식처	중요도	생성 원인	인공성
Shaw & Friedine(1956)	○			○						
Golet & Larson(1974)			○							
람사르 협약 분류 체계	○	○	△	○		△				○
Cowardin 분류 체계(1979)	○	○		○		△				○
USFWS(1979)	○	○	○							
Etherington(1983)	○	○	△	○						
Holland(1986)	○		○		○					
Naiman et al.(1989)		○		○		○				
Banyus(1989)	○		○	○			○			
HGM(Brinson et al., 1993)	○	△		○	○					
Mitsch & Gosselink(1993)	○	△		○						
Gilmann(1994)		○	△							
Cylinder et al.(1995)	○		○							
환경부(1996)	○	○		○					○	○
Kusler et al.(1996)				○						
USGS				○						
미공병단(1996)			○	○			○			
森下强와 鄭鐘烈(1996)	○	○		○			○		○	○
Romanowski(1998)	○									
Tiner(1999)	○			○						
Canadian Wildlife Service(1999)		○		○	○					
습지보전법(1999)				○						
환경부(2000)				○				○	○	
이효혜미(2000)	○	○		○		△				
구본학과 김귀곤(2001a)	○	○	○	○		△				○
계	16	11(13)	7(10)	19	3	1(5)	3	1	3	5

표 2-10. 습지 유형 구분을 위해 사용된 지표와 기준

지표	구분	특성
수문 조건 침수기간, 빈도	영구적 습지(permanent)	•Tidal salt marshes, bogs, perennial freshwater marshes 등
	계절적 습지(seasonal)	•Vernal pools, alkali seeps, seasonal freshwater marshes 등
수원	강우형	•강우가 주요 수원이며 하천이나 지하수의 원천이 됨. •Bog, Pocosin, Vernal Pool, Playa, Praire Pothole, Wet Meadow, and Wet Prairie 등
	지표수형	•물과 영양물질과 침전물 등을 제거하고 저장하며 조금씩 방출 •Marsh, Riparian Forested Wetland, Tidal Freshwater Marsh, Tidal Salt Marsh 등
	지하수형	•지하수가 주요 수원, Fen
수심		•Lacustrine: 파도에 의해 습지 경계부에 호안선이 형성되는 경우, 저수위 2m를 초과하는 경우 등은 Lacustrine으로 분류 •Palustrine: 최고 수심 2m 미만
pH	물의 pH	•Bog 3~5, Swamp 약 7 내외, Marsh 7~8, 수심이 얕은 개방수면, 수원·토양·기반암에 따라 다양
지형적 속성	Depressional	•강우 등으로 인해 함몰된 습지로서, 영양 풍부 •Kettle, pothole, vernal pool
	Extensive peatlands	•이탄이 무기질로부터 습지 격리, 이탄층이 움직임을 억제하고 물 저장 •Blanket bogs, tussock tundra
	Riverine	•선적인 경관으로 주로 일방향의 표면유출이 현저함 •Riparian wetlands along rivers, streams
	Fringe	•양방향의 표면유출을 가진 하구와 호수의 습지 •Estuarine tidal wetland, lacustrine fringes
물의 동적 변화	수직적 변동	•물의 수직 파동은 증발, 강우, 지하수 충전으로 인한 치환의 결과 •주로 depressional wetland, bog(1년 주기), Prairie pothole(다년 주기)
	일방향성 흐름	•일방향적 표면유출, 유속은 경사에 따라 •주로 riverine wetlands
	양방향 흐름	•조수나 바람에 의한 수위변동에 의해 지배되는 습지에서 발생 •주로 fringe wetlands
식생	우점종	•목본, 초본, 수생식물 등으로 구분
영양상태	영양의 정도	•Bog: 빈영양상태로서 생산성이 매우 낮음. •Fen: 하천, 우수, 지하수가 풍부한 영양 제공하여, bog보다 영양물이 많으며 생산성 높음 •Swamp: 영양물이 풍부하여 생산성 높음(풍부한 식생) •Marsh: 생산성이 가장 높으며, 많은 토양미생물이 분해와 영양물질 순환, 질소고정을 용이하게 함 •Shallow Open Water: 많은 수원과 연결되어 다양한 영양물질이 있고 영양상태가 높으며, 식생밀도가 높아 많은 동물의 휴식처와 먹이 제공
Soil	무기토, 유기토, 이탄(peat)	•Bog: 바닥은 무기토, 모래, 자갈로 이루어지며, 이탄의 축적 (산성퇴적물로 이루어진 극히 낮은 영양물을 함유) •Fen: 미생물의 분해율이 낮기 때문에 무기토가 40cm 이상의 이탄층으로 덮여 있음 (석회암과 진흙 위에서 발생하여 알칼리성 증가) •Swamp: 유기토, 무기토 혼합, 산소함유량이 높고 분해박테리아가 풍부해 이탄축적을 막음 •Marsh: 모래와 자갈이 흔히 무기토를 덮으며, 이탄층이 적음 (많은 토양미생물 개체수로 인해 유기질의 분해에 기여) •얕은 개방수면: 유기물이 풍부하고 기초는 주로 모래와 자갈
야생동물		•야생동물의 흔적이나 습지 내 생물종 다양성 등으로 구분

나타난 바와 같이 지형학적 특성을 지표로 설정한 경우가 19사례로 나타나 가장 일반적인 분류 지표로 인정되었고, 수문 지표 16사례, 토양 지표 11사례, 식생 지표 7사례로 각각 나타났다. 그러나 토

양 지표와 수문 지표는 조절자modifier 등 하위분류 체계에 적용된 경우도 있어 이를 포함하면 토양지표 13사례, 식생 지표 10사례로 각각 나타났다. 그외에 인공성 5사례, 지형, 형태, 서식처, 생성 원인 각각 3사례, 염분, 중요도가 각각 1사례로 나타났다. 즉, 지형학적 특성을 비롯하여, 수문, 식생, 토양 등 습지 판별을 위한 3요소와 인공성 등이 중요한 지표로 설정될 수 있고 지형, 형태, 염분, 서식처, 중요도, 생성 원인 등이 지표로 활용됨을 알 수 있었다.[5]

이들을 종합할 때, 습지 유형 구분을 위해 사용된 지표와 기준이 될 수 있는 특성은 〈표 2-11〉과 같다.

표 2-11. 습지 유형 지표(구본학과 김귀곤(2001)을 수정)

구분	기준	문헌	비고(적용)
식생	생활형	Cw, Ke, Kv, R, T	교목, 관목, 초본류, 지의류, 수생식물
	잎 형태	Cw, Ke, R, T	침엽, 활엽
	잎의 영속성	Cw, Ke, R, T	낙엽, 상록, 다년생, 1년생
	생활형에 따른 피복률	Ke, T	피복률
	식생 군집	Cw, Kv, R, T	서식처 유형, 우점종
수문	조수의 영향	Cw, MG, R, T	침수, 간조
	침수 범람 빈도 및 기간	B, Cw, Ke, Kv, M, MG, R, SM	영구 침수, 수체, 일정기간 침수, 침윤
	수심	B, Cw, Ke, M, R	3ft 이내: shallow marsh가 안정되게 유지될 수 있는 깊이 3~6.6ft / 6.6ft(2m) 이상
	흐름의 방향	B, Ke, T	유입, 유출, 통과 흐름, 독립된 수원, 침전(sink)
	수위변동	B, Cw, Ke, MG	수위변동: 지하수위 변동–함몰된 습지(depressional wetland) 일방향성: 수평적인 지표수 및 지하수 흐름 – 하천 및 지하수 양방향성: 수평적 지표수 흐름–조수변동 및 호수 수위변동
	수원	B, Cy, Kv, N	지표수, 지하수, 강우
	물의 화학성 (수질, pH, EC)	Ke, R, T	염분(식생 및 토양에 영향), 내륙 염분 기후 – 영양물질, 광물성 영양물질, pH
토양	토양형	B, Cw, Cv, MG, R, T	유기질, 무기질, 사질, 점질
	토성 및 화학성	B, Ke, MG	입도, pH, EC
기타	지형 및 경관상의 위치	B, Cr, T, WW	함몰지 / 경사지 균열 / 층위변화 / 영구동토 / 습지경관
		B, M	독립 / 범람 / 수로 / 낮은 지형(집수지)
	습지의 원형	M	부분배수 / 댐 / 건조 / 도로 등 인공구조물
	습지규모(면적)	Ke, M, S	0.25ha 미만 / 0.25 - 0.50ha / 0.50 - 1.00ha / 1.00 - 2.50ha / 2.50-5.00ha / 5.00 - 10.00ha / 10.00 - 20.00ha / 20.00 - 40.00ha / 40.00ha 이상
	생태계 유형, 에너지원	K	frontal energy: 조수나 지표수처럼 지표면과 평행으로 이동하는 물의 운동 line energy: frontal과 유사하나 하천과 같은 작은 습지에 적합 sheet energy: 지표면과 수직으로 이동 – 비, 침투수, 지하수위 변동 등 점상에너지 : 지표면과 수직으로 이동 – 지하수 분출

B: Brinson(1993); Cr: Carer, 1996; Cw: Cowardin et al., 1979; Cy: Cylinder et al.,1995; K: Kangas, 1990; Ke: Kentula et al., 1993; Kv: Kevin, 1994; M: Miller, 1976; MG: Mitsch & Gosselink, 1993; N: Novitzki(1982); R: Ramsar, 1971; S: Semeniuk(1987); SK: Stewart and kantrud, 1971; WW: Winter and Woo, 1990.

5. 그 외에 산도(pH)를 지표로 설정한 경우도 있었으나 수문 및 토양에 의해 결정된다는 판단으로 제외하였다.

나. 람사르협약에 따른 유형 분류 체계

〈표 2-12〉는 람사르협약에 의한 습지 유형과 각 코드이며 의미는 다음과 같다.

■ 해양 및 연안습지Marine/Coastal Wetlands

A - 만, 해협 등을 포함하여 간조 시 수심 6m 이내의 얕은 해양

B - 해초류, 해변 염생식물, 열대해안초지 등을 포함한 조하대

C - 산호초

D - 바위섬 등을 포함한 암반해안

E - 모래톱, 섬, 사구, 사구저지대습지 등을 포함한 모래, 조약돌, 자갈 해안

F - 하구 및 하구 내 삼각주

G - 간조대 펄갯벌, 모래갯벌

H - 간조대 염습지. 조수 변화가 있는 기수습지 및 담수습지 포함

I - 맹그로브 Swamp, 니파 Swamp, 조수 변화가 있는 담수 Swamp 숲 등을 포함한 간조대 교목 우점 습지

J - 최소 1개소 이상 해양과 좁은 수로로 연결된 해안 기수 또는 염수 석호

K - 삼각주 담수 석호를 포함한 해안 담수 석호

Zk(a) - 카르스트, 지하 물순환 시스템 등

■ 내륙습지Inland Wetlands

L - 내륙 하천 삼각주

M - 폭포를 포함한 영구성 강, 하천, 계류 등

N - 계절적, 간헐적 또는 불규칙한 강, 하천, 계류

O - 우각호를 포함한 8ha가 넘는 담수호

P - 홍수터(범람원)를 포함한 8ha가 넘는 계절적 간헐적 담수호

Q - 영구성 염수호, 기수호, 알칼리호

R - 계절적, 간헐적 염수호, 기수호, 알칼리호 및 갯벌

Sp - 영구성 염수, 기수, 알칼리 늪, 못

Ss - 계절적, 간헐적 염수, 기수, 알칼리 늪, 못

Tp - 영구성 담수 습지/못, 면적 8ha 미만의 못, 무기질 토양의 늪과 소택지로서 성장기의 대부분 기간 동안 침수환경의 정수식물을 포함하는 곳

표 2-12. 람사르협약에 의한 습지 유형 분류 체계

Marine / Coastal Wetlands				
Saline Water	Permanent	< 6m deep; Permanent shallow marine waters		A
		Underwater vegetation; Marine subtidal aquatic beds		B
		Coral reefs		C
	Shores	Rocky marine shores		D
		Sand, shingle or pebble		E
Saline or Brackish Water	Intertidal	Flats(mud, sand or salt)		G
		Marshes		H
		Forested wetlands		I
	Lagoons ; Coastal brackish/saline			J
	Estuarine Water			F
Saline, Brackish or Fresh Water	Subterranean; Karst and other Subterranean hydrological systems			Zk(a)
Fresh Water	Lagoons ; Coastal freshwater			K
Inland Wetlands				
Fresh Water	Flowing Water	Permanent	River, streams, creeks	M
			Permanent inland river Deltas	L
			Freshwater Springs, oases	Y
		Seasonal /intermittent	River, streams, creeks	N
	Lakes and Pools	Permanent	> 8 ha	O
			< 8 ha	Tp
		Seasonal/intermittent	< 8 ha	P
			< 8ha	Ts
	Marshes on Inorganic Soils	Permanent	Herb-dominated	Tp
		Permanent/Seasonal/ intermittent	Shrub-dominated	W
			Tree-dominated	Xf
		Seasonal/intermittent	Herb-dominated	Ts
	Marshes on Peat Soils	Permanent	Non-forested	U
			Forested	Xp
	Marshes on Inorganic or Peat Soils	High altitude(alpine)		Va
		Tundra		Vt
Saline, Brackish or Alkaline Water	Lakes	Permanent		Q
		Seasonal/intermittent		R
	Marshes & Pools	Permanent		Sp
		Seasonal/intermittent		Ss
Fresh, Saline, Brackish or Alkaline Water	Geothermal			Zg
	Subterranean			Zk(b)

Ts - 계절적/간헐적으로 무기질 토양에 형성되는 면적 8ha 미만의 담수 늪/못, Slough, Pothole, 계절적으로 범람하는 습초지, 사초류가 우점하는 Marsh

U - 숲이 없는 이탄습지, Bog, Swamp, Fen

Va - 고산습지. 고산초지, 눈이 녹아 일시적으로 흐르는 물 포함

Vt - 툰드라 습지. 툰드라 못, 눈이 녹아 일시적으로 흐르는 물 포함

W - 관목 우점 습지. 무기질 토양에 형성된 관목 Swamp, 관목 우점 담수 Marsh, 관목 이탄습지,

오리나무 잡목림

Xf - 목본류가 우점하는 담수습지. 무기질 토양에 형성된 담수 Swamp 숲, 계절적으로 범람하는 숲, 목본류로 덮인 Swamp

표 2-13. 분류 키(자료: Brinson et al., 1997에서 수정)

1. Wetland is under the influence of tides.. 2
  2. Salinaty greater than 30ppt.. 3
    3. Vegetation(Emergents, trees, or shrubs) present...................................... ESTUARINE
    3. Vegetation(Emergents, trees, or shrubs) absent.. MARINE
  2. Salinaty less than 30ppt...RIVERINE(Tidal)
1. Wetland is not under the influence of tides... 4
  4. Persistent emergents, trees, shrubs, or emergent mosses cover less than 30% of substrate but nonpersistent emergents may be widespread during some seasons of year................5
    5. Situated in a channel; water, when present, usually flowing..........................6
      6. Stream is intermittent or seasonal ....Riverine(Nonperenial)
      6. Stream is perennial 7
        7. Stream is 1st or 2nd. order ....Riverine(Upper perenial)
        7. Stream is 3rd. order or higher................................ine(Lower perenial)
    5. Situated in a basin, catchment, or on level or sloping ground; water usually not flowing...............8
      8. Area 8 ha (20 acres) or greater ....LACUSTRINE
      8. Area less than 8 ha...9
    9. Wave-formed or bedrock shoreline feature present or water depth 2 m (6.6 feet) or more .....LACUSTRINE
    9. No wave-formed or bedrock shoreline feature present and water less than 2 m deep ......PALUSTRINE
  4. Persistent emergents, trees, shrubs, or emergent mosses cover 30% or more of the area....................10
    10. Wetland is topographically flat and has precipitation as a dominant sources of water.................11
      11. Wetland has a mineral soil ....Mineral Soil Flats
      11. Wetland has a Organic soil ....Organic Soil Flats
  10. Wetland is not topographically flat and does not has precipitation as a dominant sources of water 12
      12. Wetland located in a natural or artificial (dammed) topographic depression 13
    13. Topographic depression has a permanent water >2meters deep, and wetland is restricted to the marginal of the depression ....LACUSTRINE FRINGE
      13. Topographic depression does not contain permanent water >2meters deep 14
        14. Topographic depression closed without discernable surface water inlets, outlets, or other connections ....DEPRESSION(Closed)
        14. Topographic depression open with discernable surface water inlets, outlets, or other connections 15
          15. Primary source of water is groundwater...........DEPRESSION(Open,Groundwater)
          15. Primary source of water is Precipitation, overlandflow, orinterflow ....DEPRESSION(Open, Surfacewater)
      12. Wetland located in a topographic slope 16
        16. Primary source of water is groundwater ....Slope
        16. Primary source of water is Precipitation ....Organicsoil Flats

Xp - 숲이 있는 이탄습지, 이탄질 소택 숲
Y - 담수 못, 오아시스
Zg - 지열에 의한 분천 습지
Zk(b) - 내륙에 생성된 카르스트 및 지하 수문 시스템

■ 인공습지Humanmade Wetlands

1 - 양어장(어류), 새우양식장
2 - 8ha 미만의 농업용, 목축용 소규모 연못, 저류지
3 - 관개용 수로를 포함한 관개용지, 논
4 - 계절적으로 침수되는 농업용지(집약적 관리 습초지, 목축지 포함)
5 - 염전
6 - 8ha 이상의 저류지, 댐 저수지 및 인공호 등
7 - 채굴지, 자갈, 벽돌, 점토 등 채굴지, 토취장, 광산지역의 채광지 연못 등
8 - 수질정화습지, 하수관개이용농장sewage farm, 침전지settling ponds, 산화지oxidation basin 등
9 - 운하, 배수관거, 측구
Zk(c) - 인공 카르스트 및 지하수문시스템

분류 키

습지 유형을 판단하기 위해서는 답사 및 자료 조사에서 각 위계별로 분류 키key에 따라 찾는 과정이 필요한데, system 수준에서 습지 유형 분류 키는 〈표 2-13〉과 같다.

다. 미국 습지 유형 분류 체계

(1) Cowardin System

USFWS를 중심으로 Cowardin System으로 알려진 미국의 습지 유형 분류 체계가 수립되었고, 국가 습지 인벤토리National Wetlands Inventory Program(NWI)를 구축하고 있으며, 미국 내 습지 분포에 대한 정보를 습지 도면과 지형공간 정보 및 디지털 DB 등의 형태로 제공하며, 1970년대 중반부터 시행되고 있다(http://www.fws.gov/).

Cowardin System은 람사르협약 분류 체계와 유사하게 생물 서식처의 가치를 강조하여 습지를 생태계, 수문, 식생피복, 지반 등의 기준에 따라 system - subsystem - class 등의 위계로 구분한다. system 수준에서 marine, estuarine, riverine, lacustrine, and palustrine 등 5개의 기본 유형으로 분류하고 각 유형별 세부 유형으로 세분하였다(Cowadin et al., 1979).

(2) HGM 분류 체계

HGMThe Hydrogeomorphic 분류 체계는 습지의 기능을 정밀한 수준으로 평가하기 위한 HGM 방법을 적용하기 위해 개발된 분류 체계다. 람사르 또는 Cowardin 분류 체계로는 HGM 평가를 수행하기 적합하지 않으므로 지형과 수문 특성을 강조한 별도의 분류 체계를 제안하고 있다.

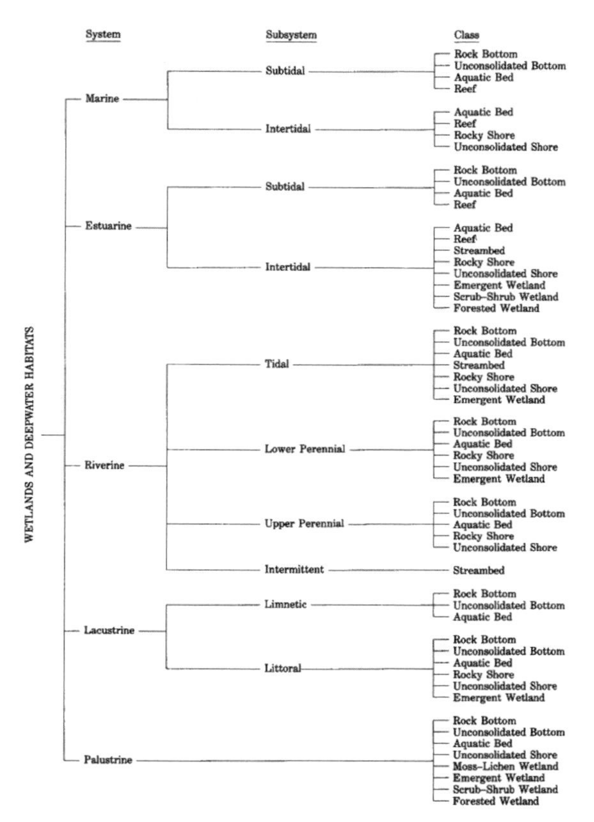

그림 2-28. Cowardin의 분류 체계(Cowardin et al., 1979)

HGM 접근 방법은 'the Clean Water Act Section 404'에 의하여 국가 차원의 National Action Plan이 수립되었고(USACE et al., 1996), 주정부 및 각 사업자별로 수정된 HGM 모델을 개발 적용하고 있다.

HGM의 적용을 위해서는 HGM 시스템에 따른 습지 분류, 표준습지Reference Wetlands 선정, 평가 모델 및 기능 지표Assessment Models and Functional Indices, 적용 프로토콜Application Protocols 등의 절차를 거친다. 각 부문별 조사 자료는 HGM 모델에서 제시하는 지수 선정 과정을 통해 점수화되어 습지의 기능을 평가할 수 있으며, 특히 자연습지에 대한 평가 결과는 인공습지의 기능 평가를 위한 기준이 될 수 있다.

HGM 분류 체계는 HGM 기능 평가를 위한 분류 체계로서 지형학적 특성과 수문학적 특성에 바탕을 두고 있다.

표 2-14. HGM 습지 분류 체계

구분	Geomorphic Setting	Water Sources	Hydrodynamics
종류	Riverine Depressional Slope Mineral and Soil Flats Organic Soil Flats Estuarine Fringe Lacustrine Fringe	Precipitation Groundwater Discharge Surface or Near-surface Inflow	Vertical Fluctuations Undirectional Flows Bidirectional Surface or Near-surface Flows

표 2-15. HGM 분류를 위한 수문 및 지형 요인

구분	지형	수원	수문적 역동성	단면도
웅덩이(Depression)	움푹 파인 곳	우수 및 지하수, 유입수 등	여러 방향	
수로(Riverine)	하천, 수로	하천 및 수로에서 유입되는 물	한 방향, 수평적	
경사(Slope)	경사지역	지하수	한 방향, 수직적	
평지(Flat)	평평한 지역	강수	수직적	
가장자리(Fringe)	저수지 및 호수, 하구지역	저수지 및 호수, 하구에서 유입되는 물	양방향, 수평적	

* R. Daniel Smith, Alan Ammann, Candy Bartoldus, and Mark M. Brinson, 1995. 재정리

1) Depression

Depression은 지형적으로 지표수가 모일 수 있도록 폐쇄된 웅덩이형 습지로서 주 수원은 강수, 지하수, 인접지역에서 온 지표수 등이다. 이들은 모든 방향에서 물이 유입될 수 있는데, 간헐적으로 또는 지속적으로 물이 유출입을 할 수 있으며, 변동이 주로 계절적으로 이루어진다(Smith et al., 1995). Depression 습지의 구체적인 구조는 〈그림 2-30〉와 같다.

2) Riverine

Riverine은 하천 및 강에서 수변식생대가 발생되는 지역으로, 주 수원이 강의 하도 또는 하천과 습지 사이에서 연결된 지점에서 흘러나오는 물이다. 하천 수원이 인접 육지에서 유출입이 이루어지

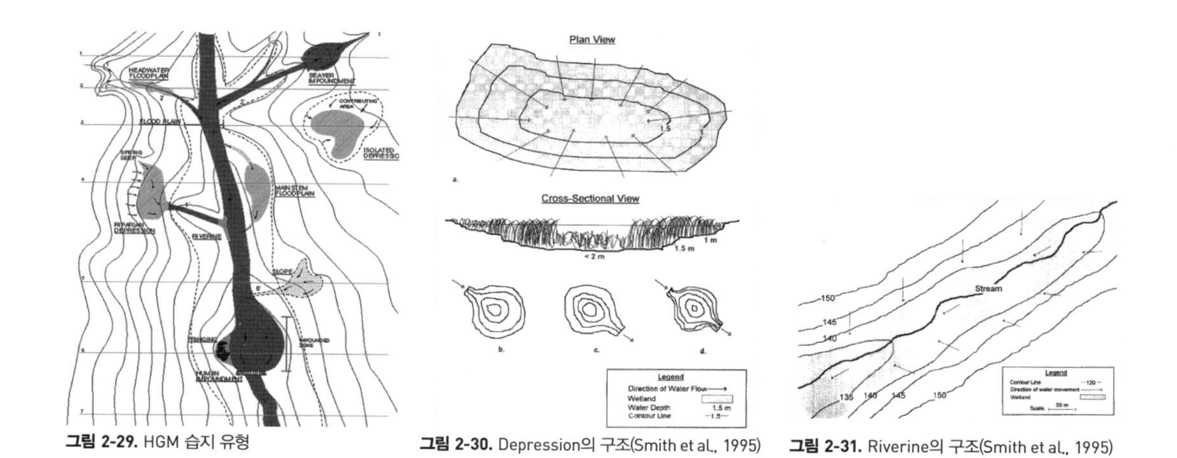

그림 2-29. HGM 습지 유형

그림 2-30. Depression의 구조(Smith et al., 1995)

그림 2-31. Riverine의 구조(Smith et al., 1995)

면서 종종 흘러 넘어가기도 하고, 빗물이 흘러 들어가기도 한다. 하천 주변으로 범람원들이 발생되며, 이들의 수문적 역동성은 낮은 하천 방향으로 한 방향으로 향하게 된다. Riverine은 종종 경사습지 또는 웅덩이습지로 변화될 수도 있으며, 연속적인 흐름이 요구되지는 않는다(Smith et al., 1995). Riverine의 구조는 〈그림 2-31〉과 같다.

3) 경사습지(Slope)

Slope는 지표면에서 지하수가 배출된 경사면에서 발견되는 습지로서, 경사면은 경사면이 급한 산지역에서부터 경사가 약한 지역까지 어느 고도와 상관없이 발생될 수 있다. Slope는 물 저장 능력이 현저히 떨어지는데, 이는 개방된 지형이기 때문이다. 원칙적으로 수원은 보통 육지 표면에서 흘러오거나 유입해 들어오는 지하수뿐만 아니라 빗물도 포함된다. 수문적 역동성은 주로 일정한 방향을 가지거나 수직적 방향이다. Slope는 수로로 발달될 수도 있으나, 수로는 주로 경사습지에서 물을 이동해 주는 역할을 한다(Smith et al., 1995). Slope 습지의 구체적인 구조는 〈그림 2-32〉와 같다.

4) Flat

Flat은 토양의 특성에 따라 무기물 토양mineral soil과 유기물 토양organic soil으로 나누어 분류될 수 있다. 무기물 토양을 가진 Flat은 보통 합류지점이나 흔적으로 남아 있는 호수 밑바닥, 광범위한 범람원에서 강수를 수원으로 한다. 이에 따라 실제적으로 지하수의 영향을 받지 않는다는 점에서 차이가 있다. 이들의 수문적 역동성은 수직적 방향으로 증발, 포화, 지하수 유입 등으로 물을 유출시킨다. 이들 습지는 일반적으로 이탄으로 충적되어 특이한 습지 형태를 나타낸다(Smith et al., 1995).

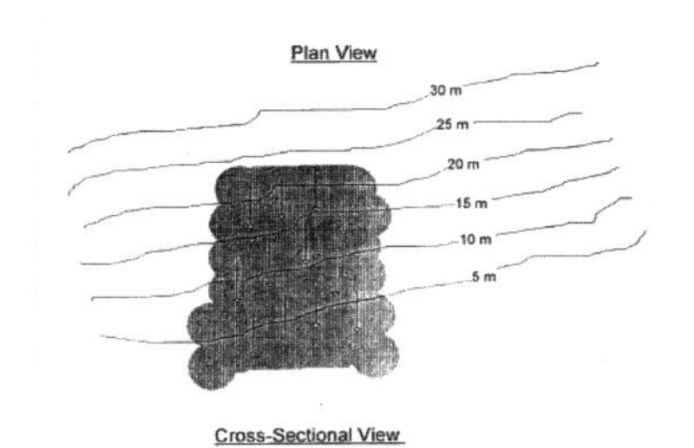

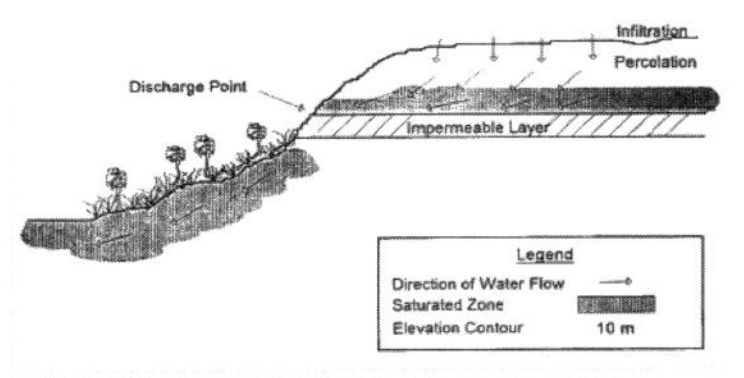

그림 2-32. Slope의 구조(Smith et al., 1995)

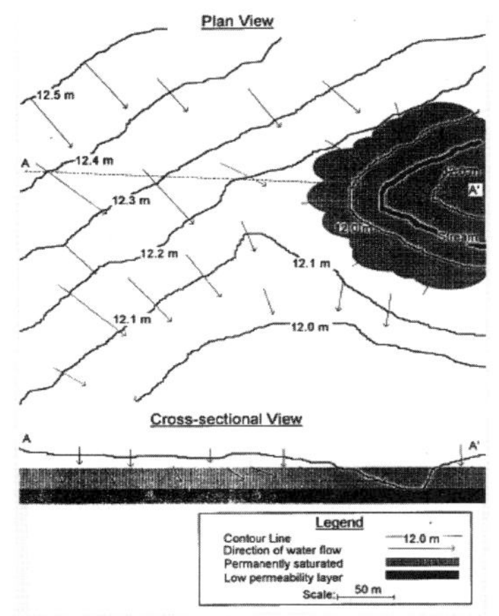

그림 2-33. Flat의 구조(Smith et al., 1995)

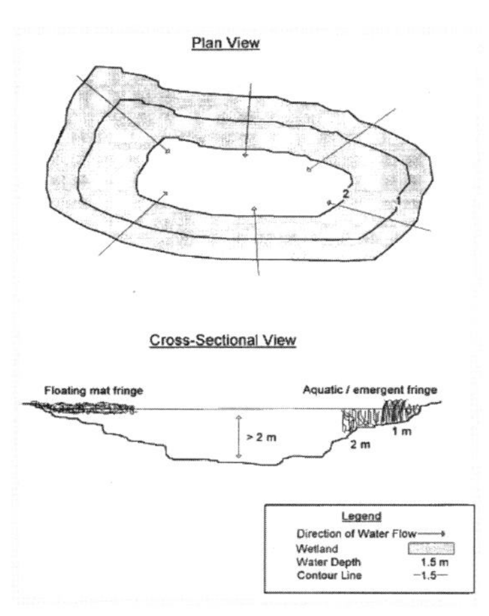

그림 2-34. Fringe의 구조(Smith et al., 1995)

유기물 토양을 가진 Flat은 유기물의 수직적 증대에 의해 통제되는 습지로서 종종 평평한 합류지점에서 발생되나, 종종 비교적 평평한 웅덩이 형태의 지형에서도 발생된다. 이 습지의 수원은 강수에 의한 것으로 물의 포화, 지하수 유입 등으로 유출시킨다(Smith et al., 1995). Flat형 습지의 구조는 〈그림 2-33〉과 같다.

5) Fringe

Fringe는 호수 Fringe와 연안지역 Fringe로 구분된다. 호수 Fringe는 호수 인접지역의 습지로서 수원은 강수와 지하수다. 이들의 수문적 역동성은 양방향으로 보통 호수와 그 인접한 지역에서 서로 파동을 하면서 수위를 유지시킨다. 호수 Fringe와 Depression은 구별이 되는데, Depression은 그 크기가 호수의 Fringe보다 작아 수문적 역동성이 양방향이 아니며, 물 수위를 안정적으로 유지시키기 어려움이 있다. 호수 Fringe는 범람, 지표수 유하, 증발 등에 의해서 물이 손실된다(Smith et al., 1995).

연안 Fringe는 해안과 하구 사이에서 바다의 조수의 영향을 받아 발생되는 습지로서 육지의 하천과 해안의 전이공간이며 하천의 물이 주요한 수원이 된다. 따라서 하천과 바다의 물이 양방향으로 움직이는 수문적 역동성을 가지고 있으며, 하천의 범람습지에 의해 조절된다. 조수, 범람, 증발 등에 의해서 물이 손실된다(Smith et al., 1995). Fringe형 습지의 구조는 〈그림 2-34〉와 같다.

(3) 기타 분류 시스템

표 2-16. 기타 습지 유형 분류 시스템

구분	습지 유형 분류 방법
Shaw & Friedine(1956)	•지형학적 특성 및 토양이 물에 침수되는 조건에 따라 분류
Golet &Larson(1974)	•빙하의 작용을 받은 미국 북동부 담수습지의 분류에 18개의 가능한 식생 형태를 이용하여 습지 유형 분류
USFWS(1979)	•습지의 수문, 토양, 식생에 따라 구분
Etherington(1983)	•담수, 해안, 농경지로 구분하고 다시 토양 조건, 지하수, 지표수, 식생에 따라 세분 •토양 조건과 물을 주요 지표로 하고 있음
Holland(1986)	•습지의 형태와 현존하는 우점종을 중심으로 이탄늪, 하천변 교목림 습지, 계절적 못, 늪 및 소택, 하천변 관목림 습지, 습초지 등
Naiman et al.(1989)	•해안습지, 내륙습지로 분류. 해안습지는 조수간만의 영향을 받고 염분 농도가 중요한 인자이며, 내륙습지는 유기물 집적이 중요한 인자로서 수생식물 분포를 결정
Banyus(1989)	•서식처로서의 기능을 분류 기준으로 하여 염수, 담수 그리고 내륙 서식처 등으로 구분 •각 서식처는 식생, 수문, 우점종 등에 따라 다시 20개 서식 공간으로 구분, 이 가운데 내륙 서식처는 습지로 보기 어려워 이를 제외한 12개 유형으로 구분 가능
Mitsch & Gosselink(1993)	•습지의 지형학적 특성(내륙담수습지, 내륙염수습지, 연안담수습지, 연안염수습지 등) 및 토양이 물에 침수되는 조건(계절적 침수지, 담수초지, 얕은 담수, 깊은 담수, 개방된 담수지, 관목소택지, 교목소택지, 이탄늪 등)에 따라 분류
Gilman(1994)	•이탄층의 형태, 유기질, 산소 등을 분류코드로 하여 크게 늪(marsh), 알칼리성늪(fen), 이탄늪(bog) 등의 3유형으로 대분류
Cylinder et al.(1995)	•침수 기간과 빈도 등 수문 조건에 따라 계절적 습지와 영구적 습지 •우점종 식생에 따라 교목, 관목, 수생식물 등
Kusler et al.(1996)	•지형학적 특성 조건에 따라 독립된 습지, 호소변 습지, 하천변 습지, 강어귀 및 해안습지, 도서로 구분
미국 공병단(1996)	•어린이 교육을 목적으로 단순화된 습지 유형 분류 체계 제시, 하구습지(염수늪과 맹그로브 소택지), 내륙습지(내륙 늪과 습초지, 산림습지, 관목습지) 그리고 기타 습지로 구분 •구분 기준은 조수의 영향, 물고기와 조류의 서식처로서의 중요성 강조
Romanowski(1998)	•물을 중심으로 구분
USGS	•계절별 인공위성 영상 자료의 활용 가능성에 비추어 산림습지와 비산림습지로 구분 – 산림습지: 목본 중심의 습지로서 주기적 범람지, 산림소택지 등을 포함하며, 계절별 영상자료의 사용이 가능 – 비산림습지: 초본류 중심의 습지로서 담수 및 염수, 갯벌, 식생이 없는 평지, 습지초원 등
Canadian Wildlife Service(1999)	•습지를 내륙습지와 연안습지로 유형화하고 이를 다시 못, 담수늪, 소택지, 이탄늪 등 4개 유형으로 구분
Tiner(1999b)	•지형 조건에 따른 수문 환경에 의해 함몰지, 홍수범람지, 평탄지, 유출이 없는 범람지, 비탈습지 등으로 구분

라. 우리나라 습지 유형 분류 체계

(1) 한국형 습지 분류 체계

우리나라 분류 체계 연구가 본격적으로 시작된 것은 구본학과 김귀곤(2001a)의 연구에서 비롯된다(표 2-17). 여기서는 미국 NWI에 적용되는 Cowardin System과 람사르 분류 체계를 근간으로 하여 HGM 분류 체계를 통합하였는데, 미흡하나마 국내 습지 유형 분류 체계 연구의 시작으로 평가되며, 시스템적 분류 체계에 기능 평가를 위한 분류 체계의 통합을 시도하였다는 데 의미가 있다.

이후 여러 차례의 수정 보완을 거쳐 구본학(2002)에 의해 국내 최초의 정형화된 분류체계가 발표되

표 2-17. 국내 습지 분류 체계 사례(구본학과 김귀곤, 2001a)

초계	계	아계	Class	Subclass
지형학적 특성 및 자연 / 인공성	지형 특성 유형	침수 등 수문 조건	기반 조건	습지의 형태, 서식처 기능, 식생 성상 등
해안(1)	해양(M)	조하대 Subtidal(St)	개방수면(Ow) 유기질평지(Of) 무기질평지(Mf) 역암(Rg)	수생식물(Hp)
		조간대 Intertidal(It)		수생식물(Hp)
	하구(E)	조하대 Subtidal(St) 조간대 Intertidal(It)		활엽교목(Fd), 침엽교목(Fc), 혼효림(Fm), 활엽관목(Sd), 침엽관목(Dc), 1년생초본(Np), 다년생초본(Ps), 수생식물(Hp)
	호소 / 소택(Lp)	영구Permanent / 계절Seasonal(Ps)		
내륙(2)	하천(R)	조수Tidal(Td) 일시적 범람Low Perenial(Lp) 영구적 범람High Perenial(Hp) 간헐하천Intermittent(Im)	개방수면(Ow) 유기질평지(Of) 무기질평지(Mf) 역암(Rg)	활엽교목(Fd), 침엽교목(Fc), 혼효림(Fm), 활엽관목(Sd), 침엽관목(Dc), 1년생초본(Np), 다년생초본(Ps), 수생식물(Hp)
	호소(L)	영구침수Permanent(Pm) 계절적 침수Seasonal(Ss) 영구Permanent / 계절적 Seasonal(Ps)		1년생초(Np), 다년생초본(Ps), 수생식물(Hp)
	소택(P)	영구침수Permanent(Pm) 계절적침수Seasonal(Ss)	개방수면(Ow) 유기질평지(Of) 무기질평지(Mf) 역암(Rg) 비탈지(Sp) 함몰지(Dp)	활엽교목(Fd), 침엽교목(Fc), 혼효림(Fm), 활엽관목(Sd), 침엽관목(Dc), 1년생초본(Np), 다년생초본(Ps), 수생식물(Hp)
인공(3)	내수면어업(Aq)		개방수면(Ow) 유기질평지(Of) 무기질평지(Mf) 바위와 자갈(Rg) 비탈면(Sp) 함몰지(Dp)	활엽교목(Fd), 침엽교목(Fc), 혼효림(Fm), 활엽관목(Sd), 침엽관목(Dc), 1년생초본(Np), 다년생초본(Ps), 수생식물(Hp)
	농업용(Ag)			
	염전(S)			
	도시화지역(U)			

표 2-18. 구본학(2002)에 의한 습지 분류 체계

구분 단계			
초계(Super System)	계(System) 지형학적 특성	아계(Subsystem)	강(Class)
		수문(침수빈도)	식생(우점종 성상)
연안습지Marine and Estuarine	해안형습지(Ma)	영구침수(Pe)	개방수면(Ow)
		계절적 침수(Se)	교목(Fo), 관목(Sh), 수생(Em), 퇴적모래톱(Sp)
	강어귀형습지(Es)	영구침수(Pe)	개방수면
		계절적 침수(Se)	교목, 관목, 수생, 퇴적모래톱
내륙습지Inland	호수형습지(La)	영구침수(Pe)	교목, 관목, 수생, 개방수면
		계절적 침수(Se)	교목, 관목, 초본, 수생, 퇴적모래톱
	하천형습지(Ri)	영구침수(Pe)	교목, 관목, 수생, 개방수면
		계절적 침수(Se)	교목, 관목, 초본, 수생, 퇴적모래톱
	상류계곡형습지(Va)	영구침수(Pe)	교목, 관목, 수생, 개방수면
		계절적 침수(Se)	교목, 관목, 초본, 수생
	산지형습지(Mo)	영구침수(Pe)	교목, 관목, 수생, 개방수면
		계절적 침수(Se)	교목, 관목, 초본, 수생, 퇴적모래톱
	평지형습지(Pl)	영구침수(Pe)	교목, 관목, 수생, 개방수면
		계절적 침수(Se)	교목, 관목, 초본, 수생, 퇴적모래톱
	수변식생대(Rp)	하천형(Lo)	교목, 관목, 초본, 수생
		호수형(Le)	교목, 관목, 초본, 수생
인공습지Human made	인공습지(Hu)	저수지(Re)	교목, 관목, 초본, 수생, 개방수면
		논(Cr)	수생
		인공수로(Ca)	수생, 개방수면

표 2-19. 국내 습지 유형 분류 체계 사례(구본학과 주위홍, 2007)

Super System	System	Sub-System	Class	Code Naber	유형 구분명	유형 구분 기준		
연안 습지	Marine(Ma) / 해안형	Perennial (Pe)	개방수면(Ow)	MaPeOw	해안형영구개방수면습지	- 연중 물이 있는 해역	침수식물	
			수생식물(Em)	MaPeEm	해안형영구수생식물습지		부유, 부엽, 정수식물 등	
		Seasonal (Se)	개방수면(Ow)	MaSeOw	해안형계절개방수면습지	- 조수의 영향을 받는 구간 (파도의 영향을 받는 splash zone 포함) - 계절적, 주기적인 수문 변동	식생 없거나 침수식물 등	
			수생식물(Em)	MaSeEm	해안형계절수생식물습지		부유, 부엽, 정수식물 등	
			초본식물(He)	MaSeHe	해안형계절초본습지		다년생 초본류	
			관목(Sh)	MaSeSh	해안형계절관목습지		관목류(분류학상 관목이거나 수고 3m 이하의 교목)	
			교목(Fo)	MaSeFo	해안형계절교목습지		교목(수고 3m 이상)	
			모래톱(Sp)	MaSeSp	해안형계절모래톱습지		모래톱, 바위자갈,	
	Estuarine (Es) / 강어귀형	Perennial (Pe)	개방수면(Ow)	EsPeOw	강어귀형영구개방수면습지	- 염수와 담수가 혼재 - 연중 물이 차있음	식생 없거나 침수식물	염분 농도 0.05%이상
			수생식물(Em)	EsPeEm	강어귀형영구수생식물습지		부유, 부엽, 정수식물 등	
		Seasonal (Se)	개방수면(Ow)	EsSeOw	강어귀형계절개방수면습지	- 염수와 담수가 혼재 - 조수의 영향을 받는 구간 (파도의 영향을 받는 splash zone 포함) - 계절적인 수문영향, 주기적인 수문의 영향을 받음	식생 없거나 침수식물 등	
			수생식물(Em)	EsSeEm	강어귀형계절수생식물습지		부유, 부엽, 정수식물 등	
			초본식물(He)	EsSeHe	강어귀형계절초본습지		다년생 초본류	
			관목(Sh)	EsSeSh	강어귀형계절관목습지		관목류(수고 3m이하)	
			교목(Fo)	EsSeFo	강어귀형계절교목습지		교목(수고 3m 이상)	
			모래톱(Sp)	EsSeSp	강어귀형계절모래톱습지		수생, 습생식물 자생(30% 이내)	
내륙 습지	Riverine(Ri) / 하천형	Perennial (Pe)	개방수면(Ow)	RiPeOw	하천형영구개방수면습지	- 연중 물이 흐름	식생 없거나 침수식물 등	하천의 평수위 이내(개방수면 및 침수, 부유, 부엽) 정수식물은 30% 이내 서식
			수생식물 (Em)	RiPeEm	하천형영구수생식물습지		부유, 부엽, 정수식물(30%이내)	
		Seasonal (Se)	개방수면(Ow)	RiSeOw	하천형계절개방수면습지	- 특정 시기에만 물이 있음	식생 없거나 침수식물	
			수생식물(Em)	RiSeEm	하천형계절수생식물습지		부유, 부엽, 정수식물(30%이내)	
			모래톱(Sp)	RiSeSp	하천형계절모래톱습지		모래, 자갈 등	
습지	Lacustrine (La) / 호수형	Perennial (Pe)	개방수면(Ow)	LaPeOw	호수형영구개방수면습지	- 연중 담수가 있음	식생 없거나 침수식물	면적 8ha이상 수심 2m이상인 호수의 평수위 이내(개방수면 및 침수, 부유, 부엽) 정수식물은 30% 이내 서식
			수생식물(Em)	LaPeEm	호수형영구수생식물습지		부유, 부엽, 정수(30%이상)	
		Seasonal (Se)	개방수면(Ow)	LaSeOw	호수형계절개방수면습지	- 계절적인 범람에 의하여 수위 변동이 있음	식생 없거나 침수식물	
			수생식물 (Em)	LaSeEm	호수형계절수생식물습지		부유, 부엽, 정수(30%이내)	
			모래톱(Sp)	LsSeSp	호수형계절모래톱		모래, 자갈 등	
	Palustrine (Pa) / 소택형	Perennial (Pe)	개방수면(Ow)	PaPeOw	소택형영구개방수면습지	- 연중 물이 얕은 담수연못 혹은 늪원	식생이 없거나 침수식물 등	수심 2m 이내 면적 8ha 이내 하천, 호수의 정수식물대, 초본, 관목, 교목식생대 산지, 평지, 기타내륙습지
			수생식물(Em)	PaPeEm	소택형영구수생식물습지		30%이상 피복	
			관목(Sh)	PaPeSh	소택형영구관목습지		관목류(분류학상 관목이거나 수고 3m 이하의 교목)	
			교목(Fo)	PaPeFo	소택형영구교목습지		교목(수고 3m 이상)	
		Seasonal(Se)	수생식물(Em)	PaSeEm	소택형계절수생식물습지	- 지하수가 솟아나는 샘이나 오아시스, 또는 계절적으로 물이 차는 습지	부유, 부엽, 정수식물 등	
			초본식물(He)	PaSeHe	소택형계절초본습지		다년생 초본류	
			관목(Sh)	PaSeSh	소택형계절관목습지		관목류(수고 3m 이상)	
			교목(Fo)	PaSeFo	소택형계절교목습지		교목(수고 3m 이상)	
			모래톱(Sp)	PaSeSp	소택형계절모래톱		수생, 습생식물 자생(30% 이내)	
	Riparine(Rp) 수변식생대	Lotic(Lo)	수생식물(Em)	RpLoEm	하천수변수생식물식생대	- 유수성(하천 변)	수생, 습생식물 초본의 경우는 인공초지도 포함 주변 식생에 비해 생육상태가 좋다	
			초본식물(He)	RpLoHe	하천수변초본식생대			
			관목(Sh)	RpLoSh	하천수변관목식생대			
			교목(Fo)	RpLoFo	하천수변교목식생대			
		Lentic(Le)	수생식물(Em)	RpLeEm	호수수변수생식물식생대	- 정수성 (호수, 연못 등 주변)		
			초본식물(He)	RpLeHe	호수수변초본식생대			
			관목(Sh)	RpLeSh	호수수변관목식생대			
			교목(Fo)	RpLeFo	호수수변교목식생대			
인공 습지	Humanmade (Hu) / 인공	논(Cr)		HuCr	논(2차습지)			
		저수지(Re)		HuRe	인공저수지			
		인공연못(Po)		HuPo	인공연못			
		인공수로(Ca)		HuCa	인공수로			

표 2-20. 우리나라 습지 유형 분류 체계(구본학, 2008)

입지 인공/자연 Super System	입지, 지형 System	수문(범람), 지형 Sub-System	기질, 식생 Class	종합적 특성 구조, 식물군락 등 Subclass	설명(특별한 경우)
해양 및 연안습지 Marine & Coastal	해양형 Marine	조하대 (Subtidal)	수초대 (Aquatic Vegetation)	해양수초대 (Underwater Vegetation)	
			초(Reef)	산호초(Coral Reefs)	
			암반대(Rock Bottom)	암반대(Rock Bottom)	
			미고결대 (Unconsolidated Zone)	미고결대 (Unconsolidated Zone)	
	연안형 Coastal	조간대 (Intertidal)	수초대 (Aquatic Vegetation)	수초대 (Intertidal Vegetation)	
			바위해안 (Rocky Shore)	바위해안 (Rocky Marine Shores)	
	연안형 Coastal	조간대 (Intertidal)	미고결대 (Unconsolidated Zone)	펄갯벌(Mud Flat)	– 바지락양식장, 극기훈련장[6]은 바다와 조류의 영향을 받는 해수면에 위치하여 자연의 습지를 활용하는 것으로 모래갯벌에 포함
				모래갯벌(Sand/Shingle Flat)	
				혼성갯벌(Mixed Flat)	
				모래해빈(Sand Beaches)	
				자갈해빈(Pebble Beaches)	
				염습지(Salt Marsh)	
	연안형 Coastal	조상대 (Supratidal)	미고결대 (Unconsolidated Zone)	염습지(Salt Marsh)	– 해안에 발달한 marsh형 습지, 비산 염분에 영향 받는 지역 포함
				해안사구(Coastal Dune)	
하구 & 기수형 Estuarine/ Brackish	연안호소형 Lacustrine / Palustrine	영구/계절성 (Permanent /Seasonal)	석호(Lagoon)	석호(Brackish/Saline/Fresh Lagoons)	
	하구형 Estuarine	조하대 (Subtidal)	하구 개방수면 (Estuarine Waters)	하구 개방수면 (Estuarine Waters)	
			기수(Brackish Water)	기수(Brackish Water)	
		조간대 (Intertidal)	미고결대 (Unconsolidated Zone)	하구갯벌 (Estuarine Tidal Flats)	
			정수식물대[7] (Emergent)	하구삼각주(Deltas)	
				하구염습지 (Salt Marshes)	– 하구에 발달한 염습지, 비산 염분에 영향 받는 지역 포함
			수림대(Forested)	하구수림대(Tidal Forest)	

표 2-21. 습지 조사를 위한 간이 습지 유형 분류 체계(환경부, 2010)

대분류	중분류(지형)	소분류(수원/범람)	상세분류(식생, 분류, 수문)	기호	비고(특성)
연안습지	연안	조하대	해양수초대습지	C1	수초대
			산호습지	C2	산호초
			해양습지	C3	고결/미고결대
		조간대(조상대)	연안수초대습지	C4	수초대
			암석해안습지	C5	암석해안
			갯벌습지	C6	미고결대
			해변습지	C7	
			염습지	C8	

6. 바지락 양식장, 극기훈련장은 해산물 양식장 및 해변으로 이루어진 극기훈련장으로 바다와 조류의 영향을 받는 해수면에 위치함. 특별관리 필요
7. 정수식물은 뿌리가 물 밑의 땅속에 박힌 초본류를 포함한다.

내륙습지	하천형	기수역	하구갯벌습지	R1	하구
			하구삼각주습지	R2	
			하구염습지	R3	
		유수역	하도습지	R4	제외지
			보습지	R5	보 축조로 형성된 습지
		정수역	배후습지	R6	제내지 범람원
			용천습지	R7	용출천
	호수형	기수역	석호습지	L1	석호(기수/염수)
			간처호습지	L2	자연발생적 인공호습지(기수/염수)
		담수역	담수호습지	L3	자연호수습지, 자연발생적 인공호습지
			우각호습지	L4	구하도
			사구습지	L5	해안/하안
	산지형	강우	고층습원(bogs)	M1	산성습원, 이탄습원
		지중수	저층습원(fens)	M2	계절적/영구적 알카리성습원
		지표수/지중수	저습지(marshes)	M3	추수성 수생식물 우점 늪/묵논 이탄지
			소택지(swamps)	M4	관목우점 묵논
인공습지	연안	염전	염전	Hc1	염전/폐염전
		양식장	연안양식장	Hc2	양식장
	내륙	인공호	인공호습지	H1	인공댐, 저수지
		농경지	논	H2	경작지(논)
		내수면어업	내수면어업	H3	양식장/낚시터
		용수로	인공수로습지	H4	관개 및 연락수로, 어도
		조성습지	저류지습지	H5	저류지/양수장
			수질정화습지	H6	오폐수 및 비점오염원 저감시설
			대체습지	H7	새로 복원된 습지
			생태수변공원	H8	도시공원
		인공웅덩이	채굴지습지	H9	채굴지

었다(표 2-18). 국내 실정을 반영한 최초의 분류 체계로 평가되는 이 연구에서는 System 수준에서 Palustrine(소택형 습지)을 상류계곡형, 산지형, 평지형, 수변식생대 등으로 세분하였다. 이 분류 체계를 동부 비무장지대와 한강에 적용한 결과 람사르 분류 체계보다 더 세분할 수 있어서 매우 민감도 높고 유용한 분류 체계로 인정되고 있다. 또한 주위홍(2002), 김귀곤(2005) 등의 연구를 거쳐 구본학과 주위홍(2007)은 다음 〈표 2-19〉와 같이 제안하였다.

한편 구본학(2007; 2008)은 국가 습지 인벤토리 구축을 목적으로 람사르 분류 체계에 근간을 두면서도 우리나라 실정을 고려한 분류 체계를 제안한 바 있다(표 2-20).

한편, 환경부(2010)에 의한 간이 습지 유형 분류 기준은 습지의 효율적 보전과 이용 및 복원 방안 마련을 위한 기준 설정을 위해 습지의 형성과 유지에 영향을 미치는 '지형 특성'과 '수문 조건(수원, 범람빈도)'에 따라 구분하였다(표 2-21). 이는 람사르 분류 체계와 구본학(2008)의 분류 체계와는 달리 하구형 습지인 하구갯벌습지(R1), 하구삼각주습지(R2), 하구염습지(R3), 석호습지(L1), 간척호습지(L2) 등 내륙습지로 분류하였으며, system 단계에서 산지형으로 분류하는 등의 특성이 있다.

(2) 습지 분류 체계별 분류 특성 비교

권순효 등(2013)은 습지 유형 분류의 대표적인 람사르 분류 체계를 비롯하여 학술적 목적으로 국내 실정에 적합하게 제안된 구본학(2008)의 분류 체계, 실무적 목적으로 제안된 환경부(2010)에 의한 분류 체계를 비교·분석하여 국내 내륙 습지 목록을 구축하고 내륙습지의 유형 및 분포 현황을 비교·분석하였다.

분석 대상 습지는 2000년부터 2005년까지의 제1차 전국내륙습지조사 사업과 2006년부터 2010년까지의 제2차 전국내륙습지조사 사업을 바탕으로 5개 하천 유역(금강유역, 낙동강유역, 영산강·섬진강유역, 한강유역, 제주유역)의 범위 내에서 전국의 내륙습지 1,339개소를 분석하여 습지 목록을 구축하고 이를 바탕으로 각 분류 체계별 유형 및 분포 현황을 파악하여 비교·분석하였다(표 2-22).

표 2-22. 전국 내륙습지 현황(권순효 등, 2013)

권역	주요 대상 습지	개수
금강	대청호, 금강호, 고당습지, 대암습지, 가곡습지, 신대습지, 대덕습지, 석문하도습지 등	278
낙동강	우포늪, 하벌습지, 화포습지, 박실지, 정양지, 낙상습지, 검암습지, 해평습지, 진촌늪 등	396
영산강·섬진강	영암호, 송전습지, 담양습지, 용호습지, 구정리습지, 돈도리습지, 영산습지 등	233
한강	부처울, 곡릉천, 두모소, 물구비, 바위늪구비, 방축골습지, 대암산 용늪 등	385
제주	동백동산, 1100고지습지, 물영아리오름, 물장오리오름, 백록담, 괴드르못 등	47
총계		1,339

1) 권역별 유형 분류

전국 권역별 내륙습지의 유형 분포는 시·도별로 서울, 경기, 인천, 충남, 충북, 전북, 전남, 대전, 광주, 강원, 경북, 경남, 대구, 울산, 부산, 제주 16개 지역으로 구분하였다. 우리나라 내륙습지의 분포는 경상도 지역 26.66%(경상북도 14.26%, 경상남도 12.4%), 전라도 22.4%(전라북도 10.38%, 전라남도 12.02%), 충청도 20.31%(충청북도 9.63%, 충청남도 10.68%), 경기도 10.6%, 강원도 10.23%, 광역시 5.6%(인천 0.22%, 대전 0.67%, 광주 1.79%, 대구 1.34%, 울산 0.97%, 부산 0.6%), 제주도 3.58%, 특별시 0.6%의 비율로 나타났다(그림 2-35).

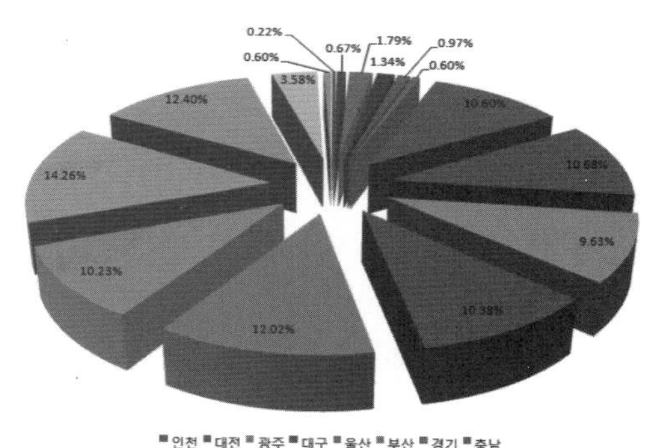

그림 2-35. 시·도별 전국 내륙습지의 분포 현황

2) 유역별 유형 분류

전국 내륙습지의 유형 분포는 유역별로 한강유역, 금강유역, 낙동강유역, 영산강·섬진강유역, 제주유역으로 구분하였다. 우리나라 내륙습지의 분포는 낙동강유역 29.57%, 한강유역 28.75%, 금강유역 20.76%, 영산강·섬진강유역 17.4%, 제주유역 3.51%의 비율을 나타냈다(그림 2-36).

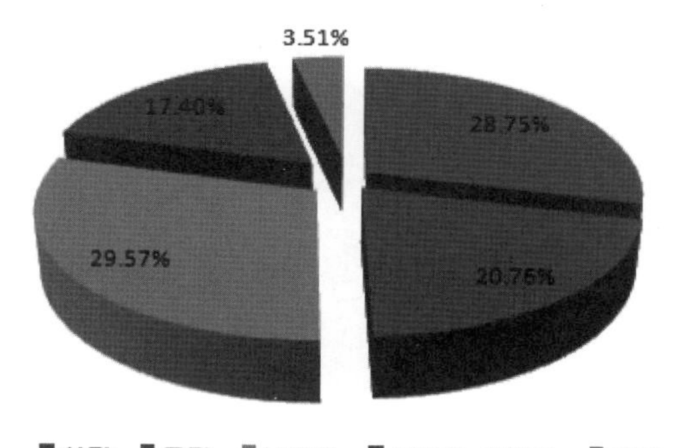

그림 2-36. 유역별 전국 내륙습지의 분포 현황

3) 분류체계별 분류 특성 비교

구본학(2008)의 분류 체계와 환경부(2010)의 분류 체계 및 람사르협약에 의한 분류 체계를 적용하여 환경부에서 시행한 전국 습지 조사에서 2010년까지 조사된 1,339개의 국내 습지를 분류하여 분류 체계별 분류 특성을 비교하였다. 연구 결과 습지 분류를 위한 지표 데이터의 접근성과 민감도, 분류 체계의 용이성에서 약간의 공통인자와 특성의 차이가 도출되었다(권순효, 2013). 분류 체계별 분류 관점, 분류 특성 및 차이점은 다음과 같이 나타났다.

첫째, 지표 데이터의 접근성은 습지를 판별하기 위한 지표로 지형적인 특성을 포함한 습지의 3요소인 수문, 토양, 식생을 바탕으로 이외 형태, 염분, 서식처, 중요도, 생성 원인, 인공성 등을 통해 습지를 분류하였다. 람사르 분류 체계의 경우, 습지의 3요소 중 수문, 토양, 식생, 지형학적 특성을 중요시하였으며, 식생보다는 수문과 토양(지형학적 특성)에 많은 비중을 두었다. 또한 기타 요소 항목으로 염분과 인공성에서도 습지 유형을 분류하는 데 기준 항목으로 설정하였다. 구본학(2008)에 의한 분류 체계는 습지 유형을 분류하는 데에 습지의 3요소인 수문, 토양, 식생, 지형학적 특성과 이외 염분과 인공성을 습지 유형 분류의 기준 항목으로 설정하였다. 간이 분류 체계는 습지 3요소 중 수문과 지형학적 특성을 반영하였고 기타 요소로 생성 원인과 인공성을 습지 유형 분류의 기준 항목으로 설정하였다.

둘째, 각 분류 체계별 습지 유형의 분포도와 습지 유형의 개수에서 차이가 있었으며, 이를 비교하여 습지 분류 체계의 세분화 정도와 국내 습지 유형으로서의 적합성을 판단하였다. 우리나라 습지 유형의 경우, 하천형 습지가 약 50% 이상의 비율로 나타났으며, 람사르 분류 체계의 지속성하천(M)의 경우 광범위하게 정의되고 있으나 구본학(2008)에 의한 분류 체계에서는 영구하천(Mps)과 모래자갈하천(Mss)으로 세분화하여 민감성을 높였다. 간이 분류 체계에서는 생성 원인을 기준으로 습지 유형을 하도습지(R4)와 보습지(R5)로 분류하였으며, 일반적으로 연안습지로 구분하는 하구형 습지인 하구갯벌습지, 하구삼각주습지, 하구염습지, 석호습지, 간척호습지, 사구습지 등을 내륙습지에 포함하고 있다.

셋째, 업무 영역의 적절성과 습지 유형 분류의 난이도, 습지 보전 및 유지 관리에 대한 항목을 통해 향후 국내의 효율적인 습지 분류 체계로서의 적합성을 판단하였다.

마. 유형별 습지

system 수준의 습지 유형은 습지와 수심이 깊은 정수 서식처의 복합으로서 유사한 수문 특성, 지형학적 특성, 화학적 특성, 생물학적 특성 등의 영향을 공유한다.

system 수준에서 해안습지Marine and Coastal는 연안형marine, 하구형estuarine으로, 내륙습지Inland는 하천형riverine, 호수형lacustrine, 소택형palustrine 등으로 구분한다.

(1) 연안형

해안습지Marine and Coastal라 함은 기권, 육권, 수권이 접하는 지역으로서 밀물 때 잠기고 썰물일 때 뭍으로 드러나는 간석지 및 이와 공간적 생태적으로 밀접하게 연결되어 있는 얕은 바다를 포함하는 지역을 의미한다. 습지의 관점에서 연안형marine system과 하구형estuarine system 습지가 해안습지에 속한다.

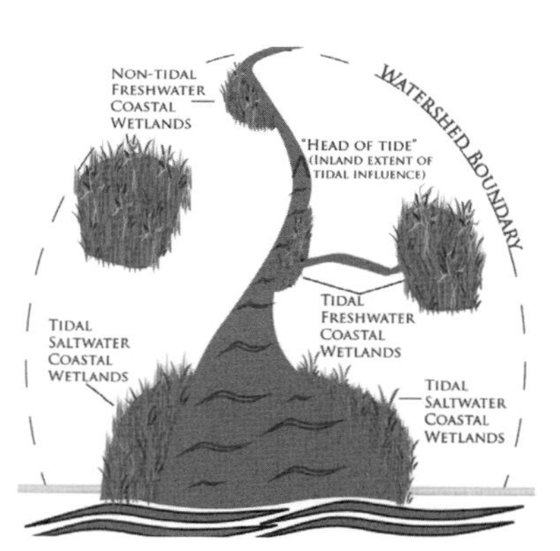

그림 2-37. 연안 및 하구형 습지
(자료: http://water.epa.gov/)

연안형은 염습지와 같은 해안 습지를 포함하고, subsystem 수준으로는 조하대subtidal 및 조간대intertidal로 구분된다. 조하대는 기반이 항상 해수에 잠겨있으며, 조간대는 조류에 따라 잠기거나 노출되기도 한다. 비산 염분의 영향을 받는 splash zone을 포함한다(그림 2-37). 연안형은 항상 바닷물에 잠겨있는 개방된 해양이거나 조하대 및 조간대 해안이다. 파도와 해수의 흐름, 조석 현상이 있으며, 염분 농도는 3% 이상이다. 담수의 유입이 없는 얕은 만입된 해안이나 하구, 노출된 바위 등도 전형적인 해양생물의 서식처이기 때문에 연안형 습지로 본다. 해안염습지, 해빈, 암석해안, 산호초 등을 포함한다.

연안형 습지의 식생과 동물 분포는 크게 4가지 인자에 의해 결정된다.

①파도에 노출되는 정도, ②기반의 재질과 물리화학적 특성, ③파도의 진폭amplitude, ④위도(수온과 태양빛의 강도와 일조시간, 얼음의 존재 등을 결정).

한편 염습지는 주기적인 해수의 영향으로 식생이 형성되는 곳으로서 강 또는 바다로부터 유기물이 침전되어 이루어진 해변과 하구에 발달한다. 즉 염습지는 조류에 의한 퇴적작용으로 형성되며 해수의 영향을 상대적으로 덜 받게 된다. 특히 개펄은 간석지 가운데 초본류가 자라지 않는 갯바닥을 가리킨다.

1) 갯벌

갯벌이란 조류로 운반되어 온 미세한 흙이 파도가 잔잔한 해안에 오랫동안 쌓여 생기는 평탄한 지형을 의미하며, 주로 조류에 의해 운반되는 퇴적물이 쌓여 이루어지는 해안 퇴적 지형이다. 파도 에너지의 세기와 조석의 상대적 영향 정도와 갯벌을 구성하는 퇴적물의 입자 크기에 따라 갯벌의 유형을 암반지역, 펄 갯벌과 모래 갯벌, 펄과 모래가 섞인 혼성 갯벌 등으로 크게 구분할 수 있다.

그림 2-38. 갯벌 해설판(충남 안면도 기지포)

펄 갯벌은 모래의 비율이 낮고(대개 20~30% 이내) 펄의 성분이 많은(70~80%) 갯벌을 말하고, 모래 갯벌은 모래가 대부분인(대개 70% 이상) 갯벌을 말한다. 혼성 갯벌은 모래와 펄이 비슷하게 섞여있는(모래가 40~70%) 갯벌이다. 어느 유형에도 속하지 않는 갯벌이 있고 그 중간 형태인 곳도 있다. 그밖에 지형적 특징에 따라 하구역의 갯벌을 따로 생각할 수 있다.

이러한 갯벌은 다양한 염생식물이 자생하거나 철새, 어패류 등의 서식처로 매우 생태적 가치가 높다.

모래 갯벌

모래 갯벌Sand Flat은 바닥이 주로 모래질로 형성되어 있으며 해안 가까운 갯골이나 조수로에서는 펄이 있는 곳도 있다. 저질의 모래 알갱이의 평균 크기는 0.2~0.7mm 정도다. 유기물 함량은 1~2% 정도로 적은 편이고 미사와 점토 성분이 차지하는 점토질 함량의 비율도 대체로 4%를 넘지 않는다. 주변 염습지 식생의 갈대밭과 같은 곳에서도 부분적으로 펄이 나타나며 경우에 따라서는 유기물 함량이 거의 10%에 달할 정도로 매우 높고 점토질 함량도 70%를 넘는다.

그림 2-39. 갯벌의 종류. 펄 갯벌, 모래 갯벌, 혼성 갯벌(충남 서해안의 다양한 갯벌)

펄 갯벌

모래질이 차지하는 비율이 10% 이하에 불과하나 반대로 펄 함량은 90% 이상에 달하는 갯벌이다. 펄 갯벌Mud Flat에서 표층 퇴적물의 평균 입자의 지름은 0.031mm에 이른다. 갯벌의 깊이가 수 미터나 되고 함수량도 높아 걸을 때 보통 허벅지까지 빠지는 경우가 많다.

펄 갯벌에서는 모래 갯벌보다 퇴적물의 공극이 작아 산소나 먹이를 포함하는 바닷물이 펄 속 깊이 침투하기 어렵다. 따라서 이곳에 서식하는 생물들은 지표면에 구멍을 내거나 관을 만들어 이를 통해 바닷물이 침투되도록 한다. 펄 갯벌에서는 모래 갯벌에 비해 갑각류나 조개류보다는 갯지렁이류가 우점한다.

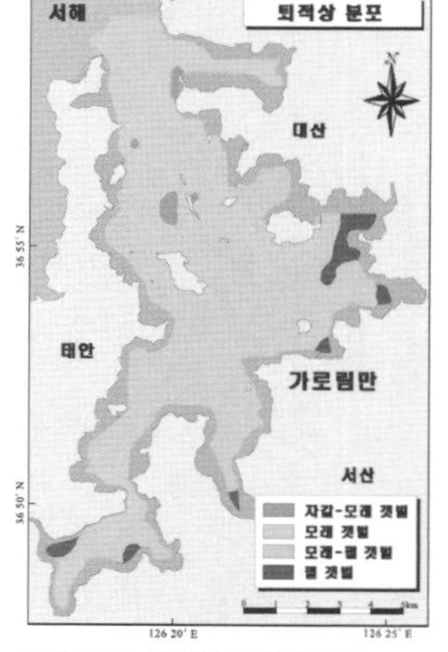

그림 2-40. 가로림만 갯벌 분포
(자료: 해양수산부)

혼성 갯벌

혼성 갯벌은 혼합 갯벌 또는 모래 펄 갯벌이라고도 하는데 모래와 펄이 각각 90% 미만으로 섞여 있는 퇴적물로 구성된 갯벌이다. 펄이 더 많으면 모래 펄 갯벌, 모래가 더 많으면 펄 모래 갯벌로 구분할 수도 있다. 그러나 지역에 따라서 또는 같은 지역이라 할지라도 부분적으로 상부와 하부가 다를 수 있고, 주변 해안선의 형태에 따라서 좌우측으로 모래와 펄의 비율이 각기 다양하게 달라질 수 있다.

우리나라 갯벌의 중요성

우리나라 서해안과 남해안의 해안선은 복잡할 뿐 아니라 크고 작은 많은 만들이 있고, 한강, 금강, 만경강, 동진강, 영산강, 섬진강, 낙동강 등 큰 강들의 하구가 있다. 그리고 해안은 경사가 완만하며 조수간만 차가 매우 크기 때문에 갯벌이 생성될 천혜의 자연 조건을 갖추고 있어 세계 5대 갯벌로 평가되고 있다. 서해안의 갯벌은 지구의 남반구인 호주와 뉴질랜드에서 출발한 도요새, 물떼새가 봄과 가을에 번식지인 시베리아나 알래스카로 오가는 도중에 기착하여 휴식과 비행에 필요한 에너지를 보충하는 매우 중요한 지역이다.

일반적으로 갯벌은 강과 하천 등에서 유입되는 토사와 해안에서 해수에 의해 침식된 물질 등이 퇴적되어 형성되는데 파도의 영향이 크지 않고 상대적으로 조석의 영향이 큰 곳에 나타난다. 조수 간만의 차는 남해안은 2.5m에서 4m 정도이지만 서해안은 남쪽이 4m 정도이고 북쪽으로 갈수록 차차 커져 인천 부근에서는 9.3m에 달한다. 따라서 서해안에 대규모의 갯벌과 염습지들이 발달할 수 있었다.

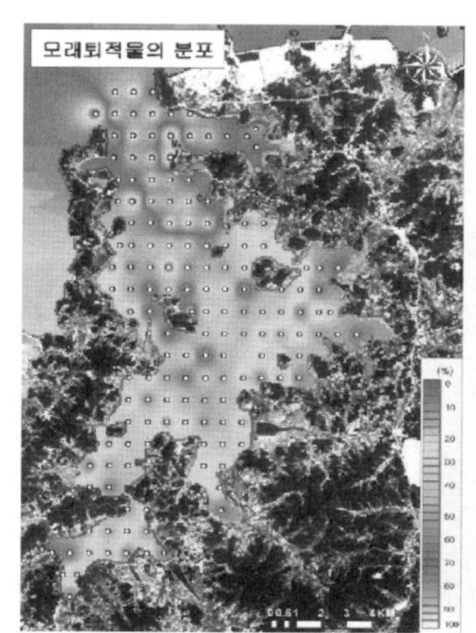

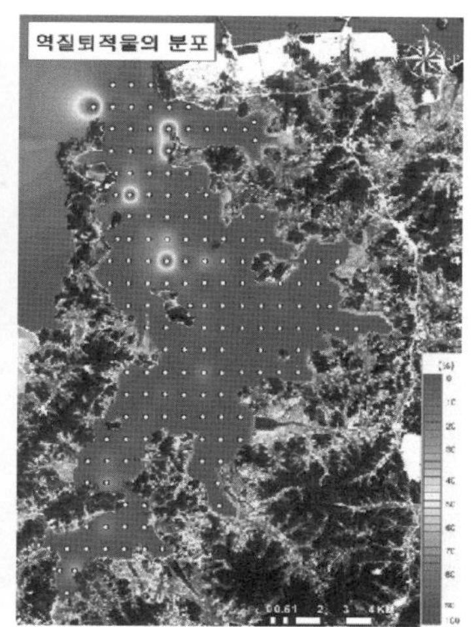

그림 2-41. 가로림만 퇴적물 분포. 왼쪽부터 모래, 미사, 역질(자료: 해양수산부)

해양수산부(2007)의 자료에 따르면 우리나라 서남해안에 분포하는 갯벌은 국토 면적의 약 2.5%에 해당된다. 서해안에는 전체 갯벌 면적의 약 83%인 1,980km²가 분포되어 있으며, 나머지 17%(442.5km²)는 남해안에 산재되어 분포하고 있다. 지역별로는 경기·인천 36%, 충남 14%, 전북 5%, 전남 40%, 경남·부산 3.7%, 제주 5%로서 경기·인천, 전남 지방이 우리나라 갯벌의 약 80%에 이른다.

2) 자갈, 암석, 기타 해안습지

갯벌 외에도 연안습지에는 자갈, 암석, 기타 다양한 형태의 습지가 분포하고 있다. 다음 〈그림 2-42〉는 연안습지에 나타나는 여러 가지 해안 유형들이다.

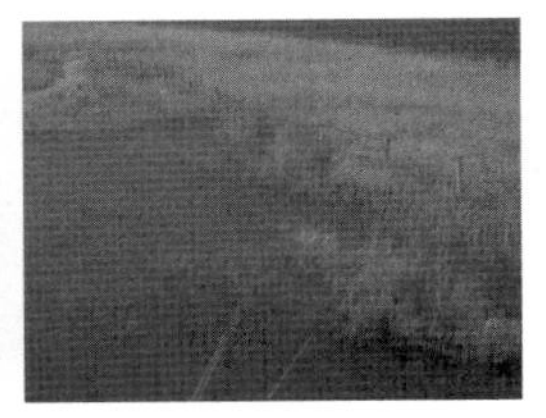

그림 2-42. 연안습지. 왼쪽부터: 충남 태안 파도리 암석해안 및 자갈(해옥)해안, 충남 안면도 병술만, 병술만 인접 내륙습지

3) 해안사구

해안사구의 생태적 특성

사구란 모래의 이동에 의하여 형성된 모래언덕을 말하며, 해안사구Coastal Sand Dune는 해류에 의하여 사빈으로 운반된 모래가 파랑에 의하여 밀려 올려지고, 그곳에서 탁월풍의 작용을 받아 모래가 해빈으로부터 이동하여 해빈 후면에 집적되어 형성되는 지형을 말한다. 즉 해빈의 모래가 바람에 날려 해빈 배후에 쌓인 모래언덕을 해안사구라 한다. 해안사구는 육지 생태계와 해안생태계의 전이지역으로서, 두 생태계의 속성을 일부 지니며 해안사구만의 독특한 서식 환경을 제공하는 생태적인 가치가 높은 자연자원으로서(Carter, 1988), 생태 기능이 해안 및 인근 내륙습지와 기능적으로 연계되어 있기 때문에 그 중요성이 주목받고 있다.

그림 2-43. 해안사구 및 해설판(충남 안면도 기지포 사구)

해안사구는 해안 경관coastal landscape을 구성하는 주요 요소로서, 해빈의 모래 가운데 세립질 모래만이 선택적으로 이동하기 때문에 모래의 입도는 해빈보다 작고 분급은 양호한 특징을 보인다. 해안사구는 조간대, 갯벌, 사빈, 배후산지 등과 함께 다른 유형의 생태계에서

볼 수 없는 독특한 사구와 배후습지 및 사구저지대 습지가 또 다른 형태의 습지생태계를 구성한다. 온대지역에 분포하는 해안사구는 사막에 발달하는 사구와는 달리 강수량이 풍부하기 때문에 식물 생육 제한 요인으로 작용하지 않으며, 지속적인 수분 공급으로 인해 식생으로 피복된다.

해안사구는 육지와 바다 사이의 퇴적물 양을 조절하며 폭풍·해일로부터 해안을 보호하고, 내륙과 해안의 생태계를 이어주는 기능을 하며, 시각적으로도 뛰어난 시각 경관을 제공한다. 즉, 태풍 또는 폭풍이나 해일로부터 해안을 보호하는 자연제방이면서 해빈 침식을 저감하는 완충 작용이 가능한 모래 저장소다. 해안사구는 물 저장 능력이 탁월한 물 저장소로서 두꺼운 모래층이 해수와 담수를 밀도 차에 따라 분리하면서 모래에 의해 정화된 깨끗한 물을 지하수로 저장하는 능력이 있어 많은 양의 담수 지하수를 저장함으로써 해수면의 염수가 내륙으로 침투하지 못하도록 하는 자연 장벽의 기능이 있다.

해안사구의 형성 과정

탁월풍이 해풍인 경우 내륙 쪽 사구가 높게 발달하며 해풍이 탁월풍이 아닌 경우 해안쪽 사구가 가장 높게 발달한다(Ranwell, 1972). 이때 모래의 공급이 제한되면 사구 성장이 멈추고 부분적 침식이 나타나게 된다(Boorman, 1977). 바람의 강도와 빈도가 높고 해빈이 넓어 모래 공급이 풍부하며 이동이 쉬운 세립질 모래가 많을수록 잘 발달한다. 또한, 식생의 성장은 풍속을 감소시켜 모래를 잘 퇴적시키며, 퇴적된 모래를 피복해 풍식(風蝕)으로부터 보호함으로써 사구의 성장을 돕는다. 사구가 충분히 성장하면 자연적으로 정착하거나 혹은 방풍림 혹은 방사림으로 조성된 소나무림(곰솔)으로 덮이게 된다.

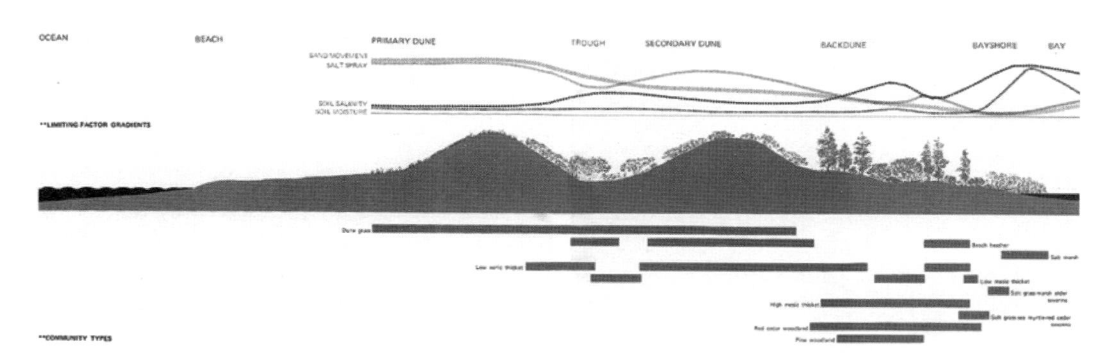

그림 2-44. 사구의 발달과 식생군락(McHarg, 1969)

사구의 형성 과정은 다음과 같다(McHarg, 1969).

①단계: 파랑에 의한 퇴적작용으로 모래톱이 형성되면서 해풍에 의해 모래가 내륙 쪽으로 이동하

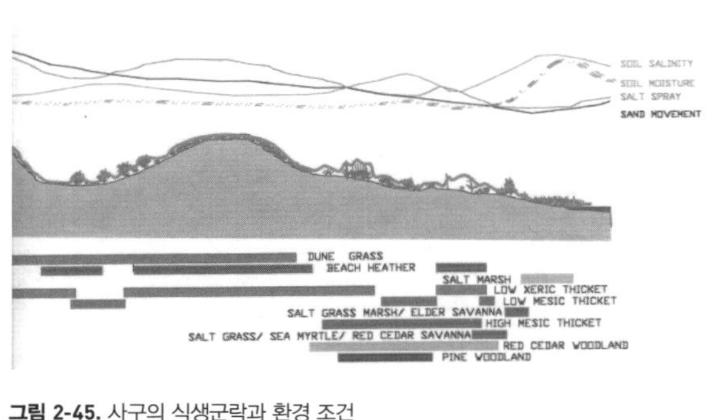

그림 2-45. 사구의 식생군락과 환경 조건
(Young, 2013; http://www.youngenvironmentalllc.com/)

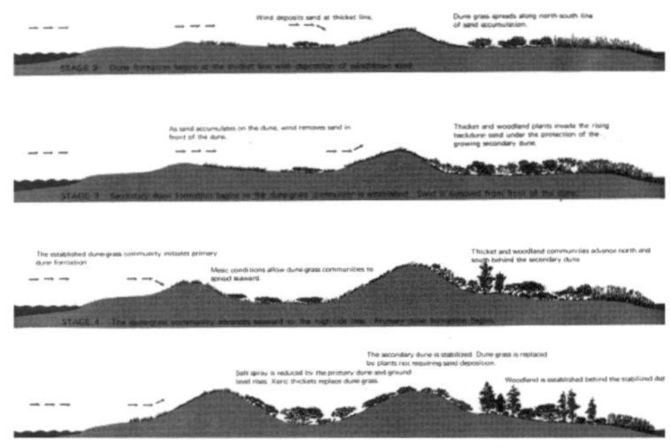

그림 2-47. 사구 발달 과정(McHarg, 1969)

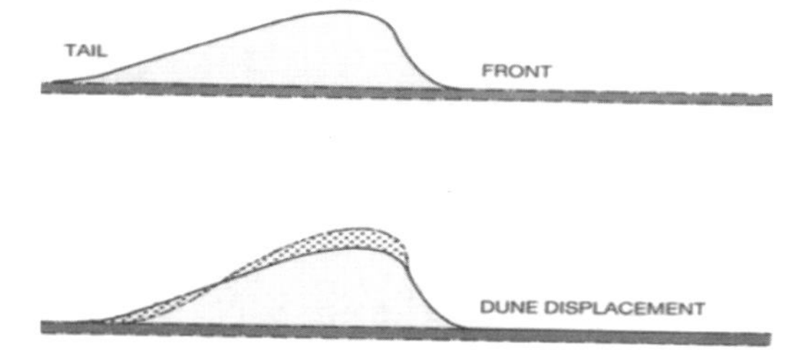

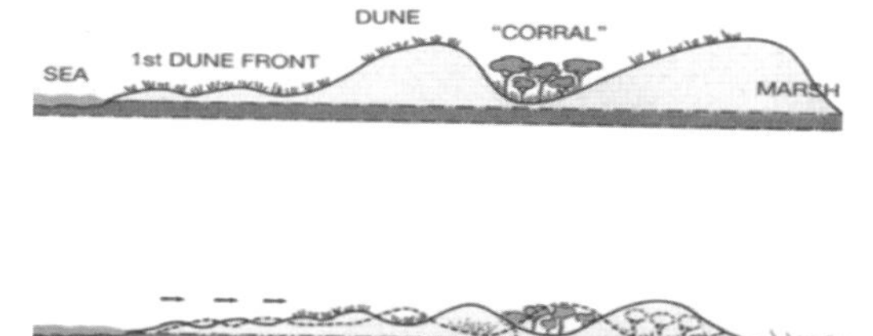

그림 2-46. 사구 형성 시스템(도냐나 국립공원)

고 선구군락이 모래톱 내륙부 사면에 출현

②단계: 해풍에 의한 퇴적과 함께 덤불선에서 사구의 형성이 이루어짐. 해풍이 덤불선에 모래를 퇴적시키고 사초류 등 사구식생이 점차 확장

③단계: 사구 전면 모래가 제거되어 2차 사구가 형성. 모래가 지속적으로 1차 사구에 퇴적된 상태에서 해풍과 파랑에 의해 1차 사구 전면에서 모래가 제거되고 사구 배후면으로 덤불이나 수목군락 정착

④단계: 사초류 군락이 최고 만조선까지 번식하여 1차 사구가 방해받으며 2차 사구에 번식

⑤단계: 1차 사구가 정착되고 2차 사구가 안정되기 시작. 1차 사구에 의해 염분의 비산이 저감되며 지면이 상승하고 사구 식생이 점차 육상 식생으로 대체. 2차 사구가 안정화되면서 사구 식생은 모래 집적이 불필요한 식생으로 대체되면서 안정화된 2차 사구의 후면에 수림대 형성

사구 유형 및 구조

사구는 위치와 형성 단계에 따라 다음과 같이 구분된다.

① 전사구foredune 혹은 1차 사구primary dune: 해빈에서 직접 날린 모래들이 쌓여 만들어진 가장 앞쪽(해안쪽)의 사구

② 2차 사구secondary dune: 전면에 새로운 전사구가 발달해 그 배후에 놓인 사구, 혹은 1차 사구가 바람에 의해 침식 후 재퇴적되어 만들어지는 사구

바람이 강한 해안에서는 1차 사구가 형성된 후 다시 내륙으로 이동해 들어가는데 취식와지吹蝕窪地, blowout or deflation hollow, U자형 사구U-shaped dune, 머리핀형 사구hairpin dune, 바르한barchan 등의 형태로 나타난다.

① 사구 저지slack or swale: 전사구와 2차 사구 사이의 저평한 지형

② 사구습지wet slack or back-dune lake: 사구 저지에 형성된 호소

③ 비치 리지beach ridge: 해안선과 평행한 여러 개의 사구열. 해안선이 바다 쪽으로 전진했음을 의미

사구습지sand dune slack는 지하수면이 지표면에 근접하거나 노출된 곳에 나타나며, 전사구열과 2차 사구열 사이에 일시적이거나 영구적으로 발달하는 사구 저습지와 2차 사구열 후면에 배후 산지와의 사이에 발달하는 사구 배후습지로 구분할 수 있다. 이러한 배후습지 지역은 해안으로부터 불어오는 폭풍을 사구와 숲이 차단하고 있고 물의 공급이 충분해 주민들이 정착하여 농업 경작에 유리하다.

일반적으로 사구 저습지는 침수와 건조를 되풀이하며 산란처를 제공하고 이동통로의 기능을 가지며, 배후습지는 수위가 안정되어 있고 저수량이 풍부하여 서식처, 종의 공급원 및 수요처, 이동통로 등의 기능과 더불어 배후 산지로부터 유입된 물의 저장 및 담수의 공급원이 되기도 한다. 지하수면이 지표보다 높거나 지면 가까이 형성되는 경우 사구습지가 발달하기 쉬우며, 사구 지하에 거대한 담수대가 형성되어 건조기 수위가 저하되는 경우 사구지역 지하수대로부터 역으로 유입되기도 한다. 따라서 사구 사이에 발달하는 사구저지대 습지와 달리 사구 배후습지는 물이 거의 마르지 않

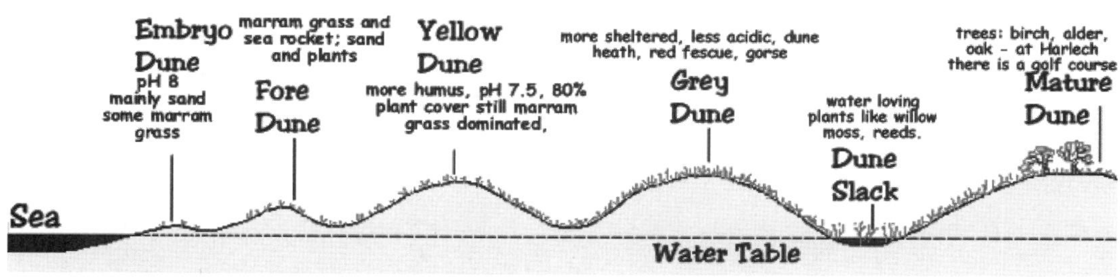

그림 2-48. 해안사구 및 배후습지의 식생 및 환경(http://www.geogonline.org.uk/)

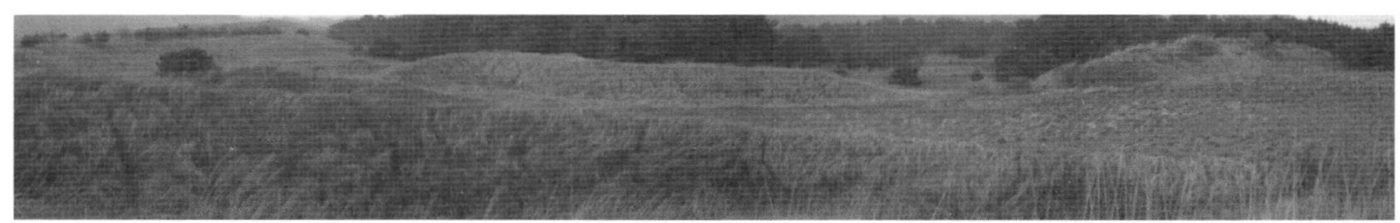

그림 2-49. 신두리사구 전경

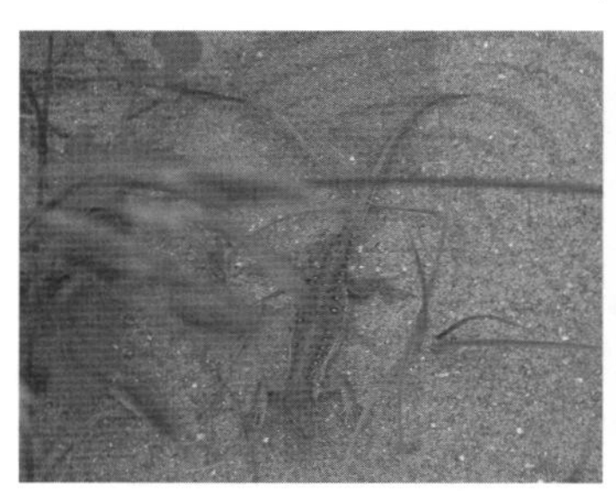

그림 2-50. 신두리사구 야생동물 및 흔적. 왼쪽부터 표범장지뱀, 고라니, 너구리

아 맑고 깨끗한 물의 공급원이면서 다양한 동식물에게 서식 환경을 제공하고 있다.

신두리 해안사구

우리나라의 대표적인 사구로는 충남 태안군의 신두리사구가 있고, 안면도 및 서해안을 따라 크고 작은 사구들이 발달해 있다. 최근에는 훼손된 사구를 복원하기 위한 사구포집기를 설치하여 인위적으로 사구를 복원 또는 형성하기도 한다.

신두리사구는 신두리 해안을 따라 길이 3.5km, 최대 높이 19m에 이르는 국내 최대의 해안사구로서 북서풍을 정면으로 받는 방향으로 길게 늘어서 탁월풍인 북서계절풍에 의해 형성되었다. 신두리사구에는 높이 약 5~15m에 이르는 전사구 후면으로 낮은 사구 저습지가 발달되어 있고 배후지역 외곳골에 두웅습지가 위치하며, 그 외에도 수무골, 탕수골, 넝배골, 개골 등의 작은 골짜기가 형성되어 있다.

신두리 해안사구 부근 사면 경사도 분석 결과, 사구의 풍압으로 완만한 구릉지 형태를 나타낸다. 1967년, 1977년, 1984년 항공사진을 해석한 결과, 해안사구지대에 식생 피복은 거의 없으며 1980년 후반에 초본 및 목본으로 인공식재가 이루어지면서 식생 피복으로 모래 이동이 제한되어 습지 유지 및 보존에 도움이 되고 있다. 그 결과 1991년, 1998년, 2013년 항공사진에 의하면 식생 피복이 증가하고 있으며, 2013년 식생으로 완전히 피복되어 있음을 확인할 수 있다.

또한 해안 쪽 사면에 모래포집기를 설치하여 바람에 실려 오는 모래를 울타리로 차단하여 사구 및 해빈 백사장을 복원하려는 노력이 진행 중이다.

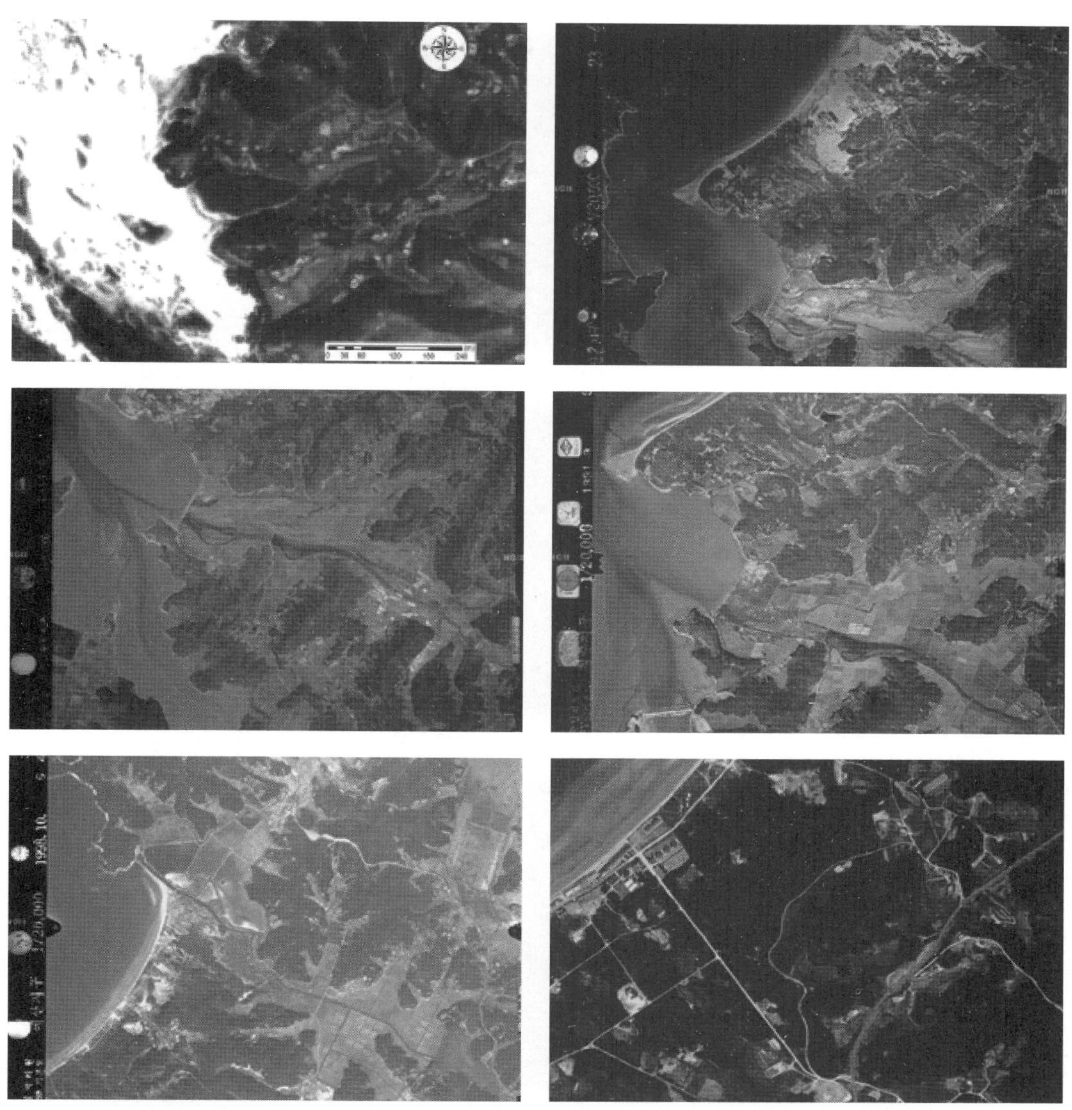

그림 2-51. 두웅습지 위성지도(자료: 국립환경과학원, 2009)위 왼쪽으로부터 1967년, 1977년, 1984년 아래 왼쪽으로부터 1991년, 1998년, 2013년

스페인 도냐나 사구

도냐나 사구Donana Sanddune는 스페인 남서쪽 안달루시아 지역 세비야의 해안지대에 위치한 도냐나 국립공원Donana National Park 내에 분포한다. 세비야에서 대서양으로 흐르는 과달퀴비르강 하구 우안에 위치한 유럽 최대의 습지로 유럽과 아프리카를 잇는 징검다리 역할을 한다. 1969년 국립공원으로 지정된 이후, 1981년 유네스코 생물권보전지역, 1984년 람사르습지, 1988년 유럽공동체 특별조류보

그림 2-52. 도냐나 국립공원 내 사구

호구, 1994년 유네스코 세계유산으로 지정되었다.

면적 542km² 중 보호구역은 135km², 최대 높이 40m로서 길이 100km에 이른다. 하구, 석호, 소택, 해변, 고착사구 및 이동성 사구, 미키스(지중해 연안 관목지대), 하천 등과 같이 다양한 서식 환경을 포함하고 있다. 유럽의 마지막 아프리카 사막 경관으로 불리고 있을 정도로 사막 특유의 생태적 경관적 특성을 나타내고 있다. 전사구와 2차 사구 사이에 해송림이 분포하고, 배후습지가 발달하였다.

일본 돗토리사구

돗토리사구鳥取砂丘, とっとりさきゅう, Tottori Sakyu는 동해 해안 일본 돗토리 시에 위치하며 남북 2.4km, 동서

그림 2-53. 돗토리사구 전경(자료: wikipedia.org)

그림 2-54. 돗토리사구 사구저지대 습지

16km에 이르는 일본 최대의 해안사구다. 1955년 천연기념물, 2007년 일본의 지질 백선 및 산인山陰 해안국립공원의 특별보호지구로 지정되어 있다.

최대 높이 90m로, 일본 전통 스리바치와 비슷한 꼴로 움푹 패인 지형으로 '큰 스리바치'라 불린다. 비탈면을 따라 흐르는 '사렴'砂簾, されん 지형과 바람결 무늬風紋 등이 알려져 있다. 돗토리사구에는 세 개의 사구열이 일본 서쪽 동해바다 해안을 따라 평행으로 펼쳐져 있다. 사구에 의해 바다에서 분리되어 계절성 호수인 다네가이케 습지가 생성되었다. 사구 주변의 민가는 사구로부터 날아오는 모래로 인해 피해를 받지 않기 위해 방풍림을 조성하되, 사구 및 생태계 변화에 영향을 끼치는 영향을 최소화하기 위해 방풍림의 면적을 줄임으로써 지역 주민과의 공생을 도모하고 있다.

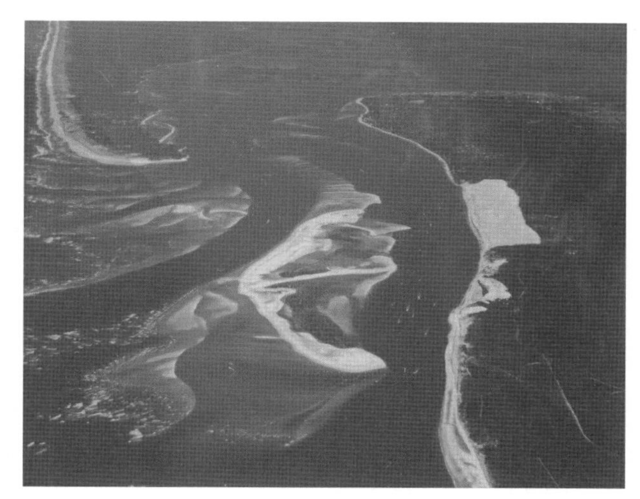

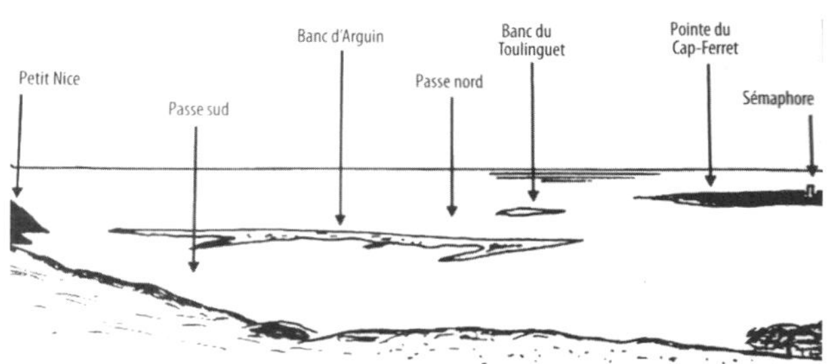

그림 2-55. 아흐까숑 만과 페레곶, 필라사구 전경

프랑스 필라사구

프랑스 아키텐Aquitaine 지역의 중심 도시인 보르도Bordeaux에서 약 60km 정도 떨어진 대서양 연안 아흐까숑만Bassin d'Arcachon 일대는 철새 이동 경로에 위치하여 철새의 중간 기착지이며 월동지로서 람사르습지로 지정되어 있다. 아흐까숑에는 기수습지인 갯벌과 석호, 조류보호구 등과 더불어 유럽 최대의 사구인 필라사구Dune de Pilat(또는 Pyla)가 있다. 필라사구Pillat Dune; Grande Dune du Pilat의 폭은 500m, 길이 약 3km, 높이 110~115m에 이른다. 필라사구가 해변의 도시화에 의해 지속적으로 위협을 받게 되면서 약 12,000에이커에 이르는 사구와 주변 숲이 보호지역으로 지정되었고, 1978년에는 Grand National Site로 등록되었다.

배후 고사구에는 '그레이트 마운튼'이라 불리는, 파리 면적의 100배에 이르는 1백만ha의 광활한 해송림이 정착하여 야생동물 서식처로서 중요한 기능을 하는 등 독특하고 다양한 경관과 생태를 제공하며, 사구 앞바다에는 페레곶Cap Ferret이 길게 섬처럼 가로 막고 있는데 해양성 야생동물이 서식하여 자연보호구로 지정되어 있다.

필라사구는 매년 약 6백만m³의 모래가 날아와 쌓이면서 점차 발달하였으며, 프랑스 지질연구소The French Geographical Institute(IGN)에 의하면 최대 5m씩 내륙 쪽으로 이동하면서 배후의 해송림을 잠식하고 있어 마치 프랑스 한쪽 조각을 삼켜버리는 듯하다고 해서 '위협적인 모래 장벽menacing sand wall' 또는 '모래 괴물sand monster' 등으로 불린다.

필라사구는 동쪽 숲으로부터 서쪽 해안에 이르기까지 4개 유형의 사구로 나뉜다(그림 2-58). 포물선형 사구parabolic dune, 초승달형 또는 바르한crescentic, barchan dune, 둥근형 사구caoudeyre, 전사구 또는 모래장벽foredune, Aeolican sand barrier 등으로 구성된다.

사구 단면은 비대칭 구조로서, 탁월풍인 편서풍의 영향을 지속적으로 받는 해안 쪽은 5~20°의 완만한 경사를 이루며, 내륙 쪽은 30~40°의 급경사를 이루고 있다(그림 2-59). 필라사구는 고사구 위에 지속적으로 모래입자가 쌓여 현생사구를 이루는 구조로서, 〈그림 2-60, 61〉에서 볼 수 있는 것처럼 생성 시기에 따라 나뉘게 된다. 그림에서 짙은 선은 과거 토양 구성의 흔적paleosol으로서, 모래가 적게 쌓이는 겨울철에 주로 서쪽 완경사면에서 잘 보인다. 사구 바닥면으로부터 정상 방향으로 크게 4개의 Paleosol을 볼 수 있으며, 오래된 포드졸podzol 토양인 Paleosol 1과 3개의 주요 사구 Paleosol(Paleosol 2~4) 및 호수 침전물과 중금속 등으로 형성된 여러 개의 작은 Paleosol을 볼 수 있다.

Paleosol 1은 포드졸 토양으로서 해변 사빈과 같은

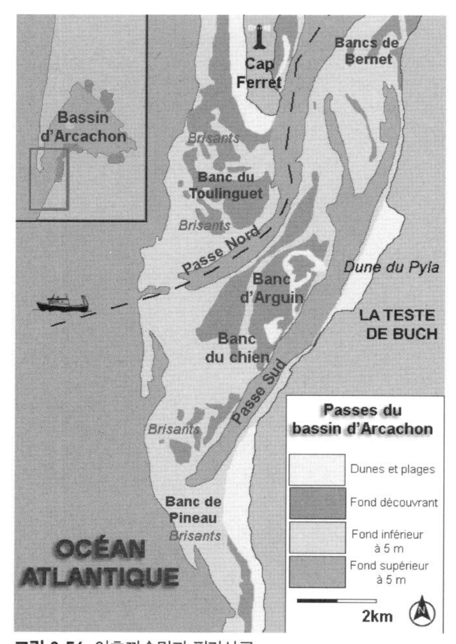

그림 2-56. 아흐까숑만과 필라사구
(https://commons.wikimedia.org)

그림 2-57. 필라사구 배후 숲

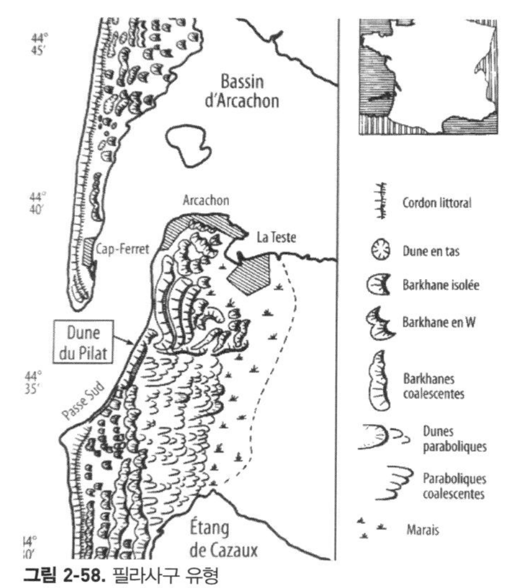

그림 2-58. 필라사구 유형

높이를 이루고 있다. 윗부분은 이탄층을 이루고 소나무 등 과거 식생의 흔적을 보여준다. 탄소방사성법 연대 측정 결과 최소 3,500년 전 이전에 형성된 것으로 나타났다. 수목은 소나무류, 참나무류, 벚나무류, 오리나무류 등으로 분석되었다. 사람들이 거주했던 흔적은 나타나지 않았다.

Paleosol 2는 높이 2~5m로서, 약 2,700~3,000년 전에 형성되었으며, 중기 청동기인 기원전 7세기경에 사용된 그릇 파편 등이 발견되었다. 수목은 주로 해송이 발견되었다. Paleosol 2의 위 약 20m 높이에 규조류가 퇴적된 2~4개의 얇은 중간층Intermediate Paleosol이 형성되어 있다. 일부는 식생대의 흔적이며 일부는 바다와 인근 호수로부터 바람에 날려 온 규조류의 흔적이다.

Paleosol 3은 16세기 경 지금보다 매우 낮은 높이 20~40m로 형성되었으며 동쪽 배후 숲까지 이어진다. 짙은 색상을 띠고 있으며 16세기 구리동전, 조개무덤, 송진 용광로, 파이프, 세라믹 등의 흔적이 나타난다.

Paleosol 4는 최근 100년 내외에 덮인 구간으로서, 1863년 지도에 'Dune de La Grave'로 표기되고 있다. 현재보다 높이가 20~30m 낮은 80m 높이로서 서쪽 해안 방향으로 치우쳐져 있다. 19세기경 인공조림된 소나무 숲으로서 송진을 채취하던 그릇과 파편 조각이 발견되고 있다.

필라사구가 확산 이동되면서 매년 8천m^2 정도의 숲이 사구 침입에 의해 덮이며, 1987년에는 인근 도로가 모래로 덮이기 시작하여 1991년에 완전히 사구로 덮였다. 이러한 사례로서 1928년 사구 인근에 빌라를 건축했으나 1930년 이후 모래가 덮이기 시작하여 많은 노력에도 불구하고 1938년 완전히 덮이게 되었다. 이러

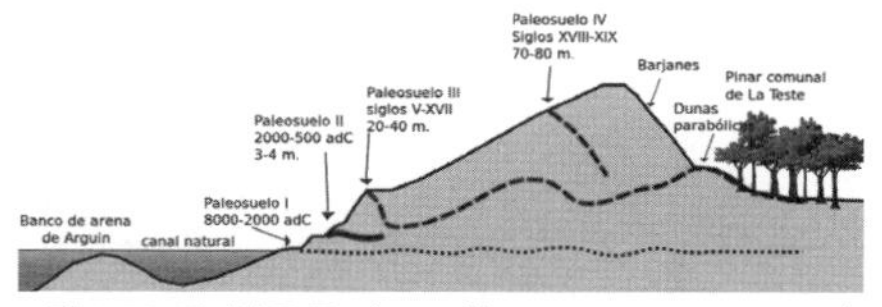

그림 2-59. 필라사구 구조(https://commons.wikimedia.org)

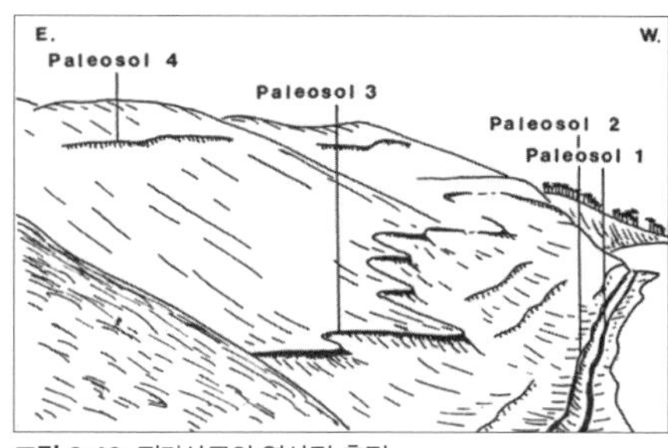

그림 2-60. 필라사구의 역사적 흔적
(http://www.dune-pyla.com/)

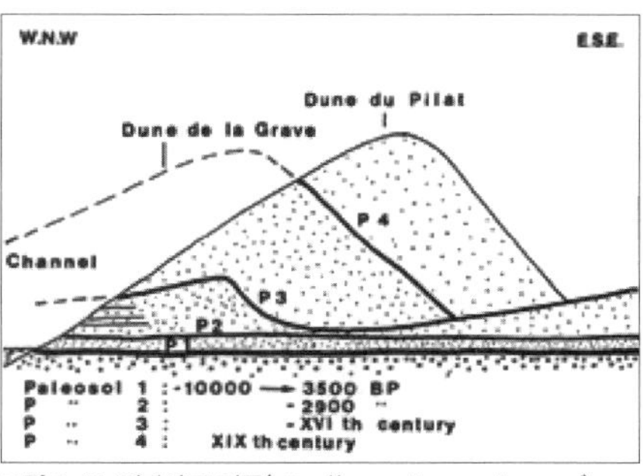

그림 2-61. 필라사구 이동(http://www.dune-pyla.com/)

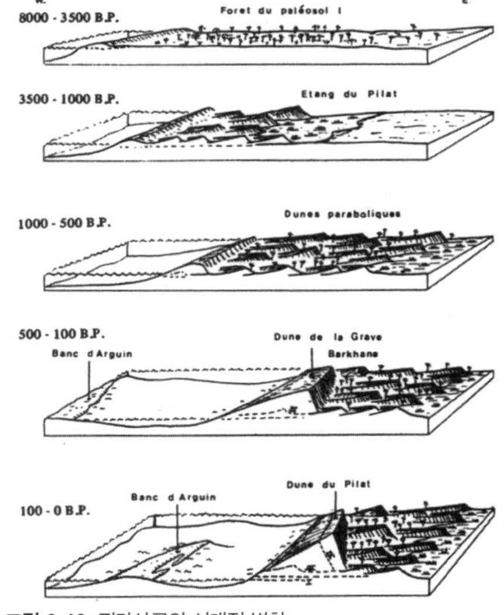

그림 2-62. 필라사구의 시대적 변화
(http://www.dune-pyla.com/)

그림 2-63. Paleosol 1, Paleosol 2, Intermediate Paleosol(http://www.dune-pyla.com/)

그림 2-64. Paleosol 3 및 4(소나무와 송진 채취 그릇 파편)

한 추세가 지속된다면 주변 도로와 캠프장은 약 40년 내로 완전히 사구로 뒤덮일 것으로 예측되고 있다.

참고: 강변사구

두만강 하류 금삼각지역에는 북한, 중국 및 러시아 지역에 자연 형성 과정을 거쳐 강변사구가 발달하였다. 사구 외에도 두만강에는 삼각주, 모래톱, 사취 등 퇴적지형이 발달하였으며, 이동성 사구와 정착 사구 및 배후습지, 사구저지대가 각각 발달되었다.

모래 염분 농도가 높아 과거 이곳이 해안에서 가까운 곳이었음을 알 수 있고, 지금은 건천화된 구 하도의 흔적이 발견되어 두만강이 지금보다 북동쪽 러시아 방향으로 흘렀음을 암시하고 있다. 즉, 두만강 하류 유역은 광활한 평지로서 홍수기를 반복적으로 거치면서 작은 지형의 변화와 퇴적된 사구의 영향으로 두만강 하류부의 흐름이 변화하였고 배후습지들이 발달하였음을 알 수 있다.

그림 2-65. 두만강변 사구 배후습지

그림 2-66. 두만강변에 발달한 사구. 왼쪽 러시아측 사구, 오른쪽 북한쪽 사구

(2) 하구/기수형

하구/기수형 습지Estuarine/Brackish Water System는 강어귀, 피오르와 같은 하구습지와 우리나라 동해안의 석호습지 등 염분 농도가 기수 상태인 습지를 말한다.

하구형 습지는 하천이 바다로 흘러드는 부분으로서 하천의 민물과 바다의 염수가 섞여 염분 농도가 바닷물보다는 낮고 하천의 민물보다는 높은 기수 상태가 된다. 하천으로부터 공급되는 암석이나 모래, 진흙 등이 퇴적되어 삼각주를 이루거나 갯벌, 모래톱 등이 형성된다. 때로는 해안에 퇴적한 토사나 사주가 발달하여 바다와 차단된 호수 형태로서 민물과 바닷물이 섞이는 석호나 만이 발달하기도 한다. 강어귀의 파도의 영향을 받는 구간을 포함하며, 삼각주, 조수의 영향을 받는 염습지 및 맹그로브 습지, 갯벌 및 만입부 등을 포함한다. 또한 리아스식 해안이나 피오르 등 바다에 잠긴 골짜기

그림 2-67. 피오르(노르웨이, 송내피오르)

에 강이 흘러들면 매우 큰 하구가 형성된다.

하구역 갯벌

하구역 갯벌은 강물이 하구를 거쳐 바다에 이르는 과정에서 바닷물과 섞여 일정한 염분 경사, 즉 농도 차이를 나타내는 독특한 환경 구조를 보이며 이에 따라 고유한 생태학적 특성을 나타낸다. 특히 여름철 홍수기에는 많은 양의 담수가 일시적으로 바다로 유입되기 때문에 홍수기를 전후해 하구역의 퇴적 환경에 극적인 변화가 일어나며, 생물상도 염분 농도와 온도에 대한 적응력이 높은 종류들이 주류를 이룬다.

석호

석호潟湖(lagoon)는 하구습지와 더불어 기수습지의 대표적인 유형으로서 바다가 모래로 가로막혀 생긴 호수를 가리킨다. 우리나라의 동해안에서는 장소에 따라서 해안선에 평행으로 뻗은 석호가 존재한다. 우리나라와 같이 대부분의 하구습지가 소멸되거나 훼손된 상태에서 석호의 중요성은 매우 높다. 우리나라의 경우 동해안 일대에 경포호, 청초호, 영랑호, 화진포호, 송지호 등 모두 18개의 석호가 발달했으며 일부가 습지보호지역으로 지정되었다. 이들은 매우 독특한 지질학적, 생태학적 가치를 지녔지만 대부분 도시화 또는 인공적 이용으로 인해 급격히 훼손되어 기능이 상실되고 있고, 북한지역의 경우 비교적 본래의 기능을 유지하고 있는 석호가 많이 남아 있다.

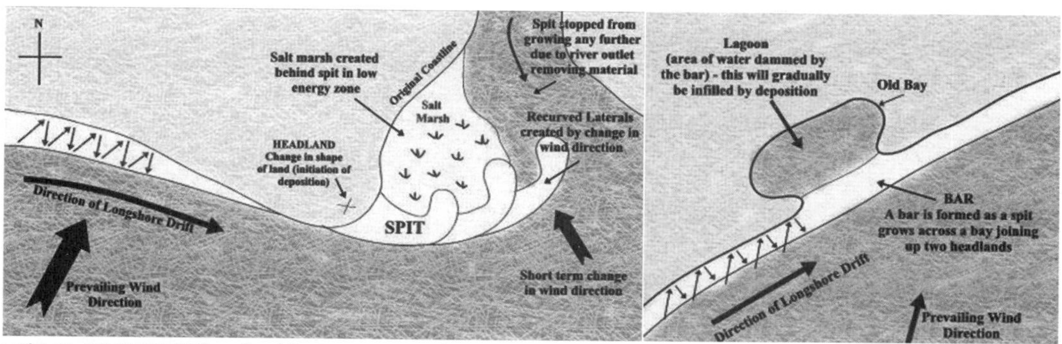

그림 2-68. 석호의 발달 과정(http://worldlywise.pbworks.com)

석호는 해수면 변동을 반영하는 해안 지형으로 생성 및 소멸 과정은 다음과 같다.

a. 빙하기에 해수면이 하강하면 해안으로 유입되는 하천의 하류부에서는 침식이 활발히 일어나 하곡을 깊이 파게 된다.

b. 간빙기 또는 후빙기에 해수면이 상승하면 빙하기의 침식으로 확대되었던 하곡이 침수되어 만입지가 나타난다.

c. 만입지에 사주가 성장하여 바닷물의 출입에 제한을 받게 되면 석호로 발달한다.

d. 유입 하천을 통해 토사가 유입됨에 따라 석호는 점차 매립되어 해안평야로 발달한다.

(3) 하천형

하천형 습지Riverine System는 하천과 계류 등 수로 내에 포함된 모든 습지와 깊은 물 서식처를 포함한다. 수로는 주기적으로 혹은 영구적으로 흐르는 물, 혹은 두 정체수역 사이의 연결고리를 형성하는 자연적으로 혹은 인공적으로 조성된 개방통로를 말한다(Langbein and Iseri 1960:5).

그림 2-69. 하천 상류에 발달한 여울(갑천)

그림 2-70. 상류 계곡형 습지(한탄강) 및 중류 하천형 습지(섬진강)

유수를 따라 발생하며, 수목, 관목, 이끼류나 지의류 등이 나타나지 않고, 염분 농도 0.5% 이내이며, tidal, lower perennial, upper perennial and intermittent 등 4개의 subsystems으로 구분된다.

다만, 다음의 경우는 하천형으로 보지 않는다.

1) 교목, 관목, 수생식물, 이끼층, 혹은 지의류에 의해 우점되는 습지

Riverine

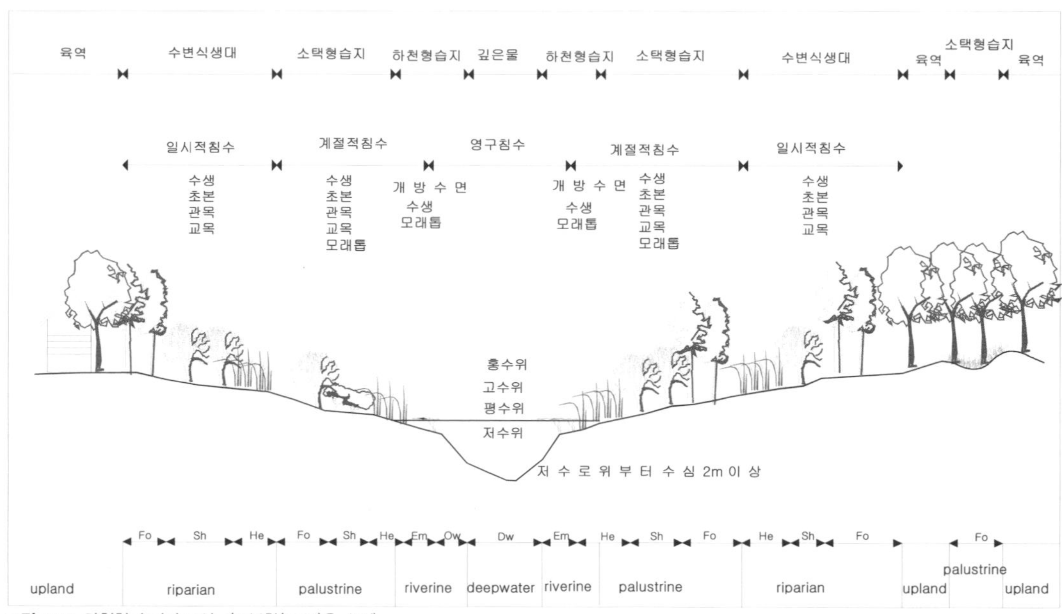

그림 2-71. 하천형 습지의 모식도(구본학(2002)을 수정)

2) 0.5% 이상의 염분을 포함한 물을 가진 서식처

하천형 습지의 개념적 단면 모식도를 작성하여 제시하면 다음과 같이 나타낼 수 있다(Cowardin et al.(1979), 구본학(2002), 주위홍(2002)에 의해 수정 작성).

(4) 호수형

호수형Lacustrine System[8] 습지는 지형이 침하되었거나 댐 등에 의해 형성된 깊은 물 서식처나 호수와 관련 있는 습지로서 다음과 같은 특징을 지닌다.

그림 2-72. 호수형 습지(섬진강 옥정호)

1) 지형학적으로 침하되거나 댐이 건설된 강수로에 위치

2) 교목, 관목이 빈약하며 수생식물, 이끼층, 혹은 지의류가 30% 이상의 피도

3) 전체 면적이 8ha 이상(20 acres)

그림 2-73. 백두산 천지

전체 면적 8ha 이하의 유사한 습지와 깊은 물 서식처도 활동적인 파도가 형성되거나 혹은 하상이 바위로 된 해안선의 특징이 경계의 모두 혹은 일부분에서 나타나거나 유역의 가장 깊은 부분이 간조 때 2m를 넘는다면 호수형에 포함된다. Lacustrine은 조수의 영향을 받거나 받지 않을 수도 있으며 염도는 항상 0.5% 이하다. Persistent Limnetic, Littoral(shore) Subsystems 등으로 구분된다.

8. "lacustrine"이라는 용어는 호수라는 의미가 있다.

호수형 습지의 개념적 단면 모식도를 작성하여 제시하면 다음과 같이 나타낼 수 있다(Cowardin et al.(1979), 구본학(2002), 주위홍(2002)에 의해 수정 작성).

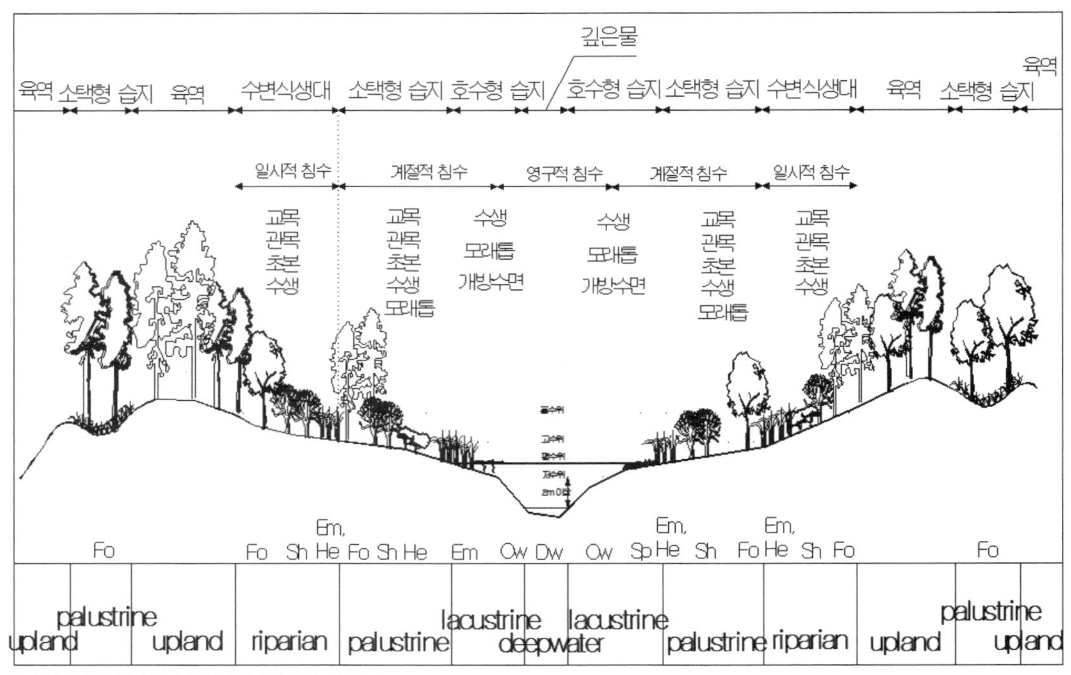

그림 2-74. 호수형 습지의 모식도(구본학(2002)을 수정)

(5) 소택형

소택형Palustrine System[9] 습지는 교목, 관목, 다년생 수생식물, 이끼류 혹은 지의류가 우점하며 조수의 영향을 받지 않는 습지와 염도가 0.5% 이하인 조수 영향 지역에서 나타나는 모든 습지를 포함한다. 저수위 시 수심 2m 이내이고, 면적은 8ha 이내이다. 독립되었거나 하천이나 호수 등 수생태계와 연결되기도 하며 marsh, swamp, bog, wet meadow, fen, playa, pothole, pocosin 및 소규모 연못 등을 포함한다. 즉, 대부분의 내륙습지는 Palustrine 계열에 해당된다.

소택형 습지의 개념적 단면 모식도를 작성하여 제시하면 다음과 같이 나타낼 수 있다(Cowardin et al.(1979), 구본학(2002), 주위홍(2002)에 의해 수정 작성).

9. marshy라는 의미

palustrine

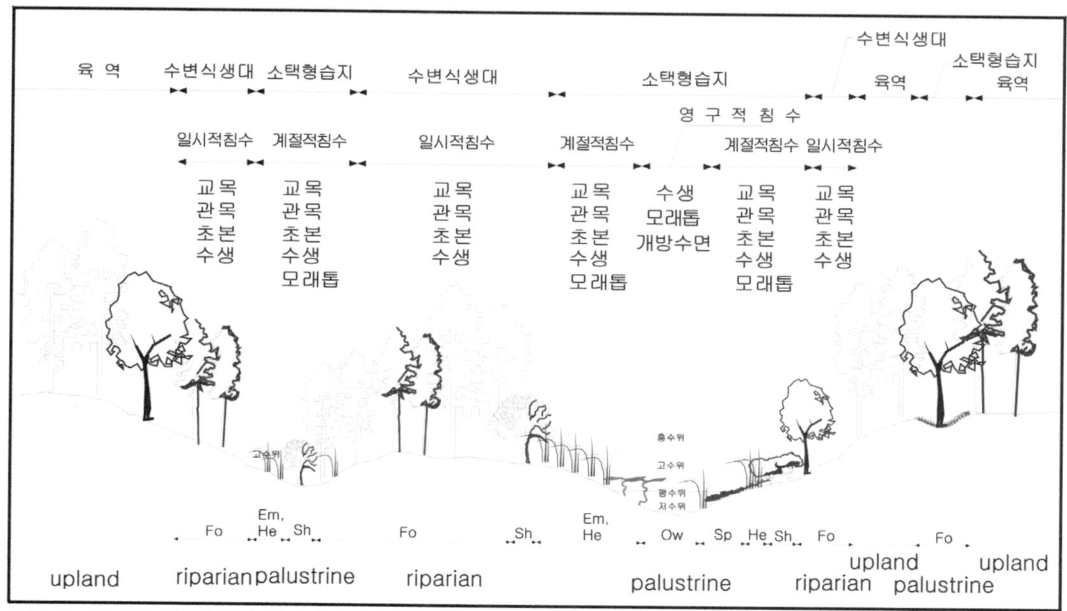

그림 2-75. 소택형 습지의 모식도(구본학(2002)을 수정)

(6) 이탄습지

이탄습지Peatland는 식물체가 썩지 않고 퇴적된 유기물 이탄층이 발달한 습지로서 moor, bog, mire, peat swamp forest, permafrost tundra 등을 포함한다. 열대 이탄습지에서 북극의 영구동토대에 이르기까지 분포하는 이탄습지는 지구 전체 육지 면적의 3%에 불과하지만 지구 토양 탄소의 약 1/3 가량을 저장하고 있는 대표적인 탄소 저장고로서, 지구상에서 가장 중요한 탄소 흡수원으로 인식되어 왔다. IPCC에 의하면 이탄습지는 멸종위기종 등 위협받는 종의 서식처이며 지구 전체에 약 550기가톤의 탄소를 저장하고 있는데, 이는 산림에 저장된 탄소량의 2배에 이른다. 이탄습

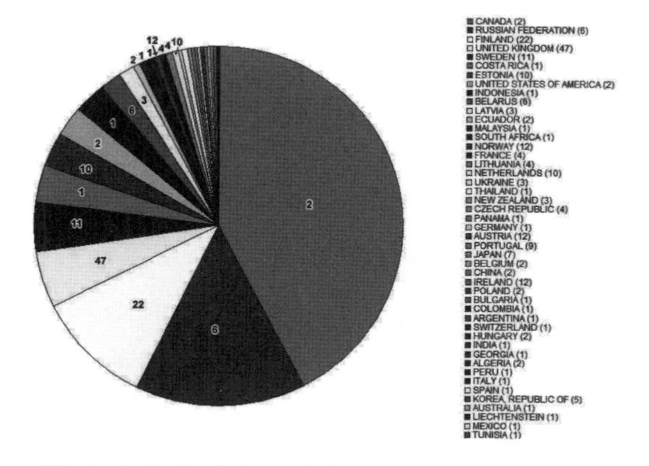

그림 2-76. 람사르습지로 지정된 이탄습지(자료: Ramsar Convention, 2011)

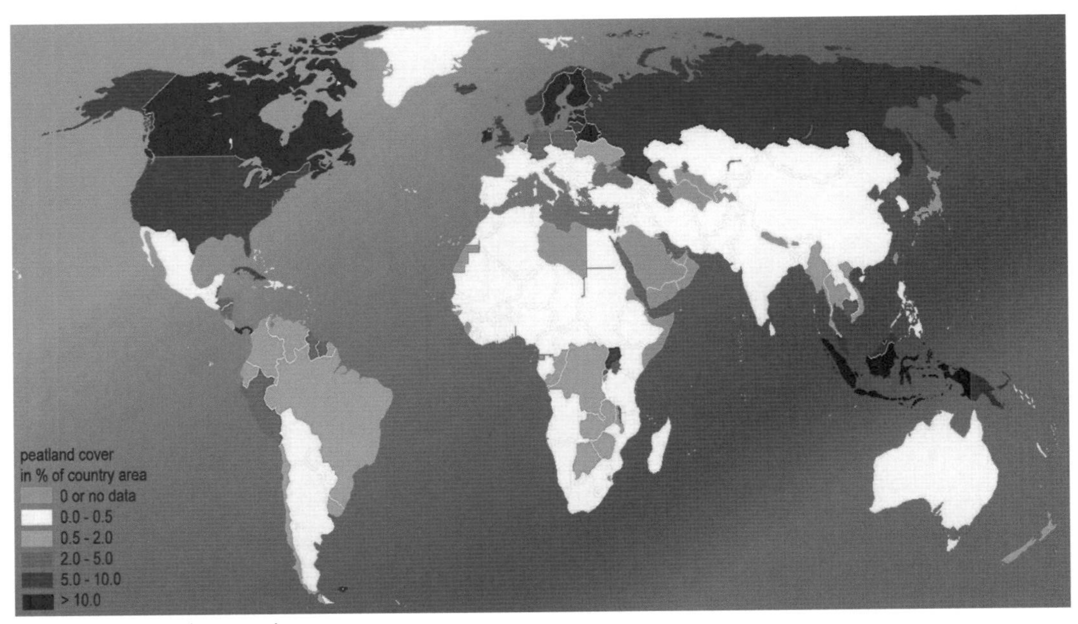

그림 2-77. 이탄습지 분포(IMCG, 2008)

지는 식물의 유해 등 유기물이 퇴적하는 속도가 퇴적한 장소에 있는 미생물이 유기물을 분해하는 속도보다 빠른 경우 형성된다. 식물이 분해되어 생기는 최종 생성물인 휴믹산, 후루보산 등의 유기 아미노산과 셀룰로스류 펩틴, 식물 스테로이드 등이 응축되어 있다.

이탄습지는 대체로 고위도 또는 온대의 고산지대 냉한대 기후대에 생성되는 경우와 열대지역에 생성되는 경우로 나눌 수 있다. 기온이 낮고 강수량이 비교적 풍부한 냉대기후대 지역에 생성되는 이탄습지는 특히 1만~ 250만 년 전, 신생대의 플라이스토세 동안 빙하가 있던 지역에서 공통적으로 나타나는데, 캐나다·북유럽·소련의 툰드라 및 북쪽 수림대의 넓은 면적을 덮고 있다. 이들 지역보다 남쪽 지방인 영국의 습윤한 지역도 이탄습지대다. 수평적으로는 아시아권에서는 우리나라의 고산지대와 러시아 시베리아, 중국 북부, 일본 북해도 등이며, 북유럽, 캐나다 및 미국 북부 등에 주로 발달한다. 열대-아열대 기후대는 맹그로브 습지 등에서 발달된다.

우리나라는 국토 면적에 비해 다양한 습지가 분포하는 습지 국가이지만 기후특성상 이탄습지는 고산지대를 중심으로 분포하며 국토 면적의 0.0047%에 이르는 것으로 보고되고 있다. 온대 고산지대 및 고위도 냉한대 기후대에 속하는 북유럽, 캐나다, 미국 중북부, 시베리아 등에 주로 분포하는 이탄습지는 수~수십 미터에 이르는 이탄층과 더불어 물이끼Sphagnum 등 독특한 식생이 우점하고 있는 생태계다. 이탄 집적 작용peat accumulation은 유기물이 미생물과 토양 내 소동물의 활동이 억제되어 분해되지 못한 곳에 나타나며, 차가운 눈과 물이 공급되고 물이 모이기 쉬운 지형으로서 여름에 구름이 많은 장소가 이탄 생성의 최적지로 알려져 있다.

냉한대지역에서 발달하는 이탄습지에는 물이끼류, 사초류, 황새풀속Eriophorum 식물, 식충식물인 끈끈이주걱속Drosera, 벌레잡이 식물, 난초류 등이 있다. 물이끼류는 잎에 공세포가 있어 수분을 쉽게 흡수하고 보유함으로써, 이끼가 스펀지와 같은 성질을 가지도록 한다. 물이끼류는 물속의 무기염류를 양이온의 형태로 흡수하고, 이를 다시 산의 수소 이온으로 대체해 그 주변의 물을 더욱 산성으로 만든다. 이끼가 물에 포화되면 공기의 통과가 지연되어 물 표면 바로 아래의 물이끼류는 무산소증을 겪게 된다. 산소결핍, 무기염류 부족, 강한 산성 등 몇 가지 요인이 겹쳐지면 세균과 곰팡이의 활동 및 유기체의 분해가 지연된다. 죽은 이끼류의 부패가 지연되면서 살아 있는 식물에서 이탄이 발생한다. 이러한 현상은 특히 연평균기온이 10℃ 이하인 지역에서 일어나는데, 이러한 조건도 역시 부패작용을 지연시킨다.

냉한대의 전형적인 이탄습지인 bog와 fen의 차이는 다음과 같다.

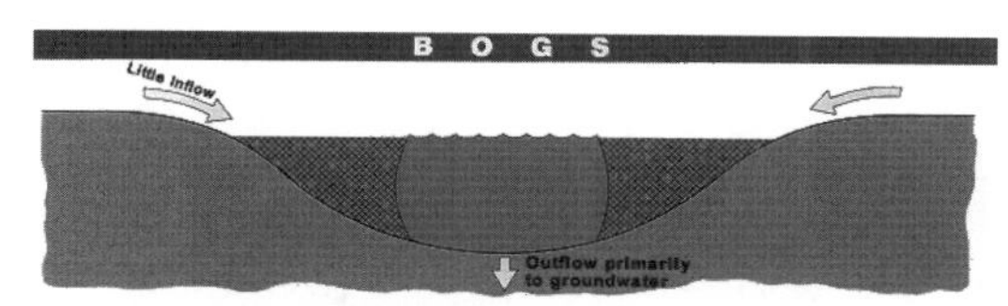

그림 2-78. Bog와 Fen의 차이(자료: USDA, 1995)

산성이탄습지bog는 빗물이나 눈과 같은 강수를 수원으로 하며 빗물보다 적은 양의 무기염류가 용해되어 있다. 이탄층 발달과 더불어 물이끼류, 진퍼리꽃나무속Chamaedaphne의 식물이 우점하며 대체로 pH 5 이하의 강한 산성을 나타낸다. 여름철에 80% 이상의 수분이 증산작용 또는 증발되고 극히 일부만 지표수 또는 지하수 형태로 손실된다. 습지로 유입된 물은 대부분 이탄층에 집적되며, 산성이탄습지의 물순환체계는 물로 가득 채워진 물질 위에 물이끼 등 생명체가 카펫처럼 떠 있는 모습이라고 비유할 수 있다. 그러다보니 산성이탄습지는 우유보다도 더 고형물질이 적은 상태로서, 98%까지 물로 채워지고 이탄층은 2% 내외로 구성된 경우도 있다.

fen은 이탄층에 벼과Poaceae 식물, 사초류, 갈대류가 우점한다. fen은 주로 무기염류가 녹아 있는 지하수로부터 물 공급을 받는데, 지하수는 pH가 5~8로서 약산성에서 약알칼리성 특성을 나타낸다.

한편, 열대지역에 발달하는 이탄습지는 쓰러진 나무의 잔존물로부터 생성된 이탄이 거의 전역을 덮고 있다. 열대지역은 유기물이 빠르게 분해될 만큼 온도가 충분히 높은 기후 조건 때문에 이탄이 쉽게 축적되지 않는다. 그러나 강수량이 많은 곳과 지하수의 무기염류 함량이 매우 낮은 곳에서는 이탄습지가 형성될 수 있다. 즉, 열대 이탄습지는 물속에 녹아 있는 무기염류가 매우 적은 곳에서 발생하고 다른 유형의 습지에 비해 매우 드물게 나타나지만, 말레이 반도와 인도네시아·남아메리카·아프리카 등지에는 넓은 면적에 걸쳐 나타난다(표 2-23).

표 2-23. 동남아 지역 열대 이탄습지 분포(자료: Immirzi &Maltby, 1992; Rieley et al., 1996)

REGION	AREA(mean)ha	AREA(range)ha
Indonesia	18,963,000	17,853,000 ~ 20,073,000
Malaysia	2,730,000	2,730,000
Papua New Guinea	1,695,000	500,000 ~ 2,890,000
Thailand	64,000	64,000
Brunei	110,000	110,000
Vietnam	24,000	24,000
The Philippines	10,700	10,700
TOTALS	23,596,700	21,291,700 ~ 25,901,700

이탄습지의 물순환체계

이탄습지는 90%가 물로 채워져 있어 유출량을 저감시키고 연중 맑은 물을 공급할 수 있다. 교란되거나 훼손되지 않은 이탄습지는 일반적으로 표면물이끼층acrotelm 및 이탄층catotelm 등 2개의 층으로 나뉘며(그림 2-79), 각 층에 따라 물순환체계가 다르게 형성되며 이탄층의 퇴적률에 영향을 받아 물의 화학적 특성도 다르다.

표면물이끼층은 지표면 가까운 곳에 위치하여 호기성 환경aerated zone으로서 식물 생육이 가능한 구간이며 대체로 두께가 30cm 내외로 얇고 물이끼류 등 고유 식생이 자라게 된다. 지하수위는 주로 이 층에서 형성되며 물이 빠른 속도로 이동하게 된다.

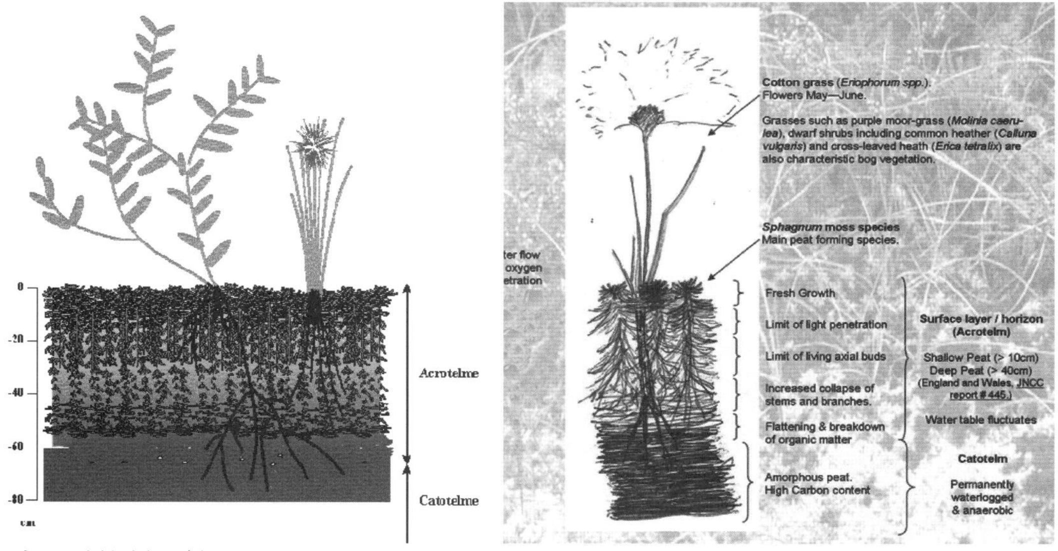

그림 2-79. 이탄습지의 구조(자료: PERG, 2009; Lindsay, 2010; IUCN UK Commission, 2011)

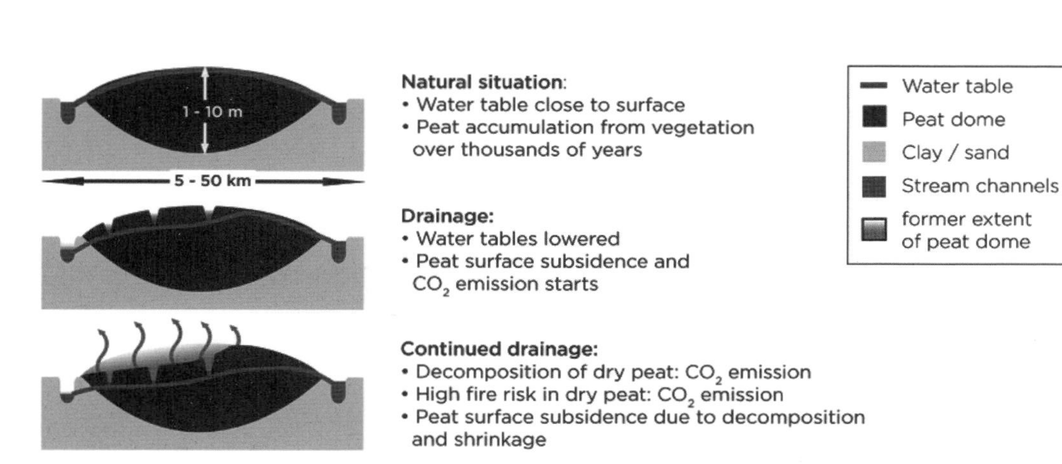

그림 2-80. 이탄습지 교란에 따른 CO_2 용출 및 지하수위 저하(자료: Page et al., 2011)

표면물이끼층 아래 부분에 위치한 이탄층은 산소의 영향을 거의 받지 못하는 혐기성non-aerated zone으로서 매우 두터운 이탄이 집적되며 지하수위 아래에 형성되어 연중 대부분 기간 동안 물로 포화된다. 죽거나 잘게 부서진 식물체들이 이끼층 아래로 집적되어 짙은 갈색을 이룬다. 지하수는 정체되거나 하루 1m 이내의 속도로 아주 천천히 이동한다. 빗물이 대부분 저장되며 몇 주에 걸쳐 천천히 습지 내로 스며들어간다.

한편, 물이끼층이 제거되는 등 인위적 원인으로 교란된 습지에서는 배수 시스템이 더욱 중요하여, 교란으로 인해 습지 내 저장되었던 탄소가 대기 중으로 용출되며 지하수위 또한 영향을 받고 저장된 물도 상당히 감소하게 된다. 자연 상태의 이탄습지는 지하수위가 수천 년 동안 축적된 이탄층 표면 가까이 형성된다(그림 2-80).

습지 인벤토리

II-3

가. 람사르협약 습지 인벤토리

습지 보전, 관리 및 현명한 이용을 위한 의사결정 과정에서 습지에 대한 기본적 정보를 구축할 필요가 있으며 이를 습지 인벤토리Wetland Inventory라고 한다. 습지 인벤토리는 습지 보전 및 현명한 이용을 위한 의사결정 과정에서 신뢰할만한 기초 데이터와 정보를 제공하게 된다(Dugan, 1990; Finlayson, 1996). 습지 인벤토리는 습지 재고조사stock-taking와도 같은 의미를 지닌다. 즉, 습지의 목록, 유역별 도면화, 습지의 물리적 화학적 생물학적 특성, 습지 기능 및 가치 평가 등에 대한 기초 정보를 문서 및 웹 기반 DB로 제공하게 된다.

습지 인벤토리를 통해서 습지가 지니는 생태적, 사회적, 문화적 기능과 가치를 규명하며, 습지의 구조와 기능과 가치의 변화를 평가할 수 있는 근거가 된다. 또한 습지가 어떻게 분포하고 있는지에 대한 정보와 더불어 어떤 습지를 보전해야 하는지 또는 훼손되어 복원이 필요한지 등에 대한 정보를 제공한다. 이러한 정보를 토대로 중앙정부와 지방정부 또는 국제적으로 각 수준에 따라 습지 보전 관리 정책을 수립할 수 있게 된다.

미국의 경우 Cowardin System(Cowardin et al., 1971)에 의해 국가 습지 인벤토리National Wetland Inventory(NWI)를 구축하고, 위성영상이나 Mapper 등을 통해 제공하고 있다(그림 2-81, 82).

(1) 람사르협약과 습지 인벤토리

람사르협약에서는 습지 인벤토리 구축 목적을 다음과 같이 설정하고 있다(Ramsar Convention Secretariat, 2010).

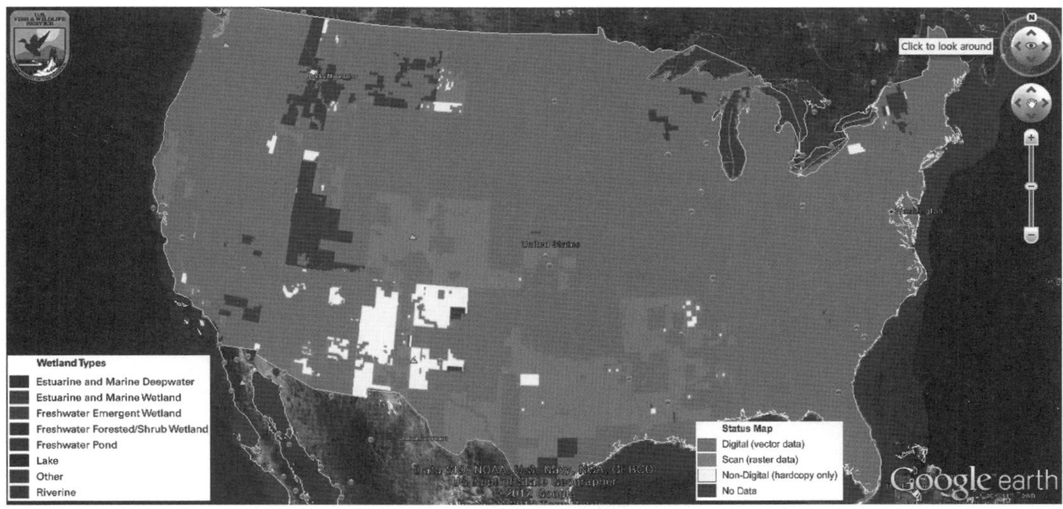

그림 2-81. Google Eearth를 통해 제공하는 미국 국가 습지 인벤토리 정보(자료: http://www.fws.gov/wetlands/)

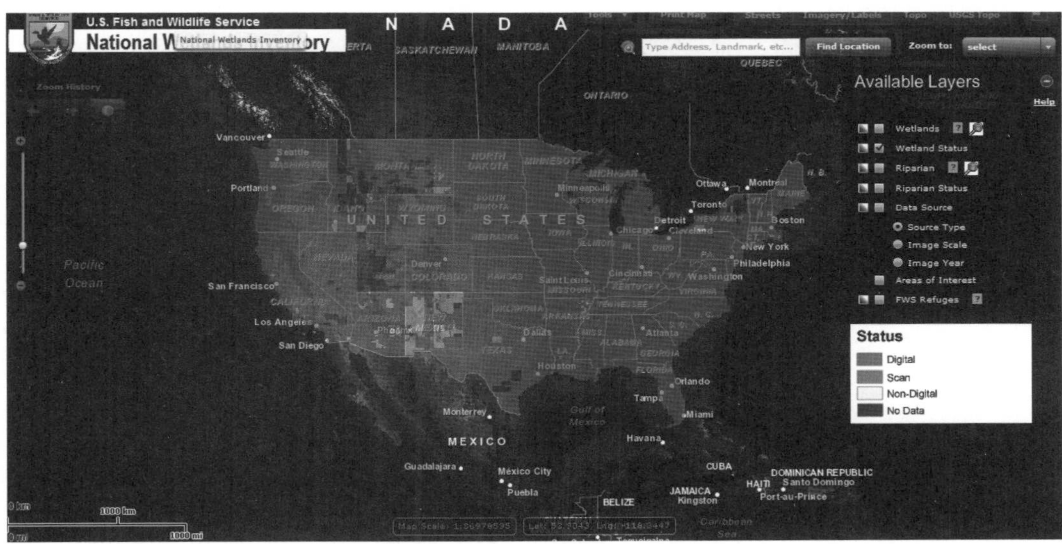

그림 2-82. Mapper를 통해 제공하는 미국 국가 습지 인벤토리 정보(자료: http://www.fws.gov/wetlands/)

a) 지역의 습지 유형 및 분포

b) 국제적/국가적/지역적으로 중요한 습지 목록 구축

c) 습지 유형 분류 및 분포 파악

d) 이탄, 어류 및 야생생물, 물 등 자연자원 현황

e) 습지의 생태적 특성 변화 측정을 위한 근거

f) 습지 손실 및 훼손의 범위와 정도 평가

g) 습지의 가치에 대한 인식 증진

h) 습지 보전 및 관리 계획 수립을 위한 방법론 제공

i) 습지 보전 관리 전문가 및 관련 기관 네트워크 구축

그림 2-83. 습지 인벤토리 구축을 위한 람사르 핸드북(자료: Ramsar Secretariat, 2010)

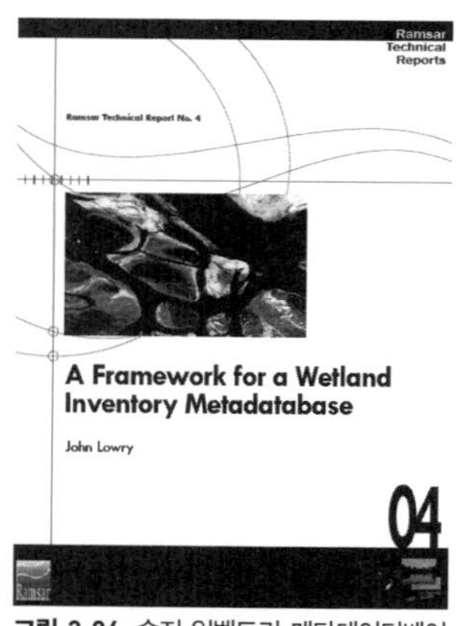

그림 2-84. 습지 인벤토리 메타데이터베이스 구축을 위한 기술보고서(자료: Lowry, 2010)

습지 인벤토리는 1999년 국제습지기구Wetlands International에서 수립한 국제 습지 인벤토리 보고서Global Review of Wetland Inventories(GRoWI)에 근거를 두고 있다. GRoWI는 '습지의 현명한 이용을 위한 핸드북Ramsar handbooks for the wise use of wetlands'의 하나로서 'Wetland inventory: A Ramsar framework for wetland inventory'라는 주제로 발간되며, 여러 차례 개정을 통해 현재 제4판(4th. ed.)이 시행중이다. 2004년의 개정 2판에서는 제10권(Vol. 10), 2007년의 개정 3판에서는 제12권(Vol. 12), 개정 4판에서는 제15권(Vol. 15)으로 각각 발간되었는데, 제4판에서는 'Wetland inventory: A Ramsar framework for wetland inventory and ecological character description'라는 제목으로 확대되었다(Ramsar Secretariat, 2010). 또한 람사르협약에서는 Wetland inventory 메타데이터 구축을 위한 기술보고서Technical Report No.4인 'A Framework for a Wetland Inventory Metadatabase'를 발간하였다(Lowry, 2010).

람사르협약에서 제안하고 있는 습지 인벤토리 구축의 기본 체계는 다음과 같다(Ramsar Convention Secretariat(2010)을 편집).

I. 습지 인벤토리 체제Framework for wetland inventory

- I-1. 목적과 목표 설정State the purpose and objective
- I-2. 지식과 정보의 리뷰Review existing knowledge and information
- I-3. 인벤토리 방법 리뷰Review existing inventory methods
- I-4. 규모와 해상도 결정Determine the scale and resolution

I-5. 핵심 또는 최소 데이터 세트 설정Establish a core or minimum data set

I-6. 서식지 유형 분류Establish a habitat classification

I-7. 적정 방법 선정Choose an appropriate method

I-8. 데이터 관리 시스템 구축Establish a data management system

I-9. 시간 계획 및 자원 수준 결정Establish a time schedule and the level of resources that are required

I-10. 실행가능성과 비용 대비 효과 분석Assess the feasibility & cost effectiveness

I-11. 보고서 구축Establish a reporting procedure

I-12. 인벤토리 리뷰 및 평가Review and evaluate the inventory

I-13. 시범연구 계획Plan a pilot study

II. 인벤토리 수행Implementation of the inventory

III. 개별 습지의 생태적 특성Describing the ecological character of individual wetlands

나. 아시아 습지 인벤토리

아시아 습지 인벤토리Asian Wetland Inventory(AWI)는 아시아 지역에 분포하는 습지에 대한 계층적 데이터베이스를 제공하기 위한 정보저장 방법론이다. 람사르협약에서 제시한 GRoWI에 기반을 두고 아시아지역의 습지 특성을 반영한 체계적인 습지 인벤토리 구축을 통해 아시아 습지의 현황을 정밀하게 파악하고 평가하며 습지의 훼손 여부와 영향 등에 대한 정보 및 기초자료를 제공하기 위한 목적으로 제안되었다(Finlayson et al., 2002). 아시아의 습지는 국제적으로 중요한 생물다양성을 유지하며 수십억의 인구의 삶의 기반이 되고 있는 반면, 지난 50년간 60% 이상의 습지가 소멸되거나 훼손된 정도로 급속하게 기능을 상실하고 있다.

그림 2-85. AWI 매뉴얼(Wetlands International, 2002)

AWI는 2002년 람사르총회에서 선정한 것으로 지역 수준에서 지형 수준까지 전 단계에 걸쳐 습지를 관리 계획하는 방법을 제시하며 생태물리학 및 사회경제 분석, 법규, 조직 관련 정보 등 정보를 제공한다. AWI의 주 목적은 다음과 같다.

- 생물다양성의 보전 및 습지 관리 계획을 위한 습지 정보 제공

- 아시아 및 국제협약에 습지의 국가적, 국제적 주요 정보에 대한 수정 및 갱신
- 습지 위치와 보전지역, 생태적·사회적·문화적 가치 확인
- 습지 지역 변화 및 습지의 기능, 가치를 측정하는 기반 마련
- 아시아의 국가적·국제적으로 중요한 습지에 대한 정기적인 정보의 갱신

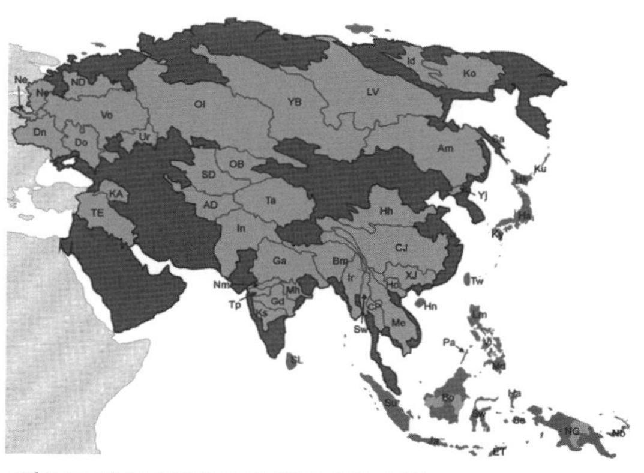

그림 2-86. 아시아 지역 유역 구분(자료: WRI, 2001)

아시아 지역에 분포하고 있는 습지의 유역 단위를 설정한 후(그림 2-86), 각각의 습지가 갖는 위치 정보를 도면화하기 위하여 람사르 핸드북에서 제안된 바와 같이 습지 인벤토리의 구축 수준을 1단계에서 4단계까지 분류하여

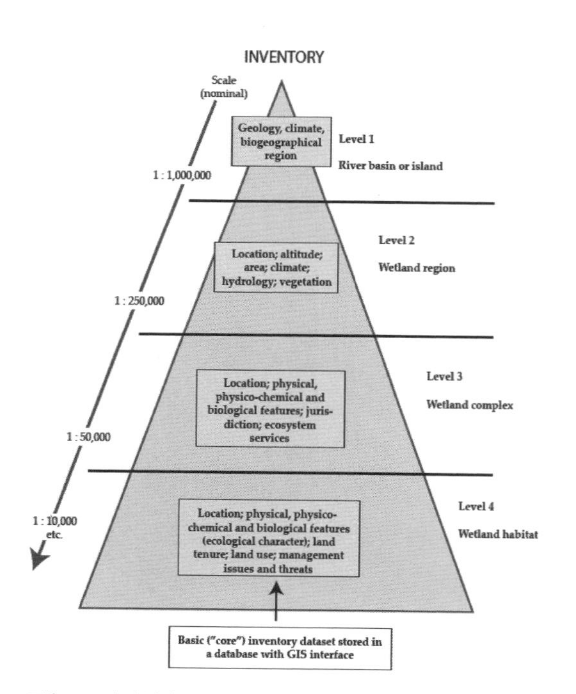

그림 2-87. 습지 인벤토리의 위계. 데이터의 종류, 정밀도 등에 따라 Level 1에서 4까지 구분(http://www.ramsar.org/cda/en/ramsar-documents resol-resolution-ix-1-annex-e-23524/ main/ramsar/ 1-31-107%5E23524_4000_0__)

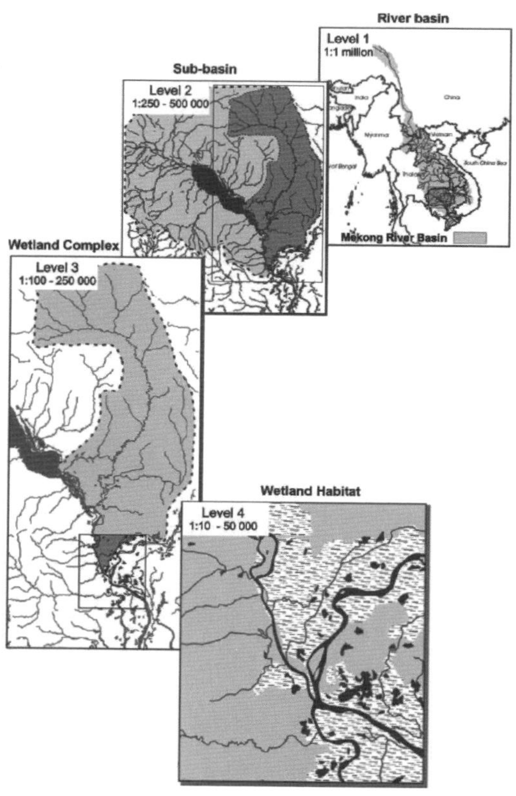

그림 2-88. AWI 4단계 정밀도(Level 1 from WRI(2001a); WRI (2001b), Level 2 & 3 from ESRI (1993), Level 4 from USGS, 2001)

표 2-24. AWI에서 제시하는 습지 조사 항목(Koo, 2006)

조사항목				Level 1	Level 2	Level 3	Level 4
이름 및 코드				●	●	●	●
지질	지질학적 구역			●			
	지질학적 위치				●	●	●
기후적 특성				●	●	●	●
습지 재화와 서비스				●	●		●
생태적 특성	물리적 특성	생태권역의 유형		●	●		
		지질형태적 기반					●
		고도범위			●	●	●
		공간	면적			●	●
			길이				●
			넓이				●
		유역형태	수심측정				●
			유입 안정성				●
		연안지역의 흐름, 파도, 침전물 이동				●	●
		침식상태				●	●
		토양유형				●	●
		침전물/기반부					●
		수문			●	●	●
		습지면적과 유형		●	●		
		지질학적 특성		●	●		
		지하수				●	●
	물리-화학적 특성	수질				●	
		지표수	온도				●
			염도				●
			pH				●
			투명도				●
			영양염류				●
	생물학적 특성	습지의 생물학적 조건				●	
		종과 생물학적 중요성의 조화				●	
		식생	우점군락				●
			우점종				●
			외래침입종 및 환경위해종				●
			종과 보존 중요성의 조화				●
			식피율	●	●		●
		동물상	우점군과 우점종				●
			보호종				●
			개체군				●
			외래침입종 및 위해종				●
		서식처				●	●
		서식처의 생물학적 중요성					●
서식처 유형분류							●
인구 통계						●	
토지이용 및 수자원 이용						●	●
관리체계					●	●	
관리상의 문제점과 위협 요인				●	●	●	●
모니터링과 관리프로그램							●
Data sheet 완성				●	●	●	●

습지에 대한 계층적 데이터베이스를 제공하기 위한 정보 저장 방법론이다(그림 2-87).

다음 〈표 2-24〉는 AWI에서 제안하고 있는 레벨별 습지 조사 항목으로서 Level I은 〈그림 2-88〉에 제시된 유역 수준의 광역 습지 조사 및 목록 작성에 요구되는 수준이며, Level Ⅱ는 소유역 수준의 습지 조사 및 목록 작성에 요구되는 수준이다. Level Ⅲ는 대규모 습지 및 습지군wetland complex에 적용되는 수준이며, Level Ⅳ는 단위 습지 및 서식처에 적용되는 수준으로서 매우 정밀한 조사를 요구한다. 일반적으로 습지 관리 및 정책 입안에서는 Level Ⅲ 수준이 바람직하며, 습지 정밀 평가 등 구체적인 정보와 전략 수립을 위해서는 Level Ⅳ 수준이 요구된다.

우리나라의 습지 인벤토리 구축을 위한 툴킷에서는 Level Ⅲ에 근거하여 데이터를 구성할 것을 제안한 바 있다(Koo, 2006). 각 AWI 조사 항목이 의미하는 내용과 자료는 각 해당 자료를 조사 관리하는 정부 기관 및 민간 기구 등에서 찾을 수 있는데, 예를 들면 〈표 2-25〉와 같이 AWI Level I 수준에서 필요한 항목을 제공해주는 자료원의 목록 및 사이트를 통해 자료를 확보할 수 있다.

한편으로, 국내의 경우 각 항목별 자료 목록을 구축하고 관리하는 기관 및 제공되는 자료의 목록, 자료 형태 등은 다음 〈표 2-26〉과 같다.

표 2-25. 조사항목별 내용 및 자료원(LEVEL I)

항목				Asian wetland inventory	
				내용	자료원
이름 및 코드				대상지역의 고유명 및 코드	www.nioz.nl/loicz
기후특성				강수량, 기온 등 기상정보	www.fao.org/waicent/faoinfo/sustdev/Eldirect/climate/Elsp0002.htm
습지 재화와 서비스				해당습지가 수행하는 기능 및 역할	www.millenniumassessment.org/en/workgroups/index.htm
생태적 특성	물리적 특성	생태권역		생물지리지역 구분	www.wwfus.org/ecoregions/index.htm
		습지 면적 및 유형		대상지 내 습지 점유 비율 및 유형	the Digital Chart of the World, ESRI
		지질학적 특성		지도를 바탕으로 한 전반적인 지역정보	http://atlas.geo.cornell.edu/ima.html
생태적 특성	생물적 특성	식생	식생피복	대상지역 식생분포	www.grid.unep.ch/data
관리 이슈와 위협요인				면적의 감소 및 기능저하 원인	www.wwfus.org/ecoregions/index.htm www.millenniumassessment.org
Data sheet 완성				작성자의 인적 및 자료작성시기	–

표 2-26. 습지 조사 관련 자료 목록

구분		관리기관	비고(자료형태 및 축척)
습지조사보고서	전국내륙습지조사보고서	환경부	hwp/pdf
	연안습지조사 결과	해양수산부	hwp/pdf
환경관련주제도	내륙습지생태현황도	환경부	shp/1:25,000
	토지피복분류도	환경부	shp/1:25,000
	생태자연도	환경부	mdb/pdf/1:25,000
	산림이용기본도	산림청	shp/1:25,000
	집수구역도	농어촌공사	shp/1:25,000
	하천유역도(수자원단위지도)	한국수자원공사	shp/1:25,000
	수치지질도	한국지질자원연구소	shp/1:50,000
지형도	수치지도	국토지리정보원	dxf/1:25,000,1:5,000
지적도	LMIS(토지종합정보)	국토교통부/지자체	shp
	토지특성도	국토지리정보원	1:5,000
	지적도면 전산자료	지자체	다양

다. 우리나라 습지 인벤토리

(1) 국가 습지 인벤토리

우리나라에서는 2000년부터 5년 주기로 진행되는 전국 습지 조사 결과를 바탕으로 국가습지목록과 GIS/DB를 구축하고 있으며, Koo(2007)에 의해 AWI Level Ⅲ 수준의 국가 습지 인벤토리를 구축한 바 있다(그림 2-89).

Koo(2006)가 제안한 우리나라의 습지 인벤토리 구축을 위한 툴킷에서의 AWI Level Ⅲ의 데이터 구성 항목과 내용은 〈표 2-27〉과 같다.

그림 2-89. 우리나라 습지 인벤토리 툴킷(Koo, 2006)

표 2-27. Level III 항목별내용(Koo, 2006)

대분류	소분류	내용
이름과 코드		Level 1과 2의 절차를 이용
기후적 특성		일반적인 기후 정보 (평균 강수량, 온도, 상대습도, 바람과 증발량)
물리적 특성	고도 범위	대상지의 고도 최고~최저
	공간	표면 면적(km^2)
	연안지역의 흐름, 파도 및 저층운동	해안선에 따른 주된 파도 방향과 우세한 풍향에 관한 정보 기록
	침식 상태	Heydon and Tindley(1980)에 의한 분류 이용. 침식, 부착, 안정화 단계
	토양 유형	토양도, 지역의 표준화된 토양분류 이용
	수체계	조수범위는 지역적으로 사리(최대)와 조금(최소)의 조수변화 기록 내륙지역의 경우 집수에 의한 연 방출량 기록 습지의 배수에 관련된 하천의 누적 길이 기록
	지하수	지역의 지질학(암석학과 층위학) 분야의 지질조사 보고서. 지하수 흐름길, 사암지대, 지하흐름을 포함한 대수층
물리-화학적 특성	수질	염류/독소, 유입, 산성화 및 염류화 자료. 지역 수질관리청 측정 자료. 하천 유량에 대한 폐수의 비율 측정
생물학적 특성	습지군(complex)의 생물학적 조건	보고서와 지도이용. 우점종 식생 식피율. 식생 및 동식물상 현황 및 변화
	종과 생물학적 중요성의 조합	WWF의 정보이용. 해당 complex의 동식물 위기종. 서식 상태와 서식처 기록. 위기종 개체수의 1%를 보유한 complex 언급
	서식처	람사르 분류 체계에 따라 서식처 명칭 및 면적(ha)
습지 재화와 서비스	군집 통계학	Wetland complex에 있는 인구통계적 특징. complex를 차지하는 인구 및 주민의 기본적인 활동 기록
	토지와 물 이용	토지이용 및 수문이용 현황
	관할	Wetland complex의 관할 기관 및 임무. 필요한 경우 다른 관할청 및 관리 범위
	관리 문제와 위협	지역사회 직면한 문제, 질병 기록. 인터뷰 시 정보제공자의 이름과 주소, 위치. 자연적인 위협에 직면한 서식처 손실 정도 및 감소 이유
Data Sheet 완성		작성자의 이름과 주소: Data Sheet에 기록. Data Sheet 완성 / 날짜 기입: Data Sheet가 완성된 날짜

(2) 지역 습지 인벤토리

1) 지역 습지 인벤토리의 의의

국가 습지 인벤토리 구축으로 습지 분포, 유형, 보전 가치 등의 체계가 정립되었으나 이들 습지들은 주로 보호지역이나 람사르습지 등으로서, 일상생활을 통해 접근이 가능한 소규모 마을 습지들은 직접적인 습지 생태계의 혜택을 제공하고 있음에도 불구하고 훼손되었거나 훼손 위협에서 보호받지 못하고 있는 실정이다. 그러므로 습지 조사 및 인벤토리 구축을 지자체 등으로 확대하여 숨은 습지를 발굴하고 지역 습지 인벤토리를 구축함으로써 작지만 중요한 마을 습지 등이 보전되지 못하고 훼손·소멸되는 현상을 미리 예방할 필요가 있다. 즉, 광역 및 기초단체별로 지방정부에서 지역의 소규모 마을 습지를 조사 발굴하고, 지역 특성에 적합한 지역 습지 인벤토리Local Wetland Inventories를 구축하여 보전 관리 정책을 추진하는 것이 습지 관리를 위해 매우 중요하다. 미국 오리건 주의 경우 2011년에 8개의 지역 습지 인벤토리를 구축하였고 현재까지 80개 이상의 지역 습지 인벤토리를 구축하였다(표 2-28, 그림 2-90).

그림 2-90. 오리건 주 지역 습지 인벤토리(오리건 주 홈페이지)

표 2-28. 오리건 주 지역 습지 인벤토리 목록(일부 발췌)

LWI Area	Map	Report	Consultant	Date Approved
Adair Village	2.90MB	3.37MB	SWCA Environmental Consultants	3/22/2012
Albany East of I-5	2.91MB	518MB	Pacific Habitat Services, Inc.	9/1/1997
Albany North Area	8.18MB	293MB	Pacific Habitat Services, Inc.	6/1/2001
Albany Oak Creek/Calapooia Area	27.6MB	785MB	Pacific Habitat Services, Inc.	10/1/1999
Albany SE Industrial Area	4.37MB	203MB	SRI Shapiro, Inc.	1/1/1996
Arch Cape/Cove Beach	2MB	18MB	Pacific Habitat Services, Inc.	9/13/2011
Ashland	141MB	94.6MB	SWCA Environmental Consultants	3/20/2007
Bandon	8.4MB	212MB	Pacific Habitat Services, Inc.	1/5/2005
Bay City	51.4MB	13.3MB	Loverna Wilson, Scoles Associates, Inc., Green Point Consulting	5/1/1997
Beaverton	12MB	461MB	Shapiro & Associates, Inc.	12/1/2000
Bethany North	2.88MB	1.76MB	Pacific Habitat Services, Inc	4/11/2012
Bull Mountain area, Washington Co.	2.32MB	1.83MB	Pacific Habitat Services, Inc	10/16/2012

- Arch Cape
- Deschutes County(southern area)

• Gearhart
• Harrisburg
• Junction City
• Mill City
• Monroe, Scio
• Creswell

2) 한국의 지역 습지 인벤토리

박미옥 등(2014, 2015, 2017, 2018)은 천안지역과 아산지역, 서천군 등 충청남도에 분포하는 마을 습지 분포 현황을 파악하여 인벤토리를 구축하고 있으며, 정밀 조사를 통해 소규모 마을 습지의 기능을 평가하고 보전 및 현명한 이용 방안을 제안하였다. 마을 습지 인벤토리 구축 및 보전 전략을 위한 연구로 마을 습지의 개념을 정립하고, 마을 습지 가능지를 선정한 후, 선정된 마을 습지를 대상으로 정밀 조사를 실시하고 습지 기능 평가를 통해 보전 가치를 판단하였다.

천안시의 경우 Arc-GIS 10.1을 통해 천안시 마을 습지 가능지로 총 791곳을 파악하였으며, 면적 1,000m^2 이상, 위성지도, 한국토지정보시스템, 토지이용도, 토지피복도 확인 및 현장조사를 통해 최종적으로 〈그림 2-91〉과 같이 104곳의 천안시 마을 습지 인벤토리를 구축하였다(박미옥 등, 2014). 그중에서 정밀 조사 대상지 49곳 선정을 통해 정밀 조사 및 습지 기능 평가를 실시하였으며, 그 결과 기능

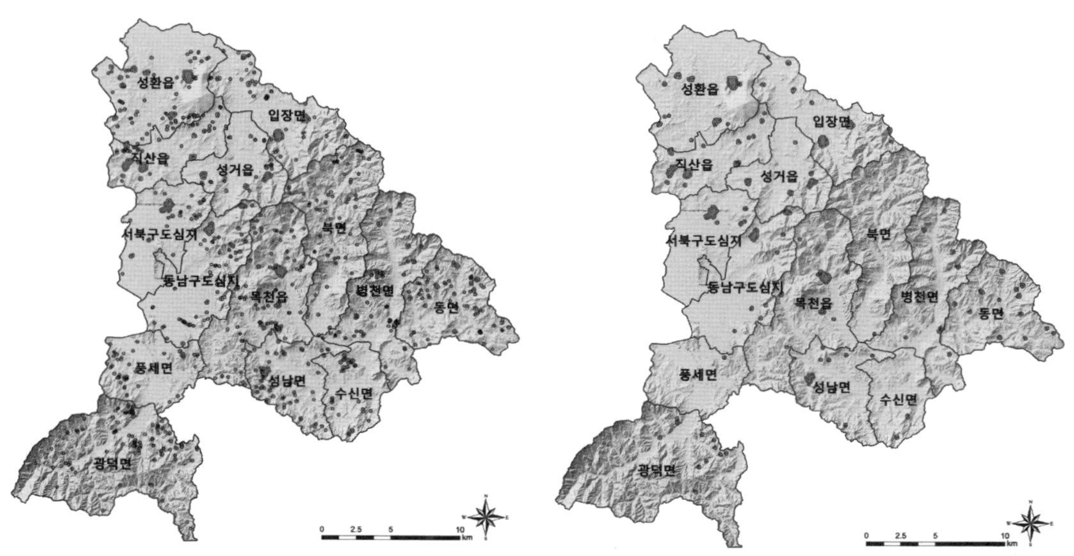

그림 2-91. 천안시 마을 습지. 왼쪽: 마을 습지 가능지, 오른쪽: 마을 습지(자료: 박미옥 등, 2014)

평가 등급 높음 11곳, 보통 30곳, 낮음 8곳으로 나타났으며, 생태 기능 평가와 모니터링을 통해 지속적인 관리와 생물다양성 증진, 생태계 증진의 활용 방안을 제시하였다.

아산시 마을 습지 가능지는 총 807개소로 나타났고, 마을 습지 가능지 중에서 면적 625m² 이상의 습지를 대상으로 실내 판별 및 현장 답사를 통한 검증을 거쳐 최종적으로 〈그림 2-92〉와 같이 아산시 마을 습지 총 196개소를 구축하였다(박미옥 등, 2015).

마을 습지 중 수치지도 상 호·저수지와 습지코드가 중복되어 습지로서 중요한 대상지, 습지 경계로부터 100m 이내에 마을과 접해있어 주민들의 접근이 용이해 활용도가 높은 대상지, 산과 인접하고 있어 중·소형동물의 이동거리(환경부, 2010) 내에 위치하고 있는 대상지에 대해서 정밀 조사를 수행하였다. 정밀 조사는 일반 현황, 습지 유형, 수문, 토양, 식생, 동물상, 인문·사회환경, 생태 현황·위협 요인 등을 조사하고 보전·복원 대책을 수립하였다. 드론 및 지상에서 디지털카메라를 통해 전경 사진 및 세부 사진을 촬영하고 RAM 평가를 통해 습지 기능 및 보전 가치 등급을 평가하고 마을 습지 인

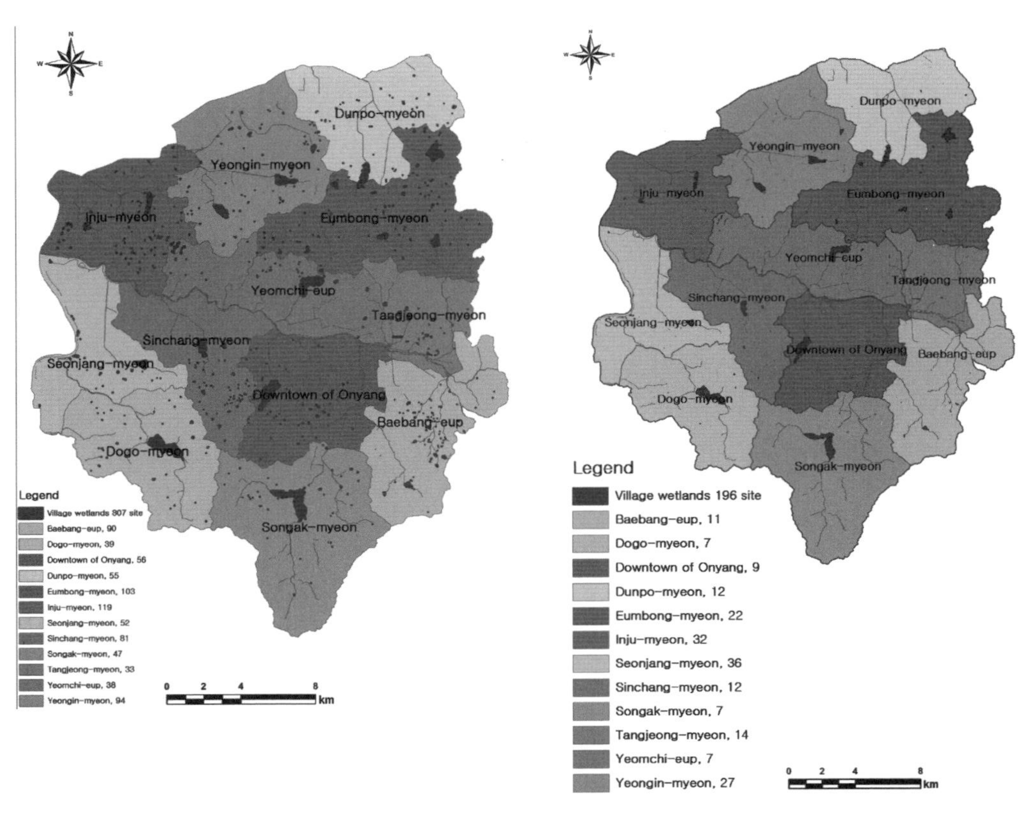

그림 2-92. 아산시 마을 습지. 왼쪽: 마을 습지 가능지, 오른쪽: 마을 습지(자료: 박미옥 등, 2015)

벤토리를 구축하였다.

농어촌 군지역인 서천군의 경우, 수치지형도(1:5,000)와 위성영상 토지피복도 등을 바탕으로 ArcGIS 10.1을 이용하여 마을 습지 가능지 570개소를 도출하였으며, GIS 및 답사를 통해 최종적으로 면적 625m²이하인 마을 습지 182개소를 도출하였다.

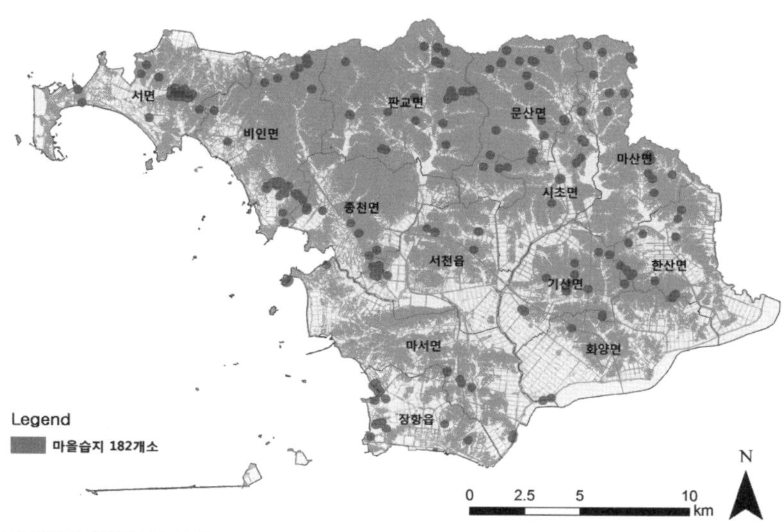

그림 2-93. 서천군 마을 습지 분포(박미옥 등, 2018)

습지 범위 및 경계 설정

II-4

습지 보호를 위해서는 습지 범위와 영역을 설정하는 것이 매우 중요하다(Pearsell & Mulamoottil 1996). 특히 습지보호지역이나 람사르습지 등 보호지역을 지정할 때 핵심지역이나 완충지역 지정 등의 구획을 설정하는 데 매우 유용하게 활용될 수 있다.

습지 범위는 법적인 행위 제한, 토지 소유권, 야생동물 관리, 식생 구조, 복원 전략 수립 등에 포괄적으로 관련되어 있으며, Tiner(1996)는 ①식생을 근거로 한 영역 설정, ②토양을 근거로 한 영역 설정, ③습지 3요소를 근거로 한 영역 설정, ④핵심 지표를 근거로 한 영역 설정 등으로 구분하였다.

식생에 의한 영역 설정은 식물상 및 식생 군집에 대한 분석을 통해 이루어지며, 주로 '50% 법칙'이 적용된다. 이 방법은 수환경 적응도에 따라 절대습지식생 및 상대습지식생에 해당되는 식물종이 50% 이상이면 습지로 결정한다.

토양에 의한 영역 설정은 수생식물의 뿌리권 토양에서는 뿌리와 토양 사이의 산화작용으로 인해 암갈색의 토양 무늬가 형성된다. 이러한 토양이 형성되는 시점이 습지와 육지부의 경계가 된다. 다만, 토양 지표에 대한 합의된 정보가 제한적이어서 널리 사용되지는 않았고 유기질 토양 외에 무기질 토양도 습지 토양으로 중요하기 때문에 주로 산지습지 등 유기질 토양을 특징으로 하는 습지에 적용된다.

습지 3요소에 의한 영역 설정은 식생, 토양, 수문 등 3요소를 바탕으로 범위를 설정하는 방법으로서 주로 국가 수준의 습지 관리 전략 수립을 위한 근거로 활용되어 왔다.

주요 지표에 의한 영역 설정은 미리 설정된 여러 지표 중 어느 하나의 존재에 의해 결정하는 방법으로서 전통적으로 습지 인식 및 범위 설정에 많이 사용되어 온 방법이다.

가. 습지 수문

(1) 습지 수문에 의한 관리권역

습지 지표 중 토양과 식생은 기본적으로 습지 수문에 의해 영향을 받는다는 점에서 습지에서는 수문 조건이 중요하다. 특히 하천변 범람지riparian area의 경우 수문학적 관점에서 볼 때는 습지와 동의어로 사용될 수 있다(Cox 1996).

Pearsell & Mullamoottil(1996)은 습지의 수문학적 특성이 식생의 구성이나 식생군집의 구조에 영향을 끼치게 된다고 하였으며 습지 유역 내에서 발생하는 장기적인 수문 동태를 습지 관리 권역 설정의 중요한 요소로 보았다. 〈그림 2-94〉와 같이 실제로 물이 차 있는 곳과 습지 식물과 습윤 토양이 나타나는 지역을 대상으로 1차 경계를 설정한 후 습지의 다양한 기능을 고려하여 기능별 경계를 설정한다. 〈그림 2-94〉에서 영역 A는 집수구역 밖에서 습지의 수문을 유지할 수 있는 영역이며, 영역 B와 C는 야생동물 서식처의 관점에서 본 영역이고, 영역 D는 습지의 유역권이다(Pearsell & Mulamoottil, 1996).

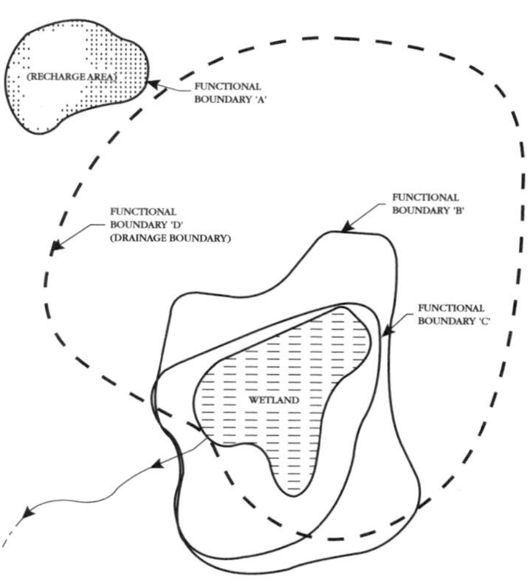

그림 2-94. 습지 관리 목적 및 기능에 따른 관리권역(Pearsell & Mulamoottil, 1996)

습지의 판별과 범위 설정을 위한 수문 조건은, 특히 수위의 변동 측면에서 검토할 필요가 있다. 수위 변동은 강우량, 증발산량, 지표수 유입 및 유출, 지하수 유입 및 유출 등에 의해 지배된다.

Gilman(1994) 및 USGS에서는 수문부하의 관계를 다음 식으로 정리하였다.

P + SWI + GWI = ET + SWO + GWO + ÆS

여기서, P: 강수량, SWI: 지표수 유입, SWO: 지표수 유출, GWI: 지하수 유입, GWO: 지하수 유출, ET: 증발산, ÆS: 저장량의 변화 그러므로 수체의 체적의 변화는 Æ = P + SWI + GWI - ET - SWO - GWO로 정리될 수 있다.

(2) 습지 수문 동태

습지 수문 모델로는 USACE HEC(Hydraulic Engineering Center) 시리즈와 SWMM(Storm Water Management Model), STREAM, WQRRS, WASP(Water Quality Analysis and Simulation Program) 모델 EFDC-WASP 모델 BROOK90 수문 모델 등이 있다.

1) HEC-2

미공병단 수공학실(HEC)에서는 수문 해석 프로그램인 HEC 시리즈를 발표하고 있다. HEC-2 모형(1976)에서 이용되는 해석 과정에 대한 기본 가정은 다음과 같다.

1. 흐름은 정상류다(단, HEC-RAS 3.1부터는 비정상류도 가능).
2. 흐름은 부등류다.
3. 흐름은 1차원이다(즉, 흐름 방향 이외의 속도 성분은 고려하지 않는다).

HEC-2 모형은 Manning의 마찰 손실 에너지를 고려한 1차원 에너지 방정식을 Standard Step Method로 풀어서 개수로의 수면 곡선을 산정하는 고정상 모형Fixed Bed Model으로서 자연 하천이나 인공수로에서 점변부등정류Steady gradual varied flow에 대한 수면 곡선을 산정하게 된다.

먼저 Standard Step Method의 기본식은 다음과 같다.

$$H_1 + \frac{aQ^2}{2gA_1^2} + \frac{n^2 \cdot Q^2 \cdot l}{2R_1^{4/3} \cdot A_1^2} + H_2 + \frac{aQ^2}{2gA_2^2} + \frac{n_2^2 \cdot Q^2 \cdot l}{2R_2^{4/3} \cdot A_2^2}$$

여기서, Q: 홍수량 (m^3/sec), A: 통수단면적(m^2), R: 경심 (m), n: 조도계수, l: 구간거리(m), H1, H2: 상하류의 홍수위(EL. m), a: 에너지 보정계수, g: 중력가속도

홍수위를 산출하기 위해서는 강우량 산정, 홍수량 산정 등의 과정을 거쳐 이들을 변수로 하는 홍수위 예측 모델을 설정하여 확률 빈도에 따른 경로별 홍수량의 변화를 예측하게 된다. 홍수량 산정은 확률 빈도를 고려하여 빈도별 홍수량을 산출한다. 국내 하천의 경우 하천 등급에 따라 다르나 30~50년 빈도의 확률 빈도를 계획 홍수량으로 산정하는 경우가 많다.

홍수위의 계산에서는 빈도별 홍수량, 기점 수위, 조도계수 등이 고려된다. 기점 수위는 홍수위 계산을 시작하는 시점에서의 수위로서 한계수심, 이미 알고 있는 수위, 경사면적법, 수위-유량 관계 자료로부터 설정할 수 있다. 조도계수는 수로의 매끄러운 정도를 나타내며 수로의 통수능에 직접적인 영향을 끼치는 중요한 인자다. 표면 조도, 식물, 수로의 불규칙성, 수로 경사, 침전과 세굴, 장애물, 수로의 크기와 형상, 수위와 유량, 계절적 변화, 부유물질 등에 의해 영향을 받는다. 조도계수는 하도 상황 및 하상 재료에 의한 추정법, 수위-유량(H-Q)곡선에 의한 추정법, 홍수 흔적 조사를 통한 부등류 계산에 의한 추정법 등이 있다.

표 2-29. 하천 및 수로의 상황에 따른 자연 하천의 조도계수

하천 및 수로의 상황	조도계수(n)
평야의 소유로, 초본류 없음	0.025~0.033
평야의 소유로, 초본류 및 관목 있음	0.030~0.040
평야의 소유로, 초본류 많음, 잔 자갈 하상	0.040~0.055
산지유로, 모래 및 자갈, 호박돌	0.030~0.050
산지유로, 호박돌, 큰 호박돌	0.040 이상
대유로, 점토, 사질하상, 사행	0.018~0.035
대유로, 자갈하상	0.025~0.040

구본학(2000)의 연구에서는 낙동강 지류 토평천과 우포늪의 홍수위 해석을 통해 습지 범위를 결정하기 위해 수문학 및 국토교통부 하천 시설 기준 등에서 제시하고 있는 자연 하천에서의 하상 구조에 따른 조도계수 값을 적용하였다(표 2-29).

2) HEC-RAS

HEC-2 모형을 확장한 것이 HEC-RAS River Analysis System 모형으로서 HEC-2 모형은 주로 자연 하천이나 인공하천에서의 정상류 상태의 점변류 수면 곡선을 계산하는데 적합하며, HEC-RAS 모형은 정상류뿐만 아니라 부정류, 유사 현상 해석 기능까지 포함하는 종합적인 하천 해석 시스템으로 구성되었다.

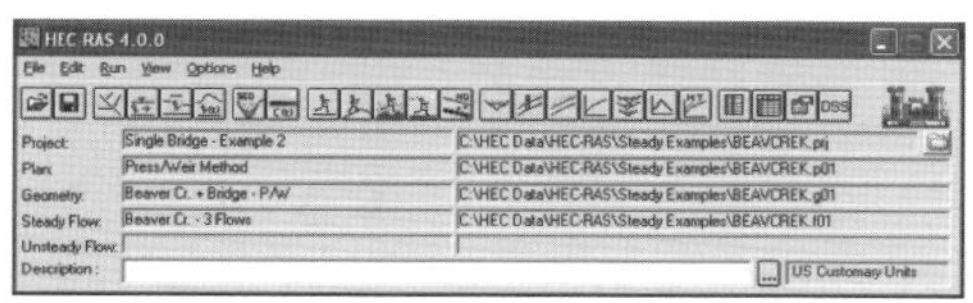

그림 2-95. HEC-RAS 메인 화면(자료: HEC, 2010)

HEC-RAS는 사용자의 편리성과 자료 입출력, 시뮬레이션 결과의 도표화 등 사용자 인터페이스를 강화하였으며, 하천 형상에 대한 3차원 표현도 가능하다. 특히 HEC-RAS 3.1은 정상류 흐름 해석 모형에 복잡한 하도망에 대해 부정류 모의를 수행할 수 있는 UNET 모형을 추가하였다. 이 모형은 하천 횡단면 및 하도의 개수에 제한이 없으며, 수문, 여수로, 교량, 보 등 하천 수리 구조물의 영향을 고려할 수 있다. 특히 복잡한 하도망에 많은 횡단면이 있는 흐름 해석에 매우 효과적이다.

HEC-RAS 모형은 사용자 중심의 기능과 입출력 자료의 쉽고 다양한 화상 처리, 자동 오류 검색 기능, 다양한 On-line 도움말 등 사용자 중심의 GUI를 제공한다. 하천 형상에 대한 3차원 모델 구축, 상류 및 사류 모의, 교량, 수문, 암거 등에 대한 부등류 및 부정류 해석 등이 가능하며, HEC-HMS, GIS 등 다른 프로그램과의 연계성도 강화되었다.

한편, HEC-GeoRAS는 1999년 개발된 GIS용 모델로서 ArcInfo, Arc-GIS 등 GIS용 소프트웨어와 지형 정보 확장팩이 필요하다. HEC-RAS를 위한 GIS 입력 파일을 생성하고 HEC-RAS로부터 홍수 범람도 등의 도면을 생성하게 된다.

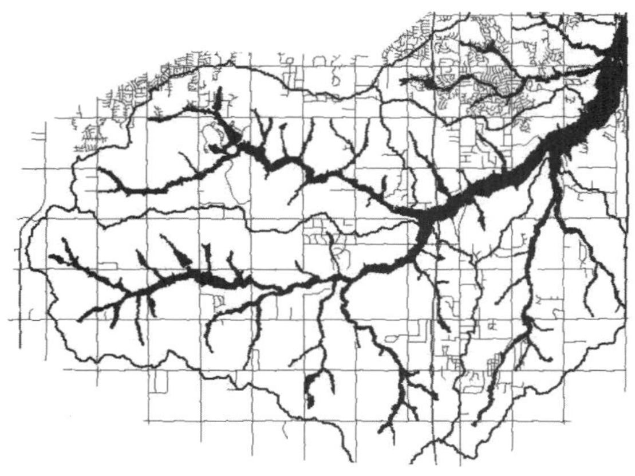

그림 2-96. HEC-GeoRAS에 의해 생성된 홍수범람도(자료: Dresser & McKee, 2000)

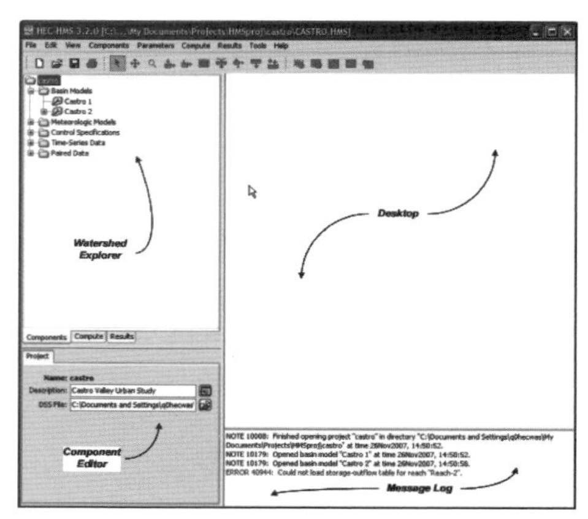

그림 2-97. HEC-HMS 메인 화면(자료: HEC, 2013)

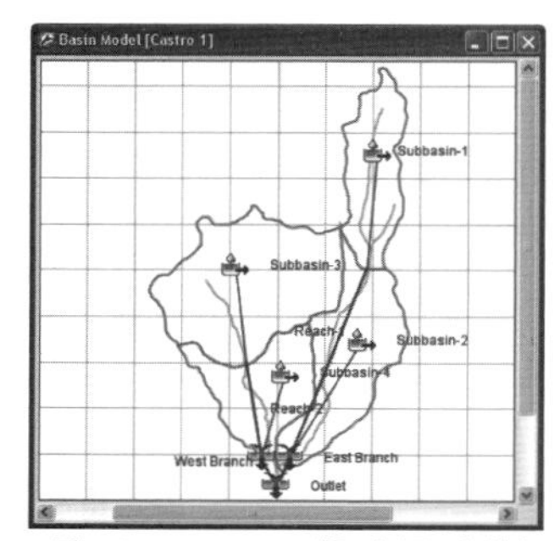

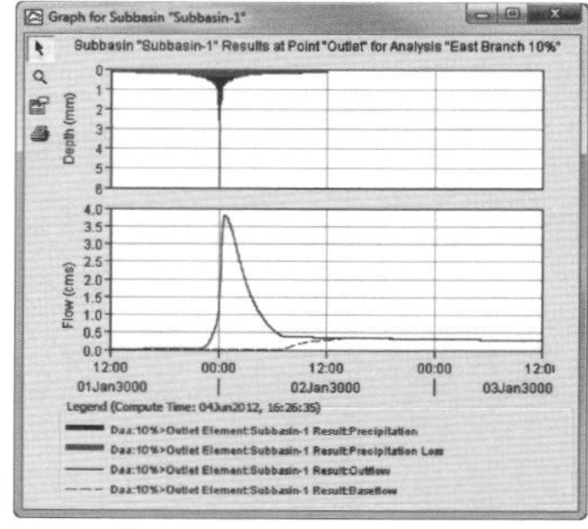

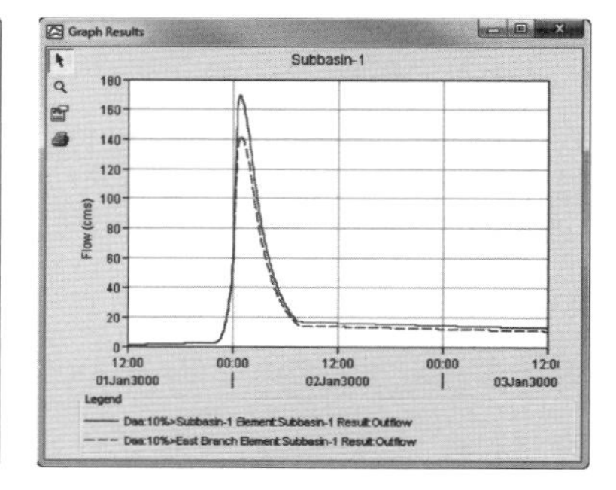

그림 2-98. HEC-HMS 적용 결과물 사례(자료: HEC, 2013)

3) HEC-HMS

1998년에 개발된 HEC-HMSHydrologic Modeling System는 윈도우 버전이다. HMS는 강우-유출 모의를 위한 여러 기능을 제공하고 있으며 강우로 인한 유역의 지표면 유출을 모의하는 단일사상Single Event 유출 모형이다. 격자형 강우 자료(레이더)를 이용한 선형 분포형 모형 및 장기 유출 모의에 사용할 수 있는 간단한 토양 수분 모형과 더불어 다양한 매개 변수에 대한 최적화 기능을 포함하고 있다.

HEC-HMS 모델 수문 요소는 다음과 같이 7가지로 구성된다.

①소유역subbasin, ②하도구간reach, ③저수지reservoir, ④합류점junction, ⑤분류점diversion, ⑥수원source, ⑦수요처sink

한편, Basin Model, Precipitation Model, Control Specifications 등 3가지 자료군으로 구성되어 각 모델별 데이터를 입력하고 결과를 조합하여 산출하게 된다.

나. 습지 경계 설정

(1) 습지 경계 설정 필요성과 한계

습지 경계 설정은 관리 권역 및 관리 주체를 설정하고 관리 계획을 수립하기 위한 기본적인 전제가 된다. 습지보전법에 따르면 연안습지는 간조시 수위선에서 만조시 수위선까지 습지의 경계를 명확하게 제시하고 있는 반면, 내륙습지는 경계의 개념이 아닌 대상으로만 규정하고 있다. 학술적으로도 내륙습지의 범위는 포괄적으로 연구자마다 다양한 유형으로 분류하고 경계에 대해서도 명확하게 제시된 바가 거의 없다. 그러다보니 전국 습지 조사에서는 조사자의 판단에 의존하여 습지명, 습지 면적과 경계가 설정되었다. 그 결과 같은 습지가 중복 조사되거나 경계가 다르게 설정되거나 서로 다른 위치의 습지를 같은 습지명으로 부여하는 등 체계적인 습지 보전 관리에 어려움이 있었다(표 2-30, 2-31).

표 2-30. 1, 2차 전국 습지 조사에서 나타난 습지 중복 조사(자료: 문상균(2014)에서 발췌)

습지명	조사보고서	조사형태	비고
검암습지	2003 전국내륙습지 자연환경조사	정밀	중복조사
검암습지	2002 전국내륙습지 자연환경조사	일반	
검암습지	2008 전국내륙습지 일반조사	일반	
진촌늪	2003 전국내륙습지 자연환경조사	일반	중복조사
진촌늪	2001 전국내륙습지 자연환경조사	일반	
진촌늪	2007 전국내륙습지 일반조사	일반	
무명	2001 전국내륙습지 자연환경조사	일반	습지명 없음
장천웃늪	2001 전국내륙습지 자연환경조사	일반	중복조사
장천웃늪	2007 전국내륙습지 일반조사	일반	
무명	2001 전국내륙습지 자연환경조사	일반	습지명 없음
황강(황강교 부근)	2001 전국내륙습지 자연환경조사	일반	중복조사 및 습지명 다름
성산습지	2007 전국내륙습지 일반조사	일반	
쌍책습지	2007 전국내륙습지 일반조사	일반	

표 2-31. 1, 2차 전국 습지 조사에서 나타난 습지 경계와 면적 문제(검암습지)(자료: 문상균, 2014)

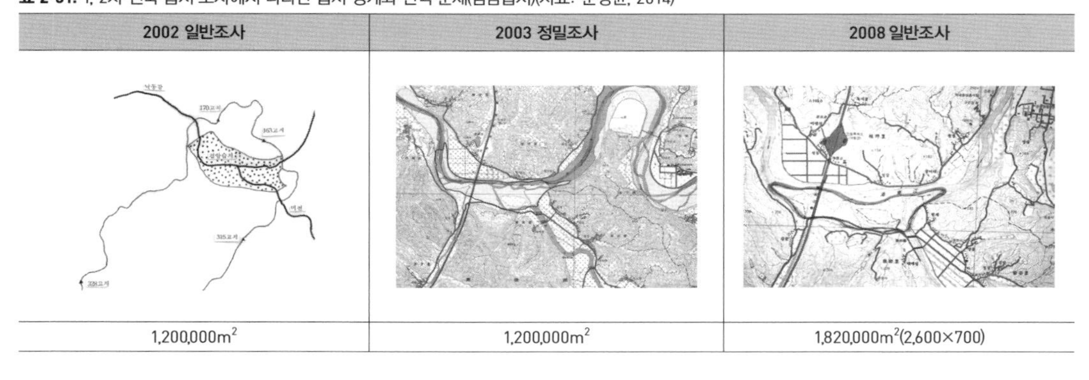

2002 일반조사	2003 정밀조사	2008 일반조사
1,200,000m²	1,200,000m²	1,820,000m²(2,600×700)

람사르협약에서도 습지 경계를 명시하지는 않고 있지만, 습지 정의에서 연안습지 범위를 물새의 서식처로서의 습지 기능에 초점을 맞추어 '간조시 수심 6m'로 설정하고 있다. 그러나 실제 습지 관리를 위한 경계 및 관리 범위 설정을 위해서는 수직적 범위에 대한 판단보다는 수평적 범위에 대한 기준이 필요하다고 할 수 있다. 2011년 이후의 전국 습지 조사 및 모니터링 사업에서는 습지 경계 설정에 대한 구체적인 방법론을 정하고 있다.

(2) 습지 경계 및 범위에 대한 기준[10]

워싱턴 주(Washington State Department of Ecology, 1993)에 의하면 하천형 습지에서는 다음과 같이 수체의 급격한 변화나 물리적 구조물 등을 기준으로 습지 범위를 정한다. 이들 조건을 고려하되, 습지 외부 경계는 수문학적 조건이 급격히 변하지 않는 범위를 경계로 설정한다.

- 수중보, 작은 둔덕 같은 물리적 구조물
- 여울, 소폭포와 같이 유속이 급격히 변하는 지점
- 지류의 유입과 같이 중요한 유입 지점
- 기타 댐과 같이 수문학적 조건을 제한하는 요소

Spruce와 Berry(1996)는 GPS 기반으로 국가습지목록 지도와 토양도, 해상도 2.5m 수준의 ATLAS 및 AIRSAR 항공사진 등을 기초 데이터로 활용하여 습지 경계 설정 방법론을 구축하였다. 항공사진을 NWI 지도와 중첩한 바 71%의 습지 경계를 확인할 수 있었고, 답사를 통해 50m 범위에서 95%를 확인할 수 있었다. 한편으로 토지피복지도, 토지이용도 등을 NWI 지도와 중첩하여 습지의 분포

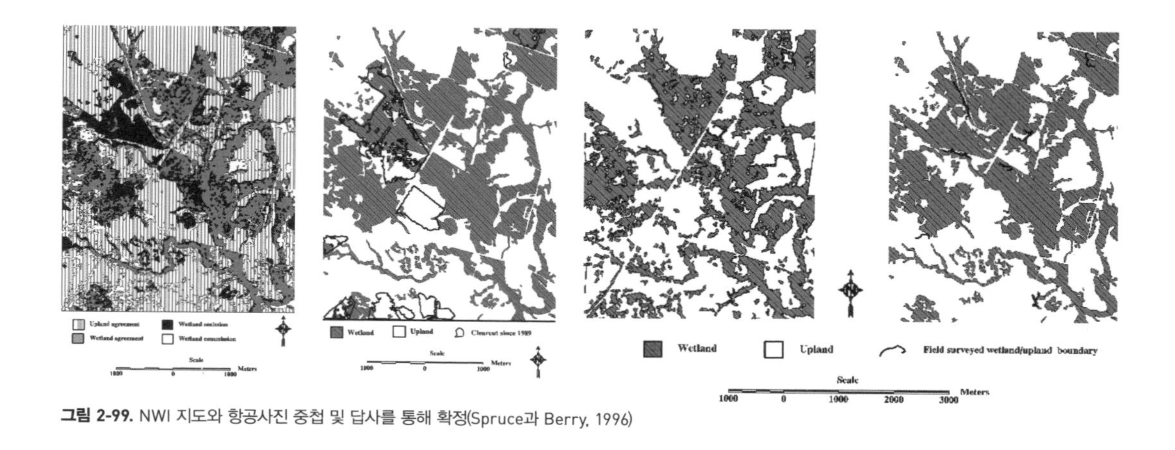

그림 2-99. NWI 지도와 항공사진 중첩 및 답사를 통해 확정(Spruce과 Berry, 1996)

---

10. 구본학 등(2013), 문상균(2014), 문상균과 구본학(2014) 등의 연구 요약

와 변화를 확인할 수 있었다.

국립환경과학원(2004)에서는 습지 조사 지침에서 하천습지, 산지습지, 하구역습지의 경계를 설정한 바 있다. 하천습지의 경계는 하천도, 지질도, 토지피복지도를 중첩하여 작성하였으며, 산지습지는 소규모 집수구역을 기준으로 습지 경계를 설정하였다. 하구역습지는 상부 경계와 하부 경계로 구분하여 상부 경계는 평균 조차 시 밀물의 상한선으로 정하였고 하부 경계는 썰물 수위를 경계로 설정하였다.

환경부(2011)에서는 습지 조사 지침을 개정하면서 하천형, 호수형, 산지형 습지에 대한 습지 경계 설정 기준을 제시한 바 있다(표 2-32).

표 2-32. 습지 경계 설정 모식도(환경부, 2011)

하천형	호수형	산지형

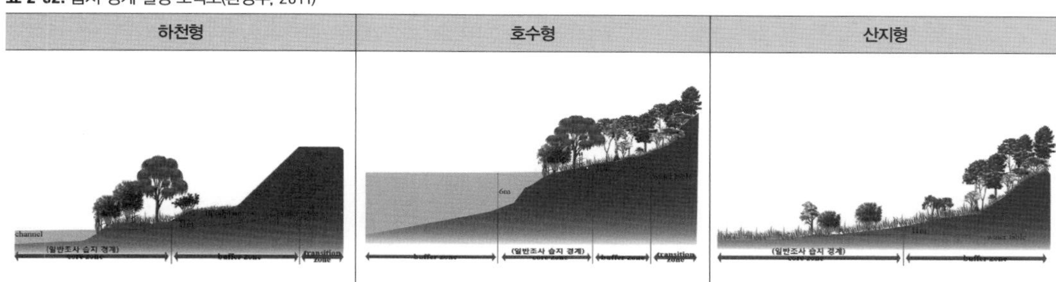

다. 습지 유형별 경계 설정 및 검증 기준

Washington State Department of Ecology(1993), 구본학 등(2013), 문상균(2014), 문상균과 구본학(2014)의 연구를 바탕으로 습지 유형별로 하천형, 호수형, 소택형, 산지형, 기수형(하구 및 석호), 연안형 등으로 구분하여 다음과 같이 습지 경계 설정 및 검증 기준으로 제안할 수 있다.

(1) 하천형 습지

하천습지는 호수나 연못과 닫힌 공간이 아니라 연속적으로 연결된 열린 공간이며, 하천변을 따라 연속된 코리더를 형성하기 때문에 습지 경계를 구획하는 것이 쉽지 않다. 하천에 대한 횡적 범위와 종적 범위를 구체적으로 제시하기 위하여 미국 워싱턴 주에서는'Wetland Rating System'을 적용하여 다음과 같은 기준을 설정하였다(Washington State Department of Ecology, 1993).

가. 수중보, 작은 둔덕, 여울, 소폭포, 기타 댐 등 수체의 급격한 변화나 물리적 구조물 등을 습지 경계로 설정

나. 습지지역에 도로, 철도 등 인공구조물이 지나가더라도 수문학적으로 서로 연결성이 유지되는 경우에는 하나의 습지로 판단

다. 〈그림 2-100〉의 #1, #2와 같이 하천 따라 연결된 습지가 보와 댐과 같은 인공구조물에 의해 식생 연결이 단절되는 경우 서로 다른 습지로 분리

라. #3, #4 습지와 같이 하도 포함한 식생대 폭은 최소 200ft(60m) 이상, 하도 제외 식생대 폭은 50ft(15m) 이상이어야 습지로 판단

마. 하도 폭이 평균 200ft(60m) 이상인 경우 양안에 서로 마주 보는 습지를 서로 다른 습지로 판단 (단, 양안 습지 평균 폭 60m 이상)

바. 식생대가 하도 한쪽에만 발달한 경우 하도를 포함하지 않음(단, 양안 습지 평균 폭 60m 이상)

사. 〈그림 2-101〉과 같이 댐 등으로 하도가 차단된 경우

- 습지 면적 20Acres(8ha) 이하: 개방수면 포함 식생대 전체를 하나의 습지로 인식
- 습지 면적 20Acres(8ha) 이상: 양안의 습지를 별도 습지로 분리
- 습지 면적 8ha 이상이라 하더라도 수생식물이 개방수면의 30% 이상 피복하는 경우(Cowardin et al. 1979)는 개방수면 포함 전체를 습지로 판단

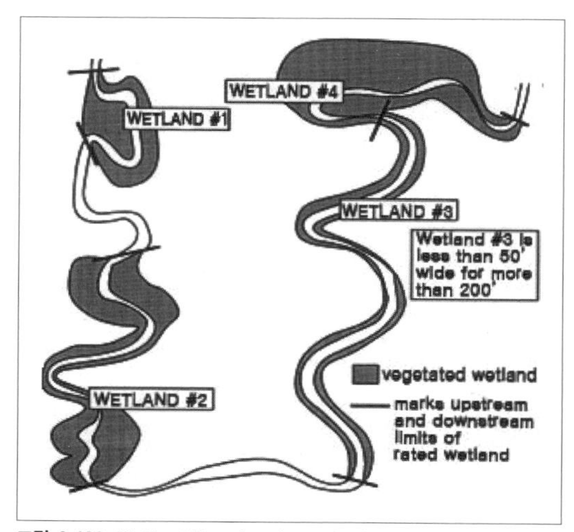

그림 2-100. Wetland Boundary for rating in wetland contiguous a larger area of stream, or river(Washington State Department of Ecology, 1993).

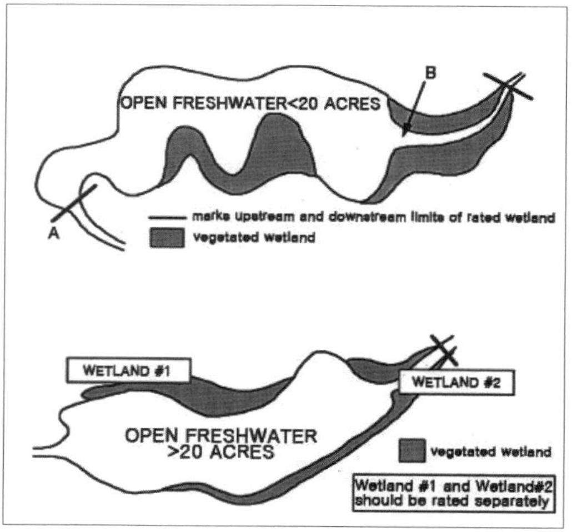

그림 2-101. Wetland Boundary for rating in wetland contiguous a larger area of open freshwater(Washington State Department of Ecology, 1993)

워싱턴 주의 Wetland Rating System을 적용한 사례로서 담양하천습지 사례를 살펴보면(문상균, 2014), 하도를 포함하여 습지 식생대 폭 60m 이상이며 하도 폭 60m 이내이므로 습지 경계에 하도를 포함하였다(그림 2-102). 하천습지 상류경계로는 보로 인해 생태적으로 단절되고, 습지 식생대는 15m 이내, 보 위로는 하도의 폭이 60m 이상이므로 보를 습지 경계로 설정하였으며 이는 습지보호지역 경계와도 일치하였다. 하류쪽 경계로는 하천부지 내 형성된 대나무 숲이 시작되는 지점에 제방 공사로 인해 습지 식생대가 없어졌으며, 하도의 폭은 60m 이상으로 이 지점을 하류쪽 경계로 설정하였다. 그리고 횡적으로 하천 부지 내 밭으로 사용되었던 지역은 제외하여 습지 경계를 설정하였다.

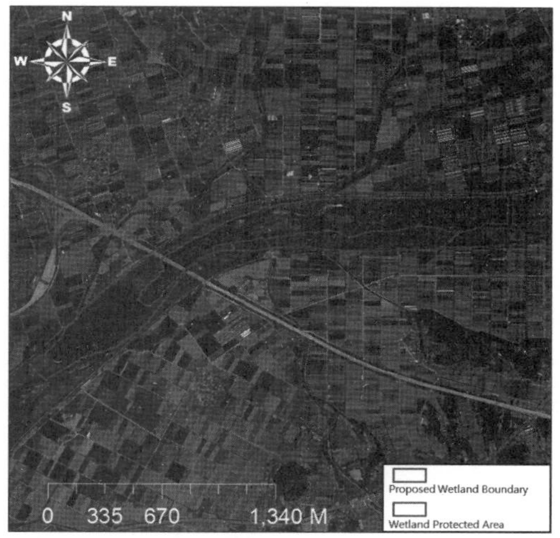

그림 2-102. 담양하천습지 경계(문상균, 2014)

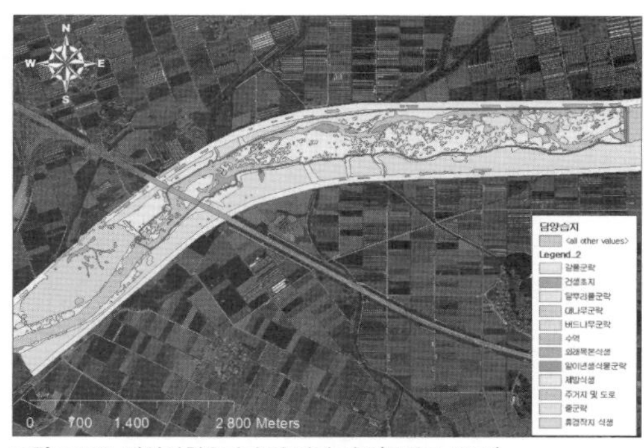

그림 2-103. 담양하천습지 습지 경계 검증(문상균, 2014)

담양하천습지 습지 경계 도면은 위와 같은 기준에 의해 토지피복지도 및 수치지도를 근거로 작성하였으며, 이를 현장조사를 통해 작성된 정밀 현존 식생도와 비교 검증 결과 서로 일치하였다(그림 2-103). 다만, 과거 농경지로 사용되었던 지역 중 일부가 달뿌리풀 군락이 우점함에 따라 습지경계도면과 일부 다르게 나타났지만 그 영향정도가 미미하여 경계 설정에 영향을 끼치지는 않았다.

한편, 현장에서 구체적으로 경계를 설정하기 위해서는 구본학 등(2013)이 제안한 방법에 의해 방형

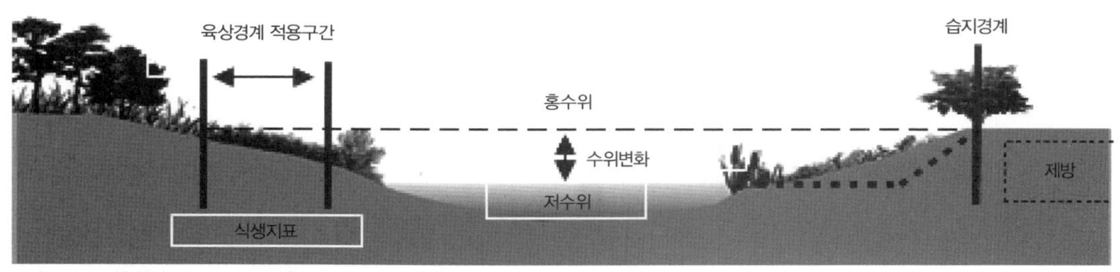

그림 2-104. 하천형 습지경계 조사지역(구본학 등, 2014)

구법을 이용하여 1m² 방형구 안에 OBL 또는 FACW에 해당하는 종 전체 출현종의 50% 이상을 차지하는 경우에는 해당 방형구를 습지로 판단하고, 방형구 중심으로 GPS 좌표를 측정하여 경계 설정 도면과 경계 위치를 비교한다(그림 2-105).

(2) 호수형 습지

하천형과 호수형의 경계는, 홍수기를 제외하고 정체수역을 이루고 있는 댐 안에 형성된 습지인 경우에는 호수형을 적용하고, 수중보 또는 하천보와 같이 지속적으로 유속이 있는 곳에 형성된 습지인 경우에는 하천형을 적용한다(구본학 등, 2013).

현지 조사를 통해 수심을 측정하거나 수심 자료를 확보하는 것은 많은 어려움이 있는데, 미 공병단에서는 습지와 깊은 물 서식처의 경계인 수심 2m까지를 습지의 경계로 하고 있다(Cowardin et al. 1979). 습지와 수역의 경계를 2m로 제한하는 것은 현장에서 실제 수생식물이 출현할 수 있는 한계를 2m(Welch 1952; Zhadin and Gerd 1963; Sculthorpe 1967)로 보기 때문에 습지식물 분포 범위를 수심 2m로 판단할 수 있다.

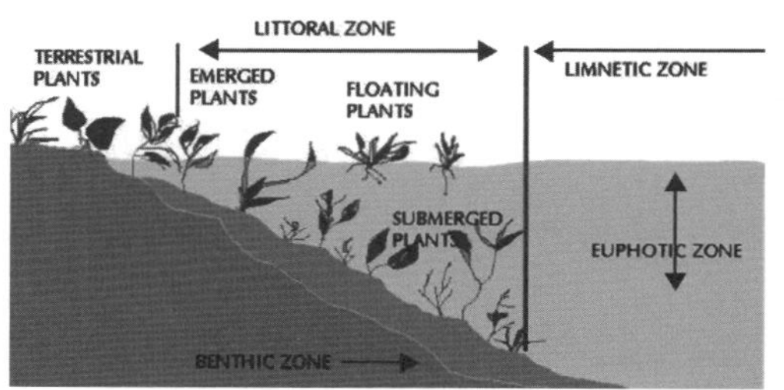

그림 2-106. 호수생태계의 기본 구조. 연안대(Littoral Zone)에 식물 분포(구본학, 2016)

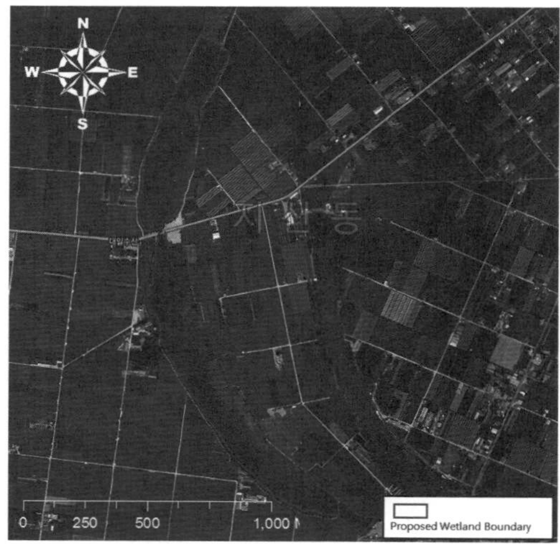

그림 2-107. 호수형 습지 경계 설정, 샛강습지(문상균, 2014)

호수 가장자리 연안대Littoral Zone는 햇빛이 투과되고 대기 중 산소가 교류하여 용존산소 농도를 어느 정도 유지할 수 있으며 수생식물이 분포하여 광합성이 가능한 범위가 되는데 대체로 수심 2m 범위에 해당된다. 반면에 수심이 깊은 부분은 호수 표면 조광대Limnetic Zone에만 수생식물이 제한적으로 분포하게 되므로 식물이 없거나 밀도가 매우 낮아진다(그림 2-106). 이와 관련하여 미공병단에서도 식생, 토양, 수문 조건에 따라 수심 2m까지 습지로 보고, 그 이상의 수심지역은 깊은 물 서식처로 분류하고 있다(Environmental Laboratory, 1987). 또한 습지 수면에 분포한 식생의 피도가 30% 이상인 경우에는 수심 2m로 간주하여 습지 전체를 습지로 판단하고, 그 이하인 경우에는 수심 2m 이상이므로 수변 습지식생이 분포하고 있는 구간까지를 습지로 판단한다.

이 기준을 적용한 사례로서 문상균(2014)은 구미 샛강습지의 경계를 설정한 바 있다(그림 2-107). 샛강습지는 경상북도 구미시에 과거 낙동강이 곡류하천으로 흐르다가 방향이 바뀌면서 호수 형태로 남아있는 습지이다. 습지의 면적은 208,680m²로 호수형 습지에 해당하여 항공사진을 통해 개방수면의 습지식생의 분포 현황을 검토한 결과 식생 면적이 약 60% 이상으로서 개방수면을 습지 면적에 포함하는 습지 식생분포 기준인 30%를 초과하므로 개방수면을 포함하여 습지 경계를 설정하였다.

그림 2-108. 호수형 습지경계 조사지역(구본학 등, 2013)

내륙 쪽 경계 설정을 위한 식생지표로는 하천형 습지와 같은 방법으로서 방형구법을 이용하여 1m² 방형구 안에 OBL 또는 FACW에 해당하는 종이 전체 출현종의 50% 이상인 경우에는 해당 방형구를 습지로 판단하고, 방형구 중심으로 GPS 좌표를 측정하여 경계 설정 도면과 경계 위치를 비교한다.

(3) 산지형 습지

산지습지의 경우 지하수 또는 지표수 유입이 많은 곳은 진퍼리새 군락과 같은 사초과 식물이 우점하지만 육상식물이 혼재한 경우가 많기 때문에 항공사진과 토지피복지도 등을 이용한 습지 경계 설정에는 한계가 있다. 일반적으로 산지에서는 경사면을 따라 지하수가 유출되어 산지습지가 형성될 수 있으므로 산지습지 경사도와 지형에 따라 습윤 상태를 정량적으로 판단하는 방안이 효과적이다.

박경훈 등(2007)은 지형적 특성을 고려하여 DEMDigital Elevation Model에서 추출된 TPITopographic position index 그리드와 그 값을 통해 분류된 대상지의 사면 위치와 지형 유형에 의해서 산지습지 가능지를 예측하였다. 경사도 5°이하인 경우 분포 가능지는 전체 면적의 0.1%(1.38km²)로 나타났으며, 경사도 20° 이하인 경우는 3.5% (37.1km²)로 나타났다. 예측된 산지습지 분포 가능지와 대상지 내의 기존 산지습지를 비교하여 적합성을 분석한 결과, 평탄지 경사 기준이 10°이하인 경우의 적합성이 0.066으로 가장 높은 것으로 나타났다.

문상균(2008)은 산지습지 가능 지역을 추출하기 위한 방법론으로서 수치지형도 및 수치표고모델, 토양도, 토지피복지도 등을 활용하여 GIS기법에 의한 적지분석 및 계층적 분석방법을 통해 산지습지로 판단 가능한 지역을 도출하였으나, 구체적인 경계 설정에 대한 기준은 제시하지 않았다. 그 외에도 구자용과 서종철(2007)에 의한 RS/GIS를 이용한 우리나라 산지습지 가능지 추출 연구 등이 있다.

1) 경사도를 이용한 지형 분석

산지형 습지 경계 설정 기준은 전국내륙습지 조사지침에 따라 산지습지의 핵심지역으로 제시된 경사도 10°를 적용할 수 있다. 경사도는 지형면의 발달과 토양 침식, 식생 분포, 인간의 토지 이용 등에 미치는 영향이 큰 요소이다. DEM에서 지형의 경사도를 계산하기 위해서 9개(3×3)의 격자에서 경사도 계산 대상인 중앙의 고도값을 가지는 격자의 8개 이웃 격자를 이용하되 4개의 격자에 가중치를 주어 계산하는 방법으로 경사도를 구축한다.

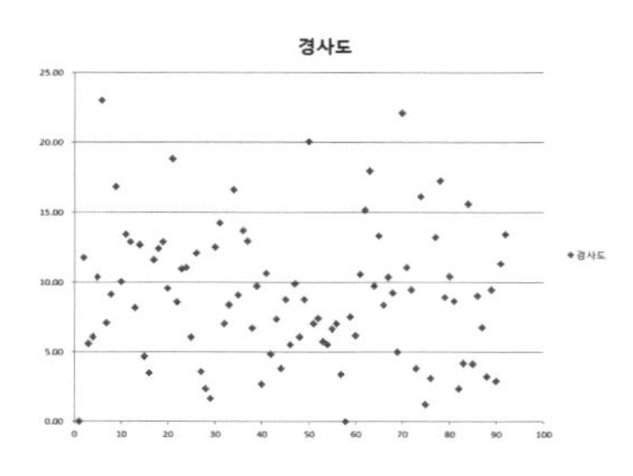

그림 2-109. 전국 산지습지의 경사도 분석(문상균과 구본학, 2014)

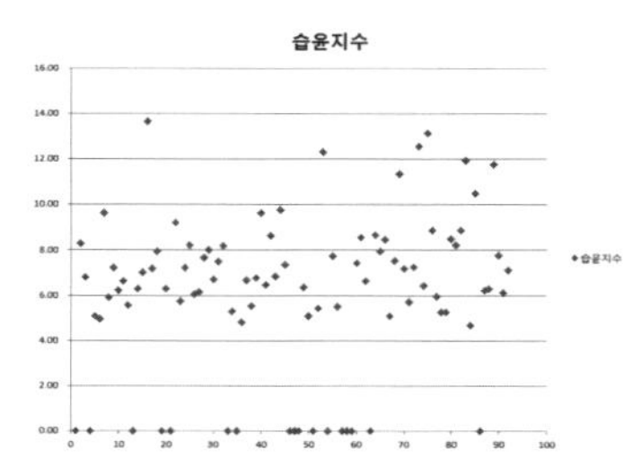

그림 2-110. 전국 산지습지의 습윤지수 분석(문상균과 구본학, 2014)

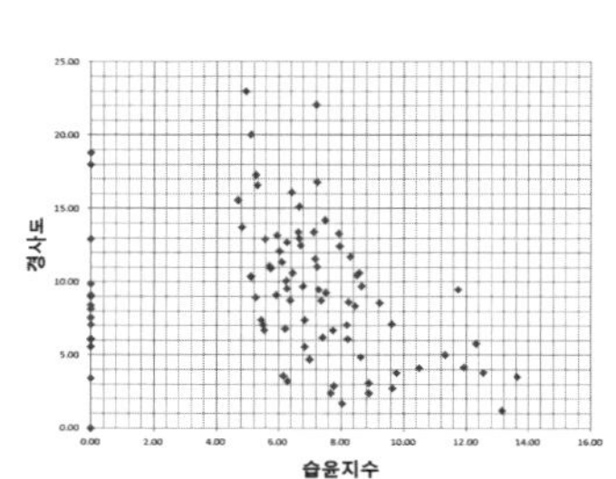

그림 2-111. 산지습지 습윤지수와 경사도의 관계(문상균과 구본학, 2014)

2) 습윤지수를 이용한 수문 분석

경사도 10°이내 지역의 경우 수문환경을 분석하여 습지가 아닌 지역을 선별한다. 습윤지수 Topographic Wetness Index는 지형 특성을 반영하는 인자로써 유출 등의 수문 현상을 모의하는 데 사용한다. 분석 방법으로는 지형의 습윤 상태를 정량적으로 계산할 수 있도록 제안된 Beven과 Kirkby(1979)의 습윤지수 기법이 있다.

$$\mathrm{WI(Wetness\ Index)} = \ln \frac{As}{\tan\beta} \quad \langle 식1 \rangle$$

여기서, As = 상부기여면적(m²/m), β = 사면경사

경사도와 습윤지수를 둘 다 만족하는 지역을 중첩분석을 통해 도출한 후, 도출된 지역들 중 패치형태로 존재하고 면적 1Acre(4,046m²) 이하인 습지가 패치형태로 분포하는 경우 평균거리가 100ft(30.48m)이면 습지 사이의 육지 공간을 포함하여 하나의 습지로 판단한다(그림 2-112).

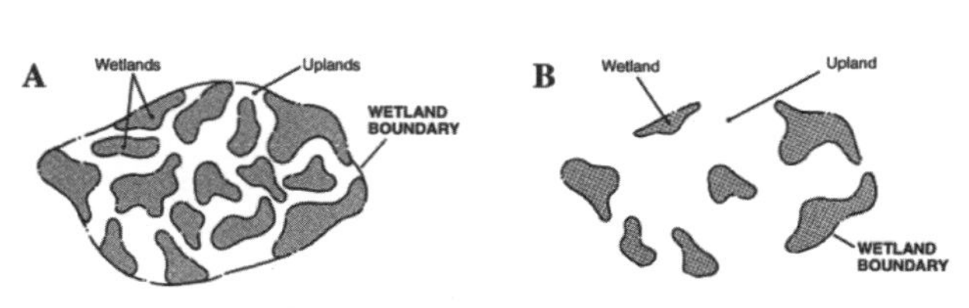

그림 2-112. 패치형 습지의 경계 설정(Washington State Department of Ecology, 1993).

3) 산지습지 사례

용늪의 습지 범위와 경계를 설정하기 위해 GIS를 이용하여 경사도 10°이하인 지역을 추출하고 습윤지수를 산정하였다(그림 2-113). 핵심지역 습윤지수 값은 약 7 이상으로 나타났으며(표 2-33), Lee et al(2009)도 산지습지가 대체적으로 7 이상의 습윤지수 값을 가진다고 한 바 있다. 습윤지수 7 이상인 지역과 경사도 10°이하 지역을 중첩하여 도출된 패치 형태를 따라 습지 경계를 설정하였다.

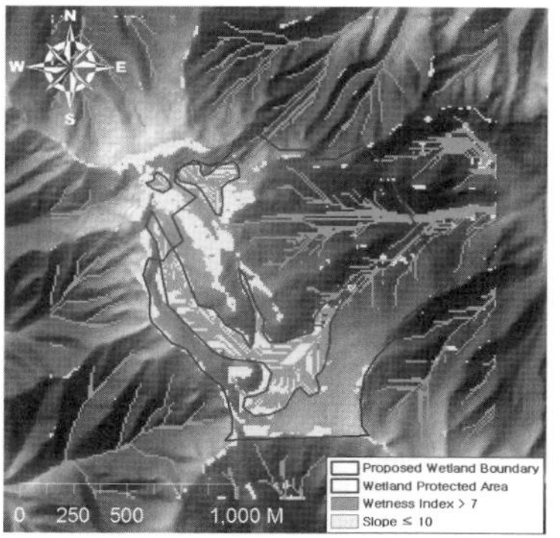

그림 2-113. 대암산 용늪의 경계 설정(문상균과 구본학, 2014)

표 2-33. 산지습지 습윤지수와 경사도 분석 결과(문상균과 구본학(2014)에서 발췌)

습지명	위도	경도	습윤지수	경사도
1100고지습지	33°21′34″	126°27′50″	0.00	0.00
강릉07습지	37°45′54″	128°46′02″	8.30	11.77
고봉산습지	37°41′13″	126°46′51″	6.83	5.57
골치2 습지	34°41′11″	127°00′33″	4.95	22.99
관문성늪	35°40′31″	129°22′12″	9.62	7.12
궁성산 습지	34°52′37″	126°47′04″	5.92	9.14
금쇄동 습지	34°30′21″	126°34′03″	7.24	16.81
기령늪	35°40′01″	129°22′29″	6.23	10.05
단조늪	35°31′23″	129°02′60″	7.00	4.68
당고개늪	35°39′46″	129°05′38″	13.65	3.52
대관령습지	37°41′45″	128°45′15″	7.18	11.60
대암산용늪	38°12′56″	128°07′25″	5.74	10.94
도산습지	34°53′21″	126°58′35″	8.20	6.09
돌티미늪(기헌늪)	35°40′11″	129°22′21″	6.04	12.11
동백동산	33°30′53″	126°43′04″	6.17	3.58
둔촌동습지	37°31′21″	127°08′36″	8.02	1.69
무제치 1늪	35°27′52″	129°08′39″	6.78	9.72
무제치 2늪	35°27′37″	129°08′34″	9.63	2.70
무제치 3늪	35°27′25″	129°08′03″	6.46	10.62
무제치 4늪	35°27′27″	129°08′08″	8.64	4.86
무제치늪	35°27′47″	129°08′35″	6.83	7.37
밀밭늪	35°24′58″	129°07′42″	0.00	5.55
소황병산늪	37°46′09″	128°41′07″	12.32	5.76
신불산 A늪	35°25′32″	129°00′03″	0.00	5.55
신불산 B늪	35°25′23″	129°00′15″	7.74	6.67
신불산 C늪	35°25′20″	129°00′09″	5.49	7.06
신불산 고산습지	35°25′27″	129°00′07″	0.00	3.39
신안 장도 산지습지	34°40′27″	125°22′13″	0.00	0.00
왕등재습지	35°23′24″	127°47′12″	5.10	10.40
외고개습지	35°23′06″	127°46′49″	7.52	9.26
재약산 사자평 고산습지	35°32′27″	128°59′37″	8.88	3.11
질뫼늪	37°45′59″	128°42′18″	8.88	2.39
화엄늪	35°24′24″	129°06′01″	6.11	11.35
평 균			6.12	9.14

(4) 소택형 습지

〈그림 2-114〉과 같이 면적 1Acre(4,047m²) 미만의 작은 습지들이 100ft(30m) 이내의 가까운 거리로 분포하면서 습지 총면적이 습지와 육지를 포함한 전체 경관 모자이크 면적의 50%를 초과하는 경우 전체를 하나의 습지로 판단한다. 50% 미만이거나 습지 사이의 거리가 먼 경우 각각 별개의 습지로 판단한다.

소택형 습지의 식생지표는 하천형 습지와 같이 방형구법을 이용하여 $1m^2$ 방형구 안에 OBL 또는 FACW에 해당하는 종 전체 출현종의 50% 이상을 차지하는 경우에는 해당 방형구를 습지로 판단하고, 방형구 중심으로 GPS 좌표를 측정하여 경계 설정 도면과 경계 위치를 비교하여 습지 경계를 설정한다.

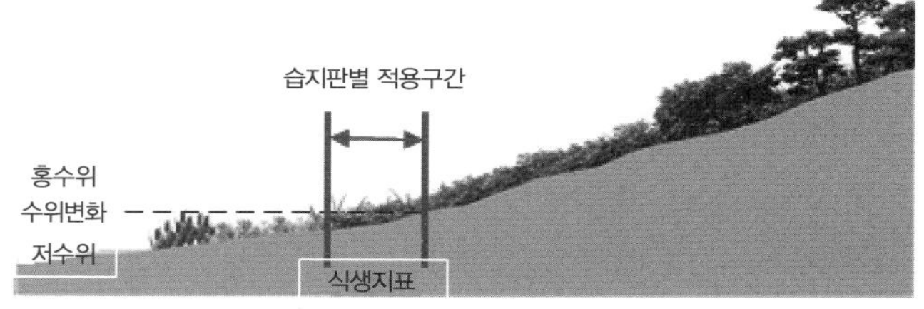

그림 2-114. 소택형 습지 경계 조사지역(구본학 등, 2013)

이 기준을 적용한 사례로서 두웅습지는 충청남도 태안군 신두리해안사구 배후습지로서, 수분공급원은 강수와 지하수 및 일부 지표수이다. 습지 면적 약 $12,500m^2$ 정도로서 개방수면을 포함하여 습지 경계를 설정하였고, 이를 현지 정밀조사에서 작성한 현존식생도를 비교한 결과 습지 식생군락과 일치하는 것으로 나타났다(그림 2-115).

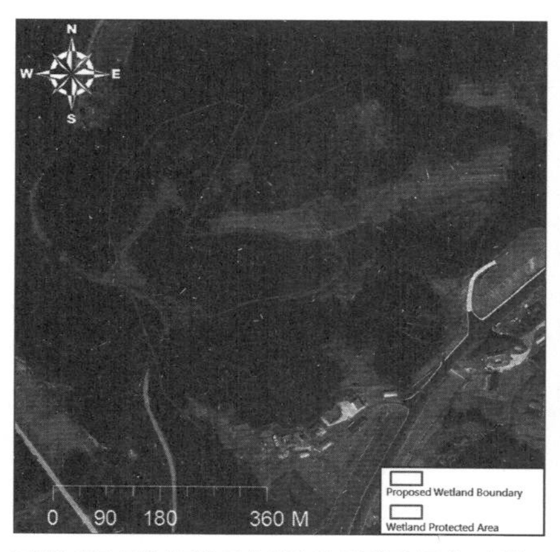

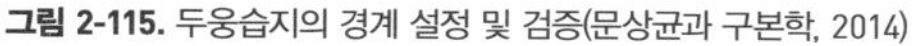

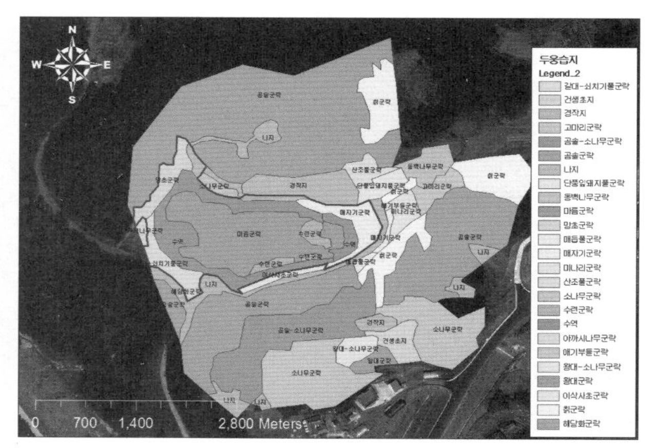

그림 2-115. 두웅습지의 경계 설정 및 검증(문상균과 구본학, 2014)

(5) 하구형 습지

하구형 습지 범위는 조석이 영향을 미치는 경계(감조역) 또는 염분 농도가 희석되는 경계(기수역)에 따라 결정되는데, 국내 대부분의 하구는 하구둑 또는 보가 축조되어 있어 바닷물 및 강물이 혼합되지 못하는 경우가 많다. 하구와 하천은 같은 하도 내 존재하고 흐르는 유수의 염분을 기준으로 물리·화학적인 경계를 결정하는 것이 어렵다. 조수 간만의 차의 영향을 받는 서해안과 남해안의 경우에는 더욱 심하게 나타난다.

1) 하류부 경계

하류 경계로는 학문적으로나 행정적으로 논란이 있으므로, 하류부는 하천법 상의 하천-바다 경계로 정의하고 있는 하천도의 경계를 하구의 하류 경계로 정의하며, 하천도에 제시된 경계보다 습지보호지역 경계가 더 하류에 위치하는 경우 이 지점을 하구의 하류 경계로 판단한다.

2) 상류부 경계

상류부는 한강 하구 또는 낙동강 하구와 같이 수중보 등 하구 경계의 자료가 있는 경우에는 이를 기준으로 한다. 예를 들어 한강 하구의 경우 과거의 염분 분포를 볼 때 해수는 노량진까지 영향을 끼쳤으나(홍사욱과 신경식, 1978), 한강종합개발사업(1982~1986) 이후에는 신곡수중보 하류로 제한되고 있다(신영규와 윤광성, 2005). 이와 관련하여 환경부에서는 염분도에 의해 신곡수중보 하류구간까지를 한강 하구 습지보호지역으로 지정한 바 있다(한강유역환경청, 2007).

문상균과 구본학(2014)에 의하면 상류쪽 하천형 습지와의 경계는 하천보, 농업용 수문 등 인공구조물 구축 여부에 따라 구분할 수 있다. 수중보와 같은 인공구조물이 있는 경우에는 인공구조물 설치 지점까지 기수역 상류 경계로 하고, 인공구조물이 없는 경우에는 조석에 의한 수위변화가 관찰되는 감조역까지를 범위로 설정할 수 있다. 염분농도 측정이 가능한 경우 염분농도로는 0.5psu까지를 범위로 한다. 즉, 기수는 일반적으로 염분이 0.5~30psu를 가질 때 기수라 하고 0.5psu 이하를 담수라 한다. 따라서 하구계와 하천계의 경계는 하천수의 염도가 0.5psu 미만 되는 지점이라 할 수 있다.

수중보가 없는 울산 태화강 하류에 대한 염분도를 측정한 결과 삼화교 지점에서 염분도가 0.19psu로서 기수역 범위 0.5psu 이하로 나타났다(그림 2-116).

그림 2-116. 수중보가 없는 태화강 하구 염분 측정(문상균과 구본학, 2014)

수중보가 있는 회야강 하류의 경우 수중보 상부는 염분도가 0.14psu로 담수에 해당되며 수중보 하부에서는 염분도 16.35psu로서 기수 상태로 나타난 바, 하구 기수역의 상류범위 설정 시 수중보를 경계로 설정하는 것은 타당한 것으로 나타났다(그림 2-117).

그림 2-117. 회야강 하구지역 수중보 주변 염분도 측정(문상균과 구본학, 2014)

식물을 기준으로 판단하는 경우, 하구형 습지는 염생식물 우점하는 식생분포지역으로 정의할 수 있다. 기수역의 대표적 식물인 갈대는 염분농도 5.8psu가 최적이며, 기수의 염분 기준인 30psu와 인접한 29psu까지 내염성을 지니고 있다(Matoh 등, 1988). 또한 하구갯벌에서도 조간대 상부에 분포한다. 따라서 해양계와 하구계의 경계로 해안선인 만조위선과 갈대군락 외측을 접선으로 연결한 선을 경계로 하고, 하구에 갈대군락이 발달하지 않는 경우에는 하천도를 적용한다. 그리고 하구의 다른 지류 또는 하천에 생성된 갈대군락은 제외한다.

식생대가 인접하여 분포하는 경우 평균 저조 시 하구갯벌 내 염생식물 식생대가 서로 600ft(180m) 이내로 분포하는 경우 동일 습지로 판단하고, 갯골의 폭이 100ft(30m)이내인 경우 하나의 동일한 습지로 판단한다(WSDE, 1993).

3) 하구습지 경계 설정 사례

하구습지에 대한 몇 사례를 들면 〈표 2-34〉와 같다.

표 2-34. 하구형 습지 경계 설정 사례(문상균, 2014)

한강 하구	섬진강 하구	시암리습지	공릉천습지

섬진강 하구는 하천도에 근거하여 하구의 하류 경계를 설정하였으며, 상류 경계로는 문헌조사를 통해 경남 하동군 평사리공원 앞의 염분 한계 지역을 상류 경계로 설정하였다.

시암리습지는 평균 간조 시의 하도 폭은 60m 이상으로 양안을 분리하여 식생대를 중심으로 습지 경계를 설정하였다. 식생대의 폭은 평균 300~400m로 기준치인 15m 이상이었다. 시암리습지 내 조수간만의 차로 갯골이 발달되어 있으나 모두 30m 이내로 습지를 분리할 필요가 없었으며, 인공제방으로 습지와 제방에 경계가 명확히 식별되어 제방하단 습지 식생과 구분되는 경계를 기준으로 경계를 작성하였고, 하도쪽 횡적 경계로는 하구갯벌지역과 습지 식생 경계를 습지 경계로 설정하였다.

공릉천 하구습지는 평균 간조 시 하도 폭이 60m 이내로서 습지에 하도를 포함하였다. 식생대 폭은 15m 이상이었으며, 공릉천과 한강 하구와 연결된 습지는 생태적으로 단절되지 않아 공릉천 하구 습지 경계에 포함시켰다. 상류로는 영천배수갑문에 의해 식생대 등 생태적으로 단절되어 영천배수갑문까지 상류 경계로 하였다. 농수로 또는 조수 간만의 차로 형성된 갯골은 모두 30m 이내로서 같은 습지로 보았다. 또한 공릉천 하구와 연결된 지천인 청룡두천은 하폭이 60m 이내 변화는 지점에서 가장 가까운 다리(인공구조물)를 기준으로 습지 경계를 설정하였다.

(6) 석호

석호는 기수역의 호수형/소택형 습지로서 희소하고 생태학적 지형학적 가치가 높은 생태계로서 습지 식생 분포와 상관없이 개방수면을 포함하여 습지 경계를 설정한다.

송지호는 동해안에 분포하는 석호습지 중 가장 훼손이 적고 자연 원형을 잘 보전하고 있고 유일하게 해안사구지대에 매우 넓은 배후 습지가 있다. 항공사진으로 분석해 본 결과 수변 일부만 습지 식생이 분포하였지만 석호의 생태적 가치를 고려하여 습지 식생의 분포 면적과 상관없이 개방수면을 포함하여 습지 경계를 설정하였다.

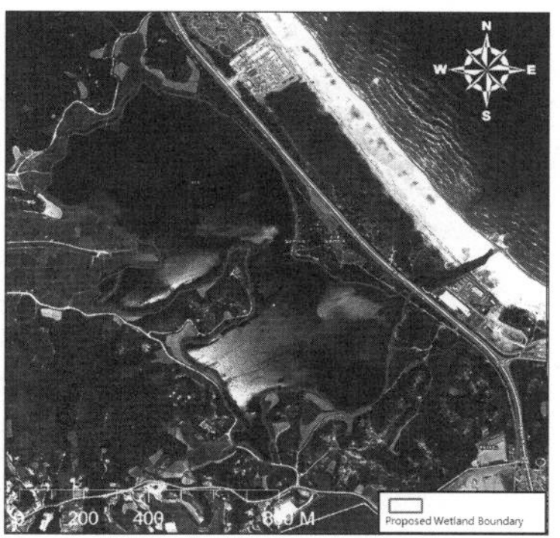

그림 2-118. 송지호습지 경계 설정(문상균과 구본학, 2014)

(7) 연안습지

연안습지는 해안선 조사 측량 결과인 해도를 기반으로 갯벌지역의 경계와 면적을 산출한다. 연안습지는 내륙습지와 달리 그 규모가 크고 단기적으로 생성되거나 훼손되지 않기 때문에, 측량 성과로 작성된 연안습지의 면적은 대규모 공사가 시행되지 않는 이상 장기적으로 변화가 거의 없기 때문에 오랫동안 유효하다.

1) 내륙쪽 경계 설정

조간대의 육지 쪽 경계로는 일반적으로 만조 시 수위선으로 밀물 때 가장 높아진 상태에서 해면과 육지의 경계선이다. 그런데, 우리나라의 해안에는 대부분 파도 또는 해일을 막기 위해 크고 작은 해안 시설이 설치되어 있다. 따라서 조간대의 육지 쪽 경계로 해변에 해안시설이 있는 경우와 없는 경우로 구분하여 경계 설정 기준을 정할 수 있다.

① 해안시설이 있는 경우

- 방파제, 방조제 등 해안 제방시설이 있는 경우에는 해안시설까지

② 해안시설이 없는 경우

- 수치해도의 해안선(약 최고고조면)
- 하구와 연결된 경우에는 하구 경계

2) 해상쪽 경계 설정

조간대의 해상쪽 경계는 바다와의 경계로 간조 시에 해면과 접하는 경계로서 해도의 약 최저간조면을 해상 경계로 한다. 이때, 조상대와 조하대의 폭이 60m 미만 되는 지점으로 한다. 조간대가 갯골에 의해 분리되는 경우에는 하천에 의해 발생된 갯골인 경우 갯골의 너비 60m 이상인 경우에 서로 다른 습지로 구분한다.

습지 생태문화 지도

II-5

가. 습지 매핑의 의의 및 사례[11]

(1) 의의

습지 도면화는 습지 목록과 속성을 DB로 구축하기 위한 방안으로서 습지 목록 작성, 습지 계획, 습지 관리 및 조절, 습지 보호 및 복원 등의 목적으로 도입될 수 있다. USFWS에서는 '위급한 습지 자원법The Emergency Wetlands Resources Act(1986)'과 수정법안(1988; 1992)에 의해 국가습지목록 작성과 도면화 작업을 진행하고 있다. 미국 국립자원보전서비스Natural Resources Conservation Service(The NRCS)에서는 식품안전법Food Security(1985)에 근거하여 소위 'Swampbuster'로 알려진 습지 보전 정책의 관점에서 습지 목록 작성을 위한 도면화 작업을 진행하고 있다.

또한 도면화 결과는 〈그림 2-119〉와 같이 채색법 및 폴리곤을 이용한 코드법 등으로 표현할 수 있다.

그림 2-119. 국가습지목록 작성을 위한 도면화의 결과물. 적외선 영상(왼쪽), 습지 유형 분류 및 코드(가운데), 채색(오른쪽)

11. 구본학(2002)에서 요약 인용

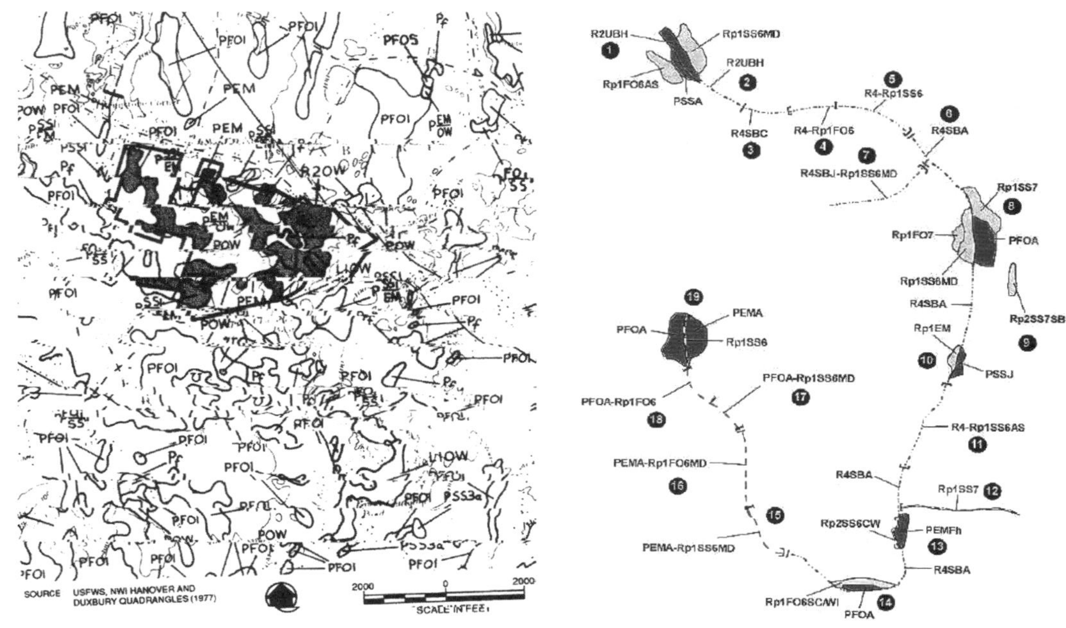

그림 2-120. 국가습지목록 도면(Kent, 2001; USFWS, 1997)

도면화 사례로서 미국의 국가습지 목록 구축 현황에 따른 도면화 도입 현황 및 도면화 수준을 도면으로 나타내면 〈그림 2-120〉과 같다.

(2) 적용 사례

1) 옐로스톤 국립공원 습지 도면화

1997년 설립된 'The Governer's Upper Yellowstone River Task Force'에 의해 수행되었는데, 기존의 수로 변경과 제안된 수로변경으로 인한 누적적 영향을 살펴보고 종합지역계획을 제공하기 위한 목적으로 수행되었다. 강을 따라 서식처 자원 현황조사와 더불어, 토지 이용은 자원 관리 종합계획의 수립과 앞으로의 의사 결정에서 중요한 첫 단계라는 인식 아래 도면화 작업이 수행되었다(그림 2-121).

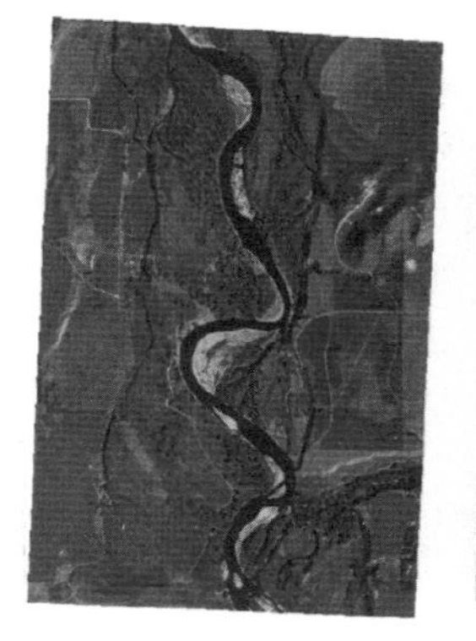
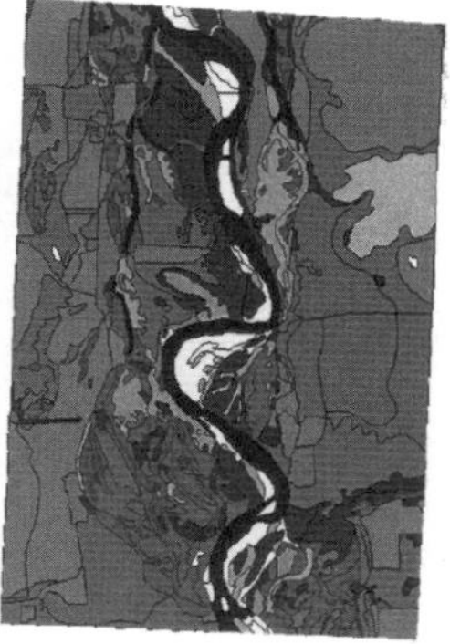
그림 2-121. 옐로스톤 국립공원 항공사진과 채색 도면의 사례

2) Sault St. Marie의 도면화 사례

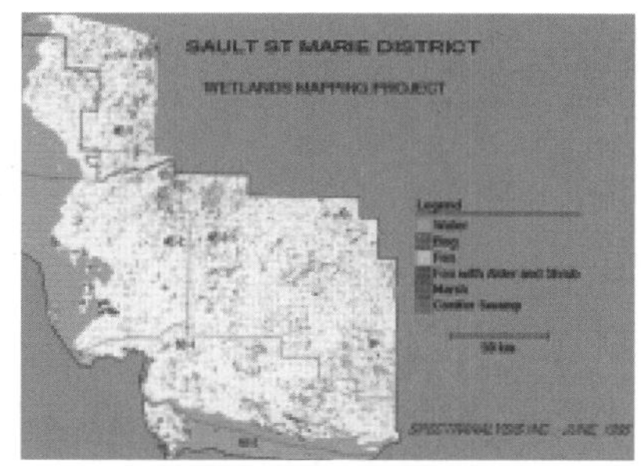

그림 2-122. Sault St Marie 지역에서의 습지 유형 도면화 사례(자료: http://www.spectranalysis.com)

온타리오의 자연자원국에서는 습지의 유형을 도면화하기 위해 매우 단순화된 유형을 이용하였다. Landsat TM 영상을 이용하여 ARC/INFO를 이용하여 도면화하였다(그림 2-122).

3) Rincon Bayou 도면화

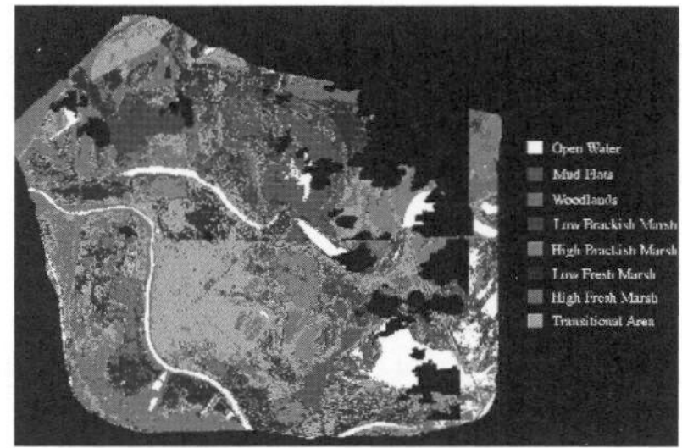

그림 2-123. Rincon Bayou 지역 습지 도면화(자료: http://www.tsgc.utexas.edu)

Rincon Bayou 도면화는 미국 텍사스의 다양한 자연환경 중에서 습지만을 중심으로 도면화 한 사례이다(그림 2-123). Rincon Bayou 지역의 습지 도면화 역시 기존의 사례들과 동일한 방법을 따라서 수행하고 있으며, 식생의 도면화 과정도 중시하고 있는 것이 특징적이다.

4) 콜로라도 습지 도면화

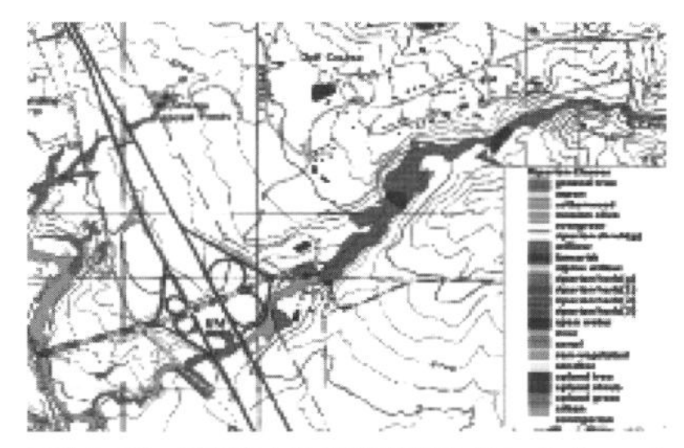

그림 2-124. 콜로라도 강 도면화(자료: http://ndis.nrel.colostate.edu)

콜로라도 지역에서는 1990년도부터 산림 자원의 효율적인 보호를 목적으로 하여 습지와 수변식생대의 도면화를 실시하였다(그림 2-124). 콜로라도의 수변식생대 도면화 역시 항공사진의 활용과 유형 분류, 식생의 도면화 등의 과정을 거쳐서 생산된다. 한편, 콜로라도의 사례에서는 수변식생대의 식생을 보다 세분화시켜서 이를 분류하고, 코드화시킨 결과를 도면화하였다.

5) 영국 해안사구 서식처 도면화

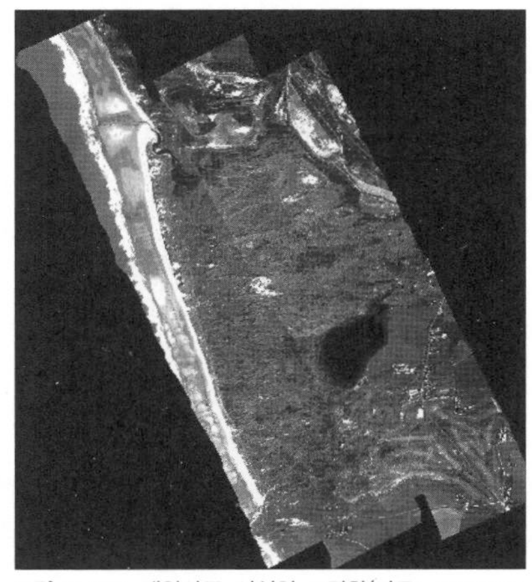

그림 2-125. 해안사구 서식처 도면화(자료: pipeline.swan.ac.uk)

영국의 서식처 도면화에 관한 연구에서는 원격탐사를 이용하여 해변의 해안사구 서식처를 도면화하였다(그림 2-125).

6) 일본 북해도 습지 도면화

일본 북해도 쿠시로 습지의 식생의 시기적 생장 특성을 다계절 위성영상을 이용하여 분석하여 식생을 분류하였다.

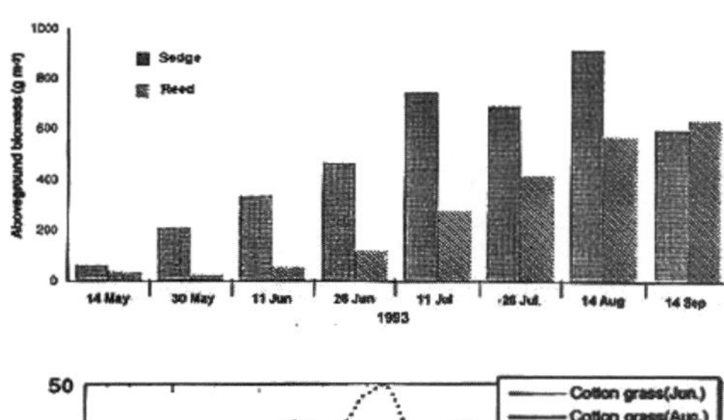

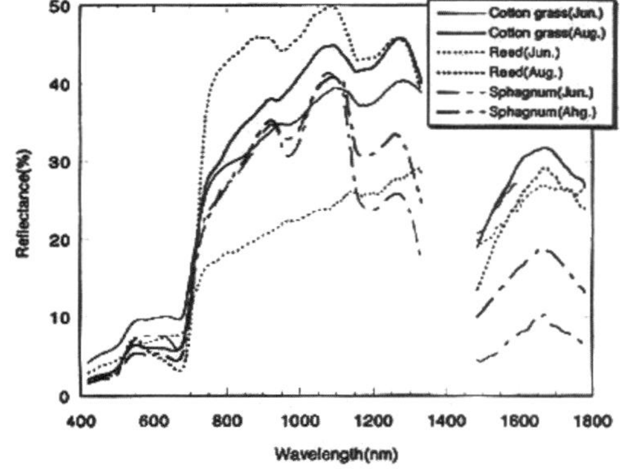

그림 2-126. 쿠시로 습지 식생. 위: 갈대류와 사초류의 바이오매스의 계절 변화. 아래: 6월과 8월 식생 광휘도 특성
(자료: http://info.nies.go.jp:8091/wetland/kushiro/)

그림 2-127. 세크라멘토 강 식생대(자료: http://www.sacriver.org/)

다양한 식생 유형이 생장기 동안 나타나는 시기의 바이오매스 생장 특성을 분석하여 습지의 식생을 판독하고 분류하였다. 식물종에 따라 다르며 같은 종에서도 계절에 따라 다르게 나타난다. 식생 분류의 정밀도를 높이기 위해 다계절 Landsat TM 영상의 3, 4, 5 밴드를 이용하였다(그림 2-126).

7) 미국 세크라멘토 강 도면화

미국 캘리포니아 세크라멘토 강 수변식생대를 도면화한 사례가 있는데, 여기서는 항공사진을 이용하여 수변식생대 식생을 폴리곤화 시킨 후, 이를 지리정보체계를 바탕으로 도면화하였다(그림 2-127).

(3) 매핑 과정 및 방법 사례 종합

지금까지 언급된 과정과 방법들을 토대로 작도되는 습지의 유형별 도면은 다양한 수준에서 이루어질 수 있다. 〈표 2-35〉에서 ⓐ와 ⓑ는 일반화된 유형 분류를 토대로 하여 작성된 도면이며, 특히 b)는 항공사진을 이용한 도면화의 예이다. 그림 ⓒ와 ⓓ는 간소화된 유형 분류 결과를 토대로 작성할 수 있는 유형 도면으로 범례로 사용된 습지의 유형은 내륙습지 중에서도 강변습지, 늪, 산성습원, 알칼리성 습원 등이 된다.

표 2-35. 습지 경계 설정 모식도(환경부, 2011)

ⓐ 대규모 면적을 대상으로 습지의 조사를 위한 유형별 습지 도면화	ⓑ U.S. Fish and Wildlife Service 항공사진 이용 습지 유형 도면화	ⓒ 독일 Hornborgasjon에서 복원 전후 습지 유형 변화	ⓓ 미공병대 어린이 교육용 내륙습지, 산림습지, 하구습지 도면화
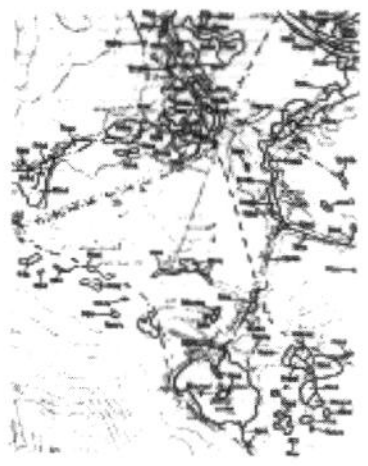		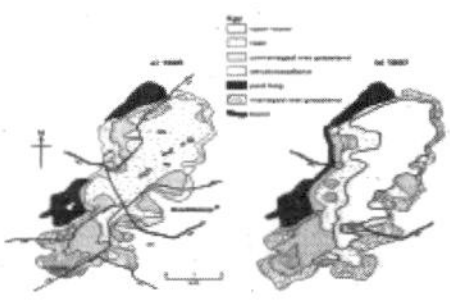	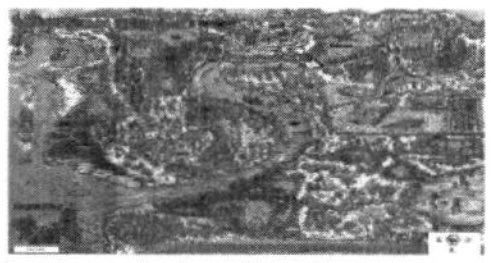

표 2-36. 적외선 항공사진 이용 옐로스톤 습지 도면화(자료: USGS)

과정	도면화
ⓐ 습지를 판별하지 않은 원도	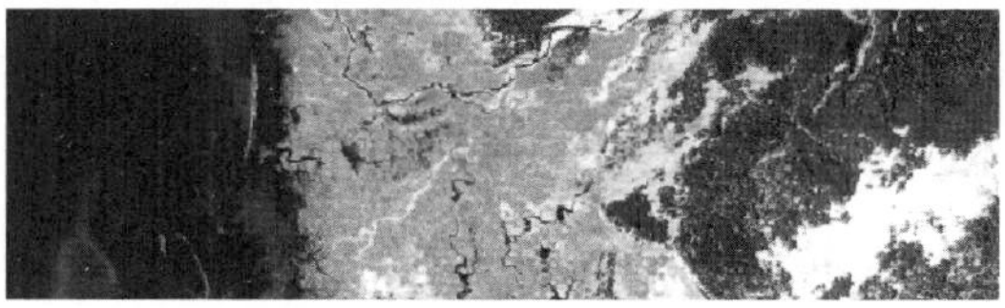
ⓑ 습지 판별	
ⓒ 습지 목록 도면화	

도면화 작업의 단계를 나타낸 구체적인 사례로서 옐로스톤 국립공원에서는 국가 습지 목록 작성을 위하여 〈표 2-36〉과 같이 적외선 항공사진을 판독하여 습지를 판별하고 습지 목록 작성을 위한 도면을 작성하였다.

Tiner(1999)는 항공사진을 이용한 습지의 유형분류도를 작성하기 위해 현장조사를 통한 경계의 설정을 명확히 하기 위해 현장조사를 통한 보정에 중점을 두었다. 이 과정을 요약하면 다음과 같다.

① 항공사진을 통하여 습지의 유형이 분명한 곳과 불분명한 곳을 구분

② 대상지역을 선정하고 습지의 유형이 분명한 곳과 불분명한 곳을 현장조사하기 위한 답사 루트

선정

③ 연구 대상지역에서 현장조사를 수행하고, 항공사진에서 불분명하였던 지역을 해결하기 위하여 대상지역과 관련된 자료 및 정보 수집

④ 현지조사 후, 연구 대상지역의 습지의 다양한 출현을 보다 명확히 하기 위해 항공사진 재검토

⑤ NWI 기준에 따라 대상지역의 사진 해석을 실시하고, 습지의 경계를 사진에 나타내고, 습지의 유형별로 폴리곤의 형태로 분류하여 작도

⑥ 만약 필요하다면 현지조사를 더 수행하고, 마지막 중첩을 하기 전에 사진 해석 과정에서 나타나는 새로운 문제점 해결

⑦ 지역 및 국가 차원에서 해석을 조절하여 습지 경계를 명확히 설정

⑧ 대규모 축적에 습지 유형도의 초안 작성

⑨ 습지 유형도의 초안을 검토, 조절하고 필요하다면 현지조사 추가 수행

⑩ 마지막 습지 유형도 작성을 위해 수정된 안 작성

⑪ 마지막으로 NWI에 따른 습지 유형도 최종 작성. 이때 가능한 지역은 디지타이징된 맵 이용

이러한 방법들을 종합하면 습지 유형 도면화의 단계 및 과정은 다음 〈표2-37〉과 같이 나타낼 수 있다. 우선 연구지역을 설정한 후 위성영상, 항공사진, 지형도 등 필요한 자료를 준비한다. 실내에서 기본적인 영상 해석을 하고 현장답사를 통해 자료를 보완한 후 영상을 해석하고 질적 조정 과정을 거쳐 기본도로 옮긴다. 이후 수작업을 통해 도면 초안을 수정한 후 분류 체계에 맞추어 코드를 부여하고 도면화한다.

표 2-37. 국가습지목록 도면화 작업 과정(자료: Wilen et al., 1999: 8~10)

1 연구 지역의 설정
2 자료의 준비
3 영상 해석 및 현장 답사 준비
4 대상지 예비답사
5 영상 해석
6 영상 해석 검토 (영상의 질 조정)
7 영상 해석 결과를 기본도로 옮김
8 검토를 위한 초안 도면 준비
9 습지 유형도 초안 검토
10 수작업을 통해 도면 초안 수정
11 최종 검토 및 수정
12 최종 지도 생산
13 최종 지도 도면화

나. 유형 분류 및 매핑 과정

위성영상 또는 항공사진 분석을 통해 습지를 판별하고 분류하기 위한 과정은 답사 가능성에 의해 다시 구분할 수 있다. 즉, 실제 현지답사가 가능한 경우와 불가능한 경우 각각 다른 습지 판별 과정을 거치게 된다. 그 외에도 GIS 분석을 통한 습지 가능지를 도출하고 현지답사를 통해 확인하는 과정도 시도되고 있다.

첫째, 지형도, 위성영상 등을 토대로 습지 가능지역을 미리 선정한 후, 현지답사를 통해 습지를 최종 판별하고 유형을 결정하는 과정이다. 이 과정에서 위성영상은 저해상도 영상을 통한 개략 판별과 고해상도 영상을 통한 구체적인 습지 경계 설정 및 판별을 하며, 이를 현지답사를 통해 최종 확인하는 절차를 거친다.

둘째, 접근이 곤란하여 답사에 의한 판별이 곤란한 경우 위성영상 분석과정에서 무감독분류를 통해 판별하거나, GAP 분석을 응용하는 방법이 가능하다.

셋째, GIS를 활용한 습지 가능지를 미리 설정한 후 현지답사를 통해 확인하는 과정을 거치게 된다.

이들 각 과정을 각각 구체적인 적용 사례를 통해 설명하면 다음과 같다.

(1) 답사 가능 지역의 습지 판별 및 유형 분류

구본학(2002), 주위홍(2002), 구본학과 주위홍(2008) 등은 습지 판별, 유형 분류, 도면화 과정에서 우선 저해상도 위성영상을 활용하여 실내에서 개략적인 습지의 판별 및 분포를 파악하고, 다음 단계에서는 고해상도 영상을 통해 정밀한 습지를 판단하고 범위를 설정하였다(표 2-38).

1) 저해상도 영상을 활용한 습지 가능지 분포 파악

초기 연구에서 저해상도 위성영상의 판독 과정을 통해 습지를 판별 분류하는 과정으로서 일반적으로는 30m×30m의 해상도를 지닌 Landsat TM 영상을 활용한다. TMThematic Mapper 센서의 7개 밴드는 정밀도가 다소 떨어지기는 하지만 물의 반사 특성을 규명하는 데 특별한 효과가 있으므로 7개의 밴드를 적절히 조합하여 정보를 추출하는 데 매우 유용하다.

연구 대상지역에 대한 단일 시기의 Landsat TM 영상 전처리를 위하여 지형도를 이용하여 영상을 기하보정하고 재배열한다. 또한 산악 지역에 따른 경사와 사면에 의한 지형 효과가 발생하여 화소값에 영향을 주기 때문에 지형 효과를 저감하기 위한 방사보정을 실시한다. TM영상은 기계와 기상 원

표 2-38. 습지 유형 분류 및 도면화 과정(구본학, 2002)

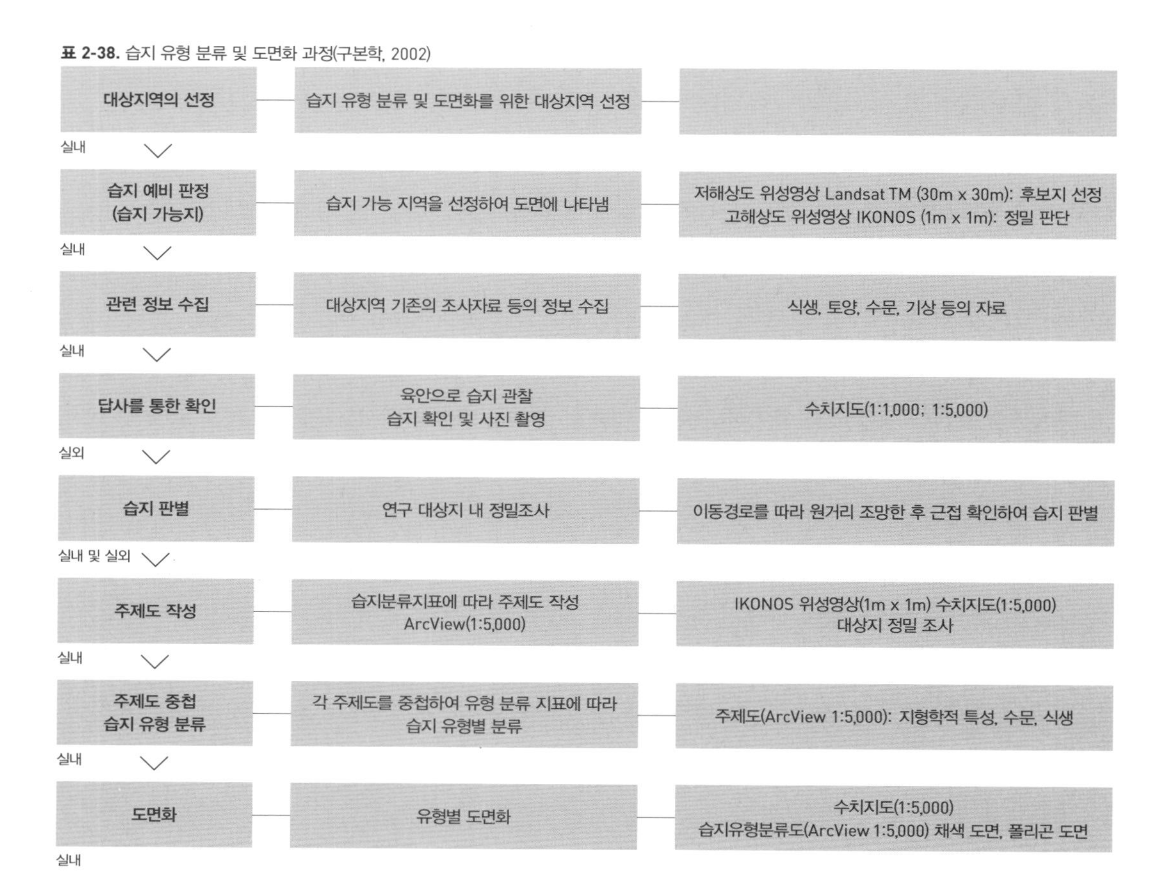

단계	내용	자료
대상지역의 선정	습지 유형 분류 및 도면화를 위한 대상지역 선정	
실내		
습지 예비 판정 (습지 가능지)	습지 가능 지역을 선정하여 도면에 나타냄	저해상도 위성영상 Landsat TM (30m x 30m): 후보지 선정 고해상도 위성영상 IKONOS (1m x 1m): 정밀 판단
실내		
관련 정보 수집	대상지역 기존의 조사자료 등의 정보 수집	식생, 토양, 수문, 기상 등의 자료
실내		
답사를 통한 확인	육안으로 습지 관찰 습지 확인 및 사진 촬영	수치지도(1:1,000; 1:5,000)
실외		
습지 판별	연구 대상지 내 정밀조사	이동경로를 따라 원거리 조망한 후 근접 확인하여 습지 판별
실내 및 실외		
주제도 작성	습지분류지표에 따라 주제도 작성 ArcView(1:5,000)	IKONOS 위성영상(1m x 1m) 수치지도(1:5,000) 대상지 정밀 조사
실내		
주제도 중첩 습지 유형 분류	각 주제도를 중첩하여 유형 분류 지표에 따라 습지 유형별 분류	주제도(ArcView 1:5,000): 지형학적 특성, 수문, 식생
실내		
도면화	유형별 도면화	수치지도(1:5,000) 습지유형분류도(ArcView 1:5,000) 채색 도면, 폴리곤 도면
실내		

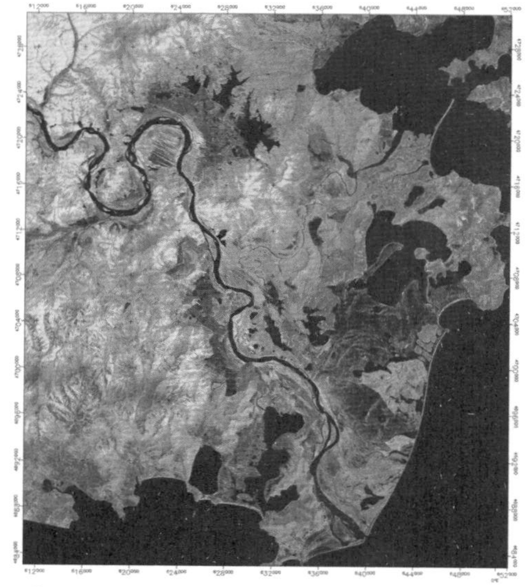

그림 2-128. 두만강 하류 유역의 위성영상정보(TM Landsat, 2000. 5. 24)

인으로 인하여 기하학적 왜곡이 발생하여 방향, 길이, 면적 및 형태가 지도와 일치하지 않으므로 기하학적 보정이 필요하다.

구본학(2002), 주위홍(2002), 구본학과 주위홍(2008) 등의 연구에서는 1:50,000 지형도와 위성영상에서 정확히 식별할 수 있는 GCP(Ground Control Point) 14개를 선정하여, Polynomial Warping 기법으로 영상좌표를 지도좌표체계로 변환 후 Cubic Convolution기법을 이용하여 영상을 재배열하였다. 변환 후 영상은 Gauss-Kruger(Zone 22) 투영좌표와 일치하며 공간해상력은 30m이다. 주위홍

표 2-39. Landsat TM 영상의 밴드별 특성

밴드	스펙트럼	파장(㎛)	해상도	활용 영역
밴드 1	blue	0.42~0.52	30m x 30m	해안선, 토양 및 식생, 산림지역 도면화
밴드 2	green	0.52~0.60	30m x 30m	식생조사
밴드 3	red	0.63~0.69	30m x 30m	여러 식물간의 비교, 토양 및 지질학적 경계
밴드 4	reflective infrared	0.76~0.90	30m x 30m	바이오매스 조사, 작물 확인, 토양/작물 및 토지/물 비교
밴드 5	mid infrared	1.55~1.74	30m x 30m	녹색식물의 수분 조사, 갈수기 때의 작황, 구름과 눈, 얼음 등의 구분
밴드 6	thermal infrared	10.40~12.50	120m x 120m	열 감지
밴드 7	mid infrared	2.08~2.35	30m x 30m	토양 수분, 열수변성 광물 추적

(2002)의 연구에서 두만강 하류 유역의 영상정보 재배열 결과는 〈그림 2-128〉과 같다.

〈표 2-39〉 TM센서의 7개 밴드 중에서 식생을 잘 나타내는 2, 3, 4번 밴드와 습도 상황을 잘 나타내는 5번 밴드(Lunetta and Balogh, 1999)를 주로 조합하여 하천, 호수 및 기타 수역과 자연 상태의 식생을 육안으로 비교적 잘 판단할 수 있는 상태로 조절하여 정보를 추출하는 것이 바람직하다. 일반적으로 습지를 개략 판별하는 밴드 조합은 대상지역의 지리 및 생태적 특성의 차이를 고려한다. 또한 계절적으로 범람하는 산림계곡과 하천, 호수 주변의 범람지는 한 시기의 위성영상에서 판단하기 어려운 한계가 있기에 강우량이 많은 계절과 적은 계절의 영상을 비교하면서 수문 변화 및 습지 가능 지역에 대한 판단의 근거로 참고하였다. 그리고 수문 상황을 가장 잘 나타낼 수 있는 밴드 8을 이용하여 습지 가능 지역의 선정에 참고할 수 있는 방법도 있다.

따라서 여러 가지 밴드 조합 처리를 거쳐 습지 가능 지역을 선정하고 정밀조사 대상지역을 선정하는 데 활용할 수 있다. 밴드 조합(특히, 453조합) 영상 strech 기법 중 logarithmic 방법을 이용하면 수역과 수역 주변(DN값이 낮은 지역)의 습지 부근을 좀 더 정확하게 볼 수 있다. 또한 하천 및 호수의 경우 431 밴드 조합으로 수역을 판별할 수 있다. 하천변에 형성된 식생 형태(초지, 습지대 초지, 산림)는 431, 752밴드 조합으로 판별이 가능하다.

이와 같이 Landsat 영상의 경우 경작지, 나지, 침엽수림 등에서는 정확도가 매우 떨어지지만 물, 도시지역 등에서는 매우 높은 정확도를 나타내고 있으므로 1~2회 정도의 간단한 현장 보정만으로도 습지를 추출하고 분류하는 데 유용한 수단이 될 수 있을 것이다. 단, 해상도가 30m×30m로서 개략적인 습지의 판별은 가능하나 정밀한 유형 분류가 어렵다는 점을 감안하여 현장조사 자료나 정밀한 수치지도 등의 자료를 통하여 보정할 필요가 있다.

이러한 사례로서 일본 북해도 쿠시로 습지를 대상으로 식생의 시기적 생장 특성을 Landsat TM 위성 영상의 다계절 영상을 이용하여 분석하고 식생을 분류한 사례가 있으며, 그 과정 및 결과는 〈그림 2-129〉와 같다.

구본학(2002)이 비무장지대 동부와 한강을 대상으로 습지 분포를 확인하는 과정과 결과는 다음과 같다.

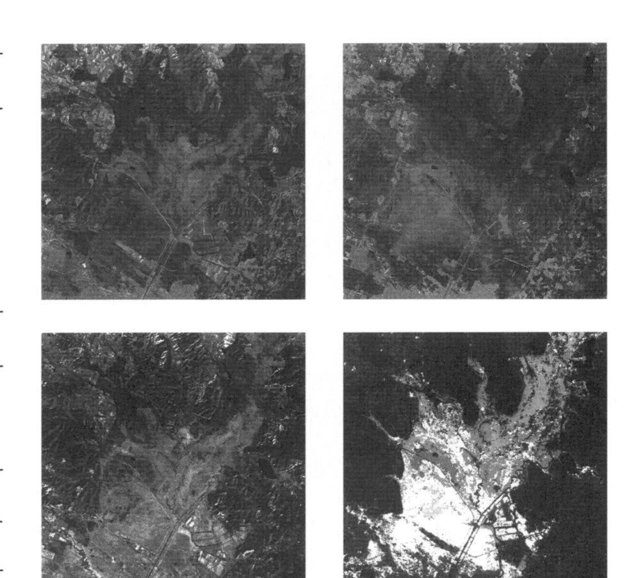

그림 2-129. 일본 북해도 습지 유형 분류(http://info.nies.go.jp). 위: Landsat TM 4·5·3 밴드 조합에 의한 8월 및 6월 영상, 아래: 4·5·3 밴드 조합에 의한 11월의 영상, 최종 유형 분류 도면

■ **비무장지대 습지 분포**

ⓐ 321밴드 조합은 눈으로 보는 자연 상태의 이미지를 나타내고 있다. 녹색으로 나타난 곳이 식물체가 생육하고 있는 지역이며, 갈색으로 나타난 지역은 식생이 없거나 낙엽기의 식물 등 불확실한 피복 상태를 나타낸다. 합성영상에서 산불지역의 색상이 갈색으로 나타나며 특히 보라색에 가까운 짙은 갈색으로 나타나고 있다. 주 이동경로인 등산로는 옅은 갈색으로 나타나고 있다.

ⓑ 431밴드 조합은 식생과 인공구조물(특히 포장)을 구분하고 있다. 붉은색으로 나타난 부분이 초본이나 목본 등 식생이 서식하고 있는 지역이며, 청녹색으로 나타난 부분은 식생이 없는 지역을 나타내고 있다. 조사지역 내 대부분 청녹색으로 나타난 것을 볼 수 있으며, 이 구간은 산불의 극심한 피해를 받은 것을 알 수 있다. 조사구역 밖인 그림 아래쪽에는 붉은색이 짙게 나타나 산불이 이 지역까지는 이르지 못했던 것으로 확인할 수 있다. 산불 피해 구간 중 일부 구간은 붉은색으로 나타나고 있는데 이러한 지역은 수분 함량이 많아 피해를 거의 받지 않은 것으로 추정되며, 따라서 이러한 지역은 습지의 가능성이 높은 지역으로 볼 수 있다. 감호 주변과 남방한계선의 북쪽 인근, 통일전망대 주변, 서쪽 계곡 등에서 습지의 가능성이 있는 식생대가 나타나고 있다.

표 2-40. 비무장지대 동부 지역 Landsat TM 밴드 조합을 통한 습지 개략 분포도 및 고해상도 영상을 통한 습지 판별(구본학, 2002)

ⓐ Landsat TM 321 밴드 조합	ⓑ Landsat TM 4·31 밴드 조합	ⓒ Landsat TM 752 밴드 조합	ⓓ 고해상도 영상을 통해 습지로 판별

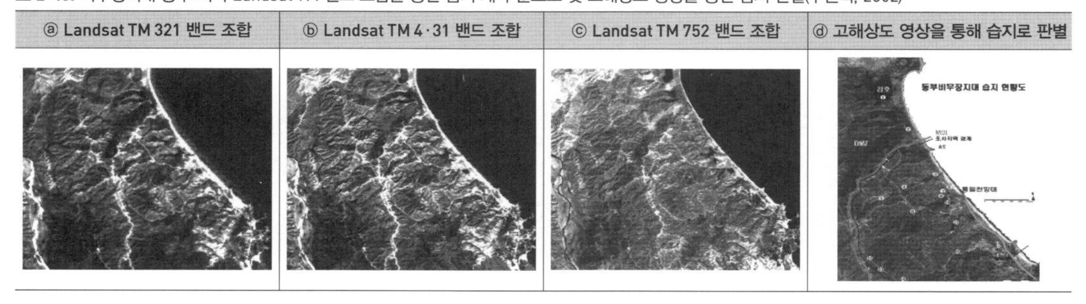

ⓒ 752밴드 조합에서는 청색으로 나타난 부분이 물 또는 습지 지역으로 파악될 수 있다. 동부 비무장지대의 경우 해안지역에 뚜렷한 청색으로 습지가 분포되고 있는 것을 알 수 있다. 북쪽으로는 감호가 크게 자리 잡고 있고, 통일전망대 남쪽 구간은 해안선을 따라 습지대가 연속적으로 분포함을 알 수 있다.

이와 같이 Landsat TM 영상의 밴드 조합을 통해 습지 가능성이 있는 지역을 개략적으로 판별할 수 있는데, 321밴드 조합에서는 육안으로 보는 것처럼 전체적인 지형의 특성을 개략 파악할 수 있고, 752밴드에서 수역이 있는 습지를 비교적 명확히 추출할 수 있으며, 431밴드 조합을 통해 그 외 지역의 습지 가능성을 확인할 수 있다.

■ 한강 하류 습지 분포

한강지역은 431밴드, 453밴드, 752밴드 조합으로 분석하였다(구본학, 2002). 431밴드 조합은 동부 비무장지대에서 나타난 바와 마찬가지로 붉은색의 식생대와 청색의 인공구조물이 구별되어 나타나고 있다. 한강의 밤섬과 하남시의 선동습지, 당정도 구간, 둔치의 일부 구간에 붉은색의 식생대가 나타나고 있어 이 지역에 인공 초지 또는 자연습지가 형성되어 있을 가능성을 보여주고 있다. 즉, 밤섬 구간과 여의도 샛강생태공원, 암사동 유적지 구간, 하남시 선동습지 구간, 당정도습지 구간, 팔당호 구간, 경안천 유입구, 그외에도 둔치 일부에서 식생대가 형성되어 있음을 알 수 있다. 동부 비무장지대와 같은 자연지역은 물론 한강의 서울시, 하남시 구간과 같은 인공지역에서도 본 431밴드 조합은 식생지역을 구별함으로써 개략적인 습지의 분포 가능성을 확인하고 습지 후보지를 선정하는데 적절한 것으로 판단된다.

453밴드에서는 물의 변화가 예민하게 나타나고 있다. 특히 하남시의 선동습지 및 당정도 구간에서 하상의 변화를 감지할 수 있으며, 이 지역에 퇴적층이 형성되어 습지가 발달할 수 있을 가능성을 보여주고 있는데, 현장답사 및 정밀 조사 결과 실

표 2-41. Landsat 영상 밴드조합을 통한 한강 유역 습지 판별

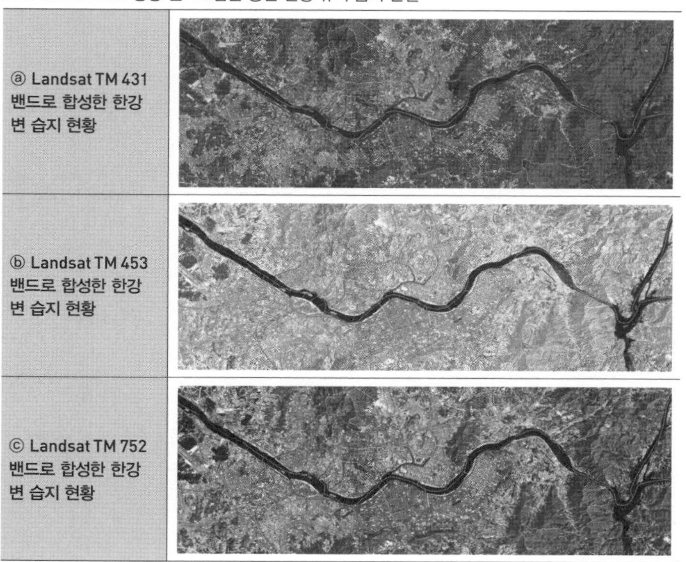

제로 이 지역에 퇴적층이 형성되고 있고 다양한 습지가 발달되어 있었다.

즉, 453밴드 조합을 통해서 물의 예민한 변화를 감지해낼 수 있으며 하천이나 호수 등 유수나 정수 상태의 습지에서 깊은 물deep water과 습지를 구별할 수 있는 근거로 활용 가능하다.

752밴드 조합에서는 청색의 뚜렷한 변화가 나타나고 있다. 한강 본류 및 김포공항 근처의 농경지(논), 하남시의 습지 등이 다른 조합과는 달리 명확하게 구별되어 나타나고 있다. 영상의 텍스처를 통해 하천과 논, 습지 등을 구별할 수 있다.

이와 같이 Landsat TM 영상의 밴드 조합을 통해 일정한 수준까지 습지의 가능성을 확인할 수 있었다. 431밴드 조합을 통해 식생대가 형성된 지역을 구별하며, 453밴드 조합을 통해 수역의 예민한 변화를 찾아냄으로써 습지의 발달 가능성을 확인하고, 752밴드 조합으로는 뚜렷하게 나타나는 물의 이미지 차이를 통해 습지를 추출하고 개략적인 유형을 판단할 수 있다.

이렇게 Landsat TM 영상을 통해 개략적으로 판단한 다음 고해상도 영상을 이용한 정밀 판별 과정이나 현지답사 및 정밀 조사를 통해 습지를 판별하고 위치와 유형 등을 파악할 수 있을 것이다.

■ 두만강 하류 습지 분포

주위홍(2002)의 연구에서 두만강 하류 3국 접경지역의 습지 유형 분류를 위해 Landsat TM 영상의 밴드 특성에 따라 토지 이용을 비교적 자연 상태로 잘 나타낼 수 있고 식생 및 수변구역을 비교적 자연적으로 표현할 수 있는 542 조합으로 분석하였다(그림 2-130). 진한 푸른색으로 나타나는 지역은 수역을 표시하고 색깔의 짙고 연한 차이에 따라 수심이 일정한 차이가 있다는 것을 보이고 있다. 녹색 부분은 산림으로 나타났고 산림계곡을 따라 나타나는 연붉은 색상은 나뭇잎이 많이 가리지 않은 습한 지역을 나타내며, 하천을 따라 핑크색으로 나타나는 지역들이 논 및 계절적 범람 습지로 나타나고 있다. 이와 같이 분석한 결과 두만강을 따라 강의 양안과 두만강 하류 경신 방천지역에 분포하는 호수 주변에 습지가 비교적 많이 발달하여 있는 것으로 나타났다.

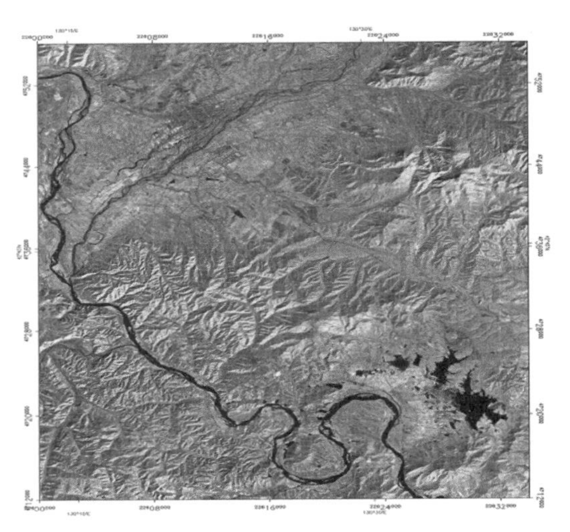

그림 2-130. 두만강 하류 Landsat TM 542 조합(주위홍, 2002)

(2) 고해상도 영상을 통한 습지의 판별 및 분류

Landsat TM 등의 저해상도 영상을 이용한 연구는 비교적 해상도가 떨어진다는 문제점이 있다. 식생 활력도나 토지피복도 등에 주로 사용되어 왔던 Landsat TM 영상의 경우 해상도가 30m×30m로서 정밀한 분석 및 도면화에는 한계가 있다.

구본학(2002)은 1m×1m의 해상도를 갖는 IKONOS 위성영상 및 항공사진을 분석 자료로 정밀 분석한 바 있다(그림 2-131, 132). Landsat TM 영상으로 개략적인 습지 후보지와 분포 현황을 파악한 후 다음 단계에서 고해상도 영상인 IKONOS 영상을 통해 정밀한 습지의 판단과 범위 설정이 가능하다. 최근에는 1m 이내의 정밀도를 지닌 고해상도 위성영상이 제공되고 있어 쉽게 분석할 수 있다. 대표적으로 Google에서 제공하는 위성영상 서비스나 국내의 네이버맵, 카카오맵(다음맵) 등 포털 사이트에서도 고해상도 위성영상을 제공하고 있다(그림 2-133).

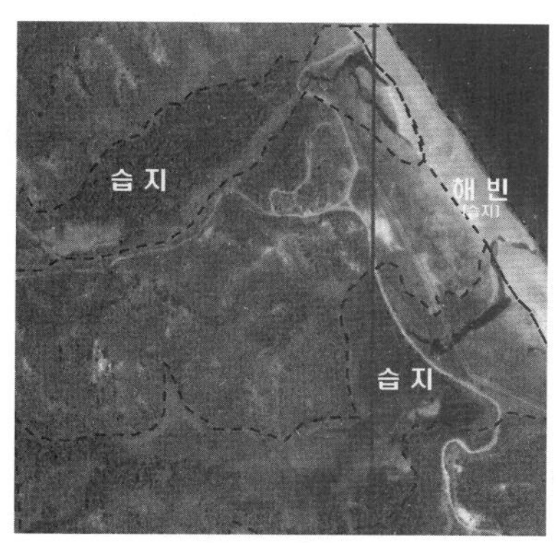

그림 2-131. 고해상도 위성사진으로 습지 가능성 지역 선정. 점선 부분이 위성사진상에서 정밀 판단하여 습지로 판단되는 지역(구본학, 2002)

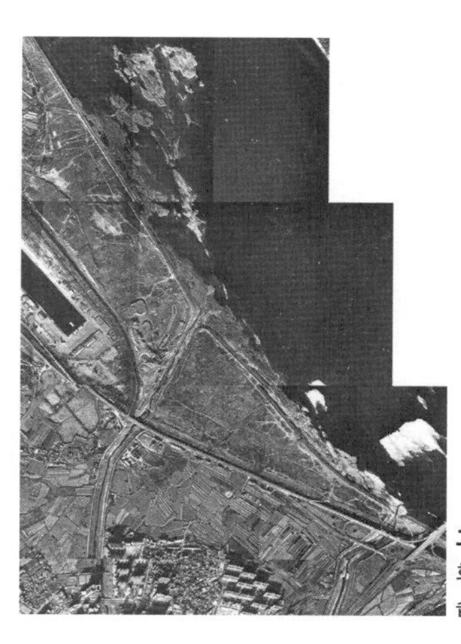

그림 2-132. 한강 습지 분류 및 도면화에 사용된 위성영상(하남시 당정도 습지 구간, S=1:5,000; 구본학, 2002)

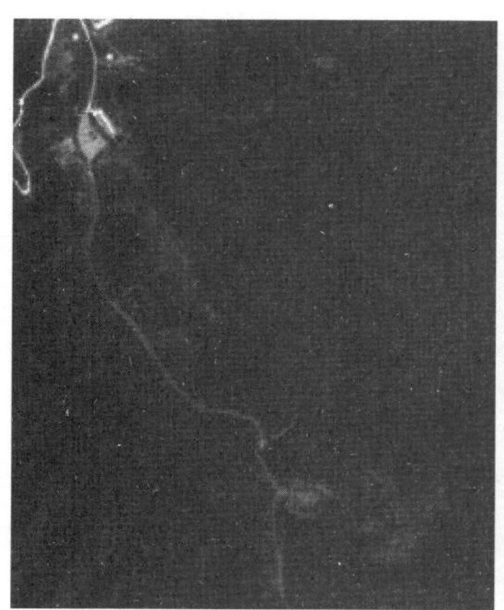

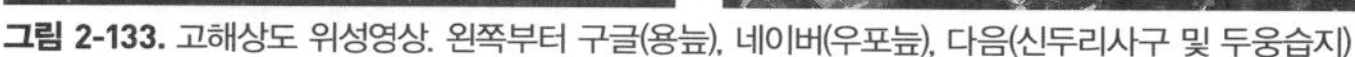

그림 2-133. 고해상도 위성영상. 왼쪽부터 구글(용늪), 네이버(우포늪), 다음(신두리사구 및 두웅습지)

(3) 답사에 의한 판별 및 분류

실내에서 위성사진이나 지형도를 보고 습지로 판단되는 지역을 조사 대상지로 선정한 다음 연구 대상지 현장조사에서는 앞에서 제시한 지형학적 특성 및 지형, 수문, 식생 등 습지 지표에 근거해서 실내 작업을 통해 조사 대상지로 선정했던 지역에 대한 습지 여부를 판단하고 명확한 경계를 설정한다. 습지의 판별을 위한 중요한 기준은 앞에서 제시한 습지에 대한 조작적 정의와 습지 지표에 따라 정해진다.

이 과정을 통해 습지로 판별된 지역에 대해서는 정밀한 현장조사를 통해 도면상에 조사 결과를 기록하고 우점종 등 식생 현황, 침수 빈도 등 수문 현황, 지형학적 특성 및 지형 등을 파악할 수 있는 사진을 촬영한 후 최종적으로 습지의 유형을 판별하게 된다.

식생이 불명확한 지역은 토양 상태를 확인하여 범람에 의해 생성된 충적토임을 확인하거나 이탄층의 발달을 관찰하여 습지 여부를 결정한다. 이렇게 실내 작업과 현지 확인 절차를 거쳐 습지임이 확인된 지역은 사진으로 촬영하여 판단의 근거를 남긴다.

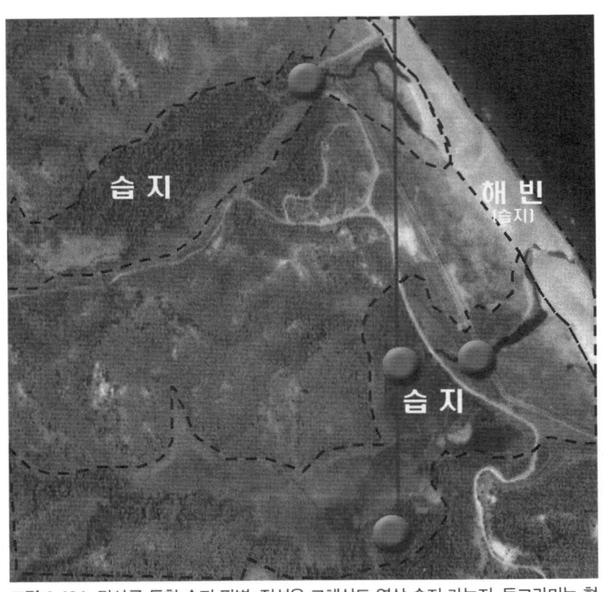

그림 2-134. 답사를 통한 습지 판별. 점선은 고해상도 영상 습지 가능지, 동그라미는 현지에서 판별된 습지(구본학, 2002)

구본학(2002)의 연구에서 동부 비무장지대에서 습지로 판별된 곳은 총 15곳이며, 사진 촬영 후 현장조사 자료와 함께 실내에서 습지의 판별과 유형을 결정하였다(그림 2-134).

같은 방법으로 한강의 습지를 판별한 바(표 2-42), 한강 서울시 구간은 대부분 제방이 축조되어 있기 때문에 수문 조건으로는 제방을 기준으로 명확하게 습지 판별 및 경계 구분이 가능하였으며 습지 유형은 식생과 토양 조건으로 판단하였다(구본학, 2002). 호안으로 차단된 홍수터(범람원)의 경우 대부분 인공조림이나 잔디가 식재되어 있기 때문에 식생 기준으로는 습지로 판단하기 곤란하였으나 연중 수차례 범람하는 지역이므로 수문 지표에 의해 습지로 판단하였으며 수변식생대로 구분하였다. 습지로 확인된 구간은 식생 조사를 실시하였고 사진을 촬영하여 현장조사 결과와 사진을 바탕으로 습지의 판별과 유형을 결정하였다.

표 2-42. 한강 습지 분포(구본학, 2002)

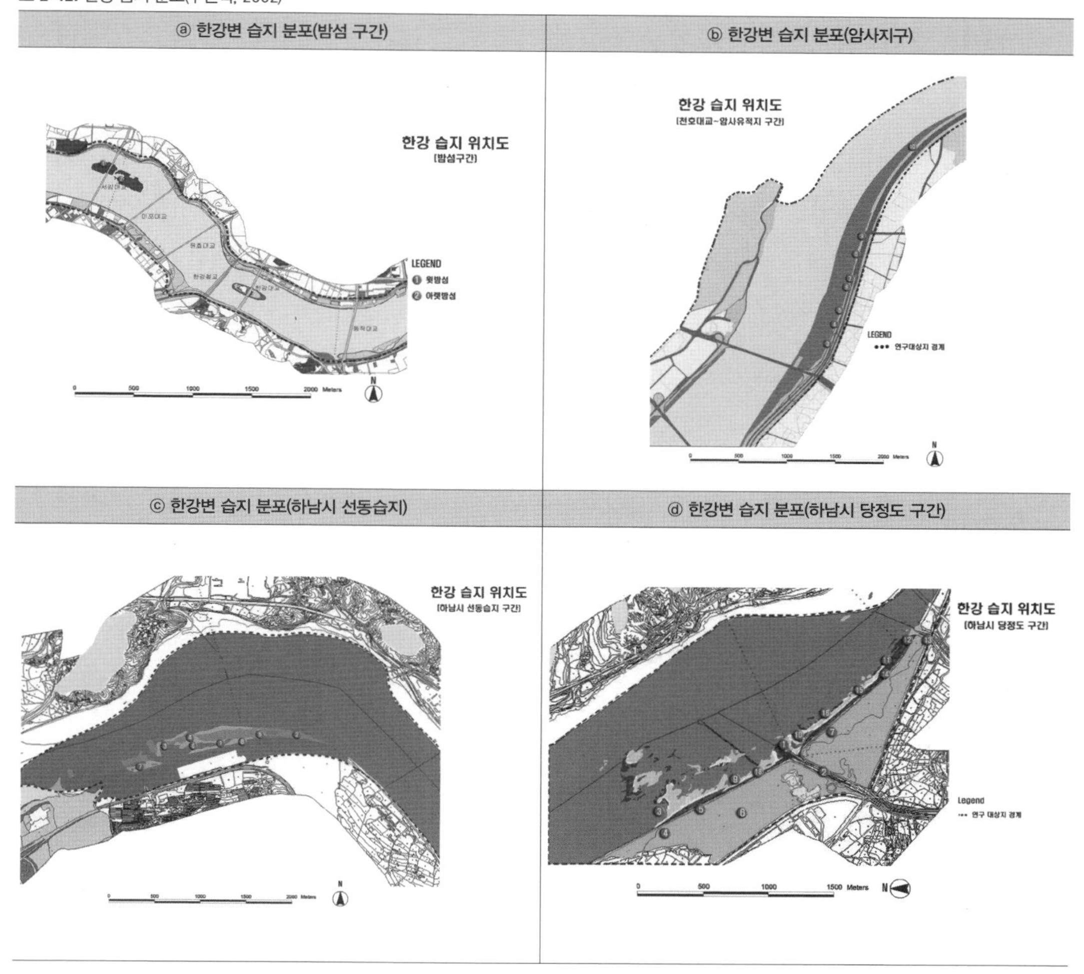

(4) 답사 불가능한 지역의 습지 판별 및 유형 분류

1) 위성영상을 통한 습지의 개략적인 판별

주위홍(2002)은 접근성에 따라 정밀조사 가능 지역과 불가능 지역을 구분하여 각각 습지 판별 및 유형 분류를 하였다. 지역적 특성으로 인하여 접근이 불가능한 지역이 많기 때문에 정밀조사가 불가능하여 위성영상을 활용하여 감독 분류와 무감독 분류를 결합하여 습지의 대체적인 분포 가능 범위 및 지역을 확인할 수 있다.

2) 조사 가능 지역과의 비교 분석을 통한 습지 식별 및 유형 분류

주위홍(2002)의 연구에서는 접경지역에서 부분적인 구간에 대한 현장조사 및 정밀조사가 가능한 지역을 대상으로 표본지점을 정하고, 정밀조사 가능 지역 내 습지를 대상으로 여러 지점을 선정하여 습지의 유형과 분포 특성을 조사하였다. 현지조사를 통해 습득한 습지의 유형과 분포지역의 자료를 기초로 GIS에서 형성된 표준지도를 래스터화하고 위성영상과 비교 분석하였다. TM영상에 근거한 감독 분류와 접근이 불가능한 지역에 대한 무감독 분류를 활용하여 습지 유형 분류 및 도면화한 과정은 〈표 2-43〉과 같다.

표 2-43. 답사 가능성에 따른 습지 유형 분류 및 도면화 과정(주위홍, 2002)

ㅇ 대상 지역의 선정	▶	ㅇ 대상 지역의 선정 –동북아시아 한국, 중국, 북한, 러시아 4개국에서 국경간 접경지역을 중심으로 선정
ㅇ 습지 인식 및 유형 분류 기준	▶	ㅇ 습지 인식 및 유형 분류 기준을 도출
ㅇ 습지 유형 분류 및 도면화	▶	ㅇ 정밀조사 가능지역에서의 습지 인식 및 유형 분류 ㅇ 조사 불가 지역에서 습지 인식 및 유형 분류
ㅇ 습지 유형 및 분포의 특성 분석	▶	ㅇ 습지 유형 특성 분석 ㅇ 습지 분포 특성 분석
ㅇ 습지특성 비교 분석	▶	ㅇ 습지유형 및 분포 특성의 공통점과 차이점 도출 ㅇ 공통점과 차이점이 존재하는 자연적, 사회적 원인 도출
ㅇ 습지 보전관리 방안	▶	ㅇ 습지의 유형별 보전관리 방안 제시

3) 영상 보정 및 재배열

대상지 내 단일 시기의 Landsat TM 영상 전처리를 위해 지형도를 이용하여 영상을 기하보정하고 재배열한다. 또한 산악지역의 경사와 사면에 의한 지형 효과가 발생하여 화소 값에 영향을 주기 때문에 지형 효과를 저감하기 위한 방사보정을 실시한다.

4) 무감독 분류와 감독 분류

영상 분류는 크게 감독 분류supervised classification와 무감독 분류unsupervised classification로 나눌 수 있다. 감독 분류는 유형에 대한 정보가 미리 정해져 있는 상태에서 컴퓨터에 의해 자동으로 현상을 분류하는 것이고, 무감독 분류는 영상에 대한 통계적 특성만으로 영상 화소를 자동 분류하는 방법으로서 연구 지역에 대한 사전 정보가 없는 경우에 유리하다.

주위홍(2002)의 연구에서는 우선 ISODADA 기법으로 무감독 분류를 실시하여 20개 유형을 구분하였다. 이러한 유형들은 오로지 분광 패턴에 근거한 것이므로 실제 유형은 알 수 없다. 다음 정밀조사 대상지역에 대한 현지답사 자료와 무감독 분류 결과를 결합하여 감독 분류에 필요한 훈련지역

training을 선정한다.

분류 체계는 연구지역의 특성에 근거하여 습지를 판단할 수 있는 밴드 2, 3, 4와 습도 상황을 잘 나타내는 밴드 5를 이용하여 현지답사 자료를 토대로 무감독 분류와 감독 분류를 결합하여 식생지표를 중심으로 분류 항목을 선정한다. 분류 항목을 선정한 후, 위성영상을 기초로 지형도와 현지답사 자료에서 추출한 습지 지역을 참고로 수문 상황을 판단 분석할 수 있는 수문분석도와 지형분

그림 2-135. 비무장지대 및 민통지역 동부 위성영상 무감독 분류(TM Landsat 1999. 5)

표 2-44. 두만강 하류 습지 Landsat 영상 밴드 조합(주위홍, 2002)

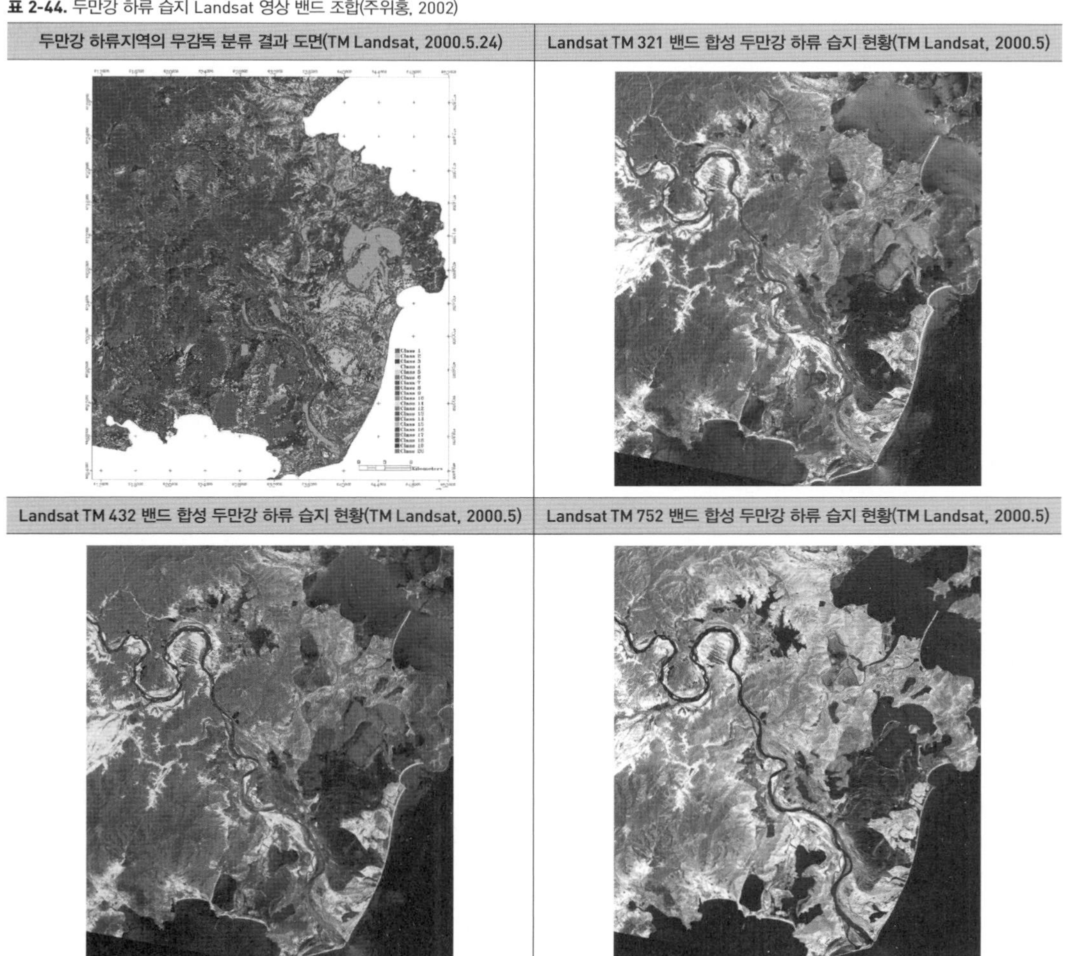

석도를 중첩하여 분류결과도에 중첩overlay하여 습지형과 육지형을 구분한다.

이렇게 선정된 training 지역을 이용하여 정확도가 비교적 높은 최대우도법Maximum Likelihood으로 감독 분류를 실시한다. 이 방법은 통계적 기법으로 훈련 자료가 정규분포 상태라는 가정 하에서 자료의 평균 백터와 공분산 행렬을 계산한 후 확률밀도함수를 이용하여 각 화소를 확률이 가장 높은 유형으로 분류한다.

식생을 중심으로 한 토지이용현황 분류 결과는 다음 〈표 2-44〉와 같다.

분류 결과는 실제 지면의 토지이용도, 대축척 항공사진 혹은 상세한 현지답사 결과에 의해 정확도 분석을 실시한다. 3국 인접지역을 대상으로 진행된 주위홍(2002)의 연구는 상세한 현지답사는 불가능하므로 현지답사 자료에 의하여 확인 가능한 중국과 북한지역에 한하여 무작위 픽셀 추출 방식을 택하였다. 즉 한정된 지역의 영상에서 무작위로 추출한 픽셀의 분류 결과와 실제 상황과 비교 검증하였다. 총 정확도는 95.8%, Kappa 지수는 0.9533으로서 비교적 높게 나타났다. 구체적으로 보면 수면의 정확도는 100%로서 제일 높고 초지가 86.39%로서 가장 낮다(표 2-45).

표 2-45. 식생을 중심으로 한 토지이용현황 분석의 에러 검증표

Class	Commission 에러	Omision 에러	Accuracy
Fo	2.64	5.14	94.86
Sh	6.10	2.91	97.09
He	16.09	13.61	86.39
Em	0.31	2.14	97.86
Cr	0.00	0.74	99.26
DFi	11.19	5.19	94.81
Sp	0.63	1.88	98.12
SW	0.00	0.00	100.00
DW	0.00	0.00	100.00
Bu	1.01	8.44	91.56

표 2-46. 식생을 중심으로 한 토지이용현황 분석의 정확도 검증 도표

Class	Fo	Sh	He	Em	Cr	DFi	Sp	SW	DW	Bu	Ground Truth
Fo	94.86	1.46	0.00	2.14	0.00	0.00	0.00	0.00	0.00	0.00	14.01
Sh	0.00	97.09	7.69	0.00	0.00	0.00	0.00	0.00	0.00	0.00	12.11
He	4.94	1.46	86.39	0.00	0.00	5.19	1.57	0.00	0.00	0.00	9.89
Em	0.20	0.00	0.00	97.86	0.00	0.00	0.00	0.00	0.00	0.00	9.12
Cr	0.00	0.00	0.00	0.00	99.26	0.00	0.00	0.00	0.00	0.00	11.46
DFi	0.00	0.00	5.33	0.00	0.00	94.81	0.31	0.00	0.00	8.44	11.68
Sp	0.00	0.00	0.59	0.00	0.00	0.00	98.12	0.00	0.00	0.00	8.95
SW	0.00	0.00	0.00	0.00	0.00	0.00	0.00	100.00	0.00	0.00	7.33
DW	0.00	0.00	0.00	0.00	0.00	0.00	0.00	0.00	100.00	0.00	7.02
Bu	0.00	0.00	0.00	0.00	0.74	0.00	0.00	0.00	0.00	91.56	8.41
Total	100.00	100.00	100.00	100.00	100.00	100.00	100.00	100.00	100.00	100.00	100.00

Commission 에러로 볼 때 교목의 일부는 초본과 수생식물로 분류되었고 관목의 일부는 교목과 초지, 초지의 일부는 교목, 밭과 나지, 수생식물의 일부는 교목으로, 논의 일부는 거주지로, 밭의 일부는 초지로, 나지의 일부는 초지와 밭으로, 거주지의 일부는 밭으로 각각 오분류 되었다(표 2-46).

이렇게 얻은 결과는 분류 후 처리 과정을 거쳐 Vector 파일로 저장하여 ArcGIS에서 분석한다.

다. GIS를 이용한 습지 분포 분석

광범위한 지역이거나 산림지역과 같이 위성영상이나 항공사진만으로 습지 여부 판단이 어려운 경우 수치지도를 기반으로 GIS 툴을 활용하여 지형적 조건을 입력하면 습지 가능지가 도출될 수 있다. 이렇게 습지 가능지로 선정된 후보지는 현지답사를 통해 실제 습지 여부를 판단하게 되며, 현지답사에서는 습지의 3요소인 수문, 식생, 토양 등의 지표를 근거로 판단하게 된다.

(1) 산지습지 가능지

산지습지는 지형적으로 높은 고도에 위치하고 있어 조사자의 접근이 어렵고, 습지의 식생밀도가 높아 연구자가 직접 조사하기에는 많은 제약이 따르므로 GIS 공간분석 연구를 통해 산지의 지형적 특성을 분석하여 산지습지 가능 지역을 도출할 필요가 있다. 산지습지 가능지 분석 연구로는 고해상도 위성사진을 이용한 습지 경계 작성(O'Hara, 2001) 등 토지 피복 특성에 따른 분광 분석을 통해 습지 가능 지역 또는 습지 경계에 대해 간접적인 설정 연구가 있고, 레이저 거리 측정 기술을 적용한 LiDAR 기반의 DEM(수치표고모델)을 이용한 습지 경계 추출 연구(Mahler, 2012) 등이 이루어지고 있다.

국내에서도 장용구와 김상석(2006)은 산지습지 분포에 직접적으로 영향을 미치는 습지 구성인자인 경사도, 사면방향, 지질, 암상, 생태자연도 등을 기반으로 GIS 분석을 통해 습지 분포 예측 알고리즘을 개발하였다. 박경훈 등(2007)은 Topographic Position Index(TPI)를 활용하여 경남 일대 산지습지 가능 지역 분포도를 작성하였으며, 구자용과 서종철(2007)은 고도, 경사도, 토지이용, 식생지수NDVI를 기초로 GIS 중첩분석을 통해 산지습지 가능지를 추출하였다.

문상균과 구본학(2014)은 무제치늪, 신불산 고산습지, 대성늪, 화엄늪 등 우리나라 대부분의 산지습지 보호지역이 위치하고 있는 경상남도 양산시와 울산광역시 울주군 경계지역에 위치한 영남알프스 산지 일대를 대상으로 습지 가능지를 분석하였다(그림 2-136). 이 지역은 영남 동부지역으로 신불산,

영축산, 가지산 등 해발 1000m 이상 고산지대 발달되어 있으며 분지 형태의 지형에 습지가 형성된 것으로 보고 있다(환경부, 1997).

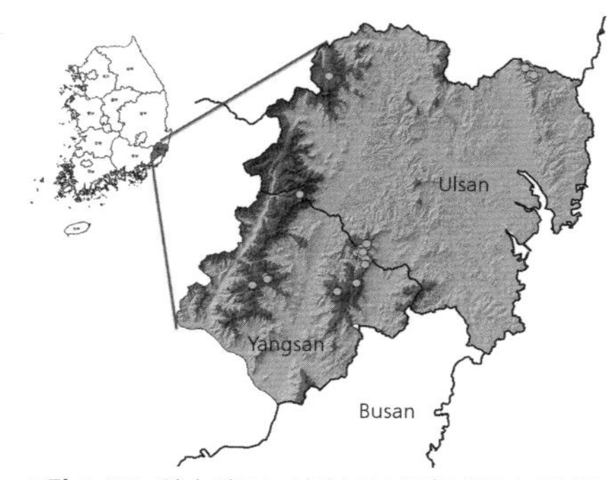

그림 2-136. 영남 알프스 산지습지 분포(문상균과 구본학, 2014)

1) 공간분석 결과

산지습지는 지형적으로 고위평탄면 또는 경사변곡점이나 능선 주위에 잘 발달(구본학 등, 2007)하기 때문에 지형적 요소 중 경사도를 공간데이터베이스로 구축하고 습지의 형성과 지표의 중요한 요소로 사용되는 수문, 식생, 토양(구본학, 2002; USFWS, 1979)과 관련된 공간 자료를 확보하여 데이터베이스를 구축하였다. 산지 위치 자료를 GIS 데이터로 구축하여 수치표고모델DEM과 중첩하여 공간요소별로 분석하였으며, 산지습지 가능지 공간 요소는 고도, 경사도, 습윤지수, 토지피복 등으로 구분하였다. 각 요소별 분석 결과는 다음과 같다(그림 2-137).

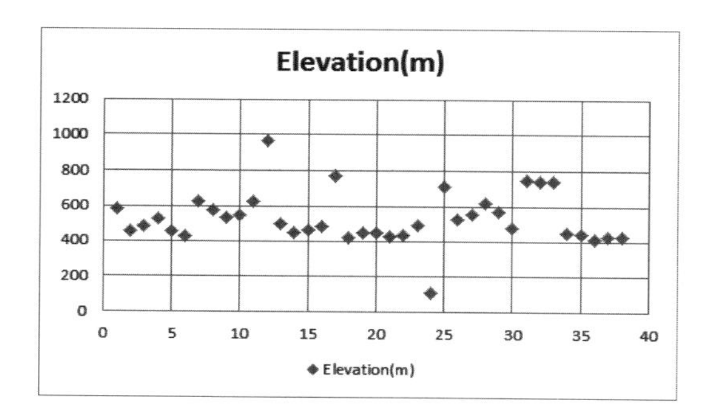

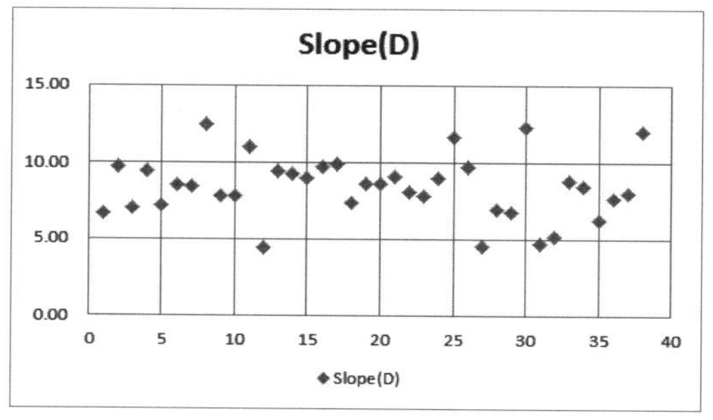

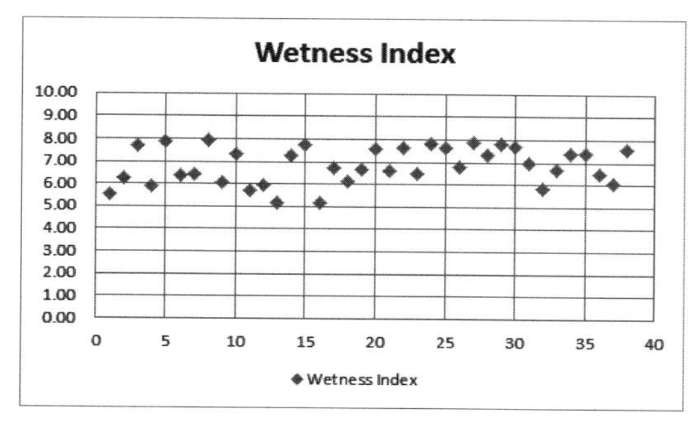

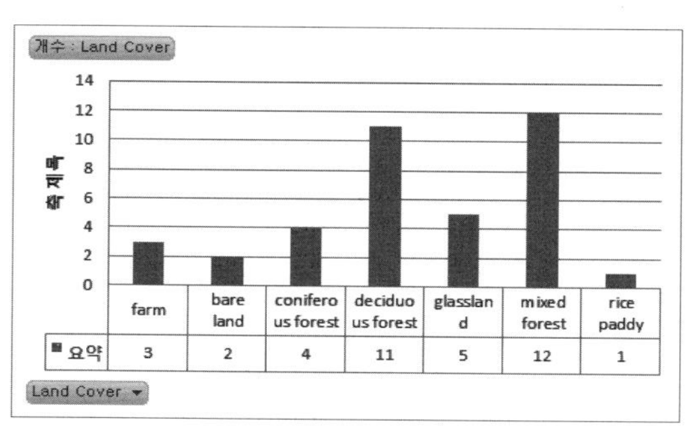

	farm	bare land	coniferous forest	deciduous forest	glassland	mixed forest	rice paddy
■ 요약	3	2	4	11	5	12	1

그림 2-137. 산지습지 가능지 공간 분석. 고도, 경사도, 습윤지수, 토지피복(문상균과 구본학, 2014)

고도

고도값 추출 결과 경남 양산에 위치한 단조늪이 966m로 가장 높은 고도에 위치하고, 경남 울주군에 위치한 말미기늪이 134m로 가장 낮은 고도에 위치하고 있는 것으로 나타났다. 또한 총 38개 산지습지 중 36개(94.74%)의 습지가 고도 400m에서 800m 사이에 분포하는 것으로 나타났다. 400m 이하 지역의 습지는 대부분 농경지로 사용되고 있거나 인간 활동으로 사용되고 있어 400m 이상인 지역으로 제한하였다.

경사도

경사도는 지형 발달과 토양 침식, 식생분포, 인간의 토지 이용 등에 미치는 영향이 큰 요소로서 국토지리정보원에서 제공하고 있는 공간해상도 30m의 DEM(Digital Elevation Model)을 ArcGIS 10.1 Toobox에서 제공하고 경사 분석 tool을 사용하여 공간데이터베이스를 구축하였다.

영남 알프스 지역에 분포하는 산지습지 경사도는 단조늪이 4.38°로 가장 낮은 경사도, 대성늪이 12.42°로 가장 급경사지에 위치하는 것으로 나타났다. 습지의 경사도가 10°미만은 총 38개소 중 33개소 86.84%로 나타났다.

습윤지수

지형의 습윤 상태를 정략적으로 계산하기 위하여 Beven & Kirkby(1979)에 의해 제안된 습윤지수(Wetness Index(WTI))를 이용하였다. 습윤지수는 포화성향성 또는 수문학적 상사성을 수치지형 모형에서 구현하는 수문학적 대리지수로써 TOPMODEL, THALES, TOPOG 등의 많은 분포형 수문 모형에서 활용되고 있는데 〈그림 2-138〉과 같은 과정을 통해 습윤지수를 나타내는 공간데이터베이스를 구축하였다.

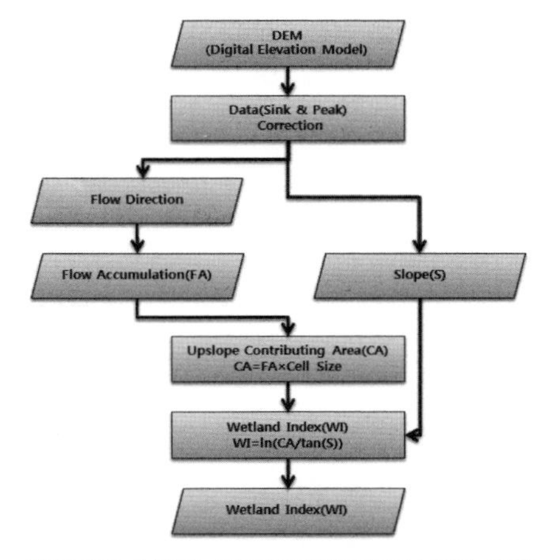

그림 2-138. 습윤지수 산출 프로세스(문상균과 구본학, 2014)

분석 결과 능선 위에 발달한 고위평탄면에서 발달한 습지들의 경우 5~8사이의 값을 갖는 것으로 나타났다. 습윤지수 값 5~6은 7개소 18.42%, 6~7은 14개소 36.84%, 7~8은 17개소 44.74%로 나타났다. 현지조사 결과 습윤지수 9이상부터 과포화되어 계류가 형성되는 것을 확인할 수 있었다.

식생 및 토지피복

식생 및 토지피복은 1:25,000의 중분류 토지피복도를 이용하여 산지습지와 관련된 산지지역과 초지를 추출하여 공간데이터베이스를 구축하였다. 산지습지 토지피복은 혼효림-활엽수림-자연초지-침엽수림 순으로 나타났다. 현지조사 결과 토지피복도와 다르게 나왔다. 침엽수림과 혼효림이 나타나는 것은 과거 조림사업으로 침엽수가 식재되었거나 육화가 진행되고 있는 지역이며, 반면에 혼효림은 습지 토양의 수분이 풍부하여 점점 활엽수림으로 천이되어 가는 과정으로 판단된다. 또한 토지피복도 작성과정에서 과거 저해상도 위성영상으로 판독되지 않는 소규모 지역은 주변 식생으로 편입하여 나타나는 것으로 판단된다. 농경지는 토지피복도 제작 시 지형도를 참조하는 과정에서 과거 습지를 농경지로 사용했던 지역이 갱신되지 않은 경우이다.

토양

습지의 토양은 토양 특성에 따라 물의 흐름 및 직접 정도가 다르게 나타난다(Song et al, 2006, Anderson et al, 2004; Bruland et al, 2004). 문상균과 구본학(2014)의 연구에서는 토양의 상태와 수분의 보습력 등을 고려하여 토양의 특성과 배수 등급 등을 파악할 수 있는 수치토양도를 분석하였다. 토양도는 토양통의 코드값만 제공하므로 토양통을 속성 테이블 구성하고 ArcGIS tool에서 제공하는 테이블 결합join 작업을 통해 토

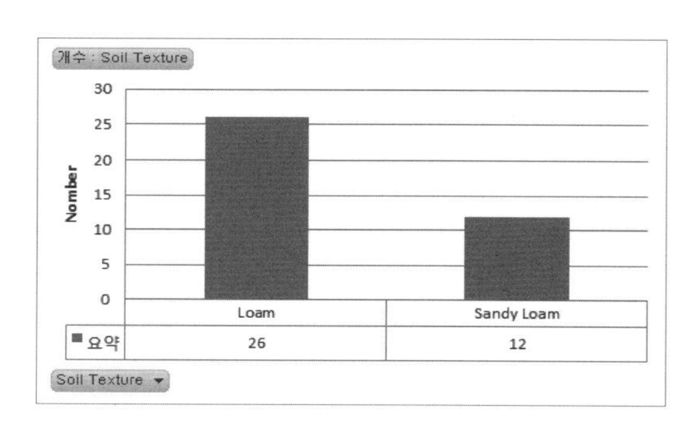

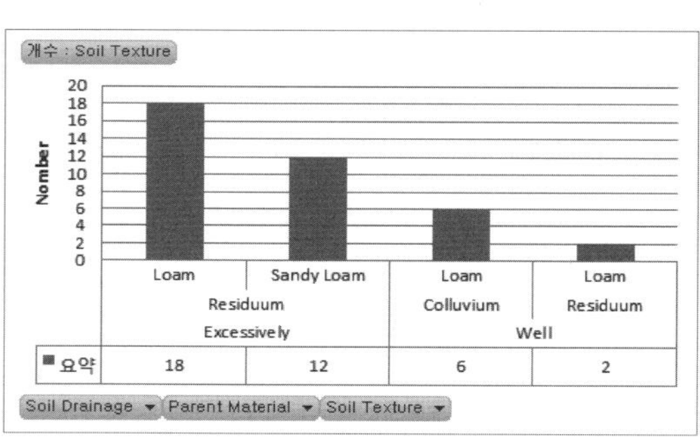

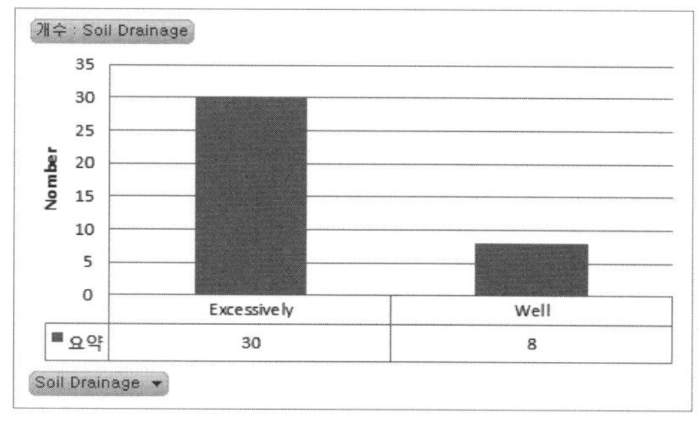

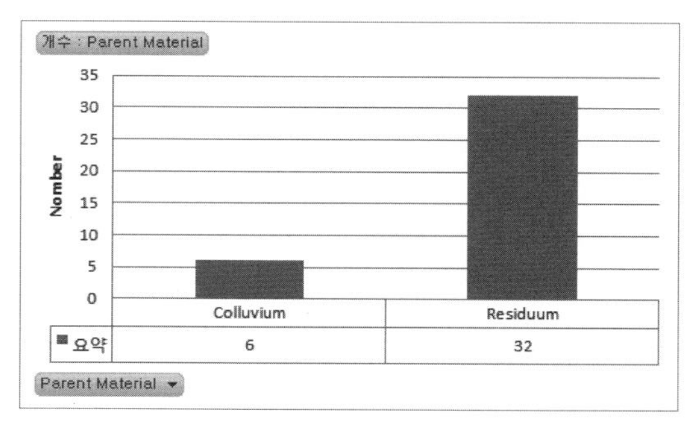

그림 2-139. 산지습지 가능지 토양분석(문상균과 구본학, 2014)

양의 토성, 배수등급, 퇴적양식 등을 나타내는 공간데이터베이스를 구축하였다(그림 2-139).

토성은 '양토'와 '사양토' 지역으로 나타났다. 퇴적 양식은 32개소가 잔적층이고 그 외 6개소는 붕적층으로서 산지습지 대부분은 잔적층으로 나타났다. 잔적층의 잔적토는 지형에 따라 산지와 구릉지로 나누어지는데 본 대상지에서는 모두 산지로 나타났다. 잔적층은 풍화된 암석의 분해물이 다른 곳으로 옮겨지지 않고 본래의 암석 위에 그대로 쌓여서 생긴 층으로 산지습지는 토층이 안정된 곳에 위치하고 있음을 알 수 있었다.

토양 배수등급은 38개소 중 30개소가'매우 양호'(78.95%)이며, 나머지도'양호'한 지역으로 산지습지 대부분 배수등급이 양호한 곳에 위치하는 것으로 나타났다.

이와 같은 결과로 해석해 볼 때, 토양의 토성, 퇴적양식, 배수등급 등 각 특성으로 산지습지 가능지역의 평가인자로 사용하기에는 제한적이었으나, 3가지 특성을 종합하여 산지습지와 관련성을 분석한 결과 전체 4가지로 분류할 수 있었고, 배수등급 '매우 양호', 퇴적양식 '잔적층', 토성 '양토'인 경우가 전체 산지습지의 50%로 나타났다.

2) 평가인자의 상대적 중요도

다음으로는 ArcGIS tool을 이용하여 앞에서 구축한 평가인자에 대한 공간데이터베이스에서 산지

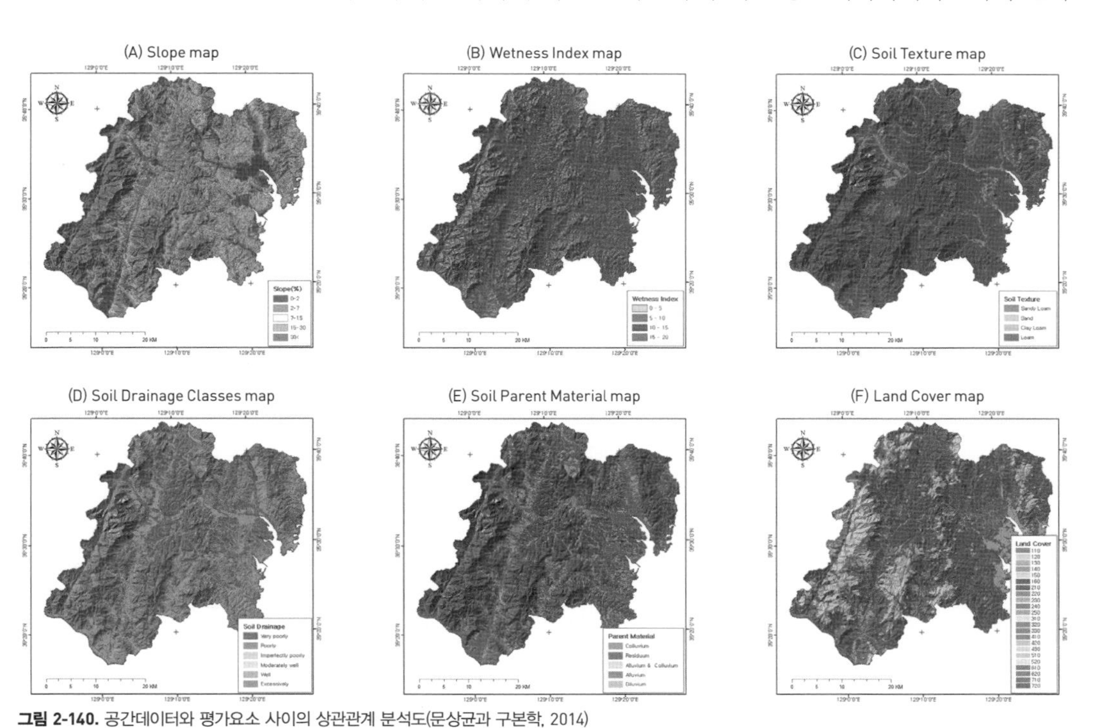

그림 2-140. 공간데이터와 평가요소 사이의 상관관계 분석도(문상균과 구본학, 2014)

습지 공간 자료의 위치에 해당하는 속성 값을 추출하여, 산지습지와 공간데이터베이스의 상관관계를 분석하였다(그림 2-140).

산지습지 가능 지역을 습윤지수, 경사도, 토지피복, 토양 특성 등에 대 각 평가기준에 대한 상대적인 중요도를 결정하여 각 평가기준 강도에 대한 격자 값에 가중치를 부여하기 위하여 계층적 분석방법Analytic Hierarchy Process(AHP)을 이용하였다. 각 평가인자에 대한 가중치 분석 결과, 경사도 가중치가 0.550으로 가장 높았고 토양의 배수 등급이 0.118로 가장 낮게 나타났다. 일관성 지수CI와 일관성 비율CR 모두 0.1 이하로 일관성 있는 것으로 나타났다(표 2-47).

각 항목별로 등급별 가중치를 산정한 바 다음과 같이 나타났다(표 2-48).

표 2-47. AHP법에 의한 각 항목별 상대 중요도(문상균과 구본학, 2014)

Criterion	Slope(%)	WTI	Land Cover	Soil Texture	Weight	Consistency index
Slope(%)	1.000	3.000	5.000	5.000	0.550	C.I=0.035 C.R=0.039
WTI	0.333	1.000	3.000	3.000	0.249	
Land Cover	0.200	0.333	1.000	0.500	0.083	
Soil drainage	0.200	0.333	2.000	1.000	0.118	
Total	1.733	4.667	11.000	9.500	1.000	

표 2-48. 항목별 등급별 가중치(문상균과 구본학(2014)을 수정)

Slope	0~5	5~10	10~15	15~20	Weight	Consistency index
0~5	1.000	3.000	5.000	7.000	0.558	C.I=0.039 C.R=0.044
5~10	0.333	1.000	3.000	5.000	0.263	
10~15	0.200	0.333	1.000	3.000	0.122	
15~20	0.143	0.200	0.333	1.000	0.057	
Total	1.676	4.533	9.333	16.000	1.000	
WTI	5~6	6~7	7~8	8~9	Weight	Consistency index
5~6	1.000	0.333	0.200	2.000	0.110	C.I=0.007 C.R=0.007
6~7	3.000	1.000	0.500	5.000	0.301	
7~8	5.000	2.000	1.000	7.000	0.525	
8~9	0.500	0.200	0.143	1.000	0.063	
Total	9.500	3.533	1.843	15.000	1.000	
Land Cover	deciduous	mixed	coniferous	glass land	Weight	Consistency index
deciduous	1.000	2.000	3.000	0.333	0.238	C.I=0.041 C.R=0.046
mixed	0.500	1.000	3.000	0.333	0.172	
coniferous	0.333	0.333	1.000	0.200	0.078	
glass land	3.000	3.000	5.000	1.000	0.512	
Total	4.833	6.333	12.000	1.867	1.000	
Soil Feature	ERL	ERS	WCL	WRL	Weight	Consistency index
ERL	1.000	2.000	3.000	5.000	0.456	C.I=0.035 C.R=0.039
ERS	0.500	1.000	3.000	5.000	0.324	
WCL	0.333	0.333	1.000	3.000	0.152	
WRL	0.200	0.200	0.333	1.000	0.068	
Total	2.033	3.533	7.333	14.000	1.000	

경사도 강도의 상대적 중요도

경사도는 산지 특성 평가지표(산림청, 2011)로 제시된 경사도 구분을 적용하여 경사도 20°까지 각 5°씩 등간격으로 총 4개로 분류하여 가중치를 분석하였다. 그 결과 0~5°미만의 가중치가 0.558로 가장 높게 나타났고, 일관성 비율은 0.044로 일관성이 있는 것으로 나타났다.

습윤지수 강도의 상대적 중요도

습윤지수는 산지습지가 나타나는 5~9 값을 등간격으로 구분하여 산정하였다. 습윤지수 7~8에서 가중치 0.525로 가장 높게 나타났고, 일관성 비율은 0.007로 습윤지수 강도에 대한 상대적 중요도가 일관성이 있는 것으로 나타났다.

토지피복 강도의 상대적 중요도

자연초지, 활엽수림, 침엽수림, 혼합림 총 4가지로 구분하고 가중치를 분석하였다. 다만, 산지습지 중 일부지역은 과거 농경지로 사용되어 토지피복도 상 농경지로 나타나는 지역이 많아 농경지를 자연초지에 포함시켰다. 자연초지가 0.512로 가장 높게 나타났고, 일관성 비율은 0.007로 토지피복 강도의 상대적 중요도가 일관성이 있었다.

토양 특성 강도의 상대적 중요도

토양 특성 중 ERL(매우 양호, 잔적층, 양토) 지역이 0.456로 가장 높게 나타났고, WRL(양호, 잔적층, 양토) 지역이 가장 낮게 나타났다. 토양 특성 강도의 일관성 비율은 0.039으로 일관성이 있는 것으로 나타났다.

산지습지 가능지수 산정

이와 같이 산출된 평가기준에 대한 상대적 중요도에 각 항목별로 등급별 상대적 중요도를 곱하고 가장 중요도 높은 항목의 중요도가 1이 되도록 각각의 중요도를 정규화하여 우선순위를 작성하였다(표 2-49).

각 평가인자의 최종 가중치에 1,000을 곱하여 정수값을 평가인자별 산지습지 가능지수Mountainous Wetland Potential Index를 갖는 GIS도면을 구축하였고, 도면 중첩법으로 지수 0~500 사이의 최종 산지습지 가능지도를 구축하였다(그림 2-141).

가능지수 500이상이고 최근 고시된 토지피복도 세분류 최소면적 기준인 2,500m^2 이상을 적용하여 산지습지 가능지역을 추출한 결과, 총 259개소로 나타났으며, 이 중 5개소를 선택하여 현장조사

표 2-49. 세부 항목별 산지습지 가능지수(문상균과 구본학, 2014)

Criterion	weight	intensity	Normalized priorities	Final weight	Potential Index
Slope(%)	0.550	0~10	1.000	0.550	550
		10~15	0.472	0.260	260
		15~20	0.218	0.120	120
		20~25	0.102	0.056	56
Wetness Index	0.249	0	0.210	0.052	52
		4~6	0.573	0.142	142
		6~8	1.000	0.249	249
		8~10	0.121	0.030	30
Land Cover	0.083	deciduous	0.465	0.038	38
		mixed	0.337	0.028	28
		coniferous	0.152	0.013	13
		glassland	1.000	0.083	83
Soil feature	0.118	ERL	1.000	0.118	118
		ERS	0.710	0.084	84
		WCL	0.334	0.040	40
		WRL	0.149	0.018	18

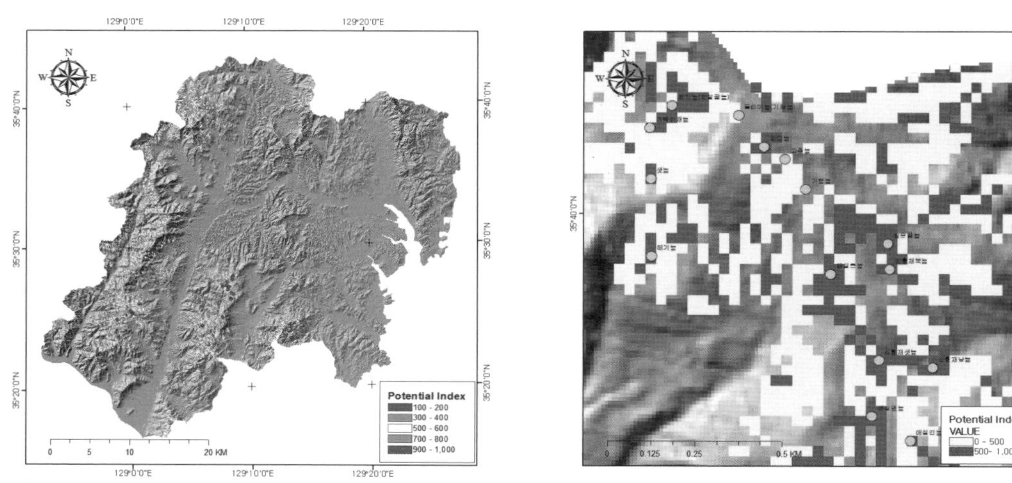

그림 2-141. 산지습지 가능지수(왼쪽) 및 산지습지 가능지도(오른쪽)(문상균과 구본학(2014) 수정)

를 한 결과 산지습지가 모두 존재하는 것으로 나타났다.

한편, 〈그림 2-142〉는 실제 산림습지를 대상으로 GIS를 활용하여 선정된 습지 가능지를 현지답사를 통해 습지로 확인한 사례이다(구본학 등, 2008). 습지인지 아닌지를 판단하는 근거는 앞에서 논의된 습지 판별지표를 통해 판단하게 된다.

김형국 등(2008; 2010)의 연구에서 산지습지로 판별된 곳은 사람의 접근이 어려운 산지의 능선 및 계곡 옆 평지, 경사면 등에 분포하였으며, 대체로 버드나무와 신나무 등에 의해 둘러싸여 차폐된 지점이 많았고, 습지식물에 의해 하부식생이 구성되어 있었다. 사례로서 3개 산지습지에 대해 각 지점별로 습지 판별의 기준이 되는 습지의 위치, 수문, 식생, 토양의 특징을 살펴보면 다음과 같다(표 2-50).

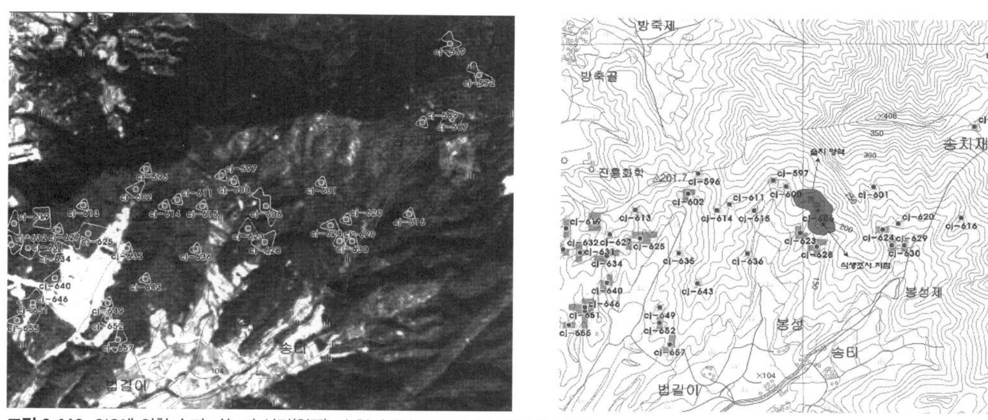

그림 2-142. GIS에 의한 습지 가능지 설정(왼쪽) 및 현지답사를 통한 습지 판별(오른쪽)

표 2-50. St.1~St.3 습지의 조사지점별 특성(김형국 등, 2008)

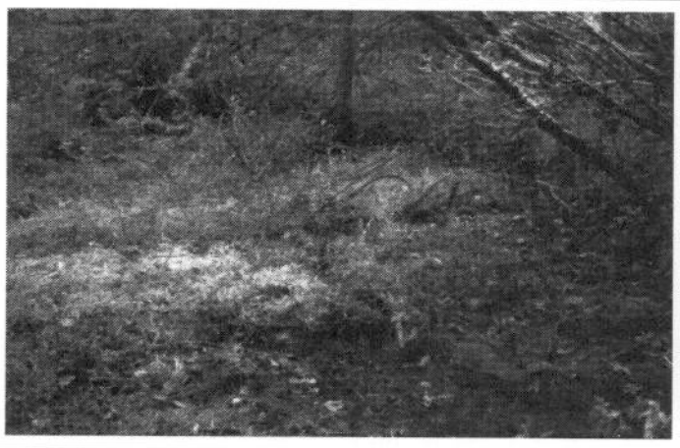

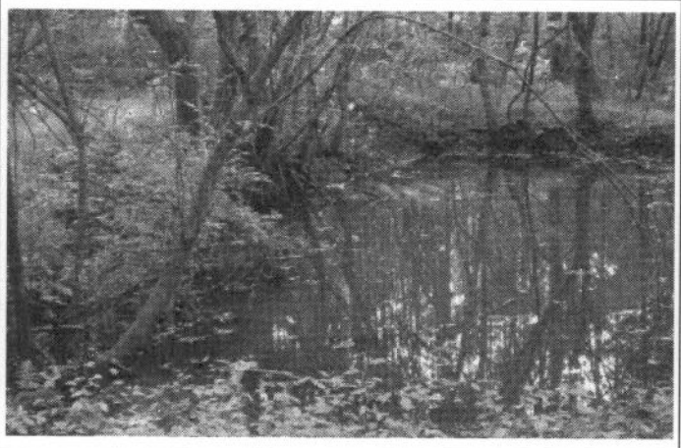

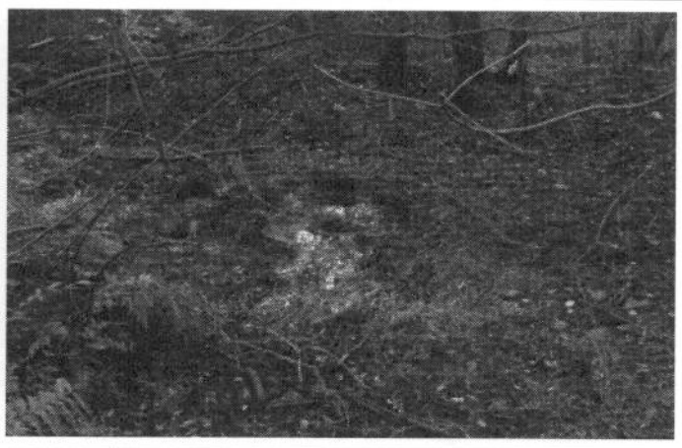

구분	St.1	St.2	St.3
위치	능선 옆 평지	평지	계곡 옆 경사지
수문	지하수 및 강우에 의해 공급	웅덩이 형태의 지속적인 수문	작은 웅덩이 및 수로, 강우에 의해 공급
토양	과습토	과습토	과습토
식생	교·관목,초본층 발달	관목 및 초본층 발달	교목 및 초본층 발달

St.1습지를 예를 들면 능선 옆 평지에 위치해 있으며 지하수와 강우에 의해 수분이 공급되는 습윤한 흑색토이고, 식물은 총 19종으로서 목본층과 초본층에서 대부분 습생식물 군락이 출현하였다. 식생 구성으로는 교목층에서는 버드나무 군락이 평균 높이 11m, DBH는 12cm를 나타내었으며, 아교목층에서는 평균 높이 6~8m, DBH 2~3cm인 신나무가 우점하고 있고, 관목층에서는 물푸레나무가 평균 높이 1.5~1.8m, DBH는 1~2cm 범위로 나타나고 있다. 초본층에서는 고마리와 주름조개풀 군락이 평균 높이 0.3~0.4m 범위로 우점하고 있는 것으로 조사되었다(표 2-51).

표 2-51. St.1 습지의 주요 종 투영도 및 분포표(김형국 등, 2008)

No.	Species	Height(m)	DBH(cm)
1	버드나무	11	12
2	병꽃나무	3~3.5	2~3
3	신나무	6-8	2~3
4	쪽동백	4	4.5
5	물푸레나무	1.5`1.8	1~2
6	담쟁이덩굴	1.8	
7	참싸리	1.2	1.5
8	고마리	0.3~0.4	
9	고사리	0.2~0.3	
10	주름조개풀	0.3~0.4	
11	여뀌	0.1~0.2	
12	쉽사리	0.6~0.7	
13	모시물통이	0.1~0.2	

(2) 마을 습지 분포

앞에서 설명한 바와 같이 박미옥 등(2014; 2015)에 의한 천안시 및 아산시 마을 습지 인벤토리 연구를 바탕으로 정립된 마을 습지 인벤토리 구축 과정은 〈표 2-52〉와 같다.

이 과정을 구체적으로 설명하면 다음과 같다.

Arc-GIS 10.1을 통해 국토정보지리원에서 제공하는 수치지도를 사용하여 습지 가능지 코드를 선정하여 전체 마을 습지 가능지를 나타낸다. 지형은 주곡선(7111), 계곡선(7114) 코드를 추출하여 나타내고, 수문은 실폭하천(2111) 코드를 추출하여 나타낸다. 습지 가능지 코드로 호·저수지(2114), 습지(2313) 코드를 추출한다.

파악된 마을 습지 가능지를 대상으로 실내에서 Arc-GIS, 위성지도, 한국토지정보시스템, 토지피복도를 확인하며, 현장조사를 통해 습지 판별 작업을 통하여 최종 마을 습지 인벤토리를 구축한다. 실내조사로 Arc-GIS를 이용하여 1:25,000 수치지도에서 도면 표기 가능한 최소 면적인 625m^2 이상의 습지를 추출하고, 위성지도 및 수치지도를 통해 습지의 현황 및 위치를 파악한다. 한국토지정보시스템에서 지목별 토지이용현황, 소재지, 면적을 확인한다. 실내에서 수치지도, 위성지도, 지목별 토지이용현황 등의 확인 작업을 통해 비슷한 유형의 습지가 인접한 위치에 있는 경우, 수치지도 상 습지코드로만 이루어져 있어 추가 확인 작업을 통해 습지를 확인한 경우, 사유지 내 인공시설, 수치지도 상의 행정구역 선 오류, 골프장 내에 위치한 경우 등을 조사하여 판별 작업을 진행한다.

현장조사를 통해 육상식생으로 피복된 경우, 논으로 전환된 경우, 습지 매몰 등으로 습지 기능을

표 2-52. 마을 습지 GIS/DB 구축 과정

과정	대상	도구(툴)	자료원	공급원	방법
마을 습지 가능지 추출	대상지 전체	Arc-GIS 10.1	수치지도 (1/25000, 1/5000)	국토지리정보원	■실내에서 마을 습지 가능지 선정을 위해 지형, 수문, 습지 가능지 코드를 활용하여 추출 – 지형 : 주곡선, 계곡선 – 수문 : 실폭하천 – 습지 가능지 : 호·저수지, 습지
마을 습지 판별	전과정에서 도출된 마을 습지 가능지	Arc-GIS 10.1	수치지도 (1/5000)	국토지리 정보원	■면적 $625m^2$ 이상 또는 이하 ■수치지도 상 습지코드로만 이루어져 있는 경우
			위성 지도	구글, 네이버, 다음	■대상지 위치 및 현황 파악 ■습지 여부 판단 – 비슷한 유형의 습지가 인접한 위치에 있는 경우 – 사유지 내 인공시설, – 골프장 내에 위치한 경우 – 석호에 인접하여 범람원으로 인한 습지는 석호로 인식
			지목별 토지 이용현황	한국토지 정보시스템	■대상지 위치 및 면적 확인 – 수치지도 상 개방수면의 오류로 인한 면적오류 보정 – 지목상 습지
		육안 (습지 지표 – 수문, 식생, 토양)	식생 토지이용 훼손여부, 접근성 등	현지답사	■실내작업 결과 확인하여 습지 여부 판단 – 육상식생으로 피복된 경우 – 논으로 전환된 경우 – 습지 매몰 등으로 습지기능을 상실한 경우, – 접근이 어려워 습지 여부를 판단하기 어려운 경우 등
정밀조사 대상습지 도출	마을 습지	Arc-GIS 10.1	수치지도	국토지리정보원	■호·저수지코드와 습지코드의 중복(중요도)
			위성영상	구글, 네이버, 다음	■습지경계로부터 100m 이내에 마을 위치(마을주민 생활권) ■습지경계로부터 100m 이내에 산 위치(중소형 동물 이동 – 생태적 연결성)
정밀조사 및 일반조사	정밀조사 대상습지	육안 및 야장	정밀조사 야장	현지답사	■일반현황, 습지유형, 수문, 토양, 식생, 동물상, 인문·사회환경, 생태현황·위협요인, 보전·복원대책 파악
	일반조사 대상습지	육안 및 야장	일반조사 야장	현지답사	■생태현황·위협요인, 보전·복원대책 등의 파악
기능평가 및 보전가치 평가	정밀조사 대상습지	RAM평가 (구본학과 김귀곤, 2001)	RAM평가 야장	현지답사	■기능평가: 상중하로 구분 식생다양성 및 야생동물 서식처 어류 및 양서파충류 서식처 홍수 저장 및 조절 침식 조절, 수질보호 및 개선 호안 및 제방 보호 미적·레크레이션 지하수 유지 및 보충 ■습지기능평가 결과를 통한 보전가치평가
GIS/DB 구축	대상지 마을 습지 인벤토리	Arc-GIS 10.1	마을 습지 GIS/DB		■실내에서 선정한 마을 습지 가능지와 현장답사 결과 확인된 마을 습지 위치도 및 경계범위 비교하여 조정

상실한 경우, 접근이 어려워 습지 여부를 판단하기 어려운 경우 등의 조사를 통해 판별작업을 한 후 최종적으로 마을 습지 목록을 구축한다.

라. 주제도 중첩에 의한 습지생태문화지도 작성[12]

(1) 개요

정밀 도면화 작업을 위해서 앞에서 설정한 유형 분류 지표별 주제도를 작성한 후, 합성하는 절차를 거친다. 위성 영상을 통해 각 전문 분야별로 설정한 기준에 따라 구분하여 폴리곤으로 만든 다음 현지 관찰을 통해 분야별 현황을 확인한다. 이러한 사례로 USGS에서는 수문, 식생, 토양 등의 습지 요소를 항공사진으로부터 추출하여 〈그림 2-143〉과 같이 습지를 판별하고 도면화하였다(Wilen et al., 1999).

(2) 주제도 작성

습지의 유형을 도면화하는 과정에서 최종 결과물을 도출하기 이전에 주제도를 작성한다. 주제도를 통해 습지의 유형을 다양하게 나타낼 수 있는데, 〈그림 2-144〉는 Fraser 강 삼각주 습지 도면화 사례이다.

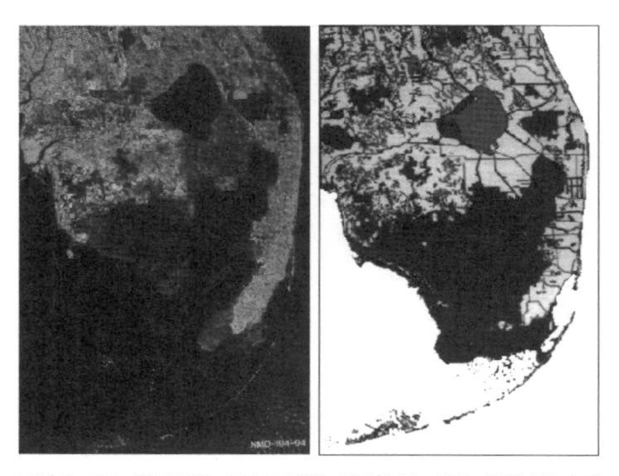

그림 2-143. 항공사진 습지 도면화 사례(수문, 식생, 토양 등 습지 요소 추출(왼쪽), 습지 도면 (오른쪽), 자료: Wilen et al., 1999)

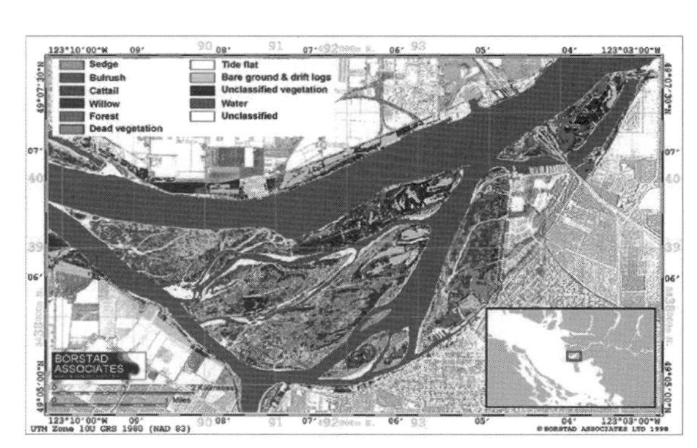

그림 2-144. Fraser 강 삼각주 습지 주제도.(www.borstad.com/ papers/ ladner.html)

각 주제도의 작성을 위한 기초 데이터는 위성영상과 지형도, 문헌, 정밀조사 결과를 토대로 식생현황도, 수문현황도, 지형 및 토양도 등이 작성되며, 습지 유형 분류 지표에 따라 각각 식생분석도, 수문분석도, 지형분석 및 토양도 등 주제도를 작성한다. 도면 축척은 국가지형도 표준으로서 정밀한 자원목록 구축이 가능한 1:5,000을 기본으로 하며, 자료의 정밀도나 지형 특성을 고려하여 1:2,500

12. 구본학(2002)를 요약 인용

또는 1:1,000 등의 축척으로 정밀도를 조정한다. 습지 유형 도면화를 위해 사용되는 주제도의 형식 및 내용은 다음과 같다.

구본학(2002)의 연구에서는 식생 현황을 바탕으로 습지 유형 분류를 위한 식생지표를 도출하였다. GIS툴을 이용하여 식생도에 나타난 우점종 군락 중 습지에서 출현하는 지표 식생인 수생식물, 습생

표 2-53. 주제도 및 습지유형도 작성 방법(구본학, 2002)

구분	내용 구성	작성 근거
수문도 (수문지표)	하천, 하천범람지, 호수, 호수범람원, 상류계곡, 하구(기수역), 해빈, 해양	수문분석도, 현장 조사
지형 및 토양도	해안, 강어귀, 호수, 하천, 상류계곡, 산지, 평지	지형분석도, 토양도 현장 조사
식생도	교목류, 관목류, 초본류, 수생식물	현존 식생도, 현장 조사
습지 유형도	연안습지 10개 유형, 내륙습지 53개 유형, 인공습지 8개 유형	각 주제도 중첩

표 2-54. 동부 비무장지대의 식생, 지형, 토양 분석도

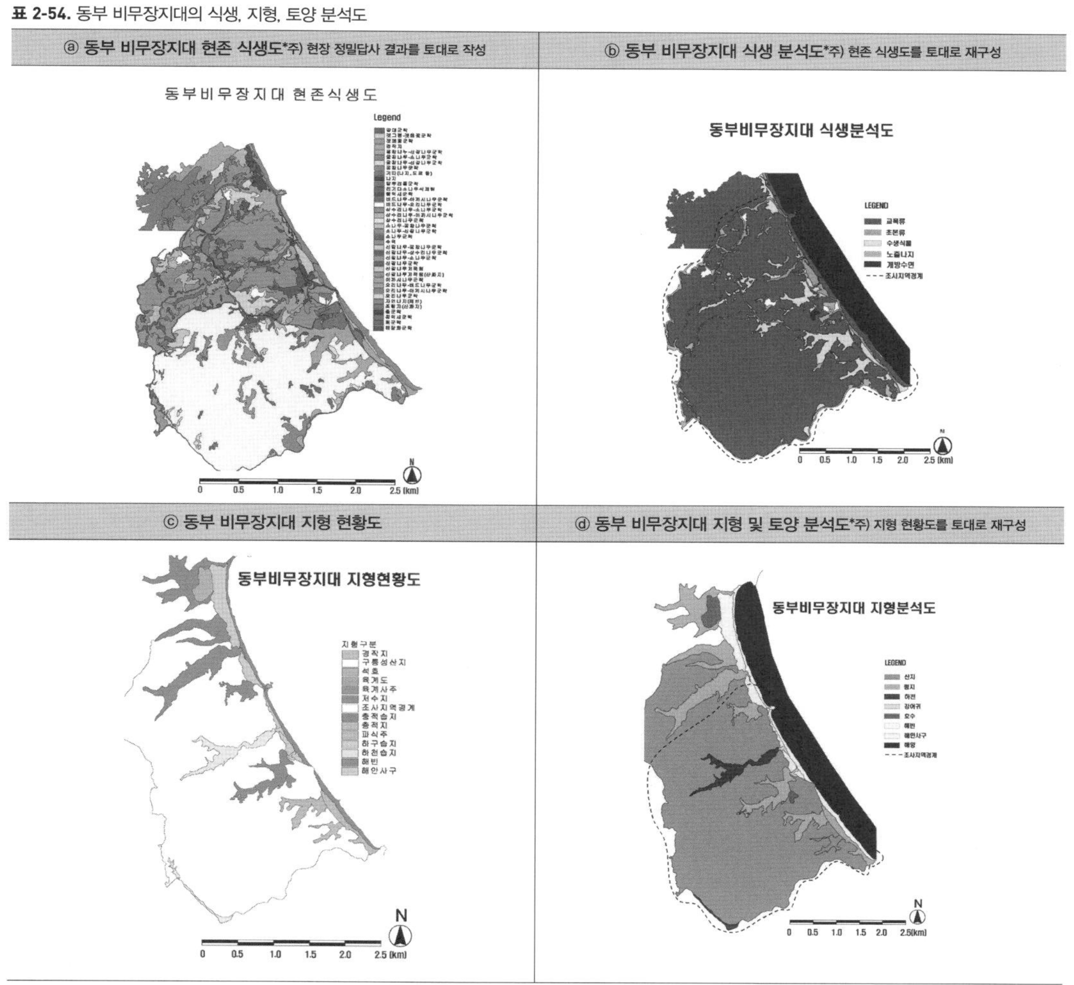

식물 군락을 대상으로 교목류, 관목류, 초본류, 나지 등으로 구분하여 수정된 식생분석도를 작성하였으며, 내륙 환경에 적응된 식생지역도 수문 및 토양지표에 의해 습지로 판별될 수 있으므로 같은 방법으로 교목류, 관목류, 초본류, 나지 등으로 구분하여 작성하였다.

지형학적 특성은 동부 비무장지대의 경우 해양, 해안 범람지(조수의 변화 및 파도 등에 의해 발생하는 영향권인 splash zone 포함), 강어귀, 호수, 호수범람지, 하천, 하천범람지, 계곡, 산지, 평지, 저수지, 농경지 등으로 구분하였다. 한강의 경우 수변에서 조사된 지형학적 특성 지표를 설정하였는데 표준단면에 의한 인위적인 개수 작업이 이루어졌기 때문에 지형학적 특성은 매우 제한적이어서 하천, 수변구역, 주변 평지, 저수지, 농경지 등으로 구분하였으며, 제방, 도로 등의 구조물을 포함하였다.

표 2-55. 한강 구간 식생분석도

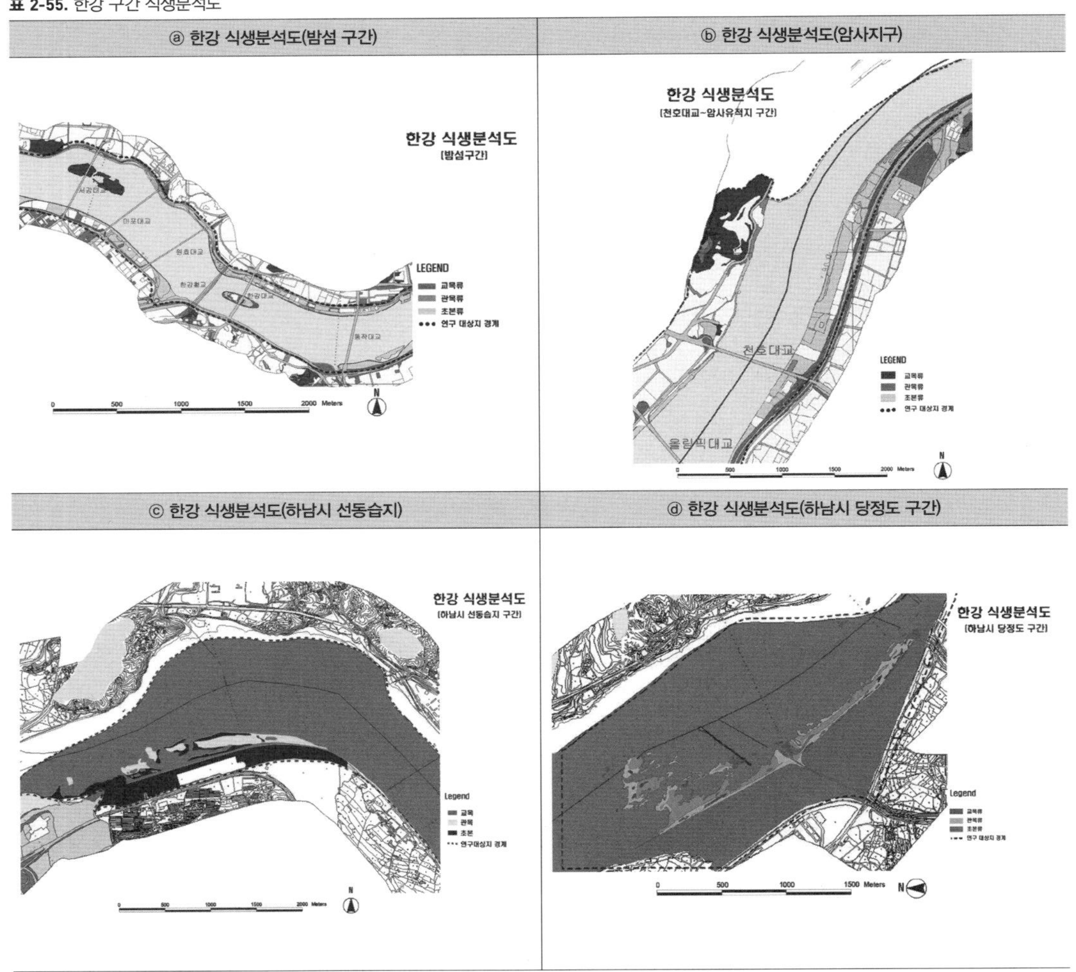

표 2-56. 한강 구간 지형 및 토양 분석도

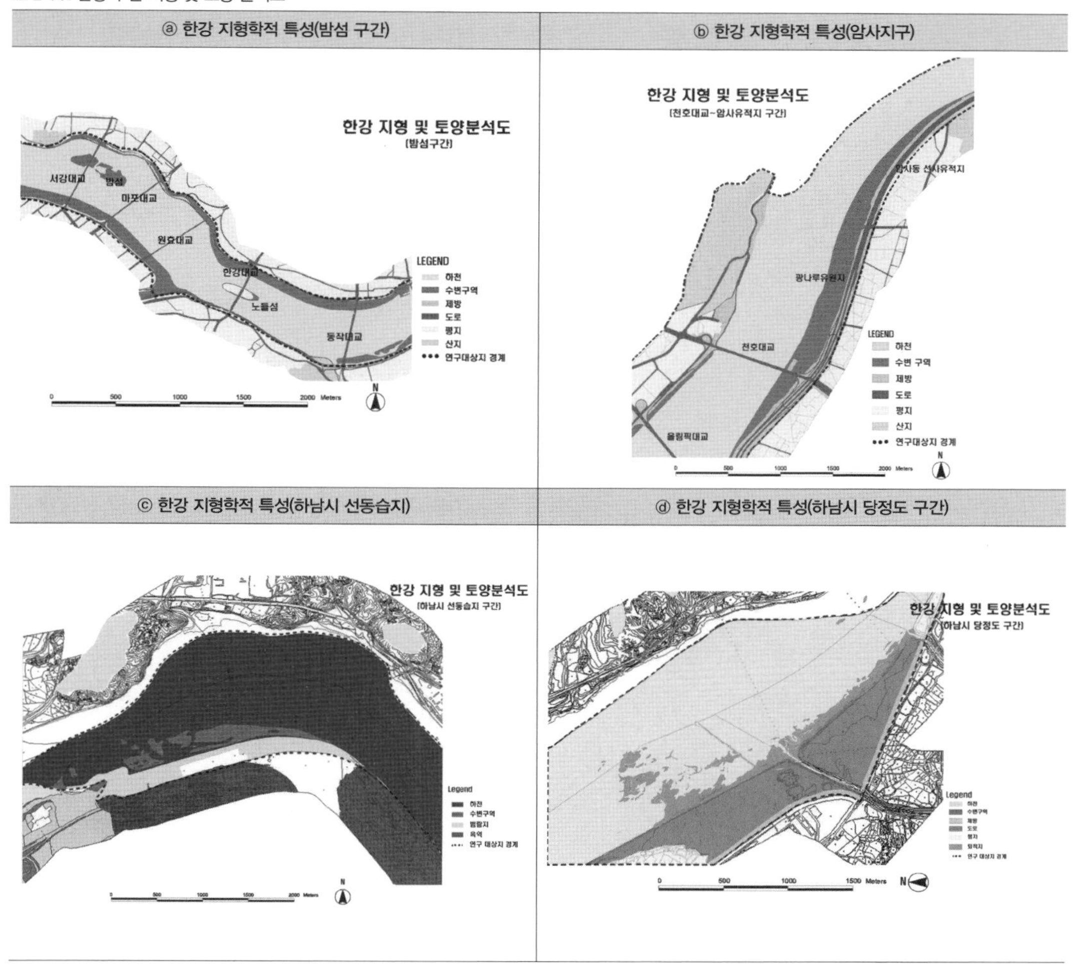

수문 현황은 IKONOS 위성영상, 1:5,000 수치지도, 현지답사 결과를 토대로 작성하였으며, 동부 비무장지대는 해양, 해안(해빈), 강어귀, 하천 범람지, 호수 범람지, 하천, 호수, 계곡 등으로 구분하였고, 한강의 경우 유수 범람지, 지속적인 유수, 퇴적지 등으로 구분하였다.

주위홍과 김귀곤(2002)의 연구에서 두만강 하류지역 습지를 판별하고 유형을 분류하기 위한 위성영상에 대한 분석에서 습지 가능지역으로 판별되는 지역은 다음과 같은 특성을 나타냈다(그림 2-145). 두만강 본류를 따라 강 양안에 많이 분포하고 있으며, 하류인 경신지역에 폭넓게 분포하고 있는 9개의 큰 하적호 주위에도 많이 분포하고 있다. 경신향 방천촌 일대 접경지역에 인접한 산지, 구릉지 임연부의 장고봉호수, 연화포, 새치봉호수, 경신호 등 작은 면적의 호수에도 다양한 습지가 분포하고 있

그림 2-145. 두만강 하류지역의 지형분석도 및 식생분석도(주위홍과 김휘곤, 2002)

는 것으로 판단되었다.

습지의 정확한 판별과 유형 분류를 위하여 정밀조사를 실시하고 조사 및 접근이 가능한 지역을 선정하였다. 정밀조사 대상지는 두만강 하류지역을 중심으로 수변구역 1km를 기준으로 설정하였다. 하류를 중심으로 접경지역 부근에 여러 개의 큰 하적호들이 위치해 있고 그 주변에 습지가 많이 발달된 점을 고려하여 훈춘시 경신지역의 9개의 큰 호수가 분포한 지역을 추가로 연구 대상지에 포함시켰다.

(3) 주제도 중첩

식생도, 지형 및 토양도, 수문도 등 도면화가 가능한 정보들을 주제도로 작성하고 이 주제도를 중첩시키는 과정이 필요하다(그림 2-146). 구본학(2002)의 연구에서는 식생, 수문, 지형학적 특성 등 3개 지표를 나타낸 주제도를 중첩하여 습지의 유형을 분류하였다. 습지 분류를 위한 주제도 중첩 방법 및 과정은 다음 〈표 2-57〉 및 〈표 2-58〉과 같다.

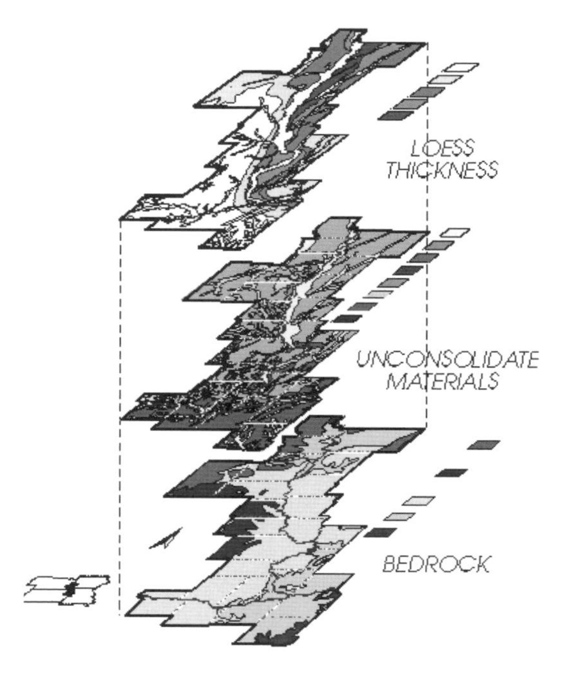

그림 2-146. 습지 도면화를 위한 주제도 중첩
(자료: http://ncgmp.cr.usgs.gov/)

표 2-57. 각 주제도별 범례 및 중첩을 위한 코드

지형 분석 및 토양도	수문 분석도	식생 분석도
해안(가) 강어귀(나) 호수 및 저수지(다) 하천(라) 계곡(마) 산지(바) 평지(사) 수변식생구역(아)	지속적인 유수(a) 유수 범람지(b) 정수형 영구수체(c) 정수 범람지(d) 하구(e) 해빈(f) 해양(g) 못, 기타 영구 침윤지(h) 일시적인 침윤지(i)	교목류(1) 관목류(2) 초본류(3) 수생식물(4) 개방수면(5) 모래톱 및 노출나지(6)

표 2-58. 각 주제도별 범례 및 중첩을 위한 코드

유형별 조합 방법	
주제도 조합	습지 유형
가 - d - 5 가 - g - 1 가 - g - 2 가 - g - 4 가 - g - 6	해안형영구성개방수면 해안형계절성교목습지 해안형계절성관목습지 해안형계절성수생식물습지 해안형계절성모래톱
나 - c - 5 나 - e - 1 나 - e - 1 나 - e - 1 나 - e - 1	강어귀형영구성개방수면 강어귀형계절성교목습지 강어귀형계절성관목습지 강어귀형계절성수생식물습지 강어귀형계절성모래톱
다 - b - 1 다 - b - 2 다 - b - 4 다 - b - 5 다 - f - 1 다 - f - 2 다 - f - 3 다 - f - 4 다 - f - 6	호수형영구성교목습지 호수형영구성관목습지 호수형영구성수생식물습지 호수형영구성개방수면 호수형계절성교목습지 호수형계절성관목습지 호수형계절성초본습지 호수형계절성수생식물습지 호수형계절성모래톱
라 - a - 1 라 - a - 2 라 - a - 4 라 - a - 5 라 - e - 1 라 - e - 2 라 - e - 3 라 - e - 4 라 - e - 6	하천형영구성교목습지 하천형영구성관목습지 하천형영구성수생식물습지 하천형영구성개방수면 하천형계절성교목습지 하천형계절성관목습지 하천형계절성초본습지 하천형계절성수생식물습지 하천형계절성모래톱
마 - a - 1 마 - a - 2 마 - a - 4 마 - a - 5	계곡형영구성교목습지 계곡형영구성관목습지 계곡형영구성수생식물습지 계곡형영구성개방수면

유형별 조합 방법	
주제도 조합	습지 유형
마 - e - 1 마 - e - 2 마 - e - 3 마 - e - 4 마 - e - 6	계곡형계절성교목습지 계곡형계절성관목습지 계곡형계절성초본습지 계곡형계절성수생식물습지 계곡형계절성모래톱
바 - h - 1 바 - h - 2 바 - h - 4 바 - h - 5 바 - i - 1 바 - i - 2 바 - i - 3 바 - i - 4 바 - i - 6	산지형영구성교목습지 산지형영구성관목습지 산지형영구성수생식물습지 산지형영구성개방수면 산지형계절성교목습지 산지형계절성관목습지 산지형계절성초본습지 산지형계절성수생식물습지 산지형계절성모래톱
사 - h - 1 사 - h - 2 사 - h - 4 사 - h - 5 사 - i - 1 사 - i - 2 사 - i - 3 사 - i - 4 사 - i - 6	평지형영구성교목습지 평지형영구성관목습지 평지형영구성수생식물습지 평지형영구성개방수면 평지형계절성교목습지 평지형계절성관목습지 평지형계절성초본습지 평지형계절성수생식물습지 평지형계절성모래톱
아 - b - 1 아 - b - 2 아 - b - 3 아 - b - 4 아 - d - 1 아 - d - 2 아 - d - 3 아 - d - 4	호수형수변교목식생대 호수형수변관목식생대 호수형수변초본식생대 호수형수변수생식물식생대 하천형수변교목식생대 하천형수변관목식생대 하천형수변초본식생대 하천형수변수생식물식생대

* 주제도 조합 방법의 각 기호는 앞의 〈표 2-57〉 주제도별 범례 및 코드 참조

(4) 습지 유형 도면화

주제도의 통합 과정을 거쳐 습지의 유형을 분류하고 유형별 습지 목록을 작성하며 각 습지를 도면화하는 과정을 거치게 된다. 이러한 도면화는 유형별로 일정 색상을 지정하여 나타내는 채색법과

폴리곤을 이용하여 습지의 외곽선을 벡터 형식으로 표현하고 각 습지의 유형별 코드를 표기하는 두 가지 방법이 가능하다.

1) 채색법

채색법은 각 습지 유형별로 일정한 색상 및 채도를 지정하여 나타내게 된다. 이러한 사례는 미국의 습지 목록 구축에서도 주로 사용되고 있는데, 몇 가지 채색법을 이용하여 습지를 도면화한 사례를 찾아볼 수 있다. 〈그림 2-147〉의 ⓐ는 콜로라도 산림자원 보호를 목적으로 항공사진을 이용하여 수변식생대를 도면화한 예이다.

2) 폴리곤 도면 및 분류 코드

다음으로 벡터 방식의 폴리곤으로 습지의 경계를 구분하고 각 습지의 분류 코드를 속성정보로 기술하는 도면화 방식도 습지 목록 구축을 위해 매우 유용하다. 이러한 좋은 사례로서 콜로라도의 사례를 들 수 있는데, 수변식생대의 식생을 세분화하여 이를 분류하고, 코드화시킨 결과를 폴리곤 형식으로 도면화하였다(그림 2-147 ⓑ).

ⓐ 항공사진을 이용하여 수변식생대 도면화 (자료: http://ndis.nrel.colostate.edu/ndis/ riparian/riparian.htm)

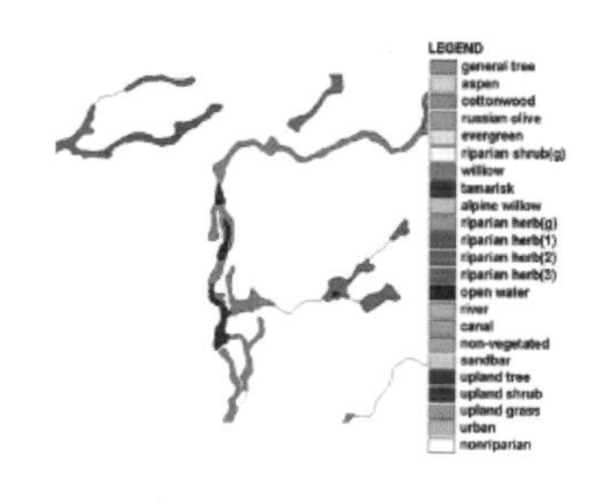

ⓑ 콜로라도에서는 폴리곤(poligon)을 이용하여 습지를 유형별로 도면화하고 각 습지의 유형을 분류 코드에 따라 표기

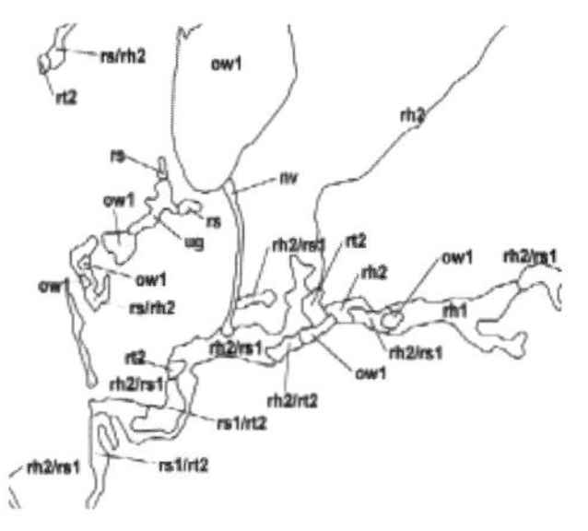

그림 2-147. 도면화 사례(채색법, 폴리곤)

(5) 생태문화지도 사례

1) 동부 비무장지대

구본학(2002)의 연구 결과 동부 비무장지대 및 민통선 지역에서는 주로 '하천형 수변 관목식생대'와 '하천형 계절성 수생식물 습지'가 주를 이루고 있으며 그 외에도 비교적 다양한 유형의 습지를 찾아 볼 수 있다. 이는 본 지역이 해안에 인접한 산악지역으로서 석호와 하천이 형성되어 있고 범람이 쉽게 일어나는 수문학적 특성 등이 함께 나타나며 일반인의 출입이 통제되어 훼손이 거의 없었다는 데서 비롯된다고 해석할 수 있다. 이러한 동부 비무장지대의 지형학적 특성은 이 지역이 우리나라를 대표하는 습지 지역으로 주목받을 수 있는 근거가 된다.

또한 람사르 분류 체계를 적용한 결과 A(Shallow marine waters: 2사례), E(sand beaches: 2사례), F(Estuarine waters: 1사례), H(Salt marshes: 1사례), L(Permanent stream: 4사례), M(Inland deltas: 2사례), N(Floodplain wetlands: 3사례), P(Permanent freshwater lakes: 1사례), R(Permanent/Seasonal saline and marshes: 1사례), Sp(Permanent freshwater ponds and marshes: 1사례), Ss(Seasonal freshwater marshes: 14사례), 그리고 인공습지인 3(Irrigated land, rice fields: 1사례) 등으로 각각 나타났다.

동부 비무장지대에서 나타난 습지 유형을 대분류와 중분류로 나타내면 다음 〈그림 2-148〉과 같으며, 습지 유형 및 분류 코드는 〈그림 2-149〉와 같다.

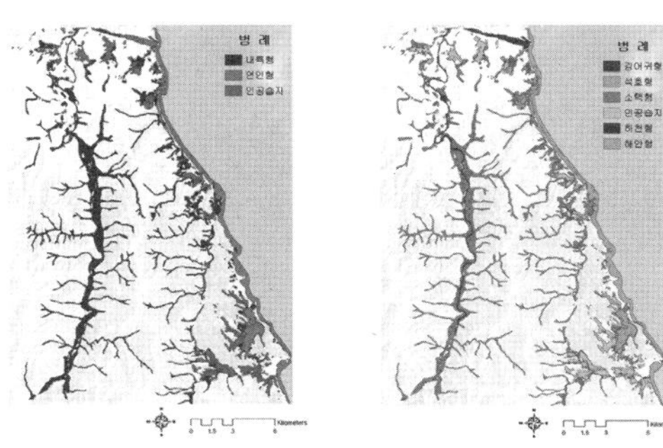

그림 2-148. 비무장지대 및 민통선 동부 습지 대분류 및 중분류(구본학, 2002)

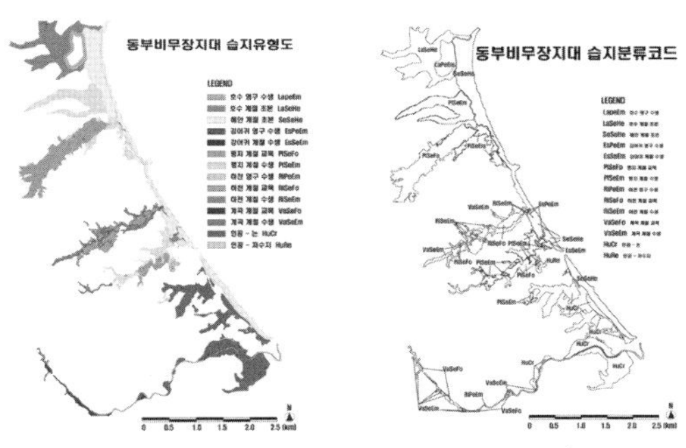

그림 2-149. 동부 비무장지대 습지 유형도 및 습지 분류 코드(구본학, 2002)

2) 한강

한강 서울시 구간은 대부분 하천 개수가 진행되어 단순한 유형의 습지가 나타났으나, 하남시 구간은 아직 하천 개수가 진행 중이고 하상에 상당한 면적의 퇴적지가 형성되어 비교적 다양한 습지 유형이 나타나고 있다(그림 2-150, 2-151).

서강대교에서 동작대교에 이르는 밤섬 구간은 유수가 지속적으로 흐르는 개방수면이 '하천형영구성개방수면'으로 분류되었고, 밤섬은 '하천형계절성관목습지', '하천형계절성초본습지', '하천형수변초본식생대' 등의 습지로 분류되었다. 천호대교에서 암사동 선사유적지에 이르는 구간은 '하천형영구성개방수면'과 '하천형수변관목식생대', '하천형수변초본식생대' 등으로 분류되었다. 특히, 광나루유원지 구간은 관목류 우점의 습지로 발달되고 있었다. 하남시 구간은 퇴적지가 형성되면서 서울시 구간보다 다양한 유형의 습지가 나타나고 있다. 선동 구간은 '하천형계절성관목습지', '하천형계절성초본습지', '하천형수변초본식생대' 등으로 분류되었다. 당정도 구간에서도 퇴적지가 형성되면서 다양한 유형의 습지가 발달되고 있었다. '하천형계절성관목습지', '하천형계절성초본습지', '하천형계절성모래톱', '하천형수변초본식생대' 등으로 분류되었다.

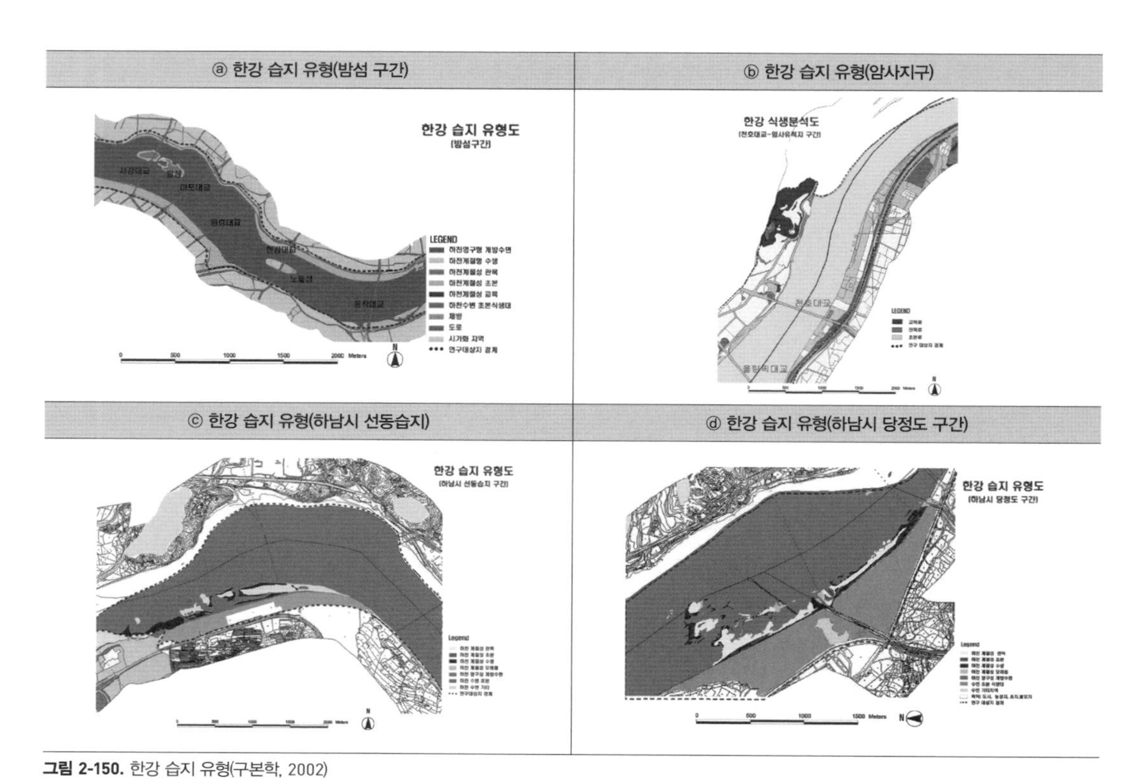

그림 2-150. 한강 습지 유형(구본학, 2002)

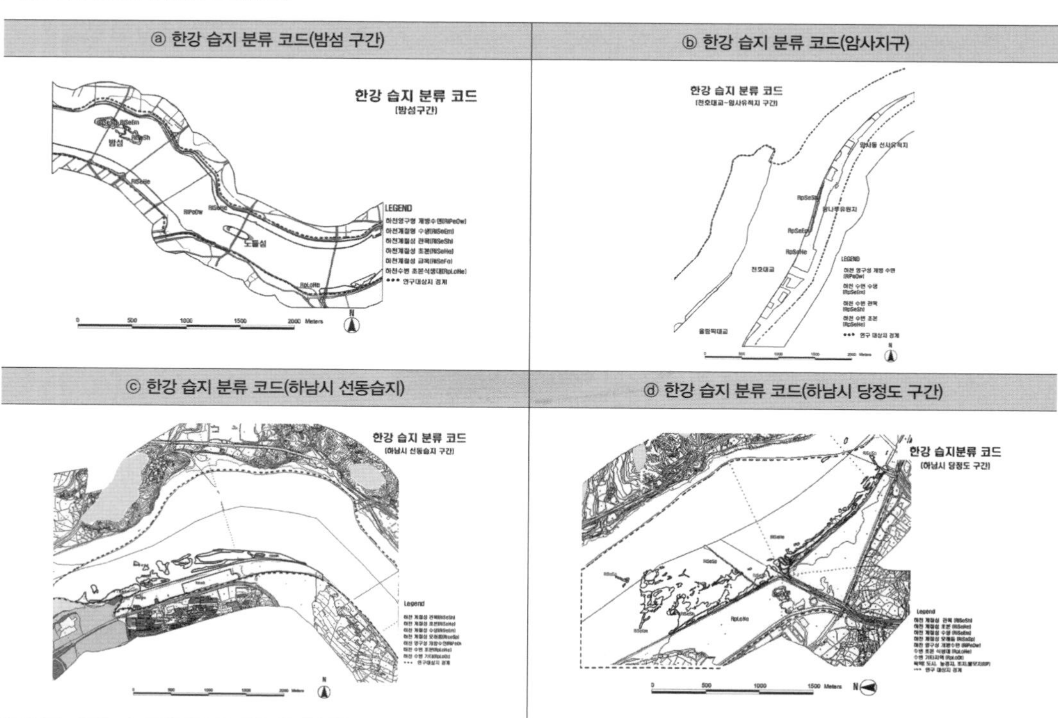

그림 2-151. 한강 습지 분류 코드(구본학, 2002)

3) 두만강 하류[13]

두만강 하류지역의 습지 유형은 대분류, 중분류, 소분류로 구분하였으며, 대분류와 중분류는 연구 대상지역 전체를 대상으로 유형을 분류하고 면적비를 산출하였다. 소분류는 정밀조사 사이트를 대상으로 지형 및 입지, 수문, 식생 등 특성을 분석하였고 위에서 제시한 표준단면을 기준으로 각 대상지역별 단면도를 작성하여 습지 유형을 분류하였다.

㉮ 대분류

대분류Super System 수준에서는 내륙습지와 인공습지로 분류되었고, 연안습지는 없는 것으로 나타났다(그림 2-152). 내륙습지 총면적은 282.50km²이며, 인공습지 총면적은 12.92km²로서 내륙습지가 습지 면적의 대부분을 차지하고 있는 것으로 나타났다(표 2-59).

㉯ 중분류

중분류System 수준에서는 하천형, 호수형, 내륙형, 수변식생대, 인공습지로 나타났다(그림 2-153). 그중 소택형습지 면적이 85.17km²로서 습지 총 면적의 29%로서 가장 큰 비율을 차지한다(표 2-60).

표 2-59. 습지 대분류(초계) 면적

총면적 (km²)	내륙습지		인공습지	
	면적(km²)	비율(%)	면적(km²)	비율(%)
295.42	282.50	96	12.92	4

표 2-60. 습지 중분류(계) 면적

소택형 습지		호소형 습지		하천형 습지		인공습지		수변식생대		습지 총면적	총비율
면적(km²)	비율(%)	면적(km²)	비율(%)	면적(km²)	비율(%)	면적(km²)	비율(%)	면적(km²)	비율(%)	(km²)	%
85.17	29	15.98	5	112.99	39	12.92	4	68.36	23	295.42	100

그림 2-152. 두만강 하류지역 습지 대분류

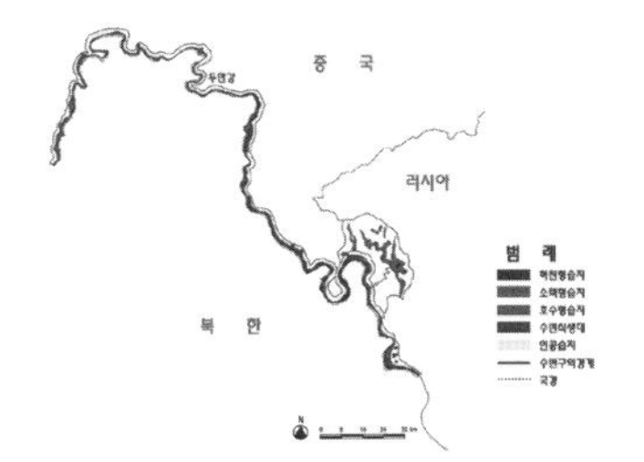

그림 2-153. 두만강 하류지역 습지 중분류

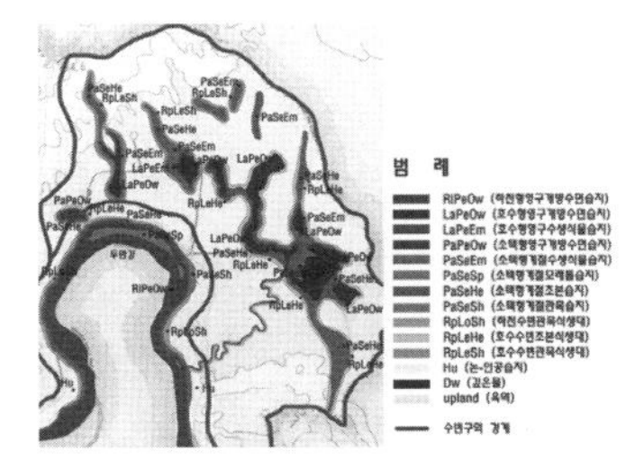

그림 2-154. 두만강 하류 옥천도 주변 습지 소분류(주위홍 등, 2002)

13. 주위홍(2002)의 연구에서 요약

㉰ **소분류**

소분류는 현황조사 및 생태 조사 자료의 부족으로 인하여 연구 대상지 전 지역을 대상으로 진행하지 못하고 중점 조사 사이트만을 대상으로 하였다. 각 조사 대상지의 정밀조사 결과를 토대로 각 지역의 습지 분류를 위한 단면도를 작성하였으며 이를 기초로 각 조사 대상지역에서 습지 유형 지표(지형, 수문, 식생 등)를 분석하였고, 옥천도 주변을 소분류하였다. 소분류 결과는 〈그림 2-154〉와 같다.

두만강 하류 습지 유형 분류를 위한 수문분석도 및 대분류, 중분류, 소분류 결과는 〈표 2-61〉과 같다.

표 2-61. 두만강 하류 습지 분류(주위홍, 2002)

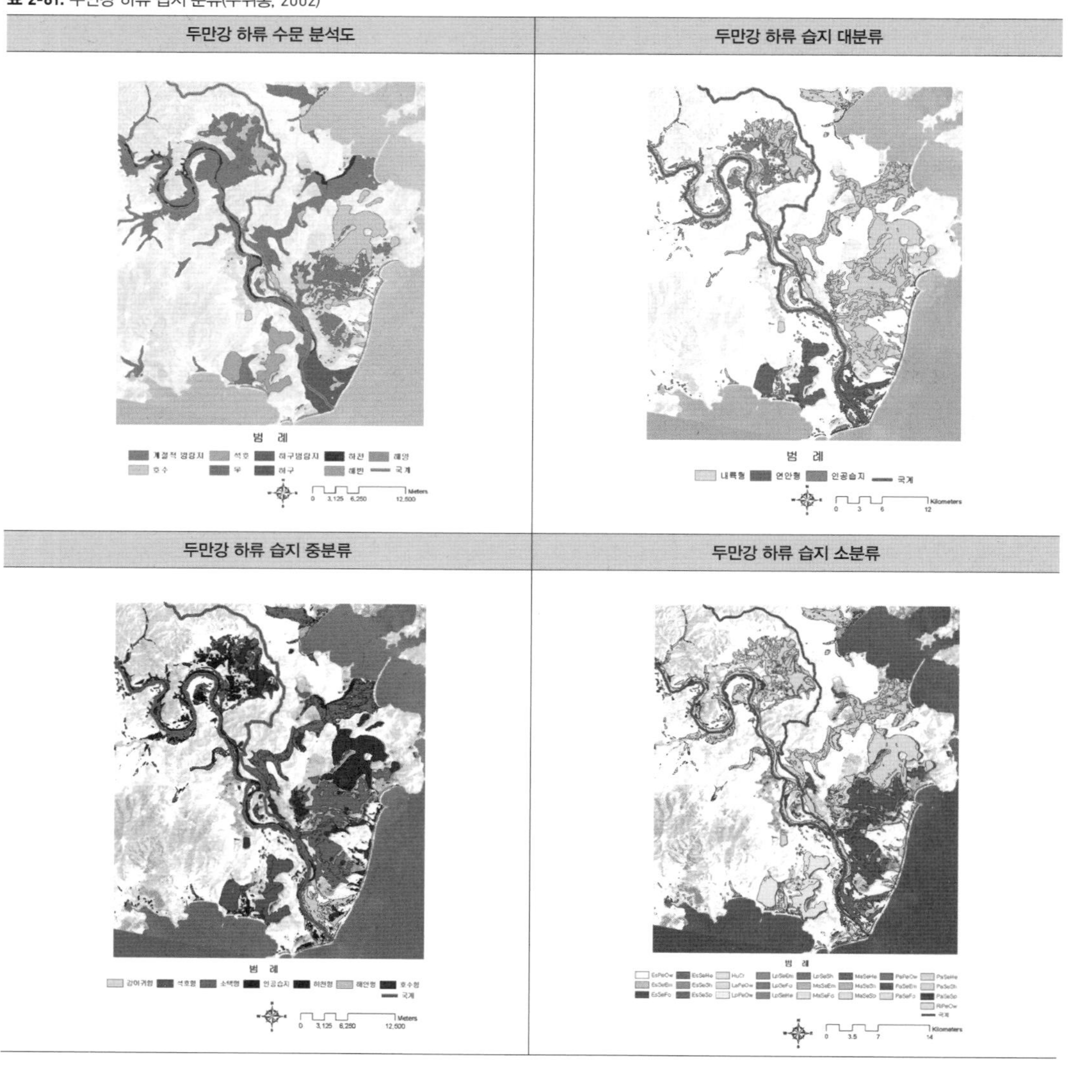

4) 청계천 생태문화지도

2005년 복원된 청계천의 생태환경 변화 모니터링이 필자가 이끄는 연구팀에 의해 수행되었다. 청계천의 생태 기능은 상류는 매우 낮고 하류는 비교적 자연 하천에 가까운 특성을 보이고 있으며, 시간의 경과에 따라 점차 종다양도가 높아지고 생태적으로 안정되어 가고 있는 것을 확인할 수 있었다. 〈그림 2-155〉는 생태문화지도의 일부이다.

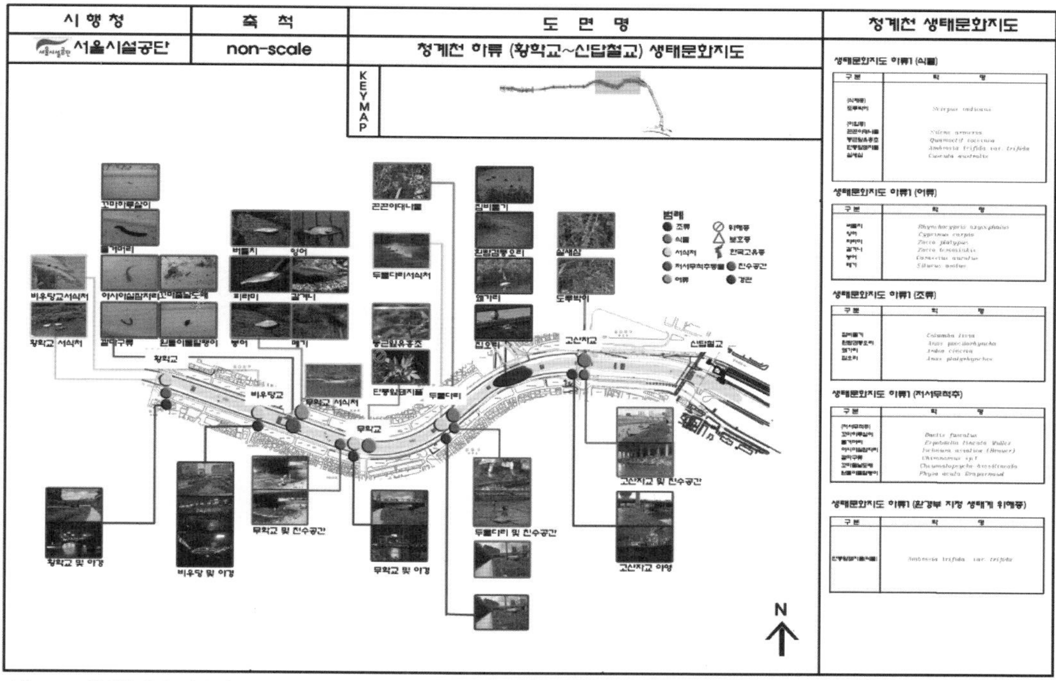

그림 2-155. 청계천 생태문화지도(서울시설공단, 상명대, 2007)

Chapter 3

습지의 기능과 현명한 이용

1. 습지의 기능 및 가치
2. 습지와 기후변화
3. 습지의 현명한 이용

인류 역사와 더불어 하천 범람원을 비롯한 하천 영향권에서 인류의 문화가 발달되었다. 이러한 곳은 습지가 형성되어 물과 기름진 토양을 공급함으로써 문화 발달의 필수 요인인 농경 생활과 교통로로 이용되어 왔다. 오늘날에도 90% 이상의 인구가 하천 범람원, 습지 및 그 유역권에서 생활하고 있으며, 야생동식물의 서식처로서도 매우 중요한 공간이며, 자연적이거나 인공적인 오염에 대한 수요처sink로서 기능을 하고 있다.

습지는 생태적, 사회적, 경제적 가치를 지니며(USGS, 1999), 생태계서비스 혜택을 제공한다. 습지의 기능은 가치를 배제한 습지의 자연 과정 그 자체를 의미하며 가치는 사람의 기준에서 일정한 의미를 부여하는 행위를 말한다. 따라서 습지의 가치는 절대적인 것이 될 수 없다. 즉, 물새의 서식처로서의 가치가 사냥꾼이나 조류관찰자, 생태학자 등에게는 매우 중요하나 토지 소유자나 농민에게는 무의미한 것이 될 수 있다.

또한 습지는 기후변화 대응을 위한 유력한 해답의 하나로 간주되고 있다. 습지생태계를 구성하는 식물과 토양, 물 등이 탄소를 저장하고 저감시키는 데 매우 효율적인 시스템으로 알려진다.

이러한 습지의 중요성에 대한 인식 증진과 더불어 습지의 기능과 가치를 보전하면서 인류의 유익을 위해 현명하게 이용하기 위한 다양한 노력들이 진행되고 있다.

습지의 기능 및 가치

III-1

가. 개요

습지는 인류 역사를 통해 함께 해왔으며, 오늘날에도 90% 이상의 인구가 하천 범람원, 습지 및 그 유역권에서 생활하고 있다. 습지는 야생동식물의 서식처habitat이며 공급원source과 수요처sink로서도 매우 중요한 공간이며, 자연적이거나 인공적 오염에 대한 완충지filter & buffer로서 기능을 하고 있다.

미국의 경우 습지 면적은 국토 전체 면적의 5% 정도이나 멸종위기 등 위험에 처한 동식물종의 33%가 습지에 서식하고 있으며, 미국을 거쳐 가는 철새의 50% 이상이 습지에 머물거나 둥지를 틀고 있고, 20%의 생물이 그 일생의 일정 기간 동안 습지에 의존해 생활한다(Tilton et al., 2001; USFWS, 1996).

습지의 기능이란 습지 내에서 발생되는 일련의 생태적 형성 과정으로 정의될 수 있으며, 그 과정에는 수문 저장, 영양물질의 변형, 생명체의 성장, 습지 식생의 다양성 등을 포함한다(USGS, 1999). 또한 습지는 인류 문화유산의 한 부분으로서 중요하다. 즉, 습지는 종교와 우주론적 믿음, 미적 영감, 야생동물의 서식, 지역 전통의 근간으로서 중요하다. 특히 도시 공간에 도입하고자 하는 인공습지는 어떤 기능을 갖는 습지를 조성할 것인가에 관심을 둔다(Kentula et al., 1993).

자연 유산으로서의 습지는 고대 원시 토착문화의 한 요소로서 독특한 경관과 거주 환경을 제공한다. 나아가 습지는 각 야생동식물의 서식처로서, 물에 포함된 침전물과 유기물을 제거하며, 지하수 저장, 지표수 공급 및 유량 조절, 레크리에이션 기회 제공 등 다양한 기능을 지니고 있다.

습지는 거대한 스펀지 작용을 하여 홍수기에 빗물 등을 머금었다가 건기에 서서히 배출함으로써 홍수 조절 및 건조 피해 완화, 유속 저감으로 침식 완화 등의 기능을 하며, 그 외에도 몸의 콩팥과도 같은 필터 작용으로 수질개선, 습지 식생에 의한 영양물질 제거, 야생동물 서식처, 생태관광 자원 등의 여러 가지 기능을 수행하고 있다.

한편으로 습지는 생태적, 사회적, 경제적 가치를 지닌다(USGS, 1999). 습지의 기능은 가치를 배제한 습지의 본질적인 속성인 자연형성과정을 의미하며 가치는 사람의 기준에서 일정한 의미를 부여하는 행위를 말한다. 즉, 습지의 본질적인 기능이 인간 생활에 도움이 되어 사회적으로 이용되고 혜택을 부여할 때 일정한 가치를 부여하게 된다. USDA Natural Resources Conservation Service(NRCS)에서는 습지의 가치로서 야생생물 서식처, 생물학적 수질 개선, 경제적 효과, 침식 조절, 홍수 저감, 옥외휴양 등을 들고 있다. 람사르협약에서는 습지가 주는 경제적 이익을 수자원의 양·질적 공급, 어업, 수자원 관리를 통한 농업 활동, 목재 생산, 토탄과 같은 에너지원, 야생생물 자원, 교통수단, 여가 및 관광 기회 제공 등으로 설정하고 있다.

나. 람사르협약에 의한 습지의 기능과 가치

람사르협약에서는 습지의 기능과 가치를 다음과 같이 설정하고 있다.

① Flood Control(홍수 조절)

② Groundwater Replenishment(지하수 유지)

③ Shoreline Stabilization & Storm Protection(해안선 안정화 및 폭풍으로부터 보호)

④ Sediment & Nutrient Retention(퇴적물 및 영양분 유지)

⑤ Climate Change Mitigation(기후변화 완화)

⑥ Water Purification(수질 정화)

⑦ Reservoirs of Biodiversity(생물다양성의 유지)

⑧ Wetland Products(습지 생산)

⑨ Recreation/Tourism(레크리에이션 및 관광)

⑩ Cultural Value(문화적 가치)

이를 구체적으로 설명하면 다음과 같다.[1]

1. Ramsar Convention 자료를 저자 편집

1. Flood Control(홍수 조절)

• 습지는 홍수 조절에 중요한 역할을 한다. 농업과 인간의 거주로 인한 범람원의 소멸은 습지의 홍수 조절 역할을 감소시키고 있다.

• 홍수 조절 능력 향상을 위한 강 둑 및 댐은 오히려 부작용을 야기하기도 하며, 많은 국가에서 범람원을 복원하거나 구조물을 제거하고 있다.

-중국이 지난 1998년 홍수로 입은 경제적 피해는 US $320억에 달한다.

-미국의 미시시피 강 홍수(1993년) 피해액은 US $120억~160억에 달한다.

-찰스리버의 3,800ha에 이르는 자연습지는 홍수 대비의 관점에서 연간 US $1,700만의 가치를 가지고 있다.

2. Groundwater Replenishment(지하수 유지)

• 습지는 전 세계 담수의 97%를 저장하는 지하수층을 함유하고 있다.

• 지하수를 유일한 음용수원으로 사용하는 수십억 명에게 중요한 자원이다.

• 많은 관개 프로그램에서 지하수는 유일한 수자원이다(세계 농지의 17%).

-플로리다의 223,000ha에 이르는 늪은 물을 저장하고 지하 대수층을 함유하고 있는데 이는 연간 US $2,500만의 가치를 가지고 있다.

-물 소비 관점에서 북나이지리아의 습지 가치는 연간 US $4.8백만에 이른다.

3. Shoreline Stabilization & Storm Protection(해안선 안정화 및 폭풍으로부터의 보호)

• 연안습지는 폭풍이나 기상 이변으로부터 육지를 보호하는 데 중요한 역할을 한다.

• 연안습지는 바람·파도·조류를 완화시키며, 퇴적물을 적절한 장소에 보유한다.

-폭풍우 피해를 감소시키고 홍수를 조절하는 역할에서 말레이시아의 천연 맹그로브 습지는 1킬로미터 당 US $300,000의 가치를 가진다.

-잉글랜드 동부지방의 강둑 식생이 소실되면 침식 방지를 위한 인공 강둑 축조 비용으로 1미터 당 US $425의 손해가 발생한다.

-폭풍우 방지, 어로 행위, 관광 수입의 관점에서 1킬로미터에 이르는 산호초의 가치는 지난 25년에 걸쳐 약 US $137천~1,200천에 이른다.

4. Sediment & Nutrient Retention(퇴적물 및 영양물질 유지)

- 습지는 유속의 흐름을 완화시키며 영양물질 및 물이 가지고 있는 각종 퇴적물을 함유할 수 있도록 도와준다.
- 습지가 보유하고 있는 영양물질은 습지의 생산성을 높여주며, 농경지 생태계에 버금가는 가치를 가진다.
- 삼각주의 비옥도는 강가에 쌓인 침전물과 영양물질에 의존한다. 그러나 인위적인 개발로 인한 주변 환경의 변화는 침전물 및 영양분의 자연적인 움직임을 방해하기 때문에 삼각주의 비옥도를 유지하는 데 나쁜 영향을 미치게 된다.

-독일 라인 강 범람원의 90%가 소실되어 유속이 두 배 정도 빨라졌다.

-북나이지리아의 Hadejia-Jama'are의 범람원은 어로·농경·연료·가축사료·관광 자원으로 활용됨으로써 수만 명의 사람들에게 도움을 주고 있으며 1,000m^3당 US $45의 가치가 있다. 그러나 관개용수를 위하여 물의 흐름을 바꾸는 데 US $0.04의 가치가 있다.

-미시시피 강 삼각주가 퇴화됨으로써 주로 습지에 서식하는 종이 많은 루이지애나 주의 어로 행위를 위협하고 있다.

-지난 8년간 카메룬의 Waza-Lagoon 범람원의 복원을 위한 노력은 약 US $5백만 이상의 비용에 해당된다.

5. Climate Change Mitigation(기후변화 완화)

- 습지는 지표 탄소의 40% 정도를 함유하고 있다. 이탄습지 및 산림습지는 특히 탄소량을 저감시키는데 중요한 역할을 하고 있다.
- 습지를 파괴하고 농경지로의 전환은 지구온난화 원인의 60%를 차지하는 이산화탄소의 배출을 증가시킬 것이다.

-지구온난화를 야기하는 많은 요인들이 향후 100년간 지속될 것이며, 폭풍우 영향을 완화시키는 해안습지의 효용은 증가될 것이다.

-습지가 건강한 상태로 유지되고 더 이상의 손실 없이 보존하는 것이 중요한 전략이라는 증거로서 극단적 기후변화가 또 하나의 시험대가 될 수 있다.

6. Water Purification(수질 정화)

- 습지 내 식물 및 토양은 수질을 정화하고, 질소 및 인의 함유량을 감소시키며, 어떤 경우에는 독

성물질을 제거하는 중요한 기능을 하고 있다.

-뉴욕 시는 다른 중요한 습지 보호 대안을 마련함과 더불어 최근 저수지 주변의 땅을 매입하는데 US $15억을 투자함으로써, 새로운 수처리 공정을 만드는데 드는 US $3~8십억을 절약할 수 있었다.

-플로리다의 사이프러스 습지는 사용된 물이 다시 지하수로 유입되기 전에 98%의 질소 및 97%의 인을 제거하였다.

-8,000ha의 동 캘커타 습지, 식생대, 논과 연못은 약 2천여 명의 삶을 도와줄 뿐 아니라, 매일 도시 하수의 1/3 및 도시 내 쓰레기의 대부분을 20톤의 물고기 및 150톤의 식물의 가치로 변화시켜준다.

7. Reservoirs of Biodiversity(생물다양성의 보고)

• 담수습지에는 지구상의 40% 이상의 종과 12%의 동물종이 서식하고 있다.

• 습지에는 멸종위기에 처한 중요한 종이 서식하고 있다.

-Tanganyika 호 632종, 아마존 강 약 1,800종의 멸종위기종 서식이 추정된다.

• 생물다양성의 관점에서 산호초는 열대우림의 가치와 유사하다.

-산호초에는 약 4,000종의 물고기와 800종의 산호를 보유하고 있다.

• 습지 생물다양성은 약제산업 및 쌀과 같은 상업적 농작물 재배와 같은 분야에서처럼 상당한 경제적 잠재력을 가진 중요한 보고가 된다.

-습지동식물은 약제산업에서 중요한 역할을 한다. 전 세계 80%의 인구가 건강을 위하여 전통적 방식의 약(조제)에 의존하고 있다.

8. Wetland Products(습지 생산)

• 습지에서는 인간이 사용하는 다양한 제품이 생산된다. 상업적 이용에서 각 가정에서의 이용 및 생활수단 단계까지 아주 다양한 수준에서 이용하고 있다.

-십억 명의 사람들이 단백질의 주요 공급원으로서 생선을 섭취한다. 대부분 바닷물고기이며, 2/3가 해안습지에 서식하는 물고기들이다.

-잘 관리된 산호초에서는 1km²당 물고기 15톤 및 해산물을 얻을 수 있다.

-호주 Moreton 만의 맹그로브 습지는 1ha당 US $4,850의 가치에 달하는 물고기의 어획이 가능하다.

-습지에서 생산되는 쌀은 3십억 명의 인구에게 주요한 식량 수단이다.
-미국에서 게·새우·연어는 US $1천3백만의 가치에 달한다. 이 종들은 그들의 생명주기 중 적어도 일부는 습지에 기반을 두고 있다.
-악어가죽의 세계적인 거래는 연간 US $5억에 달한다.
-브라질에서는 1백만 헥타르의 Mamiraua 저수지는 연간 US $440만에 달하는 습지생산물의 원천이 되고 있다.

9. Recreation/Tourism(레크리에이션 및 관광)

- 습지가 국립공원·세계유산·람사르사이트 또는 생물권보전지역으로 보호되어 지역적으로나 세계적으로나 상당한 양의 수입을 창출해내고 있다.
- 습지에서는 수백 명의 사람들이 수십억 달러를 들여 어로 행위·사냥 및 보트 타기와 같은 레크리에이션 활동이 가능하다.
- 습지는 일반인들은 물론 학생들에게 환경문제의 중요성을 체험하기 위한 이상적인 학습의 장을 마련해준다.

-1997년에 하루 동안 1백6십만 명의 관광객이 호주의 Great Barrier Reef 해양공원을 찾아 US $5억4천만 이상을 소비하였다.
-Cayman 섬에는 연간 168천 명의 다이버들이 US $5천3백만을 소비한다.
-카리브 해 국가들은 해안가와 산호초에 의존하여 1990년도의 관광 수입이 US $89억에 달하며 이는 이들 국가 GNP의 절반에 해당하는 수치이다.
-미국에서는 취미로 고기를 잡는 사람들이 연간 4천5백만 명에 이르며 이들은 취미로 US $240억을 소비한다.
-캐나다·멕시코·미국에서는 6천만 명 이상의 사람들이 취미로 철새 관찰을 하며, 3백20만 명의 사람들이 오리, 거위 및 다른 새 사냥을 하며 이들의 경제적 활동은 연간 US $200억의 가치를 창출해 낸다.

10. Cultural Value(문화적 가치)

- 습지는 종교·역사·고고학 및 다른 문화적 관점에서 중요한 가치를 지닌다.
- 람사르사이트로 지정된 습지 중 30% 이상의 습지가 지역적 차원 또는 국가적 차원에서 고고학적·역사적·종교적 또는 문화적 중요성의 가치를 가지고 있었다.

-1995년 포르투갈에서는 US $1억5천만을 투자한 Coa 댐에서 구석기시대의 조각이 발견된 뒤 댐 건설을 포기하였다.

-티베트에서는 특정 호수가 지역 사람들에게 깊은 종교적 중요성을 가지고 있어서 호수 개발에 대한 규제가 엄격하다.

-호주의 Coburg 반도는 아직도 주술적인 삶을 살고 반 전통적 수렵 생활을 하는 원주민들에게 중요한 의미를 가지고 있다.

-수백 년에 걸쳐 지역주민들이 행해 온 전통적 방식의 새우 배양법인 Gei Wei는 유일하게 람사르 습지인 홍콩 Mai Po 습지 주민들에게만 볼 수 있다.

-덴마크의 Stavns 피오르 람사르습지는 청동기시대를 엿볼 수 있는 귀중한 고고학적 가치를 가진 곳이다.

-Titicaca 호의 다이버들은 잉카 시대보다 먼저 지어진 사원을 발견하였다.

다. 습지의 여러 가지 기능

Kusler et al.(1996) 및 USGS(1999)는 습지의 위치에 따라 다음과 같이 기능을 설정하였다.

표 3-1. 습지 유형별 기능(Kusler et al.(1996) 및 USGS(1999))

구분	기능
고립된 습지(Isolated wetlands)	물새의 서식처, 내륙 및 습지 야생 생물 서식처, 홍수 조절, 침전 및 영양물질 조절, 경관미 제공
저수지변 습지(Lake margin wetlands)	고립된 습지 기능, 유입수에 포함된 침전물 및 영양물질 제거, 어류 서식처
하천변 습지(Riverine wetlands)	고립된 습지 기능, 침전물 조절, 제방의 안정, 홍수 유도
하구 및 해안습지(Estuarine and coastal wetlands)	고립된 습지 기능, 어류 및 조개류 서식처, 해양성 어류의 영양 공급원, 침식 방지
보초도 습지(Barrier island wetlands)	언덕에 생육하는 식물이나 동물의 서식처, 고에너지 파도로부터 배후지의 보호, 경관미

Cylinder et al.(1995)은 습지가 갖는 가치에 대해 ①생물적 기능: 먹이연쇄 제공, 서식처 및 번식처, 산란처, 사육, 휴식 등, ②교육, 학습, ③환경요소에 대한 영향, ④파도, 침식, 폭우 등으로부터 주위 환경 보호, ⑤홍수 시 범람원, ⑥지하수 보충 및 저장, ⑦수질 정화, ⑧ 지역의 인식성 제고 등을 들었다.

CERES(1998)에서는 습지의 기능을 수질보호 및 개선, 홍수 조절 및 지하수 보충, 침식 조절, 어류 및 야생동물 서식, 생물종다양성 증진, 레크리에이션 등으로 설정하였다.

(1) Fish and Wildlife Habitat(어류 및 야생동물 서식처로서의 기능)

습지는 어패류, 물새류, 조류, 포유류, 양서파충류, 식물군락, 멸종위기종 등의 서식처나 산란장으로서 매우 중요한 기능을 하고 있다. 예를 들면 조류의 경우 북미대륙에 서식하는 조류의 1/3 정도가 습지에서 먹이, 은신처, 서식처를 의존하고 있는 것으로 알려져 있다(USGS).

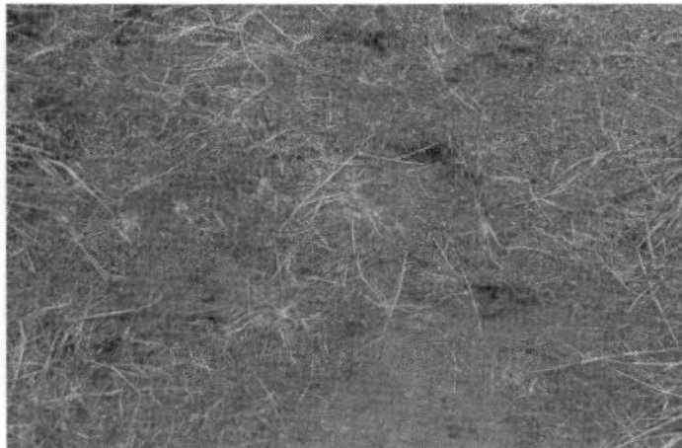

그림 3-1. 습지는 야생동물들의 서식처이다. 왼쪽부터 대전천 백로류, 제주도 동수악, 대평늪

습지의 조류 서식처로서의 조건은 몇 가지 요소에 의해 결정된다(Stewart, 1999). 깊이, 수질, 먹이와 은신처의 제공, 포식자의 존재 등이 바로 그것이다. 특히 습지에서 부화와 부양을 하는 새들은 습지의 물리적, 생물적 조건에 영향을 받는다. 예를 들어 습지에서 형성되는 지표수와 습윤 토양, 홍수 범람의 빈도와 시기 등이 조류의 서식에 중요한 의미를 갖는다.

물새는 각기 다른 성장단계에서 은신처나 번식 및 먹이 섭취를 위해 습지에 의존한다. 도요새, 물떼새 등 이동성 조류들은 이동 중의 휴식처로 습지를 이용하며 많은 습지들이 철새이동경로로 보호되고 있다. 북미대륙의 30%에 달하는 철새들이 습지를 휴식처로 이용하고 있으며, 북미대륙 물새의 5%에 달하는 새들이 휴식처로 이용하고 있다.

습지는 멸종위기나 희귀종에 대한 중요한 서식처를 제공하고 있다. 담수습지에는 지구상의 40% 이상의 종과 12%의 동물종이 서식하며 일부 습지에는 멸종위기에 처한 중요한 종들이 서식하고 있다. 생물다양성의 관점에서 산호초는 열대우림의 가치와 유사한 것으로 알려진다. 또한 습지는 약제산업 및 쌀과 같은 상업적 농작물 재배와 같은 분야에서처럼 상당한 경제적 잠재력을 가진 중요한 보고이다.

그런데, 무분별한 개발사업 등으로 습지가 훼손되어 서식처가 감소되고 서식 환경이 변화함으로써 생물다양성이 감소되고 있다. 예를 들어 우리나라의 경우 4대 하천을 중심으로 한 대규모 하천 개발사업으로 인해 모래톱 및 범람원에 발달했던 습지들이 소멸되는 등 생태환경이 급격히 훼손되었고, 생물다양성이 감소되었다. 예를 들면, 흑두루미 이동 경로가 낙동강에서 서해안으로 변경되었다. 즉, 낙동강 해평습지, 달성습지 등 모래톱과 습지가 사라지거나 변형되면서 흑두루미 개체수가 급감하고 서해안으로 이동하는 흑두루미 개체수가 급증하고 있다(자료: 한국물새네트워크).

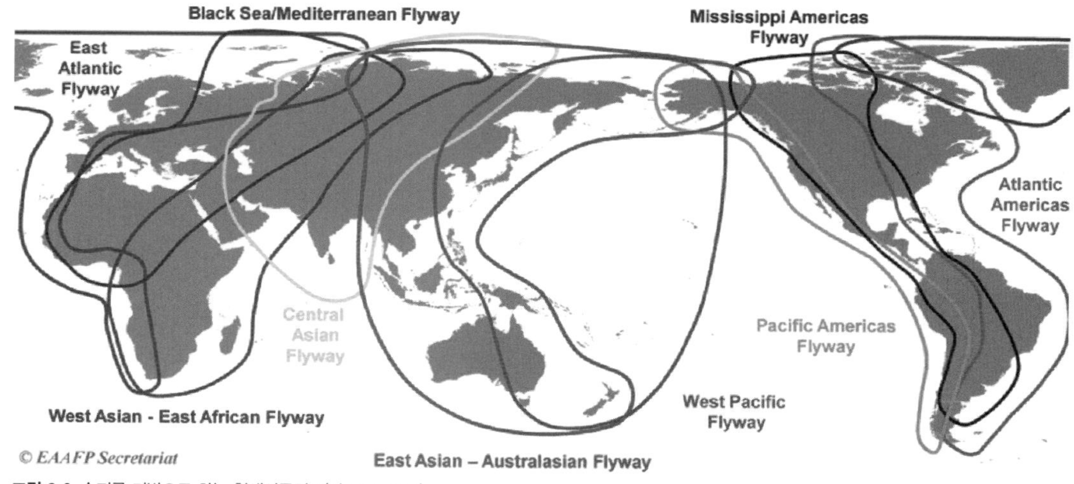

그림 3-2. 습지를 기반으로 하는 철새이동경로(자료: EAAFP)

(2) 환경의 질 개선

습지에는 오염물질 여과, 침전물 및 독성물질 흡착, 산소 공급, 물질순환, 화학물질 및 영양물질 흡수 등의 기능이 있다.

1) 수질 정화 및 개선 기능

습지는 수생태계의 주요 오염원인 침전물들을 흡착함으로써, 수질을 정화시키고 식물분해의 기능도 수행한다. 즉, 유입될 때보다 훨씬 정화된 수분을 공급하게 되는 것으로서, 오염된 물을 정화시키고 오염원이나 침전물 혹은 유기물들을 흡착시키는 기능을 한다.

2) 습지 내 물질순환

습지는 질소나 인과 같은 영양물질을 보유함으로써 식물의 성장에 도움을 준다. 습지는 물 속 유기물을 제거하여 부영양화를 막고 수질을 개선하며 영양소를 공급한다. 또한 습지는 질산비료를 질소가스로 변환시켜 대기 중에 방출하고, 탄산비료는 이산화탄소로 변화시키지 않으면서 유기물로 축적하여 각종 식물에 영양소를 공급한다.

(3) 사회 경제적 가치

습지는 목재, 어패류, 약재 생산 및 농업 등의 경제활동을 포함하여, 수질 정화, 레크리에이션, 물 공급, 미적 기능, 교육 및 과학적 연구, 문화적 유산, 독특한 경관 등의 기능을 가지고 있다.

1) 에너지의 근원

습지는 모든 에너지의 근원이라고 할 수 있다. 즉, 태양에너지의 이용, 영양물질 합성, 수분과 토양으로부터 유기물을 합성하면서 식물의 성장에 도움을 준다. 이러한 에너지는 동식물 간의 먹이사슬에 영향을 끼치고 있다.

2) 경제적 기능

습지는 전 세계에 걸쳐 많은 지역에서 식물 생산 용지로 이용되고 있다. 우리나라나 대만, 일본 등 아시아 국가에서는 대부분의 쌀이 비옥한 범람원에서 생산되고 있으며, 미국의 북동부에 위치한 습지대에서는 많은 양의 cranberry가 경작되고 있다. 이탄층은 러시아와 캐나다, 북유럽 등을 포함한 많은 지역에서 에너지의 근원이 되고 있으며, 습지는 목재 생산과 어업 및 여러 분야에서 복잡하게 얽혀 있다.

그림 3-3. 습지의 비옥한 토양은 농작물 생산을 위한 최적의 기반이다(우포늪)

그림 3-4. 습지는 물놀이 등 레크리에이션 공간으로도 중요하다(대전 유등천)

3) 레크리에이션 기능

습지는 낚시, 사냥, 조류 탐사, 보트타기 등과 같은 야외 활동에 이용되기도 한다. 그러나 대체로 습지는 보트, 수영 등의 행위에는 적당하지 않은 공간이며 유형에 따라 다르게 판단해야 할 것이다.

(4) 심미적 기능

습지는 동·식물의 다양한 분포를 지니고 있는 가장 아름다운 환경이라고 할 수 있다. 습지는 독특한 경관을 형성하여 미적 감상의 대상으로 이용된다. 인간에게도 교육적 효과와 함께 서식처로서의

그림 3-5. 우포의 저녁놀. 우포늪은 밤낮이 다르고 계절에 따라 다양한 경관을 연출한다.

가치를 지니고 있다. 우리는 이러한 다양한 경관자원들이 사라지지 않도록 습지를 보전해야만 한다.

(5) 수문학적 기능

1) 지하수 공급 및 보충

습지는 과잉의 수분을 함유하면서 지하수의 공급원이기도 한다. 지하수는 대수층을 따라 흐르거나 저장되며 암석과 토양을 통과하며 정화되거나, 강이나 호수와 지하 대수층을 따라 연결되어 영양분을 공급하는 기능을 한다.

2) 침식 조절 및 호안 안정

식물의 뿌리는 침식을 조절하고 습지 경계부 호안을 안정시키는 역할을 한다. 습지는 수생식물 뿌리의 작용으로 빗물, 파랑, 급류 및 기타 침식 요인으로부터 제방이나 호안을 안정시킨다. 이러한 식물의 뿌리는 농사나 거주 활동으로 인한 토양의 침식을 막고 침전물을 가라앉히는 기능을 한다. 습지가 개발로 사라지거나 제방이나 호안을 이용한 방목 등의 원인에 의해 식생이 제거된다면 침식은 더욱 빨리 진행될 것이다.

3) 홍수 조절 기능

홍수기에 습지는 육지로 범람할 수 있는 많은 수분을 지하수로 보유하고 있으며, 하천으로 유입되는 많은 물을 저장하여 유출시간을 지체시킴으로써 하류 지역의 첨두홍수량을 완화시킨다. 해안가나 범람원을 따라 습지가 사라지고 있기 때문에 홍수와 범람을 막기 위해서 댐이나 둑과 같은 인공구조물을 설치하고 있지만, 최근에는 수위 조절과 홍수 예방을 위하여 습지를 보전하거나 회복하려는 노력이 진행되고 있다.

대표적인 사례로는 2005년 8월 미 남동부 멕시코만에서 발달한 초대형 태풍 카트리나에 의한 피해를 들 수 있다. 태풍 카트리나는 미시시피 강 하구의 뉴올리언스를 통과하면서 2,500명 이상의 사망·실종자를 포함하여 10만 명에 이르는 이재민과 도시가 폐허화되는 피해를 남기고 소멸되었다. 카트리나의 규모에 비해 미국 최대 규모의 큰 피해가 발생한 이유로서 배후습지 용도 변경을 꼽는 전문가가 많다. 1800년대 초중반 미국 이민 초기의 역사에서 미국을 남북으로 관통하는 미시시피 강은 유럽과 미국 내륙을 연결하는 중요한 통로였고 미시시피 강 하구 중심 도시 뉴올리언스New Orleans가 발생하였다. 도시가 급격히 발달하면서 토지 수요가 급증하면서 도시 주위의 광활한 습지를 간척하여 도시를 확장하였고 이렇게 습지가 사라지고 도시화된 지역은 미시시피 강으로부터의

표 3-2. 습지의 기능 및 일반적 성격(자료: Adamus et al., 1987; Bardecki et al., 1989; Cylinder et al., 1995; Richardson, 1995; Kusler et al., 1996; Admiraal et al., 1997; Ramsar Convention, 1997; USACE, 1998; California Resources Agency, 1999; USGS, 1999; 구본학, 2000; Tilton et al., 2001)

습지의 기능		일반적 성격	기능의 중요도를 결정하는 요인	위협적 요소
기후변화 대응	탄소 저감	광합성 작용으로 인한 탄소 흡수 저감. 유기체 및 토양시스템 중 탄소 저장	수생식물의 생체량, 이탄층의 발달, 토양 구조	이탄층 훼손, 식생 제거, 토양시스템 파괴
홍수 조절	홍수 유도	하천 인접 습지들은 홍수가 나서 강물이 범람했을 때 갑자기 불어난 물의 범람원 구실.	습지의 지형, 규모, 식생, 하천과의 관련성, 홍수 흐름 억제 지형지물	제방 등에 의해 홍수의 흐름이 저해되는 경우 홍수위가 높아지고 흐름이 빨라지며 인근의 지역에 피해 초래
	홍수/폭우 저장 홍수 흐름 조절	홍수 시 물을 저장하고 천천히 흘려 내림으로써 하류의 첨두홍수량을 저감시키고 농작물이나 거주지 등에 미치는 홍수 피해 가능성 저감	유역과의 상대적 위치, 관련성, 지형, 토양 흡수능, 습지의 규모 및 깊이, 하천 규모 및 특성, 유출부 규모 및 깊이, 식생형, 토양형	습지 매립으로 홍수 저장 능력 감소
토양 안정	침식 조절 유출 조절	습지 식생의 뿌리권(massive roots), 뿌리줄기 등이 유속을 저하시키고 토양을 결속 보호하여 유실 방지	습지 식생(유형, 밀도, 성장패턴 등), 토양형과 구조, 흐름, 식생 완충대와 관련된 습지 위치	식생을 제거하면 유속이 증가되어 침식 증대 습지지형이나 식생파괴는 습지의 표면 유출에 대한 여과 기능 저하
	호안/하천제방 보호	유수나 파도의 침식력으로부터 토양 보호	해안이나 호수, 하천에 관련한 위치, 파도의 강도, 식생 유형, 토양 유형	식생을 제거하면 침식이 증가되고 파도에 저항하는 능력 저하
	침전물 조절 및 안정화	습지 식생이 토양 입자를 뿌리로 결속하고 침전 속도를 늦춤	습지 깊이 범위, 습지 식생(유형, 밀도, 성장 패턴 등), 토양형과 구조, 흐름, 식생 완충대와 관련된 습지 위치	습지지형이나 식생파괴는 습지의 표면 유출에 대한 필터기능 저하, 하류 저수지 등에 대한 탁도 및 퇴적 증가
오염 조절	오염원 제거 수질 보호 및 개선 침전물/독성물질 흡착	침전물을 여과하고 과잉 영양물질 등 오염물질을 제거하는 등 여과와 분해 과정을 통하여 수질개선	습지의 유형과 규모, 습지 식생, 오염원 및 유형, 물길 및 규모, 수체크기, 미생물, 유출률	습지지형이나 식생파괴는 습지의 자연 정화능 저하, 하류호수나 하천에 대한 수질 저하 초래
종다양성 유지	어류 및 야생동물 서식처 야생동물 종다양도 번식, 이주, 월동	식생과 물이 어우러져 어류, 양서파충류, 조류, 기타 야생물의 물, 먹이, 번식처, 휴식처 등 제공. 해안습지는 어패류에 필요한 암설 제공	습지유형 규모, 우점종 식생, 다양도, 유역 내 습지위치, 주변 서식처 유형, 여러 습지 위치, 수질, 물의 화학성, 깊이, 이용도	식생 및 동물상에 대한 여러 형태의 파괴 행위는 생산성 저하. 댐 축조는 물고기 이동을 저해
	보전	멸종위기 및 희귀종에 대한 보전	습지유형 규모, 우점종 식생, 다양도, 유역 내 습지위치, 주변 서식처 유형, 여러 습지 위치	식생 및 동물상에 대한 여러 형태의 파괴 행위는 생산성 저하.
상업 레크리에이션	레크리에이션 (심미적)	레크리에이션으로 이용되는 야생생물과 물 공급 자연사진촬영, 야생동물 관찰 사냥, 어로, 보트타기	습지 식생, 야생동물, 수질, 접근성, 규모, 희귀도, 지원시설, 주변 지형, 식생, 토지이용, 교란정도, 유사한 습지유용, 분포	습지에 대한 여러 형태의 교란은 보트, 수영, 조류관찰, 사냥, 낚시 등에 대한 기회 감소
	상업적	상업적 이용, 스포츠 낚시 등	습지 식생, 야생동물, 접근성, 규모, 지원시설, 주변 지형, 식생, 토지이용, 교란 정도	습지에 대한 여러 형태의 교란은 보트, 수영, 조류관찰, 사냥, 낚시, 열매 생산 등 기회 감소
수문 안정	지표수 공급	홍수 시 물을 저장하여 첨두홍수량과 시간을 조절. 오염원에 대한 필터. 수자원 공급원	침전, 유역 유출특성, 습지 유형 및 규모, 유출부 특성, 수체에 관련된 습지의 위치	매립 등은 유출을 가속시키고 오염을 증대시키는 원인이 됨
	지하수 유지/보충	지하수 저장하고 천천히 흘려보냄. 많은 경우 연중 대부분의 시기에 물을 공급	습지 위치, 지하수위의 증감, 지질(유형, 깊이, 투수성), 습지 규모, 지하수 저장능, 지하수 흐름, 유출억제	매립은 지하수 저장능 저감되므로 하천과 지하수의 가정용, 상업용, 기타 용도의 용수 공급량 저하
물질 순환	생산물 유출 영양물질 제거 및 이동	먹이연쇄에 중요한 유기물질 생산하여 수중서식처(deepwater habitat) 등으로 전송	유기물질 종류, 어류, 양서 파충류 등 생물상	식생 및 동물상에 대한 여러 형태의 파괴 행위는 생산성 저하

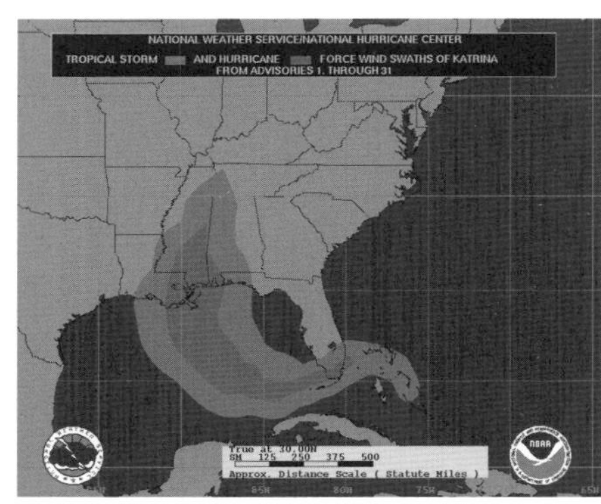

그림 3-6. 태풍 카트리나 이동 경로(자료: NOAA)

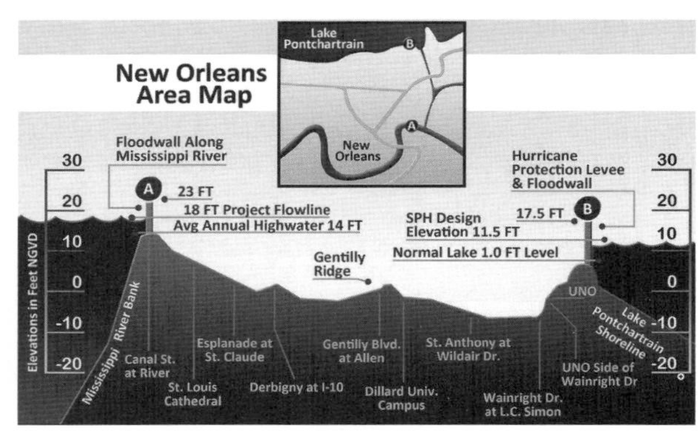

그림 3-7. 뉴올리언스 시가지 지형 단면(자료: USACE)

주기적인 범람에 의한 토사 공급이 중단되고 지하수 이용 등에 의해 지반이 낮아지게 되었고 태풍으로 인해 큰 침수 피해를 입게 되었다. 카트리나로 인해 피해를 입은 지역 범위가 과거 습지의 범위라는 조사 결과도 보고된 바 있다(그림 3-6, 그림 3-7).

그 외에도 습지는 파도의 방지, 물 흐름의 조절, 염분 침투 억제 등의 수문학적 기능이 있다. 이와 같은 다양한 습지의 기능을 요약하면 〈표 3-2〉와 같다.

라. 습지의 가치

습지의 기능은 가치를 배제한 습지의 자연 형성 과정 그 자체를 의미하며 가치는 사람의 기준에서 일정한 의미를 부여하는 행위를 말한다. 즉, 습지의 기능이 인간 생활에 도움이 되어 사회적으로 이용될 때 일정한 가치를 부여하게 된다. 따라서 습지의 가치는 절대적인 것이 될 수 없다. 즉, 물새의 서식처로서의 가치가 사냥꾼이나 조류관찰자, 생태학자 등에게는 매우 중요하나 토지 소유자나 농민에게는 무의미한 것이 될 수 있다.

1970년대 이후 습지의 생태적 가치에 대한 인식

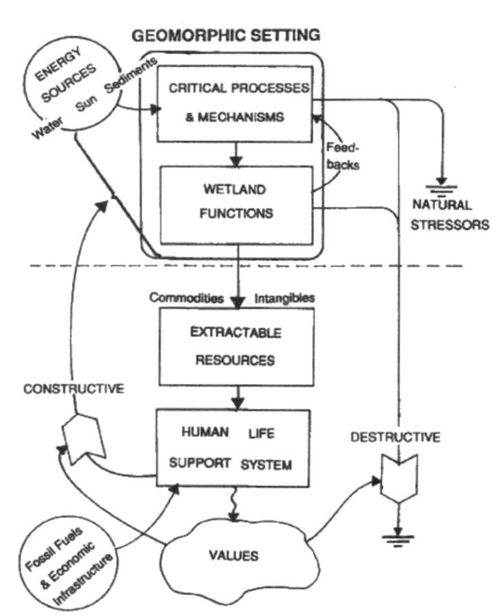

그림 3-8. 습지의 기능과 가치의 관계를 나타내는 다이어그램(Brinson, 1993). 가운데 점선을 중심으로 기능과 가치 구분

이 확산되면서 이를 경제적 가치로 환산하려는 노력 등 습지의 자원으로서의 재평가가 이루어지고 있다. 습지의 가치 재발견은 단순한 토지 자원으로서의 가치뿐만 아니라, 일종의 '자유재'로서 홍수 억제, 침식 조절, 퇴적 조절, 수질 정화, 상업적이거나 레크리에이션의 시각에서 어류와 물새류의 서식 등이 그것이다. 또한 생태적 가치 외에도 경관적 가치, 심미적 가치 등이 습지로부터 인간이 얻을 수 있는 가치들의 예이다.

이러한 습지의 가치와 기능 외에도 습지는 인류 문화유산의 한 부분으로서 중요하다. 즉, 습지는 종교와 우주론적 믿음, 심미적 영감의 대상, 야생생물의 서식처, 지역 전통의 근간으로서 중요한 구실을 한다(Ramsar Convention, 1997). 자연 유산으로서의 습지는 사람들이 정착하기 이전presettlement의 독특한 경관과 거주 환경을 제공한다(Admiraal et al., 1997).

마. 습지와 생태계서비스

(1) 습지의 생태계서비스

생태계는 생태학적 과정을 통하여 서로 상호작용하는 생물 공동체와 무생물환경의 복합체인 바, 밀레니엄 생태계 평가Millennium Ecosystem Assessment(MA)에서는 생태계를 사람들에게 다양한 이로움을 제공하는 생태계서비스라는 시각에서 하나의 기능 단위로 이해하고 있다. 이러한 '생태계서비스'는 사람들에게 직접 영향을 주는 공급provisioning 기능, 조절regulating 기능, 그리고 문화 서비스cultural services 기능과 이들 다른 서비스를 유지하기 위해 필요한 부양(유지)supporting) 및 서식처habitat 기능을 포함한다 (MEA, 2005).

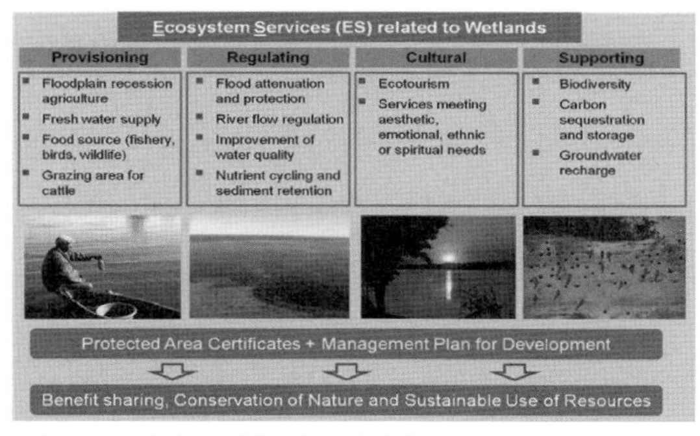

그림 3-9. 습지와 생태계서비스(자료: CERPA)

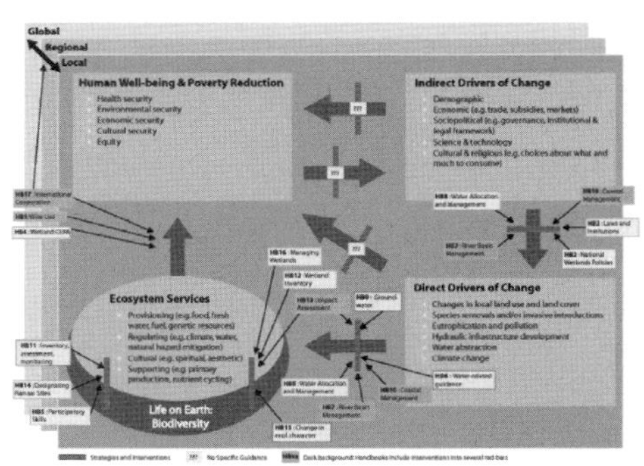

그림 3-10. 습지의 현명한 이용과 생태적 특성을 유지하기 위한 기본적 틀(자료: MA, 2005)

표 3-3. 밀레니엄평가 및 람사르협약에서 사용되는 생태계 용어(Ramsar Convention, 2006)

람사르협약 및 다른 협약에 적용되는 MA 생태계 용어	이전의 다양한 람사르 지침 및 다른 문서에서 사용된 용어
생태계 구성요소: 물리적, 화학적, 생물학적(서식지, 종, 유전자)	'구성요소(components)', '특징(features)', '속성(attributes)', '특성(properties)'
생태계 내와 생태계 간의 생태학적 형성과정	'과정(processes)', '상호작용(interactions)', '특성(properties)', '기능(functions)'
생태계서비스(Ecosystem Services): 제공(provisioning), 조절(regulating), 문화(cultural), 지원(supporting) 또는 서식처	'서비스(services)', '이익(benefits)', '가치(values)', '기능(functions)', '재화(goods)', '산물(products)'

표 3-4. 습지가 제공하는 생태계서비스(MA, 2005)

생태계서비스		개념 및 사례
공급서비스	음식	어류, 사냥, 과일, 농업생산
	맑은 물	주거, 산업, 농업적 이용을 위한 물의 저장
	연료와 섬유	목재, 연료림, 이탄, 사료 등의 생산
	생화학	생명체로부터 약품 및 다른 물질 추출
	유전자 물질	식물 병원균 내성, 장식 및 관상용 종 등의 유전자
조절서비스	기후변화 조절	온실가스 발생원 및 저장소, 지역적 국지적 온도, 강수량 및 기후형성과정 영향
	물 순환 조절	지하수 저장/유출
	수질정화 및 폐기물 처리	과잉 영양물질 및 오염물질 저장, 복구, 제거
	침식 조절	토양 및 침전물 저장
	자연재해 조절	홍수조절, 폭풍우 보호
	수분(pollination)	수분매개체의 서식처
문화서비스	영적, 영감	영감의 근원, 습지생태계에 대한 영적 종교적 가치
	레크리에이션	레크리에이션 활동 기회
	심미적	습지생태계로부터 미와 심미적 가치 발견
	교육적	정규 및 비정규 교육 훈련 기회
지원(부양) 및 서식처 서비스	서식처	야생동물 서식환경 제공
	토양 형성	침전물 저장 및 유기물 축적
	영양물질 순환	영양물질 저장, 재순환, 형성과정 및 축적

이와 같이 습지가 지니는 고유의 기능과 인류에게 제공하는 가치 및 속성은 생태계서비스 및 구성요소라고 할 수 있으며, 이들은 습지 생태적 형성과정을 바탕으로 유지된다.

람사르 지침 및 문서에서 사용되고 있는 용어들과 밀레니엄생태계평가(2005)에서 사용되고 있는 용어들을 비교하여 보면 〈표 3-3〉과 같다.

밀레니엄생태계평가(2005)에서는 인류 복지와 빈곤 퇴치를 위해 생태계서비스 특성을 유지하기 위한 개념적 틀을 개발하였다(그림 3-10). 현명한 이용이란 장기적으로 인류의 복지와 빈곤 퇴치 및 생물다양성을 유지하기 위한 생태계서비스와 혜택을 유지하는 것을 말하며, 습지생태계가 제공하는 생태계서비스를 〈표 3-4〉와 같이 설명하고 있다.

2050년 지구 인구는 약 90억 명에 이를 것으로 추산되는데, 이에 따른 수자원 소비량 증가와 기후변화 영향 등의 위협 요인을 고려할 때 습지가 지니는 서비스 혜택을 극대화하려는 노력은 그 어느 때보다 중요하고 시급한 것이라고 할 수 있다.

람사르협약에 의하면 람사르습지 2,314개는 각각 생태계서비스를 제공하는 바, 습지가 제공하는 생태계서비스별로는 문화서비스 제공이 2,161개로 가장 많았고 조절서비스 1,645개, 공급서비스 1,715개 및 부양(유지)서비스 376개 등으로 나타났다.

람사르협약에서는 습지의 기능과 가치, 문화적 측면Cultural aspects of wetlands으로서 물질적 및 비물질적 문화적 가치, 혜택 및 기능을 모두 포함하여 확장된 범위의 산물, 기능 및 속성을 포함하고 있다.

(2) 습지의 생태계서비스 평가

습지는 수생태계와 육상생태계의 특성을 포함하는 생태적 전이지대ecotone로서 다양한 생태적 기능을 갖는다. 물 순환은 습지에 크게 의존하는데, 토지 피복 유형에 따라 저류water retention 기능과 흐름이 영향을 받게 되며 이는 결국 지표수와 지하수 가용성에 영향을 끼친다. 그러므로 습지가 훼손되어 기능이 저하되거나 다른 토지이용으로 전환될 때 물 순환 및 탄소 순환 등과 같은 영양물질 순환이 변형될 수 있다.

한동안 습지 관리에서는 습지 토지이용 전환 또는 물 공급이나 식량 생산과 같은 단일 생태계서비스를 위한 관리를 중요한 요인으로 파악하였다. 그러나 습지가 제공하는 기능과 가치에 대한 이해가 깊어지고 습지에 대한 인식이 증진되면서, 또한 습지가 소멸되어 주위에서 점차 사라지거나 개발 압력에 놓이게 되면서 습지 관리 방향은 습지의 다양한 생태계서비스를 고려하고 람사르협약의 정신에 입각한 현명한 이용 전략 등을 적용하게 되었다. 대부분의 생태계서비스는 습지와 관련되어 있으며, 영양물질 순환, 기후변화(기후 완화 및 적응), 식량 안보(작물 공급 및 양식장), 일자리 보장(양식장 관리 및 농업 토질 관리) 등의 기본적인 기능과 더불어, 지식(과학적·전통적 지식) 및 휴양과 관광, 문화적 가치 형성(정체성 및 정신적 가치) 등 문화적 측면에서도 중요하다.

습지는 물과 관련된 생태계서비스의 중요한 공급원이다. 습지는 지표수 수량, 지하수 저장량을 조절하며, 홍수 및 폭풍의 영향을 저감하는 기능을 한다. 또한 습지는 침식 조절 및 퇴적물 이동 기능을 하여 부분적으로 육지 형성 및 회복력 강화에 기여한다. 이 모든 생태계서비스는 물 안보(천연 재해로부터의 안보)와 기후변화 완화에 도움을 준다. 리우+20정상회의에서 채택된 정상선언문 '우리가 원하는 미래The Future We Want'는 물 공급과 수질을 유지하기

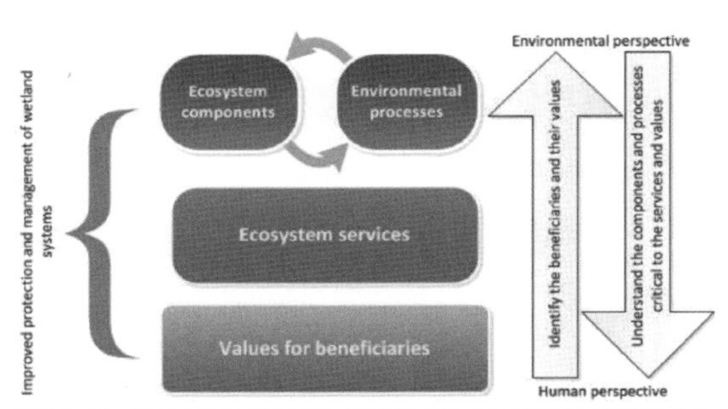

그림 3-11. 습지 구성과 형성 과정, 생태계서비스 및 가치와의 관계(자료: 퀸즈랜드 습지 프로그램, 2013)

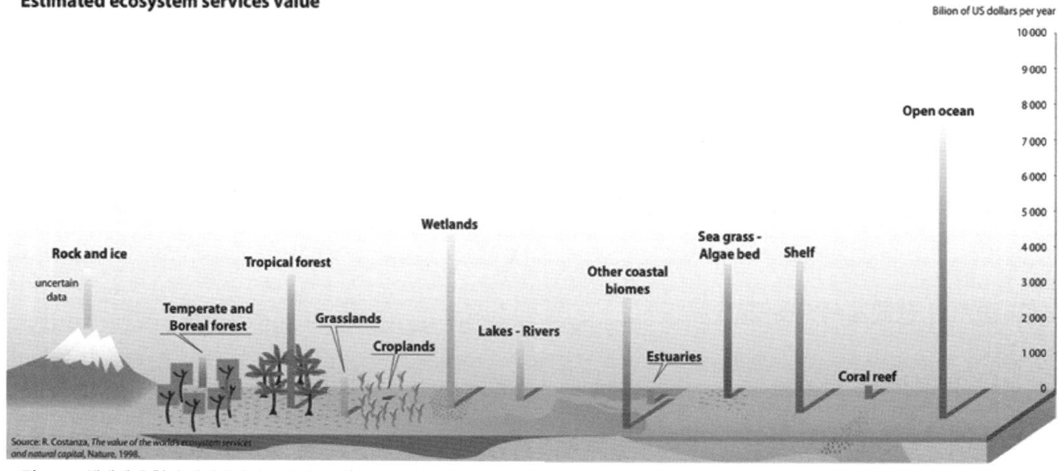

그림 3-12. 생태계 유형별 생태계서비스 가치 평가(자료: Costanza et al., 1997)

위한 생태계의 역할을 잘 반영하고 있다(UNCSD, 2012).

습지생태계서비스 가치는 일반적으로 다른 생태계보다 크다(그림 3-12). 이러한 기능에는 청정 수자원 공급, 자연 재해 완화, 탄소 저장 등이 있다. 습지는 금액으로 환산 가능한 일종의 기반시설과 같은 의미로 인식되기도 하여 습지가 주는 생태계서비스를 금전적 가치로 환산하기도 한다.

습지의 가치와 서비스를 고려하기 위해서는 보편적인 방법론과 개념 정립이 필요하며 습지의 다양한 측면이 고려되어야 한다. 즉, 습지의 구성요소와 환경형성과정에 대한 부양 능력 등이 그것이다. 습지의 생태적인 기능 수준에서의 형성과정에 대한 이해가 중요하며, 이는 습지 그 자체보다 더 광범위하고 더 폭넓은 경관까지도 포함한다.

습지생태계는 자연 자산의 한 부분이며, 지구 전체로 볼 때 습지는 매년 수조 달러의 가치를 지닌 서비스를 완전한 무료로 제공한다. 이러한 습지의 서비스는 사람들에게 건강한 삶과 삶의 질을 보장하는 필수 요소가 되고 있다.

(3) 습지 생태계서비스 평가 사례

Krantzberg and de Boer(2008)는 캐나다 해안습지 평가 연구에서 영양물질 순환, 홍수 조절, 기후 조절, 토양 생산성, 숲 건강, 유전자 저장소, 꽃가루 수분, 자연적 병원균조절 등의 생태계서비스를 평가하여 연간 $690억의 가치가 있는 것으로 산출하였다.

Sterrett-Isely et al.(2009)은 와이오밍 주와 미시시피 주의 내륙습지 생태계 평가 연구에서 심미적 기능, 레크리에이션, 어류 및 야생동물 서식처, 영양물질 순환, 폐기물 처리, 침식 조절, 수자원 공급

Services	Comments and Examples	Estuaries and Marshes	Mangroves	Lagoons, Including Salt Ponds	Intertidal Flats, Beaches, and Dunes	Kelp	Rock and Shell Reefs	Seagrass Beds	Coral Reefs
Coastal Wetlands									
Provisioning									
Food	production of fish, algae, and invertebrates	⬤	⬤	•	●	•	●	•	●
Fresh water	storage and retention of water; provision of water for irrigation and for drinking	•		•					
Fiber, timber, fuel	production of timber, fuelwood, peat, fodder, aggregates	⬤	⬤	●					
Biochemical products	extraction of materials from biota	•	•			•			•
Genetic materials	medicine; genes for resistance to plant pathogens, ornamental species, and so on	•	•	•		●			•
Regulating									
Climate regulation	regulation of greenhouse gases, temperature, precipitation, and other climatic processes; chemical composition of the atmosphere	●	●	●	•		•	•	●
Biological regulation (C11.3)	resistance of species invasions; regulating interactions between different trophic levels; preserving functional diversity and interactions	●	⬤	●	•		•		•
Hydrological regimes	groundwater recharge/discharge; storage of water for agriculture or industry	•		•					
Pollution control and detoxification	retention, recovery, and removal of excess nutrients and pollutants	⬤	⬤	●		?	•	•	•
Erosion protection	retention of soils	●	⬤	•				•	•
Natural hazards	flood control; storm protection	⬤	⬤	•	•	•	●	●	⬤
Cultural									
Spiritual and inspirational	personal feelings and well-being	⬤	•	●	⬤	•	•	•	⬤
Recreational	opportunities for tourism and recreational activities	⬤	•	•	⬤	•			⬤
Aesthetic	appreciation of natural features	●	•	●	●				⬤
Educational	opportunities for formal and informal education and training	•	•	•	•		•		•
Supporting									
Biodiversity	habitats for resident or transient species	●	●	•	⬤	•	⬤	•	⬤
Soil formation	sediment retention and accumulation of organic matter	●	●	•	•				
Nutrient cycling	storage, recycling, processing, and acquisition of nutrients	●	●	●	•	•	•		●

그림 3-13. 연안습지 유형별 단위면적당 생태계서비스(자료: MA, 2005)low •, medium •, to high: •, not known = ?

등의 기능을 평가하여 1에이커당 연간 서비스가 $1,300에 이르는 것으로 산출하였다.

스리랑카의 수도 콜롬보 인근 3000ha의 무스라자웰라muthurajawela 습지가 제공하는 홍수 저감flood attenuation 및 수질 정화 가치는 각각 연간 약 500만 달러 이상, 160만 달러 이상에 달한다. 이는 농업용 습지의 20배 이상이다(Emerton and Kekulandala, 2003).

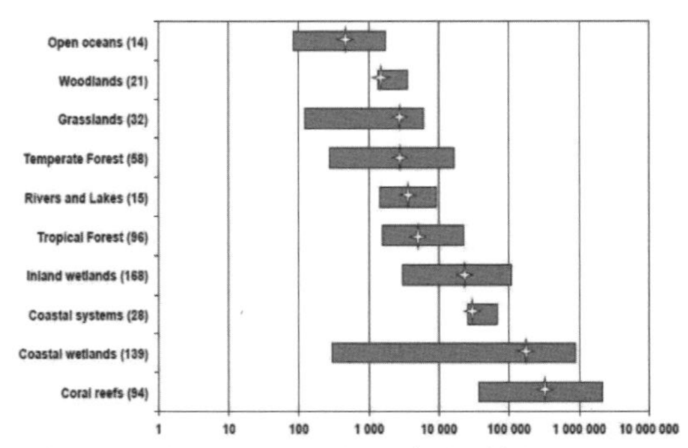

그림 3-14. 생태계 유형별 생태계서비스 가치(달러/ha) (자료: TEEB, 2010; de Groot et al., 2012)

독일 메클렌부르크 포어포메른 주mecklenburg-western pomerania의 복원된 이탄지대 약 30,000ha에서 온실가스가 매년 약 300,000tCO_2e 수준으로 유지되고 있다. 탄소 배출에 의한 피해 한계비용marginal cost of damage을 1tCO_2 당 70유로로 가정할 때, 피해 방지 가치는 매년 2,170만 유로에 달한다(평균 728 유로/ha). 이와 같이 습지는 생물다양성을 위한 서식지 형성 뿐 아니라 이탄지대 복원은 수분 보유를 증가시키고, 홍수 및 가뭄 등 극심한 기후에 완충제 역할을 하여 기후변화 완화에 도움을 준다(Schafer, 2009).

Madsen 등(2010)에 의하면 미국의 습지은행 제도에 따라 건설사업 개발자들은 직접적으로 혹은 제3자로부터 습지이용권credit을 구매하는 행위를 통해 습지 손실을 보상할 의무가 있는데, 최근 미국의 습지이용권 시장은 매년 미화 110억 달러에서 180억 달러 사이의 가치로 추정되고 있다. 국내의 경우 사공정희(2015)는 충남 논습지의 생태계서비스에 대한 경제적 가치를 연간 총 32조 8,310.4억 원으로 환산하였는데, 충남 논습지(189,933.89ha) 전체가 전용되었을 때 발생하는 농지보전부담금인 14조 8,148.4억 원보다 18조원 이상 더 높은 수치로 나타났다.

■ 습지의 에머지

생태학자 오덤은 에머지Emergy라는 개념으로 환경의 가치를 평가하였는데, 에머지는 생태계에 대한 환경적 경제적 이용가치를 평가하는 유용한 지표이다. Emergy 이론은 모든 자원을 태양에너지 기반의 단위인 Emergy나 혹은 Emdollers(Em$)로 환산해야 하는 작업이 필요하다.

Emergy를 이용하여 환경과 경제 시스템에서의 한정된 자원의 이용을 위한 의사결정 방법을 찾을 수 있다. 습지와 같이 일정한 시스템으로서의 생태계가 지니는 환경 및 경제적 이용 가치 평가 수단으로서 Emergy 이론은 특정 생태계의 생태적 수용능력의 평가나 개발계획의 정당성의 분석에 도움이 된다. 예로 습지에서의 적정한 입장 인원의 책정 등에 이용될 수 있다.

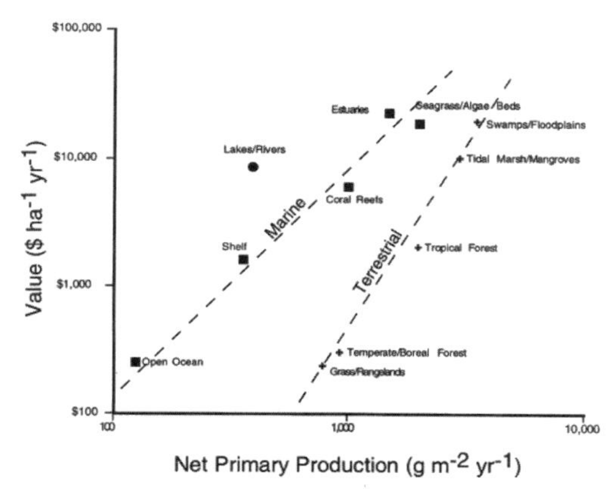

그림 3-15. 생태계 유형별 1차 순생산량과 생태계서비스 가치(자료: Costanza et al., 1998)

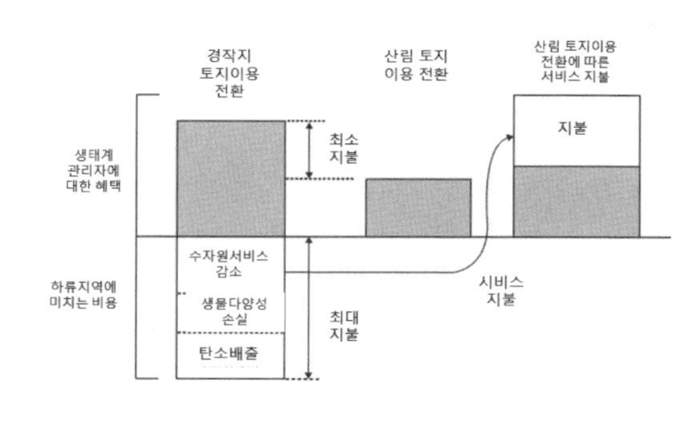

그림 3-16. 생태계서비스 지불 비용 개념

(4) 생태계서비스 지불제

생태적 관점에서 볼 때 건강한 생태계, 건전한 자연환경을 유지하는 것은 곧 사람들에게 건강하고 건전한 삶을 보장하는 효율적인 방법이다. 이때 해당 생태계서비스에 대한 평가가 우선되어야 하며, 그 평가 결과를 근거로 보전지역에 대한 대체지역 조성 면적이나 비용 등을 추산하게 된다.

습지와 기후변화

III-2

가. 기후변화가 습지에 미치는 영향

습지는 기후변화에 매우 취약한 생태계이다. 기후변화 특히 지구온난화로 인한 기온 상승과 불규칙한 강우, 불규칙한 돌발적인 날씨의 변동과 같은 다른 기후변화 영향이 습지의 생물다양성에 부정적으로 영향을 끼친다. 람사르협약 사무국은 습지 보전을 위해서는 "습지의 건강성을 훼손하지 않고 유지"하는 것이 가장 중요한 일이라고 말하고 있다.

기후변화에 관한 정부 간 패널Intergovernmental Panel on Climate Change(IPCC)에서는 2050년까지 세계의 해수면이 30cm 이상 상승될 것으로 예측하였다. 그런데 해안지역에 분포된 습지에는 유기탄소나 질소 같은 영양물질들이 저장되어 있는데 기후변화로 인한 해수면 상승으로 습지에 저장되어 있는 중요한 영양물질이 씻겨 내려가고 습지가 서서히 사라져 버릴 것이라고 예측하였다. 예를 들면, 해수면의 상승으로 미국 루이지애나 주에서 1930년대 이후 약 4,856km²이상의 습지가 소멸되었고 해변 습지에 저장되어 있는 탄소와 질소가 씻겨 내려갔다(Zhong & Xu, 2011). 2050년까지 기후변화로 인해 해수면이 상승되어 습지 토양 중 유기탄소 42,264,600t과 유기질소 2,817,640t이 유실될 것으로 예측하였다.

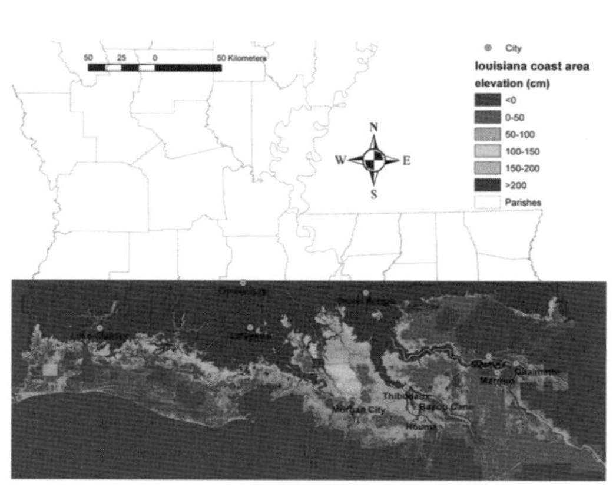

그림 3-17. 루이지애나 주 해안습지 대부분 고도 1m 이내에 분포(자료: Zhong & Xu, 2011)

기후변화와 관련하여 유엔사막화방지협약(UNCCD) 및 기후변화협약(UNFCCC) 등에서 습지에 대한 국제적 노력을 담고 있다. 습지는 모든 곳에서 매우 중요하지만 사막이나 건조지에서는 더욱 중요하다. 1997년 10월 최초의 UNCCD 총회에서 대표단들에게 '건조한 지역에서의 습지wetlands in Arid Zones'에 대한 정보를 배포하였으며, 1998년 12월 다카르에서 개최된 UNCCD 당사국 총회에서는 람사르협약 사무총장과 사막화방지협약의 사무총장이 만나 상호 의사소통을 증가시키는 한편 활동 내용을 조정하고 중복 활동을 피하기 위한 두 사무국 사이의 협력 각서에 서명하였다. 아울러 5차 유엔기후변화협약(UNFCC) 당사국총회에 대한 준비로 람사르사무국과 IUCN에서는 '습지와 기후변화: 습지보전 람사르협약과 UN 기후변화협약 간의 협력방안'이라는 기술적인 문서를 준비하였다

나. 습지가 기후변화에 미치는 영향

(1) 기후변화 대응을 위한 습지의 기능

생태적으로 건강하고 건전한 습지는 기후변화의 영향에 대한 대응 능력을 향상시키는 데 기여한다. 습지는 지표 탄소의 40% 정도를 함유하여 탄소량을 감소하는 데 중요한 역할을 하는데 습지를 파괴하고 전환하는 행위로 인해 지구 온난화 60%의 원인을 차지하는 이산화탄소 배출을 증가시키게 된다. 그러므로 습지를 잘 관리하면 기후변화로 인한 피해를 줄이는 데 도움이 될 수 있다.

맹그로브 숲이나 산호초 등은 해안지역을 자연 재해로부터 지켜주는 자연적 방어막이 된다. 또한, 하천변 범람원이나 이탄습지, 호수형 습지 등은 강우나 빙하로 인해 발생되는 최대 홍수유출량을 저감시키는 기능을 한다. 이렇게 습지가 물을 가두고 천천히 흘려보내는 능력으로 인해 습지는 심각한 가뭄에도 생명을 유지할 수 있는 근원이 될 수 있다.

그런데 습지는 다른 유형의 생태계에 비해 훨씬 더 빠른 속도로 소멸되거나 훼손이 되고 있다. 그 결과 습지에 의한 기후변화 적응 능력도 급격히 감소되었다. 습지를 보전하고 복원하며 현명하게 이용함으로써 기후변화 적응력을 높일 수 있고 생태적으로는 물론 인류 문화와 생물다양성 보전 등을 위해서도 매우 효과적이다.

기후변화는 폭우, 가뭄 지속, 빙하 융해 등을 촉발하는 방아쇠 기능을 하며, 기온 상승은 폭우의 빈도와 강도를 높이고 해수면을 상승시킨다. 습지는 이러한 기후변화에 대응하는 중요한 기능을 하며 탄소 저장소sink의 역할을 수행한다. 습지와 습지의 생물다양성은 탄소를 흡수하고 지역 기후와 강수에 영향을 주어 기후변화의 영향을 저감시키는 데 매우 유용한 기능을 한다. 식물들은 대기 중의 이산화

탄소를 흡수하고, 이 식물들이 죽어 썩게 되면 흡수된 이산화탄소는 유기탄소의 형태로 토양 중에 축적된다. 습지는 숲생태계보다 이산화탄소 저장 효과가 최대 50배나 더 크다. 지구상 습지 면적은 지구 육지 표면의 약 4%에 불과하지만, 토양 속의 이산화탄소를 33%까지 격리시켜 저장하고 있다. 특히 이탄층에서는 식물체 등의 유기체 분해속도가 매우 늦기 때문에 토양 내 탄소 저장이 매우 뛰어나다.

탄소가 바다로 씻겨 들어가면, 생물지구화학적 탄소순환에 따라 기후변화를 촉진시키게 된다. 한편, 유기질소가 풍부한 토양이 침식되어 산소가 부족하여 생물이 거의 살고 있지 않은 데드존dead zone에 영양분을 공급하게 된다.

습지생태계는 기후변화 대응을 위한 자연 인프라스트럭처Natural Infrastructure를 제공하기 때문에 하천유역의 범람원을 복원하면 홍수를 방지할 수 있으며, 연안습지를 잘 관리함으로써 해수면 상승으로부터 연안지역을 보호할 수 있다. 결국 습지는 생물다양성이나 인류에게 주는 혜택으로 볼 때 공학적으로 만든 어떠한 인프라 시설보다도 더 유익한 자연적인 해결책이다.

생태계에 기반을 둔 기후변화 적응 대책으로서 내륙습지의 경우에는 하천습지와 범람원을 관리하고 복원하여 홍수를 방지하고, 유역 차원에서 습지와 수자원을 관리하며, 습지를 잘 관리하여 습지가 제공하는 자연적인 홍수 방지 시스템인 '그린 인프라스트럭처'를 복원하는 것이 중요하다. 연안습지의 경우 연안습지의 손실과 훼손을 줄이고, 이들을 복원하여 생태계가 해수면 상승에 탄력적으로 대응할 수 있도록 하며, 기존의 인프라 건설을 최소화하고 그린 인프라를 도입할 필요가 있다.

(2) 맹그로브 습지

열대, 아열대 해안에는 자연 형성 과정에 의해 다양한 해안생태계가 발달하는데 그중 맹그로브 습지나 산호초 등 건강한 생태계는 해안에 미치는 폭풍우의 영향을 저감시키고 해수면 상승의 영향을 감소시키며 파도 등의 영향을 적게 받는다. 건강하고 건전한 맹그로브 습지는 일 년에 3.8~9mm 수준으로 해수면 상승을 저감시킬 수 있으며, 염분의 침입도 완화시키는 기능을 할 수 있다.

그런데 기후변화로 인해 토지 손실과 생명다양성 훼손 등 해안생태계를 파괴하거나 훼손시키는 일이 점차 증가하고 있다. 많은 해안습지들이 토지이용 전환, 오염, 과도한 경작 등으로 인해 소멸되었거나 심각하게 훼손되어 기후변화 대응 능력이 감소되고 있다. IPCC에서는 21세기가 마무리되는 시점에서 해수면 상승으로 인해 아프리카 해안선을 따라 심각한 피해를 받을 것으로 예측했다.

Green Coast Project

국제습지보전협회Wetlands International에서는 기후변화 대응을 위한 Green Coast 모델을 적용하여 기후변화에 취약한 서아프리카 열대 해안 지대 등 몇 해안의 맹그로브 습지를 복원하는 프로젝트를 진행한 바 있다. Green Coast는 연안 지역의 생물종다양도를 증진시키기 위해 지역사회에 기반을 둔 연안생태계 복원 관리 전략을 말하며, 2004년 아시아 국가들의 해안을 강타하여 수많은 사상자와 재산 피해를 낳았던 쓰나미에 대한 대응 전략으로 진행되었다. Wetlands International에서는 WWF, IUCN 등과 함께 인도네시아, 스리랑카, 인디아, 태국, 말레이시아 등 동남아국가의 쓰나미 피해지역에서 맹그로브, 해안림, 산호초, 해안사구 등 훼손된 해안생태계를 복원하기 위한 프로그램을 진행하였다.

건강한 연안생태계는 어로 행위, 양식장, 기타 생태관광이나 농업과 같이 해안 지역 주민들의 수입원이 되며, 한편으로는 폭풍우와 같은 혹독한 기상 조건에서 해안 침식을 방지하고 담수생태계에 염수가 침입하는 것을 억제하는 등 완충지역 기능도 포함한다.

다. 신데렐라 생태계 이탄습지의 탄소 저감

(1) 이탄습지 분포 및 특성

산림생태계에서는 주로 수목 등 지상부에 탄소를 저장하게 되지만 이탄습지의 경우 토양층에 저장하므로 이탄층과 같은 토양층을 훼손시키는 경우 온실가스 저감 기능에 심각한 문제가 생길 수 있다. 열대에서 북극권의 영구동토대에 이르기까지 분포하는 이탄습지는 지구 전체 육지 면적의 3%에 불과하지만 지구 탄소의 약 1/3 가량에 이르는 가장 많은 이산화탄소를 저장하고 있는 대표적인 탄소 저장고이며 지구상에서 가장 중요한 탄소 흡수원으로 인식되어 왔다. 그런데 이탄습지가 온실효과를 저감하는 능력이 잘 평가되지 않다 보니 이탄습지의 중요성에 그다지 주목하지 않고

그림 3-18. Alfred Bog, 캐나다

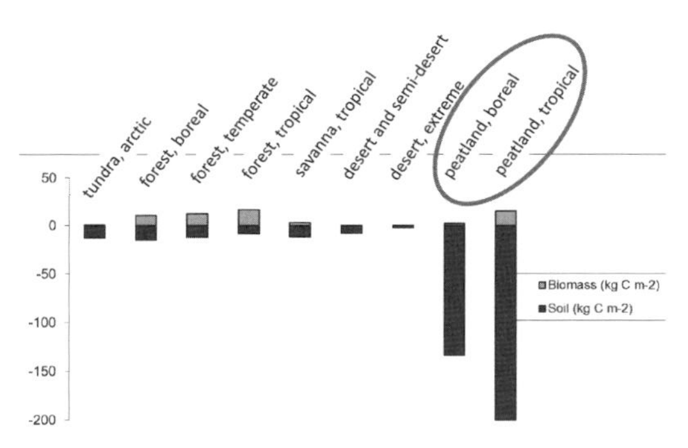

그림 3-19. 생태계 유형별 이탄 저장량 비교(자료: Joosten)

간과하여 이탄습지를 보전하고 보호하는 데 소홀하였고 이를 빗대어 "신데렐라 생태계"라고 부르기도 한다.

열대지방의 이탄습지는 동남아시아의 보르네오, 수마트라, 파푸아 섬 등 수많은 섬에 광범위하게 퍼져있는데, 두께가 10m가 넘고, 탄소 함유량이 60% 정도로 높은 편이다. 이러한 이탄습지는 에너지원으로 이용되어 제거되거나, 쌀농사를 짓거나 숲을 조성하고, 야자나무 농장을 위해 또는 밭농사를 짓거나 집을 짓기 위해 파괴되기도 한다. 또한 허술한 산림 관리로 이탄지대가 파괴되기도 하며, 심지어 정원용, 미용이나 위스키용으로 채굴되는 경우도 많다. 그 결과 지난 20년간 이탄습지가 훼손되어 습지에 축적되었던 탄소가 대기 중으로 유리되었고, 인위적인 배수 체계로 지하수위를 저하시켜 이탄습지 내 우점종인 이끼류의 생육 환경이 훼손되었다. 결국 탄소 저장소인 이탄습지들이 오히려 탄소 배출원으로 변하여 연간 이탄습지에서 방출되는 이산화탄소량이 2Gt에 이르는 것으로 알려진다.

람사르협약에서는 이탄습지의 생태적 중요성과 탄소 저장 능력 등에 주목하여 특이한 생태계를 가진 보전해야 할 중요한 습지 자원으로 인정하여 'Guidelines for Global Action on Peatlands(GAP) (Resolution VIII.17, 2002)'을 제정하는 등 적극적인 보전 노력을 하고 있다.

이렇게 이탄습지는 탄소 흡수원으로서 그 중요성이 강조되고 있는데 대체로 고위도 또는 온대의 고산지대 냉한대 기후대에 생성되는 경우와 열대지역에 생성되는 경우로 나눌 수 있다(그림 3-20).

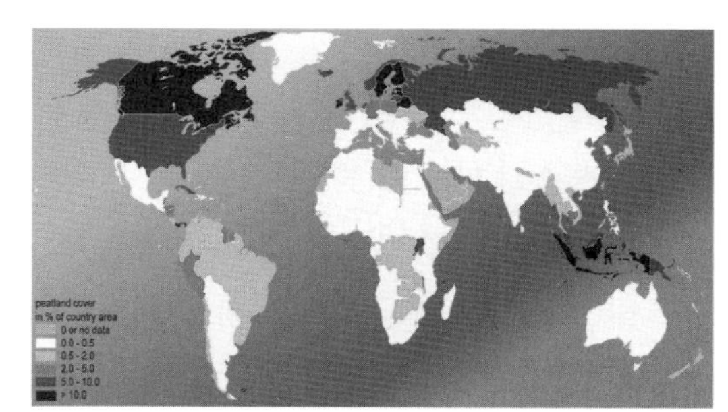

그림 3-20. 이탄습지 분포(자료: IMCG, 2008)

우리나라의 고산지대를 포함한 온대 고산지대 및 고위도 냉한대 기후대에 속하는 북유럽, 캐나다, 미국 중북부, 시베리아 등에 주로 분포하는 이탄습지는 수~수십 미터에 이르는 이탄층과 더불어 물이끼 등 독특한 식생이 우점하고 있는 생태계이다. 이탄 집적 작용peat accumulation은 유기물이 미생물과 토양 내 소동물의 활동이 억제되어 분해되지 못한 곳에 나타나며, 항상 산에서 차가운 눈과 물이 공급되고 물이 모이기 쉬운 지형으로서 여름에 구름이 많은 장소가 이탄 생성의 최적지로 알려져 있다.

냉한대지역에서 발달하는 이탄습지에는 물이끼류, 사초류, 황새풀속Eriophorum 식물, 식충식물인 끈끈이주걱속Drosera, 벌레잡이 식물, 난초류 등이 있다. 물이끼류는 잎에 공세포가 있어 수분을 쉽게 흡수하고 보유함으로써, 이끼가 스펀지와 같은 성질을 가지도록 한다. 물이끼류는 물속의 무기염류를

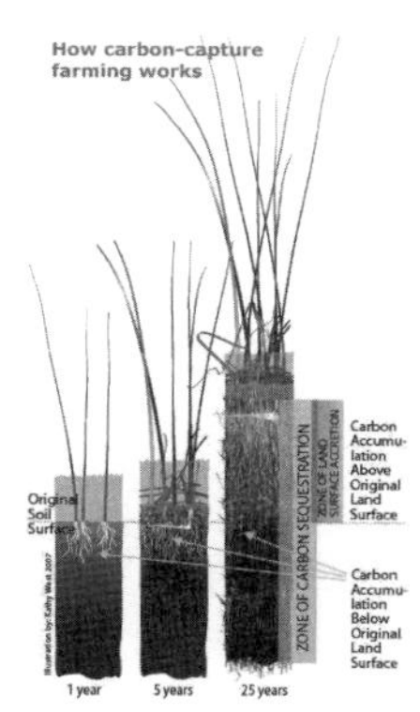

그림 3-21. 이탄층 탄소 저장(자료: USGS)

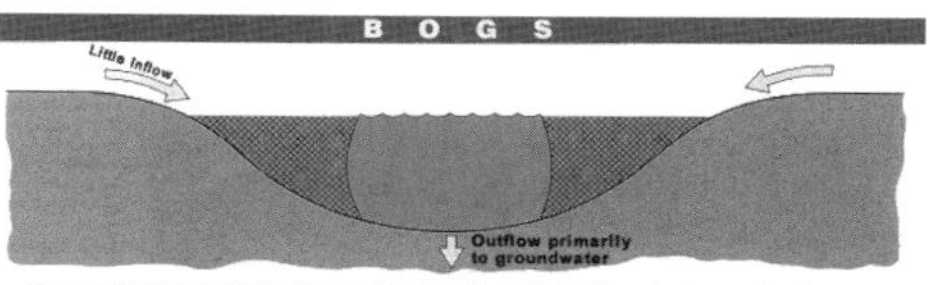

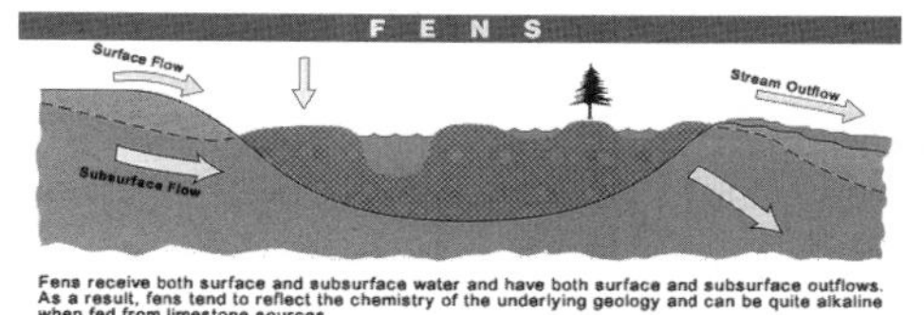

그림 3-22. Bog 및 Fen의 차이(자료: USDA, 1995)

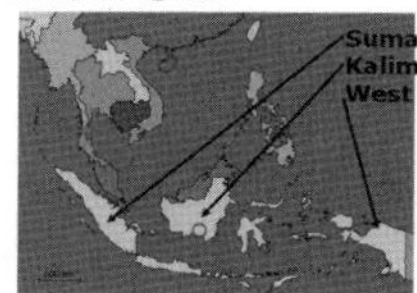

그림 3-23. 동남아 지역 열대이탄습지 분포(자료: Rieley)

양이온의 형태로 흡수하고, 이를 다시 산의 수소 이온으로 대체해 그 주변의 물을 더욱 산성으로 만든다. 이끼가 물에 포화되면 공기의 통과가 지연되어 물표면 바로 아래의 물이끼류는 무산소증을 겪게 된다. 산소 결핍, 무기염류 부족, 강한 산성 등 몇 가지 요인이 겹쳐지면 세균과 곰팡이의 활동 및 유기체의 분해가 상당히 지연된다. 죽은 이끼류의 부패가 지연되면서 살아 있는 식물에서 이탄이 발생한다. 이러한 현상은 특히 연평균 기온이 10℃ 이하인 지역에서 일어나는데, 이러한 조건도 역시 부패 작용을 지연시킨다. 이러한 이탄습지는 특히 1만~250만 년 전, 신생대의 플라이스토세 동안 빙하가 있던 지역에서 공통적으로 나타나는데, 캐나다·북유럽·러시아의 툰드라 및 북쪽 수림대의 넓은 면적을 덮고 있다. 이들 지역보다 남쪽 지방인 영국의 습윤한 지역도 이탄습지대이다.

Bog와 Fen은 냉한대지역에서 발달하는 전형적인 이탄습지인데 이들은 한 지역에서 함께 나타나는 경우가 많다. 이들의 차이점을 요약하면 다음과 같이 설명할 수 있다(그림 3-22).

Bog는 주로 빗물에 의존하며 빗물보다 적은 양의 무기염류가 용해되어 있다. 이탄층에 물이끼류, 진퍼리꽃나무속Chamaedaphne의 식물이 우점하며 대체로 pH 5 이하의 강산성을 나타낸다.

Fen은 이탄층에 벼과Poaceae 식물, 사초류, 갈대류가 우점하며 주로 무기염류가 녹아 있는 지하수로부터 물 공급을 받는데, 지하수는 pH가 5~8로서 약산성에서 약알칼리성 특성을 나타낸다.

한편, 열대지역에 발달하는 이탄습지는 유기물이 빠르게 분해될 만큼 온도가 충분히 높은 기후 조건 때문에 이탄이 쉽게 축적되지 않는다. 그러나 강수량이 많은 곳과 지하수의 무기염류 함량이 매우 낮은 곳에서는 이탄습지가 형성될 수 있다. 즉, 열대 이탄습지는 물속에 녹아 있는 무기염류가 매우 적은 곳에서 발생하고 다른 유형의 습지에 비해 매우 드물게 나타나지만, 말레이 반도와 인도네시아·남아메리카·아프리카 등지에는 넓은 면적에 걸쳐 나타난다.

표 3-5. 동남아 지역 열대 이탄습지 분포(자료: Immirzi & Maltby, 1992; Rieley et al., 1996)

REGION	AREA(mean) ha	AREA(range) ha
Indonesia	18,963,000	17,853,000~20,073,000
Malaysia	2,730,000	2,730,000
Papua New Guinea	1,695,000	500,000~2,890,000
Thailand	64,000	64,000
Brunei	110,000	110,000
Vietnam	24,000	24,000
The Philippines	10,700	10,700
TOTALS	23,596,700	21,291,700~25,901,700

(2) 이탄습지의 탄소 순환 및 저감

이탄습지는 온실효과의 주범인 탄소를 가두어 둠으로써 온난화를 완화하여 유기체들의 생육 환경 향상에 기여한다. 이탄습지는 지구상의 육상생태계 중에서 가장 효과적으로 탄소를 저장할 수 있는 생태계로서 약 500Gt의 탄소를 저장하고 있으며 이는 전 세계 산림에 저장된 탄소량의 약 두 배에 이른다.

이탄습지의 탄소 저장 능력이 좋은 이유는 지하수위가 높아 식물의 분해 작용을 억제하기 때문으로서 식물이 그들의 생애주기 동안 탄소 격리carbon sequestration 작용으로 축적한 탄소가 토양에 저장 집적하여 이탄층을 형성한다. 탄소 격리는 전력 생산이나 각종 산업 활동, 인간이 방출하는 탄소 가스를 모아서 지하 또는 지상의 특정 공간에 저장하는 것을 말한다. 온실 가스의 70%는 이산화탄소이고, 이산화탄소는 대기 중에 남아 지구 온난화를 일으키므로 탄소 격리는 온난화 저감을 위해 매우 효과적인 작용이라고 할 수 있다.

열대 이탄습지는 토양 유기 탄소의 거대한 저

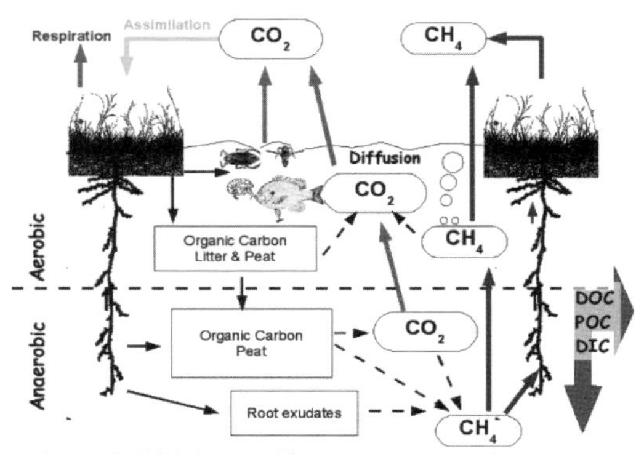

그림 3-24. 습지에서의 탄소 순환(자료: Lloyd et al., 2013)
DOC: 용존성 유기탄소, POC: 입자성 유기탄소, DIC: 용존성 무기탄소

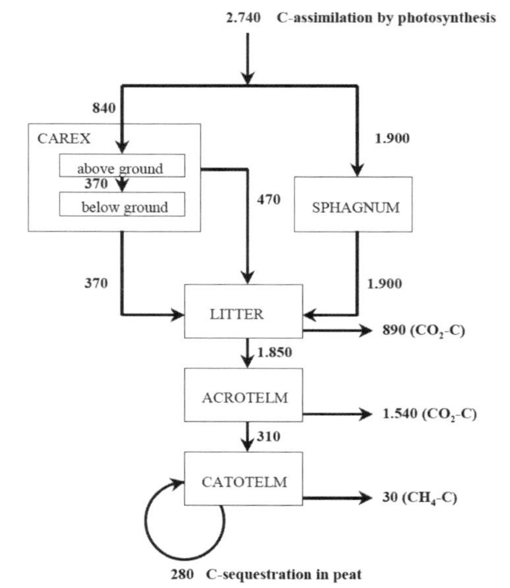

그림 3-25. Bog에서 나타나는 탄소 순환 (자료: Joosten & Clarke, 2002)

장소 역할을 하지만, 일부 지역에서는 산림 훼손, 배수, 산불에 의해서 이산화탄소 공급원 역할을 한다. 손상된 이탄습지로부터 배출되는 이산화탄소량이 잘 보존된 이탄습지에 비해서 50% 더 높은 것으로 알려져 있으며, 훼손된 이탄 지대의 탄소 손실량이 22% 정도인 것으로 추정된다. 이탄습지는 지구 육지 면적의 3%에 불과하지만 지구 토양 전체에 묻혀있는 탄소의 30%, 대기권 전체의 탄소 함유량과 맞먹는 4천억~1조 톤의 탄소가 매장돼 있어 이탄지에서 탄소가 유출되면 기후 시스템에 엄청난 영향을 미칠 것으로 파악되고 있다.

습지 내 배수 시스템이나 이탄 채굴 등 인위적인 교란에 의해 지하수위가 저하되며 이탄층 표면이 교란되고 이탄에 축적되었던 탄소가 대기 중으로 배출되기 시작한다. 배수에 의한 교란이 지속되면서 이탄층이 제거되고 건조된 이탄이 퇴적되면서 화재의 위험이 높아지고 탄소가 배출된다. 이탄층이 급격히 침하되고 수축되면서 지하수위가 급격히 낮아지고 배수 체계보다 높은 이탄층의 탄소는 대부분 대기 중으로 방출된다.

물이끼층이 제거되는 등 인위적 원인으로 교란된 습지에서는 배수 시스템이 더욱 중요하여, 교란으로 인해 습지 내 저장되었던 탄소가 대기 중으로 용출되며 지하수위 또한 영향을 받고 저장된 물도 상당히 감소하게 된다. 자연 상태의 이탄습지는 지하수위가 수천 년 동안 축적된 이탄층 표면 가까이 형성된다(그림 3-26).

이와 같이 이탄습지가 훼손되거나 다른 형태의 토지이용으로 전환될 경우 이탄층에 저장되었던 탄소가 방출되어 대기 중 이산화탄소 농도를 증가시키고 온실효과를 유발하여 지구온난화를 가속

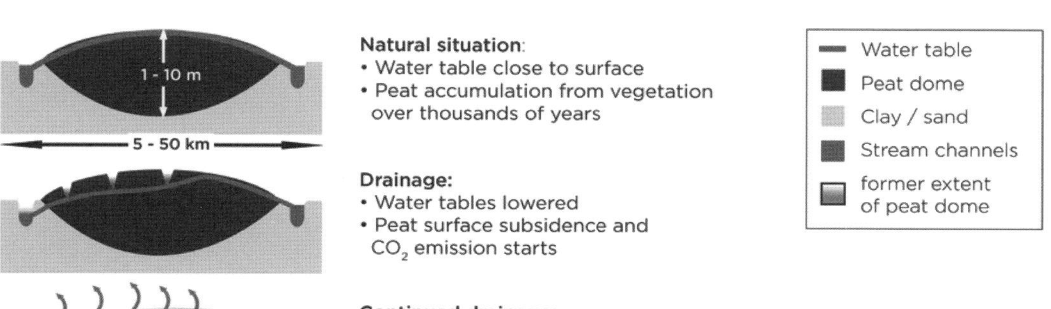

그림 3-26. 이탄습지 교란에 따른 CO_2 용출 및 지하수위 저하 (자료: Page et al., 2011)

시키는 원인이 될 수 있다.

열대 이탄습지에서 야자농장, 펄프농장, 배수나 화재 등에 의한 이탄 훼손 등의 원인에 의해 토지 이용 형태가 전환되었을 때 고유의 이탄습지와 비교하여 탄소 수지 변화에 대한 연구사례가 있다. 〈표 3-6〉에 나타난 바와 같이 이탄습지를 포함하여 4가지 토지이용 유형을 비교했을 때 고유의 이탄습지는 탄소 저장소가 되나 다른 3가지 유형에서는 탄소가 배출됨을 알 수 있다. 즉, 현재 상태로 토지 이용 전환이나 습지 훼손이 지속될 때 30~50년 정도 기간이 지난 후에 이들 이탄습지에서 이탄층이 사라지게 되며 이탄습지에서 저장하고 있던 탄소는 고스란히 대기 중으로 방출되게 된다.

표 3-6. 열대 이탄습지 탄소 수지(자료: Rieley)

	Peat swamp forest (C pool)	Oil palm plantation (C loss)	Acacia pulp plantation (C loss)	Degraded peatland (C loss)
Peat carbon pool at start	2218	2218	2218	2218
Forest a.g. biomass	+150(sel. logged)	-150(sel. logged)	-150(sel. logged)	-150(sel. logged)
Forest root biomass	+15	-15	-15	-15
Peatland C pool at start	2383.0	2383.0	2383.0	2383.0
Peat (25 yr) accumulation	+38.5	0	0	0
Peat (25 yr) subsidence	0	-862.5	-1,715	-862.5
Peat loss by fire (25 yr)	0	-135	-68.6	-620
Crop/2y biomass increase (25 yr)	+50(a.g. and b.g)	0(Cropped)	0(cropped)	30.3(2y after fire)
Peatland carbon pool after 25 yr	2471.5	1220.5	434.4	765.8
C imbalance with PSF	0	-1251.0	-2037.1	-1705.7
Carbon gain/loss over 25 yr	+88.5	-1162.5	-1948.6	-1617.2
Mean annual C gain/loss	+3.54	-46.5(inc. deforest)	-77.9(inc. deforest)	-64.7(inc. deforest)
Mean annual CO2 gain/loss	+13.0	-170.7	-285.9	-237.5
Annual CO2e change in 1 Mha	+13.0Mt	-170.7Mt	-285.9Mt	-237.5Mt
Predicted life of peat (after 25)	n	26	6	12
Total lifespan under land use (yr)	Forever!	51	31	37

(3) 이탄습지와 메탄

이탄습지는 주요한 탄소 저장고로서 습지 내에 탄소를 저장하여 격리시킴으로서 기후변화를 저감하는 데 기여한다. 그런데 식생 벌채나 농업적 이용을 위한 배수 등 인위적 원인에 의해 이탄습지들이 오히려 온실가스 배출원으로 바뀌게 된다. 이탄습지에서 탄소가 배출되는 주 원인으로는 농업적 이용을 위한 관개배수, 식생 제거 및 이탄층 채취 등이다. 그 결과 이탄층과 지하수 등에 저장되었던 탄소가 급격히 대기 중으로 방출되어 이산화탄소 또는 메탄 형태로 배출된다. 나아가 식생 제거로 인한 온도 증가는 이탄층으로부터 이산화탄소 배출 속도를 증가시킨다. 이탄층에서 발생되는

표 3-7. 배출원별 메탄 순배출량(자료: Joosten & Clarke)

구분	메탄 방출량	구분	메탄 방출량
•습지	115	매립	40
-bogs/tundra (boreal)	35	가스생산	40
-swamps/alluvial	80	석탄생산	35
논농사	100	흰개미	20
가축 등 동물	80	대양, 담수	10
바이오매스 연소	55	수화작용	5
Total sources		500	

화재도 이산화탄소를 대규모로 배출하는 원인이 된다. 〈표 3-7〉에 나타난 바와 같이 습지는 지구상 메탄 발생량의 약 23%를 차지하는 주요 배출원이며 이는 논이나 가축 등 다른 유형의 배출원에 비해 높은 편이다.

이탄에서 배출되는 온실가스로는 이산화탄소 외에 메탄가스가 있는데 이탄습지는 탄소 저장소이면서 한편으로 메탄$_{(CH_4)}$ 등 탄소의 발생원이다. IUCN 보고서에 의하면 습지와 논습지에서 전체 메탄 방출량의 40%에 이른다고 알려져 있으며, IPCC에 의하면 이탄층에서 방출되는 메탄가스량은 CO_2 또는 N_2O보다 더 많은 것으로 알려지고 있다. 반대로 기후변화의 결과 지구온난화로 인해 영구동토 및 냉한대 기후대의 이탄층이 융해되면서 이산화탄소와 메탄가스가 방출되는 요인이 되기도 한다.

이탄층에는 90%의 수분이 포함되어 있기 때문에 분해 속도는 더욱 지체되고 장기적으로 다량의 탄소가 축적될 수 있는 조건이 된다. 그 결과 탄소 성분이 많은 조건은 혐기성 환경이 되며 이때 메탄이 발생하게 된다. 메탄은 발생 과정에서 탄소를 주 에너지원으로 하게 되고 유기물을 분해하고 폐기물로써 메탄을 방출하게 된다.

이산화탄소는 생물의 호흡과 토양 중 유기탄소가 무기화되는 과정에서 발생되어 대기 중으로 방출된다. 메탄은 침윤된 이탄층에서부터 가스가 분출되면서 대기 중으로 방출되거나 식물 뿌리 조직을 통해 방출된다. 탄소 순환의 관점에서 볼 때 습지는 이산화탄소의 주요 저장소이면서 다른 한편으로는 메탄의 발생원이므로 메탄을 억제하는 노력이 필요하게

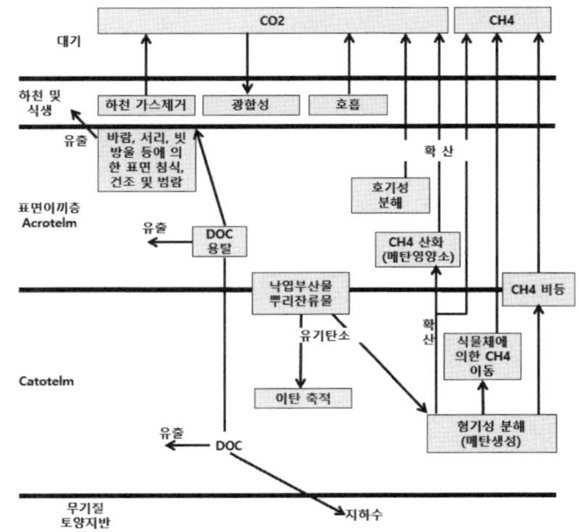

그림 3-27. 탄소 순환과 이탄습지 관계도

된다. 산림이나 기타 생태계에서는 주로 지상부에 탄소를 저장하게 되지만 이탄습지의 경우 토양층에 저장하므로 이탄층 등 토양층을 훼손시키는 경우 온실가스 저감 기능에 심각한 문제가 생길 수 있다.

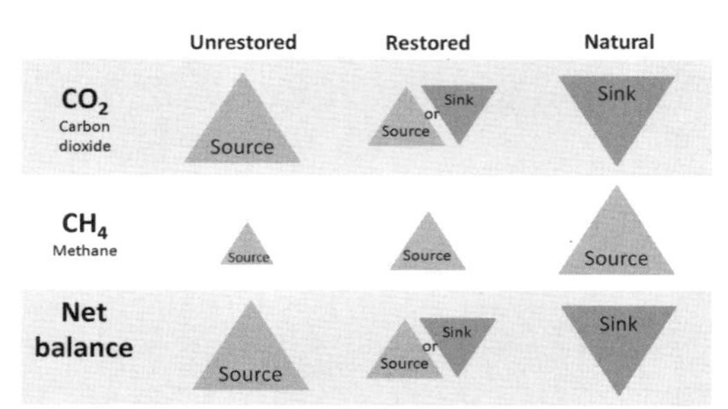

그림 3-28. 이탄습지의 탄소 수지. 왼쪽부터 훼손된 이탄습지, 복원된 이탄습지, 자연습지

훼손되지 않은 자연 상태의 이탄습지는 이산화탄소$_{CO_2}$의 저장고로서 부분적으로 메탄$_{CH_4}$을 배출하기도 하지만 장기적으로는 탄소를 축적한다. 그러나 훼손된 습지는 메탄 방출은 적지만 이산화탄소 방출량이 매우 많아 전체적으로 탄소 배출량이 많기 때문에 탄소 순환에 부정적 영향을 끼친다. 이탄습지 복원을 통해 탄소 수지를 자연 상태에 가깝도록 균형을 이룰 수 있게 된다. 복원된 습지는 일부 메탄을 방출하나 이산화탄소는 기후 조건에 따라 탄소를 배출하기도 하고 저장하기도 하는데 장기적으로는 탄소를 저장하게 된다. 자연습지와 복원 습지, 훼손된 습지의 이산화탄소 및 메탄 저장 및 배출량과 탄소 수지를 요약하면 다음과 같다(그림 3-28).

습지의 현명한 이용

III-3

가. 습지의 현명한 이용

(1) 현명한 이용

습지는 여러 가지 원인으로 인해 훼손되거나 소멸되고 있다. 습지에 영향을 주는 행위는 농업 이용, 도시개발, 홍수 조절 사업, 물길 전환 등이 있다. 미국의 경우 습지에 대한 정부 차원의 체계적인 관리 정책은 19세기부터 시작되었다(Cylinder et al., 1995). 물론 초기에는 습지의 보호보다는 여러 가지 개발 행위로 이용하는 데 관심이 있었다. 이 시기의 습지에 대한 시각은 농업적 이용 가치에 판단 기준을 두었는데, 일반적으로 습지는 쓸모없고 각종 병원이 되는 버려진 땅이라는 인식이 지배적이었다. 습지에 형성된 비옥한 유기질 토양을 농업으로 이용하기 위해 개간했고, 습지를 농지로 전환할 때 혜택을 부여하는 등 적극적 이용 전략을 취했다.

1960년대 이르러서야 비로소 홍수 조절, 수질 정화 및 야생동물 서식지 등 탁월한 환경 보전 기능을 갖는 습지에 대한 중요성이 재평가되면서 미공병단 등 연방정부 차원에서 습지의 보호에 대한 제도적 장치들이 마련되었다. 대표적으로 습지의 현명한 이용the Wise Use of Wetlands에 대한 논의와 구체적인 방법론에 대한 연구가 진행되고 있으며, 각 나라마다 람사르사이트로 등록된 습지를 중심으로 현명한 이용을 위한 전략이 마련되며(Davis, 1993), 다양한 법적, 제도적 장치를 마련하여 습지를 관리하고 보호하고 있다.

습지의 현명한 이용 개념은 1987년 캐나다 레지나에서 열린 제3차 총회에서 정립되었고 결의안 IX.1 부속서Annex A(2005)에서 개정되었다. 습지의 현명한 이용이란 '인류의 유익을 위해 습지를 생태계의 자연 요소로서 관리하고 지속적으로 이용하는 것'이라고 할 수 있으며(Davis, 1993), 현명한 이용의 목적이 '인류의 이익을 위해서'라는 중요한 람사르 원칙을 확립했다.

습지의 현명한 이용은 생태계의 자연적 특성 유지와 양립할 수 있는 방법으로 인류의 이익을 위한 습지의 지속가능한 이용이다(권고안3.3, 1987). 레지나에서는 습지의 현명한 이용을 "지속가능한 발전이라는 개념 아래 생태적 접근의 실행을 통해 습지의 생태적 특성을 지속적으로 유지될 수 있도록 하는 것"이라고 정의하고 있다. 이와 동시에 습지의 '지속가능한 이용'의 정의는 현재 전형적인 지속가능성의 형성을 포함하고 있다. 즉, 인간의 습지 이용은 현재의 세대에 지속적으로 최대한 혜택을 주도록 하면서 동시에 미래세대의 필요 및 염원을 충족하기 위한 습지의 잠재력을 유지하는 것이다.

한편, 레지나에서 설립된 현명한 이용 실무 그룹에서 개발한 '현명한 이용 개념의 이행을 위한 지침Guidelines for the implementation of the wise use concept', 현명한 이용 프로젝트에 의해 1993년 프랑스 파리에서 열린 제5차 회의에서 채택된 '현명한 이용개념의 이행을 위한 추가지침Additional guidance for the implementation of the wise use concept' 및 Davis(1993)에 의한 '습지의 현명한 이용을 향하여Towards the Wise Use of Wetlands' 등의 과정을 거쳐 개념이 정립되었다.

'현명한 이용 지침Wise Use Guidelines'은 퇴적물 및 침식 조절, 홍수 조절, 수질 유지 및 오염 완화, 지표수 및 지하수 공급 유지, 어업과 방목 및 농업 지원, 인간 사회를 위한 휴양 및 교육, 그리고 기후 안정과 같은 습지의 이로움 및 그 가치를 강조하고 있으며, 당사국들에게 다음의 중요성을 강조한다(Ramsar convention, 1993).

- 습지 관련 문제를 다루기 위해 당사국의 기존 법령 및 제도적 장치에 대한 검토를 포함한 국가 습지 정책을 채택한다(별도의 정책 수단으로서 또는 국가 환경 행동 계획, 국가 생물다양성 전략 및 기타 국가 전략 계획의 일부).
- 습지 목록 작성, 모니터링, 연구, 인력 양성 교육 및 대중 인식 등에 대한 프로그램을 개발한다.
- 습지의 속성 및 유역의 관계 등을 다루는 통합 관리 계획을 수립한다.

(2) 현명한 이용 사례

이러한 현명한 이용에 대한 사례를 국제, 국가, 지역 차원에서 예를 들면, 국제적 사례로는 지중해의 통합적 해안습지 관리Towards Integrated Management of Coastal Wetlands of Mediterranean Type(그림 3-29)와 와덴 해Wadden Sea의 현명한 이용(그림 3-30)을 들 수 있다.

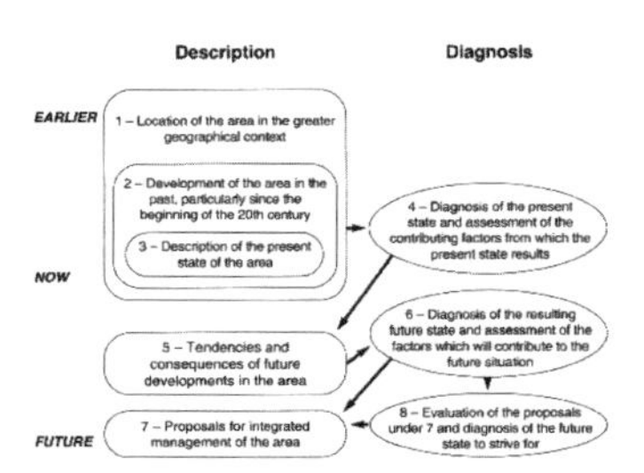

그림 3-29. 지중해 해안습지 통합 관리 방법론
(자료: Ramsar Convention)

와덴 해의 현명한 이용

와덴 해(바덴 해, Wadden Sea)는 북해의 남동쪽에 위치한 네덜란드, 독일, 덴마크 연안에 발달한 길이 약 500km, 폭 10~30km에 이르는 갯벌을 포함하는 해역으로서 네덜란드에 속하는 해역은 전체의 30%, 독일 60%, 덴마크 10% 정도이다. 와덴 해의 조수 간만의 차는 1.5~4m 내외로서 염습지, 갯벌, 기수역, 해빈 등 다양한 유형의 습지가 분포하고 있다.

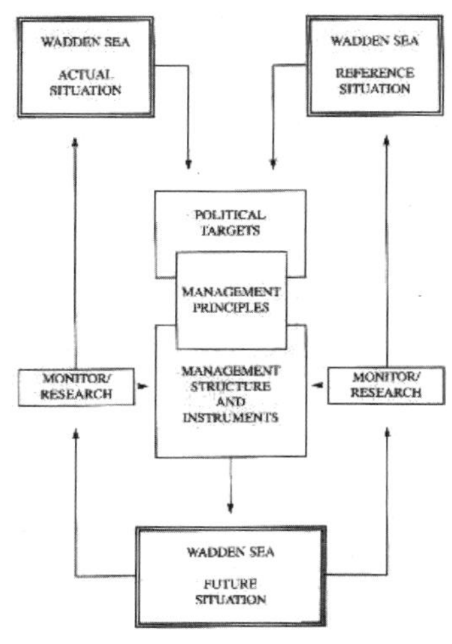

그림 3-30. 와덴 해 현명한 이용 개념도(자료: Ramsar Convention)

와덴 해 주변 국가인 네덜란드, 독일, 덴마크의 3개 국가는 1982년 '와덴 해 보호를 위한 공동 성명Joint Declaration on the Protection of the Wadden Sea'을 발표하고 자연보호 분야 국제협약(Ramsar, Bonn, Bern Convention 등)을 근거로 국가 간 법적 장치를 마련하였으며, 1987년 와덴 해 공동사무국the Common Wadden Sea Secretariat을 설치하였다.

'와덴 해의 현명한 이용과 보전'이 반드시 이루어져야 한다고 합의된 것은 1988년 독일의 본Bonn에서 열린 제5차 3국 정부간 회의로서, 람사르 회의(Montreux, 1990)에 제출된 '현명한 이용과 보전'에 관한 고려사항 등 제반 전략을 일반인들이 알기 쉽게 재정리하여 책자로 발간하였다(The common Wadden sea secretariat, 1992).

여기에서는 '현명한 이용'이란 '생태계를 자연 그대로 유지하는 것'이라고 정의하고, 지속가능한 이용이란 '다음 세대가 필요로 할 잠재력을 그대로 유지케 하는 것'이라고 정의하였다. 이를 위해서

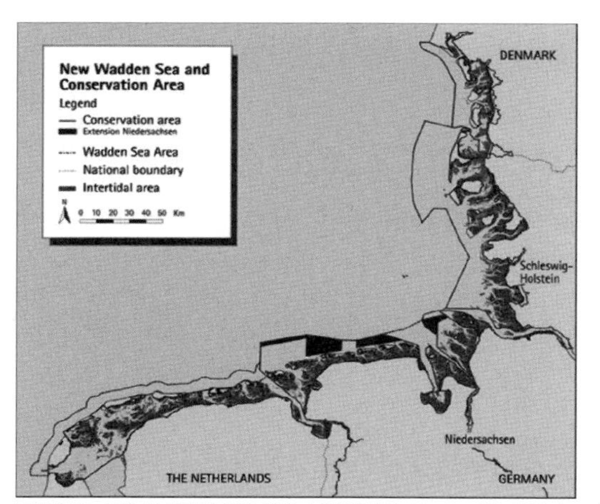

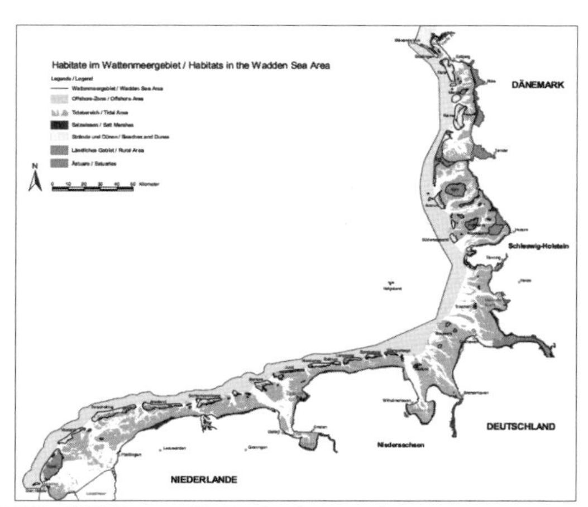

그림 3-31. 와덴 해 현명한 이용 왼쪽: 보전지역(Wadden Sea World Heritage) 오른쪽: 서식처(Common Wadden Sea Secretariat)

는 와덴 해의 현 수용 능력과 잠재력을 평가하고 평가 결과를 근거로 와덴 해의 생태적 기능을 유지하거나 향상시키기 위한 국가간, 국제간 노력을 촉구하고 있다.

와덴 해에 영향을 끼치는 영향은 크게 4가지 범주로 나눌 수 있다.

① 제방이나 항구 시설과 같은 기반시설 건설로 인한 비오톱 훼손 또는 소멸

② 하천이나 북해 및 환경에 유입되는 영양물질 및 오염물질로 인해 생태계의 생산성과 건강성을 유지하는 시스템의 붕괴

③ 담치나 새조개와 같은 재생가능한 자원의 채취

④ 레크리에이션, 사냥, 군사적 행동 등의 결과로 야생생물에 미치는 교란

와덴 해의 기본적인 관리 원칙은 기본원칙, 7대 이행원칙 등으로 구분할 수 있다.

기본원칙은 "자연 형성 과정이 훼손되지 않는 방식으로 진행되는, 자연적이고 지속가능한 생태계를 가능한 한 달성하는 것"으로서 다음과 같은 목표를 갖는다.

① 해수 흐름, 지형 및 지질학적 자연 형성 과정의 유지

② 수질, 퇴적물, 대기질이 생태계에 악영향을 끼치지 않는 수준으로 향상

③ 식물상, 동물상 보호 및 최적화 - 어류양식장으로서의 와덴 해 보존, 철새 산란처, 물개 서식처 등 야생 서식 환경 보전, 염습지 및 사구의 보전

④ 경관 유형 및 특이한 경관 등 경관의 질적 유지

이 목표를 달성하기 위한 7대 이행원칙으로는

① 최고 수준의 정보에 근거한 신중한 의사결정 원칙

② 와덴 해에 잠재적 피해를 초래할 수 있는 행위 등을 금지하는 회피 원칙

③ 어떤 행위와 그 영향 사이의 상관관계가 과학적으로 충분히 규명되지 않았더라도 환경에 심각한 피해를 끼칠 것으로 예상되는 행위를 회피하려는 사전 예방 원칙

④ 와덴 해의 환경에 피해를 초래하는 행위는 환경 영향이 최소화 될 수 있는 곳으로 이전하는 장소 이전 원칙

⑤ 피할 수 없는 심각한 피해를 끼치는 행위에 대해서는 적절한 보상으로 균형을 유지하는 보상 원칙

⑥ 표준습지에 적용한 시범사업에 따라 원래의 생태계와 유사한 상태로 회복을 목표로 하는 복원 원칙

⑦ 파리위원회의 정의에 입각한 최적 기술과 최선의 환경 실행의 원칙

등을 설정하였다.

독일은 와덴 해 연안국 간의 협의를 거쳐 갯벌을 포함하는 와덴 해를 국립공원으로 지정하였다. 1986년 니더작센 주(2,400km²), 1988년 슐레스비히 홀스타인 주(2,850km²), 1990년 함부르크 시(117km²)가 주변 갯벌을 모두 국립공원화 함으로써 독일 연안의 전 갯벌지역을 국립공원으로 지정하였다.

니더작센은 총면적 2,400km²을 세 부분으로 나누어 관리하고 있다. 즉 간조 시 드러나는 54%를 보호 강도가 가장 엄격한 제1구역(핵심, Ruhezone), 45%에 해당하는 수로지역을 제2구역(완충, Zwishezone), 1%를 휴양지대인 제3구역(전이, Erholungszone)으로 구분하였다. 제1구역은 제한된 길이나 표시를 따라서만 출입이 가능하며, 제2구역은 새들이 알을 낳거나 새끼를 품는 시기에는 정해진 탐방로와 안내표시를 따라 출입해야만 하며, 제3구역은 사시사철 휴가를 보낼 수 있도록 되어 있다.

표 3-8. 와덴 해 보호 전략

구분	범위	이용 행태
제1구역(핵심, Ruhezone)	간조시 드러나는 갯벌 총면적의 54% 보호 강도 가장 엄격	제한된 길이나 표시를 따라서만 출입 가능
제2구역(완충, Zwishezone)	45%에 해당하는 수로지역	새들이 알을 낳거나 새끼를 품는 시기에는 길과 표시를 따라 출입
제3구역(전이, Erholungszone)	1% 휴양지대	사시사철 휴가

■ **현명한 이용, 국가적 지역적 사례**

습지의 현명한 이용에 대한 국가적 사례로는 캐나다의 The Federal Policy on Wetland Conservation, 기니비사우Guinea-Bissau의 Coastal wetland planning and management, 우간다의 The National Wetlands Programme 등이 있다.

지역적 사례로는 호주의 The Chowilla Resource Management Plan, 차드Chad의 Traditional management systems and integration of small scale interventions in the Logone floodplains, 코스타리카의 The mangrove forests of Sierpe, 엘살바도르의 Wise use activity in Laguna El Jocotal, 프랑스의 Developing a wise use strategy for the Cotentin and Bessin Marshes, 헝가리의 Wetland conservation in Hortoby National Park, 인도의 Towards sustainable development of the Calcutta Wetlands, 파키스탄의 Sustainable management of mangroves in the Indus Delta, 필리핀의 Wise use and restoration of mangrove and marine resources in the Central Visayas Region, 미국의 Wetland drainage and restoration potential in the Lake Thompson watershed, South Dakota, 베트남의 Rehabilitation of the Melaleuca floodplain forests in the Mekong Delta, 잠비아의 Wise use of floodplain wetlands in the Kafue Flats 등을 들 수 있다.

(3) 습지 토지 이용 전환

습지의 현명한 이용의 전제는 습지 기능과 가치를 보전하기 위해 개발사업에 의한 습지훼손이 불가피한 경우 총체적인 사업의 효과가 습지 보전에 순이익이 될 수 있도록 대체 조치가 필요하다는 "no net loss of wetlands"원칙에 있다. 단순한 습지 면적이 아닌 습지의 기능과 가치의 불변을 목표로 한다. 이는 습지의 현명한 이용이라는 관점에서 기본적인 전제가 되며, 습지총량제의 근거가 되기도 한다.

미국의 경우 개발사업 외에도 농경지와 관련된 연방정부 차원의 습지 보전 정책으로 맑은물법Clean Water Act 404조Section 404와 식품안전법Food Security Act에 의한 Swampbuster 제도를 들 수 있다. 이들 제도를 통해 습지를 농경지나 다른 형태의 토지 이용으로 전환하는 비율을 억제할 수 있다.

1) Section 404 of the Clean Water Act

영양물질의 분해와 침전물 저류를 통해 수질을 개선하는데 중요한 역할을 하는 습지의 준설이나 매립은 Section 404에 의해서 규제된다. 미국 내에서 습지를 포함한 하천이나 호수 등을 준설 매립하거나 배수 시스템을 조성하기 전에 허가를 받아야 하며, 허가 조건으로는 BMPs 등을 적용하여 비점오염원을 조절하는 등의 적절한 조치가 필요하다.

2) Swampbuster

Swampbuster는 습지를 타 용도로 토지 이용 전환을 억제하는 습지 보전 제도로서 습지를 농경

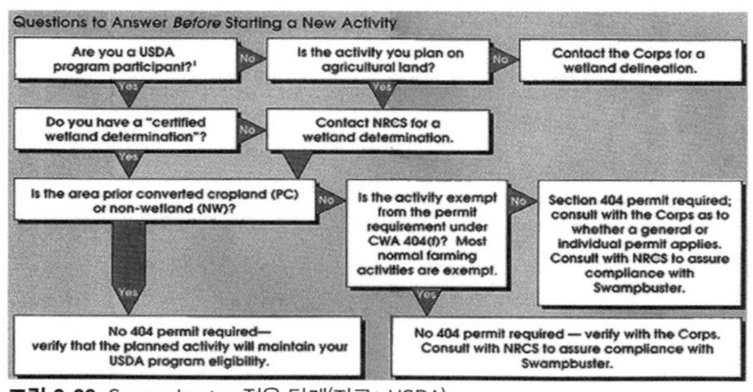

그림 3-32. Swampbuster 적용 단계(자료: USDA)

그림 3-33. The "Swampbuster" 습지를 농지로 전용하였다가 다시 습지로 복원한 사례(자료: U.S. Fish and Wildlife Service)

지 등으로 전환하거나 개조하는 경우 연방정부에서 제공하는 프로그램의 혜택을 받을 수 없다. 또한 습지의 수질을 유지 개선하기 위한 제도로서 식품안전법에 의한 Sodbuster 는 농지를 보호함으로써 비점오염원을 조절하는 정책이다.

3) 국내

우리나라 습지보전법에서는 습지보호지역에서 형질 변경이나 매립, 물순환체계 교란, 모래 등 채취 및 채굴 등의 행위를 금지시키고 있으며, 습지 주변 관리지역이나 습지개선지역에서 생태계교란생물을 풀어놓거나 심고 재배하지 못하도록 규제하고 있다. 또한 습지보호지역 또는 습지개선지역의 일부를 훼손하는 경우 일정 비율을 보존하도록 규정하고 있으며, 인공습지 조성을 권장하고 훼손된 습지 주변에 자연발생적으로 발달한 습지는 유지 보전하도록 정하고 있다.

나. 습지 기반 생태관광

(1) 지역 기반 체험형 생태관광

습지는 생태관광 자원으로 가장 좋은 모델이라고 할 수 있다. 예를 들어 순천만의 경우 순천만 브랜드로 인한 지역 경제 유발 효과는 1000억 원 이상에 이르며, 순천만 자체의 생태적 가치를 제외한 생태관광 가치는 3000억 원으로 추산된다(한국관광공사, 2010). 또한 노년 일자리 제공으로도 유용하여 갈대 제거 사업에 노인 70여명이 참여해 모두 합쳐 한 해 2억 원의 소득원이 되고 있다.

습지를 기반으로 하는 생태관광을 활성화하기 위해서는 먼저 습지 탐방 행태에 따라 당일형, 숙박형 등으로 구분하여 개발하는 것이 필요하며, 습지 홍보 및 지역 활성화를 위한 캐릭터 기본 모형, 응용 모델 및 캐릭터 상품 등을 개발해야 한다. 우리나라 습지들은

그림 3-34. 에버글레이즈 습지의 샤크 밸리(Shark Valley) 인근에서는 풍력으로 움직이는 에어보트를 타고 습지 내부를 탐방할 수 있다.

대부분 위치나 접근성에서 당일 방문이 가능한 조건이므로 당일형 중심으로 운영하되, 숙박형 생태관광을 확대하기 위해서는 관광객 행태 분석을 통해 숙박 체험 가능성 검토 후 프로그램과 서비스를 제공해야 한다.

■ 에버글레이즈

에버글레이즈는 미국 남부 플로리다의 올랜도Orlando 첨단 테마파크, 케이프 캐너배럴Cape Canaveral 군사 및 우주산업, 마이애미 해양 친수 산업, 미국 최남단 키웨스트Key West와 드라이토투가스Dry Tortugas

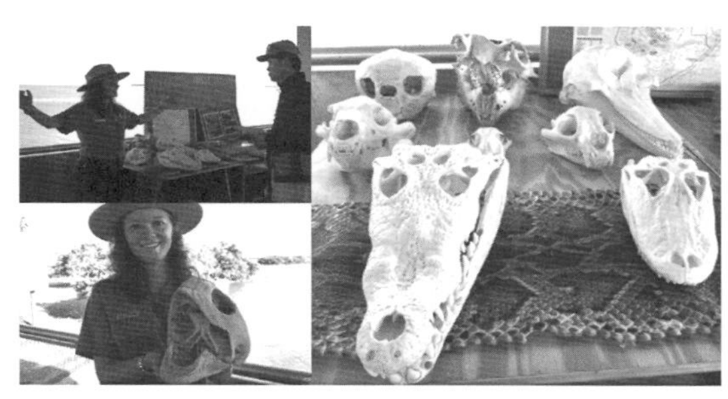

그림 3-35. 에버글레이즈 최남단 플라밍고 비지터 센터(Flamingo Visitor Center)에 전시된 동물 머리뼈와 가죽. 왼쪽 위: 플라밍고 비지터 센터의 생태적 특성에 대해 설명하는 Ranger, 왼쪽 아래: Ranger가 들고 있는 머리뼈는 외래종인 버마비단뱀의 머리뼈. 오른쪽: 바닥에 깔린 것은 외래종인 버마비단뱀의 겉가죽, 그 위의 머리뼈는 Crocodile(왼쪽) 및 Alligator(오른쪽)의 머리뼈

그림 3-36. 에버글레이즈 샤크 밸리 트레일의 생태관광. 위 왼쪽: 전망대에서 바라 본 에버글레이즈 전경. 위 오른쪽: 트램을 이용한 습지 해설, 체험, 탐방. 아래 왼쪽: 전망대. 아래 오른쪽: 전망대 입구의 악어(Alligator)

국립공원을 포함하는 플로리다 키즈Florida Keys 도서해안 휴양관광 등과 연계하여 생태문화의 중심지로 대두되고 있다.

에버글레이즈 탐방은 도보 투어 외에 보트, 트램, 자전거, 공기부양선 등의 다양한 방법이 제공된다. 주출입구에 해당되는 어네스트 코Ernest Coe 비지터 센터 및 로얄 팜Royal Palm 비지터 센터, 서쪽의 에버글레이즈 시티에 있는 걸프 코스트Gulf Coast 비지터 센터, 북쪽의 샤크 밸리Shark Valley 비지터 센터, 남쪽 멕시코만에 인접한 플라밍고Flamingo 비지터 센터 등에서 각각 독특한 경험을 할 수 있다.

■ 쿠시로습지

쿠시로습지 국립공원의 뛰어난 생태 환경을 체험할 수 있는 생태관광 행태로는 첫째, 습지 곳곳에 분포한 전망대와 센터를 중심으로 호수와 습지에 조성된 데크를 따라 트레킹 하면서 원시 자연의 신비로움과 사계절 달라지는 경관을 온몸으로 느끼는 도보 답사, 둘째, 습지를 따라 쿠시로 시까지 연결되는 노롯코 열차를 이용한 철도 여행, 셋째, 두루미를 주제로 한 테마파크로서 두루미 마을

그림 3-37. 온네나이 비지터 센터에서 탐방 안내하는 쿠시로습지 관계자

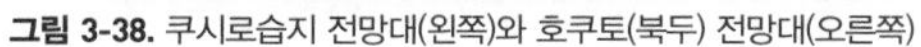

그림 3-38. 쿠시로습지 전망대(왼쪽)와 호쿠토(북두) 전망대(오른쪽)

tsurui-mura, 추루미 이토 보호구역, 아칸 국제두루미 센터, 마지막으로, 쿠시로 강을 따라 내려가는 카누 탐방, 승마 체험 등이 있다.

쿠시로습지를 감상할 수 있는 시설로는 쿠시로습지 전망대, 호숫가 전망대, 호쿠토(북두) 전망대, 토로호 에코뮤지엄, 온네나이 비지터 센터 등이 있으며, 또한 습지 내 노롯코 호수의 사루보 전망대, 야생생물 보호센터 등이 습지를 찾는 방문객에게 습지의 멋진 전망을 관찰할 수 있는 전경과 더불어 유용한 정보를 제공해주고 있다.

그림 3-39. 쿠시로습지를 지나는 노롯코열차

호숫가 전망대는 쿠시로습지 동쪽에 위치하여 아름다운 석양을 볼 수 있으며, 습지와 어우러진 쿠시로 천의 사행 흐름을 볼 수 있다. 온네나이 비지터 센터는 습지와 숲의 접점에 위치해 있고 탐방용 데크가 설치되어 있어 습지 내부로 접근하여 관찰이 가능하다.

■ **마이포습지**

마이포보호구Maipo Reserves는 홍콩의 대표적인 생태관광지이다. 마이포에서는 WWF 주관으로 교육센터와 현장학습센터, 조류관찰대, 탐방데크 등을 설치하여 탐방객에게 야생 환경과 학습 관찰 기회를 제공하고, 생태교육, 탐방 안내, 교육 훈련 등을 진행하고 있다. 새우양식장 지역에서는 매년 11월~3월에 수확 체험 활동이 진행되고, 연못과 주변 양어장에서는 지속가능한 양식 활동도 체험할 수 있다. 그 외에도 조류 탐사, 레저투어, 자연보전 기금 모금을 위한 다양한 행위들이 진행되고 있으며, Hong Kong Bird Race와 같은 조류 탐사 대회, 사진 출사 및 워크샵 등이 진행된다.

그림 3-40. 마이포습지 어린이 생태학습

마이포습지에 인접한 신도시 지역으로부터의 개발 압력과 탐방객에 의한 훼손을 방지하면서도 탐방객의 생태적 욕구를 만족시키기 위해 마이포습지 주변에 완충지역Buffer으로서 습지공원을 조성하였다. 홍콩습지공원은 세계 수준의 생태관광지로서 위상을 설정하고 있다(HKTB 2007). 핵심지구로 지정된 자연보호구는 사전허가제로 출입이 제한되어 철저히 보전되며, 완충지역인 습지공원을 조성하여, 주중에는 2,500명, 주말이나 휴일에는 8,500명의 출입을 허용하며 한편으로 그룹 탐방객은 별도로 온라인을 통해 출입 티켓을 확보할 수 있다. 마이포자연보호구는 지역주민과 지자체, 환경단체 등이 머리를 맞대어 전통적인 새우 양식장인 게이 와이gei wai와 맹그로브 숲 등을 활용하여 새우 양식과 더불어 철새 등 야생동물의 천국으로서 서로 공생하는 현명한 이용 전략을 제시하고 있다.

■ **메콩강 하구 삼각주**

메콩강의 선물, 메콩델타는 베트남 전국 쌀생산량의 50% 이상 산출되는 곡창지대이며 쌀 집산지이고 그린투어로 유명한 생태문화관광지이다. 메콩델타를 중심으로 발달한 광활한 맹그로브 숲과 야자숲 사이로 거미줄같이 얽혀있는 수로를 따라 전통적 어로 행위에 사용되었던 배 또는 동력보트를 타고 이동하는 밀림 탐방은 가장 일반적인 형태이다.

메콩강 유역에 분포하는 크메르 문명의 영화와 쇠락 및 그에 따른 자연의 법칙, 껀쩌 및 깟띠엔의

그림 3-41. 메콩강 하구 삼각주에서는 다양한 형태의 생태관광 프로그램이 시행된다.

그림 3-42. 메콩델타의 수상가옥

생태자원과 전통마을, 메콩강 하류를 차지하기 위해 쟁패했던 고대 문명의 흔적들과 더불어 현대사의 비극인 베트남 전쟁과 크메르루즈 내전의 유산, 보트피플과 수상가옥 등은 자연과 더불어 사는 인류의 지혜와 아울러 자연을 거슬렀던 오만에 대한 경고 등 생태문화적 교훈을 준다.

■ **서계습지**

항주에는 서호, 청나라의 대표적 원림 유적인 서령西泠印社과 함께 항주삼서三西로 불리는 서계습지가 있다. 항주삼서는 민속, 은일, 시사문화가 잘 보존되어 있어 생태문화적 가치가 높다. 옛사람들은

그림 3-43. 서계습지 나룻터와 전병선

그림 3-44. 전통가옥을 개조한 서계습지 관리사무실 내부

'서호를 대가의 규수라고 한다면 서계는 소가의 벽옥이라 할 수 있고, 서호가 항주의 부드럽고 매력적인 표정을 대표한다면 서계는 항주의 적막함을 함축한다'고 설명하고 있다.

서계의 옛 지명은 하저河渚로 한과 진 시대부터 번성하였는데, 중국 4대 기서의 하나인 '수호지'의 저자 시내암이 서계를 원형으로 하여 소설의 무대인 양산박을 그렸다고 전해진다. 서계는 예로부터 은거에 적합한 곳으로 알려져 있어 사대부 문인들의 흔적이 많은 곳으로서 '인간정토', '세외도원' 등으로 불리던 곳이다. 이러한 까닭에 지금도 그 문화적 흔적을 곳곳에서 찾을 수 있다.

생태적으로도 매우 중요한 공간으로서 보전지역, 복원지역 및 생태관광을 위한 프로그램 및 시설들이 있으며, 야생조류 관찰을 위한 다양한 시설들도 제공되고 있다. 습지 곳곳을 둘러보는 배는 환경오염을 방지하기 위하여 축전지로 움직이는 전병선電瓶船이나 사람이 노를 젓는 요노선搖櫓船을 이용한다.

대표적 경관 요소인 서계10경으로는 습지에서 가장 뛰어난 경관으로서 배를 통해서만 접근이 가능한 추설암, 물에 비친 홍시, 용선Dragon Boat 문화 전시관, 조류 탐방이 가능한 연꽃 생태보호구, 잔치를 열었던 홍씨 가문의 저택, 달빛 안개 속 뱃놀이와 지역의 별미를 맛볼 수 있는 수상마을(연수어장烟水漁庄), 서계자두마을 등이 있다.

습지를 기반으로 어업과 양식에 종사하며 살아온 원주민과의 마찰을 해결하기 위해 뱃길 외에 도로를 개설하고 경제적 보상 및 습지보호구 직원으로 채용하는 등 우대정책을 펴 주민들과의 마찰 없이 쉽게 이주시킬 수 있었다.

■ **도냐나 국립공원**

스페인 서쪽 대서양 연안에 위치한 도냐나 국립공원은 700여 년 전부터 스페인 왕실의 사냥터로 이용되어 왔고 최근에는 습지를 개간하여 농경지와 목초지로 사용해왔다. 대부분 보호지역은 출입

그림 3-45. 도냐나 국립공원 탐방 차량

그림 3-46. 도냐나 탐방객

이 엄격히 통제되며, 가이드의 안내를 받아 탐방 차량을 이용한 답사와 보트를 이용한 답사만 가능하다. 스페인 국기와 문장의 상징인 헤라클레스의 기둥을 비롯하여, 신화 속에 숨어있는 스토리텔링 흔적을 따라 생태관광 코스로도 개발되고 있다.

고대로부터 도냐나 일대에는 상당한 수준의 문명이 발달했던 것으로 알려져 있으며, 페니키아, 그리스, 로마 등의 영향을 받아 지금도 그 유적들이 도냐나 모래와 습지 일대에 감춰져 있다.

(2) 지역 및 습지 고유 캐릭터 및 스토리 개발

습지에 서식하는 멸종위기 야생생물 또는 천연기념물 등 생태적 문화적 의미가 있거나 이야기를 간직한 고유종의 모형을 이용하여 안내판, 모형, 화장실 등을 조성하고, 지역경제 활성화 사업을 위한 캐릭터 상품을 개발·홍보함으로써 지역 발전을 도모하는 것이 중요하다. 습지는 인류문화와 함께 존재하며 사람들의 생명의 근거가 되고 일상생활의 기반이 된다. 이와 같이 습지를 삶의 터전으로 살아 온 원주민들의 생활상과 문화경관을 보전하고, 역사적 흔적을 발굴하여 복원하는 것은 습지의 문화적 기능을 향상시키고 현명하게 이용하기 위한 유력한 수단이 된다. 예를 들면, 에버글레이즈 일대에는 이미 최소한 14,000년 전에 아시아에서 건너온 사롱인디언이 살았던 것으로 알려지고 있으며, 현재는 에버글레이즈를 중심으로 플로리다 원주민인 세미놀Seminol 인디언 마을이 분포하고 그중 일부는 민속마을 형태로 관광객들에게 개방하고 있다.

습지를 주제로 한 스토리텔링은 습지 및 그 주변 지역의 문화경관과 현상을 하나의 또는 연결된 몇 개의 스토리로 엮어 습지의 상징성을 제고하고 탐방객에게 습지에 대한 긍정적 인식을 심어 줄 수 있는 좋은 수단이 된다. 스토리텔링을 위해서는 습지와 관련된 이야기를 발굴하거나 창작 활동의 하나로서 이야기를 창조한다. 구체적인 사례로서 두웅습지 지역주민 사이에는 두웅습지에는 두 마리의 용이 살고 있다가 하늘로 승천하였다는 전설이 전해져 내려온다. 이 때문에 본래 두 마리 용

그림 3-47. 습지 문화 사례. 위 왼쪽: 원주민 가옥(일본 비와호), 위 오른쪽: 진화 역사를 따라가는 에볼루션 트레일(싱가포르), 아래 왼쪽: 습지 관련 인형극(베트남 수상인형극). 아래 오른쪽: 습지이야기 형상화(싱가포르 보타닉 가든)

그림 3-48. 에버글레이즈 세미놀 인디언 마을 및 우편엽서(자료: 에버글레이즈 국립공원)

의 서식처라는 의미에서 '두용습지'로 불리다 시간이 흐를수록 '두웅습지'로 점차 변화하여 지금은 '두웅습지'로 불리게 되었다. 이 이야기는 두웅습지 인근 넝배골습지에 전해져 오는 이야기로서, 단기적으로는 해설판을 설치하여 설명하고, 장기적으로 모니터링을 통해 사구습지 기능 및 생태적 가치 증진을 도모하는 한편 본래 습지의 원형 복원 가능성을 통해 두용습지 전설을 이야기 하는 방안이 제안되었다(구본학 등, 2014).

다. 람사르마을(습지도시)

람사르마을은 람사르습지 인근에 위치해 주민 역량 강화 교육, 생태 체험프로그램 운영 등 습지 보전을 위해 자발적으로 노력하는 마을로써 이곳에서 생산되는 친환경 농산물과 가공품에는 람사르 로고를 사용할 수 있는 혜택을 받는다. 우리나라에서 '람사르마을(습지도시) 인증제'도입을 제안했으며, 2013년 스위스 그랑에서 개최된 제14차 람사르협약 상임위원회에서 '습지도시 인증 매커니즘(람사르마을)'을 개발하자는 데 합의하고 공동선언을 하였다. 2015년 우루과이에서 개최된 제12차 람사르협약 당사국 총회에서 우리나라와 튀니지가 공동 발의한 습지도시 인증제 결의안이 채택되었다.

람사르습지, 습지보호지역 및 주요 습지 주변 마을을 람사르마을로 지정하여 생물다양성에 저해되지 않은 생산 공정을 인증 받은 상품에는 람사르 로고를 사용할 수 있도록 보장하며, 지역 경제 활성화를 위해 생태관광 및 생태마을 개념을 적용하며 농산물 등 경제 활동을 지원한다. 습지 인근(1km 내외)에 위치해 주민 역량 강화 교육, 생태 체험프로그램 운영 등 습지 보전을 위해 자발적으로 노력하는 마을을 대상으로 선정하게 된다. 람사르마을은 회원국별로 3년마다 지정할 수 있으며, 람사르마을로 지정된 경우 세계적인 생태관광지로서 지역 주민 지원 및 지역 경제 활성화 등 지원 시스템을 구축하게 된다.

인증 기준으로는 '람사르습지 생태계와의 연결성에 근거한 기준', '지역공동체의 인정과 참여에 근거한 기준', '당사국의 국가 습지 정책 반영과 지원 유지에 근거한 기준' 등 3개의 인증 기준이 마련되었다. 구체적인 기준으로는 ①1개 이상의 람사르습지와 상호 연계, ②습지 및 습지가 제공하는 생태계서비스 등 보전 대책, ③습지 복원 및 관리의 이행, ④통합적인 토지 이용 계획 ⑤지역 내 습지 인식 증진 프로그램 운영, ⑥지역 습지관리위원회 구성 등이다.

이런 절차를 거쳐 지정된 람사르마을은 지역 주민 참여형 습지 관리 및 지역 밀착형 생태관광을 수행하여 차별적인 생태관광지가 될 수 있다는 기대를 하고 있다.

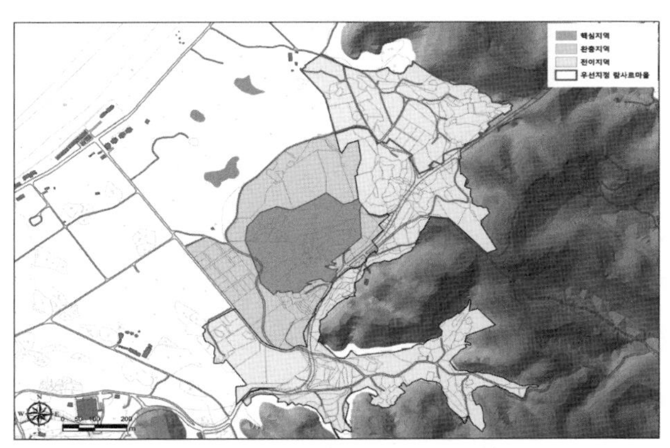

그림 3-49. 두웅습지 주변 람사르마을 예시(자료: 구본학 등, 2014)

Chapter 4

습지생태계 평가

습지의 현명한 이용을 위한 습지 보전 차원에서의 습지 기능 및 가치에 대한 평가가 이루어지고 있다. 습지의 평가 도구들은 습지가 수행하는 기능과 아울러 그 기능들이 사회에 제공하는 상대적 가치를 평가한다. 하지만 이러한 사회적 가치들은 다양한 위치를 반영하기 때문에 기본적인 목적에 따라 달라질 수 있으므로 가치 판단보다는 일반적인 기능의 판단에 중점을 두는 습지 기능 평가가 필요하다.
습지와 같은 자연계의 가치를 금전적인 가치로 나타내는 것은 매우 어려운 일이나, 습지를 생태계서비스라는 시각에서 정량화된 또는 정성적인 측면에서 습지의 경제적 가치를 표현하려는 노력이 진행되고 있다.

습지의 기능 및 보전가치 평가

IV-1

가. 기능 평가와 가치 평가

습지 기능 및 현명한 이용 등에 대한 인식을 바탕으로 습지가 지니는 기능 및 가치에 대한 평가가 이루어지고 있다. 미국 맑은물법Clean Water Act에서는 개발 사업에서 습지의 생태성과 공공성을 고려하여 기능 평가를 하도록 하고 있다(Smith et al. 1995).

습지는 입지 환경이나 기타 여러 가지 조건에 따라 각각 수행하는 기능의 정도가 다르며 어떤 습지도 모든 기능을 똑같이 만족시키거나 잘 수행하지는 않는다. 습지 평가는 보전 가치가 있는 습지를 보호하기 위하여 수행되며, 습지 평가 도구들은 습지가 수행하는 기능과 아울러 그 기능들이 사회에 제공하는 상대적 가치를 평가하게 되는데 이러한 사회적 가치들은 다양한 위치를 반영하기 때문에 그 기본적인 태도에 따라 달라질 수 있다. 그러므로 가치 판단보다는 고유한 기능의 판단에 중점을 두고 있다. 또한 평가 모델에 의해 경제적 가치나 각 습지 개별 기능의 중요성을 평가하지 않으며, 단지 습지가 수행하는 기능의 수행 능력을 판단하게 된다. 필요한 경우 평가자나 관리 기관에서 중요성의 판단 기준을 설정하여 적용할 수 있다.

(1) 생태학적 모델과 기능 평가

평가모델은 목적이나 관점 등에 따라 매우 다양하나, 일반적으로 평가 방법은 Logic Approach와 Mechanistic Approach 등 두 가지 형태가 있다(Hruby et al., 1999). Logic Approach는 정성적이며, 어의, 표현 등에 의해 평가 결과를 기술하며, rule-based model 또는 기술 모델descriptive model이라 할 수 있다. 이러한 평가 방법에서는 'and', 'or', 'if ... then' 등의 용어를 사용하여 나타내게 된다. 대표적인 예로 WET 모델(Adamus et al., 1987)이 있다.

Mechanistic 모델은 수학적 공식이나 데이터를 이용하여 나타내며, USFWS(1981)의 서식지 평가 모델Habitat Evaluation Procedure(HEP)과 같이 각 기능은 일정한 방정식의 변수를 구성하며 일정한 점수나 지수로 산출된다. 대표적인 사례로 Reppert et al.(1979), Connecticut Method(Ammann et al., 1986), Indicator Value Assessment(IVA)(Hruby et al., 1995), HGM Approach(Brinson et al., 1995; 1996) 등이 있다.

Mechanistic 모델은 다시 Mathematic 모델과 Regulation(Management) 모델 등 2가지로 구분할 수 있다(Hruby et al., 1999).

Mathematic 모델은 수학적 방정식에 의해 각 기능의 달성 확률이나 가능성을 나타내며 생태계 내에서 일정한 변화의 정도나 동태를 판단할 수 있는 모델로서 국내에서는 방동습지를 대상으로 습지생태계의 기능 모델을 구축한 사례가 있다(구본학과 김귀곤, 1999).

Regulation 모델은 각 기능의 수준을 의미한다. 각 변수는 생태계의 순환과정에서 발생하는 독립적인 변수라기보다는 기능의 수행 수준을 나타내는 기준이다. 즉, 0.5라는 점수는 50%의 확률이나 가능성을 의미하는 것이 아니라 상대적으로 중간Moderate 정도의 수준이라는 의미이다.

■ **습지기능평가 사례**

하천 및 호수 생태계를 대상으로 한 Mulamoottil et al.(1996), Nakamura(1998) 등의 모델, 산림생태계를 대상으로 한 Patton(1992) 등, 하천 및 습지 생태계를 대상으로 한 SWMM(Storm Water Management Model), STREAM, WQRRS, WASP(Water Quality Analysis and Simulation Program) 모델, EFDC-WASP 모델, BROOK90 수문 모델 등이 있다. 또한 기능 평가 연구로는 수생식물과 환경과의 관련성(서울대학교, 1998), 동물종과 환경 조건에 대한 습지 비오톱 기능 모델(구본학과 김귀곤, 1999), 인공습지 조성 후 생물다양성 증진 효과(김귀곤과 조동길, 1999), RAM 모델 습지 기능 평가 방법론 구축 및 평가(구본학 등, 2001c; 2001d), 묵논습지 기능 평가(구본학, 2003), 댐저수지 내 습지 기능 평가(양병호 등, 2005), 하천습지 기능 평가(구본학 등, 2004; 조운식 등, 2006; 정영선 등, 2006), 충남도 내륙습지 기능 평가 등 내륙 및 해안습지 기능 평가(구본학 등, 2007; 박미옥 등, 2009), 하천범람지에 형성된 습지에 대한 HGM 모델을 적용한 기능 평가(구본학, 1999; 구본학, 2001a; 2001b; 국립환경과학원, 2007; 김예화 등, 2013), 농촌지역 소규모 소택형 습지 기능 평가(손진관 등, 2010), 마을 습지 기능 평가(박미옥 등, 2014; 2015) 등의 연구가 있다.

중국의 경우 습지 생물상 및 기반 조건에 대한 조사 및 분석 연구(郎惠卿, 1998; 林鵬 등, 1998; 高瑋, 1996)는 지속적으로 진행되어 왔으며, 습지의 유형 분류 및 가치와 기능 평가 등 면에서는 陸健健(1998a), 呂憲國(2001) 등의 연구가 있다. 습지의 관리 및 보전 전략 면에서 陸健健 등(1998b), 周密 등(1998), 田竹君(2001)

등에 의해 다양한 연구가 이루어졌다.

■ 정형적, 비정형적

습지 평가 방법은 숙련된 전문가에 의한 비정형적 판단으로부터 계량적 척도를 요구하는 정형적 실험 연구에 이르기까지 넓게 분포한다. 정형적 평가 과정은 시간과 비용이 많이 들거나 평가에 필요한 기초 자료가 충분히 축적되어야 하며, 비정형적 평가는 최상의 전문적 판단에 근거한다. 정형적 방법은 체계적으로 구성되거나 정보 수집과 의사결정 과정을 문서화하며 숙련된 전문가가 전문가적 판단에 의해 수행한다.

■ 단일 혹은 복합 기능

습지 기능 평가 모델은 목적에 따라 단일 기능을 평가하거나 복합적으로 평가하기도 한다. 예를 들어 어떤 모델은 야생동물 서식처로서의 기능에 초점을 맞추고 있으며 또 다른 방법은 수질 정화, 홍수 조절, 지하수위 조절 등 여러 기능을 평가하기도 한다. 복합적 방법들은 습지의 기능과 가치를 폭넓게 평가한다.

■ 국가 차원 혹은 지역 차원

어떤 평가 방법들은 국가 차원의 폭넓은 적용이 가능하나 또 다른 많은 방법들은 특별한 지역에 국한되어 적용될 수 있도록 특화되기도 한다. 이들 중 상당수는 국가 차원에 적용되는 방법론으로부터 특정 지역에 적용될 수 있도록 수정된다.

■ 정밀도

습지 기능 평가는 평가의 정밀도에 따라 일반 기능 평가와 정밀 기능 평가로 구분된다. 일반 기능 평가는 1~2회 정도의 현장답사와 문헌연구를 통해 일반적 수준의 기능을 평가하며, 정밀 기능 평가는 1년(4계절) 정도의 정밀 조사를 통해 데이터를 수집하고 각 기능별 정밀한 모델을 통해 기능을 평가하여 지수로 나타낸다.

■ 직접 평가, 간접 평가

직접 평가 방식은 총 득점을 일정 기준에 의해 구분하여 보전 가치를 결정하는 방법으로서 일반적인 생태자원의 보전성, 자연성 등을 설정할 때 유용하다. 간접 평가 방식은 자연성과 생태적 가치가 우수한 전형으로서 표준 습지reference wetland를 선정하여 상대적인 수준을 비교하는 방식이다. 행위허가에 관련된 일반적인 습지 평가에 주로 적용하며, HGM 등이 대표적인 예이다.

(2) 환경조건별 평가 변수

습지생태계는 개방된 계로서 광범위한 주위 환경의 영향을 받기 때문에 주변 생태계에 대한 광범위하고 특별한 조사 연구가 필요하다(Blab, 1999). 과거에는 습지 프로젝트의 평가지표로 습지의 기능보다는 구조에 중요성을 두었으나 습지 구조 요소들이 기능성과 관련될 때 더욱 유용하게 이용될 수 있다. 그러므로 습지 프로젝트의 수행 평가는 습지의 구조 및 기능이라는 두 측면을 모두 고려하는 것이 바람직하다.

1) 환경 요인

Kentula et al.(1993)에 의하면 습지 기능을 구성하고 평가하는 주요 변수를 다음과 같이 설정하였다.

- 일반적 정보: 지도 또는 현지조사. 습지 위치, 유역(배수구역), 습지 유형, 주변 토지이용(경계로부터 300m 범위 내)
- 물리적 특성: 면적, 경사도, 수심
- 수문: 식생에 영향을 끼침. 물의 흐름, 수위 변동, 범람 주기, 표면수, 입수구, 출수구, Drift Line, Water-stained Leaves, Oxidized Root Channels
- 지형 및 토양 조건: 토양 색채 및 무늬, 유기물, 토심, 토양 경도
- 식생, 동물상, 수질, 기타 습지 및 주변 토지이용에 대한 정보
- 호안 경사, 식생대, 수심

Kent(1994)는 습지의 기능을 형성하는 생태 요소로서 생물상, 수문, 지형, 형상, 문화적 가치 등을 들고, 야생동물 서식처를 제공하기 위해 습지를 조성하기 위한 주요한 요인으로 규모, 다른 습지와의 관련성, 교란 등을 들고 있다. 특히 규모는 야생동물 서식공간을 위한 가장 중요한 고려 요인이며, 습지 조성의 목표는 습지의 크기를 결정하는 것이라고 할 수도 있다.

습지형 비오톱의 기능은 식생, 동물상, 수문Hydrology, 토양Pedology, 지형 특성Morphometry, 문화적 가치Cultural Values 등과 관련된다(Kent, 1994). 문석기, 구본학 등(1998)은 담수생태계 복원의 제한 요인으로 온도, 투명도, 흐름, 호흡기체의 농도, 생물적 염류의 농도 등을 제시하였다. 습지 기능 평가는 습지의 중요 요소들이 충분히 발달할 만큼 시간이 경과되어야 효과적이며, 저습지의 경우 최소 3~5년이 경과되어야 한다(Kentula et al., 1993).

Admiraal et al.(1997)은 습지 복원 및 창출을 위한 기초 자료로서 토양, 수문, 수질, 식생, 야생동물 등을 들었다. Zwlolfer et al.(1981)은 종의 공급원이 될 수 있는 인근 생태계까지의 거리가 중요하며 수 킬로미터 떨어진 경우에는 수십 년이 경과하더라도 새로운 종의 정착은 이루어지지 않는다고 하였다.

Aber & Melillo(1991)은 생태계 내에서 식물의 순생산량은 증발산량과 양의 상관이 있다고 하였다. Blab(1999)는 비오톱이나 자연 상태의 공간을 보호하기 위한 요소로서 면적, 섬의 수와 배치, 코리더와 징검돌 비오톱, 서식 공간, 경관 특성, 서식지 경계 등을 제시하였고, 한국건설기술연구원(1997)에서는 인공못을 조성 관리하고 야생조류를 유치하기 위한 조건으로 규모, 모양, 가장자리 경사, 서식 공간, 수위 등을 들었다.

2) 물리적 특성

면적, 경사도, 하상 굴곡, 호안 경사도 등의 요소가 있다. 작은 규모일수록 습지의 수심에 따른 뚜렷한 환경 경사gradient가 나타나므로 도시 공간에서 생물다양성을 증진하기 위한 습지에는 경사가 완만하고 다양한 수심의 변화를 가진 지형을 조성하는 것이 필요하다.

Jenny(1971)는 상태요인방정식State Factor Equation을 사용하여 환경 요인과 생태계의 관계를 나타내었다. 즉, 생태계의 특성과 토양 특성, 식생 특성, 동물 특성은 기후, 지역의 생물 요인, 경사도, 시스템의 연령(시간) 등과 관련되었다고 보았으며, 이를 다음과 같은 함수식으로 구성하였다.

l, s, v, a = f(cl, o, r, t, ...)

■ 면적

하나의 단위생태계로서 비오톱의 최소 면적을 결정하기 위해서는 특징적 소규모 단위 구조가 존재할 수 있는 가장 작은 공간의 면적, 종수-면적 곡선, 미기후 및 미기후의 영향을 받는 종, 곤충의 비행거리, 조류의 도피거리, 군집 사이의 경쟁인자들이 관련된다(Blab, 1999). 이와 같은 비오톱의 면적과 관계되는 인자는 지표성의 원칙에 의해 결정된다. 특히, 면적에 관한 요구가 가장 강한 종의 개체군 유지에 필요한 면적이 비오톱을 유지하는 데 필요한 최소 면적으로 이해할 수 있다.

이를 바탕으로 다음과 같은 면적에 대한 기본 모델을 구성할 수 있다.

Area = f(least-area, species, microclimate, flight-length, competition)

■ 수문

- LEVEL I: 문헌 등에 의한 데이터, 현재와 과거의 습지 이용, 주변 토지이용, 표면의 토양 상태, 일

반적인 토양 수분 정보, 수면적, 수심, 수질, pH, 수온, EC, DO 등이며,

- LEVEL II: 유역규모, 물리적 인자, 물수지, 수문빈도 및 범람기간, SS, BOD, COD 등이 관련되어 있다.

Holman & Childres(1995)는 지표수와 지하수, 증산 등의 관계를 바탕으로 Water Budget 식을 구성하였다.

P + SWI + GWI = ET + SWO + GWO + XS

여기서,

P = Precipitation, SWI = Surfacewater Inflow, GWI = Ground water inflow, ET = Evapotranspiration, SWO = Surface water outflow, GWO = Ground water outflow, XS = Change in storage

■ **지형 및 토양**

토양의 생성과 발달에 영향을 끼치는 요인으로는 모암, 식생, 기후, 생물상, 지형 등이며 이들 요인에 의해 생성된 토양은 시간의 흐름에 따라 특징이 다르게 나타난다. 그러므로 토양 함수식을 다음과 같이 구성할 수 있다.

Soil = f(climate, vegetation, rock, topography, time)

- Level I: 습지 토양의 위치 및 범위, 관찰을 통한 토양 정보는 색상, 수분 상태, 토성 등이 관련되어 있다.
- Level II: 습지 토양(단면, 토양 종류 등), 토성(실험실 분석), 토양 경도, 기타 토양 성분 분석 등이 관련되어 있다.

3) 식생 및 수생식물

수생식물에 영향을 주는 인자로는 수환경(수면적, 수심, 수질 등), 토양 환경, 기후, 동물상, 지형 등이 있다. 이를 바탕으로 수생식물 분포 및 생활에 대한 함수식을 구성하면,

Vegetation = f(w-area, w-depth, w-qual, soil, climate, fauna, topography)

와 같이 설정할 수 있다.

Patton(1992)은 산림생태계에서 식생의 천이에 관련되는 요소로서 식생, 토양, 유기물, 지형, 기후, 시간 등을 들었고, 다음과 같은 모형 함수식을 구성하였다.

Ve = f(So + Or + To + Cl + Ti)

여기서,

Ve = Vegetation, So = Soil, Or = Organisms, To = Topography, Cl = Climate, Ti = Time

Mitsuru & Shigeki(2000)는 수생식물의 성장에 영향을 끼치는 수질인자로서 고BOD, 고COD, 저 pH 등의 요소를 들고 수생식물의 생육 실험을 통해 불량 환경에 적응력이 높은 수종을 파악하였다.

- Level I: 식생 피복 형태, 종목록, 풍부도, 우점종, 습지 식생의 분포도
- Level II: 식생 군집에 대한 양적, 질적 평가, Floristic Quality 평가, 희귀종, 외래종 등으로 구성된다.

4) 동물상 및 서식 환경

■ **수서곤충**

杉山惠一 等(1995)은 곤충의 서식에 영향을 주는 환경인자를 크게 수 환경, 수제 환경, 주변 환경, 생물 환경으로 대분류하고, 각각 수 환경(수질, 수온, 유속, 수심, 바닥, 수로형상), 수제 환경(비탈면과 호안의 재료, 비탈면의 경사와 높이, 수제선, 공간 패턴, 식생), 주변 환경(입지 규모, 수로 길이, 토양), 생물 환경 등으로 소분류하였다.

이를 바탕으로 함수식을 구성하면 다음과 같다.

Insects = f(water, waterfront, upland, bio-system)

여기서,

water = Σ(wq, wt, wv, wd, wb, ws)

waterfront = Σ(material, slope, height, frontline, space pattern, vegetation)

upland = Σ(site, stream, soil)

bio-system = Σ(flora, fauna, environment)

또한 수서곤충의 분포 상태는 물의 물리화학적 성질, 유용 가능한 먹이 자원의 종류 및 그 질과 양, 포식자 및 포식자로부터 안전한 은신처의 존재, 경쟁자의 유무 등에 의해 결정된다.

- 물리적 요인: 수심, 수온, 물의 흐름, 유입수, 수위, 호안(잔자갈, 식생 등), 경사
- 화학적 요인: DO, OM, pH, EC
- 생물적 요인: 먹이생물, 포식자, 수생/수중 식생, 인근 서식처의 거리/면적/종수, 곤충의 비행력

■ **조류**

야생조류의 서식지 구성 요소는 먹이, 커버, 물, 공간이며, 야생조류는 먹이공급원, 서식처 및 기타 목적을 위해 숲이나 나무에 의존하여 살아가므로 먹이식물 조성, 수림 조성 등이 중요하다. 조류

서식 공간 조성을 위해서는 공간적 조건과 서식 조건에 대하여 고려한다(杉山惠一 等, 1995; 1997).

공간적 조건은 단위 비오톱 수준의 조건, 비오톱 시스템에 대한 시스템적 접근, 생태계 수준의 종합적 접근의 위계로 조건을 파악하며, 서식 요인으로는 지형, 기후, 수문, 토양 등의 지리적 조건, 먹이, 은신처, 번식처, 녹지면적 등의 생물적 조건, 이동 능력 및 행태, 분포 상태, 이동 루트, 외부로부터의 종의 공급 및 유입, 주변의 인공화 정도, 비간섭 거리, 수렵, 개체군의 인간과의 친밀도와 같은 인간과의 관계(비간섭거리), 공간 규모, 공간 거리 등을 고려한다.

이를 바탕으로 함수식을 구성하면,

Birds = f(지리적 조건, 생물적 조건, 종의 유입, 인간과의 관계, 공간 규모, 공간거리)

로 나타낼 수 있다.

■ **어류**

杉山惠一 等(1997)은 어류의 성장 과정에 따른 환경 요인으로 산란장 면적, 수온, 포식자, 먹이, 어획량, 착저장 면적 등을 제시하였다. 문석기, 구본학 등(1998)은 어류 서식을 위한 환경의 구성 요소로서 어류의 생육 번식 산란과 은신처 제공을 위한 지류 형성, 은신처 제공을 위한 거석 배치 등을 들고 있다.

■ **양서파충류**

생물서식공간을 조성하는 경우 공간의 규모 및 구조, 물질순환, 동종간 타종간의 경계 등을 고려한다. 양서파충류의 종의 수는 서식처 면적과 비례 관계에 있다.

양서류의 서식지는 여름철의 생활 장소에 따라 저지대 습원(논, 습지), 저지대 평지와 계곡, 고산지형(야산, 관목림) 등 3가지 유형으로 구분될 수 있다.

5) 변수 종합

이를 종합하면, 인공 비오톱을 조성할 때 고려하여야 할 요소로는 면적(규격), 가장자리 모양, 가장자리 경사, 서식 공간, 경관 특성, 비오톱의 수와 배치, 코리도와 징검돌 비오톱, 종과 비오톱의 결합, 인근 비오톱과의 거리, 인간 간섭 등을 들 수 있다. 그 외에도 오염원 / 유역 / 유역의 비점 오염원-자연산림, 논밭, 취락지 및 교란-답압, 화재 등이 관련되어 있다. 기능 평가에서 고려해야 할 요소를 종합하면 〈표 4-1〉과 같다.

표 4-1. 습지 기능 평가 고려 요소 종합

변수	내용
수생식물의 종, 수서곤충의 종	이동이 제한되므로 습지형 비오톱의 범위 안에서 변화를 고찰할 수 있으며 외부로부터의 유입 등에 의한 영향이 적음
입지 조건	주변의 생태 단위에 따라 구분 산림생태계의 면적 및 거리, 종의 수 농경지생태계의 면적 및 거리, 종의 수 하천 등 유수 생태계의 폭 및 거리, 종의 수 저수지 등 정수생태계의 면적 및 거리, 종의 수 인간간섭(인위적 교란) / 주거지 도로 기타 훼손지의 면적, 거리
지형 조건	각 습지의 지리적 조건 호안 경사도, 지형 변화 수위, 수심
생물 조건	각 습지의 생태 조사 결과에 따라 조류, 어류, 포유류, 양서파충류 인근 서식처의 거리 면적 접근성 수생 식물 변화, 인근 육상 식물 변화
물리화학 요인	
인공 습지	방사 등 인위적 투입 이후 변화 모니터링

표 4-2. 1991년도에 캐나다 인들에 의해 어류 및 야생생물과 관련하여 지출된 비용의 경제적 효과(자료: Canadian Wildlife Service, 1995)

지역	주민들에 의해 지출된 비용	비용의 경제적 효과		
		직업 유지	지역 목초 생산에 기여	정부 세금 수입에 기여
캐나다	$8.3billion	187,791 jobs	$10.2billion	$4.6billion
브리티시 콜럼비아	$1,493million	30,495 jobs	$1,615million	$373million
앨버타	$1,159million	24,383 jobs	$1,336million	$178million
사스캐치완	$326million	7,053 jobs	$312million	$74million
마니토바	$261million	7,371 jobs	$344million	$76million
온타리오	$3,038million	71,997 jobs	$4,155million	$769million
퀘벡	$1,525million	43,880 jobs	$2,202million	$512million
뉴브런스윅	$179million	3,674 jobs	$186million	$46million
노바스코샤	$147million	3,937 jobs	$180million	$43million
프린스 에드워드 아일랜드	$13million	574 jobs	$19million	$5million
뉴펀들랜드	$198million	3,256 jobs	$171million	$70million

(3) 가치 평가

습지와 같은 자연계의 가치를 금전적인 가치로 나타내는 것은 매우 어려운 일이나, 정량화된 또는 정성적인 측면에서 습지의 경제적 가치를 표현하려는 노력이 진행되고 있다. 가치 평가는 평가자의 가치관에 따라 매우 다르며, 시대상을 반영하고 있기도 하다. 전통적으로는 단순히 토지이용 측면에서의 토지 자원으로서의 평가가 이루어졌으며, 이 경우 습지의 경제적 가치는 매우 낮게 평가되는 경향이 있다.

Canadian Wildlife Service(1995)의 조사에 의하면 캐나다 인구의 70%에 이르는 1,450만 명이 야생생물과 관련된 활동을 하고 있는 것으로 나타났다. 390만 명은 야생의 혜택을 즐기기 위한 여행을 하며, 150만 명은 사냥, 550만 명은 낚시 및 여가 선용을 위한 어로 활동, 190만 명은 야생동식물과 관련된 기구에 종사하는 것으로 나타났다. 캐나다 내의 야생동물을 대상으로 한 레크리에이션 활동에 대한 경제적 가치와 지출 비용, 경제적 효과 등은 〈표 4-2〉와 같이 나타났다.

나. 일반 기능 평가

(1) RAM 평가 지표

RAMRapid Assessment Method은 습지의 일반적 수준에서의 기능 평가 방법으로서 습지의 기능을 8가지로 분류하며, 각각의 기능에 대해 이익을 제공하는 능력을 평가한다. 식물다양성 및 야생동물 서식처, 어류 및 양서파충류 서식처, 홍수 조절, 유출량 저감, 수질 보전 및 개선, 호안 및 제방 보호, 미적 레크리에이션, 지하수 유지 등의 8가지 기능과 기능 평가를 위한 참고자료로서 유역 유출 및 물질운반 능력 기능으로 구분한다.

각 기능별 수행 정도에 따라 'high', 'moderate', 'low' 등 3단계로 평가한다. 각각의 기능은 2~12개의 변수로 구성되며, 기능별 평가의 모든 변수를 기능과 마찬가지로 각각 3단계로 구분 평가하게 된다.

1) 식물다양성과 야생동물 서식처Floral Diversity and Wildlife Habitat

다양성은 종의 다양성 또는 풍부도 외에 군집과 서식처의 다양성을 포함하기도 하는데, Shannon-Wiener Index(H) 및 Simpson Index(D)로 측정되기도 한다. Whittaker(1972)는 공간상의 맥락에서 특정 서식처 내의 종의 수 또는 종풍부도를 의미하는 α-diversity, 생태 단위 사이의 종 구성 변화와 차이를 나타내는 β-diversity, 지역의 종합적인 다양성을 의미하는 γ-diversity로 구분하여 설명하였다. 한편 Hunter(2002)는 γ-diversity를 지역 규모의 종다양성(geographic-scale species diversity)이라고 정의한 바 있다.

■ **변수 설명**

다른 생태계와의 거리

주변의 다른 생태계와의 거리는 생태적으로 서로 영향을 끼치며 특히 종의 이입 측면에서 매우 중요하다. 습지의 생태적 기능이 단지 습지에 의한 영향뿐만 아니라 산림생태계, 하천생태계 등 다른 유형의 생태계와도 상호작용을 통해 기능을 유지할 수 있으므로 생태적 가치와 기능이 우수한 인근 생태계와의 거리를 평가 변수로 포함할 수 있다.

MacArthur & Wilson(1967)은 최소 생존 가능 개체군Minimum viable population(MVP) 개념을 적용하여, 종 수는 생태계의 면적과 종의 이입이 가능한 인근 생태계까지의 거리에 의해 결정된다고 하였다. 여기서 최소 생존 가능 개체군은 국지 개체군이 생존하기 위해 필요한 최소한의 개체군의 크기를 의미한다. 즉, 특정 개체군이 오랫동안 절멸하지 않고 생존하려면 초기 개체군 크기가 일정 규모 이상으로 커야 하며 만일 개체수가 적은 경우에는 초기 증식 사업을 통해 개체수를 확보해야 한다.

Zwlolfer et al.(1981)은 종의 공급원이 될 수 있는 인근 생태계까지의 거리가 중요하며 수 킬로미터 떨어진 경우에는 수십 년이 경과하더라도 새로운 종의 정착은 이루어지지 않는다고 하였다. 독일의 연구 결과에 의하면 산림으로부터 동물의 이동 범위는 개구리 150m, 족제비 150m, 쥐 200m, 촉새 150m 등으로 나타났고, 일본 도로환경연구소(1995)의 연구 결과 산토끼 300m, 너구리와 족제비 400m 등으로 나타났다. 또한 경관생태학적 관점에서 서식처로서의 단위 생태계의 거리가 종다양도나 개체군의 크기를 결정하는 주요 요인으로 인식되고 있다(Morrison et al., 1998).

이러한 선행 연구의 결과 야생동물의 종의 이입을 위한 이상적인 거리는 물리적으로 연결되어 있거나 최소한 비교적 이동성이 작은 개구리 등의 이동거리인 150m로 판단되며, 한계는 1km를 넘지 않는 것이 바람직한 것으로 판단된다. 따라서, 본래의 RAM 기법에서는 주변 습지와의 거리를 400m와 1km를 기준으로 구분하였으나, 이 책에서는 습지로 국한하지 않고 인근 생태계와의 거리를 High: 150m 이하, Moderate: 150m~1km, Low: 1km 이상 등으로 설정하였다.

식생군락 수

습지는 야생동물의 서식처로서의 기능을 하며, 서식처를 제공하는 것은 습지 구조와 밀접한 관련이 있는데 특히 식생의 다양성과 구조는 매우 중요하다. 식생형이 풍부한 습지는 야생동물의 다양성이 높다. 복잡한 식생 구조를 가지고 있는 습지는 종종 새의 산란지로 매우 유용하다. 낙엽층의 밀도와 수가 높으면 새의 종이 다양해진다.

동물상 및 서식 환경은 서식처 형태, 우점종, 분류, 규모, 주변 토지이용, 먹이원, 개방수면비, 수면과 식생의 혼재도, 특별한 서식처 등의 영향을 받는다.

식생군락 혼재도

식생이 밀집된 지역 또는 개방수면으로만 이루어진 지역은 야생동물의 종다양성이 높지 않다. 개방수면을 포함한 식생 지역이 높은 다양성을 나타낸다. 혼재도의 복잡성은 식생혼재도 〈그림 4-1〉로 판단한다.

High = 3 이상, Moderate = 2, Low = 1 등으로 설정하였다.

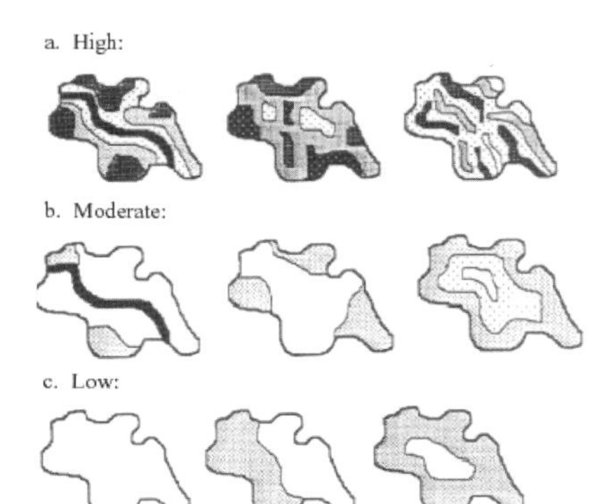

그림 4-1. 식생혼재도

습지 규모

MacArthur & Wilson(1967)의 최소 생존 가능 개체군 개념에 나타난 바와 같이 생태계 내 종의 수는 면적과 거리에 의해 결정된다. 또한 Kent(1994)는 습지의 기능을 형성하는 생태 요소로서 생물상, 수문, 지형, 형상, 문화적 가치 등을 들고, 야생동물 서식처를 제공하기 위한 습지 조성에 필요한 주요한 요인으로 규모, 다른 습지와의 관련성, 교란 등을 들고 있다. 특히 규모는 야생동물 서식을 위한 가장 중요한 고려 요인이며, 습지 조성 목표는 습지의 크기를 결정하는 것이라고 할 수도 있다. 면적 요구도가 가장 강한 종의 개체군 유지에 필요한 면적이 비오톱을 유지하는 데 필요한 최소 면적으로 이해할 수 있다(Blab, 1999).

다소 큰 규모의 습지와 다른 호수나 연못, 하천 등과 연계된 습지들은 다양한 물리적 서식처와 먹이자원을 제공함으로써 종다양성과 풍부도가 높다. 그러나 크기가 비슷한 소규모의 합계는 대량의 생산력을 가진 대규모의 서식처가 갖는 다양성보다 더 많은 축적된 이익을 가지고 있다. 이와 관련하여 Michigan 모델에서는 20,000m², 4,000m²를 기준으로 등급을 구분하였다. RAM에서는 80,000m²와 4,000m²를 기준으로 구분하였으나, 구본학(2001)은 20,000m² 이상이면 야생동물의 다양성을 유지할 수 있다는 연구 결과에 따라 20,000m²와 2,000m²를 기준으로 구분하고, High = 20,000m² 이상, Moderate = 2,000~20,000m², Low = 2,000m² 미만으로 각각 설정하였다.

주변 토지이용

습지를 비롯한 생태계는 폐쇄된 영양계가 아닌 서로 영향을 주고받는 개방된 계이다. 따라서 주변의 토지이용은 습지 생태계의 생물 서식 공간으로서의 기능에 결정적인 영향을 끼친다. 주변 토지이용에 대한 등급은 야생동물 서식처로서의 가치 판단에 근거한다. 다음 표를 바탕으로 토지이용 유형에 따른 등급을 산정하며, 여러 유형의 토지이용이 혼재한다면 각 토지이용별 면적 비율을 가중치로 하여 평균 점수를 구한다.

평균치에 따라 High = 3.0~2.4, Moderate = 2.3~1.7, Low = 1.6~1로 각각 적용한다.

표 4-3. 주변 토지이용에 따른 서식처 기능 등급

LAND USE	RANKING	VALUE
Urban: industrial	LOW	1
Urban: commercial	LOW	1
Urban: high density residential	LOW	1
Urban: medium density residential	LOW	1
Urban: low density residential	MODERATE	2
Agriculture/pasture	MODERATE	2
Forested/Rural open	HIGH	3
Urban open (Recreational areas, parks)	MODERATE	3
Highways/roads	LOW	3
Water/Wetlands	HIGH	3

야생동물 이동통로(이동 흔적)

야생동물의 이동 흔적이나 소리, 배설물 등을 직접 확인함으로써 서식지로서의 기능을 인식할 수 있으며, 이는 습지의 생물 서식 공간으로서의 기능에 매우 중요한 지표가 된다.

■ **변수별 지표 및 기준 설정**

식생의 다양도와 야생동물 서식처의 기능에 대한 각 항목별 기준을 검토한 결과 RAM 기법에서 제시하고 있는 구체적인 평가 지표 및 기준은 다음 표와 같다.

표 4-4. 식생 다양도와 야생동물 서식처 기능

구분	High	Moderate	Low
인근 생태계까지의 거리	0.15km 이하	0.15~1.0km	1.0km 이상
식물 군집 수	3 이상	2	1
군집 간의 혼재도	High	Moderate	Low
습지 면적	2만m^2 이상	2만~2천m^2	2천m^2 이하
주변 토지이용	3.0~2.4	2.3~1.7	1.7~1.0
야생 동물 이동 흔적	Yes	-	No

2) 어류 및 양서류 서식처

■ **변수 설명**

영구수체와의 관계

습지와 인접하여 또는 가까운 거리에 수체가 존재하는 것은 어류나 양서파충류 등 물을 서식 기반으로 생활하는 동물에게 매우 중요한 조건이다. 특히 일시적인 범람이나 계절적인 수로의 형성 등 일정 기간에만 형성되는 경우보다 영구적인 수체의 형태로 인접하는 것이 바람직하다. 또한 어류나 양서파충류의 서식 공간으로는 호수나 하천 등이 바람직한 형태이다. 이 책에서는 수체의 존재 여부에 따라 아래와 같이 3등급으로 구분 설정하였다. 단, 수체의 규모나 질을 고려하지 않았다.

High = 호소 가장자리 또는 하천형 습지

Moderate = 계절적 연결 또는 홍수범람원

Low = 연결되지 않음

개방수면 비율

인접 수체와의 관계와 더불어 습지 내에 개방수면의 비율도 어류나 양서류 등의 서식조건으로 매우 중요한 요인이 된다. 일반적으로 개방수면이 넓을수록 바람직하나, 산란 등을 위해 일정한 면적은 식생대 등으로 덮이는 것이 좋은 것으로 알려져 있다. 따라서 아래와 같이 등급 기준을 산정하였다.

High = 26~75% open water, Moderate = 5~26% open water,

Low = 0~5% open water or 75~100% open water

개방수면과 식생대의 혼재도

표 4-5. 개방수면의 상태에 따른 분류

a. 개방수면 면적 5% 미만	b. 개방수면 면적 5 ~ 25% 미만. 습지경계부에 폭넓게 식생대 발달.	c. 개방수면 면적 5 ~ 25% 미만. 식생은 습지 내 매트릭스 형태로 분포.	d. 개방수면 면적 25 ~ 75% 미만. 습지경계부에 식생대 발달.
		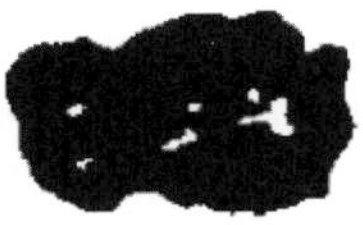	
e. 개방수면 면적 25 ~ 75% 미만. 식생은 습지 내 패치형태로 분포.	**f. 개방수면 면적 75 ~ 95% 미만. 습지경계부에 좁게 식생대 발달.**	**g. 개방수면 면적 75 ~ 95% 미만. 식생은 습지 내 작은 패치형태로 분포.**	**h. 개방수면 면적 95% 이상.**

개방수면의 존재 자체보다 중요한 요인의 하나는 개방수면과 식생대의 혼재도이다. 즉, 명확하고 규칙적인 경계보다는 불규칙하고 다양하게 혼재하는 경우가 서식 조건으로 바람직하다. 특히 식생이 밀집한 지역 또는 개방수면만으로 이루어진 지역은 야생동물 종다양성이 높지 않으며 식생대와

개방수면이 적절하게 혼재된 지역이 높은 다양성을 나타낸다. 〈표 4-5〉 혼재도 모식도에 따라 아래와 같이 구분하였다.

High = e, c, d. Moderate = b, g, f. Low = a, h

침수기간

영구적인 침수 지역 혹은 침수 지역과 수리학적으로 연계가 되어있는 습지 지역은 다양한 서식처를 제공하고 가뭄 기간 동안 은신처를 제공하기 때문에 종다양도가 높게 나타난다. 이와 관련하여 Illinois & Missouri의 평가 모델에서는 7일 이상 지속적으로 침수 범람된 경우를 판단 기준으로 한 바 있다.

High = 언제나 침수되어 있음

Moderate = 계절적 침수. 침수되는 기간이 있으나 영구적으로 범람하지는 않음

Low = 침윤 또는 간헐적 침수. 일 년의 대부분 침수되는 기간이 거의 없음

식생형

교목, 관목 또는 다년생의 수생식물이 우점하는 습지는 다층 구조의 수직적 분포와 수평적으로 소규모 패치가 발달한다. 다층 구조는 생태계의 자연성은 물론 야생동물의 서식처로서도 매우 바람직한 구조이다. 일반적으로 식물 군락의 다양성은 동물의 다양성을 증대시킨다. 〈표 4-6〉에 제시된 식생형별 점수를 기준으로 식생형의 면적을 가중치로 하여 가중 평균을 구한다. 가중 평균에 따라 아래와 같이 등급을 산정한다.

High = 3.0~2.4, Moderate = 2.3~1.7, Low = 1.6~1

표 4-6. 식생형에 따른 평가 등급

COMMUNITY	RANKING	VALUE
부엽식물 군락 Floating Leaved Community	MODERATE	2
침수식물 군락 Submerged Aquatic Community	HIGH	3
정수식물 군락 Emergent Community	HIGH	3
관목류 우점 군락 Shrub Community	MODERATE	2
활엽수 우점 군락 Deciduous Broad-Leafed Community	MODERATE	2
침엽수 우점 군락 Coniferous Tree Community	LOW	1
초본류 우점 군락 Sedge Meadow/Wet Prarie	MODERATE	2
개방수면 및 조류 Deep Open Water/Algae	MODERATE	2

■ **변수별 지표 및 기준 설정**

어류 및 양서파충류의 서식처 기능에 영향을 끼치는 제반 변수를 설정하고 평가 등급을 산정하기 위한 연구 결과를 고찰 한 바, 〈표 4-7〉과 같이 평가 등급을 설정하였다.

표 4-7. 어류 및 양서파충류 서식처 기능(Fishery and Herpetile Habitat)

구분	High	Moderate	Low
영구수체와의 관계	호소 가장자리, 하천	계절적 연결, 홍수범람원	연결 없음
개방수면 비율	26~75% 개방수면	5~26% 개방수면	0~5% 또는 75~100% 개방수면
개방수면과 식생 혼재도	e, c, d	b, g, f	a, h
침수기간	영구 침수	계절적 침수	침윤, 일시적 침수
식생형(표 4-6)	3.0~2.4	2.3~1.7	1.6~1

3) 유역의 유출능, 영양물질 침전물 이동 능력

■ **변수 설명**

이 기능의 평가 결과는 다른 기능을 평가하기 위한 평가 요소의 하나로서 적용된다. 두 변수가 모두 낮은 경우 유역에서 습지로 유출능이 매우 낮으며, 어느 하나만 낮거나 모두 높은 경우 습지로의 유출능이 매우 높다.

경사도

작은 규모일수록 습지의 수심에 따른 뚜렷한 환경경사$_{\text{gradient}}$가 나타나므로 도시 공간에서 생물다양성을 증진하기 위한 습지에는 호안 경사가 완만하고 다양한 수심의 변화를 가진 지형을 조성하는 것이 필요하다. 자연습지 호안 경사도 분포가 대략 1:10~1:20 이상이므로 인공습지 경사도는 1:5~1:15 정도가 추천된다.

High = 급경사, Moderate = 보통, Low = 완경사

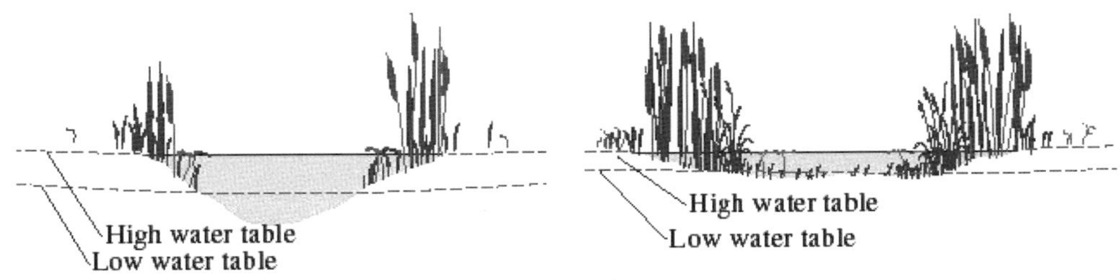

그림 4-2. 호안 경사도와 습지의 기질, 지하수위, 식생구조의 관계(자료: USGS, 1999)

유역 토지이용

유역 내 토지이용 및 토지 피복 현황에 따라 산림과 같은 자연 지역이 커버를 제공하나, 농경지는 은신처와 먹이 두 가지 모두를 제공한다. 특히 이동성과 월동하는 야생동물에게는 더욱 그러하다. 불투수성 표면으로 덮여 있는 도시 지역은 먹이와 커버를 거의 제공하지 않는다. 다양한 토지 이용이 나타날 경우 각 면적을 산출하여 가중 평균을 구한다.

High = 3.0~2.4, Moderate = 2.3~1.7, Low = 1.6~1

표 4-8. 주변 토지 이용에 따른 서식처 기능 등급

토지 이용	RANKING	VALUE
도시 : 공업지역 Urban : Industrial	LOW	1
도시 : 상업지역 Urban : Commercial	LOW	1
도시 : 고밀도 주거지역 Urban : High Density Residential	LOW	1
도시 : 중밀도 주거지역 Urban : Medium Density Residential	LOW	1
도시 : 저밀도 주거지역 Urban : Low Density Residential	MODERATE	2
농업용지/목초지 Agriculture/Pasture	MODERATE	2
숲/자연개방지 Forested/Rural Open	HIGH	3
도시 오픈스페이스 Urban Open(Recreational Areas, Parks)	MODERATE	3
도로 Highways/Roads	LOW	3
수역/습지 Water/Wetlands	HIGH	3

■ **변수별 지표 및 기준 설정**

표 4-9. 유역의 유출능, 영양물질 침전물 이동 능력

구분	High	Moderate	Low
경사도	급경사	보통	완경사
토지이용	3.0~2.4	2.3~1.7	1.6~1

4) 홍수 저류

일시적으로 홍수를 저장하였다가 서서히 유출하는 기능으로서 하류지역의 첨두홍수량을 저감시키는 능력이다. 유역의 토지이용 및 토지 피복, 경사도, 유입구 및 유출구 등에 의해 영향을 받는다.

■ **변수 설명**

유역 유출능

'유역의 유출능, 영양물질 침전물 이동 능력' 기능에 대한 수행 여부로 판단한다.

High = Yes, Low = No

지표수와의 연결성

High = 범람원, Moderate = 호소 가장자리/하천, Low = 연결성 없음

유입 유형

습지로 유입되는 지표수는 물질의 유입뿐 아니라 유기물의 이동과 유입을 수용한다.

High = 직접적 유입, Moderate = 지표수와 연결, Low = 직접적 유입이나 연결 없음

유출

배수 형태에 따라 홍수 저장 능력은 많은 차이를 나타낸다. 유출이 억제되는 형태가 홍수 조절에 바람직하다.

High = 유출 없음, Moderate = 유출 조절, Low = 자유롭게 유출

습지 규모

High = 20,000m² 이상, Moderate = 2,000~20,000m², Low = 2,000m² 미만

습지와 유역의 면적비

습지 유역 면적에 대한 습지 면적 비율로서 유역에 대한 습지의 조절 능력을 나타낸다.

High = 0.02 이상, Moderate = 0.02~0.01, Low = 0.01 미만

■ **변수별 지표 및 기준 설정**

표 4-10. 홍수저류

구분	H	M	L
유역 유출능	Yes		No
지표수와의 연결성	홍수범람원	호소 가장자리/하천	연결 없음
유입 유형	직접적 유입	지표수 연결	직접적 유입이나 연결 없음
유출	유출 없음	유출 조절	자유로운 유출
습지 규모	2만m² 이상	2만~2천m²	2천m² 미만
습지와 유역의 면적비	0.02 이상	0.02~0.01	0.01 미만

5) 유출 저감(Runoff Attenuation)

지표수의 유출을 저감시키는 능력이다. 홍수 조절과 관련이 있으며 물의 흐름을 억제하는 인자를

기준으로 판단한다. 유입구 및 유출구의 형태, 식생형, 지표수의 흐름, 개방수면과 식생의 혼재도, 습지의 규모 등과 관련이 있다.

■ **변수 설명**

유역 유출능

'유역의 유출능, 영양물질 침전물 이동 능력' 기능에 대한 수행 여부로 판단한다.

High = Yes, Low = No

유입 유형

습지의 표면수는 물질의 유입뿐 아니라 유기물의 이동과 유입을 수용한다.

High = 직접적 유입, Moderate = 지표수와 연결, Low = 직접적 유입이나 연결 없음

유출

인공적인 배수시설은 습지 내 표면 유출을 높이는 원인이 된다. 그러므로 본 변수는 습지 내 표면 유출과 관련이 되는 인공 배수시설과 배수 형태의 여부로 판단하다.

High = 자유로운 유출, Moderate = 유출 조절, Low = 유출 없음

물과 땅의 혼재도

〈표 4-5〉 개방수면과 식생대 혼재도를 기준으로 다음과 같이 판단한다.

High = e, c, d. Moderate = b, g, f. Low = a, h

침수기간

High = 침윤saturated, Moderate = 계절적 주기적 침수, Low = 영구침수

표면 유수 형태(수로, 면상류)

표면 유수의 형태이다. 넓은 면적을 따라 흐름이 이루어지는 면상류인가 아니면 좁은 수로를 형성하는가에 따라 판단한다.

High = 면상류, Moderate = 면상류와 수로의 결합, Low = 수로

식생형

지표를 피복하고 있는 식생의 유형에 따른 표면 유출 억제 능력이다. 아래 식생 군집별 계수를 적용하며, 다양한 군집이 혼재하는 경우 면적비를 기준으로 가중 평균을 구한다.

High = 3.0~2.4, Moderate = 2.3~1.7, Low = 1.6~1

표 4-11. 식생 군집 유형에 따른 표면 유출 저감 능력

COMMUNITY	RANKING	VALUE
부엽식물	LOW	1
침수식물	LOW	1
정수식물	HIGH	3
관목우점 군락	MOD	2
활엽우점 군락	LOW	1
침엽우점 군락	LOW	1
초본우점 군락	HIGH	3
개방수면/조류	LOW	1

습지 규모

High = 20,000m² 이상, Moderate = 2,000~20,000m², Low = 2,000m² 미만

■ 변수별 지표 및 기준 설정

표 4-12. 유출 저감

구분	High	Moderate	Low
유역 유출능	Yes		No
유입 형태	직접 유입	지표수 직접 연결	직접 유입 및 연결 없음
유출	방해받지 않고 자유로운 유출	유출 조절	없음
물과 땅의 혼재도	e, c, d	b, g, f	a, h
침수 기간	영구침수	계절적 침수	침윤, 간헐적 침수
수로 및 면상류	면상류	면상류와 수로의 혼재	수로
식생형	3.0~2.4	2.3~1.7	1.6~1
습지 규모	2만m² 이상	2만~2천m²	2천m² 미만

6) 수질 정화 및 수질 오염 저감(Water Quality Protection)

습지의 수질 정화 및 수질 오염 저감 능력으로서, 유역의 상태, 유출 및 유입 상태, 개방수면의 면적, 수심, 습지 면적 및 유역 면적과의 비율 등의 인자를 고려한다.

■ 변수 설명

유역 유출능

'유역의 유출능, 영양물질 침전물 이동 능력' 기능에 대한 수행 여부로 판단한다. 단, 유역의 표면 유출이 심할수록 수질 보호 능력은 저하된다.

High = No, Low = Yes

유입 유형

유입수의 존재는 습지 내 수질과 많은 관련이 있다. 일정한 물이 지속적으로 유입되는 경우 수질 개선에 많은 도움이 된다.

High = 직접적 유입, Moderate = 지표수 연결, Low = 직접적 유입이나 연결 없음

유출

유출 형태와 수질과의 관계는 홍수 조절, 표면 유출 등과는 반대의 관계를 나타낸다. 즉, 습지의 표면수의 흐름에 따라 물질의 유입이나 유기물의 이동이 이루어지며, 유출구가 없는 경우 유해물질이 축적된다.

High = 막힘없는 자유로운 유출, Moderate = 유출 조절, Low = 유출 없음

개방수면 비율

〈표 4-5〉 개방수면과 식생대 혼재도를 기준으로 다음과 같이 판단한다.

High = 0~29%, Moderate = 30~74%, Low = 75~100%

최대 수심

수심과 수질과의 관련성으로서 수심에 따라 햇빛과 대기 중 산소의 영향을 받는 정도가 달라지며, 이는 물 속 오염물질의 억제 능력과 관련이 있다.

High = 15cm 이하, Low = 15cm 이상

침수 기간

High = 계절적 주기적 침수, Moderate = 침윤$_{\text{saturated}}$, Low = 영구 침수

표면 유수 형태(수로, 면상류)

표면 유수의 형태이다. 넓은 면적을 따라 흐름이 이루어지는 면상류인가 아니면 좁은 수로를 형성하는가에 따라 판단한다.

High = 면상류, Moderate = 면상류와 수로의 결합, Low = 수로

습지 규모

High = 20,000m^2 이상, Moderate = 2,000~20,000m^2, Low = 2,000m^2 미만

습지와 유역 면적비

습지면적과 습지유역면적의 비율로 판단한다. 지형도에서 산출한다.

High = 0.02 이상, Moderate = 0.02~0.01, Low = 0.01 미만

■ **변수별 지표 설정**

표 4-13. 수질 정화 및 수질 오염 저감 기능

구분	High	Moderate	Low
유역 유출능	No		Yes
유입 형태	직접 유입	표면유수 직접 연결	직접적 유입 및 연결 없음
유출	막힘 없는 자유로운 유출	유출 조절	없음
개방수면 비율	0~29%	30~74%	75~100%
최대 수심	15cm 이하		15cm 이상
침수기간	계절적 간헐적 침수	침윤	영구 침수
표면유수 형태(수로, 면상류)	면상류	면상류 수로 조합	수로
습지규모	2만m^2 이상	2천~2만m^2	2천m^2 미만
습지와 유역 면적비	0.02 이상	0.02~0M	0.01 미만

7) 호안 제방 보호(Shoreline/Stream Bank Protection)

호안이나 하천제방의 침식을 억제하고 보호하는 능력이다. 습지가 호수나 저수지, 하천 주변에 발달한 경우에 해당된다. 이에 해당되지 않는 경우 다음 단계로 진행한다.

■ **변수 설명**

□ **호안이나 하천 제방에 관련된 항목**

표면유수 형태(수로, 면상류)

지표수의 흐름 형태에 따라 호안이나 제방의 침식 저감 능력이 결정된다.

High = 면상류, Moderate = 면상류와 수로의 결합, Low = 수로

식생형

식생형은 파도에 의해 발생되는 침식에너지 저감에 관련된다. 표에 제시된 식생형 등급에 따라 결

표 4-14. 군집 유형에 따른 호안 제방 보호

COMMUNITY	RANKING	VALUE
부엽식물	LOW	1
침수식물	LOW	1
정수식물	HIGH	3
관목우점 군락	MODERATE	2
활엽우점 군락	LOW	1
침엽우점 군락	LOW	1
초본우점 군락	HIGH	3
개방수면/조류(algae)	LOW	1

정되며 여러 형태의 식생군락이 혼재하는 경우 면적에 따라 가중 평균을 구한다. 야생동물 서식 기능과는 달리 정수식물과 초본류 밀생지역 등급이 높게 나타난다.

High = 3.0~2.4, Moderate = 2.3~1.7, Low = 1.6~1

식생대 폭

호수나 하천의 가장자리에 발달한 습지에 적용한다. 식생대의 폭이 넓을수록 침식 저감 능력이 발달한다. 유수생태계와 정수생태계 습지의 판단 기준을 구분하여 설정하였다.

유수생태계 : High = 3m 이상, Low = 3m 미만

정수생태계 : High = 6m 이상, Moderate = 6~3m, Low = 3m 미만

침식 진행 흔적

High = Yes, Low = No

토지이용

각각의 토지이용 행태에 따른 토양 침식에 미치는 영향을 평가한다. 아래 표에 따라 등급을 결정

표 4-15. 토지이용에 따른 호안 및 제방 보호

토지이용	RANKING	VALUE
도시 : 공업지역 Urban : Industrial	HIGH	3
도시 : 상업지역 Urban : Commercial	HIGH	3
도시 : 고밀도 주거지역 Urban : High Density Residential	HIGH	3
도시 : 중밀도 주거지역 Urban : Medium Density Residential	MODERATE	2
도시 : 저밀도 주거지역 Urban: Low Density Residential	LOW	1
농업용지/목초지 Agriculture/Pasture	MODERATE	2
숲/자연개방지 Forested/Rural Open	LOW	1
도시 오픈스페이스 Urban Open(Recreational Areas, Parks)	LOW	1
도로 Highways/Roads	HIGH	3
수역/습지 Water/Wetlands	LOW	1

하며, 토지이용이 여러 유형일 때는 각 면적을 산출하여 면적비를 바탕으로 가중 평균을 구한다.

High = 3.0~2.4, Moderate = 2.3~1.7, Low = 1.6~1

□ **호안에만 관련된 평가 항목(하천형 습지에는 적용하지 않음)**

방향성

바람의 방향과 습지와의 위치 관계이다. 주풍향의 길이 방향, 폭 방향, 방향성 없음 등으로 구분한다.

High = Long, Moderate = Moderate, Low = Short, N/A

인접 수체와의 관계

인접한 수체와의 위치 관계로서 여러 유형이 있을 때는 가장 높은 등급을 적용한다.

High = 북쪽 호안North Shore, Moderate = 동쪽 호안East Shore,

Low = 남쪽 혹은 서쪽 호안South or West Shore

얼음 흔적

얼음의 흔적으로서 이 책에서는 고려하지 않는다.

High = Yes, Low = No

배 운항 여부

관리용 또는 놀이용 수상 교통은 제방이나 호안의 침식에 많은 영향을 끼친다.

High = Yes, Low = No

■ 변수별 지표 설정

표 4-16. 호안 및 하천 제방 보호

구분		High	Moderate	Low
표면유수 형태(수로, 면상류)		면상류	면상류 및 수로 복합	수로
식생형		3.0~2.4	2.3~1.7	1.6~1
식생대 폭	정수생태계	6m 이상	6~3m	3m 미만
	유수생태계	3m 이상		3m 미만
침식 진행 흔적		Yes		No
토지이용		3.0~2.4	2.3~1.7	1.6~1
바람길과의 관계		Long	Moderate	Short, N/A
수체와의 관계		북쪽 호안	동쪽 호안	남쪽 및 서쪽 호안
배 운항 여부		Yes		No

8) 심미적 레크리에이션 기능(Aesthetics/Recreation)

습지가 지니는 심미적 또는 레크리에이션 기능이다. 이 기능은 물리적인 습지를 미적인 가치로 판단하는 것으로서 주관적인 판단이 개입된다는 점에서 일반적인 습지 기능 평가 기법에서는 평가 대상에서 제외하는 경우가 많다.

■ **변수 설명**

식생군락

다양한 식생의 존재는 미적, 경관적 흥미를 이끌 수 있다.

High = 3 분류군 이상, Moderate = 2 분류군, Low = 1 분류군

식생 혼재도

식생 군락이 혼재할 때 단순한 구조보다는 다양하고 복잡하게 혼재할 때 흥미를 끈다.

High = High, Moderate = Moderate, Low = Low

면적

습지 면적이 넓을수록 레크리에이션 기회가 많다.

High = 8ha(20acre) 이상, Moderate = 2~8ha(5~20acre), Low = 2ha(5acre) 미만

주변 토지이용

습지 주변 토지이용이 산림이나 습지, 개방 공간일 때 습지의 경관적 가치를 높일 수 있으며, 주거지, 농경지, 상업지, 도로 등은 매력적인 요소가 될 수 없다.

High = 주로 숲, 전원지역, 습지 등 물 요소, 도시 내 오픈스페이스

Moderate = 주로 주거지, 농경지, Low = 주로 공업지역, 상업지역, 도로 등

접근성

접근성은 습지의 레크리에이션적 가치를 높이는 중요한 요소가 된다.

High = 접근성 용이, Moderate = 도로, Low = 접근로 없음

시각성

시각적으로 개방되었을 때 습지의 미적, 레크리에이션적 흥미가 제고된다.

High = 시각적 개방, Moderate = 부분적 시야 개방, Low = 시각적으로 제한

쓰레기

쓰레기나 기타 불순물의 존재는 미적 흥미를 반감시킨다.

High = 없음, Moderate = 약간 있음, Low = 많음

야생동물 서식처

앞에서 산출한 야생동물 서식처로서의 기능에 대한 평가 결과를 본 기능에 대한 변수의 하나로 적용한다. 서식처로서의 기능이 높을수록 미적 가치나 레크리에이션 자원으로서의 기능이 높아진다. 야생동물 서식처 평가 점수에 따라 다음과 같이 적용한다.

High = 3.0~2.4, Moderate = 2.3~1.7, Low = 1.6~1

어류 서식처

앞에서 산출한 어류 서식처로서의 기능에 대한 평가 점수에 따라 다음과 같이 적용한다.

High = 3.0~2.4, Moderate = 2.3~1.7, Low = 1.6~1

■ 변수별 지표 설정

표 4-17. 심미적/레크리에이션 기능

구분	High	Moderate	Low
현존 식생군락	3 이상	2	1
식생 혼재도	High	Moderate	Low
규모	8ha 이상	2만~8만ha	2만ha 미만
주변 토지이용	산림/전원, 수역/습지, 도시 내 오픈스페이스	주거지, 농경지	공업, 상업, 고속도로/도로
접근성	접근성 용이	도로를 통해서만 접근	접근로 없음
시각적 개방	시각적으로 완전 개방	부분 개방	시각적으로 폐쇄
쓰레기	None	Some	Lots
야생동물 서식처 기능	3.0~2.4	2.3~1.7	1.6~1
어류 서식처 기능	3.0~2.4	2.3~1.7	1.6~1

9) 지하수(Groundwater Recharge Potential)

지하수를 유지 보충하는 기능으로서 물순환의 과정에서 매우 중요한 위치를 점하고 있다. 토양 특

성, 유역에 대한 습지의 면적비, 유출구의 존재 등이 지하수에 영향을 끼친다.

■ **변수 설명**

토양

투수성이 높은 사질토는 지하수의 유지 및 보충 능력이 뛰어나다.

High = Sand or Sandy Loam, Moderate = Silt Loam, Loam,

Low = Clay Loam, Peat, Clay, Muck

유역에 대한 습지 면적비

유역 면적에 대한 습지 면적의 비율로서 습지 면적 비율이 높은 경우 지하수 유지 보충 능력이 양호하다.

High ≧ 0.02, Moderate = 0.02~0.01, Low ≦ 0.01

유역 유출능

High = Yes, Low = No

유출구

유출구가 없거나 유출 조절 장치가 있는 경우 습지 내 침수 기간을 연장하여 홍수 조절 및 지하수 함양에 기여한다. 표면 유출을 증가시키는 배수로나 유출구가 있거나 유출을 억제할 수 있는 자연 지형이 없이 자유롭게 유출되는 경우 지하수 함양 능력은 저하된다.

High = 없음, Moderate = 유출 조절, Low = 자유로운 유출

■ **변수별 지표 설정**

표 4-18. 지하수 보충능

구분	High	Moderate	Low
토양 성질	Sand or Sandy Loam	Silt Loam, Loam	Clay Loam, Peat, Clay, Muck
습지와 유역의 면적비	≧ 0.02	0.02~0.01	≦ 0.01
유역의 유출능	Yes		No
유출구	없음	조절가능한 유출시설	자유로운 자연 유출

■ 종합

위와 같이 평가 항목과 지표에 따라 평가하여 8가지 기능별로 "High", "Moderate", "Low" 등으로 등급을 산정하며, 평가 요소 및 지표를 요약하면 〈표 4-19〉와 같다.

표 4-19. 기능 평가 지표(Tilton et al.,(2001)에서 수정, 구본학과 김귀곤(2001c)에서 인용)

평가 항목	평가 요소	평가 지표
식생 다양성 및 야생동물 서식처 Floral Diversity and Wildlife Habitat.	다른 습지까지의 거리	높음 ≦ 0.15km, 보통 = 0.15~1.0km, 낮음 ≧ 1.0km.
	식물 군집의 수	높음 = 3 or more types present 보통 = 2 types, 낮음 = 1 type present
	식물 군집의 혼재도	높음 = 높음, 보통 = 보통, 낮음 = 낮음
	습지의 규모	높음 ≧ 2ha, 보통 = 2~0.2ha, 낮음 ≦ 0.2ha
	주변 토지이용*	높음 = 3.0~2.4, 보통 = 2.3~1.7, 낮음 = 1.6~1
	야생동물의 이동 통로	높음 = Yes, 낮음 = No
어류 및 양서파충류 서식처 Fishery and Herpetile Habitat	영구적인 수체와의 관련성	높음 = Lake Edge or Riverine 보통 = Seasonal Connection or Floodplain 낮음 = No Connection
	개방수면의 비율	높음 = 26~75% Open Water 보통 = 5~26% Open Water 낮음 = 0~5% Open Water or 75~100% o.w.
	개방수면과 식생 피복과의 혼재도	높음 = e, c, d, 보통 = b, g, f, 낮음 = a, h
	수문 침수 정도	높음 = Permanent Inundation 보통 = Seasonal Inundation 낮음 = Saturated, Intermittent
	식생형*	높음 = 3.0~2.4, 보통 = 2.3~1.7, 낮음 = 1.6~1
Ability Watershed to Deliver Runoff, Nutrients, Sediments**	경사도 토지이용	높음 = Steep, 보통 = 보통, 낮음 = Slight 높음 = 3.0~2.4, 보통 = 2.3~1.7, 낮음 = 1.6~1
홍수저장 Flood/Storm Water Storage	유역의 표면 유출	높음 = Yes, 낮음 = No
	다른 지표수와의 연결 관계	높음 = Floodplain, 보통 = Lake Fringe/Riverine 낮음 = Not Connected
	유입 형태	높음 = Direct Storm Water Inlet 보통 = Direct Surface Water Connection 낮음 = No Direct Surface Water Connection / No Inlet/Constricted Inlet
	유출 형태	높음 = No Outlet, 보통 = Constricted/Controlled Outlet, 낮음 = Unimpeded Outlet
	습지 규모	높음 ≧ 2ha, 보통 = 2~0.2ha, 낮음 ≦ 0.2ha
	유역에 대한 습지의 면적비***	높음 ≧ 0.02, 보통 = 0.02~0.01, 낮음 ≦ 0.01
유출 저감 Runoff Attenuation	유역권의 표면 유출	높음 = Yes, 낮음 = No
	유입 형태	높음 = Direct Storm Water Inlet, 보통 = Direct Surface Water Connection, 낮음 = No Direct Surface Water Connection/No or Constricted Inlet
	유출 형태	높음 = No Outlet, 보통 = Constricted/Controlled Outlet, 낮음 = Unimpeded Outlet
	육역과 수역의 혼재도	높음 = e, c, d, 보통 = b, g, f, 낮음 = a, h
	수문 침수 정도	높음 = Permanent Inundation, 보통 = Seasonal Inundation, 낮음 = Saturated, Intermittent
	수로 또는 넓은 지표면 유출	높음 = Sheet flow, 보통 = Combination of Sheet and Channel, 낮음 = Channel Flow
	식생형*	높음 = 3.0~2.4, 보통 = 2.3~1.7, 낮음 = 1.6~1
	습지 규모	높음 ≧ 2ha, 보통 = 2~0.2acre, 낮음 ≦ 0.2ha

평가 항목	평가 요소	평가 지표
수질 보호 개선 Water Quality Protection	유역의 유출능	높음 = Yes, 낮음 = No
	유입원 형태	높음 = Direct Storm Water Inlet, 보통 = Direct Surface Water Connection, 낮음 = No Direct Surface Water Connection/No or Constricted Inlet
	유출구 형태	높음 = No Outlet, 보통 = Constricted/Controlled Outlet, 낮음 = Unimpeded Outlet
	개방수면의 면적비	높음 = 0~29% Open Water, 보통 = 30~74% Open Water, 낮음 = 75~100% Open Water
	최대 수심	높음 = 15cm 이하, 낮음 = 15cm 이상
	수문 주기	높음 = 지속적으로 침수 범람, 보통 = 계절적 침수 범람, 낮음 = 침윤 또는 단속적 침수
	지표수 흐름 유형 (선형 수로, 넓게 분산)	높음 = 분산, 보통 = 선형 수로와 분산 혼합, 낮음 = 선형 수로
	습지 규모	높음 = 2ha 이상, 보통 = 2~0.2ha, 낮음 = 0.2ha 미만
	습지와 유역의 면적비	높음 ≧ 0.02, 보통 = 0.02~0.01, 낮음 ≦ 0.01
호안 및 제방 보호 Shoreline/Stream Bank Protection	지표수 흐름 유형 (선 형수로, 넓게 분산)	높음 = 분산, 보통 = 선형 수로와 분산 혼합, 낮음 = 선형 수로
	식생형*	높음 = 3.0~2.4, 보통 = 2.3~1.7, 낮음 = 1.6~1
	식생대 폭	높음 = 3m 이상, 보통 = 1.5~3m, 낮음 = 1.5m 이하
	침식의 흔적	높음 = Yes, 낮음 = No
	토지이용*	높음 = 3.0~2.4, 보통 = 2.3~1.7, 낮음 = 1.6~1
	바람 방향에 대한 수체의 형상****	높음 = 길다, 보통 = 보통, 낮음 = 짧음, N/A
	인근 수체의 위치****	높음 = 북쪽, 보통 = 동쪽, 낮음 = 남쪽 또는 서쪽
	빙하 얼음덩이 흔적****	높음 = 있음, 낮음 = 없음
	보트 통행의 흔적****	높음 = 있음, 낮음 = 없음
심미적 레크리에이션 Aesthetics and Recreation	현존 식생의 종류	높음 = 3종(class) 이상, 보통 = 2종, 낮음 = 1종
	식생의 혼재도	높음 = 높음, 보통 = 보통, 낮음 = 낮음
	규모	높음 = 8ha 이상, 보통 = 8~0.2ha, 낮음 = 0.2ha 미만
	주변 토지이용	높음 = 주로 숲, 전원, 수면, 습지, 개방 공간 보통 = 주로 주거지, 농경지 낮음 = 주로 공업지, 상업지, 도로
	접근성	높음 = 자유롭게 접근, 보통 = 도로, 낮음 = 접근성 불량
	시각적 개방성	높음 = 완전 개방, 보통 = 대체로 개방되어 잘 보임 낮음 = 대체로 폐쇄되어 잘 보이지 않음
	폐기물 등의 흔적	높음 = 없음, 보통 = 약간 있음, 낮음 = 많음
	야생동물 서식처*****	높음 = 3.0~2.4, 보통 = 2.3~1.7, 낮음 = 1.6~1
	어류 서식처*****	높음 = 3.0~2.4, 보통 = 2.3~1.7, 낮음 = 1.6~1
지하수 보충 Groundwater Recharge	토양 특성	높음 = Sand or Sandy Loam, 보통 = Silt Loam, Loam 낮음 = Clay Loam, Peat, Clay, Muck
	습지와 유역의 면적비	높음 ≧ 0.02, 보통 = 0.02~0.01, 낮음 ≦ 0.01
	인근 유역의 유출능	높음 = Yes, 낮음 = No
	유출구 형태	높음 = None, 보통 = Constricted/Controlled, 낮음 = Unimpeded

* 주변 토지이용, 혼재도, 식생형 등은 별도 기준 필요
** 기능 평가를 위한 참고 지표로서 평가 결과에는 반영되지 않음
*** 습지 면적/유역 면적
**** 연안선(shoreline)에만 해당
***** 서식처 기능의 평가 결과를 적용

10) 보전 등급

모든 기능을 종합하여 아래 기준과 같이 일반적인 수준에서 해당 습지의 보전 가치를 종합 판정하며, 이중 종합 판정 결과 "High"로 판단된 경우에는 이후 정밀 평가로 진행된다. 보전 가치 판단

기준은 우선 습지 내에서 보호종이나 서식처가 발견된 경우는 우선 보전 등급으로 판단하였고, 그 외 각 기능별 평가 결과에 따른 판단 기준 및 보전 등급 설정 기준은 다음 〈표 4-20〉과 같다.

표 4-20. RAM 평가 보전등급 설정 기준(구본학(2001a; 2008) 수정)

구분	판단 기준	보전 등급
우선 보전 고려	• 국제적 또는 국가적 보호 가치가 있는 보호종 서식 • 대표적이거나 희귀하여 보전 가치가 높음	절대보전
높음	• 평균 2.4 이상 • 개별 기능 평가 "높음"으로 나타난 전체 기능의 1/2 이상 • 평가 변수 가운데 "높음"으로 나타난 변수가 전체 평가 변수의 1/2 이상 • 변수 중 "높음"으로 나타난 변수가 전체 평가 변수의 1/3 이상이며, "낮음"으로 나타난 변수가 전체 평가 변수의 1/3 미만	보전
보통	• 전체 가치 평균이 1.7~2.3 • 기능 평가 "높음"으로 나타난 기능이 1개 이상이며, 전체 기능의 1/2 미만 • 개별 기능 평가 "높음"으로 나타난 기능이 없으나 "보통"으로 나타난 기능이 전체 기능의 2/3 이상 • 평가 변수 중 "높음"으로 나타난 변수가 전체 평가 변수의 1/2 이상 • 평가 변수 중 "높음"으로 나타난 변수가 1개 이상이며, 전체 평가 변수의 1/2 미만 • 변수 중 "높음"으로 나타난 변수가 없으나 "보통"으로 나타난 변수가 전체 평가 변수의 2/3 이상	향상
낮음	• 위의 경우 외의 모든 경우	향상 또는 대체 복원

(2) RAM 평가 사례

1) 물영아리오름

물영아리오름은 산 정상에 위치하여 다른 형태의 수원과 차단되어 오직 빗물과 일부 지하수에 의해 유지되는 폐쇄된 수문 조건을 갖추고 있는 반면 주변의 산림과 생태적으로 연결되어 있는 특성을 지니고 있다(구본학과 김귀곤, 2001). 따라서 평가 결과에 나타난 바와 같이 지하수 보충, 식생 및 야생동물 서식처, 침식 방지 등의 기능은 비교적 높게 나타난 반면, 어류 서식처, 지표수 흐름 조절, 레크리에이션 기능 등은 보통인 것으로 나타났다.

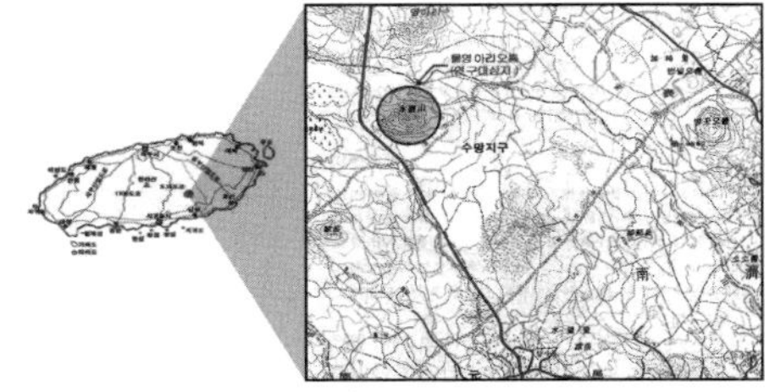

그림 4-3. 물영아리오름 위치

지하수 보충능이 높게 나타난 것은 별도의 유출 시스템이 형성되어 있지 않고 물을 저장하거나 지하로 침투시키는 구조로 인한 결과로 해석되며, 주변 육상 생태계와 기능적으로 연결되어 있는 점은 종다양성이나 생물 서식공간으로서의 기능에 매우 큰 영향을 주고 있는 것으로 볼 수 있다. 심미적/레크리에이션 기능이 보통으로 나타난 것은 시각적으로 차단되어 있고 접근성이 불량한 결과이며, 이는 오히려 습지의 보전에 유리한 방향으로 해석이 가능하다.

2) 방동소택지

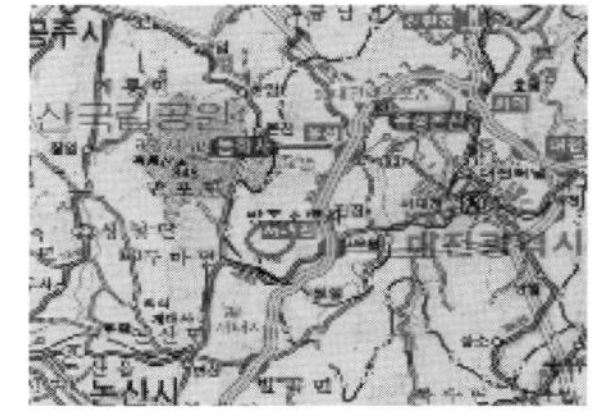
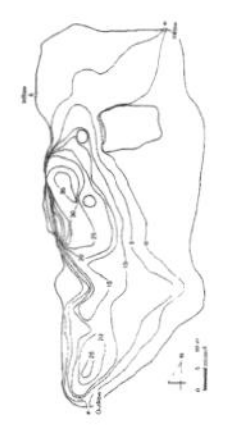
그림 4-4. 방동소택지 위치 및 평면도

방동소택지의 경우 하천 범람지와 농경지에 인접한 입지적 조건으로 인해 상대적으로 기능이 높게 나타났다. 식물 다양성 및 야생동물 서식처 기능과 지하수 보충, 레크리에이션 기능이 높게 나타났으며, 다른 기능도 최소 2.1 이상의 점수로 나타나 습지가 제공하는 여러 가지 기능이 양호한 것으로 나타났다. 이는 주변의 하천, 농경지, 산림에 의해 생태적으로 네트워크를 형성함으로써 서로 영향을 끼친 결과로 보인다. 즉, 물영아리의 경우에 비해 더 생태적으로 안정적인 위치에 있으며, 다만 사람들의 접근이 용이하다는 점에서 인위적인 훼손이 심하고 압력을 많이 받고 있다는 점에서 기능을 유지하기 위한 체계적인 유지 관리 및 모니터링 전략을 수립할 필요가 있다.

3) 묵논습지

농경지가 개발 사업으로 인해 폐농되어 방치된 채 시간이 경과되어 자연적으로 발달된 묵논습지인 자운늪을 대상으로 일반 기능을 평가한 연구(구본학, 2003)에서 RAM 기법을 적용하여 습지의 기능을 8개 기능으로 구분하고 각각 기능별로 4~9개의 세부 평가 항목을 설정하였다.

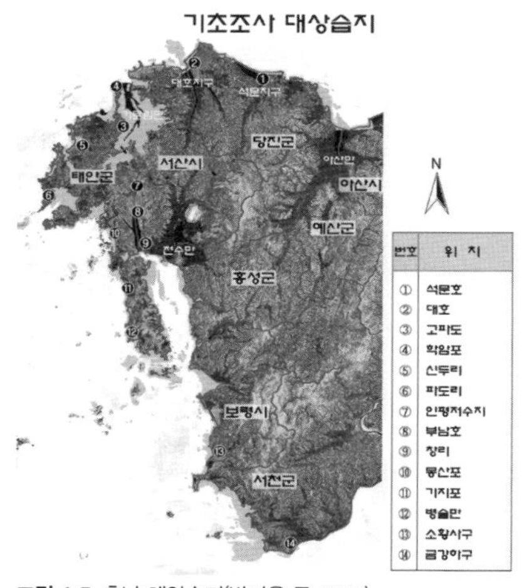

그림 4-5. 충남 해안습지(박미옥 등, 2007)

자운늪은 8개 기능 중 지표수 유출 억제 기능과 수질 개선 기능, 지하수 보충능을 제외한 6개 기능이 높음으로 나타났다. 전체적으로 기능의 평균치는 2.42이고 각 기능 중 '높음'으로 나타난 기능이 5개로서 보전 가치가 '높음'에 해당되어 적절한 보전 조치가 이루어져야 할 것으로 판단되었다.

4) 해안습지

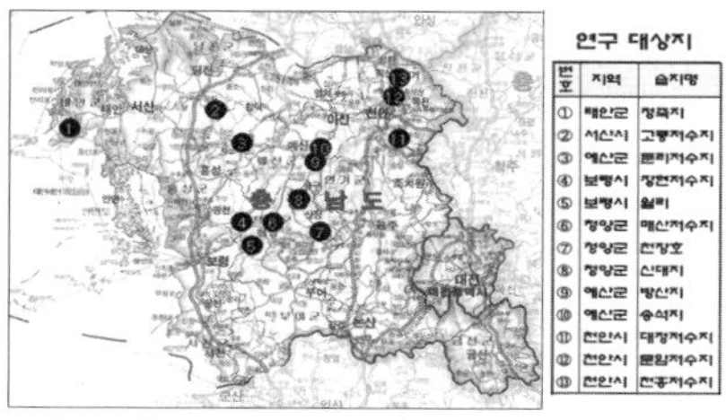

그림 4-6. 충남 내륙습지 조사지(박미옥 등, 2009)

충남 서해안에 분포하고 있는 해안 및 하구습지, 그리고 배후습지에 대한 조사를 통해 일반 기능을 평가하였다(박미옥 등, 2007). 14개의 대상지가 보전 등급으로 판정되었는데 이들 습지는 수질 보호 및 개선의 기능을 잘 수행하고 있는 것으로 나타났으며, 식생다양성 및 야생동물의 서식처, 심미적 레크리에이션에서도 뛰어난 기능을 보이고 있음을 알 수 있었다. 그러나 지하수 보충, 호안 및 제방 보호, 홍수 저장 및 조절 기능은 전체적으로 낮음으로 나타났다. 국제적 보호종, 멸종위기종 등이 서식하거나 발견된 대호습지, 신두리, 부남호, 소황사구, 금강하구는 절대보전지역으로 선정하였다. 절대보전지역으로 선정된 습지들을 육상생태계와 해양생태계를 연결해 주는 중요한 생태적 거점으로 활용한다면 향후 큰 틀에서 한반도의 생태네트워크 구축에 큰 기여를 할 것으로 판단되었다.

5) 내륙습지

충청남도 내륙에 위치한 내륙습지 중 생태네트워크 구축을 위해 주녹지축인 금북정맥과 인접하여 핵심 생태계로서의 기능을 할 수 있을 것으로 판단되는 호수형 및 소택형 습지를 대상으로 기능 평가를 수행하였다(박미옥 등, 2009).

핵심생태계와 인접할수록 생태적으로 안정되고 면적이 클수록 종다양도가 높고 멸종가능성이 낮다는 경관생태학적 원칙에 근거하여, 먼저 GIS 분석를 통해 충남에 위치한 호소형 및 소택형 습지 10,847개를 추출한 후, 충남의 생태축으로서 핵심 패치의 기능을 하는 습지를 도출하기 위하여 충남의 핵심적인 녹지축인 금북정맥을 중심으로 500m 버퍼 존Buffer Zone을 형성하여 50,000m^2 이상인 지점을 추출하여 13개의 대상지를 최종 선정하였다.

6) 마을 습지

■ **천안시 마을 습지**

마을 및 마을 인근에 위치하여 일상생활 혹은 영농 행위에 관련 있으며, 소택형 습지, 소택지, 방죽, 농업용저수지, 소류지, 둠벙, 연못 등의 이름으로 불리는 곳을 마을 습지라 정의하였다. 마을 습지는 유역 내 물순환 시스템 유지, 야생동물의 서식처 제공 및 종다양도 증진, 친수공간, 레크리에이션 등 생태적 역할뿐 아니라, 마을 주민들에게 직·간접적으로 문화적 혜택과 경제적 이익을 제공하고 있는 중요한 생태 공간이다.

박미옥 등(2014)은 천안시에 분포하는 마을 습지 인벤토리 구축, 기능 평가를 통해 보전 가치를 평가하고 관리 방안을 제시하였다. 습지 지표를 바탕으로 습지 가능지 791개소를 추출한 후, 해상도 1m의 고해상도 영상 분석과 현장답사를 통해 총 104개 습지를 마을 습지로 최종 도출하였다(그림 4-7). 기초 자료는 국토교통부 2010년 천안시 수치지도(1/5000)를 사용하였고, 위성지도(네이버지도, 다음지도)와 한국토지정보시스템(KLIS), 토지이용도, 토지피복도(중분류)를 이용하였다.

마을 습지로 확인된 104개 중에서 수치지도 상호·저수지 코드와 습지 코드가 중복되며 습지 경계로부터 100m 이내에 마을과 접하고 있어 마을 주민들의 활용도가 높고, 주요 생태계와 중소형동물의 이동거리(환경부, 2010) 내에 있는 습지 49개소는 정밀조사 후 기능평가를 수행하였다. RAM 평가를 통해 평가된 습지의 기능에 대해 각각 우선 보전 고려, 높음, 보통, 낮음으로 보전 가치를 평가하였으며, 보전 가치 평가등급별 관리 전략으로 절대 보전, 보전, 향상, 복원 혹은 향상으로 나누어 관리 방안을 제시하였다. 기능 평가 결과 높음(보전) 11개소, 보통(향상) 30개소, 낮음(복원 혹은 향상) 8개소로 나타났다.

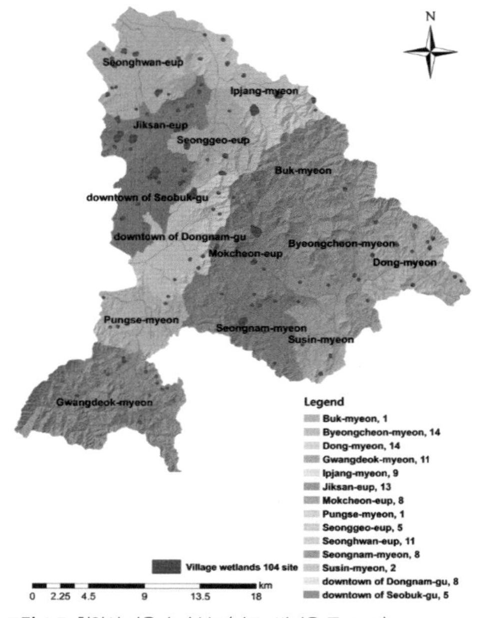

그림 4-7. 천안시 마을 습지 분포(자료: 박미옥 등, 2014)

■ **아산시 마을 습지**

박미옥 등(2015)은 습지 지표를 바탕으로 아산시 마을 습지 가능지 807개소를 1차 추출하고 마을 습지 가능지를 대상으로 실내 판별 및 현장 답사를 통한 검증을 거쳐 최종적으로 아산시 마을 습지 총 196개소를 구축하였다(그림 4-8). 정밀 조사 대상 습지 선정 기준에 따라 37개소를 선정하여 정밀 조사와 기능 평가를 수행한 결과 높음(보전) 7개소, 보통(향상) 18개소, 낮음(복원 혹은 향상) 12개소로 나타났다.

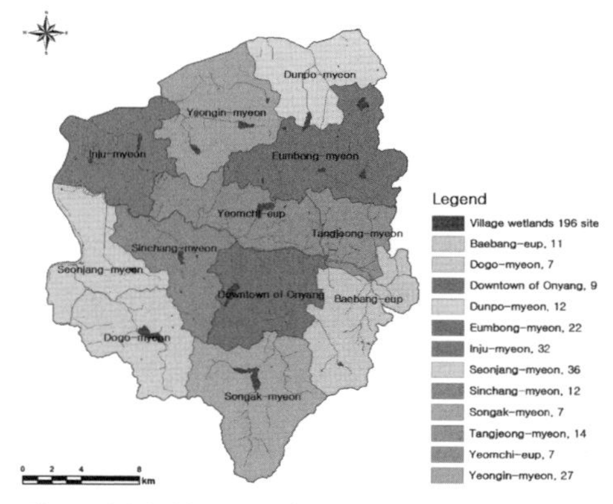

그림 4-8. 아산시 마을 습지 분포(자료: 박미옥 등, 2015)

(3) 기타 일반 평가 지표

1) EPW(Evaluation for Planned Wetlands)

Wetland Replacement Evaluation Procedure(WREP)를 개선한 지표이다. EPW는 일종의 Rapid Assessment로서 인공습지가 본래의 습지 기능을 달성하는지 또는 일반적인 수준의 습지 기능 정도를 파악하기 위한 평가 기법이다. 주로 Mitigation Program이 수행된 이후의 습지의 기능을 평가하는 목적으로 이용된다. 제방이나 호안 침식 조절, 침식 안정, 수질 정화, 야생동물·어류 등의 서식처, 독특성 등의 기능을 포함한다.

2) RAW(Rapid Assessment of Wetlands)

Kent et al.(1990)에 의해 개발된 방법으로 토지이용 계획에 앞서 습지 기능과 가치를 수행하기 위한 거시적인 평가 방법이다.

다. 정밀 기능 평가

(1) HGM 평가 지표

1) 개요

HGMHydrogeomorphic 접근 방법(Brinson et al., 1995)은 The Clean Water Act Section 404에 의한 Regulatory Program에 대한 방법론으로서, 습지 평가를 위한 기능 지표를 설정한다. 습지 평가를 생태권역별로 표준화시키고, 지형적 특성이나 습지의 유형에 따른 기능을 평가한다(Smith et al. 1995). HGM 모델은 WET II와 EMAP 모델을 종합하여 구축된 것으로서 습지 관련 개발에 따른 행위 제한, 영향 최소화, 불가피한 영향 평가, 저감 방안 제시, 사후 평가 등에 유용하다.

습지의 유형 분류와 평가를 위한 HGM 기법은 지형학 및 수문학적 지식에 바탕을 둔 여러 모델을 종합한 것이며, 동일한 지역 및 유형별로 자연 상태의 표준 습지Reference Wetland와 비교하여 습지의 기능 수행 정도를 파악하고자 하는 것으로서, 특히 개발 행위 등의 행위에 따른 습지의 원형 훼손에 따른 기능 저하를 평가함으로써 습지와 관련된 행위 허가에 대한 근거로 활용되기도 한다.

■ **표준 습지(Reference Wetland)**

HGM 모델에 의한 습지의 기능 평가를 이루기 위해서는 표준 습지를 선정하고 이를 근거로 평가 모델을 수정하여 평가를 수행하게 된다. 각 부문별 조사 자료는 HGM 모델에서 제시하는 지수 선정 과정을 통해 점수화되어 습지의 기능을 평가할 수 있는데 표준 습지에 대한 평가 결과는 인공습지의 기능 평가를 위한 기준이 될 수 있다.

(표준 습지에 대해서는 이 책 "IV장. 2.성능 평가" 및 "V장. 습지 보전 복원 및 관리"에서 상세히 다룬다.)

미국 연방 차원의 습지 관리 전략의 하나로서 HGM 모델을 적용하기 위한 National Action Plan이 수립되었고(USACE et al., 1996), 주정부 및 각 사업자별로 수정된 HGM 모델을 개발 적용하고 있다. 습지 유형에 따라 중점적이고 적합한 지표 체계가 다르지만, 기능 평가는 표준 습지를 바탕으로 기능 평가 지표를 구축하여 변수를 비교 평가함으로써 습지의 기능 지수를 계산한다(吕宪国 等, 2004).

HGM은 미공병단에서 The Clean Water Act Section 404에 근거하여 개발사업의 행위허가를 위한 습지 기능 평가 도구이며 주정부 및 각 사업자별로 수정 HGM 모델을 개발 적용하며 수문지형학, 생지화학, 서식처 등이 포함되어 있다. 유럽은 1996~1999년에 PROTOWET라는 습지생태계 기능 분석 방법을 개발하였으며 그 기능 지표에는 수문(지하수 유량, 수량 예산, 수위 파동 등), 생물지구화학(영양물질 유지와 에너지 방출 기능에 영향 주는 요소 강조), 생태 조사(식생, 무척추동물, 조류 등) 등의 내용을 포함한다. 일본은 1990년대 말에 JHGM이라는 습지 기능 평가를 개발하였다. 국내의 경우 구본학(1999; 2009)이 우리나라 실정에 적합한 HGM 모델을 수정하여 개발하고, 수정 HGM 모델을 적용한 김예화 등(2013)의 연구사례가 있다.

HGM은 정밀 생태 조사 분석을 통한 기능 평가 도구로서 8개 기능별 변수 및 지표 설정에 의해 이루어진다. HGM 모델은 수문, 생지화학, 서식처 등 3개 범주에서 평가하며 각 평가 변수 및 지표는 지역의 특성과 습지 유형에 따라 조정될 수 있다. 각각의 기능들은 2~12개의 변수로 구분하여 평가한다(구본학, 2009).

HGM의 적용을 위해서는 HGM 습지 분류HGM Classification, 표준 습지 선정Reference Wetlands, 평가 모델 및 기능 지표Assessment Models and Functional Indices, 프로토콜 적용Application Protocols 등의 절차를 거치게 된다.

■ 구성 요소

지형학적 위치 및 수문 조건에 따라 습지를 3개 범주로 구분하고 있으며, 서로 다른 유형은 각각 다른 기능을 수행한다. 예를 들어 Depressional Wetlands는 폐쇄형 습지로서 상대적으로 표면 유출이 적다. 반면에 Riverine Wetlands는 유출량이 많으므로 하류부에 대한 영양물질의 공급, 침식에 의한 침전물의 여과, 홍수 저장 기능이 뛰어나다.

■ 평가 요소

HGM은 정밀 생태 조사 분석을 통한 기능 평가 도구로서 8개 기능별 변수 및 지표 설정에 의해 이루어진다. HGM 모델은 아래와 같이 Hydrologic, Biogeochemical, Physical Habitat 등 3개 범주

표 4-21. HGM 평가 기능 구분 사례

구분	기능 평가 I	기능 평가 II
Hydrologic	Dynamic(Short-term) surface water storage Static(Long-term) surface water storage Maintenance of high water table	Temporary storage of surface water retaining and retarding subsurface water movement
Biogeochemical	Transformation, cycling of elements Retention, removal of imported substances Accumulation of peat Accumulation of inorganic sediments	Cycling of nutrients removal and sequestration of elements and compounds retention of particulates export of organic carbon
Habitat and Food Web Support	Maintenance of characteristic plant communities Maintenance of characteristic energy flow	Providing an environment for native plant community providing wildlife habitat

에서 평가한다. 각 평가 변수 및 지표는 지역의 특성과 습지 유형에 따라 조정될 수 있다. 각각의 기능들은 2~12개의 변수로 구분하여 평가한다.

2) 변수 설정

가) 단기 지표수 저류 기능(Temporarily Store Surface Water)

일시적이고 단기적인 물의 저장 능력을 나타낸다. 주로 유역 내 강우에 의해 결정되며 제방 등을 통해 범람하거나 지표수 형태로 유입되는 물을 일시적이고 단기적으로 저장하는 물의 동태를 의미한다. 이러한 기능은 하천 지류나 지표수의 홍수 유출을 지체시킴으로써 하류에서의 첨두유출량을 감소시키거나 지연시킴으로써 홍수 조절 효과를 가져온다. 강우량, 주변 유역으로부터의 지표수 유입, 지하수 유입 등으로 구성된다. 하천의 범람으로 인해 생성된 습지의 경우 특히 중요한 기능이다.

지표수의 일시적인 저장 능력은 다음 식에 의해 평가된다.

$$FCI = [(V_{FREQ} \times V_{STORE})^{1/2} \times (\frac{F_{SLOPE} + V_{ROUGH}}{2})]^{1/2}$$

- V_{FREQ}은 물을 습지로 운반하는 능력을 의미하며, 발생 빈도에 따라 결정된다.
- V_{STORE}는 지표수 저장량을 나타내며 제방 축조, 성토, 기타 변경 행위에 의한 저장량 감소를 반영한다.
- V_{ROUGH}와 V_{SLOPE}는 물이 습지를 통과할 때 유속을 저감하는 능력을 의미한다.

이 모델을 구성하는 변수의 종류, 측정 지표 및 단위는 다음과 같다.

(1)V_{FREQ} – Overbank flood frequency – recurrence interval – years.

(2)V_{STORE} – Floodplain storage volume – floodplain width/channel width – unitless.

(3)V_{SLOPE} - Floodplain slope - change in elevation/prescribed distance along center line - unitless.

(4)V_{ROUGH} - Floodplain roughness - Manning's roughness coefficient(n) - unitless.

■ **Dynamics (Short Term) Surface Water Storage**

일시적이고 단기적인 물의 저장 능력으로서 주로 유역 내 강우에 의해 결정된다.

$$FCI = [(\frac{V_{UPUSE} + V_{EDGEUSE} + V_{WETUSE} + V_{PORE}}{4}) \times V_{HYMOD}]^{1/2}$$

- Upland Land Use(V_{UPUSE}): 습지 주변 Upland 지역(유역이 매우 넓거나 경계가 명확하지 않을 때는 100m 유역)의 토지이용
- Land Use in the Wetland Edge($V_{EDGEUSE}$): 습지 경계부 저지대 토지이용
- Land use in the Wetland(V_{WETUSE}): 습초지의 토지이용
- Soil Pore Space(V_{PORE}): 토성 삼각도에 의한 습지 토양의 토성
- Hydrologic Modification(V_{HYMOD}): 인간 간섭에 의한 수문 조건의 변화 등의 변수로 구성된다.

나) 장기적 지표수 저류 기능(Long Term (Static) Surface Water Storage)

Depressional 습지가 장기간 동안 물을 저장할 수 있는 능력으로서 1년 단위의 물수지에 의해 산출된다. 단위 지역의 지하수에 관련되어 있으며, 지하수위에 직접적인 영향을 받는다. 정적 지표수는 침수되지 않은 토양의 수분에 영향을 주며, 생지화학적 순환에 중요한 기능을 하며, 특히 식생, 무척추동물, 척추동물에 결정적인 영향을 준다.

$$FCI = [(\frac{V_{DURAT} + V_{WATVOL}}{4}) \times V_{HYMOD}]^{1/2}$$

V_{DURAT} / Duration of Wetland Flooding

V_{WATVOL} / Wetland Water Volume

V_{HYMOD} / Hydrologic Modification

다) 지하수 수문 특성 유지 기능(Maintain Characteristic Subsurface Hydrology)

습지가 지하수를 저장하고 운반하는 능력을 의미한다. 강우, 지표수 및 지하수 유입, 하천 범람 등

에 의해 영향을 받는다.

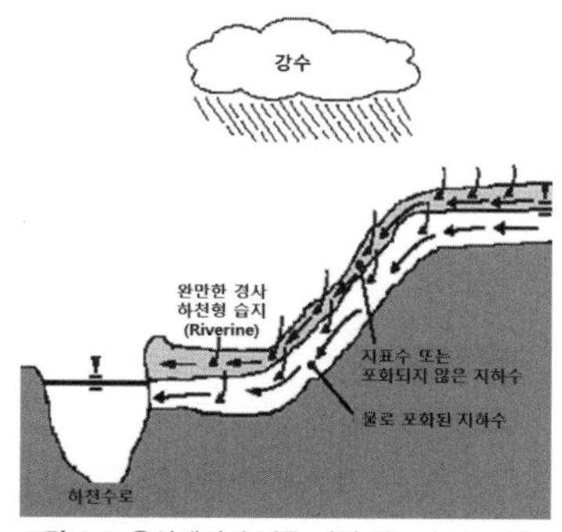

그림 4-9. 육상에서 습지를 거쳐 인근 수로로 이동하는 수문 경사(자료: 미공병단)

습지가 지니는 지하수 저장 능력의 중요성은 대체로 3가지로 요약된다. 첫째, 생물지화학적 순환 과정과 식생군락 및 동물 군집에 영향을 준다. 둘째, 하천의 수문 조건을 조절하며 수원으로 작용하며 이는 야생생물의 서식처와 다양성에 영향을 끼친다. 마지막으로 지하수위의 계절적 변화로 인해 홍수 저장 능력을 증대시킬 수 있다.

습지의 지하수 이동을 평가하기 위해서는 토양 등 다공성 재료를 이동하는 물의 흐름에 영향을 주는 인자를 고려해야 한다. 이러한 인자들은 다음과 같은 수식으로 나타낼 수 있다.

$$Q = -K_{SAT} \times A \times \left(\frac{dh}{dl}\right)$$

여기서 Q: 시간당 저장 능력

K_{SAT}: Saturated Hydraulic Conductivity(수문전도도)

A: 물이 이동하는 면적

dh/dl: 물의 흐름에 따른 수문경사 또는 수두의 변화

K_{SAT}는 토양 특성과 토양 속을 이동하는 유체의 특성에 의해 결정된다. 수문경사 dh/dl는 물이 토양 속으로 흐르게 하는 힘으로 인식할 수 있다. 서로 다른 수문전도도를 갖는 토양에서는 수문경사가 같더라도 물의 이동 능력이 다르게 된다. 예를 들면 같은 수문경사를 갖는 사질토와 점질토의 경우 수문전도도가 높은 사질토에서 더 빠른 속도로 이동하게 된다.

이 모델은 크게 두 부분으로 구분될 수 있다. 첫째 부분은 Upland에서 습지를 통해 하천 등 유로를 따라 이동하는 지하수의 속도이다. 두 번째 부분은 지하수의 저장 능력을 의미하며, 수위가 변동되고 이로 인해 물을 저장할 수 있는 공극이 생성된다. 주로 지하수위의 계절적 변화와 토양의 공극률에 의해 영향을 받는다. 지하수의 수문전도도는 농경지, 절성토, 다짐, 기타 여러 가지 자연적 인위적 요인에 의해 달라질 수 있으며, 수로 등 배수시설의 설치는 수문경사에 영향을 준다. 관계식은 아래와 같이 나타낸다.

$$FCI = \frac{(V_{SOILPERM} + V_{WTSLOPE})^{1/2} + \left(\frac{V_{PORE} + V_{WTF}}{2}\right)}{2}$$

• $V_{SOILPERM}$은 수문전도도를 의미하며, $V_{WTSLOPE}$는 수문경사를 의미한다.

• V_{WTD}는 지하수위의 변동을 의미하며, V_{PORE}는 토양의 공극률을 나타낸다.

각 변수별 측정 단위는 다음과 같다.

(1)$V_{SOILPERM}$ - Subsurface water velocity - soil permeability - inches/hour.

(2)$V_{WTSLOPE}$ - Water table slope - percent of area being assessed with an altered water table slope - unitless.

(3)V_{PORE} - Subsurface storage volume - percent effective soil porosity - unitless.

(4)V_{WTD} - Water table fluctuation - presence/absence of fluctuating water table - unitless.

라) 물질순환(Nutrient Cycling)

질소원소를 환원 상태로부터 질소산화물로 전환하는 능력을 비롯하여 생물이 삶을 영위하기 위해 이산화탄소, 물, 황, 질소 등의 무기물이나 무생물 요소를 탄수화물, 지방, 단백질 등의 유기체 형태로 변형하는 능력으로서, 광합성, 미생물 분해, 기타 생태계 내에서 생산자, 소비자, 분해자에 의해 이루어지는 생지화학적 물질순환 과정을 포함한다.

이 기능은 습지의 영양물질순환 능력으로서 식생 군집의 층위 구조와 부산물 축적이라는 두 가지 특성에 의해 결정된다. 이 두 특성들은 물질순환 과정에서 생산, 분해 과정을 통해 각각 독립적으로 수행되며 동등한 가치를 지닌다. 홍수 범람된 빠른 유속의 흐름은 짧은 시간에 쓰레기나 부유물 등을 물리적으로 제거할 수 있다. 그러나 3층 정도의 다층 식생이 존재한다면 물질순환 과정의 1차 생산성은 지속될 것이며, 부산물의 축적도 빠르게 보충될 것이다. 또한 영양 물질의 순환은 높은 수준에서 지속될 것이다.

이를 관계식으로 나타내면 다음과 같다.

$$FCI = \left(\frac{V_{TBA} + V_{SSD} + V_{GVC}}{3} + \frac{V_{OHOR} + V_{AHOR} + V_{WD}}{3}\right) \times 1/2$$

첫째, V_{TBA}, V_{SSD}, V_{GVC} 등은 식생 군집의 각 층의 존재 여부를 나타낸다.

다음은 장기적 또는 단기적 부산물이나 토양 요소인 V_{OHOR}, V_{AHOR}, V_{WD} 등이다.

(1)V_{TBA} - Tree biomass - tree basal area - m^2/ha.

(2)V_{SSD} - Understory vegetation biomass - density of understory woody stems - stems/ha.

(3)V_{GVC} - Ground vegetation biomass - percent cover of ground vegetation - unitless.

(4)V_{OHOR} - “O” horizon biomass - percent cover of “O” soil horizon cover - unitless.

(5)V_{AHOR} - “A” horizon biomass - percent cover of “A” soil horizon - unitless.

(6)V_{WD} - Woody debris biomass - volume of woody debris - m^3/ha.

마) 원소와 화합물의 제거(Remove and Sequester Elements and Compounds)

습지로 유입된 영양물질, 오염원, 기타 원소 및 화합물을 완전 제거하거나 일시적으로 활성화를 억제하는 능력이다. 원소는 식물 생육에 필수적인 성분들(질소, 황, 칼륨 등)과 농축되면 식물에 해가 될 수 있는 중금속을 포함하며, 화학물질은 살충제를 비롯한 여러 가지 유입 물질을 포함한다.

크게 두 부분으로 구성되며, 연간 단위 면적당 제거량을 나타낸다(단위: $g/m^2/yr$).

첫째, V_{FREQ}는 원소와 화합물이 충적토로부터 유입되는지 여부를 나타내며, V_{WTD}는 지하수가 원소와 화합물을 제거하는 생지화학적 순환 과정에 관여하는 수체를 유지하는데 기여하는지를 나타낸다.

뒷부분의 각 변수는 각각 원소와 화합물을 제거하는 메커니즘으로서 V_{CLAY}, V_{AHOR}, V_{OHOR}는 점토와 유기물에 의한 토양의 흡수능을 나타낸다.

$$FCI = \left(\frac{V_{FREQ} + V_{WTD}}{2} + \frac{V_{CLAY} + V_{REDOX} + V_{OHOR} + V_{AHOR}}{4}\right)^{1/2}$$

(1)V_{FREQ} - Overbank flood frequency - recurrence interval - years

(2)V_{WTD} - Water table depth - depth to seasonal high water table - inches.

(3)V_{CLAY} - Soil clay content -percent difference of soil clay content - unitless.

(4)V_{REDOX} - Redoximorphic features - presence/absence of redoximorphic features - unitless.

(5)V_{OHOR} - “O” horizon biomass - percent cover of “O” soil horizon - unitless.

(6)V_{AHOR} - “A” horizon biomass - percent cover of “A” soil horizon - unitless

바) 미립자 보유능(Retain Particulates)

유속의 감속 등 물리적인 과정을 통해 물속에 함유된 무기물과 유기물 입자를 제거하는 기능으로서 연간 단위 면적당 입자의 제거량으로 나타낸다(단위: $g/m^2/yr$).

$FCI = ((V_{FREQ} \times V_{STORE})^{1/2} \times (\frac{V_{SLOPE} + V_{ROUGH}}{2}))^{1/2}$로 나타낸다.

(1)V_{FREQ} - Overbank flood frequency - recurrence interval - years.

(2)V_{STORE} - Floodplain storage volume - floodplain width/channel width - unitless.

(3)V_{SLOPE} - Floodplain slope - change in elevation/prescribed distance along center line - unitless.

(4)V_{ROUGH} - Floodplain roughness - Manning's roughness coefficient (n) - unitless.

V_{FREQ}는 유역이나 수로의 변화가 수문 발생 주기에 영향을 미치는 정도를 나타내며, V_{STORE}는 물리적인 구조의 변화에 의해 홍수기에 일시적으로 지표수 저장 능력이 감소되는 정도를 의미한다. V_{ROUGH}와 V_{SLOPE}는 습지 내 유속의 저장 능력이다.

사) 유기탄소 배출(Export Organic Carbon)

습지 내에서 생성된 유기탄소를 배출시키는 기능으로서 여과, 용출, 대체, 침식 등을 포함한다. 연간 단위 면적당 제거되는 탄소량으로 나타낸다(단위: g/m²/yr).

이 모델을 구성하는 변수의 종류 및 산정 공식은 다음과 같다.

$$FCI = ((V_{FREQ} \times V_{SURFCON})^{1/2} \times (\frac{V_{OHOR} + V_{WD}}{2}))^{1/2}$$ 로 나타낸다.

V_{FREQ}와 $V_{SURFCON}$는 습지로부터 유기탄소가 배출되는 메커니즘이 발생하는지 여부를 나타낸다. 홍수가 발생하지 않거나 습지의 표면유수가 수로에 연결되지 않을 경우 유기탄소의 배출은 급격히 감소된다.

V_{OHOR}와 V_{WD}는 용해되거나 입자 상태의 유기탄소로서 각각 유기탄소의 배출량을 저감시키는 기능을 한다.

(1)V_{FREQ} - Overbank flood frequency - recurrence interval - years.

(2)$V_{SURFCON}$ - Surface water connections - percent of linear distance of altered stream reach - unitless.

(3)V_{OHOR} - "O" horizon biomass - percent cover of "O" soil horizon cover - unitless.

(4)V_{WD} - Woody debris biomass - volume of woody debris - m^3/ha.

아) 식생 군집 특성 유지(Maintain Characteristic Plant Community)

식물의 종 구성과 물리적 특성에 의해 나타나는 식물 군집의 동태와 구조가 중요하다. 표준 습지와 비교하여 습지 식물 군집의 종 구성과 구조를 평가하여 종의 생활사 단계와 밀도가 표준 습지와 유사하다면 매우 안정하다고 할 수 있다. 반면에 어떤 습지가 같은 생태권에 있는 같은 유형의 성숙한 표준 습지 내 종들과는 다른 특성을 가진 종에 의해 지배된다면 그 습지는 자연적이거나 인위적인 외부 압력에 의해 방해를 받은 것과 같다. 만약 그 습지가 방해받았다면 식물 군집이 표준 습지와 유사한 방향으로 진행되는지 아닌지를 결정하기 위해 식물상의 존재와 물리적 특성을 사용하는 것이다.

현재의 상태를 나타내는 현존 식물 군집과 식물 군집 특성이 미래에도 유지될 수 있는지를 결정하는 물리적 인자를 동시에 고려하며, 식생 구조와 풍부도 및 Ordination 분석 등을 바탕으로 모델을 작성한다.

$$FCI = \left(\frac{\frac{V_{TBA} + V_{TDEN}}{2} + V_{COMP}}{2} \times \frac{V_{SOILINT} + V_{FREQ} + V_{WTD}}{3}\right)^{1/2}$$

V_{TBA}와 V_{TDEN}는 입목의 구조적 성숙도를 나타낸다. 그 결과는 다시 V_{COMP}와 산술평균으로 식물 군락이 구조 및 종 구성상 얼마나 자연 상태에 가까운지를 나타낸다. 예를 들어 흉고단면적$_{\text{basal area}}$이 낮고 식생 밀도가 높은 경우 성숙되지 않은 상태를 의미하며 FCI 값이 낮게 나타난다. 반면에 높은 흉고단면적과 낮은 식생 밀도는 상대적으로 성숙된 입목을 의미하며 높은 FCI값을 나타낸다.

(1)V_{TBA} - Tree biomass - tree basal area - m^2/ha.

(2) V_{TDEN} - Tree density - tree density - stems/ha.

(3)V_{COMP} - Plant species composition - percent concurrence with dominant species by strata - unitless.

(4)V_{FREQ} - Overbank flood frequency - recurrence interval - years.

(5)V_{WTD} - Water table depth - depth to seasonal high water table - inches.

(6)$V_{SOILINT}$ - Soil integrity - percent of area with altered soil - unitless.

자) 야생동물 서식처 제공(Provide Habitat for Wildlife)

습지가 야생동물의 일생 중 어느 한 시기에 서식처를 제공하고 부양할 수 있는 능력을 의미한다. 특히 조류상에 초점을 두고 있으며, 조류의 서식 조건을 충분히 갖춘다면 다른 동물상의 서식 조건에도 부합될 수 있을 것으로 본다.

$$FCI = \left(\frac{\frac{V_{FREQ} + V_{MACRO}}{2} + \frac{V_{TRACT} + V_{CONNECT} + V_{CORE}}{3}}{2} \times \frac{V_{COMP} + V_{TBA} + V_{TDEN} + V_{SANT} + \frac{V_{FREQ} + V_{MACRO}}{2}}{5} \right)^{1/2}$$

조류와 다른 야생동물의 구성과 풍부도를 나타낸다. 수문, 생물 군집, 경관 등의 3요소로 구분할 수 있다.

수문 요소에서 V_{FREQ}는 습지 지표로 물을 이동시키는 능력을 나타내며, V_{MACRO}는 물을 저장하는 능력을 의미한다. V_{FREQ}는 습지를 거점으로 하는 야생동식물에게 규칙적으로 수문 조건을 제공하며 어류를 비롯한 수생생물이 규칙적으로 범람원에 접근할 수 있는지의 여부를 의미한다. V_{MACRO}는 어류 및 수생 동식물에게 필요한 습지 표면의 복잡성으로서 다양한 생태계의 지표이며 어류 및 야생동물의 다양성을 유지하는 가능성을 높여준다. 또한 습지 내 수분이 영구적으로 또는 반영구적으로 존재하는지를 나타내며, V_{TRACT}와는 독립적으로 작용한다.

웅덩이는 계속되는 홍수 범람에 의해 발생하는 것이 아니라 제방 등을 넘어 유입되는 수원으로부터 발생될 수 있다. 그러므로 웅덩이는 홍수가 발생하지 않더라도 습지 내에 나타날 수 있고, 홍수가 발생해도 웅덩이가 나타나지 않을 수도 있다.

생물 군집(죽은 잔해 포함)을 의미하는 V_{COMP}, V_{TBA}, V_{TDEN}, V_{LOG}, V_{OHOR}, V_{SNAG}들은 식물 군집의 구조를 나타낸다. V_{COMP}, V_{TBA}, V_{TDEN} 등은 같은 정도의 중요도를 지니며, V_{LOG}, V_{OHOR}, V_{SNAG} 등은 중요한 변수이긴 하지만 상대적으로 중요도가 떨어진다.

서식처는 생명체의 영역과 물리적 환경을 포함하고 있다. 생명체 영역은 V_{COMP}로 나타내는데, 자연 상태에 가까운 유사도를 의미한다. 또한 V_{TDEN}와 V_{TBA}는 입목의 성숙도를 나타내며 천이 계열을 나타내는 지표이다. 천이 계열의 후기를 나타내는 성숙한 산림은 다양성, 다양하면서도 안정된 군집, 안정된 야생동물 등을 나타낸다. V_{TDEN}와 V_{TBA}는 산림 구조를 의미하는 지표이다. 성숙한 산림에서는 더 다양하고 더 많은 야생동물의 서식처를 제공한다.

V_{LOG}는 은신처, 식량, 야생동물의 다양성을 높일 수 있는 재생산 가능한 사이트의 양을 의미한다. 낙엽 등의 부산물은 V_{OHOR}로 나타내며 무척추동물이나 작은 포유류의 서식처를 나타낸다. 쓰러진 나무의 잔해나 그루터기를 의미하는 V_{SNAG}은 서식처로서 매우 중요한 요소인데, 조류를 위한 횃대, 작은 공동이나 동굴, 식량 공급원 등의 기능을 포함하고 있다.

경관 특성을 의미하는 V_{TRACT}, $V_{CONNECT}$, V_{CORE}들은 동등한 중요도를 가지고 독립적으로 작용한다. 습지의 면적 전체(V_{TRACT}), 내부 핵심 구역(V_{CORE}), 주변은 서식처($V_{CONNECT}$) 등은 습지와 습지가 위치한 경관의 광범위한 속성을 나타낸다. 유용한 서식처가 많을수록 많은 야생동물이 발생하게 되는데, 특히, 규모/형태라는 요소와 습지의 격리성이라는 요소로 구성된다. V_{SIZE}와 V_{CORE}는 습지의 규모와 형태를 나타낸다. $V_{CONNECT}$는 인근 서식처로부터의 격리성을 나타낸다.

(1)V_{FREQ} - Overbank flood frequency - recurrence interval - years.

(2)V_{MACRO} - Macrotopographic features - percent of area with macrotopographic features - unitless.

(3)V_{COMP} - Plant species composition - percent concurrence with dominant species by strata - unitless.

(4)V_{TBA} - Tree biomass - tree basal area - m^2/ha.

(5) V_{TDEN} - Tree density - tree density - stems/ha.

(6)V_{LOG} - Log biomass - volume of logs - m/ha.

(7)V_{SNAG} - Snag density - snag density - stems/ha.

(8)V_{OHOR} - "O" horizon biomass - percent cover of "O" soil horizon cover - unitless.

(9)V_{TRACT} - Wetland tract - size of wetland tract - ha.

(10)V_{CORE} - Interior core area - percent of wetland tract with 100m buffer - unitless.

(11)$V_{CONNECT}$ - Habitat connections - percent of wetland tract perimeter connected - unitless.

차) 기타

■ 저서 무척추동물 서식처

$$FCI = ((\frac{V_{WETUSE} + V_{EDGEUSE}}{2} \times \frac{V_{PDEN} + V_{A+0-HORIZ} + V_{SED}}{3}) \times V_{DURAT} \times V_{ZONE})^{1/4}$$

■ 척추동물 서식처

$$FCI = ((\frac{V_{UPUSE} + V_{WETUSE} + V_{EDGEUSE}}{3} \times \frac{V_{PDEN} + V_{NPDIV} + V_{NPCOV} + V_{aDIV}}{4}) \times V_{DURAT} \times V_{ZONE})^{1/4}$$

■ 습지 내 및 습지 간 혼재도 및 연결성

$$FCI = \left(\left(\frac{V_{UPUSE} + V_{WETUSE} + V_{EDGEUSE}}{3} \times \frac{V_{WETDEN} + V_{WETPROX}}{2}\right) \times V_{ZONE}\right)^{1/3}$$

3) 변수별 지표 설정

1)V_{TRACT} / Wetland Tract

습지와 인접해있거나 직접 접근 가능한 습지의 면적을 의미한다. 인근의 연속된 같은 유형(subclass 수준)의 습지를 포함하여 습지 구역(Wetland Tract)이라 한다. 야생동물의 이동은 단지 가상의 습지의 경계선에 의해 제한되는 것이 아니라 세력권의 크기와 같은 요소들에 의해 제한된다. 따라서 생태적으로 의미 있는 경계와 범위는 토지이용의 변화, 서식처 유형, 도로와 같은 구조물 등에 의해 성립된다.

2)V_{CORE} / Interior Core Area

습지와 인근 서식지 사이에 약 300m 이상의 완충지역으로 구분된 내부습지로서 습지 면적의 비(%)로 나타낸다. 내부 핵심 습지 지역은 습지의 규모와 형태에 주로 관련되어 있다. 습지는 일종의 경관요소인 패치라고 할 수 있으며, 패치의 내부(interior)는 활동 범위가 넓고 보호 가치가 높은 핵심종이나 주요종의 서식처로서 중요하다. 대규모 습지는 대체로 대규모 내부 핵심 습지를 지니게 된다. 둥근 형태의 대규모 습지는 같은 면적의 선형 습지에 비해 더 큰 면적의 내부 핵심 습지를 갖는 경우가 많다.

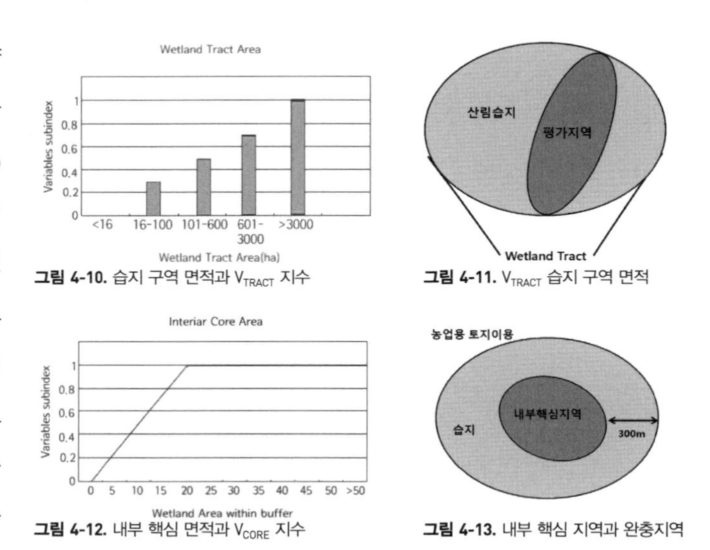

그림 4-10. 습지 구역 면적과 V_{TRACT} 지수

그림 4-11. V_{TRACT} 습지 구역 면적

그림 4-12. 내부 핵심 면적과 V_{CORE} 지수

그림 4-13. 내부 핵심 지역과 완충지역

3)$V_{CONNECT}$ / Habitat Connections

다른 유형의 습지나 야생동물 서식처와 연결된 습지 경계선의 비율을 의미한다. 습지 경계선의 비

율은 전체 습지의 경계선의 길이에 대한 연결 습지와의 경계선의 길이 비율로 나타낸다. 서식처는 자생 식생대, 숲, 습지 등이며, 농경지나 벌목지, 채석장, 개발지 등은 고려하지 않는다. 습지 경계 0.5km 이내에 위치한 인근 서식처를 포함한다.

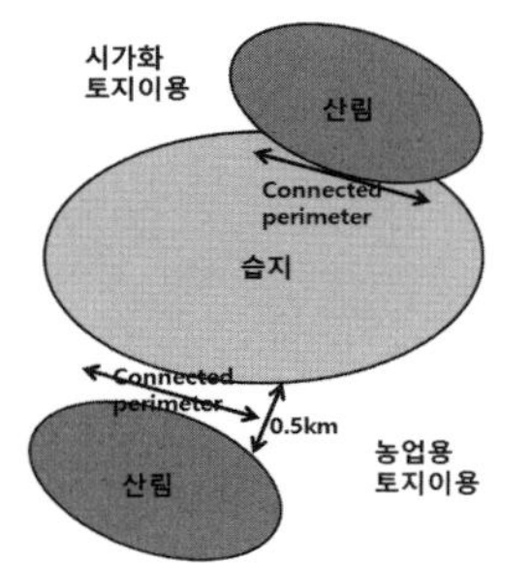

그림 4-14. $V_{connect}$ 인접하였거나 0.5km 이내 위치한 습지와의 경계선

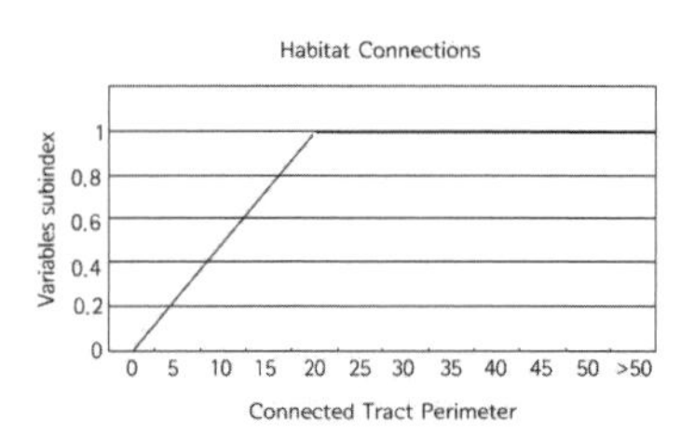

그림 4-15. 서식처 연결성과 $V_{connect}$ 지수

많은 야생동물들이 먹이, 휴식 등의 일상생활이나 그들의 일생 중의 중요한 시기를 영위하기 위한 서식처로서 필요한 기능이다. 조류와 대부분의 육상 척추동물은 수 킬로미터 정도의 거리를 이동할 수 있는 능력이 있다. 반면에 작은 유기체들은 분포 능력이 약하여 서식처의 연결성이 매우 중요한 요인이 된다. 대부분의 무미류(개구리 등)의 이동 범위는 1.5km를 넘지 못하며, 특히 도마뱀류의 대부분은 500m 이내이다(Sinsch 1990). 그러므로 연결된 습지와 연결되지 않은 습지의 한계를 0.5km로 본다.

4) V_{SLOPE} : Floodplain Slope

홍수 흐름의 방향으로 습지의 종단 경사도를 의미한다. 경사도와 홍수 저장 능력은 유속에 의해 제한되며, 유속은 다음과 같이 Manning 공식에 의해 산출된다.

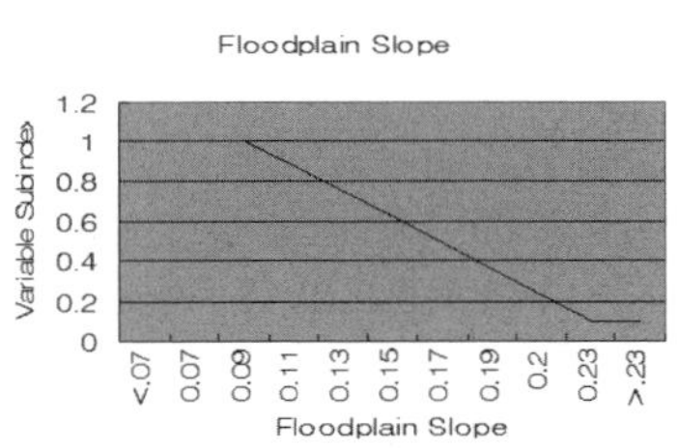

그림 4-16. 홍수터 경사도와 V_{SLOPE} 지수

$$V = \frac{1}{n} \times R^{2/3} \times S^{1/2}$$

여기서, V: 평균유속(m/sec), R: 동수반경(m), S: 경사도, n: 조도계수

자연 발생 범람원의 경사도는 대체로 0.06~0.09 범위로서 0.23을 한계치로 적용한다. 범람원의 중심선을 따라 두 지점의 거리와 표고차를 구하여 경사도를 산출한다. 지엽적인 변화는 전체적인 결과에 영향을 끼치지 못하기 때문에 두 지점의 거리는 충분한 거리를 확보하는 것이 좋다.

5) V_{STORE} / Floodplain Storage Volume

일시적인 지표수 저장 능력이나 입자 부착 능력으로서, 홍수기에 범람하여 지표수를 저장할 수 있는 능력을 의미한다. 100년 빈도의 홍수에 범람하게 되는 홍수위 폭과 수로의 폭과의 비율에 따라 산출된다. 수로 변에 제방이나 도로, 기타 인공 구조물로 제한되는 경우 홍수위 폭은 제방까지로 한정하게 된다. 미국 켄터키 주의 경우 하천 범람으로 인해 조성된 습지의 홍수위폭/하천폭 비율은 평균 55를 나타내고 있다. 또한 홍수 조절 능력은 홍수위폭/하천폭의 비율과 비례한다는 가정에 바탕을 두고 있다.

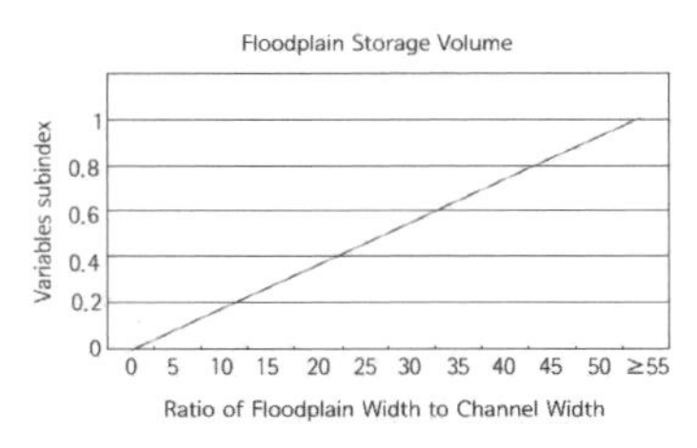

그림 4-17. 홍수터/하도 폭 비율과 V_{STORE} 기능지수

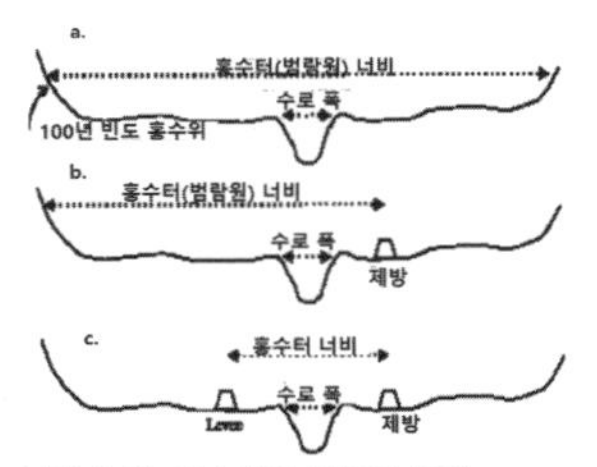

그림 4-18. 홍수터와 하도의 범위
(자료: 미공병단 자료를 수정)

6)V_{MACRO} / Macro Topographic Features

물을 저장하는 능력을 의미하며 거시적 지형 특성을 나타낸다. 어류 및 수생 동식물에게 필요한 습지 표면의 굴곡이나 복잡성으로서 다양한 생태계의 지표이며, 어류 및 야생동물 다양성 유지 가능성을 높여 준다.

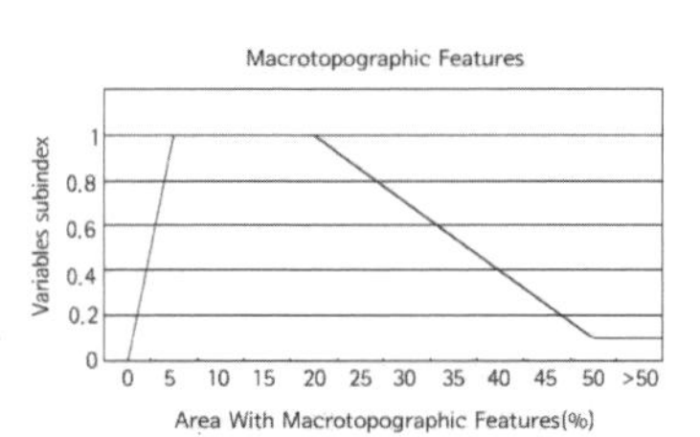

그림 4-19. 지형 면적과 V_{MACRO} 지수

7)V_{FREQ} / Frequency of Overbank Flow

습지가 범람하는 빈도로서 직접 관찰에 의하거나 항공사진을 비롯한 습지 수문 지표에 의해 판단한다. 매년 습지의 범람 주기로 나타낸다. 직접적인 관측이나 HEC-V, HECRAS, HSPF, TANK 등과 같은 수문 모델, 지역 주민이나 지방 정부의 자료, 지역의 수문 곡선 등을 통하여 판단한다. 습지를 거점으로 하는 야생동식물에게 규칙적으로 수문 조건을 제공하며 어류를 비롯한 수생생물이 규칙적으로 범람원에 접근할 수 있는지를 결정한다.

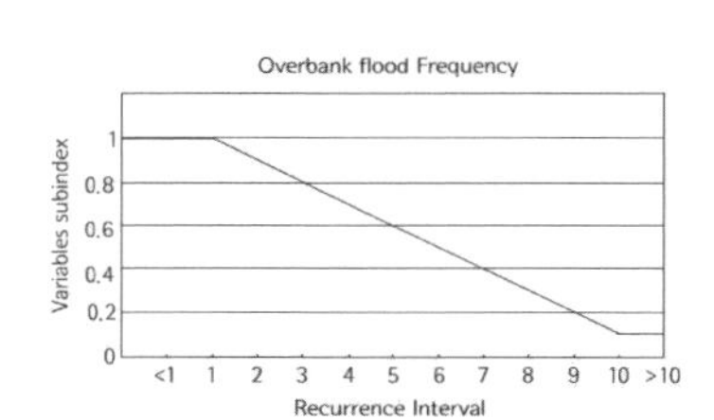

그림 4-20. 침수 범람 주기와 V_{FREQ} 지수

8)V_{ROUGH} / Floodplain Roughness

지표의 물리적 구조에 의해 지표수의 흐름을 방해하는 능력을 의미한다. Manning 공식에 의해 산출되며, 지표의 거친 정도 즉, 조도계수가 증가할수록 유속이 저하되고 저장 기간이 증가된다. 이 관계는 다음과 같이 나타낼 수 있다.

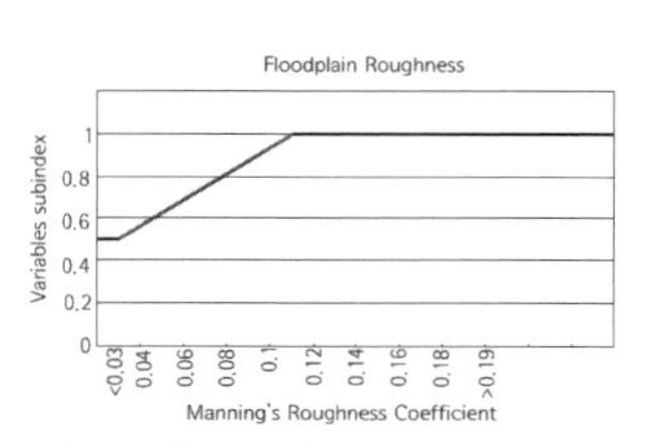

그림 4-21. 홍수 범람원 조도 계수와 V_{ROUGH} 지수

$n = n_{BASE} + n_{TOPO} + n_{OBS} + n_{VEG}$

n_{BASE}는 지표면의 거친 정도에 따라 결정되는데 습지나 하천범람지의 경우 0.03을 적용한다. n_{TOPO}, n_{OBS}, n_{VEG}의 경우 〈표 4-22〉에 의한다.

이와 같이 n_{ROUGH}는 지표면의 상태, 지형 변화, 식생 구조 등에 의해 영향을 받으며, 홍수시 수심도 중요 인자로 인식된다.

표 4-22. 조도계수 값(n_{TOPO}, n_{OBS}, n_{VEG})

Roughness Component	Adjustment to n value	Description of Conditions
Topographic Relief (n_{TOPO})	0.0	Representative areais flat with essentially no micropographic relief(i.e.,hummocks or holes created by tree fall)or macrotopographic relief(i.e., ridges and swales).
	0.005	Microtopographics relief(i.e., hummocks or hdes created by tree fall)or macrotopographic relief(i.r., ridges and swales)cover 5~25% of a representative area.
	0.01	Microtopographics relief(i.e., hummocks or hdes created by tree fall)or macrotopographic relief(i.r., ridges and swales)cover 26~50% of a representative area.
	0.02	Microtopographics relief(i.e., hummocks or hdes created by tree fall)or macrotopographic relief(i.r., ridges and swales)cover >50% of a representative area.
Obstructions(n_{OBS}) (목재부산물, 줄기 및 가지, 노출된 뿌리 등 포함)	0.0	No obstructions present
	0.002	Obstructions occupy 1~5% of a representive cross sectional area.
	0.01	Obstructions occupy 6~15% of a representive cross sectional area.
	0.025	Obstructions occupy 16~50% of a representive cross sectional area.
	0.05	Obstructions occupy >50% of a representive cross sectional area.
Vegetation(n_{VEG})	0.0	No vegetation present
	0.005	Representative area coverd with herbaceous or woody vegetation where depth of flow exceeds height of vegetation by > 3 times.
	0.015	Representative area coverd with herbaceous or woody vegetation where depth of flow exceeds height of vegetation by > 2~3 times.
	0.05	Representative area coverd with herbaceous or woody vegetation where depth of flow is at height of vegetation.
	0.1	Representative area fully stocked with treesand with sparse herbaceous or woody understory vegetation.
	0.15	Representative area partially to fully stocky with trees and with dense herbaceous or woody understory vegetation.

9)$V_{SOILINT}$ / Soil Integrity

습지 내 토양의 교란 여부를 나타낸다. 토양의 구조나 층위, 유기물 함량, 생물학적 활동 등 교란되지 않은 원상태의 자연 토양과 유사한 정도를 나타낸다. 토양은 식생 군집이 발달하고 유지되는 매개체로서 인위적인 토양 교란으로 인해 식생 군집의 구조와 기능에 심각한 영향을 끼치게 된다. 교란된 토양의 비율로 측정되며, "O"층의 존재 여부, 객토 및 성토, 기타 본래의 토양 구

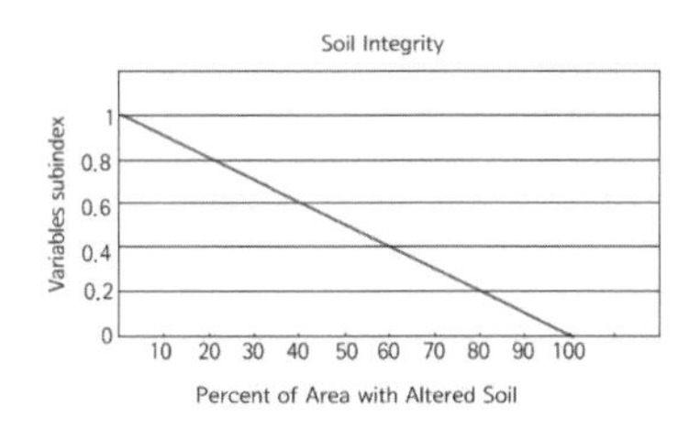

그림 4-22. 토양 교란도와 $V_{SOILINT}$ 지수

조에 영향을 끼칠만한 변형이나 교란을 조사한다. 교란이 없어 자연 상태의 토양에 가까운 경우 1.0을 부여하며 교란된 토양이 발견되면 전체 면적에 대한 비율을 산출하여 값을 정한다.

10)V_{WTF} / Water Table Fluctuation

습지 내 수문의 변화로서 강우, 증발산, 지하수 이동, 홍수 등에 의해 지하수위가 변동되는 현황을 나타낸다. 지하수위가 저하되면 토양 공극이 활성화되어 지하수를 저장할 수 있게 되며, 지하수위가 정점에 이르면 습지 토양은 침윤 상태가 된다.

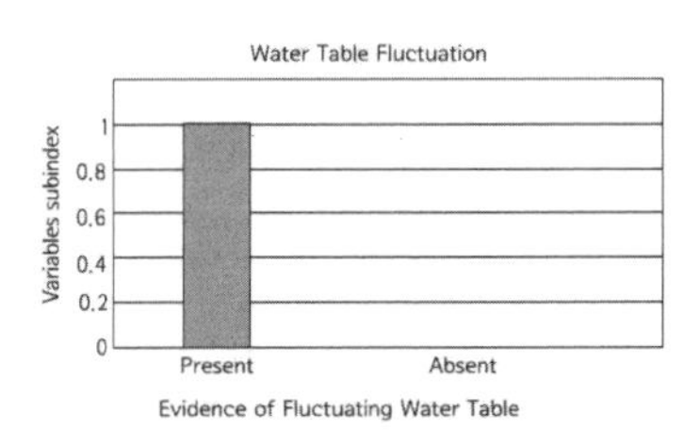

그림 4-23. 지하수와 V_{WTF} 지수

11)V_{WTD} / Water Table Depth

계절적으로 지하수위가 상승할 때 지하수위까지의 깊이를 의미한다. 지하수가 물질의 제거나 저감에 대한 생지화학적 순환과정에 기여하는지에 대한 지표이다. 성토, 배수로 설치, 기타 인위적인 요인으로 인해 지하수위의 깊이가 변경되었을 경우 변경된 깊이를 기준으로 판단한다.

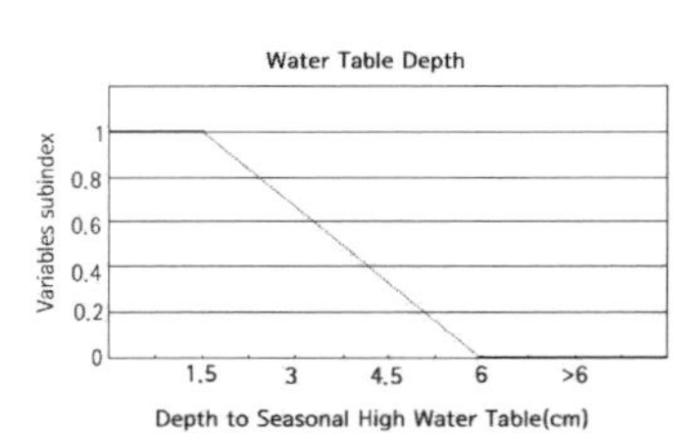

그림 4-24. 지하수 깊이와 V_{WTD} 지수

12)$V_{WTSLOPE}$ / Water Table Slope

물이 인근 하천 등으로 흘러가는 동안 형성되는 지하수위를 의미한다. 자연습지에서는 지하수위의 경사는 지표수와 관련이 있다. 지하수위의 경사와 속도는 지표 변화에 의해 조절될 수 있다. 수로를 설치하거나 유로 부근을 깊게 굴착하는 등의 작용으로 지하수위 경사를 증가시킬 수 있다. 이러한 지하수위가 변동된 면적 비율에 따라 지수값을 설정할 수 있다. 즉, 외부 간섭에 의한 변동이 없는 경우 1.0을 부여하고 100% 변동되었을 경우 0.0을 부여한다. 그리고 변동 비율이 증가될수록 지수값은 선형으로 감소한다.

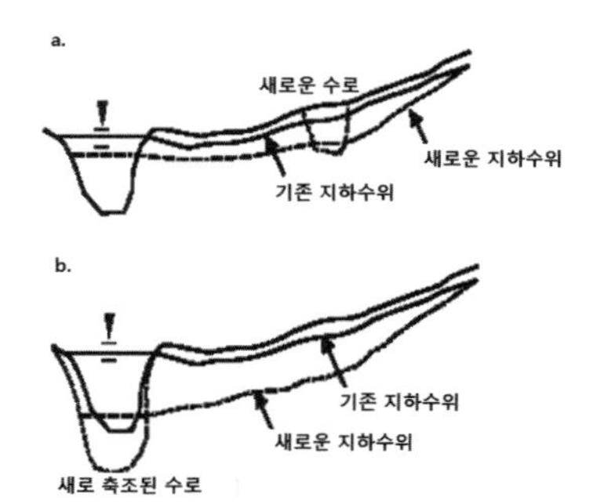

그림 4-25. 배수로에 따른 지하수위 변화(자료: 미 공병단 자료를 수정)

13)$V_{SOILPERM}$ / Subsurface Water Velocity

지하수가 습지 토양을 통과하여 흘러가는 수문경사를 의미한다. 유속이 빨라질수록 습지 내 지

하수가 주변 하천에 유입되는 기간이 짧아진다. 시간당 침투율로 나타낸다. 자연 상태의 토양 조건에서는 0.0~5.0cm/hr(2inches/hr)을 나타내므로 0.0~5.0cm/hr은 지수값 1을 부여하고 5.0에서 15.0cm까지는 선형으로 감소 추세를 나타내며, 15.0cm/hr 이상의 토양은 어느 정도 유속의 감소 효과를 갖는다고 판단하여 0.1을 부여한다. 농경 행위나 절성토, 기타 사유로 토양 조건이 변형되었는지에 따라 결정된다.

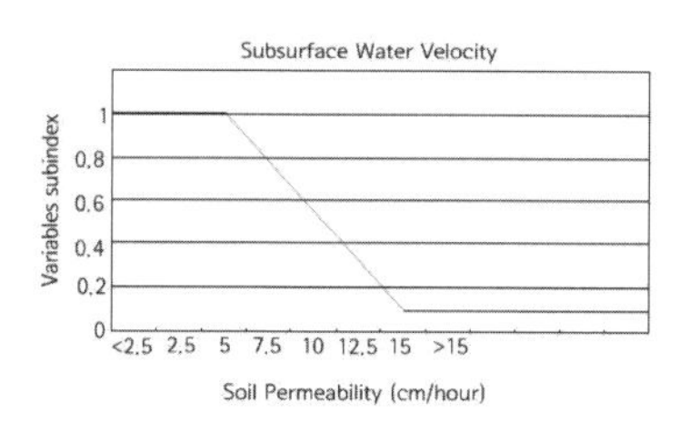

그림 4-26. 토양 침투율과 $V_{SOILPERM}$ 지수

14)V_{PORE} / Subsurface Storage Volume

수분의 저장 능력을 나타내며 토양의 유효 공극률에 의해 결정된다. 토양별 유효 토양 공극표에 따른다.

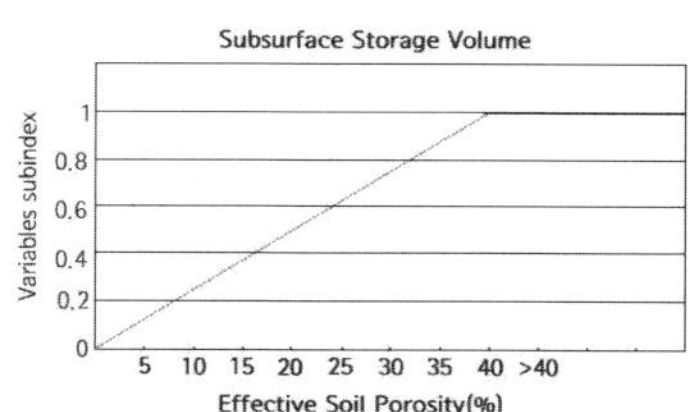

그림 4-27. 토양 공극률과 V_{PORE} 기능 지수

15)$V_{SURFCON}$ / Surface Water Connections

습지에서 주변의 유로나 범람원으로 연결되는 수로의 네트워크를 의미한다. 일반적으로 낮은 제방 등으로 하천 유로의 형태로 나타나며, 지표수 이동이나 유기물질 운반 통로 기능이 있다. 수로의 길이 비(%)로 나타내며, 습지와 유로 사이의 지표수의 교환을 억제하는 제방이나 구조물의 비율을 산출한다.

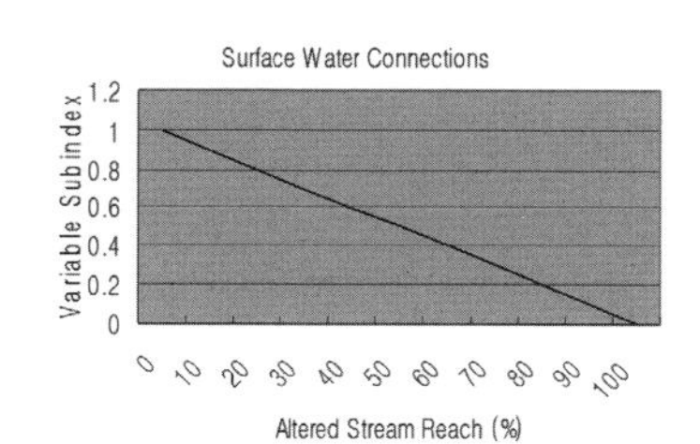

그림 4-28. 지표수 연결과 $V_{SURFCON}$ 지수

16)V_{CLAY} / Soil Clay Content

토양 단면에서 지표 50cm 깊이에 있는 점토층의 비율을 의미한다. 토양의 흡수능과 관련이 있으며, CEC 및 AEC(Anion Exchange Capacity)에 의해 나타낸다. 점토층의 양이나 광물학적 특성에 따라 점토입자로부터 유리되는 음 또는 양의 부하량이 결정된다. 토양 중 산성이온농도(pH)와 총 이온의 집적량은 전체 부하량에 영향을 준다. 일반적으로 토양 단면에서 지표층 50cm 깊이의 점토 비율에 의해 결정되며, 원 토양의 점토 비율과 비교하여 점토 비율이 교란 이전에 비해 어느 정도 변형되었는지에 따라 0.0~1.0을 부과한다. 지표 50cm 깊이까지의 본래의 토양층이

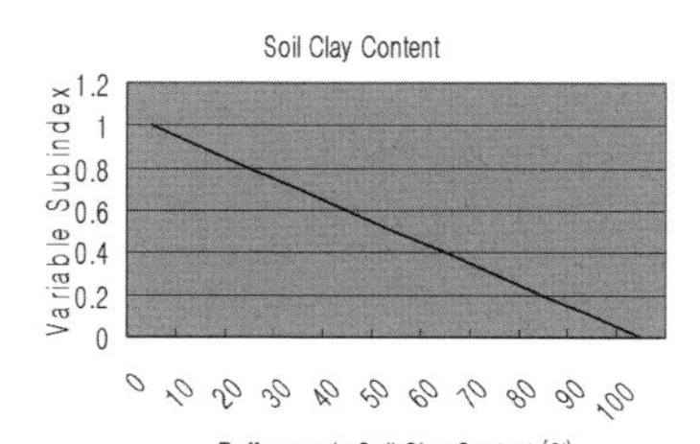

그림 4-29. 점토 함량과 V_{CLAY} 지수

객토, 치환, 성토, 굴착 등으로 교란되지 않았으면 자연 토양으로 인식하여 1.0을 부과한다. 교란에 의해 점토가 변형되는 경우 토양삼각도에 의해 토성을 결정하고 점토 비율을 계산하여 토양의 교란에 따른 점토비의 변화를 산출한다. 이때 토양층별 변화가 심하면 15cm, 50cm 등으로 구분하여 산술평균으로 구한다.

표 4-23. 토양 중 변화 비율

면적	점토 함량의 변화 비율(평균치) a	평가면적 비율 b	c = a x b
변화된 면적 1	43%(0.43)	10%(0.1)	0.043
변화된 면적 2	50%(0.50)	10%(0.1)	0.05
변화되지 않은 면적	0.0%(0.0)	80%(0.8)	0
변화율 = c x 100 = 9.3%			0.093

17)V_{REDOX} / Redoximorphic Features

습지 토양의 산화 및 환원 과정의 역사를 나타낸다. 표층 50cm에 습윤 토양이 형성될 수 있도록 충분한 기간 동안 토양이 침수 조건에 있는 것이 중요하다. 표층 50cm의 토양층에서 주기적인 산화와 환원이 진행되었다는 증거이다. 이는 또한 탈질작용이나 황화물의 환원작용과도 관련이 있다.

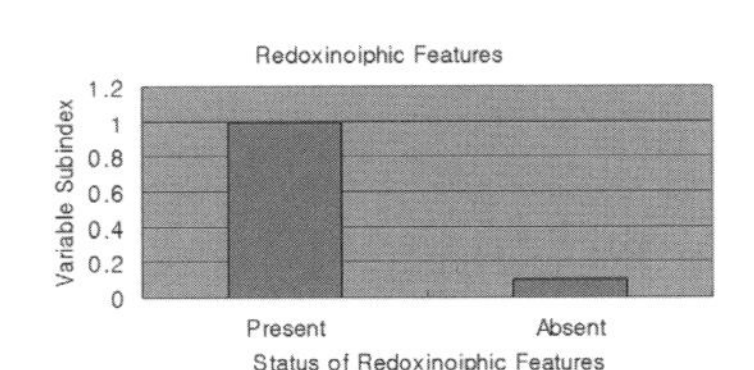

그림 4-30. 산화 환원 특성과 V_{REDOX} 지수

18)V_{TBA} / Tree Biomass

습지식생 중 수고 6m 이상 및 흉고직경 10cm 이상의 목본류에 대한 단위 면적당 유기물량을 나타낸다. 수목의 생체량은 삼림의 성숙도와 관련이 있으며 수목의 존재, 영양물질 흡수, 생체량 생산의 지표로 이해된다. 전체 면적당(ha) 목본류의 점유 면적을 m^2로 나타낸다(m^2/ha). 일반적으로 0.04ha 정도를 샘플링 대상으로 하여 각 수목의 흉고직경을 기준으로 점유 면적을 산출한 후 ha당 점유 면적으로 환산한다.

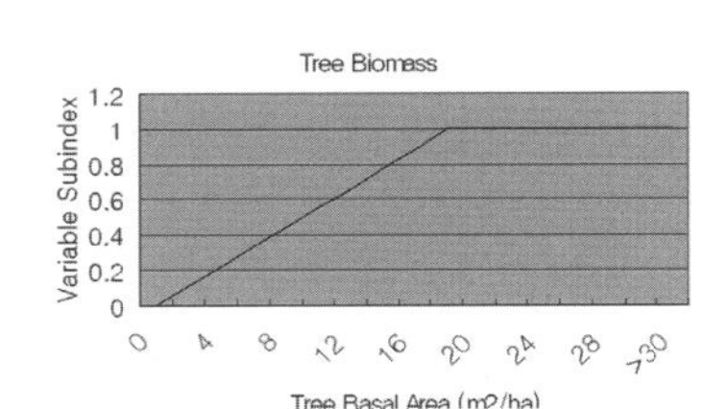

그림 4-31. 수목 흉고단면적 밀도와 V_{TBA} 지수

습지 내 단위 면적당 수고 6m 이상 및 흉고직경 10cm 이상인 목본류의 수를 의미한다. 일반적으로 생태계 천이 초기 단계에서 입목의 밀도와 점유 면적은 급속히 증가한다. 이후에 입목 밀도는 일정기간 안정 상태를 유지한 후 감소하며 숲이 성숙된 극상에 이르면 밀도와 면적은 안정 상태로 유지된다. 따라서 수목의 밀도는 식물 군집 구조의 지표로 이용된다. 단위 면적당(ha) 수목의 수로 나타낸다. 앞의 변수와 마찬가지로 0.4ha 이내 수목의 수를 산출하고 1ha당 수량으로 환산한다.

19) V_{TSD} / Tree Density

단위 면적당 수고 6m 이상 및 흉고직경 10cm 이상인 목본류의 수를 의미한다. 일반적으로 생태계 천이의 초기 단계에서 입목의 밀도와 점유 면적은 급속히 증가한다. 이후에 입목 밀도는 일정 기간 안정 상태를 유지한 후, 숲이 성숙된 극상에 이르면 밀도와 면적은 안정 상태로 유지된다. 따라서 수목의 밀도는 식물 군집 구조의 지표로 이용된다. 단위 면적당(ha) 수목의 수로 나타낸다. 앞의 변수와 마찬가지로 0.4ha 이내 수목의 수를 산출하고 1ha당 수량으로 환산한다.

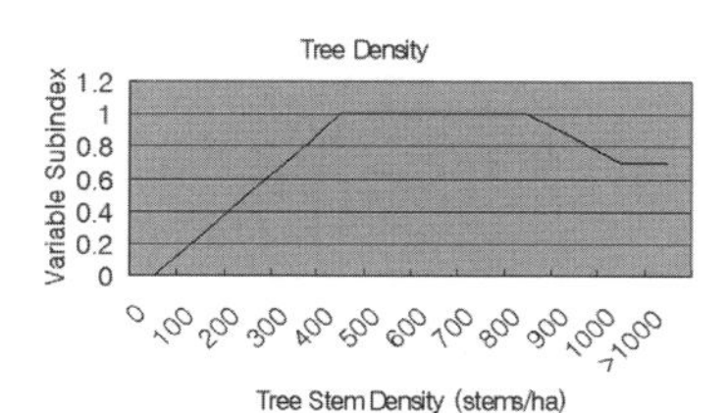

그림 4-32. 수목 밀도와 V_{TSD} 기능 지수

20) V_{SNAG} / Snag density

그루터기의 수와 밀도를 나타낸다. 그루터기는 수고 6m 및 흉고직경 10cm 이상의 쓰러진 나무의 잔해 및 그루터기를 의미한다. 조류를 위한 횃대, 작은 공동이나 동굴, 식량공급원 등의 기능을 한다. 그루터기 밀도는 많은 종들이 둥지를 틀거나 번식지로 이용할 수 있기 때문에 야생동물 서식처로서의 적합도와 관련이 있다. 단위 면적당(ha) 그루터기의 수로 나타낸다.

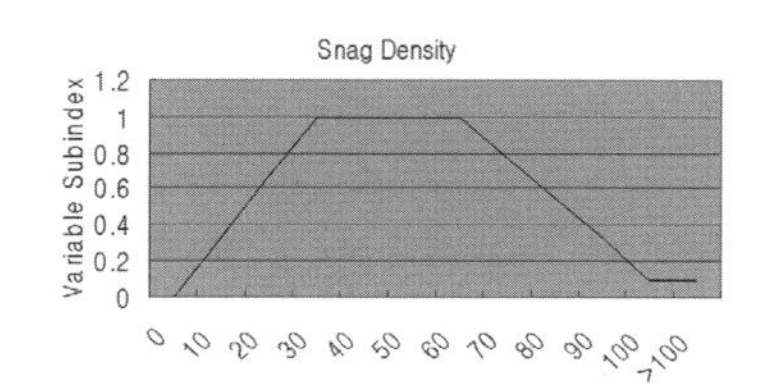

그림 4-33. 그루터기 밀도와 V_{SNAG} 지수

21) V_{WD} / Woody Debris Biomass

지표에 축적된 수목의 잔해에 함유된 유기질 함량을 나타낸다. 수목의 잔해들은 떨어지거나 죽은 나무의 수로 나타낸다. 비교적 순환 주기가 늦지만 수목의 잔해는 먹이연쇄 및 영양물질의 순환에서 매우 중요한 요소이다. 그러므로 이 변수는 식생의 유기물질 내 영양물질이 순환되는 지표로 설정될 수 있다. 단위 면적(ha) 당 축적된 잔해량으로 나타낸다(단위: m^3/ha).

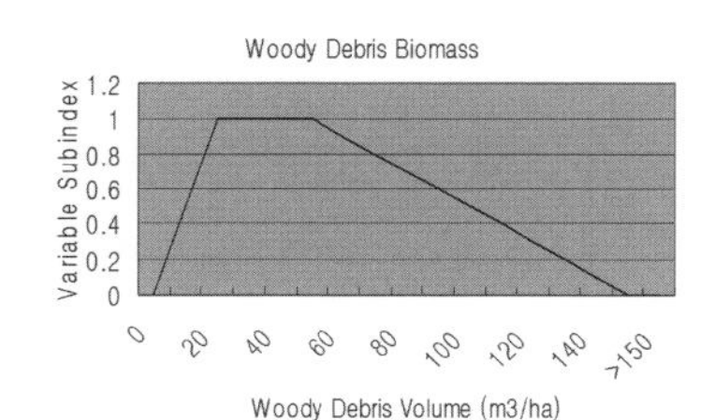

그림 4-34. 수목 잔해량과 V_{WD} 지수

흉고직경 1cm~3cm, 및 3cm~8cm까지는 $\frac{\text{Tons}}{\text{Acre}} = \frac{(11.64 \times n \times d^2 \times s \times a \times C)}{N \times l}$,

흉고직경 8cm 이상은 $\frac{\text{Tons}}{\text{Acre}} = \frac{(11.64 \times \Sigma d^2 \times s \times a \times C)}{N \times l}$,

여기서,

n = 전체 transect에 나타난 총 수

d = 각 경급별 평균 직경

s = 비중(Birdsey(1992): 제안값 0.58)

a = 수평각 보정계수(제안값: 1.13)

C = 경사도 보정계수(홍수범람지의 경우 작은 경사각은 무시하여 1.0 적용)

N = transect의 수

l = 전체 transect의 길이(in feet)

넓은 지역에서 많은 다른 수종이 분포할 때는 직경, 비중, 수평각 보정치 등의 복합치나 근사치를 적용할 수 있다. 예를 들어 평균 직경, 평균 수평각 보정계수, 비중의 최근사치 등을 적용한다. 이 경우 각각 다음과 같이 식을 단순화할 수 있다.

직경 1cm에서 3cm인 경우: $\frac{Tons}{Acre} = \frac{2.24(n)}{N \times l}$

직경 3cm에서 7cm인 경우: $\frac{Tons}{Acre} = \frac{21.4(n)}{N \times l}$

직경 7cm 이상인 경우: $\frac{Tons}{Acre} = \frac{6.87(\Sigma d^2)}{N \times l}$

22)V_{LOG} / Log Biomass

습지 내 지표에 있는 나무 등 부산물에 포함된 유기물 함량을 의미한다. 통나무 등 부산물은 쓰러져있거나 죽은 나무(직경 7.5cm 이상)로서 더 이상 생명을 영위하지 못하는 상태를 말한다. 통나무 부산물은 야생동물의 피신처, 먹이, 번식지 등으로 이용될 수 있는 서식지로서 매우 중요하다. 단위 면적당 체적으로 나타낸다(단위: m³/ha).

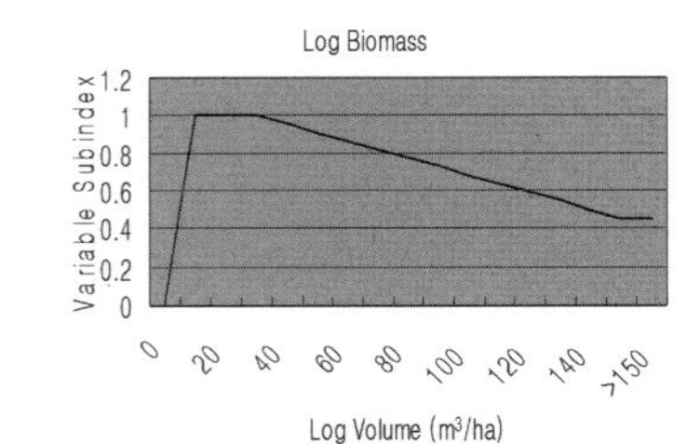

그림 4-35. 나무 부산물과 V_{LOG} 지수

23)V_{SSD} / Understory Vegetation Biomass

하층 식생의 단위 면적당 유기물량을 의미한다. 하층식생은 관목류, 유묘, 기타 수고 1m 이상, 흉고직경 10cm 이내의 수목

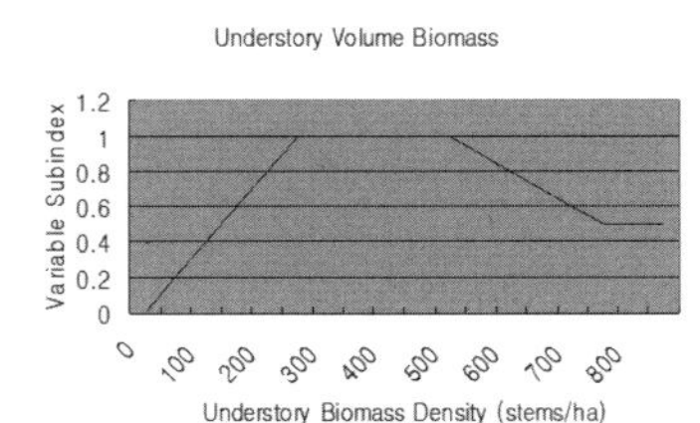

그림 4-36. 하층식생 생체량과 V_{SSD} 지수

을 말한다. 단위 면적(ha)당 식생의 수로 나타낸다.

24)V_{GVC} / Ground Vegetation Biomass

지피 식생의 유기물 함량을 나타낸다. 수고 1m 이내의 초본류와 목본류를 포함한다. 지피식생의 피복도로 나타내며 1m² 방형구를 설치하여 평균 밀도를 산출한다.

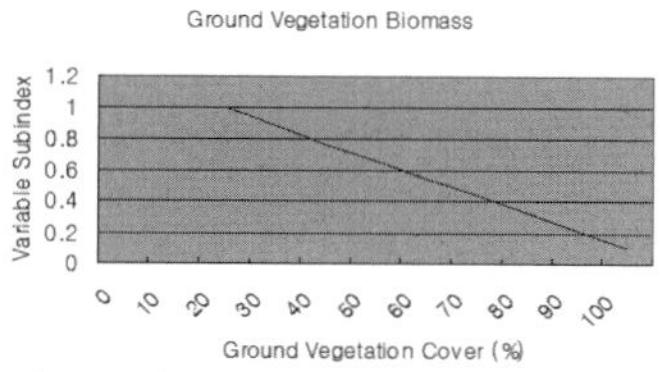

그림 4-37. 지피식생 피도와 V_{GVC} 지수

25)V_{OHOR} / "O" Horizon Biomass

토양단면상 "O"층의 유기물 함량을 나타낸다. "O"층은 낙엽이나 비늘잎, 직경 0.6cm 이내의 작은 나뭇가지, 꽃, 열매, 낙엽, 벌레의 분비물, 이끼류 등이 축적되었거나 분해되어 형성된 표층의 유기물층을 의미한다. 무척추동물이나 작은 포유류의 서식처를 제공한다.

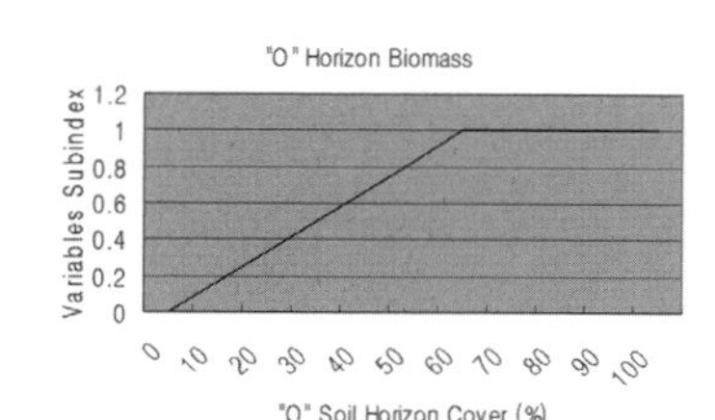

그림 4-38. 유기물층 피도와 V_{OHOR} 지수

26)V_{AHOR} / "A" Horizon Biomass

토양단면상 "A"층의 유기물 함량을 의미한다. "A"층은 지표면 "O"층의 바로 아래에 위치한 무기물층으로서 식별할 수 없는 분해된 유기물이 축적되어 무기 토양과 혼합되어 있는 상태이다. 일반적으로 지표층 15cm 정도에 형성되며 Munsell 색상환에서 4 이하를 나타낸다. "A"층의 피복도로 나타내며 매 방형구마다 토양을 채취하여 A층의 형성 여부를 판단한다.

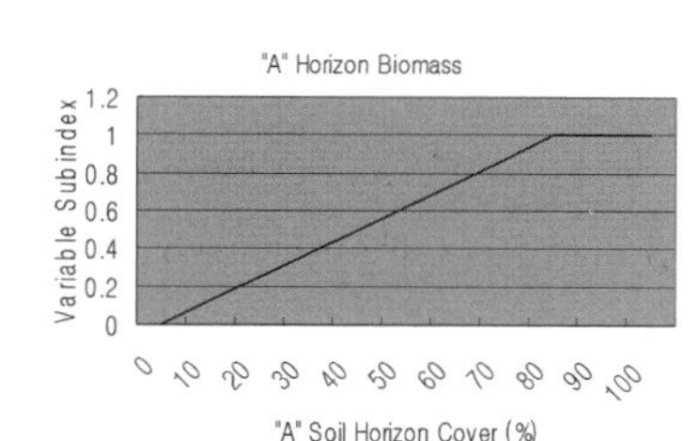

그림 4-39. 토양 A층 피도와 V_{AHOR} 지수

27)V_{COMP} / Plant Species Composition

식생 종 구성은 습지 내 식물 종다양도로서 자연 상태에 가까운 유사도를 의미한다. 일반적으로 산림의 성숙도를 의미하기도 한다. 식물 종 전체의 구성보다는 우점종 중심으로 파악한다. 표준습지의 식생 구조와 비교하여 판단한다.

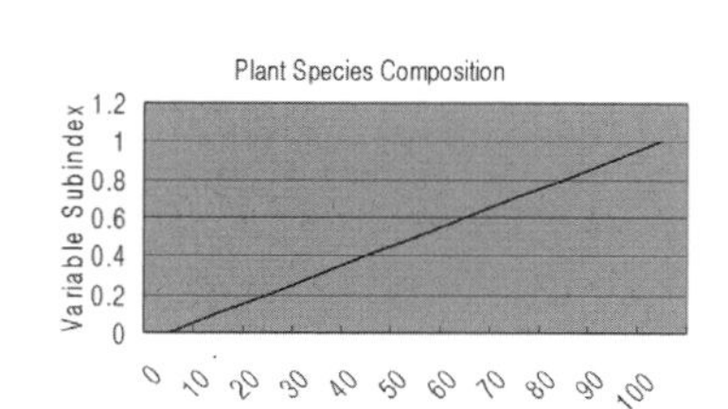

그림 4-40. 우점도와 V_{COMP} 기능 지수

28) 기타

■ V_{UPUSE} / Upland Land Use

인근 육상 지역의 토지이용 유형에 따른 기능을 의미하며, 범위가 매우 넓을 때는 습지 경계로부터 100m까지를 한계로 한다.

■ V_{DURAT} / Duration of Wetland Flooding

습지 내부가 범람되는 기간으로서 습지에서의 관찰에 의해 판단이 가능하며, 판단이 곤란한 경우 Cowardin et al.(1972)의 침수 기간에 따른다.

관찰이나 표에 의해 산출된 범람 기간을 1년(52주)으로 나눈 값을 적용한다.

$$V_{DURAT} = \frac{Weeks\_of\_Inundation}{52}$$

표 4-24. 육상부의 토지이용

토지이용	점수	토지이용	점수
상업용 통행로 또는 포장 도로	0.00	깎기 및 쌓기, 그러나 재배되지는 않은 들	0.60
사적 통행로 또는 비포장 도로	0.10	약간의 가축 방목	0.70
가축의 과도한 방목	0.20	지역권 보전과 식물	0.85
주기적 농작물 생산	0.20	2~10년 동안 휴경, 경작하거나 방목 없음	0.90
빈번한 토양 교란	0.30	10~20년 동안 교란되지 않은 초원으로 관리	0.95
주거용 또는 상업용 잔디밭	0.40	20년 이상 교란되지 않은 초원으로 관리	1.00
가축의 적절한 방목	0.50		

표 4-25. 습지 범람 기간과 V_{DURAT} 기능 지수

홍수 범람 유형	침수 기간(주)
일시적 범람	2
계절적 범람	7.5
반영구적 범람	32
간헐적 노출	50
영구적 범람	52

■ V_{HYMOD} / Hydrologic Modification

제방이나 수로 등 인간의 행위에 의해 습지의 수문 조건이 변형되는 상태를 의미한다. 훼손되지 않은 경우 1.0, 습지 중앙까지 배수로 등이 형성되는 경우 0.0을 적용한다. 심각하지 않은 훼손일 경우는 습지의 유형에 따라 0.0~0.8을 적용한다.

표 4-26. 서식 환경 변형에 따른 V_{HYMOD} 지수

습지 서식처	변수 값
변형 없음	1.0
최대 깊이까지 변형됨	0.0
최대 깊이까지 변형되지 않은 경우	
Low Prairie	0.8
Wet Meadow	0.5
Shallow Marsh	0.3
Deep Marsh	0.0

표 4-27. 습지 수체와 V_{WATVOL} 기능지수

체적 (m^3)	변수 값
1~50	0.1
50~100	0.2
100~200	0.4
200~300	0.6
300~400	0.8
400~500	0.9
500 이상	1.0

■ V_{WATVOL} / Wetland Water Volume

습지 내 수체의 체적을 의미한다. Wet Meadow 등과 같이 홍수기 등에 일시적으로 범람하는 습지는 0.0을 적용한다.

■ $V_{ORGDECOMP}$ / Decomposition of Organic Matter

장기적인 유기물과 영양물질의 저장 능력을 의미하며, 습지 내 분해자 군집의 특성을 나타내는 지표이다. 토양의 O층에는 유기물질이 축적되며, A층에는 Humus가 축적되어 흑색 계통을 나타내며 다른 층보다 유기물질과 영양물질의 저장 능력이 뛰어나다. A층의 깊이와 색채가 토양의 영양물질 저장 능력 즉, 보비력의 척도가 된다. 표준 습지보다 A층의 두께가 두꺼운 것은 인근 육상지역으로부터의 침식이 가속된 결과이다. Munsell 색표준에 의해 A층의 채도와 색상을 결정한다.

표 4-28. 토양 색상과 채도 A

먼셀 색상	값
2.5YR	17.5
5YR	15
7.5YR	12.5
10YR	10
2.5Y	7.5
5Y	5
N	2.5
GY G GB or B	0

유기물 분해 요소Organic Matter Decomposition Factor(OMDF)는 다음 식에 의해 산출한다.

$$OMDF = (\frac{ChromaA + HueA + DepthA}{10} + DepthO)$$

채도Chroma A 값은 Munsell 색표준에 의한 정수로 나타낸다. 색상Hue A의 값은 〈표 4-28〉에 의한다.

■ V_{SED} / Sediment Delivery

인근 육상지역에서 침식 발생하여 습지로 유입되는 침전물의 잠재적 양으로서, Wischemeier and Smith(1978), Brady(1978) 등에 의해 수립된 The Revised Universal Soil Loss Equation-RUSLE(SCS/NRCS)에 근거한다.

$$RUSLE_{Index} = R \times K \times L \times S \times C \times P$$

K: 인근 육상지역의 토양 침식도

L: 평균 경사면 길이(ft). 유역권에서 습지 경계부까지 4개의 선상 트랜섹트transects로 측정

표 4-29. 토성에 따른 토양 입자 직경 및 침식도

토성	Log Mean Geometric Particle Diameter	K-erodibility Factor	토성	Log Mean Geometric Particle Diameter	K-erodibility Factor
Silty Clay	-1.2	0.041	Loam	-0.4	0.01
Silt	-1.0	0.034	Sandy Clay	-0.3	0.009
Silty Clay Loam	-0.9	0.03	Sandy Clay Loam	-0.2	0.007
Clay	-0.7	0.02	Sandy Loam	-0.2	0.006
Silt Loam	-0.6	0.018	Loamy Sand	-0.1	0.003
Clay Loam	-0.5	0.014	Sand	0.0	0.001

S: 평균 경사도(h/l)

유역권에서 습지 경계부까지 4개의 트랜섹트로 측정한 거리와 높이 차이로 구함

C: 지표 관리 factor

P: 지지입자(support particle) factors

C x P 의 조합 형태로 산출되며 다음 식에 의해 결정

$$CP = \frac{1}{\sqrt{\frac{V_{UPUSE} + V_{EDGEUSE}}{2} \times V_{WETUSE}}}$$

V_{SED} 는 Revised Universal Soil Loss Equation(RUSLE)과 일정한 관련이 있으며, 다음과 같은 식으로 구할 수 있다.

V_{SED} Variable Subindex = −0.1561 × Ln(RUSLE) + 0.5243

■ V_{NPDIV} / Percent Native Plant Diversity

습지 내 자생 식생 다양도percent diversity를 의미한다. 자생 식생의 다양도는 생태계의 구조와 기능을 유지하는 데 매우 중요하다. 자생종이 아닌 외래종은 자생 식생의 물리적 구조를 변화시키며 교란의 정도를 나타내는 척도이기도 하다. 조사된 수종 리스트를 이미 연구된 자생종 목록으로 판단한다.

V_{NPDIV} 는 자생 식생의 비율과 일정한 관련이 있으며 그 관계는 다음 식과 같다.

Variable Subindex = 0.0092 × (%NS) + 0.0768

■ V_{NPCOV} / Percent Coverage by Native Plants

습지 내 각 식생 군집 내 자생 식생의 %피도를 의미한다. 위의 V_{PDEN}와 유사하며, 자생 식생을 대상으로 한다는 점에서 차이가 있다. V_{NPCOV} 는 자생 식생의 피도와 일정한 관련이 있으며 그 관계는

다음 식과 같다.

Variable Subindex = 0.0076 × (WNPC) + 0.2166

■ $V_{WETPROX}$ / Nearest Neighbor Distances

유사한 습지와 평가 대상 습지와의 근접도$_{proxmity}$이다. 이는 각 습지가 생태적으로 연결되어 생태계 네트워크를 형성함으로써 종의 이동에 영향을 주는 매우 중요한 의미를 갖는다. 평가 대상 습지와 인접한 5개의 습지와의 거리(외곽선 기준)를 재어 평균치를 산출한다. 이 평균 거리가 100m보다 가까운 경우 1.0이며, 500m보다 먼 경우 0.0을 부과하고 그 사이는 거리에 반비례한다. 100m 이내는 줄자 등의 거리측정기로 측정하며, 100m 이상은 도면상에서 구한다.

■ V_{WETDEN} / Density of wetlands

평가 대상 습지 주변 반경 0.25mile(400m) 내에 있는 습지의 면적비(%)이다. 위의 변수와 마찬가지로 동식물의 이동과 생태계 네트워크라는 측면에서 매우 중요한 의미를 가지며, 종의 부양 능력을 의미하기도 한다. 대상지가 광역이므로 원격사진이나 NWI map에 의해 판단하게 된다.

■ V_{PDEN} / Plant Density(Plant Stem Density)

습지 내 각 식생 군집의 평균 밀도(stems/m^2)를 의미한다. 각 군집의 식생 밀도에 각 군집이 점유하고 있는 분포도(%)를 곱하여 가중치가 부여된 Plant Density를 구할 수 있으며, 밀도가 비교적 높은 경우

표 4-30. HGM 평가 변수 사례

구분	변수	내용	구분	변수	내용
지형	V_{SLOPE}	Floodplain Slope	토양	$V_{SOILINT}$	Soil Integrity
	V_{STORE}	Floodplain Storage Volume		V_{PORE}	Subsurface Storage Volume
	V_{MACRO}	Macrotopographic Features		V_{CLAY}	Soil Clay Content
	V_{FREQ}	Frequency of Overbank Flow		V_{REDOX}	Redoximorphic Features
	V_{ROUGH}	Floodplain Roughness		V_{OHOR}	"O"Horizon Biomass
서식처	V_{TRACT}	Wetland Tract		V_{AHOR}	"A"Horizon Biomass
	V_{CORE}	Interior Core Area	식생	V_{TBA}	Tree Biomass
	$V_{CONNECT}$	Habitat Connections		V_{TDEN}	Tree Density
	$V_{SURFCON}$	Surface Water Connections		V_{SNAG}	Snag Density
수문	V_{WTF}	Water Table Fluctuation		V_{WD}	Woody Debris Biomass
	V_{WTD}	Water Table Depth		V_{LOG}	Log Biomass
	$V_{WTSLOPE}$	Water Table Slope		V_{SSD}	Understory Vegetation Biomass
	$V_{SOILPERM}$	Subsurface Water Velocity		V_{GVC}	Ground Vegetation Biomass
				V_{COMP}	Plant Species Composition

는 0.1m² sub-plot 내 stem 수를 산출하여 밀도를 구하며, 밀도가 낮은 경우(25개체/0.1m² 이내)에는 0.25m² sub-plot 내 stem 수를 세어 밀도를 산출한다. V_{PDEN} 는 이 WPD와 다음과 같은 관계가 있다.

Variable Subindex = 0.9146Ln (WPD) - 0.7548

이들 평가변수들은 지형, 서식처, 수문, 토양, 식생 등의 범주로 구분할 수 있다.

(2) HGM 적용 사례

1) 우포늪

USFWS에서는 1980년대 초반에 이미 2,000여개의 주제에 대한 습지 가치 DB를 구축하였는데 그 중 가장 많이 논의된 기능이 습지의 야생동물에 대한 서식 기능이므로, 구본학(2001)은 HGM에서 설정한 8개의 기능 변수 중 습지의 기능으로서 중요도가 높은 수문 조절 기능Surface Water Storing과 생물 서식공간으로서의 기능Vegetation & Wildlife Supporting 등 3개의 기능을 대상으로 우포늪 기능을 평가하였다. 생물 서식공간 제공 기능은 식생 군집의 유지 기능과 야생동물 서식처 제공 기능으로 구분하여 각각 평가하였다. 평가 결과는 다음과 같다.

- Temporarily Store Surface Water

$$FCI = [(V_{FREQ} \times V_{STORE})^{1/2} \times (\frac{F_{SLOPE} + V_{ROUGH}}{2})]^{1/2}$$

- Maintain characteristic plant community

$$FCI = \left(\frac{\frac{V_{TBA} + V_{TDEN}}{2} + V_{COMP}}{2} \times \frac{V_{SOILINT} + V_{FREQ} + V_{WTD}}{3}\right)^{1/2}$$

= 0.92 : 매우 자연성이 높음

- Provide Habitat for Wildlife

$$FCI = \left(\frac{\left(\frac{V_{FREQ}+V_{MACRO}}{2}\right) + \left(\frac{V_{TRACT}+V_{CONNECT}+V_{CORE}}{3}\right)}{2} \times \frac{V_{COMP}+V_{TBA}+V_{TDEN}+V_{SANG}+\left(\frac{V_{LOG}+V_{OHOR}}{2}\right.}{5}\right.$$

= 0.85 : 서식처로서의 가치가 매우 높음

평가 대상 습지인 우포늪이 국내에 남아있는 같은 유형의 습지 중에서 가장 자연 상태를 유지하고 있기 때문에 본 연구 결과는 앞으로 습지 평가에 대한 표준 습지로서 적용될 수 있을 것이다.

2) 질날늪

질날늪은 남강으로 유입되는 지류의 중·하류에 위치하며 하도 내에 발달하는 배후성 습지이다. 질날늪은 연중 매월 강수량이 매월 증발량보다 많아서 수분이 항상 충분하여 본 유역은 수분이 풍부하므로 습지 형성 환경이 유리한 곳이라고 할 수 있다(환경부, 2002). 면적은 약 177,418m²이고 연중 수심이 1~2m 정도이며 습지 내 멸종위기종 2급으로 지정된 가시연꽃 등 다양한 습지식물이 자생하며, 천연기념물 346호로 지정되어 있다. 질날늪의 유역은 북부에는 동일 수계에 의해서 형성된 대평늪 유역과 서쪽 일부는 석교천 습지 유역, 동부는 고도 100m 내외의 구릉지와 경계를 이룬다. 도로와 인접하여 있고 도로와 늪 사이 농경지, 상류부는 매립되어 부품공장이 자리 잡고 있어 주변 토지 이용으로 인한 오염이 우려되었다.

습지 기능은 단기지표수 저류 기능, 지표수 지속 기능, 영양물질순환 기능, 원소와 화합물 제거 기능, 미립자 보유 기능, 유기탄소 배출 기능, 특징적인 식물 군집의 유지 기능, 야생동물 서식처 제공 기능 등 8개 기능으로 구분하였다(표 4-31). 표준 습지인 우포늪의 변수 값을 1.0로 설정하고 표준 습지 자료와 질날늪 자료들 간의 비교치를 각 변수지표에 적용하여 값을 산정하였다(표 4-32). 변수값은 우포늪과 질날늪에 대한 문헌 자료조사, 현장조사, 실내 토양 실험 등을 통해서 산정하였다. 각 기능별 기능지수 산정 공식에 각 변수 값을 적용하여 기능지수를 산정한 결과는 다음 〈표 4-33〉과 같이 나타났다.

표 4-31. 각 기능별, 변수별 기능지수

Temporarily		Maintain Characteristic Subsurface Hydrology		Nutrient Cycling		Remove and Sequester Elements and Compounds		Retain Particulates		Export Organic Carbon		Maintain Characteristic Plant Community		Provide Habitat for Wildlife			
V_{FREQ}	1	$V_{SIOLPERM}$	1	V_{TBA}	1	V_{FREQ}	1	V_{FREQ}	1	V_{FREQ}	1	V_{TBA}	1	V_{FREQ}	1	V_{MACRO}	0.2
V_{STORE}	1	$V_{WTSLOPE}$	1	V_{SSD}	1	V_{WTD}	1	V_{STORE}	1	$V_{SURFCON}$	0.34	V_{TDEN}	1	V_{TRACT}	0.6	$V_{CONNECT}$	1
V_{SLOPE}	1	V_{PORE}	1	V_{GVC}	1	V_{CLAY}	1	V_{SLOPE}	1	V_{SLOPE}	1	V_{COMP}	0.45	V_{CORE}	1	V_{COMP}	0.45
V_{ROUGH}	1	V_{WTF}	1	V_{OHOR}	1	V_{REDOX}	1	V_{ROUGH}	1	V_{WD}	1	$V_{SOILINT}$	1	V_{TBA}	1	V_{TDEN}	1
-	-	-	-	V_{AHOR}	1	V_{OHOR}	1	-	-	-	-	V_{FREQ}	1	V_{SNAG}	0.64	V_{LOG}	1
-	-	-	-	V_{WD}	1	V_{AHOR}	1	-	-	-	-	V_{WTD}	1	V_{OHOR}	1	-	-
FCI	1	FCI	1	FCI	1	FCI	1	FCI	1	FCI	0.71	FCI	0.725	FCI	0.77		

표 4-32. 질날늪 적용 HGM 평가 기능별 FCI 공식(김예화 등, 2013)

Wetland function	Assessment Formula
Temporarily store surface water	$FCI = [(V_{FREQ} \times V_{STORE})^{1/2} \times (\frac{F_{SLOPE} \times V_{ROUGH}}{2})]^{1/2}$
Maintain characteristic subsurface hydrology	$FCI = \frac{(V_{SOILPERM} \times V_{WTSLOPE})^{1/2} + (\frac{V_{PORE} \times V_{WTF}}{2})}{2}$
Nutrient cycling	$FCI = (\frac{V_{TBA} + V_{SSD} + V_{GVC}}{3} + \frac{V_{OHOR} + V_{AHOR} + V_{WD}}{3}) \times \frac{1}{2}$
Remove and sequester elements and compounds	$FCI = (\frac{V_{FREQ} + V_{WTD}}{2} \times \frac{V_{CLAY} + V_{REDOX} + V_{OHOR} + V_{AHOR}}{4})^{1/2}$
Retain particulates	$FCI = [(V_{FREQ} \times V_{STORE})^{1/2} \times (\frac{F_{SLOPE} \times V_{ROUGH}}{2})]^{1/2}$
Export organic carbon	$FCI = [(V_{FREQ} \times V_{SURFCON})^{1/2} \times (\frac{F_{OHOR} \times V_{WD}}{2})]^{1/2}$
Maintain characteristic plant community	$FCI = (\frac{\frac{V_{TBA} \times V_{TDEN}}{2} + V_{COMP}}{2} \times \frac{V_{SOILINT} \times V_{FREQ} \times V_{WTD}}{3})^{1/2}$
Provide habitat for wildlife	$FCI = (\frac{(\frac{V_{FREQ} \times V_{MACRO}}{2}) + (\frac{V_{TRACT} \times V_{CONNECT} \times V_{CORE}}{3})}{2} \times \frac{V_{COMP} + V_{TBA} + V_{TDEN} + V_{SANG} + (\frac{V_{LOG} \times V_{OHOR}}{2})}{5})^{1/2}$

평가 결과 유기탄소 배출 기능 지수는 0.71, 특징적인 식물 군집의 유지 기능은 0.725, 야생동물 서식처 제공 기능은 0.77로 산정되었고, 기타 5가지 기능은 1로써 각 기능을 우수하게 수행하고 있어 질날늪의 보전 가치에 대해 긍정적으로 보여주고 있다.

표 4-33. 질날늪 HGM 평가변수별 지수값

변수	지수	지표	변수	지수	지표
V_{TRACT} 습지와 연결된 서식처 면적 산출	0.6	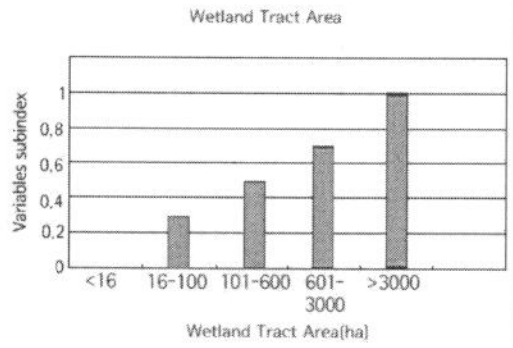 Wetland Tract Area Wetland Tract Area(ha)	V_{CORE} 물이 잠겨 있는 지역을 핵심습지로 하고 습지 내에서 육지화 된 지역을 완충지역으로 하여 내부 습지의 면적 비를 산출	1	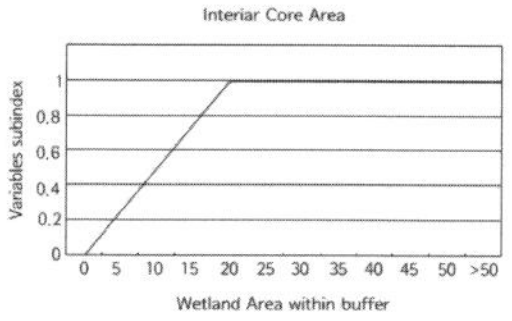 Interiar Core Area Wetland Area within buffer
$V_{CONNECT}$ 연결된 서식처와의 경계선 길이 비를 산출	1	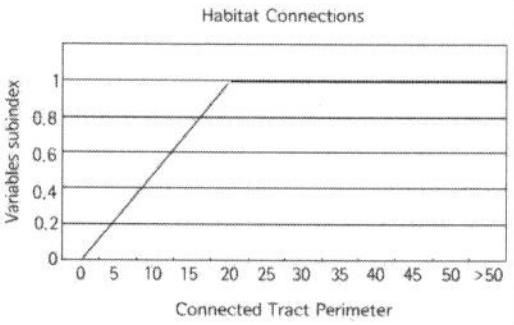 Habitat Connections Connected Tract Perimeter	V_{SLOPE} 범람원의 경사도는 0.06~0.09로 조사되고 있음	1	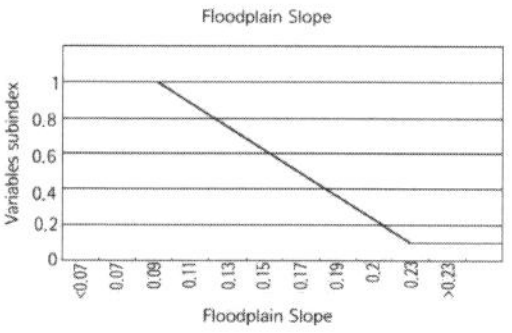 Floodplain Slope Floodplain Slope
V_{STORE} 인공구조물이나 자연제방 등의 조사를 통하여 홍수위 폭과 수로 폭을 측정	1	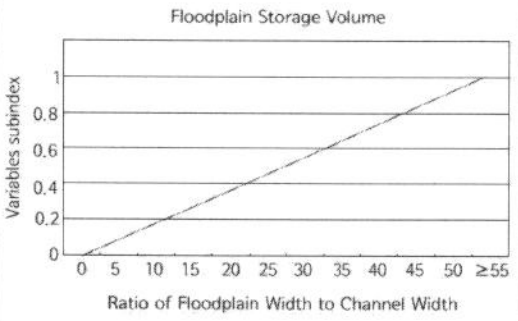 Floodplain Storage Volume Ratio of Floodplain Width to Channel Width	V_{MACRO} 문헌조사(국토교통부, 2009; 정우창, 2011)를 통해 변수 산정	0.2	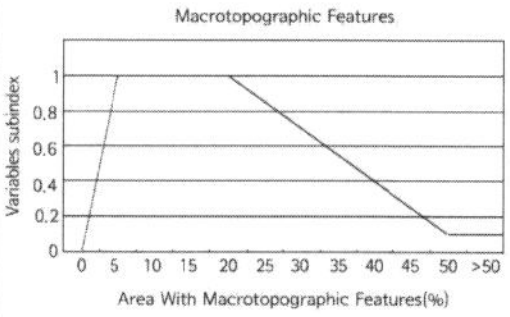 Macrotopographic Features Area With Macrotopographic Features(%)
V_{FREQ} 문헌조사(낙동강 홍수통계소)를 통해 강수량이 홍수주의보 수위를 넘는 빈도를 조사하여 산출	1	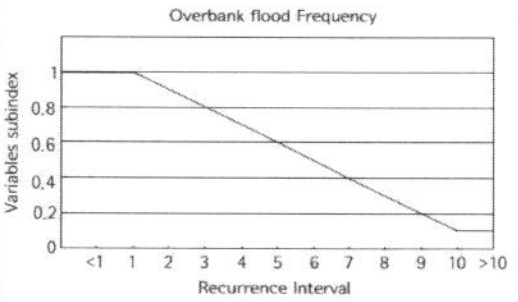 Overbank flood Frequency Recurrence Interval	V_{ROUGH} 현장조사를 통해 조도계수 기준에 따라 변수 값 산출	1	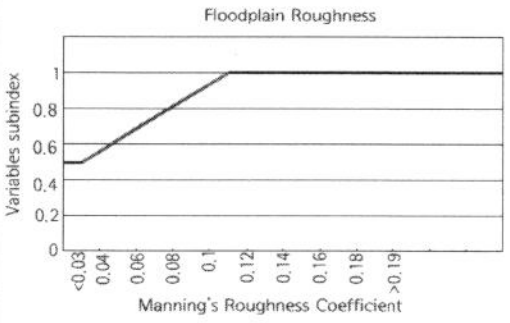 Floodplain Roughness Manning's Roughness Coefficient
$V_{SOILINT}$ 대상지에서 공사가 진행되거나 습지가 농경지로 개간된 면적으로 대체하여 산출	1	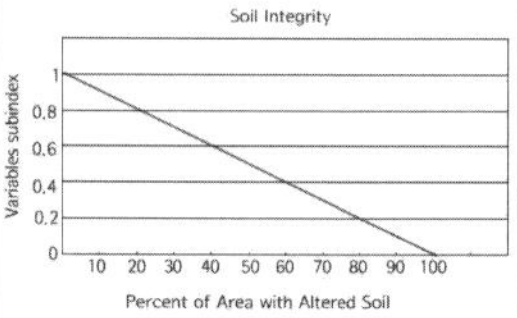 Soil Integrity Percent of Area with Altered Soil	V_{WTF} 습지가 침윤상태로 있으면 값을 1로 하고 반대면 0을 부여	1	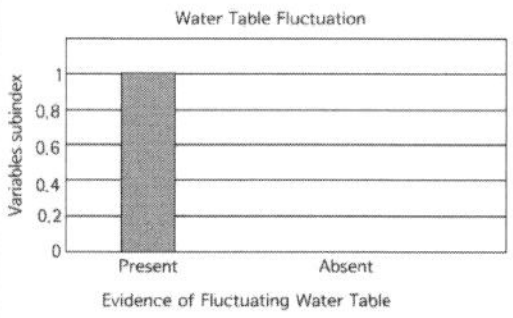 Water Table Fluctuation Evidence of Fluctuating Water Table
V_{WTD} 대상지는 침윤상태에 있으며 지하수위가 변하지 않는 것으로 대체	1	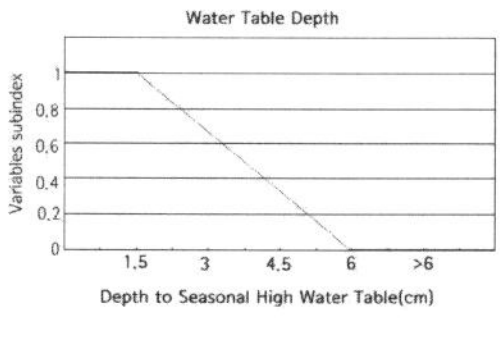 Water Table Depth Depth to Seasonal High Water Table(cm)	$V_{WTSLOPE}$ 대상지는 항상 침윤상태에 있으며 외부 간섭에 의한 지하수 변동이 없는 것으로 대체	1	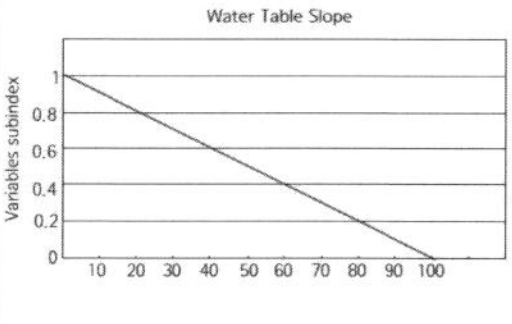 Water Table Slope
$V_{SOILPERM}$ 지형경사로 대체하였으며 환경부(2002, 2007)의 자료 인용	1	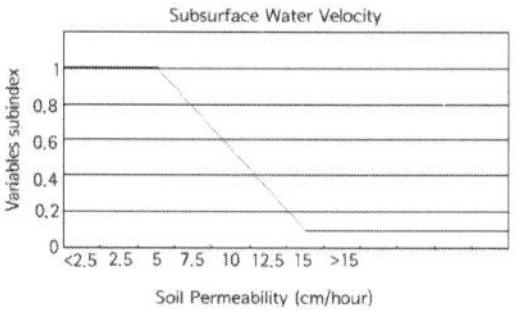 Subsurface Water Velocity Soil Permeability (cm/hour)	V_{PORE} 대상지에서 채취한 토양의 공극률 실험을 통해 산출	1	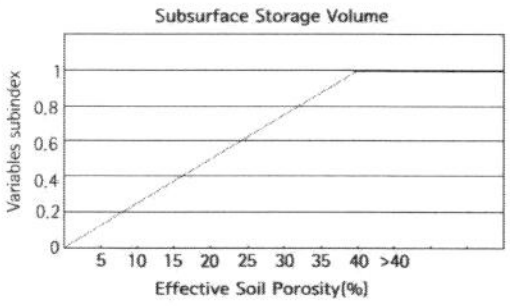 Subsurface Storage Volume Effective Soil Porosity(%)

3) 복원습지 및 묵논습지 FCI(미국)

복원된 습지 또는 묵논과 같이 방치된 농경지에 대한 평가결과이다(WRP Technical Note WG-EV-2.3, 1999). 평가 대상은 총 49개 습지로서 1년~15년 경과된 상태이며 각기 western Kentucky, western Tennessee, eastern Arkansas에 위치해 있다.

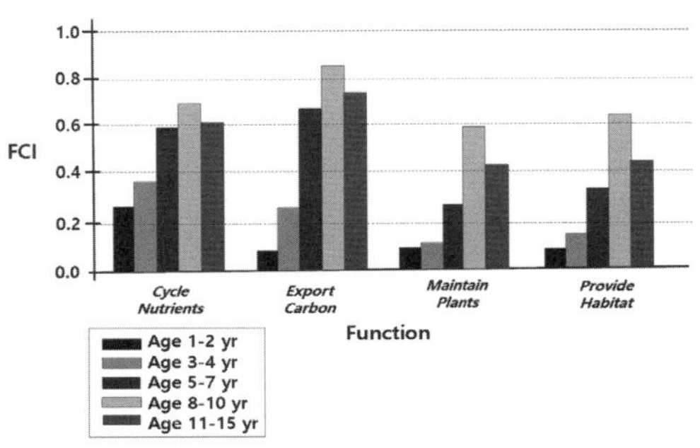

그림 4-41. 방치된 묵논습지 49개소에 대한 4개 기능 FCI값 (출처:WRP Technical Note WG-EV-2.3, 1999)

HGM에서 제시하는 기능 중 Cycle nutrients, Export organic carbon, Maintain characteristic plant community, Provide habitat for wildlife 등 4개 기능에 대하여 평가한 결과 아래 그림과 같이 나타났다.

대체로 6년~10년 정도 경과된 습지의 기능이 자연습지와 유사한 상태로 나타났으며, 10년 이상된 습지의 기능 수행정도가 자연습지에 비해 0.4~0.8의 범위에 있었다. 이는 평가 대상 습지가인공적으로 복원되었거나 방치된 채 습지화되어 습지로서의 천이과정에 있기 때문에 초기 10년간 급격하게 기능이 상승한 것으로 판단되며 이후 습지가 안정화되면서 기능이 조정단계에 들어선 것으로 파악되며, 시간의 경과에 따라 습지의 기능이 완만하게 상승할 것으로 판단된다.

(3) WET II(Wetland Evaluation Technique)

1) 개요

WET II는 개별 습지의 기능과 가치를 종합적으로 평가하는 모델로서 전반적인 습지의 기능 평가에 유용한 방법이다. 미국의 Federal Highway에서 도로 건설과 관련된 행위허가를 위한 습지 평가 기법으로 개발하였기 때문에 Federal Highway Method라 하며, USACE의 지원 아래 Adamus et al.에 의해 개발 및 수정되었기 때문에 Adamus Method라고도 한다(Adamus et al., 1987). WET의 목적은 습지의 기능과 가치를 가장 적절하게 인식하여 평가할 수 있도록 하고, 다양한 범주의 습지 유형에 빠르게 재생산하여 적용 가능할 수 있도록 하며, 과학적 조사를 수행 시 알맞은 기술적 기초를 갖추도록 하는 데 있다.

WET 평가는 크게 11가지 범주로 습지 기능을 평가하고 있다. 평가 요소는 습지 유역, 지형, 식생 등을 고려하며, 어류, 야생동물, 물새 등에 대한 서식처 적합도, 사회적 중요성(공간적 위치, 경제적 잠재 가치, 전략적 위치 등), 효과성, 기회성 등을 평가한다. 평가 등급은 기능별로 'High', 'Moderate', 'Low' 등으로 구분한다.

WET는 준비 단계, 질문 응답 단계, 해설 단계의 3단계를 거쳐 진행된다. 준비 단계에서는 자원 획득, 내용 수립과 평가와 주변 지역 설정이 포함된다. 이 단계에서는 평가의 유형과 수준이 결정된다. 사회적 중요성 평가는 2개의 수준을 포함하는데, 첫 번째 수준에서는 31개의 질문과 이를 수행하는 데 있어서 1~2시간 정도가 소요된다. 두 번째 수준에서는 특이성/고유성의 기능과 가치에 대하여 몇 시간에서 몇 주에 걸쳐 측정 가능성을 확정한다. 효율성과 기회성은 세 가지 수준에서 평가되는데, 각 수준은 자세하게 특징화된 전 단계의 발전 수준에 따라 연속적으로 질문이 주어지고 측정된다. 1단계에서는 1~2시간 정도 off-site에서 진행되며, 2단계는 직접 현장을 방문하고, 마지막 단계에서는 물리적, 화학적, 생물학적 모니터링 자료가 제시된다.

표 4-34. WET 평가 과정(자료: Adamus et. al., 1987)

WET 평가 과정
자원 정보 수집
평가 유형 결정
Select Time Context
Select Seasonal Context
Identify Alternative Information Sources
Delineate Evaluation Areas
Define Locality and Region
Complete Site Documentation
Social Significance Level 1
Social Significance Level 2
Effectiveness and Opportunity Level 1
Effectiveness and Opportunity Level 2
Effectiveness and Opportunity Level 3
Habitat Suitability
Evaluation Summary

2) 평가 요소 및 방법

WET II의 평가 기법은 평가 변수를 Physical, Chemical, Biological 등 3개 관점에서 접근한다. 물리적 변수는 지하수 충전 및 배출, 홍수 흐름 조절, 침전에 대한 안정성, 침전물 및 유독물질에 대한 저장 능력 등을 포함한다. 화학적 변수는 영양물질의 제거 및 이동, 물질운반 등을 포함한다. 생물학적 변수는 야생동식물 다양도 및 풍부도, 수중 환경의 종다양성 및 풍부도, 독특성 및 문화유산, 레크리에이션 등을 포함하되 레크리에이션 변수는 평가에서 제외된다.

표 4-35. WET II 평가 방법 요약

평가 항목		평가 척도	평가 내용 및 지표	비고
대분류	소분류			
Physical	Groundwater Recharge Groundwater Discharge Floodflow Alteration Sediment Stabilization Sediment and Toxicant Retention	"High" "Moderate" "Low"	습지의 기능과 가치 평가 습지 유역, 지형, 식생 등을 고려 어류, 야생동물, 물새 등에 대한 서식처 적합도 사회적 중요성(social significance), 효과(effectiveness), 기회성(opportunity) 등을 평가	레크리에이션은 평가에서 제외
Chemical	Nutrient Removal and Transformation Production Export			
Biological	Wildlife Diversity and Abundance Aquatic Diversity/Abundance Recreation Uniqueness and Heritage			

(4) Washington Method

Washington Methods는 HGM 접근법을 기본으로 하며 몇몇 새로운 요소를 포함한 수정 모델이다. 평가 절차 및 내용은 다음과 같다.

1) 수질 개선 관련 기능

- 퇴적물 제거 능력: 습지 내 퇴적물을 걸러내어 하류 유역 밖으로 배출하는 기능. 유속의 감소와 여과 기능이 퇴적물 제거 기능의 주요 과정이다. 유속이 떨어지면 물속의 입자가 침전된다. 입자의 크기는 습지에 의한 유속 저감과 관련이 있다. 여과 기능은 식생 등에 의해 물리적으로 차단된다.

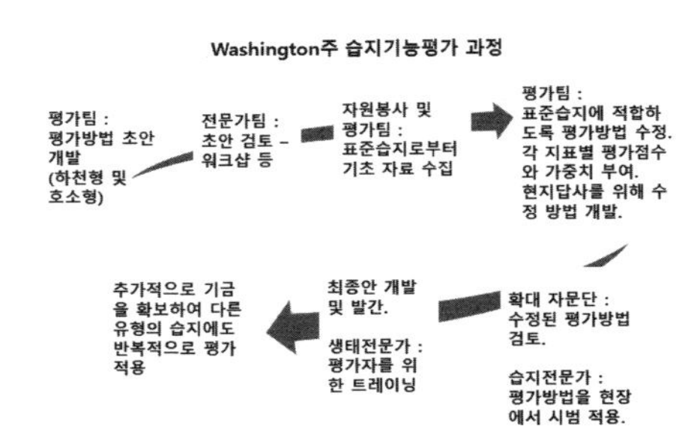

그림 4-42. Washington Method(자료: Hruby et al., 1999)

- 영양물질 제거 기능: 습지 내 유입되는 영양물질 등(때로 황과 질소)을 제거하여 하류 유역 밖으로 배출하는 기능 ①황을 포함하는 퇴적물을 제거, ②유기질 토양 등에 의해 황을 흡수하여 제거, ③질소산화 및 탈질작용 등을 통해 질소 제거
- 중금속 및 독성유기화합물 제거 기능: 습지 내 독성 물질인 중금속 및 독성유기화합물을 유역 하류로 방출 제거

2) 수문(수량) 관련 기능

- 첨두홍수량 저감 • 하류부 침식 저감 • 지하수 유지 보충

3) 서식처 제공 관련 기능

- 일반종에 대한 서식처 적합성
- 각 분류군별 서식처 적합성(무척추동물, 양서류, 회유성 어류, 어류, 물새류, 포유류, 자생식물 풍부도, 일차생산량과 유기물 배출 능력)

(5) EMAP(Environmental Monitoring Assessment Program)

EMAP은 1988년 미국환경청(USEPA)에 의해서 국가 생태 자원의 중요성에 대한 정보를 제공하기 위해 수행되었다. EMAP 중 습지 부문에서는 습지가 얼마나 그 기능을 잘 수행할 수 있는지에 대한 평가를 시도한다. 습지 평가를 위한 지표 설정, 평가 방법의 표준화, 중장기(10년) 습지 모니터링을 위한 국가 네트워크 형성 등을 목표로 한다.

EMAP은 3단계로 수행된다. ①건전한 습지와 훼손된 습지의 차이를 분별하기 위한 지표를 설정하고 평가하기 위한 예비 평가, ②예비 평가에서 가장 양호한 지표를 적용한 평가, ③특정 습지에 대한 평가 등으로 진행된다.

1단계에서 도출된 데이터는 습지의 건강성을 나타내는 예비 지표로 활용된다. 생물학적 요인으로서 건전한 식물과 동물의 군집 지표는 건전한 습지와 훼손된 습지의 생물학적 요소를 비교하기 위한 주요한 지표가 된다. 그 외에도 서식처로서의 건전성(물새, 어패류의 개체수), 수질 개선(퇴적물 여과, 기타 수질 개선 과정), 수문 환경의 건전성 등이 주요한 지표로 설정된다.

EMAP 모델은 다음과 같은 기능들을 평가한다.

- 생물학적 건전성: 자연습지와 비교하여 종 구성, 다양성, 서식처, 기능적 구조 등의 지속성
- 획득가능한 생산성: 습지가 제공하는 재화와 용역(먹이, 목재, 야생, 레크리에이션 등)에 대한 양과 질
- 홍수 저감 및 호안 보호: 홍수기 물을 저장하고 흐름을 완화함으로써 유속과 에너지를 완화하거나 첨두홍수량 저감
- 지하수 보전: 습지 내 불투수층 토양에 의해 지하수의 흐름 조절 및 보충
- 수질 개선

이 기능들을 평가하기 위해 개방수면에 대한 식생 피복 면적 비, 식생의 개체수(또는 식물 종다양성), 생체량(단위 면적당 식생의 생산성), 토양 유기물 농도, 염분 농도, 주변지역 중 개발지 면적, 봄여름(4~8월 중) 침수지 수의 증감 비(또는 수면적의 증감), 계절적 습지의 비, 식물의 종다양도, 대형 무척추동물 개체수 및 종수, 수위변동 폭 등의 지표를 각각 평가한다.

라. 종별 서식처 평가 기법

(1) 서식처 적합도 평가Habitat Evaluation Procedures(HEP)

1) 개요

서식처 적합도 평가는 서식처 중심의 접근 방법으로서, 선택된 목표종에 대한 서식처의 적합성을 지수Habitat Suitability Index(HSI)로 평가하는 방법이다. 어느 한 시점에서 선택된 야생동물 종에 대하여 서로 다른 지역의 상대적인 가치를 비교하거나 다른 시점에서 동일한 지역의 상대적인 가치를 비교하는 데 사용된다. 개발사업의 영향을 정량화하기 위하여 어류와 야생동물의 서식처의 양과 질의 정

도를 산출하는 기법으로서 최소한 5종 이상의 지표종에 대한 서식처 분석 결과를 바탕으로 서식처 점수를 평가한다(USFWS, 1980).

HEP를 수행하는 과정은 우선 HEP의 적용 가능성을 결정하고, 평가 대상지에 나가기 이전의 예비 작업을 수행하며(팀 구성, 연구 대상지와 목적 설정, 평가 요소 선정, HSI 모델 개발 등), 현재 상태에서 평가를 수행하여 HSI와 HU(Habitat Unit = HSI * 면적)를 결정한 이후 제안된 행위에 대한 HSI 및 HU를 평가한다.

2) 평가 요소 및 방법

HSI란 특정 어류나 야생생물종이 서식할 수 있는 서식지의 능력, 즉 공간의 수용력을 나타내는 정량적 지표를 말한다(Giles, 1978). Inhaber(1976)은 HSI를 야생동물종이 서식할 수 있는 서식지의 능력을 나타내는 수치적 지표를 정의하며, 이는 서식지로서 적합하지 않은 값을 나타내는 0에서부터 최적의 서식지를 나타내는 1까지의 값으로 판단하였다. HSI를 얻기 위해서는 각 생물종별 생활사 특징life-history characteristics과 서식처 요건에 대한 지식에 기반을 둔 모델을 사용한다. HSI 값과 수용능력carrying capacity사이에는 직선적인 관계가 있다는 가정 하에 0에서 1까지의 지표 값을 만든다. 동일한 목표종evaluation species에 대하여 최적의 서식처 조건 대 연구 대상지역의 서식처 조건의 비라고 할 수 있으며, 다음과 같이 식으로 나타낼 수 있다.

$$HSI = \frac{\text{연구 대상 지역의 서식처 조건}}{\text{최적의 서식처 조건}}$$

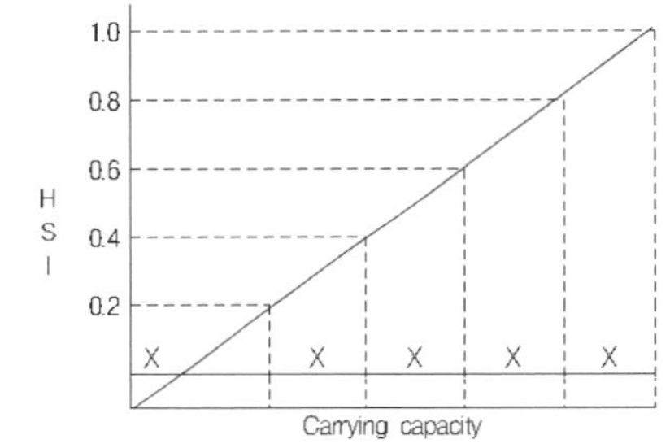

그림 4-43. HSI 값과 수용 능력 관계

모델 변수를 정의하기 위해서는 종에 대한 문헌 조사와 다음과 같은 세 가지의 기준을 만족하는 변수를 선택하여야 한다.

① 종을 부양하는 서식처의 능력과 관련이 있어야 한다.

② 변수와 서식처 사이의 관계에 대한 기본적인 이해가 있어야 한다.

③ 변수는 실질적으로 측정할 수 있어야 한다.

목표종에 대한 서식처 변수를 구명하기 위해서는 다음과 같은 구성 요소가 사용된다.

① 계절적인 서식처(동면 장소, 번식 장소, 활동 장소)

② 서식 필요 요건(먹이, 은신처, 물 등)

③ 발생 단계(유충, 애벌레, 성충 단계)

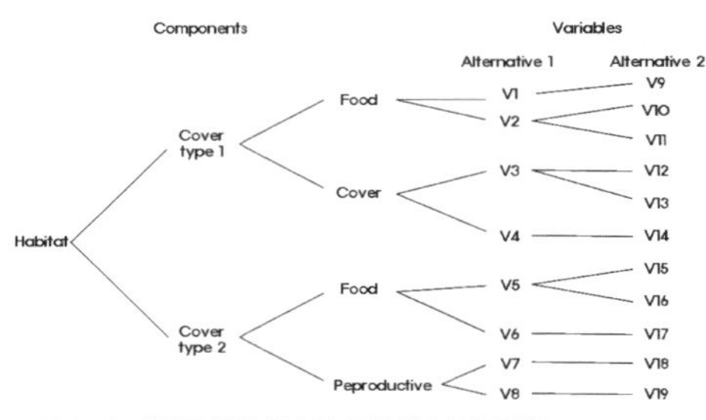

그림 4-44. 서식처 구성 요소와 모델 변수들의 정의

④ 식생 피복 형태(cover types)

서식처 변수는 〈그림 4-44〉과 같이 나무 구조의 다이어그램tree diagram을 이용하여 쉽게 정의할 수 있으며, 기능적인 관계를 이해하기 쉽도록 단순화 시킬 수 있다.

① U.S. FWS(2013)에 따르면 서식지의 트리구조는 육지와 물 서식지로 구분되며 양서류는 육지와 물을 오가는 생물로 계절별, 라이프사이클별 서식요구조건의 특징이 중요한 것으로 나타났다.

② 양서류 서식처에서 공통적으로 고려할 수 있는 서식환경은 다음과 같이 요약할 수 있다(조근영과 구본학, 2018).

표 4-36. 양서류의 주요 서식특징 및 서식지 조성 시 고려사항 (출처 : 심재한(2002), 환경부(2011), 환경부(2013))

구분	내용		
공간 이동통로	분포 및 서식지		저지대, 저지대와 산지, 산간계곡(계곡, 하천, 습지, 웅덩이, 물가, 숲, 초지, 논, 밭, 도랑 등)
	행동권		150m (종에 따라 50~300m)
	기후		5~35℃ (생존체온)
	산림과의 거리		조성가능 면적이 넓을수록
	임상		주변 산림의 층상구조가 다양할수록
먹이	유생(올챙이) 성체		목본식물 및 초본식물
	산란지 주변		연못, 개울이 인접하는 것이 바람직 2개 이상의 저습지를 인접 하는 것이 바람직, 초지 경사 10° 정도, 둘레 완충 2.0m 이상
물(산란지)	번식시기		2 ~ 7월에 가장 활발
	수원		지하수, 지표수, 주변에서 공급이 바람직, 유량이 풍부할수록 적합, 연중 지속되는 수원
	산란장소		습지, 논고랑, 논웅덩이, 연못, 계곡, 계곡주변의 웅덩이, 저수지, 민가주변의 수로
	기존습지와의 거리		인접 습지, 수원과 가까울수록
	산란지 면적		100~ 900m^2 이상(완충공간 포함), 50~30m^2 조성가능 면적이 넓을수록
	산란지 식생		습지식물
	산란지 수심		10cm (산란기) 50 ~ 75cm 정도 (동면 시 얼지 않는 정도) 100 ~ 150cm (깊은 곳), 0~30cm (얕은 곳)
	수질		pH 7-8 적합
	호안	형태, 재료	사람의 간섭 최소화, 통나무, 돌로 안정성 유지, 굴곡
		경사	완만할수록 적합
	식물의 종류		먹이, 유인을 위한 색이 화려한 자생식물 초화 햇볕 차단과 낙엽이 우려되는 교목 지양 공간별 식물의 종류 연못, 습지: 꽃창포, 부들, 마름, 원추리, 붓꽃, 비비추, 갯버들 등 초지: 꽃창포, 참나리, 감국, 달뿌리풀, 노루오줌, 꽃개미취, 벌개미취, 마가렛, 비비추, 창포, 구절초, 옥잠화, 갈대 등 기타: 속새, 갈대, 물억새, 삿갓사초, 황새풀, 올챙이고랭이, 매자기, 세모고랭이, 왕골, 창포, 골풀, 제비붓꽃, 꽃창포, 해오라비난초, 삼백초, 고마리, 꽃여귀, 미나리아재비, 개구리자리, 황새냉이, 개갓냉애, 물매화, 연리초, 물봉선화, 부처꽃, 미나리, 독미나리, 닻꽃, 개석잠풀, 현삼, 개미취, 가막살이, 털도깨비바늘
	식생피도		수면적의 10 ~ 20%가 적당
은신처	유생(올챙이)		차폐공간 필요
	성체		휴식처 : 구릉초지 동면장소 : 주로 산림, 배후산지, 서식지와 연계
위협요소	도로, 인간간섭		도로와 거리가 멀수록, 마을과 거리가 멀수록 적합
	오염원		오염원과 거리가 멀수록 적합
	포식자		가물치 등 수서동물 포식자 제거 및 회피

■ 사례: 맹꽁이 대체 서식처 적합성 평가

정영선(2008) 및 정영선(2013) 등의 연구에서는 맹꽁이 대체 서식처 조성을 위한 서식처 적합성을 평가하였다. 변수로는 개방수면의 비율, 습지의 면적, 산림과의 거리, 식생형, pH, 수온, 최고 얼음 두께보다 깊은 최고 수심, 다른 습지와의 거리, 완충 초원지대가 도출되었다. 맹꽁이의 서식처를 소택형 습지로 보았으며 소택형 습지에서는 먹이/은신처, 번식, 겨울 은신처, 공간적 관계가 맹꽁이의 서식처 적합도를 결정하는 주요 요소라고 가정하였다.

① 먹이/은신처Food/Cover: 습지는 맹꽁이가 필요로 하는 따뜻한 물을 제공하며 수생식물이 자랄 수 있는 공간을 제공한다. 수생식물은 맹꽁이의 은신처와 산란 장소를 제공해 준다. 수생식물의 피복도는 50% 내외가 적절하다. 맹꽁이 먹이인 육상 및 수서 곤충이 서식하는 장소인 산림과 거리가 가까울수록, 산림 식생이 풍부할수록 서식처 적합도는 높아진다고 볼 수 있다.

② 번식Reproduction: 맹꽁이 번식을 위한 서식처 적합도 변수들은 알을 잘 산란하여 부화하기 위한 물의 특성(pH, 수온, 수심 등)을 잘 나타낼 수 있어야 한다. pH는 맹꽁이의 서식처 적합도에 영향을 미치므로 pH 7~8이 적절하다. 양서파충류는 외부로부터 받은 열로 체온을 조절하는 외열성 동물로서 수온은 행동과 알의 부화에도 영향을 미친다. 따라서 15~25℃의 수온이 적절하며, 수심이 0~20cm 정도가 산란에 적합하다.

③ 겨울 은신처Winter Cover: 양서류는 겨울에 물 속 바위 밑에서 동면을 하므로, 얼음 두께가 겨울철 습지의 물 깊이보다 크면 동면 공간이 없어지게 되므로 최고 수심은 1m 내외가 적절하다. 맹꽁이는 땅속을 파고 들어가 동면하므로 부드럽고 축축한 밭흙이 적당하다.

④ 공간적 관계Interspersion: 계절성 습지의 경우는 맹꽁이가 건조기를 피해 다른 습지로 이동해야 하며, 양서류 행동반경인 50m 내에 다른 습지가 있어야 한다. 또한 맹꽁이는 봄에는 산란을 위해 수역으로 이동하고, 여름에는 먹이를 찾기 위해 그늘진 곳이나 먹이가 풍부한 산림이나 주변 초지로 옮기게 된다. 그러나 산림 가운데 위치한 습지는 수온이 낮아지게 되므로 습지 주변에 일정 공간의 초지 또는 우거진 관목류 숲이 있는 것이 서식처 적합도가 높다. 이상의 서식 특성에 따른 맹꽁이의 서식처 적합도에 대한 구성 요소와 변수들을 정

그림 4-45. 맹꽁이 서식처 적합도 구성 요소와 변수와의 관계

리하면 〈그림 4-45〉와 같으며 대체 서식지에 적용하는 변수들과 평가 기준은 〈표 4-37〉과 같다.

표 4-37. 맹꽁이 서식처 적합도 평가기준

평가 항목		평가 기준	비고
개방수면의 비율		50% 내외	식생피복이 혼재할수록 좋음
습지의 면적		50~100m^2 이상	넓을수록 좋으며 500m^2 적당함
산림과의 거리		30m 이내	30~50m
식생형		상, 중, 하층림 모두존재	층상구조 다양할수록 적합도 높음
pH		7~8	pH 4 이하가 되면 산란에 장애
수온		15~25℃	산란 및 활동에 적당한 온도
수심	산란지	10~30cm	산란지의 수심
	활동지	1m	겨울 얼음 두께 고려
토양		부드러운 밭흙	부드럽고 습한 토양
다른 습지와의 거리		30m 이내	다른 습지와의 거리는 가까울수록 높음
완충초지		10m	햇빛, 먹이를 고려한 저층초지 공간

■ **사례: 금개구리 대체서식처 적합성 평가**

금개구리를 포함한 양서류에는 공통적으로 산란, 활동, 동면지가 필요하다. 금개구리 서식환경에서 산란지는 유속이 거의 없는 정수지역이 바람직하며, 다양한 수생식물 군락이 분포한 수심 1m 내외의 소규모 웅덩이 또는 수로와 같은 소택형 습지가 필요하며, 부들, 갈대 등 수생식물 군락이 분포하면 좋다. 금개구리의 HSI 구성요소 및 변수 기준은 라남용(2010), 이상철(2004), 한국수자원공사(2014)

표 4-38. 금개구리의 HSI 항목(구성요소 및 변수) 기준(출처 : 이상철(2004), 라남용(2010), 한국수자원공사(2014))

구성요소	변수	기준
공간	서식지	충남, 충북, 대전, 전북, 경기, 인천을 중심으로 한 한반도 중서부지역
	기후	기온(16.1±2.4℃), 강수량(2.8±9.3mm) 습도(74.4±12.4%)
	행동권 (이동거리)	84~713.8m^2 150m이내 (5~15m)
	습지, 초지, 밭, 하천, 논과의 거리	
	산란지 고도	16.7±13.6m
먹이	수림대 층상 구조	
	저층 초지 공간 (채식지 면적)	0.5~2ha
	먹이자원	파리, 벌류, 땅강아지류, 거미류 등 곤충류의 양이 많을수록
은신처	돌 및 돌 틈	
	토양	습기가 많은 실트질 함량이 높은 곳 선호
물 (번식)	영구습지 면적	0.5~2ha, 600m^2 이상
	일시습지 면적	–
	습지 수생식물의 피도 (개방수면 비율)	10~20% (80~90%)
	수원, 수심	10~75cm
	수질(DO)	지하용출수 가장 적절
	pH	–
위협요소	포식자	황소개구리, 어류 밀도가 낮을수록 올챙이를 위한 차폐시설 필요
	도로와의 거리	–
	오염원과의 거리	–

등이 수행한 바 있다.

■ **사례: 두꺼비 대체서식처 적합성 평가**

조근영과 구본학(2018)은 두꺼비 집단서식지 총 12곳을 조사하여 양서류 전문가 인터뷰를 통해 다음과 같이 두꺼비 HSI를 구축하였다.

표 4-39. 두꺼비 HSI 항목(구성요소 및 변수) 기준

구성요소	변수		기준
공간(동면처*)	인접 임지 면적(ha)		2.0ha 이상
	행동권(이동거리)		1.5Km 이상
	산란지와 최인접 임지간 거리(m)		130m 이내
	임 상		활엽수림, 혼효림
은신처(춘면처*)	돌 및 돌 틈		다공질공간 도입
	토 양		부드러운 흙
	초지, 경작비오톱과의 최인접 직선거리(m)		35m 이내
먹이	수림대 층상구조		다층구조
	저층 초지 공간 (채식지 면적)		습지 둘레의 2.0m 이상
물(번식)	영구습지면적(ha)		0.2ha 이상
	호안길이(m)		165m 이상
	호안굴곡도		1.6 이상
	호안경사도(%)		22% 이내
	수 심(m)		0.1~1.5 내외
	수생식물의 피도(개방수면 비율)		22% 내외 (78% 내외)
	수생식물 종류		마름,줄,말즘, 나도겨풀, 줄 등, 알을 엮을 수생식물
	수질	생활환경기준	1 ~ 2급수
		pH	pH7 ~ 8
위협요소 및 이동통로*	도로, 오염원과의 직선거리(m)		50m 이상
	장애물 유무*		없을수록
	천적의 유무*		없을수록

(2) IBI(Index of Biological Integrity)

생물학적 평가 모델로서 습지의 생명 부양 및 유지 능력을 평가한다. 특정 습지 내 종 구성, 다양도, 기능적 측면에서의 습지 구조와 기능을 자연 상태의 표준 습지와 비교 평가한다.

(3) HAT(Habitat Assessment Technique)

다양한 종과 특이한 종의 서식처를 유지하기 위해서는 특별한 관리 조절이 필요하다는 전제에서 출발한다. 습지 내에서 성장기 동안 발견되는 조류의 목록이 작성된다(Cable et al., 1989). 다양성과 특이성을 나타내는 점수는 습지가 포함된 지역의 특성을 기반으로 대상지의 특별한 환경 조건을 반영하여 산출된다.

마. 기타 기능 평가 기법

(1) 플로리다 주 자연자원관리국

U.S. Fish and Wildlife Service(1980)의 서식처 평가(HEP) 과정을 기반으로 한 Save Our Rivers Project Evaluation Rating Index(South Florida Water Management Districts, 1992)이다. 평가 항목으로 Wildlife Utilization, Wetland Overstory/Shrub Canopy, Wetland Vegetative Ground Cover, Adjacent Upland/Wetland Buffer, Field Indicators of Wetland Hydrology, Water Quality Input and Treatment Systems의 큰 여섯 가지 범주가 제시되고 있다(Raymond E. Miller Jr., Boyd E. Gunsalus, 1997).

(2) 미국 몬타나 지역의 습지 평가 방법

미국의 몬타나 지역에서는 수변식생대를 대상으로 그 기능을 평가하면서 기능적인 측면에서 건강한 서식처와 약하지만 어느 정도의 기능을 가지고 있는 곳, 그리고 전혀 기능이 없는 곳 등으로 구분하여 제시하고 있다. 평가 결과는 습지 보전, 복원, 향상 등을 위한 관리 방향을 수립하는 데 과학적 근거를 마련해 줄 수 있다.

(3) WRAP(Wetland Rapid Assessment Procedure)

WRAP는 일종의 일반 기능 평가 기법으로서 남부 플로리다 지역에서 습지의 창출, 강화, 보전, 복원을 위하여 개발하였다(Miller and Gunsalus, 1997). 이 기법은 습지 복원 전략의 성패에 결정적 작용을 하

표 4-40. 플로리다 주 평가 항목별 기준의 예시(1): 야생동물 이용 등급 지수

평가 구분	기준	점수
야생동물의 흔적이 존재하지 않음	• 심하게 영향을 받은 습지 • 야생동물 이용 흔적이 없음 • 습지 야생동물종을 위한 서식처가 없음	0
야생동물이 이용한 최소한의 흔적 있음	• 야생동물 이용에 대한 최소한의 흔적 • 조류나 작은 포유류와 파충류를 위한 서식처가 거의 없음 • 인근에 내륙 먹이원이 희박하거나 제한 • 인간의 교란이 흔히 발생하는 주거지, 산업지, 상업지에 위치	1
야생동물의 이용 흔적이 어느 정도 있음	• 작거나 중간 크기의 포유류와 파충류 흔적(관찰, 발자국, 허물 등) • 수중 대형무척추동물, 양서류, 어류의 흔적 • 인근 내륙 먹이원 풍부 • 야생동물의 은신처 풍부	2
야생동물이 이용한 흔적이 많이 있음	• 대형 포유류와 파충류를 포함한 야생동물의 이용 흔적 빈도 높음 • 수중 대형무척추동물, 양서류, 어류가 풍부 • 인근 내륙 먹이원 풍부 • 인간에 의한 교란이 대수롭지 않음(무시할 수 있는 정도) • 습지와 인근 내륙에 야생동물을 위한 서식처와 보호물이 풍부	3

표 4-41. 플로리다 주 평가항목별 기준의 예시(2); 습지의 지피 식생의 피복 비율

평가항목	기준	점수
바람직한 지피 식생이 존재하지 않음	• 습지의 바람직하지 않은 지피 식생이 75%보다 많다. • 지피식생이 집약적으로 유지되고, 관리되거나 영향을 미친다. • 종자 발아의 흔적이 없다.	0
최소한의 바람직한 지피 식생이 존재	• 바람직하지 않은 지피 식생이 약 50% 정도 나타난다. • 지피 식생이 미적, 농업 생산 등의 목적으로 관리되고 있다. • 낮은 식물 생체량 밀도를 가진 새롭게 식재된 완화지역이 있다. • 새롭게 멀칭된 곳에서 종자 발아 흔적이 있다.	1
바람직한 지피 식생이 어느 정도 존재	• 바람직하지 않은 지피 식물종이 25%보다 적게 나타난다. • 지피 종이 사람에 의해서 약하게 영향을 받는다. • 멀칭되거나 식재된 지역에서 바람직한 자생식물종이 나타난다.	2
바람직한 지피 식생이 풍부	• 외래식물은 없으며, 부적절한 식물종이 10%가 되지 않는다. • 지피 식생의 교란이 최소한이거나 전혀 없다. • 지피 식생의 증진을 위해서 자연적인 주기마다 불에 태워지거나 관리된다.	3

표 4-42. 몬타나 지역의 Riparian Wetland를 대상으로 한 습지의 기능 평가 예시(자료: http://www.rwrp.umt.edu을 바탕으로 수정, 보완)

구분	현황 사진	주요 특징	관리 대책
기능적인 측면에서 적절한 곳으로 건강한 서식처		·하천을 중심으로 폭넓게 식생이 분포 ·Riparian 지역이 완경사이면서 다양한 식생이 형성됨	보전
기능적으로 위험에 처해 있는데 다소 건강하지만 문제점을 가진 서식처		·하천을 중심으로 식생대가 넓게 분포하지만, 한쪽으로는 경사가 급하게 형성되어 있음	복원, 향상
습지로서의 기능을 전혀 하지 못하는 서식처		·하천을 중심으로 Riparian 지역이 전혀 형성되어 있지 않고, 침식이 일어나 절벽이 형성됨	향상

는 생태적, 인위적 변수에 대하여 정량적으로 평가하기 위한 매트릭스를 구성한다. 평가 결과 나타난 수치는 현재의 습지 상태를 나타내게 된다. 이 모델은 모든 유형의 습지에 광범위하게 적용 가능하지만 서로 다른 유형의 습지 평가 결과를 직접 비교하지는 않는다.

(4) 종합

지금까지 수행되어 온 주요 평가 기법을 요약하면 〈표 4-43〉과 같으며, 각각 도출한 평가 기준과

표 4-43. 생태적 기준 설정을 위한 14개 습지 기능 평가 모델 요약(자료: Osborn, 1996)

Authors	Criteria & Keys
Adamus, 1983	Evaluation uses 11 functional values including wildlife habitat based on use by waterfowl and wetland dependent birds. Uses interpretive keys and multiple levels to assign probability ratings for social significance, and a wetland's effectiveness and opportunity to perform functions. No numerical value or overall probability rating is assigned. Intended for nationwide use to compare similar wetland types within a region.
Adamus et al., 1987	Wildlife diversity and abundance value based on interpretive keys for 14 waterfowl groups and 120 species of wetland dependent birds.
Ammann and Stone, 1991	Evaluates 14 functional values including ecological integrity and wetland wildlife habitat. Used on a local scale for wetland comparisons. Quantitative measures and wetland characteristics are subjectively scored and averaged to provide functional value index. Scores for each functional value are used separately.
Bond et al., 1992	Eliminative process at three levels of consideration. Structured to provide functional values (including ecosystem health and production) at national, provincial, regional, and local scales relative to development project characteristics. Initial level considers subjective measures for wetland viability, significance of habitat, and rarity with only broad guidelines provided.
Cable et al., 1989	Evaluates avian community of wetlands based on index combining diversity, rarity and size. Intended for regional comparisons among similar wetland types. Includes "red flag" elements to override significance of index.
Durham et al., 1988	Community model for bottomland hardwoods to assess their habitat functional value using criteria of diversity, size, landscape pattern, and naturalness. Requires significant data for 9 plot variables and 5 tract variables.
Golet, 1976	Uses 10 measures to evaluate maximum wildlife productivity and diversity criteria based on a classification developed by Golet and Larson (1974). Subjective scores for measures are weighted in overall cumulative score.
Gosselink and Lee, 1989	Proposes eight measures to assess ecosystem health and biological integrity of bottomland hardwoods throughout an entire watershed. Based on cumulative impact assessment of many human activities, no single one particularly large or damaging, but in sum total are both significant and dramatic.
Hollands and McGee, 1986	Uses a classification scheme to rate ten functional values including biological criteria attributed to Golet (see Golet 1976). Individual site score is cumulative across values and may be compared to mean model value, with other sites, or average of sites in a region.
Larson 1976	Eliminative process at three levels using a classification scheme to screen and rate three functional values. Level 1 includes "red flag" criteria for rarity, abundance, and size that merit wetland preservation.
Municipality of Anchorage, 1991	Similar to Ontario's method with biological values separated into habitat and species components. Many criteria may be attributed to Golet 1976. It also includes "red flag" elements for rare or significant species occurrences that elevate the importance of a site.
North Carolina	Combination of unscored concerns and three functional values including ecological and landscape components. Criteria values are measured subjectively with few guidelines; scores are summed for overall wetland score.
Ontario Ministry, 1984	Complex subjective scoring of many factors which are summed into biological, social, hydrological and special feature indices. Used for regional comparisons of wetlands in Ontario. Biological criteria may be attributed to Golet (1976).
U.S. Army Corps of Engineers, 1988	Mixture of quantitative and qualitative measures to rate six functional values including wildlife. Criteria for diversity/productivity adapted from Golet (1976) to regions with different landscapes; criteria for waterfowl were adapted from Adamus (1983) but not regionalized. Also uses a "red flag" index to indicate the level of coordination and that laws protect important resources or features.

표 4-44. Classes of evaluation criteria and their frequency of use in 14 wetland evaluation methods. Adamus(1983) and Adamus et al.(1987) methods contain identical classes of criteria and are combined in this table(Osborn, 1996)

평가 방법	다양성	면적	경관패턴	희귀성	야생생물에 중요성	생산성	대표성	자연성	생태적 건전성	생태적 취약성	대체 가능성	계
Adamus, 1983; Adamus et al., 1987	1	1	1		1	1						5
Ammann and Stone, 1991	1	1	1	1				1	1			6
Bond et al., 1992				1	1		1		1		1	5
Cable et al., 1989	1	1		1								3
Durham et al., 1988	1	1	1					1				4
Golet, 1976	1	1	1			1						4
Gosselink and Lee, 1989	1	1	1				1	1	1	1		7
Hollands and McGee, 1986	1	1	1									3
Larson, 1976		1		1	1		1					4
Municipality of Anchorage, 1991	1	1	1	1	1	1	1				1	8
NCDEHNR, 1995	1	1	1	1	1			1	1	1		8
OMNREC, 1984	1	1	1	1	1	1	1				1	8
USACOE, 1988	1	1	1	1	1	1						6
Total	11	12	10	8	7	5	5	4	4	2	3	

평가 변수의 빈도는 다음 〈표 4-44〉와 같다. 여러 가지 평가 변수 중에서 종 다양성, 면적, 경관 패턴 등이 대부분 변수로 설정되었고, 그 외에도 희귀성, 야생동물 서식지로서의 중요도, 생산성, 대표성 등이 주요 변수로 설정되었다.

이러한 평가 도구들은 각 기능별로 일정한 점수를 부여하고 전체 점수를 통합하는 형식으로 이루어지고 있으며, 부분적으로 각 변수별로 가중치를 부여하는 방식(Golet, 1976; USACOE, 1988)이나 각 변수별로 점수를 달리 적용하는 방식(OMNREC, 1984)도 채택하고 있다. 기능의 수준을 표현하는 방식에서도 몇 방법에서는 일정한 지수에 의한 득점으로 나타내기도 하며(HEP; USFWS, 1980; Ammann & Stone, 1991; Durham, 1988), 다른 한편으로는 점수를 등급화하여 높음, 보통, 낮음 등으로 설정하기도 한다(Adamus et al., 1987).

바. 보전 가치 평가

생태 환경을 평가하기 위한 기준은 일반적으로 회복성, 탄력성, 연결성, 우세권 등이 주요한 인자이지만 이를 정량화하거나 적용하는 데 현실적 어려움이 있다(Costanza et al, 1992). 또한 일반적으로 희귀성, 풍부성, 자연성, 전형성 등은 보편적인 보전 가치 평가 항목들이다(Spellerberg, 1992). 종 수준에서 보전 가치를 결정하는 경우는 희귀종이나 멸종위기종 등이 기준으로 사용되며, 전문가의 판단에 의존하거나(Kljin, 1994) 법률적으로 국제적, 국가적 또는 지역적 주요종을 바탕으로 보전 가치를 평가하게 된다(Spellerberg, 1992; Eagles, 1984).

군락과 서식처의 차원에서는 종간의 유전학적인 다양성과 적절한 군락과 경관의 다양성도 평가의 요소로 고려된다(Costanza et al., 1992). Blab(1999)는 보호지역이나 보전지역을 설정하기 위한 고려사항으로서 고유종이나 멸종위기종 또는 희귀종의 차원에서 어떠한 서식처가 중요한지를 고려하는 것이 중요한 요소라고 했다. 보전 가치 평가 방법들이 서식처나 다른 종류의 생태적 단위에 근거하여 이루어지고 있는데(Spellerberg, 1992), 주요한 서식처 결정 과정에서도 멸종위기종이나 희귀종이 발견된 지점은 곧 주요한 서식처라고 볼 수 있다(Cox, 1993). Klijn(ed.)(1994)은 희귀성, 허약성, 자연성, 대체성을 인자로 전문가적 판단에 의해 점수화하여 보전 가치를 평가하였는데 특히 희귀종이 보전 가치 평가에서 매우 중요하다고 하였다.

Helliwell(1969)은 다양성, 희귀성, 면적을 평가 항목으로 설정하였고, Tubbs & Blackwood(1971)는 다양성, 희귀성, 잠재적 가치를 평가하는 등 다양한 연구 사례에서 모두 유사한 항목을 생태계 평가 지표로 선정하였다. Kirby(1986)의 연구에서는 자연지역 생태계 평가 항목으로 자연성, 종 풍부도, 희귀종 및 특별종, 과거 기록 및 미래 전망을 제시하였고, Kleyer(1994)에서는 서식지 자연성을 평가하기 위해 2단계로 분류하여 보전 가치와 생태계 연결성을 평가 지표로 선정하였다.

Usher(1980)는 North Yorkshire의 과학적으로 특별히 중요한 지역Site for Special Scientific Interest(S.S.S.I.)을 대상으로 보전 가치를 평가하였는데, Ratcliff(1977)가 제안한 10가지 기준을 바탕으로 서식처의 면적, 다양성과 자연성, 희귀성과 전형성, 취약성 등의 6가지 기준을 사용해 보전 가치를 평가하였다. Usher는 서식처의 면적을 가장 중요한 기준으로 보았다.

Wittig et al.(1983)은 도시 지역에서의 오픈스페이스의 중요성을 평가하기 위해 개발 기간, 지역 면적, 희귀성, 서식처의 기능 등 4가지의 평가 기준을 설정하였다. 생물학적인 종에 대한 데이터가 반영되지 않았음에도 불구하고 보전 가치가 높은 지역에서는 주요한 생물종이 서식하는 것으로 나타나 생물종에 대한 데이터가 없이도 보전 가치 평가가 이루어질 수도 있다는 것을 보여주었다.

Sisinni et al.(1993)은 뉴욕에 위치한 공원을 중심으로 평가를 실시하였다. 지표종이 서식하는 가장 이상적인 서식 환경을 1로 보고 각각의 서식처를 0~1까지 점수화하여 나타냈다. 관목의 캐노피 평균 높이, 교목에 의해 덮인 캐노피 비율, 교목 비율, 면적 등의 기준을 사용해 그 지역 내에서 비교적 좋은 환경을 가지고 다른 지역과 비교하여 상대적인 가치를 가지고 보전 가치 평가를 수행하였다.

Ratcliff(1997)는 면적, 다양성, 자연성, 희귀성, 허약성, 전형성, 기록된 역사, 생태적/지리학적 위치,

잠재적 가치, 본질적 매력 등의 10가지 요소를 제안하였으며, 이들은 각각 종, 군락, 서식처 등의 다양한 차원에서 고려될 수 있다.

Freeman(1999)은 도시 지역에서 사라져 가는 오픈스페이스와 자연 지역의 보전을 위해 생태, 쾌적성, 개발 가치와 관련하여 생태학적 가치가 높아 보호해야 할 지역, 개발이 일어나도 무방한 지역, 개발과 보전이 동시에 일어날 수 있는 지역으로 나누어 0점에서 5점까지 6점 척도로 평가하였다.

DAVEY Resource Group(2001)은 오하이오 주의 자연 자원과 국립공원을 관리하기 위해 유역 중 특히 강과 습지, 수변식생대에 대해 보전 가치 평가를 실시하였는데 현재의 상태 뿐 아니라 주요한 서식처로서의 기능을 할 수 있는 잠재성도 함께 고려되었다. 토지 피복, 서식처의 질, 특징적인 서식처, 교란의 정도, 종다양성, 개발잠재력, 복원잠재력, 외부로부터의 영향, 수환경 요소 등 총 9개의 기준을 7등급으로 평가하였다. GIS상에서 파악되지 않았으나 답사 시에 발견된 서식처에 대해서도 별도로 점수를 부여하였다.

Collins(2001)는 Superior 호수 유역의 서식처 보전을 위한 기준을 경관 차원, 군집 차원, 종 차원에서 다음 〈표 4-45〉와 같이 제시하였다.

표 4-45. Superior 호수 유역 보전을 위한 주요 서식처 및 인자(자료: Collins, 2001)

구분	주요 서식처	고려 인자
경관 차원 (Landscape Scale)	• 면적/분절화 되지 않은 곳 • 국가적 보전지역으로 지정된 곳 • 수령이 오래된 산림 • 연안 해안, 연안 습지생태계 • 생물학적, 생태학적으로 다양한 곳	• 면적, 연결성 • 대체성 • 다양성
군집 차원 (Community Scale)	• 희귀 군락 또는 위협에 처한 군락 • 희귀 식물이나 희귀 서식처 • 대표적인 군락	• 희귀성, 위협성 • 대표성
종 차원 (Species Scale)	• 위협, 허약, 희귀종 • 조류의 서식처 • 양서파충류의 산란 장소 • 인간의 영향을 완화시킬 수 있는 지역 • 생태학적으로 주요한 역할을 수행하는 종의 서식처	• 희귀성, 위협성 • 각 종의 서식처를 구성하는 인자

(5) 종합

선행연구들을 종합해보면 〈표 4-46〉과 같으며 평가 기준은 〈표 4-47〉과 같다.

표 4-46. 선행 연구의 보전 가치 평가의 종합 및 특징

연구자	대상 지역	특징	비고
Ratcliff(1977)	–	• 보전 가치를 평가하는 인자를 제시, 생물학적 기준 이외에도 미적, 역사적 기준을 포함	
Usher(1980)	보전지역	• Rattcliff(1977)가 제안한 인자 중 넓은 지역에서의 유용한 기준을 면적, 다양성, 자연성, 희귀성, 전형성, 허약성 등 6가지로 제한해 평가	
Wittig et al.(1983)	도시지역 오픈스페이스	• 개발의 기간, 지역 면적, 희귀성, 서식처 기능 등의 4가지 인자로 도심 오픈스페이스 평가 • 생물종의 데이터 없이 수행	
Eagles(1984)	보전지역	• 다양성, 면적, 희귀성, 생태적 기능을 생태적 기준으로 제시 • 생물학적 기준 이외에도 사회적, 지리학적, 경관미 기준을 포함하여 보전지역 평가 및 설정	
UNESCO	보전지역	• 종의 다양성과 희귀성에 근거해 핵심지역 설정 • 핵심지역에의 영향을 완화시킬 수 있는 완충지역과 전이지역 설치	
Sisinni et al.(1993)	도시의 자연공원	• 지표종을 이용해, 기준 서식 환경을 제시하고 이를 바탕으로 각각의 공원을 비교해 평가 • 공원 내부의 서식처 뿐 아니라 외부의 환경까지 평가	
Millard(1993)	보전지역	• London Ecology Unit의 기준 중 다양성, 희귀성, 자연성, 면적, 대체성 등 5가지 기준을 사용해 정성적으로 평가	
London Ecology Unit(1994)	자연지역	• 자연 환경 감사의 기준을 바탕으로 평가 수행 • 생태적 보전 가치와 동시에 경제적, 사회적 가치를 평가 • 실제적인 사업 시행을 위한 복원 가능성에 대한 평가 실시	
Klijn ed.(1994)	보전지역	• 희귀성, 허약성, 자연성, 대체성을 인자로 전문가들이 정성/정량적으로 판단	
Sutherland ed.(1995)	조류보호지역	• 자연 환경 감사의 인자를 기본으로 15가지 기준 제안	
English Nature(1997)	자연지역	• 자연 환경 감사의 인자 중 자연지역 보전을 위한 인자로 서식처나 생물종의 희귀성과 대체성을 제안	
Freeman(1999)	도시지역 오픈스페이스	• 생태적 기준과 쾌적성 기준, 개발가치 기준을 바탕으로 6점 척도로 점수화해 보전가치 평가	
DAVEY Resource Group(2001)	보전지역 (유역)	• 수변식생대에 대한 가치 평가에 있어 유역을 대상으로 현재의 상태 뿐 아니라 미래의 잠재적 가치와 영향에 대해서도 평가 • 기존에 GIS화 되지 못한 주요 서식처들은 답사를 통해 보완	
Collins(2001)	호수 유역	• 다양한 차원에서의 서식처 평가인자 제시	

표 4-47. 선행 연구에서 보전지역 평가에 사용된 평가 기준

항목 연구자	면적	다양성	자연성	희귀성	허약성	전형성	기록된 역사	생태/지리적 중요성	잠재적 가치	본질적 매력	경관미	대체성	접근성	문화/역사적 특징	인간의 간섭	개발 가능성	중요한 지세	관리에의 제한 요소	보전 지역과의 거리	경제성	과학적 중요성	실용성/인간의 이용	대표성	분류학적 특이성
Rattcliff(1997)	○	○	○	○	○	○	○	○	○	○														
Usher(1980)	○	○	○	○	○	○																		
Eagles(1984)	○	○		○				○	○		○													
Millard(1993)	○	○	○	○								○												
London Ecology Unit(1994)	○	○		○			○	○	○		○	○	○	○										
Klinn(ed.)(1994)			○	○	○							○												
Sutherland(1995)	○	○	○	○	○	○	○	○	○	○					○		○	○	○					
English Nature(1997)				○								○												
UNESCO MAB		○	○	○																	○	○	○	
DAVEY Resource Gourp(2001)		○	○	○				○							○	○	○							
계	7	10	9	13	5	4	4	7	6	3	2	4	2	2	3	1	2	1	2	1	2	3	1	1

습지 성능 평가

IV-2

가. 성능 평가 이론적 틀[4]

(1) 성능의 개념 및 생태 성능

성능 평가performance assessment는 자연을 목표로 하여 훼손된 지역이나 보전이 필요한 지역에 대하여 대상지의 생태적 가치를 파악하고, 궁극적으로 생태성이 떨어지는 부분에 대하여 복원 계획, 관리 방안을 제시하는 것이 목표이다. 특히 인공 생태계 조성 후 목표를 달성했는지에 대해 판단하기 위한 근거가 된다. 생태 성능 평가는 생태계의 현재 상태를 파악할 뿐만 아니라 건강성 회복을 위한 판단의 근거를 제공할 수 있으며 평가를 통해 생물 서식처, 생물종다양성, 생태계 연결성, 기능 발휘를 근거로 수생태계의 회복 및 복원을 위한 목표 설정을 할 수 있게 된다.

Kentula et al.(1993)은 인공습지created wetlands 조성 후 모니터링을 통해 습지의 구조적 특성 및 기능적 특성에 대한 성능 평가가 필요함을 강조하였으며, 인공습지 조성 후 유기질 함량 및 식생 피복은 초기에 낮았으나 점차 증가하여 3~4년 경과 후에는 자연습지에 근접하였고, 생물종다양성은 오히려 초기에는 높았으나 점차 안정되어 3~5년 경과 후 자연습지 수준으로 안정되었다고 보고하였다. 구본학 등(2008)은 인공습지 등 생태복원 분야의 성능을 문화·정서적인 관점의 경관 성능, 물과 열, 바람 및 빗물의 저장, 순환, 바람에 의한 열섬 완화 효과 등을 다루는 환경 부하 저감 성능, 생물종다양성을 높이고 최소의 에너지를 투입하여 생물 서식처 유지 관리를 도모하는 생태 성능으로 구분한 바 있다. 구본학 등(2011)은 습지의 생태 성능을 인공적으로 조성된 습지생태계가 자연습지와 유사한

4. 구본학(2000; 2002) 등을 수정

기능 발휘를 위해 갖추어야 할 목적물의 성질과 특성이라고 정의하였다.

(2) 평가 단계

습지의 성능 평가 과정은 일반적으로 3단계로 이해할 수 있다(Kentela et al., 1993; Admiraal et al., 1997).

1) Level I: Documentation of As-built Conditions

인공습지 조성 직후의 현황에 대한 기록으로서 일반적인 정보를 얻을 수 있다. 대개 한 번의 방문으로 가능한 수준이며, 설계 기준, 프로젝트의 목표 및 목적 등에 비추어 평가한다. 표현 방법은 도표, 기록 등의 수단이 있다. 현황 조사 도면을 그리게 되며, 일정한 양식에 의해 특징적인 요소를 기술한다.

2) Level II: Routine Assessments

모니터링과 천이의 진행 과정에 대한 기록이다. 이 단계에서 수정이 필요한 문제를 파악하거나 인식할 수 있다. 모니터링에 필요한 사이트의 현황 조사와 습지 발달 과정을 기록한다. 많은 시간과 노력, 비용과 각 분야별 전문지식이 필요하다. 과거의 기록 사진이나 문헌과 현재의 상태에 대한 시각 평가를 비교 분석하면 명확한 변화를 알 수 있다.

3) Comprehensive Assessments

조성된 습지에 대한 더욱 완성된 계량화된 종합적인 정보를 생산한다. 종합 평가는 습지의 중요 요소들이 충분히 발달할 만큼 시간이 경과되어야 효과적이다. 잘 관리된 습지의 경우 최소 약 3~5년 이상이 소요된다.

(3) 성능 데이터 표현 방식

모니터링 데이터를 표현하기 위해 성능 곡선performance curves, summary or descriptive graphs, time-series graphs, characterization curves 등의 그래프를 이용한다(Kentula et al,, 1993).

1) 성능 곡선

성능 곡선은 모니터링의 데이터를 표현하기 위한 그래프로서, 조성된 인공습지와 자연습지를 비교하는 데 유용하다. 자연은 시간의 경과에 따라 다양한 변화가 이루어지는 특성을 가지며 이에 따라 지속적인 조사와 측정이 필요하다. 이러한 주기적인 조사의 결과로 나타낼 수 있는 성능 곡선은 인공습지의 성능이 발휘되고 있는 정도를 파악할 수 있게 해준다. 조성된 인공습지의 시간에 따른 기능 변화는 유사한 자연습지의 기능과 비교하여 예측 가능하다.

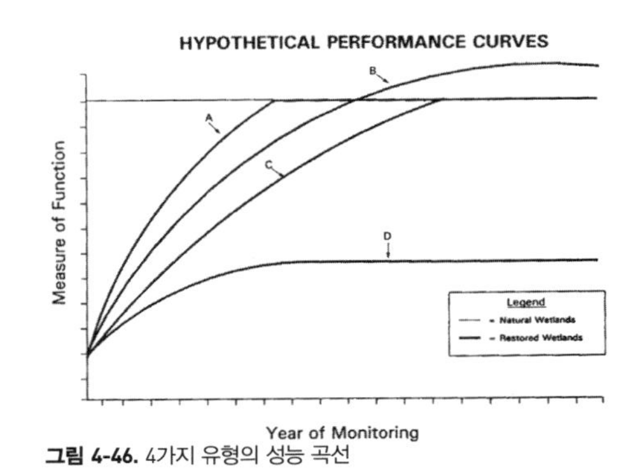

그림 4-46. 4가지 유형의 성능 곡선

모니터링을 통한 습지 기능 곡선을 나타내는 방법은 두 가지가 있다. 한 가지는 비슷한 시기에 조성된 습지 또는 자연습지에서 시간의 흐름에 따라 반복적으로 비교하기 위한 곡선이다. 새로운 프로젝트이거나 사례가 적은 경우, 지속적인 모니터링을 실시하여 평가한다. 프로젝트에 의해 조성된 인공습지에서 시간의 흐름에 따른 기능의 변화는 유사한 자연습지와 비교하여 예측 가능하다. 〈그림 4-46〉 윗부분의 가는 실선이 자연 습지의 기능 곡선이며, A~D는 새로 조성된 인공습지의 기능 변화를 나타낸다. A, C는 자연습지의 기능에 이르렀으며, B는 초과, D는 기능이 자연습지에 결코 이를 수 없으므로 구조 및 기능의 개선이 필요하다. 성능 곡선을 통해 다음과 같은 의문에 대한 단서를 찾을 수 있다.

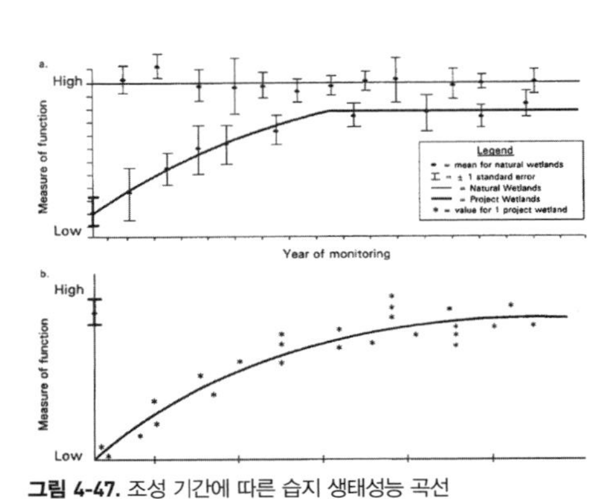

그림 4-47. 조성 기간에 따른 습지 생태성능 곡선

- 특정 토지이용 상태에서 자연습지나 인공습지의 기능이 목표치까지 달성될 수 있는가?
- 인공습지의 기능이 자연습지와 비슷한 수준을 달성하였는가?
- 인공습지의 기능이 목표 수준에 이르기 위해서 어느 정도 시간이 걸리는가?
- 최적의 정보를 얻기 위해서 모니터링은 얼마나 지속되어야 하는가?

습지 조성 기간에 따른 습지 성능 곡선을 나타내는 두 가지 접근 방법이 가능하다. 〈그림 4-47〉은 자연습지를 기준으로 인공습지의 성능을 분석한 그래프이다.

ⓐ 표준 습지로서의 자연습지(가는 실선)와 인공습지(굵은 실선)를 대상으로 시간의 흐름에 따른 기능의 변화를 나타내었다. 비슷한 시기에 조성된 습지 및 자연습지에서 시간의 흐름에 따라 반복적으로 비교하기 위한 곡선으로, 새로운 프로젝트나 사례가 적은 경우에 지속적인 모니터링을 실시하게 되며, 시간에 따라 인공습지의 기능이 상승하여 자연습지 기능과 근접하게 된다. 더 이상 기능이 상승되지

않는 점에서 인공습지 기능과 소요 시간이 결정된다.

ⓑ 생성 연대가 서로 다른 많은 인공습지를 대상으로 동시에 기능을 평가한 그래프이다. Y축 상의 점은 표준습지인 자연습지의 평균 성능치로서, 서로 다른 시기에 조성된 습지에서 동시에 평가하여 비교하기 위한 곡선이다. 습지의 생성 기간에 따라 오래된 습지일수록 기능이 향상되며 자연습지의 기능과 근접한 경향을 보인다.

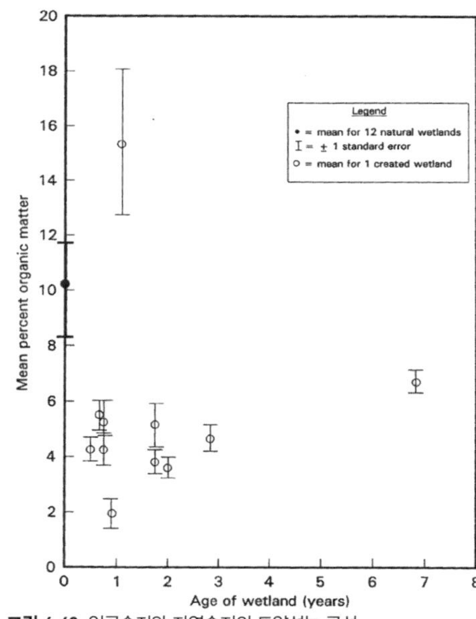

그림 4-48. 인공습지와 자연습지의 토양성능 곡선

한편, 인공습지와 자연습지의 토양 분석 결과를 나타낸 성능 곡선을 예를 들면 다음과 같이 설명할 수 있다.

〈그림 4-48〉은 자연습지(12개소 평균) 및 인공습지(11개소)의 토양의 상층부 5cm에 대한 유기물 함량 평균치를 비교하여 나타낸다. Y축 상의 10% 부근에 12개 자연습지의 유기물 평균치가 검은색 점으로 나타나 있고, 흰색 원은 11개 인공습지에서 조사한 토양 유기물 함량의 분포도를 나타내고 있다. 조성 연대별로 오래된 인공습지일수록 토양 특성이 자연습지의 토양에 가까워지고 있다.

2) Summary or Descriptive Graphs

바차트bar chart 혹은 박스 플롯box and whisker plots 등으로 나타낸다.

〈그림 4-49〉에서 ⓐ는 11개의 인공습지와 12개의 자연습지의 개방수면 비를 %로 나타낸 막대그래프bar chart이다.

ⓑ는 인공습지Cx와 자연습지Nx에서 조사된 식생의 유형을 피도 기준으로 가중 평균치로 나타낸다. 중앙의 가로선에서 왼쪽에 가까울수록 습지 고유 식생이며 오른쪽은 육상식생을 나타낸다. 또한 가로선 중간의 가중치 3.0을 기준으로 왼쪽 부분(가중치 1.0~3.0 사이)은 습지이며 오른쪽 부분(가중치 3.0~5.0 사이)은 육상을 의미한다. 가로선 위는 자연습지, 아래는 인공습지를 각각 나타낸다. 자연습지보다 인공습지의 식생

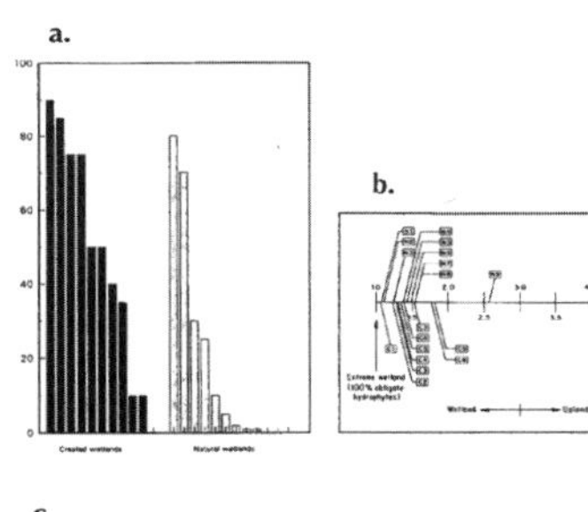

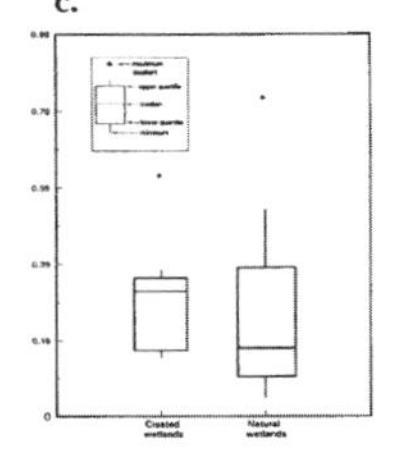

그림 4-49. Summary or Descriptive Graphs 사례. a=bar charts, b=weighted average scores, c=box & whisker plot

이 습지식생 쪽으로 기울어져 있다. ⓒ는 자연습지와 인공습지에서 발견되는 외래종의 비율을 박스 플롯box and whisker plots으로 나타내었다. 인공습지에서 상대적으로 외래종이 제한된다. 참고로 박스 플롯 개념도는 〈그림 4-50〉과 같이 나타낼 수 있다.

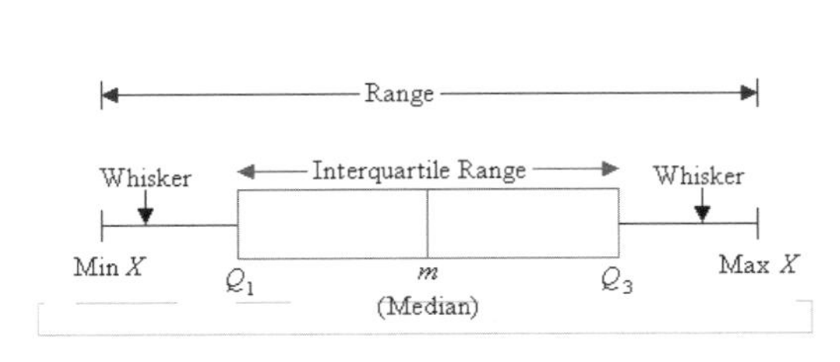

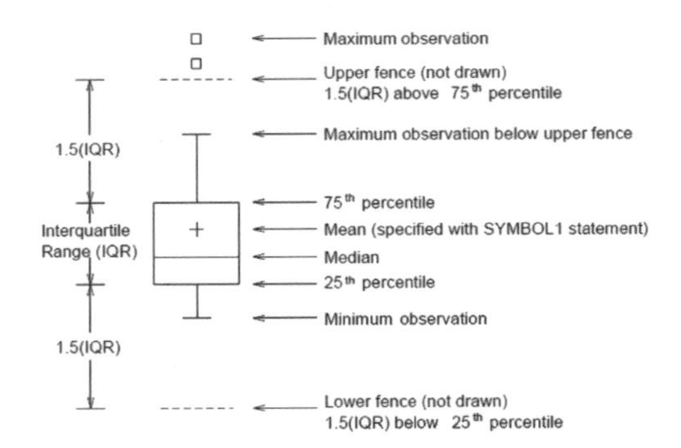

그림 4-50. 박스 플롯 개념(box and whisker plot)

3) Time-series Graphs

시간의 경과에 따른 여러 습지의 성능을 나타내며 주로 아래와 같은 데이터 쌍으로 구성된다.

- 같은 구역 내의 인공습지와 자연습지의 비교
- 인공습지와 자연습지의 유사성
- 시간의 경과에 따른 습지 기능 변화

〈그림 4-51〉은 인공습지(□)와 자연습지(○)의 매월 수위 변동 그래프로서, 그림에서 가운데 실선은 지표면, 가로축은 경과 시간, 세로축은 수위를 각각 나타낸다. 인공습지의 수위는 지표면 위로 일정하게 유지되며, 자연습지 수위는 지면보다 주로 아래에서 불규칙하게 변화하고 있다. 대체로 인공습지 수위가 자연습지 수위에 비해 상대적으로 일정하게 유지되고 있다.

그림 4-51. Time-series Graphs 사례

4) Characterization Curves

빈도 분포, 히스토그램 등의 수법에서 비롯되었으며, 인공습지와 자연습지의 기능성 및 경향을 비교하는데 매우 유용하다. 〈그림 4-52〉에서 자연습지와 인공습지의 기능을 빈도 곡선으로 나타내었다. 인공습

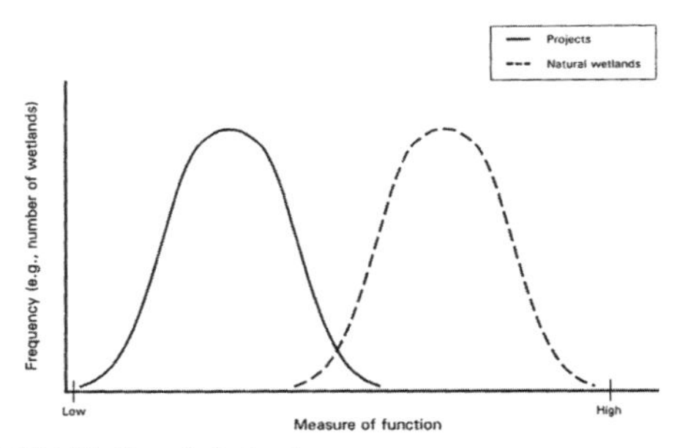

그림 4-52. Characterization Curves

지보다 자연습지에서 더 기능이 양호한 습지가 많다.

나. 표준 습지Reference Wetland

인공습지 성능 평가를 위해서는 습지 조성 이후 변화된 현 단계의 습지 기능을 평가하고 제안된 행위의 결과로 나타나는 습지의 잠재적 변화에 대한 예측을 하는데 이를 위해 훼손되지 않은 자연 상태의 표준 습지와 비교 평가한다. 구본학 등(2011)의 연구에서는 표준 습지를 '자연성을 유지하고 있는 습지이며 습지 복원, 대체습지 조성, 기능 평가, 성능 평가 등을 위한 기준이 되는 습지로서, 인위적 또는 자연적 훼손이 적고 습지의 기능이 우수하게 발휘되는 습지'라고 정의하였다.

한편, Lin(2006)은 표준 습지 및 유사 개념을 다음 〈표 4-48〉과 같이 구분하여 정의하고 있다.

표 4-48. 표준 습지 유사 개념(Lin(2006)을 저자가 일부 수정)

용어	정의	비고
Reference Domain	지역적 습지 유형(subclass 수준)을 대표하는 표준 습지가 나타난 지리적 영역 (Smith et al. 1995)	표준 지역
Reference Wetlands	인간의 활동에 의한 영향, 자연 형성 과정 및 자연적 교란 등에 의해 나타나는 지역적 습지 유형(subclass)의 변이성을 대표하는 습지	표준 습지
Reference Standard Wetlands	각 기능별로 대표성을 갖는 표준 습지의 한 부분 집합으로서 인위적 변화가 최소화된 경관 내에서 지속성을 유지하면서도 인위적 변화가 최소화된 습지. 절대 표준 습지는 모든 기능에서 습지 기능 인덱스(FCI; Functional Capacity Index) 값이 1.0으로 나타남	절대 표준 습지
Reference Standard Wetlands Variable Condition	절대 표준 습지(Reference Standard Wetlands)에서 모델 변수에 의해 나타난 조건의 범위. 절대 표준 습지의 변이 조건에서는 변수별로 부분적으로 FCI값이 1.0으로 나타남	절대 표준 습지의 변이 조건
Site Potential (Mitigation Project Context)	교란, 토지이용, 기타 제한 요인에 의해 주어진 조건에서 가능한 최고 수준의 기능. 대상지 잠재성은 절대 표준 습지에서의 기능 수준과 같거나 작음	습지 잠재성
Project Target (Mitigation Project Context	습지 복원 및 조성 사업에서 이상적이거나 현실적으로 정해진 기능 수준	사업 목표
Project Standards (Mitigation Context)	사업 목표를 토대로 복원 또는 조성을 위한 가이드라인으로서의 성능 기준 및 시방 기준. 사업 목표가 달성되지 못한 경우 사업 기준은 합리적인 대비 방안을 제시할 수 있어야 함	사업 기준

표준 습지의 개념은 목적에 따라 다양하게 정의할 수 있지만 기본적으로 표준 습지는 자연 상태의 습지의 원형에 가까운 습지생태계의 전형(USEPA, 1996)으로서, 훼손이 없거나 적어 자연 생태계를 비교적 온전히 유지하고 있는 습지를 의미하며 특정 유형의 습지 기능을 대표하기도 하고 인공습지 조성 및 습지 복원의 모델이 되거나 성능 평가 지표 또는 기준으로 활용하여 습지의 생태적 기능을 향상시키거나 개선할 수 있다. 표준 습지를 파악함으로써 새로운 지표 또는 기준으로 활용하여 생태적

기능을 향상 또는 예측할 수 있는 기준을 개발할 수 있다(Brinson, 1993).

표준 습지 외에도 참조 습지, 기준 습지, 비교 습지, 대조 습지 등의 용어로 사용되기도 하였으며 때로는 자연 상태의 습지로 표현하기도 한다. 구본학(2000) 및 구본학과 김귀곤(2000)은 용도에 따라 표준 습지, 비교 습지 등의 개념으로 구분하였으며 표준 습지의 개념이 더 포괄적이고 생태적으로 안정된 상태라고 하였다. 박미영(2008)은 한 지역에서 자연의 과정과 교란 그리고 문화의 결과로써 지역의 원형 습지를 대표하는 것으로 습지 유형별 최대치의 기능을 하고 있어 습지의 완전성을 나타내며, 기능 평가에서 변이성wetlands variable condition을 대표할 수 있는 습지를 기준 습지라고 정의하였다. 이 책에서는 인공습지 조성 모델 및 평가를 위한 표준적인 생태계를 의미한다는 점에서 표준 습지로 정의하였다.

표준 습지는 자연 원형에 가까운 습지로서 지역의 생태적 대표성이 있는 습지를 의미하며, 같은 유역 내에서 습지의 유형을 가장 잘 나타내고 있는 자연적 상태를 유지한다(USEPA, 1996). 지역적 측면에서 변이성을 대표할 수 있으며 자연형성과정 및 인류역사적인 과정을 겪은 습지로서(Smith et al., 1995), 일정 지역에서 나타나고 있는 자연 형성 과정과 천이, 기후변화, 화재와 침식 등의 교란 그리고 문화의 결과로써 대표성 있는 습지를 말하며, 다른 유형이나 생태권역의 습지와 차별된다. 표준 습지는 자연 과정과 교란(천이, 산불, 침식 그리고 침전 등) 뿐만 아니라 인간이 영향을 끼친 결과로써 나타난 습지 유형으로 지역의 변이성을 대표될 수 있는 습지를 말한다.

표준 습지는 아래와 같이 여러 가지 목적을 수행하고 있다(Uranowski et al., 2003).

첫째, 지역에서 나타나고 있는 표준 습지를 통하여 습지의 기능과 구조적 특성을 정의할 수 있다.

둘째, 습지 기능 평가 모델을 위해 필요한 데이터 제공 및 평가 모델에서 나타나고 있는 상태의 변이성과 변이의 범위를 수립해준다.

셋째, 표준 습지는 반복적으로 관찰하고 측정함으로써 습지생태계의 대표성을 수치화, 구체화시켜 준다.

습지 기능 평가 모델 중 정밀 기능 평가 모델인 HGM 접근에서도 표준 습지가 필수적으로 고려된다. HGM이 기본적으로 지형과 수문학적 이론에 바탕을 두고 있고 동일한 생태권역에서 동일 유형의 습지 중에서 표준 습지를 선정하여 비교함으로써 기능 수행 정도를 판단하는 것이다. 즉, 평가 대상 습지가 표준 습지의 기능과 비교하여 상대적으로 어느 수준의 기능을 수행하는지를 지수로 나타낸다.

또한 표준 습지는 생물학적 평가 모델인 IBI(Index of Biological Integrity)를 도출하기 위한 근거가 된다. IBI는 USEPA에서 한 지역의 습지가 야생동물을 부양 및 유지할 수 있는 능력을 나타낸 지표값으로서 특정 습지의 종 구성, 종다양도, 습지 구조와 기능 등을 표준 습지와 비교 평가하여 도출한다. 이때 자연 그대로의 습지에서 생물상이 풍부하고 생물다양성이 높다는 것을 전제로 한다.

이러한 표준 습지는 생태권역이나 습지 유형 등에 따라 가장 전형적이고 대표성 있는 습지를 선정하는 것이 바람직하나 이를 위해서는 습지의 생태적 특성을 바탕으로 한 생태권역의 구분이 필요하다. 또한 표준 습지를 자연습지에서 선정하거나 인공적으로 조성되었지만 생태적 형성 과정에 의해 자연습지에 근접한 생태적 기능을 나타내는 인공습지에서 선정하는 것이 가능하다. 어느 정도 면적을 유지할 때 그 지역에서 나타나는 다양한 범위의 영향을 받을 수 있으며 너무 작은 경우 자연 형성 과정을 모두 담지 못할 수도 있기 때문에 적정한 범위의 위치와 면적이 유지되는 것이 좋다(Smith et al., 1995).

표준 습지를 자연습지에서 선정하거나 인공적으로 조성되었지만 생태적 형성과정에 의해 자연습

표 4-49. 표준 습지 목적에 따른 항목(박미영(2008)을 필자가 수정)

표준 습지 활용 목적	항목		참고 문헌
	대분류	소분류	
지역에서 대표적인 자연습지 선정	자연 원형 습지	시간적 경과	Weller and Spatcher(1965), Weller and Fredrickson(1974)
		교란의 정도	Fennessy et al.(1998), Mack(2001), Mitsch and Gosselink (1993), Mack et al.(2000)
		습지의 크기	Smith(2001)
		식생의 형태 및 자생식물	Fennessy et al.(1998), Mack(2001)
		생물다양성	Ontario Ministry of Natural Resources and Environment Canada(1984)
	지역에서 대표되는 지형에서 형성된 습지	기상변화	Brinson(1993), Arkansas 습지 웹사이트, Smith et al.(1995)
		생태권역(Eco-region)	
		역사성	
		토지이용	
		토양	
습지의 변이성 및 기능 평가 모델 설정	습지 유형별 대표되는 구조 및 기능을 지닌 습지	식생	Tom & Stephen (2000), Robert & Christopher(2001)
		수리수문	
		토양	
		야생동물의 종 및 개체수	
		특이 습지 유형(이탄습지 등)	
대체 습지 및 복원·관리계획 수립 시 모델이 되는 습지 설정	잠재성 있는 습지	안정적 토지 이용	English Nature(1997), Cox(1996), Jennifer(2006), Young(2004)
		안정적 수리 수문	
		습윤 토양	
		식생	
		천이	
	표준 습지	습지의 크기	Nature Serve(2006), Admiraal et al.(1997), Brinson et al.(1994), Smith et al.(1995)
		대표적 수리 수문의 특성	
		대표적 토양 특성	
		대표적 식생의 특성	
		대표되는 지형	
		토지 이용	
		서식하는 생물종	
		습지의 기능	

지에 근접한 생태적 기능을 나타내는 인공습지에서 선정하는 것이 가능하나, 자연습지 중 생태 기능이 우수한 습지를 표준 습지로 선정하기도 한다(구본학 등, 2011).

표준 습지는 생태권역Eco-region 내에서 습지 유형별로 선정하는 것이 바람직한데, 목적에 따라서 선정 조건이 달라질 수 있다(구본학 등, 2011). 일반적으로 HGM 등 기능평가를 위한 표준 습지는 평가 모델을 작성하기 위한 목적에 따라 매우 복잡하고 정교하게 제시되고 있다.

표준 습지를 선정하기 위해서는 습지 조사를 통해 습지생태계의 구조와 기능을 분석하고 RAM 등과 같은 일반적 수준의 기능 평가를 통해 보전 가치가 '높음'으로 나타난 습지를 선정하는 객관적이고 계량화된 방법론과 전문가들이 습지 조사 데이터를 바탕으로 지역적 특성을 충분히 반영하고 있다고 판단하여 선정하기도 한다. 전문가적 판단에 의한 표준 습지 선정은 수치로 계량화되기 어려운 요소들까지 반영할 수 있다.

박미영(2008)은 습지 관련 연구에 대한 문헌 연구 및 전문가 인터뷰를 통해 표준 습지의 목적에 따라 고려해야 할 항목을 〈표 4-49〉와 같이 도출하였다.

다. 성능평가

(1) 요구 성능 및 평가

성능 평가는 목적물이 얼마나 효과적으로 달성되었는지를 결정하는 지표에 의해 평가하는 것을 말한다. 성능 기준은 성능 달성 여부를 판단하기 위한 근거로서 목적물의 요구수준을 설정하는 요구 성능과 목적물이 목표를 달성했는지를 평가하기 위한 성능 평가 항목 및 평가 기준으로 구분한다. 생태 성능 평가는 요구 성능이 생태계의 보전과 복원을 목표로 제시된 것이며, 궁극적으로 생태적 가치의 파악을 통해 생태성이 떨어지는 부분에 대하여 복원 계획, 관리 방안을 제시하게 된다.

구본학 등(2008)은 열섬효과 완화와 생물다양성 증진을 위해 습지의 성능 평가 연구를 진행하였다. 정진용(2009)은 대체 습지 생태 성능 평가 항목으로 야생동물 서식처 조성, 대체 습지 면적비, 입지의 적절성, 식물 종 수, 야생동물 종 수, 보호종, 야생동물 이동통로, 녹지축 조성, 다른 생태계와의 거리, 수질, 수심, 수변부의 모양 등을 도출하였다.

김하나(2009)는 인공습지에 포괄적으로 적용 가능한 인공습지 생태 성능 평가 지표를 개발 제안하고 각 평가지표별로 AHP기법에 의한 항목별 가중치를 산정하여 소택형 습지 및 하천형 습지에 대

표 4-50. 대체 습지 성능 평가 기준 및 가중치(구본학 등, 2011)

요구 성능	평가 항목	평가 기준	득점 기준	가중치
야생동물 서식처로서의 기능을 충분히 발휘해야 한다.	야생동물 서식처 조성	조류·양서, 파충류·수서곤충·어류 서식처의 종류별 조성 여부	없음: 20점 1종 조성: 40점 2종 조성: 60점 3종 조성: 80점 4종 조성: 100점	0.091
	대체 습지 면적비	최소기준 – 1 : 1 표준기준 – 1 : 1.5 향상기준 – 1 : 3	1:1 미만: 20점 1:1 이상~1:1. 5미만: 40점 1:1.5 이상~1:2 미만: 60점 1:2 이상~1:3 미만: 80점 1:3 이상: 100점	0.070
	입지의 적절성	훼손습지와 대체습지의 거리요소 고려	0~20%: 20점 20~40%: 40점 40~60%: 60점 60~80%: 80점 80~100%: 100점 80km 이상: -20점	0.118
생물 종 다양성이 풍부해야 한다.	식물 종 수	대체 습지의 종 수/ 표준 습지의 (평균) 종 수	0~20%: 20점 20~40%: 40점 40~60%: 60점 60~80%: 80점 80~100%: 100점	0.085
	야생동물 종 수	대체 습지의 종 수/ 표준 습지의 (평균) 종 수	0~20%: 20점 20~40%: 40점 40~60%: 60점 60~80%: 80점 80~100%: 100점	0.078
	보호종	보호종의 서식지나 출현여부에 따라 평가	없음: 0점 있음: 100점	0.096
다른 생태계와의 연결성이 우수해야 한다.	야생동물 이동통로	RAM의 평가 기준을 세분하여 총 5단계로 나누어 조성 개수에 따라 평가	없음: 20점 1개 조성: 40점 2개 조성: 60점 3개 조성: 80점 4개 이상 조성: 100점	0.078
	녹지축 조성	GBCC의 평가 기준을 기본으로 5급의 기준을 추가하여 제시하고 최소 녹지축의 폭은 4m로 평가 기준 제시	20%>L/A: 20점 40%>L/A≧20%: 40점 60%>L/A≧40%: 60점 80%>L/A≧60%: 80점 L/A≧80%: 100점	0.090
	다른 생태계와의 거리	RAM의 평가 기준을 세밀하게 구분하여 평가 기준 제시	1,000m 이상: 20점 800~1,000m 미만: 40점 600~800m 미만: 60점 400~600m 미만: 80점 400m 이하: 100점	0.093
우수한 생태적 기능 발휘를 위한 수환경이 조성되어야 한다.	수질	환경정책기본법의 호소 수질 기준	5등급: 20점 4등급: 40점 3등급: 60점 2등급: 80점 1등급: 100점	0.077
	수심	France를 기본으로 차이도 계산 평가. 0~0.3m : 40%, 0.3~1m : 10%, 1~2m : 50%	100~80%: 20점 80~60%: 40점 60~40%: 60점 40~20%: 80점 20~0%: 100점	0.043
	수변부의 모양	수변부의 굴곡이 적절하고 불규칙적인가?	매우 미흡: 20점 미흡: 40점 보통: 60점 우수: 80점 매우 우수: 100점	0.079

한 성능을 평가하였다. 구본학 등(2011)은 습지 생태계를 환경 포텐셜에 따라 야생동물 서식처, 생물종다양성, 생태계 연결성, 수환경 등을 요구 성능으로 설정하고, 각 성능 평가 항목별 기준을 제시하였다. 또한 표준 습지를 대체 습지 중에서 선정하여 하천변 범람원에 형성된 습지 유형을 대표하는 습지로 새로운 지표 또는 기준으로 활용 가능하여 생태적 기능을 향상 또는 예측할 수 있도록 하였다. 요구 성능 및 평가 지표는 인공습지 생태 성능 평가 지표를 이용하였으며, 각 항목별로 AHP기법에 의한 가중치를 적용하였다. 정연숙 등(2013)은 수생 생물의 현존량과 다양성 등을 포괄하는 생태계 건강성 평가 지표를 추출하여 점수화한 후 지수 결정 및 검증 세 단계로 구분하여 적용 가능성을 제시하였다. 김보희(2015)는 생물다양성 및 기후변화 대응 기능을 고려한 인공습지 생태계 요구 성능 및 성능평가 항목을 개발하고 평가 지표를 제안하였다.

(4) 성능 평가 지표: 생물종다양성 증진 및 탄소 저감 인공습지

이 책에서는 생물다양성 증진 및 기후변화(탄소 저감) 기능에 초점을 둔 인공습지에 적합한 생태 성능 평가 지표를 사례로 제시하고자 한다.

1) 세부 요구 성능: 야생동물 서식처 기능

■ **야생동물 서식처 조성**

각종 생물이 서식하고 있는 표준 습지의 특성을 반영하고 야생동물의 조기 정착을 위한 분류군별 야생동물 서식처 조성 개수를 평가 기준으로 한다. 야생동물 서식처 조성은 조류 서식처, 양서·파충류 서식처, 수서곤충 서식처, 어류 서식처 등으로 구분하여 100점 만점을 기준으로 5개의 등급을 구분, 20점 등간격으로 평가한다.

■ **대체 습지 면적비**

훼손된 습지로 인해 대체 생태계 전략으로 조성된 대체 습지 평가에만 적용이 가능하다. 습지의 절대적 규모도 중요하지만 생태 성능 평가 시 훼손된 습지 규모에 대해 대체 습지규모의 비가 더 유용한 기준이 될 수 있다.

France(2003)는 대체 습지 면적비 1:2~3으로, 복원 및 향상 습지 면적비 1:4~20으로 각각 설정하고 있다. Wisconsin의 지침서(2002)는 표준을 1:1.5로 설정하고 특별한 경우에는 1:1로 산정하고 있으며, Josselyn(1990) 등은 1:1 이상으로 산정하고 있다. Kruczynski(1990)은 복원습지를 1:1.5, 대체습지를 1:2, 향상습지를 1:3으로 산정하고 있으며, Kantor and Charette(1986)은 1:2로 산정하고 있다.

평가 기준으로 1:1 미만, 1:1 이상~1:1.5 미만, 1:1.5 이상~1:2 미만, 1:2 이상~1:3 미만, 1:3 이상 등 다섯 단계로 구분하고, 각 단계별로 20점 등간격으로 득점 기준을 설정하였다.

■ 절대 습지 면적

야생동식물 서식처 제공 요인으로 규모, 다른 습지와의 관련성, 교란 등을 들고 있다(Kent, 1994). 규모는 야생동물 서식 공간을 위한 가장 중요한 고려 요인이며, 습지 조성 목표는 습지의 크기를 결정하는 것이라고 할 수 있다(구본학, 2009). 즉, 습지의 크기가 중요한 생태 성능 평가 항목이라 할 수 있는데 습지의 기능 평가 방법인 RAM, HGM, WIMS 등에서도 면적에 대한 평가 항목을 포함하고 있다.

새롭게 조성된 인공습지는 원래의 훼손된 면적을 비교한 원습지가 존재하지 않기 때문에 원습지와 대체습지의 면적 비율을 평가하는 것은 적합하지 않으며 절대 면적을 적용하는 것이 타당할 것이다. 이와 관련하여 France(2003)는 야생동물 서식 환경을 고려한 인공습지를 설계할 때 1.3~10에이커(0.5~4ha)의 크기에서 종 풍부도가 가장 높으며, 생물서식처 기능을 위해서는 최소 면적이 0.05에이커(0.02 ha)이상 되어야 한다고 제안하였다. 또한 RAM에 의한 습지 일반 기능 평가에서 Tilton et al.(1997)은 서식 환경 평가를 위한 기준으로서 습지 면적 8ha 이상일 때 높음, 0.4~8ha일 때 보통, 0.4ha 이하일 때 낮음으로 평가한 바 있다. 이 책에서는 야생동물 서식처 성능으로서 France(2003)의 기준을 적용하였다.

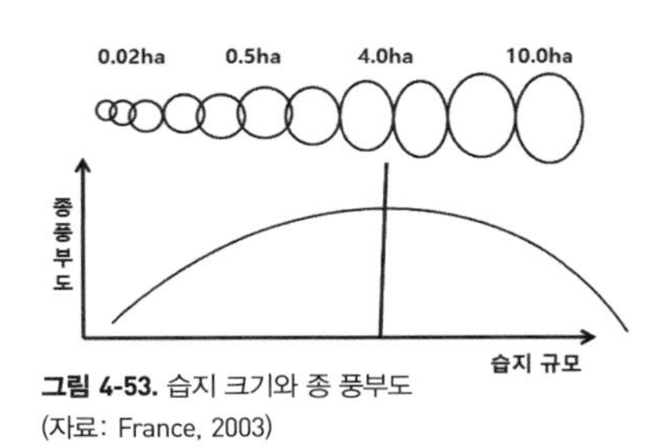

그림 4-53. 습지 크기와 종 풍부도
(자료: France, 2003)

■ 입지 적절성

훼손습지와 대체습지의 거리에 따라서도 입지 선정을 고려하고 있다. 미국은 동일 지역 내(40mile 거리 이내, 동일 유역 내)와 다른 지역(40mile 거리 초과, 비동일 유역)으로 입지 선정을 고려하며, 캐나다의 경우 동일지역, 80km 미만, 80km 이상으로 입지 선정을 고려한다(방상원 등, 2006).

■ 수문 적절성

습지 내 수문 상태에 따라 습지 식생이 변화한다. 즉, 습지 수자원 수용력에 비해 유입이 많으면 개방수면으로 변화하고 유입보다 유출이 많아 물이 부족하면 육지화가 급격히 진행된다. 그러므로 인공습지 생태 성능 평가 중 야생동물 서식처 기능의 평가 항목으로 습지가 마르지 않고 지속적으로 유지되도록 습지의 수문 상태를 평가 기준으로 설정할 수 있다. 수치지형도 및 위성영상 등의 자료를 바탕으로 수계 및 수문의 흐름과 연결성을 파악하는 것이 중요하며, 영구적 침수, 갈수기 이외 침수, 배수로, 보, 도랑 등 외부 요인에 의한 수문 변화, 강우 시에만 침수, 습지 유지 불가 등으로 구분하여 평가한다.

표 4-51. 인공습지의 생태적 성능평가 방법: 야생동물 서식처 기능

요구 성능	평가 항목	평가 기준	득점 기준
야생동물 서식처로서의 기능을 충분히 발휘해야 한다.	야생동물 서식처 조성	조류·양서, 파충류·수서곤충·어류 서식처의 종류별 조성 여부	없음: 20점 1종 조성: 40점 2종 조성: 60점 3종 조성: 80점 4종 조성: 100점
	대체습지 면적비	France(2003), Wisconsin 지침서(2002), Josselyn 등(1990), Kruczynski(1990), Kantor and Charette(1986)	1:1 미만: 20점 1:1 이상~1:1. 5미만: 40점 1:1.5 이상~1:2 미만: 60점 1:2 이상~1:3 미만: 80점 1:3 이상: 100점
	절대 습지 면적	France의 설계 기준	200m^2 미만: 20점 200~10,275m^2 미만: 40점 10,275~20,350m^2 미만: 60점 20,350~30,425m^2 미만: 80점 30,425~40,500m^2 이상: 100점
	입지의 적절성	한국친환경건축물인증제도의 기준을 기본으로 하여 훼손습지와 대체습지의 거리 요소를 추가하여 평가	0~20%: 20점 20~40%: 40점 40~60%: 60점 60~80%: 80점 80~100%: 100점 80km 이상: -20점
	수문의 적절성	지형도를 이용한 수계 및 수문 연결성	습지 유지 불가: 20점 강우 시에만 침수: 40점 *외부에 의한 수문 변화: 60점 갈수기 이외 침수: 80점 영구적 침수: 100점

*배수로, 보, 도랑 등

구본학 등(2008), 정진용(2009), 김하나(2009), 구본학 등(2011) 편집

2) 세부 요구 성능 : 생물종다양성 기능

■ **식물 종 수**

대체습지 또는 조성된 인공습지의 경우 습지 규모가 비슷하거나 같은 유역에 있거나 거리가 가까운(80km 이내, 미국, 캐나다 거리 기준 개념 도입) 표준 습지의 식물 종 수를 기준으로 대체습지 종 수/ 표준 습지 평균 종 수로 평가한다.

■ **야생동물 종 수**

대체습지 또는 조성된 인공습지의 경우 습지 규모가 비슷하거나 같은 유역에 있거나 거리가 가까운(80km 이내, 미국, 캐나다 거리 기준 개념 도입) 표준 습지의 야생동물 종 수를 기준으로 대체습지 종 수/ 표준 습

지 평균 종 수로 평가한다.

■ **보호종**

구본학(2001a; 2006) 등에서는 보호종이 서식하거나 발견된 경우에는 우선적으로 습지의 보전 복원 전략을 '절대 보전'으로 평가하고 있다. 보호종의 출현 여부가 습지의 가치 판단에 중요한 요소이며 습지의 생태 성능에도 많은 영향을 미친다. 보호종의 수 보다는 출현 유무에 따라 중요도를 평가한다.

표 4-52. 인공습지의 생태적 성능 평가 방법: 생물종다양성 기능

요구 성능	평가 항목	평가 기준	득점 기준
생물 종 다양성이 풍부해야 한다.	식물 종 수	대체습지의 종 수 / 표준 습지의 (평균) 종 수	0~20%: 20점 20~40%: 40점 40~60%: 60점 60~80%: 80점 80~100%: 100점
	야생동물 종 수	대체습지의 종 수 / 표준 습지의 (평균) 종 수	0~20%: 20점 20~40%: 40점 40~60%: 60점 60~80%: 80점 80~100%: 100점
	보호종	보호종의 서식지나 출현 여부에 따라 평가	없음: 0점 있음: 100점

*구본학 등(2008), 정진용(2009), 김하나(2009), 구본학 등(2011) 편집

3) 세부 요구 성능: 생태적 연결성 기능

■ **야생동물 이동통로**

구본학 등(2011)의 연구에서 국내 대표적인 표준 습지의 경우 야생동물이 이동할 수 있는 통로 역할을 하는 곳이 최소 2곳이었고, 최대 4곳이었으며 평균적으로는 3곳이었다. 이를 토대로 없음, 1개 조성, 2개 조성, 3개 조성, 4개 이상 조성 등으로 구분한다.

■ **녹지축 조성**

GBCC의 평가 기준은 조성된 녹지축 길이와 대지 외곽 길이의 일정비로 되어 있는데, 구체적인 기준은 1급($L \geqq (1/4)\times A$), 2급($(1/4)\times A > L \geqq (1/6)\times A$), 3급($(1/6)\times A > L \geqq (1/8)\times A$), 4급($(1/8)\times A > L \geqq (1/10)\times A$)으로 되어 있다(L: 조성된 녹지축 길이, A: 대지 외곽 길이). 단서조항으로 녹지축의 최소 폭은 4m 이상이어야 할 것과 다층식재 및 양질의 토양 생육 환경(식생, 지형, 수자원)으로 조성되고 생물서식과 이동이 가능한 녹지 공간을 제시하고 있다.

표준 습지의 경우 현장답사 시 녹지축의 평균 비율이 약 80%로 나타난 바, A의 습지 외곽 길이에

따라 80% 이상을 최고 등급으로 산정하고 그 아래로는 20%의 등간격으로 구분하여 평가 기준을 설정한다.

■ 다른 생태계와의 거리

습지 일반 기능 평가 모델인 RAM의 평가에서는 다른 생태계와의 거리를 최소 400m 이하, 최대 1,000m 이상으로 구분하고 있다. 김하나(2009)의 연구 결과 평가 대상 습지들이 대부분 400m 이내의 거리에 분포하는 경향이 많이 나타나고 있었다. 이와 관련하여 구본학과 김귀곤(2001)에 의하면 최소 거리 기준은 소형 야생동물 이동을 고려하여 150m 이내로 설정한 바 있다.

표 4-53. 인공습지의 생태적 성능 평가 방법: 생태계 연결성 기능

요구 성능	평가 항목	평가 기준	득점 기준
다른 생태계와의 연결성이 우수해야 한다.	야생동물 이동통로	RAM의 평가 기준을 기본으로 그보다 좀 더 세분하여 총 5단계로 나누어 조성 개수에 따라 평가	없음: 20점 1개 조성: 40점 2개 조성: 60점 3개 조성: 80점 4개 이상 조성: 100점
	녹지축 조성	GBCC의 평가 기준을 기본으로 5급의 기준을 추가하여 제시하고 최소 녹지축의 폭은 4m로 평가 기준 제시	20%〉L/A: 20점 40%〉L/A≥20%: 40점 60%〉L/A≥40%: 60점 80%〉L/A≥60%: 80점 L/A≥80%: 100점
	다른 생태계와의 거리	RAM 평가 기준의 최대 거리를 세분화	600m 이상: 20점 450~600m 미만: 40점 300~450m 미만: 60점 150~300 미만: 80점 150m 이하: 100점

*구본학 등(2008), 정진용(2009), 김하나(2009), 구본학 등(2011) 편집

4) 세부 요구 성능 : 수환경 기능

■ 수심

구본학 등(2011)의 연구에서 표준 습지 수변부 평균 수심은 0.27~0.33m로 나타났으며 양서류 및 파충류의 중요한 서식처가 되므로 대체습지 수심은 일정 면적 이상은 0.3m 이하로 조성하는 것이 바람직하다. France(2003)에 의하면 야생동물 서식처 기능 습지의 경우 0~0.3m: 40%, 0.3~1m: 10%, 1~2m: 50%로 분류하여 제시하고 있다. 미국 메릴랜드 주는 습지 수심 기준으로 15cm 미만: 50%, 15~30cm: 25%, 30~90cm: 25%로 제시하고 있고, 워싱턴 주는 습지 수심 기준으로 15cm 미만: 50%, 15~30cm: 15%, 30~90cm: 15%, 90cm 초과: 20%로 제시하고 있다(Kent, D.M., 1994). 김귀곤(2003), 조경설계기준(2007), 조경공사표준시방서(2008) 등에 의하면 서식생물을 위해 90cm 이내, 1~1.5m 및 2m 내외의 수심을 확보할 것과 도입 식생의 특성에 따라 깊이를 달리 적용할 것을 제시하고 있다.

선행 연구사례 중 구본학 등(2011)과 France(2003)에 따라 야생동물을 목적으로 하는 수심 기준을 생태 성능 기준으로 설정할 수 있다.

■ **수변부 모양**

Marble(1991)은 수변부가 불규칙적이고 굴곡이 많을수록 더 많은 서식처를 제공하고, 야생생물 종다양도에 중요한 영향력을 가진다고 하였다. 수변부의 모양은 굴곡이 있고 불규칙적일 때 생태 성능이 우수하게 발휘될 수 있다. WIMS에서는 수변부의 모양에 대한 평가 기준으로 불규칙적이지도 굴곡이 있지도 않음 0.1점, 다소 불규칙적이고 굴곡이 있음 0.5점, 불규칙적이고 굴곡이 많음 1.0점 등으로 제시하고 있다. 구본학(2004)은 하천의 환경기능 중에서 가장 기본적인 것은 생태 서식처 기능이라 하였고, 하천 자연도 평가에서의 평가 항목으로 수변부의 굴곡을 제시한 바 있다.

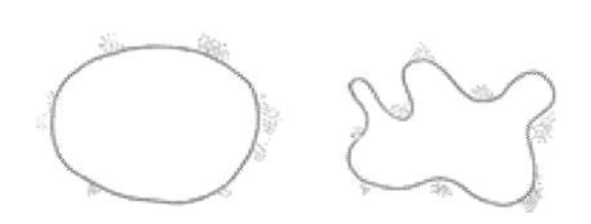

그림 4-54. 습지 수변부 유형(출처: Marble, 1991)

표 4-54. 수변부 모양의 가이드 라인(Marble(1991)을 바탕으로 수정)

매우 미흡	미흡	보통	우수	매우 우수
굴곡이 없고 규칙적임	굴곡이 적고 규칙적임	굴곡이 있으나 규칙적임 또는 굴곡이 적고 불규칙적임	굴곡이 있으며 불규칙적임	굴곡이 많고 불규칙적임

표 4-55. 인공습지의 생태적 성능 평가 방법: 생물종다양성 기능

요구 성능	평가 항목	평가 기준	득점 기준
우수한 생태적 기능 발휘를 위한 수환경이 조성되어야 한다.	수질	환경정책기본법의 호소 수질 기준에 근거하여 평가 기준 제시	5등급: 20점 4등급: 40점 3등급: 60점 2등급: 80점 1등급: 100점
	수심	France의 설계기준인 0~0.3m : 40%, 0.3~1m : 10%, 1~2m : 50%을 기본으로 하여 차이도를 계산하여 평가	80~100%: 20점 60~80%: 40점 40~60%: 60점 20~40%: 80점 0~20%: 100점
	수변부의 모양	수변부의 굴곡이 적절하고 불규칙적인가?	매우 미흡: 20점 미흡: 40점 보통: 60점 우수: 80점 매우 우수: 100점

*구본학 등(2008), 정진용(2009), 김하나(2009), 구본학 등(2011) 편집

■ 수질

수질은 하천설계기준(2000)과 구본학(2004) 등은 생태 성능과 관련하여 중요 평가 요소나 항목으로 파악하고 있다. 습지와 같은 정수생태계는 물의 흐름이 적어 조류들에 의한 광합성에 따른 오차가 심하여 BOD를 적용하기가 곤란하므로 환경정책기본법 시행령에 따른 호소 수질기준인 COD를 근거로 하며, 나아가 종합적인 유기탄소를 나타내는 TOC(Total Organic Carbon)를 근거로 한다.

5) 세부 요구 성능: 탄소 저감 기능

탄소 저감을 위한 평가 지표는 이탄층의 이화학적 분석 결과에 따라 유기물 함량 분석과 식물 엽록소 함량을 평가한다. IPCC(2012)는 토지 이용, 토지 이용 변화 및 임업Land Use, Land-Use Change and Forestry(LULUCF)을 온실가스 인벤토리 산정에 포함하는 항목으로 산림지, 농경지, 습지로 구분하였으며 CO_2 배출 및 흡수량을 산정하였다. 습지 부문은 배출원으로서 0.1백만 톤의 CO_2eq.으로 국가 총배출량의 0.02%를 차지하였다. 습지 부문 온실가스 배출량은 인공담수지에서 담수 이후 10년 동안 토양 탄소 분해로 인해 실제적으로 발생하는 이산화탄소 배출량을 산정한 것으로 GPG-LULUCF에 제시된 온난온대 습윤 지역에 대한 비 결빙기 확산 배출량 기본 값 13.2kg CO_2/ha/day를 적용하고 있다. 그러나 습지의 탄소 저장 및 저감 기능에 대하여는 아직 연구가 많이 진행되지 않고 있기 때문에 김보희(2015)의 연구에서는 토양의 유기물 함량을 통하여 탄소 저장량을 확인하였다.

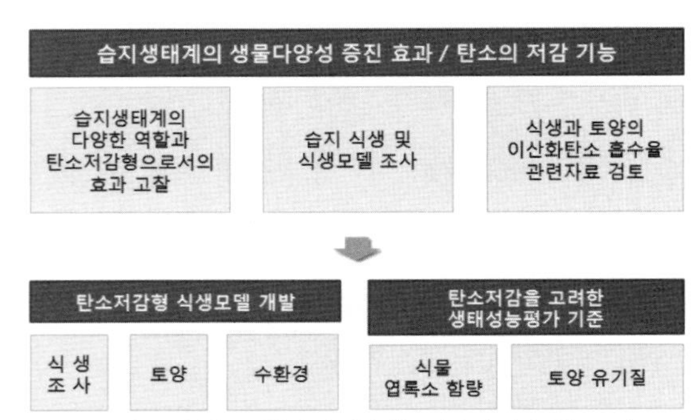

그림 4-55. 탄소 저감을 고려한 습지 생태 성능 평가 지표(김보희, 2011)

■ 토양 유기물 함량

유기물 함량의 범위는 대표적인 산지습지의 탄소 저장량 기준으로 유기물 축적 정도를 비교한다. 국토교통부(2009b), 조경설계기준(2013)과 권효진(2014) 및 국내 산지습지 토양 이화학적 분석(표 4-56)에 따라 토양 중 유기물 함량을 5등급으로 구분하여 평가 기준을 설정하였다.

표 4-56. 산지습지의 이화학적 특성

구분	pH	LOI(%)
오대산 질뫼늪	4.40~4.71	12.8~17.8
대암산 용늪	4.54~4.97	15.11~66.73
지리산 왕등재 습지	4.11~5.96	17.3`19.3
정족산 무제치 습지	4.3~5.1	7.2~73.1(16.6~65.5)
평균	4.3~5.2	15.5~42.3

■ 식물엽록소 함량

식물의 탄소 저감 기능은 광합성의 결과로 이루어지므로 엽록소 함량을 성능 평가 지표로 제안할 수 있다. 김보희(2015)는 습지식물 20종을 선정하여 엽록소 함량을 평균값으로 산출하여 5등급을 20nm 이하, 4등급을 20~40nm, 3등급을 40~60nm, 2등급을 60~80nm, 1등급을 80~100nm으로 제안하였다.

표 4-57. 인공습지의 생태적 성능 평가 방법: 토양 유기물 함량 기능

요구 성능	평가 항목	평가 기준	득점 기준
탄소 저감 및 저장 능력이 우수해야 한다.	습지 토양 유기물 함량	국내 산지습지 이화학적 특성, 국토해양부(2009), 조경설계기준(2013), 권효진(2014)	5등급: 0~2(20점) 4등급: 2~7(40점) 3등급: 7~15(60점) 2등급: 15~42(80점) 1등급: 42 이상(100점)
	식물 엽록소 함량	군락별 우점도(피도) 높은 5종의 엽록소 함량을 가중평균	20nm 이하: 20점 20~40nm: 40점 40~60nm: 60점 60~80nm: 80점 80nm 이상: 100점

*김보희(2015)를 수정 편집

Chapter 5

습지 보전·복원 및 관리

습지는 자연적으로 생성되거나 소멸되면서 끊임없이 변화한다. 그러나 자연적인 습지의 변형보다 더욱 심각한 것은 인간에 의한 습지의 훼손이다. 오래 전부터 습지는 배수하거나 매립하면 농경지나 주거지로서 가장 이상적인 장소로 여겨져 왔고 이곳에서 형성되는 유기물이 풍부한 이탄은 연료와 퇴비로서 이용되었기 때문에 인간 활동이 확대됨에 따라서 파괴, 훼손된 습지의 면적이 급격하게 증가하고 있다.

생물 서식 공간으로서의 생태계 복원을 위해서는 자연스런 종의 유입, 서식 장소 조성에 따른 종의 정착 촉진, 종의 의도적인 도입 등이 필요하며, 먼저 어떤 종이 자연스럽게 정착하고 무엇이 정착했는지를 알고, 그 차이를 초래하는 원인을 생태학적으로 해명하는 것이 필요하다.

특히 각 종의 생육 특성을 밝히는 것과 아울러 각 생물간의 먹이 연쇄 과정을 밝히는 것이 매우 중요하다. 일반적으로는 각 단위 생태계(비오톱) 별로 그 생태계를 대표하는 최상위 소비자인 대표종을 결정한 후 그 대표종이 생육 가능한 규모와 구조를 가진 생태계를 구성한다.

습지 보전

V-1

가. 습지 보전 제도 및 프로그램

습지는 자연적으로 생성되거나 소멸되면서 끊임없이 변화한다. 그러나 자연적인 습지의 변형보다 더욱 심각한 것은 인간에 의한 습지의 훼손이다. 오래 전부터 습지는 배수하거나 매립하면 농경지나 주거지로서 가장 이상적인 장소로 여겨져 왔고 이곳에서 형성되는 유기물이 풍부한 이탄은 연료와 퇴비로서 이용되었기 때문에 인간 활동이 확대됨에 따라서 파괴, 훼손된 습지의 면적이 급격하게 증가하고 있다.

습지를 보전하기 위한 제도로는 자연환경보전법에 의한 생태경관보전지역, 습지보전법에 의한 습지보호지역 등이 있는데, 제도 자체는 크게 뒤떨어지지 않는 것으로 평가된다. 즉, 습지의 중요성에 대한 인식은 많이 늦었지만 습지를 보전하고자 하는 제도적 장치는 비교적 신속하게 이루어지고 있다고 볼 수 있다. 그러나 습지를 보전하고자 하는 의지와 세부 실행 프로그램이 미흡하고 아직도 한편에서는 경제적 논리와 효율성 등을 이유로 습지의 훼손을 초래하는 행위가 계속되기 때문에 강력한 보전 의지와 다양한 정책 마련에 더 많은 노력이 필요하다(습지 보전 정책 및 제도에 대해서는 이 책 "1장 습지의 개념 및 제도적 기반; 2. 습지 보전을 위한 제도적 기반"에 자세히 기술되어 있다).

(1) 미국의 습지 등 보호지역 관련 정책

연방정부에 의한 습지 관련 프로그램은 습지 용도 전환, 습지 용도 전환 억제, 용지 취득, 기타 프로그램 등으로 구분 관리되고 있다(자료: USGS).

■ 북미습지보전법

북미습지보전법North American Wetlands Conservation Act(NAWCA)의 기조는 습지 관리, 복원, 보호 전략 일원화라고 할 수 있다. 건전하고 건강한 습지를 보전함으로써 야생동물의 서식처 및 종다양도 증진과 더불어 사람들에게 다양한 생태적 경험과 현명한 이용을 위한 기회를 제공한다.

■ 관련 법령 및 제도

맑은물법Clean Water Act(CWA), 국가환경정책법, 멸종위기생물보호법, 습지규칙, 연안습지계획, 보호 및 복원법, 기금 프로그램 등의 여러 법률을 적용하여 습지를 종합적으로 보전 관리하고 있다.

미연방의 습지 관련 주요 법령으로는 다음과 같은 법령들이 있다.

그림 5-1. 북미습지보전법 기조

- 1899: 하천 및 항만법 Rivers and Harbors Act
- 1948: 연방수질오염관리법 Federal Water Pollution Control Act
- 1972: 맑은물법 Clean Water Action(CWA), Section 404
- 1986: 긴급 습지자원법(국가습지목록) Emergency Wetland Resources Act(National Wetlands Inventory)
- 1987: 미공병단 습지 정의 및 경계 매뉴얼 Corps of Engineers Wetland Delineation Manual
- 1989: 북미습지보전법 North American Wetlands Conservation Act
- 1990(2012): 표준 보조금 프로그램 The Standard Grants Program
- 1996(2012): 소규모 보조금 프로그램 The Small Grants Program
- 2014: 신 환경청습지규칙 New EPA Wetland Rule

(2) 습지보전계획

생태적으로 중요한 습지들은 대부분 국내 습지보전법에 의한 습지보호지역이나 람사르협약에 의한 국제적으로 중요한 습지(람사르습지)로 각각 지정되었고, 그 외에도 국립공원, 생물권보전지역, 명승, 천연기념물, 생태경관보전지역 등 국내외 제도에 의해 다양한 보호지역으로 중복 지정되어 있다. 예를 들면 다음과 같다.

① 대암산 용늪의 경우 람사르습지, 습지보호지역 외에 천연기념물(대암산 대우산 천연보호구역), 생태경관

보전지역, 산림유전자원보호지역 등으로 지정되어 있다.

② 두웅습지의 경우 람사르습지, 습지보호지역 외에 국립공원(태안해안국립공원), 천연기념물(태안 신두리해안사구), 생태경관보전지역(신두리사구 생태경관보전지역) 등으로 지정되어 있다.

③ 제주도의 물영아리오름, 물장오리오름, 1100고지습지, 동백동산습지, 숨은 물뱅듸 등은 람사르습지 또는 습지보호지역으로 지정되어 있으며, 이들이 위치한 한라산은 국립공원, 생물권보전지역, 유네스코 세계자연유산, 유네스코 세계지질공원, 국가지질공원 등으로 지정되어 있다.

④ 그 외에도 오대산국립공원, 한반도 지형명승 등 대부분의 습지들이 국제적 또는 국내 제도에 의해 보호지역으로 중복 지정되어 보호되고 있다.

1) 보전 목표 설정

습지 기초 조사와 관련 법령 및 계획 등을 근거로 습지의 현재를 진단하고 보전을 위한 비전과 관리 목표를 설정한다. 비전은 선언적 의미를 담고 있으며 습지의 생태적 문화적 현상을 반영하는 것이 일반적이다. 구본학 등(2015)은 국내 유일의 사구습지로서 람사르습지이며 습지보호지역으로 지정된 두웅습지 보전 계획을 수립하면서 두웅습지의 비전을 "인간과 자연과 문화가 어우러진 한국형 사구습지"로 설정하였으며, 구체적으로

그림 5-2. 두웅습지 보전 비전(구본학 등, 2015)

- 신두리사구 배후습지로서의 독특한 생태 자원이라는 생태적 지속성
- 오랜 기간 두웅습지와 신두리사구 및 그 주변의 생태 자원과 더불어 살아 온 지역 주민의 문화적 지속성
- 두웅습지의 고유성을 회복하고 보전하며, 수용 능력 범위에서 사람들의 생태적 욕구를 충족시킬 수 있는 현명한 이용 추구

등을 설정한 바 있다(그림 5-2).

선언적이며 방향을 제시하는 비전을 달성하기 위해서는 구체적인 실천 목표를 설정하여야 한다. 이때 생태적 지속성, 현명한 이용, 생태문화 네트워크, 민관파트너십 등이 주요한 키워드가 될 수 있다.

두웅습지의 실천 목표는 다음 〈표 5-1〉과 같이 설정한 바 있다(구본학 등, 2015).

표 5-1. 두웅습지 보전 계획 실천 목표(구본학 등, 2015)

실천 목표	세부 전략
① 사구습지의 생태적 지속성 유지	• 사구습지의 지형지질학적 속성의 복원 • 사구습지의 물순환 시스템의 복원 • 법정 보호종 등 목표종 서식처 보호 및 조성을 통한 생물다양성 유지 • 일반종 다양성 증진을 위한 서식 환경 개선 • 잠재 자연 식생의 복원
② 생태적 형성 과정에 기반을 둔 현명한 이용	• 습지 기능 평가를 통한 생태적 위치 평가 및 예측 • 지속적인 모니터링을 통한 변화상 예측 및 의도된 목표로의 진행 • 생태적 수용 능력 범위 안에서의 생태탐방 프로그램 운영 • 친환경 재료 및 공법을 통한 습지 보전 이용 시설 설치 운영
③ 계획적 토지 이용과 생태문화자원 네트워크 구축	• 사구습지의 특성을 고려한 토지 이용 체계 구축 • 사유지 매입 및 주변 오염원 저감 등 정책적 관리 체계 구축 • 신두리사구, 학암포사구, 인근 해빈, 사구, 습지, 산림 등 생태계 유형별 연계된 관리 시스템 구축 • 지역 주민의 삶과 문화에 기반을 둔 습지 이용 관리 체계 구축 • 스토리 발굴 및 생태문화관광 시스템 구축
④ 민관 파트너십을 통한 자발적 관리 체계 구축	• 환경부, 금강유역환경청, 충청남도, 태안군, 기타 국가 및 지방정부 차원의 정책적 제도적 관리 • 기업, 학생, 일반인 등 민간 차원의 자발적 관리 체계 구축 • 대학, 연구소 등 학술적 연구 활동을 통한 이론적 틀의 마련 • 지역 주민, 탐방객 등 거주하거나 이용하는 사람들의 생태적 마인드 제고를 통한 이용자 관리

2) 관리권역 설정

생태계는 주변의 다른 생태계와 서로 영향을 주고받는 개방된 시스템이므로 관리 계획을 수립할 경우 습지 주변 영향권까지를 함께 고려해야 한다. 일반적으로는 습지에 영향을 미치는 유역권을 관리권역으로 하며, 정책을 입안하고 추진하는 행정의 효율성을 위해서는 지적도에 의한 필지 경계와 도로 및 하천 등을 기준으로 설정할 수 있다.

관리권역은 유네스코 MAB 이론에 따라 핵심core, 완충buffer, 전이transition구역으로 구분하여 핵심지역은 절대 보전, 완충지역은 핵심지역에 미치는 환경압을 완화, 전이지역은 시설물 입지 및 탐방 등으로 구분 관리하는 것이 바람직하다.

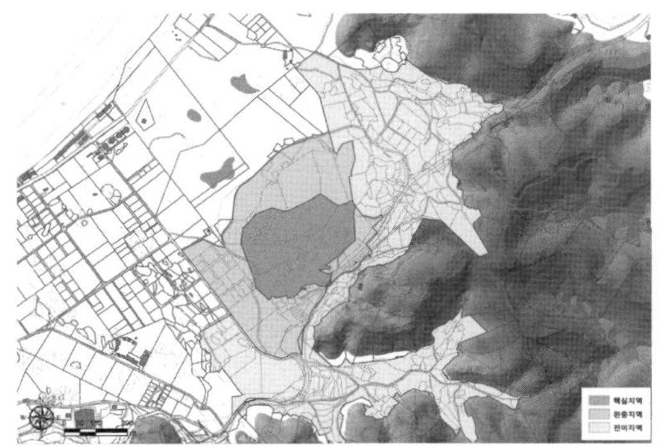

그림 5-3. 두웅습지 보호지역 관리권역 설정(구본학 등, 2015)

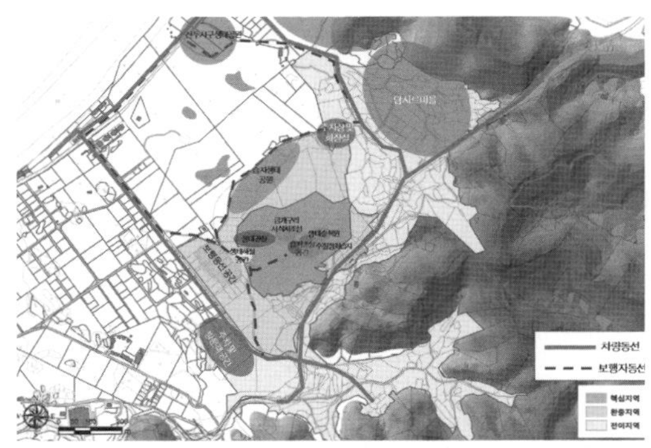

그림 5-4. 두웅습지 권역별 토지이용 및 동선 계획(구본학 등, 2015)

3) 토지 이용 및 동선 계획

관리권역별로 핵심, 완충, 전이공간에 적합한 기능을 담을 수 있도록 토지 이용 계획과 동선 계획을 수립하고, 각 토지 이용별로 적절한 관리 계획을 수립한다. 핵심지역은 외래종이나 침입종의 제거, 인위적 식재종의 관리, 야생동물 서식환경 제공, 외부 오염원 및 환경압 원인 제거, 탐방 및 관리 동선 등을 포함한다. 완충지역은 핵심지역에 미치는 영향을 제어하면서도 생태적 목적의 습지생태공원, 서식처, 생태 체험 및 프로그램 등 현명한 습지 이용 등을 주요 기능으로 설정한다. 전이지역은 습지 탐방객 및 관리자를 위한 편의시설을 배치하며, 람사르마을과 같은 습지 보전 관련 특정 토지 이용을 도입한다.

동선은 차량과 보행을 구분하며, 그 외에도 생태탐방로, 둘레길, 지역 주민을 포함한 파트너십 구축, 스토리 발굴 및 스토리텔링 등을 고려한다.

4) 물 순환 계획

습지 및 습지 유역의 물수지를 개선하고 건전한 물 순환 시스템을 유지하기 위한 계획은 습지 관리 계획에서 가장 중요한 부분이다. 원 지형을 복원하고, 지표수 유입 및 지하수 함양을 위한 지형, 식생, 주변 토지 이용 등을 고려한다. 물순환체계를 지속적으로 모니터링하기 위해서 수문 기상 모니터링 체계를 구축하고 지하수위를 정기적으로 측정할 필요가 있다.

나. 습지보전 이용시설

습지를 보전하고 현명하게 이용하기 위한 제반 시설을 통해 관리자, 연구자 및 탐방객들에게 각종 정보를 제공하게 된다. 습지보전법 및 시행령에서는 습지보전 이용시설을 다음과 같이 구분하고 있다.

1. 습지를 보호하기 위한 보호시설
2. 습지를 연구하기 위한 연구시설
3. 나무로 만든 다리, 교육·홍보시설 및 안내·관리시설 등으로서 습지 보전에 지장을 초래하지 아니하는 시설
4. 습지 오염을 방지하기 위한 시설
5. 습지 생태를 관찰하기 위한 시설

그림 5-5. 순천만 갯벌 보전 이용 시설

그림 5-6. 습지의 생태적 중요성을 알리는 홍보 안내문(훈춘 자연보호구). 습지는 지구의 신장이고 산림은 지구의 허파이므로 이들 생태계를 건전하게 지키는 것이 곧 인류를 사랑하는 것

이들을 안내시설, 탐방시설, (조류)관찰시설, 전시시설, 기타 생태적 목적으로 설치된 시설로 구분하면 다음과 같다.

1) 안내시설

안내판, 해설판 등 안내시설에 대한 일반적인 기준은 다음과 같이 설정할 수 있다.

- 설치 위치, 용도, 주제 등에 따라 형태, 재료, 로고체 등을 통일한 CI 기준을 설정하여 습지의 인식성과 상징성을 제고한다.
- 단순한 전달보다는 질의/응답식 체험 기회를 제공한다.
- 습지에 서식하는 특정 동식물의 이미지를 바탕으로 상징성을 높인다.

2) 탐방 및 전망시설

습지를 훼손하지 않고 이용 가능한 탐방 및 전망 시설은 관찰데크, 전망대, 이동수단으로서 전기동력 차량 및 배, 인력으로 이동하는 전통적 쪽배 등이 유용하다. 탐방객의 생태적 욕구를 해결하기

그림 5-7. 탐방 안내시설(쿠시로습지, 일본)

그림 5-8. 안내시설 및 현판(중국)

그림 5-9. 습지 탐방시설. 왼쪽부터 전기동력선 및 전기자동차(중국 서계습지), 철새탐조대(금강하구), 쪽배 산판(베트남)

위해서는 습지 외부에 데크를 설치하고 데크 중간 중간 야생동·식물 등을 관찰할 수 있는 관찰데크를 설치하여 탐방객을 분산시키는 것이 좋다.

습지로 연결되는 탐방 동선을 따라 도보 또는 무동력 수단을 통해 습지로 접근하도록 하며, 탐방용 데크를 통해 습지 안쪽으로 진입한 경우 탐방객이 습지를 순환하지 않도록 제한한다. 경계 울타리는 목재를 사용하여 생태적 경관적으로 조화를 이루게 한다. 야생동물이 울타리에 막혀 이동이 곤란할 수 있으므로 야생동물의 습지 진입 허용 여부에 따라 야생동물의 이동을 고려한 구조로 설치한다. 소동물의 경우 지면에서 50cm 내외 이격하여 소동물이 이동할 수 있도록 설치한다.

3) 조류 관찰시설

사람 등의 접근을 두려워하는 조류의 특성상 조류 관찰시설은 회피거리 등을 고려하여 설치하며, 은폐시설과 망원경 등의 시설이 필요하다. 관찰대 내부에는 각종 해설판을 설치하여 도움을 주는 것이 바람직하며, 인공시설물이 아닌 갈대 등을 이용한 은폐시설도 고려할 만하다. 특히 관찰시설에 이르는 동선이 야생동물에게 노출되지 않도록 주의한다.

그림 5-10. 습지 안내 및 전시시설. 왼쪽부터 습지의 중요성을 강조하는 휘호석(중국), 안내 및 전시시설, 양서류 서식을 위한 성역(일본)

그림 5-11. 습지 탐방 및 전망시설. 왼쪽부터 습지 관찰을 위한 전망시설(순천만), 습지탐방을 위한 탐사선 운항 시설(순천만), 습지 관찰 데크(용늪)

그림 5-12. 조류관찰대 및 해설판(일본), 조류 관찰시설 및 설명(주남저수지, 동판저수지)

4) 전시시설/관리시설

전시시설은 습지 내에서 발견되는 동식물의 생태적 특성과 함께 모형 및 실제 서식지를 조성하기도 한다. 때로는 습지와 관련된 역사문화를 재현하거나 전시하는 것도 매우 유용하다. 전시시설과 관리, 안내, 관찰시설을 겸하는 것이 효과적이다.

5) 습지를 모티브로 하는 시설

습지생태계를 모티브로 하여 친환경 재료로 모형을 만들어 설치하여 방문객으로 하여금 다양한 볼거리를 제공한다. 예를 들어 습지에 서식하는 새들의 모형을 본 따 친환경 재료로 모형을 만들어 설치하여 방문객의 호기심을 자극할 수 있다. 습지 생물 안내판을 통해 습지생태계를 잘 표현할 수 있다.

그림 5-13. 조류 관찰을 위한 은폐시설(혼볼가습지, 철원평야). 관찰대까지 이르는 동선을 울타리로 차단하여 사람들의 이동이 조류의 시야에 나타나지 않음

그림 5-14. 전시 및 관찰시설(일본)

그림 5-15. 습지 동물 모형(순천만)

그림 5-16. 어류 서식지 및 어도(청계천)

그림 5-17. 서식처 조성. 왼쪽부터 조류 서식을 위한 중도(동경야조공원), 잠자리 서식을 위한 저류지(일본), 반딧불이의 먹이가 되는 다슬기 사육시설(일본), 고사목 횃대(시화습지)

그림 5-18. 습지의 역사문화 전시시설. 서호 3걸 및 습지 동식물(중국 서호박물관)

다. 습지 보전 사례

(1) 금삼각 지역Golden Triangle

그림 5-19. 먹이를 사냥한 백두산호랑이. 2004년 필자 촬영, 백두산연구소 모니터링 카메라

두만강 하류에서 러시아와 중국 및 북한 3국 국경 사이의 삼각형 지역은 생태적으로 보전 가치가 매우 높은 습지가 분포하고 있고, 호랑이, 표범, 두루미, 삵, 기타 멸종위기종의 서식처이며 철새의 중요한 서식처이다. 중국과 러시아는 국경을 따라 각각 유네스코 MAB 프로그램에 의해 핵심구역, 완충구역, 전이구역 등으로 구분하여 생태계를 관리하고 있으며, 생물권보전지역, 람사르습지, 자연보호구, 자연공원 등 법적 보호지역으로 지정하여 학술적 연구, 생태관광, 종보전 및 복원, 기타 생태 기능을 회복하고 보전하기 위한 정책을 수립하고 있다.

중국 첫 번째 자연보호구인 훈춘자연보호구Hunchun Nature Reserve는 아무르호랑이(백두산호랑이), 극동표범(한국표범) 등의 서식처로 알려진 곳이다. 이 일대는 광활한 평지 및 습지대로서 눈길 닿는 곳이면 어디든 자연습지가 분포하고 있을 정도로 원시 생태 경관을 유지하고 있다. 이들은 오랜 기간 두만강 하류가 범람하여 자연발생적으로 생성된 배후습지이며, 그중 경신지역에는 9개의 호수형 습지가 있고, 그 사이를 아흔아홉 굽이를 이루며 흐르는 권하가 두만강과 합류하여 다시 동남으로 흘러 동해에 흘러든다. 아홉 개의 호수습지들은 각각 1도포, 2도포 ... 9도포 등으로 부른다. 현재 1도포에서 5도포까지는 본래의 위치에 남아있으나 점차 양어장, 제방 등 인위적인 훼손이 가속화되고 있고, 6도

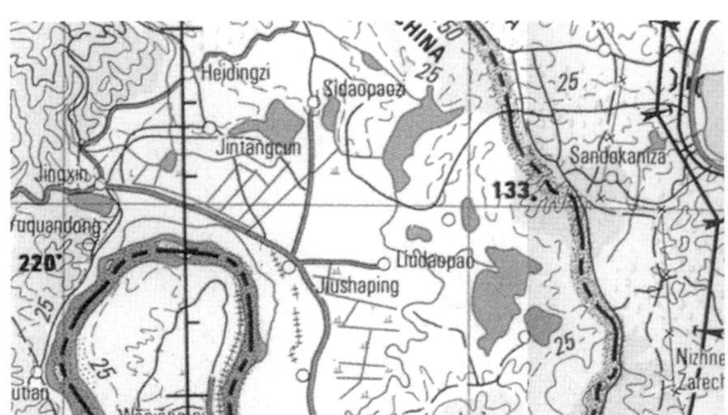

그림 5-20. 훈춘보호구 일대의 습지 분포도. 6도포-9도포가 용산호로 합쳐지기 이전의 지형도(왼쪽), 용산호로 합쳐진 모습 나타남(오른쪽)(자료: 주위홍, 2009)

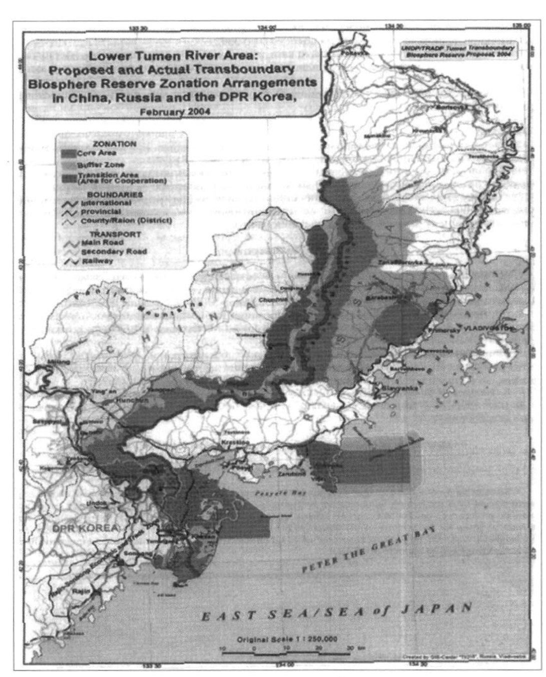

그림 5-21. 금삼각 지역과 케드로바야파드 지역(빨강: 핵심지역, 노랑: 완충지역, 녹색: 전이지역)(자료: 구본학, 2013)

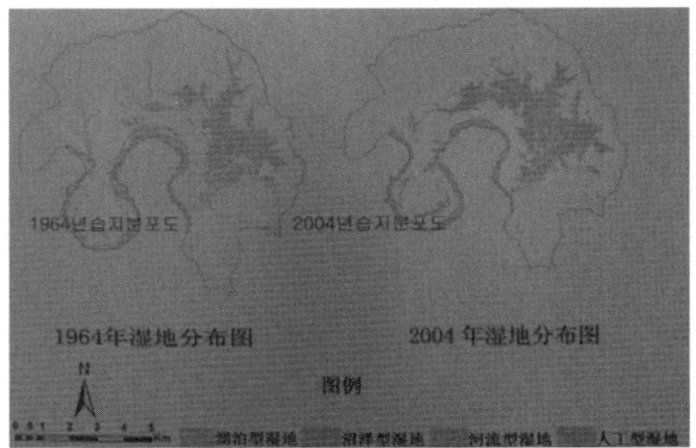

그림 5-22. 지난 40년간 금삼각 지역 습지의 변화(자료: 주위홍, 2009)

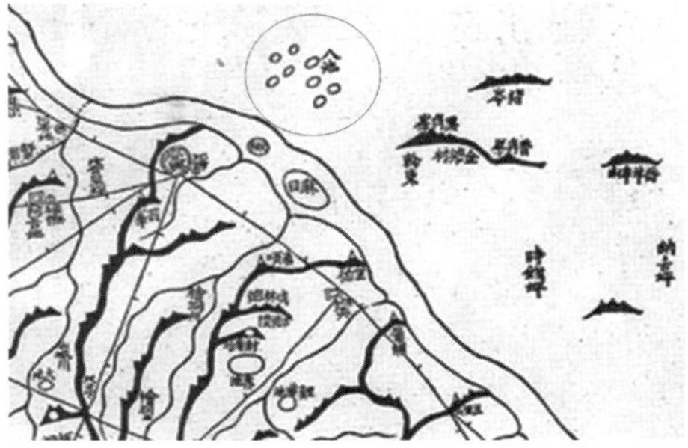

그림 5-23. 대동여지도에 나타난 8지(자료: 구본학, 2013)

포~9도포는 하나의 습지로 합쳐져서 용산호로 불리고 있으며 인공제방, 양어장 등으로 심하게 훼손이 가속되고 있다.

이 습지들은 대동여지도 등 당대에 작성된 고지도에 '8지八池'라는 이름으로 나타나고 있는 바, 그 규모나 중요성이 예부터 인정되고 있었던 것으로 보인다. 반면에 최근의 지형도 및 주제도에는 몇 습지가 합쳐진 용산호의 모습이 뚜렷하게 나타나고 있다.

러시아에서도 케드로바야파드를 포함한 두만강 하류 지역도 호랑이와 표범이 서식하는 국제적 생태계로서 생물권보전지역으로 설정하고, 특히 핵심지역, 완충지역, 전이지역으로 구분 관리하고 있다(그림 5-21).

(2) 홍콩 마이포 습지(Mai Po Nature Reserve; 米埔自然保護區)

마이포 습지Mai Po Nature Reserve; 米埔自然保護區는 홍콩의 북쪽 신지구New Territories에 있다. 원래는 홍콩 전통의 어류 및 새우양식장과 논이었던 곳으로서 양식장을 서식처로 조성하고 제방을 탐방로로 활용하는 등 도시화 지역의 자연생태계를 보전하기 위한 전략을 제시하고 있다. 홍콩이 중국에 반환되기 전의 지난 100여 년간 홍콩시장에 공급하는 벼, 어류, 새우, 굴 등을 생산하기 위한 새우양식장, 양어장, 논 등의 인공적 행위에 의한 결과물이며 이를 위해 갯벌과 숲 등을 주택과 컨테이너 물류시설로 전환한 인공생태계였으나 1976년 이래 홍콩 정부에 의해 이를 다시 자연으로 되돌려 생태적 가치가 뛰어난 보호구역으로 설정되었다.

특별 과학 관심지역Site of Special Scientific Interest 등으로 지정되어 WWF Hong Kong에 의해 관리되고 있으며, 마이포 자연보호구를 포함한 Inner Deep Bay 지역은 1995년에 람사르습지로 지정되었는데, 1540ha의 면적에 갯벌, 홍콩 최대의 맹그로브 숲과 갈대 군락, gei wais(새우양식장), 양어장 등을 포함하고 있다. 이곳은 350종의 조류를 비롯하여 생물종다양도가 매우 높은 생태계로서 도요새 및 오리류 등의 이동경로에서 중요한 서식 환경을 제공하고 있어 국제적으로 도요새 서식지 네트워크(1996), 오리기러기 서식지 네트워크(2001) 등으로 지정되어 있다. 그런데 보호구역과 인접한 양식장과 농경지에 신도시가 들어서면서 생태계 훼손이 가속화되고 환경적 악영향이 발생하면서 2006년에는 홍콩 정부에서 사유지를 매입하여 보호지역과 인접하여 습지공원을 조성하여 기본적인 습지의 정보와 생태 자원을 제공하여 시민들의 생태탐방 기회를 제공하고 있다.

마이포 자연보호구는 동아시아~오세아니아 철새 이동 경로에서 중간 기착지로 매우 중요하며, 대만의 관두습지와 더불어 저어새가 가장 많이 오는 서식처이다. WWF Hong Kong에 의해 야생동물 보호 조례에 따라 보전지역과 이용지역을 구분하고 있으며, 일정한 절차를 거쳐 제한적으로 개방하고 있고, 입장 규칙codes of entry을 설정하여 모든 입장객이 이에 따르게 하고 있다.

마이포 자연보호구 출입에는 AFCDAgriculture, Fisheries and Conservation Department의 사전 허가가 필요하며, 특히 Deep Bay 갯벌지역 등은 한때 중국과 홍콩의 국경이었던 펜스로 분리되어 제한지역Frontier Closed Area(FCA)으로 설정되어 있어 출입을 엄격히 제한하고 있다. 또한 자연보호구의 입장료를 비싸게 설정함으로써 생태 자원의 가치를 반영하고 탐방객에게 최고의 습지생태계 서비스를 제공하고 있다. 이러한 사전허가제 및 비싼 입장료 등의 관리 전략으로 마이포 자연보호구의 탐방객은 연간 3만 명

그림 5-24. 람사르습지로 지정된 경계(자료: http://www.wetlandpark.gov.hk/)

그림 5-25. Inner Deep Bay 맹그로브 습지(자료: http://www.wetlandpark.gov.hk/)

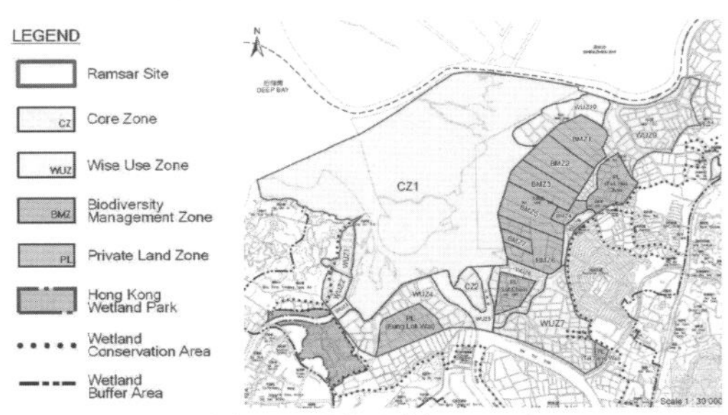

그림 5-26. 마이포 자연보호구 지역 구분(자료: AFCD)

그림 5-27. 탐방객을 위한 망원경 관찰

에 이르는데, 새우양식장 구역은 일 최대이용객 285명, 맹그로브 숲 구역은 300명으로 제한된다. 또한 그룹 탐방객도 최대 30명으로 제한된다. 이렇게 제한함으로써 생태 자원의 지속적인 보전과 현명한 이용이 가능할 것이다.

마이포 습지는 생물다양성 관리 지역Biodiversity Management Zone, 핵심지역Core Zone, 사유지역Private Land Zone, 개방지역Public Access Zone, 현명한 이용지역Wise Use Zone 등으로 구분하여 관리하고 있다.

생물다양성 관리 지역은 체계적 관리를 통해 생물다양성 보전, 교육, 훈련 등을 목적으로 하고 있다. 핵심지역은 교란되지 않은 표준생태계를 목표로 설정하고 있다. 이곳에는 개방수면, 갯벌, 담수 서식처 등을 포함하고 있으며, 일반인의 출입을 통제하여 철저하게 자연 형성 과정에 의해 유지, 관리되고 있고, 모니터링, 연구, 관리 등의 목적으로만 제한적으로 개방되고 있다.

사유지 지역은 람사르습지 주변에 분포하며 소유권은 인정되지만 관리 및 이용에 제한이 되고 있다. 개방지역은 일반 이용객이 접근하여 마이포 습지의 야생동물 등 생태계를 경험할 수 있도록 관리되며, 교육의 기회를 제공하고 람사르습지의 생태적 중요성에 대한 인식 증진을 목표로 하고 있다.

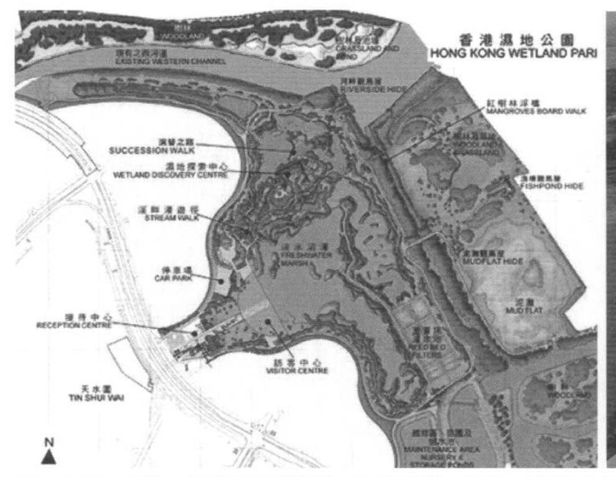

그림 5-28. 마이포 습지공원 평면(좌) 및 전경(우). 오른쪽 사진에서 멀리 보이는 부분이 자연보호구이며, 사진 위로 보이는 도시지역이 심천(자료: 좌측 http://www.tourism.gov.hk, 우측 http://www.wetlandpark.gov.hk/)

현명한 이용 지역은 새우양식장 어업 행위 등 습지와 기타 생태자원을 람사르 프로그램의 관리 목적과 목표에 따라 관리하여 생태적으로 지속가능한 이용을 추구한다.

한편 마이포 습지를 보전하면서도 탐방객에게 습지 탐방 욕구를 만족시키기 위한 대안으로서 마이포 습지와 도심 사이에 습지공원을 조성하였다. 습지공원은 훼손된 습지의 보상 전략임과 동시에 주변의 도시지역인 Tin Shui Wai 지역으로부터 보호지역에 미치는 환경압을 완화하기 위한 완충지역Buffer Zone이며 녹색관광지로서 약 61ha에 이르며, 일반인 출입이 가능하다.

(3) 호주 분달습지 보호구

호주 브리즈번 모어튼만Moreton Bay에 위치한 분달습지Boondall Wetland는 해안을 따라 1000ha 이상의 갯벌과 맹그로브 숲이 군락을 이루고 있는 염습지이다. 국제적으로 중요한 도요새 물떼새 월동지로서 동아시아~오세아니아 철새 이동 경로East Asia Australasia Flyway(EAAF) 상에 위치하여 우리나라와 시베리아 등지에서 날아온 300여종의 철새와 텃새들의 집단 서식지이다. 분달습지는 맹그로브 습지, 염습지, 호주 자생 관목인 멜라루카melaleuca 우점 습지, 담수습지, 초원, 산림 등으로 구성되어 있다. 또한 야생동물의 종다양도가 매우 높아 비행여우, 주머니쥐, 비행다람쥐, 개구리류, 파충류 및 나비류 등이 발견되며, 다양한 조류들이 서식하고 있다.

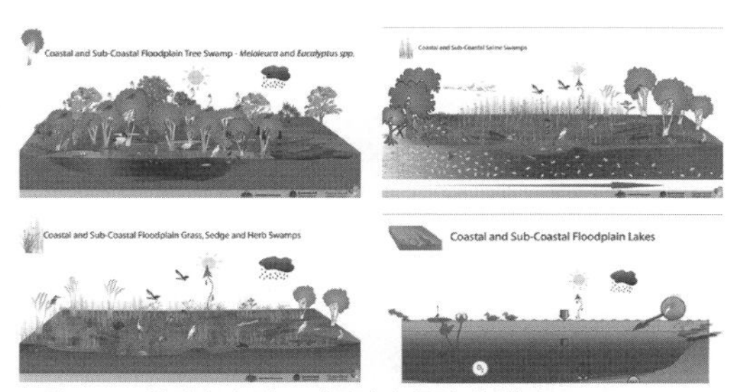

그림 5-29. 분달습지 및 모어튼만의 물질 순환(자료: Queensland Government)

분달습지를 포함한 모어튼만Moreton Bay은 1993년 람사르습지로 지정되었으며, 제6차 당사국총회 개최지이기도 하다. 그 외에도 모어튼 아일랜드 국립공원, St. Helena Island 국립공원 등의 국립공원, 환경공원, 야생동물보호구역, 어류 서식처 보호구역, 모어튼만 해양공원, 물새 네트워크 등으로 지정되었다.

모어튼만은 약 6천 년 전에 해수면이 상승하여 브리즈번 강 범람원을 덮어서 생성되었다. 원주민인 어보리진 족이 주로 살았던 곳으로서 1770년 5월 15일 쿡 선장Captain Cook에 의해 발견되어 후원자인 모어튼Morton 경을 기리는 의미로 이름 붙여졌다. 모어튼만은 원주민인 어보리진들이 '모래언덕의 장소Moorgumpin'라고 불렀던 것에서 알 수 있듯이 대규모 사주가 발달되어 태평양의 파도를 막는 장벽으로 작용한다. 조수간만의 차가 1.5~2m 내외로서 매우 작기 때문에 비교적 안정된 해상을 유지하고 수심이 최대 6m 내외로서 비교적 얕은 수심을 유지하여 람사르 기준에 의하면 만 전체가 습지에 해당된다. 이곳은 남태평양에서 인어로 불리는 듀공Dugong의 남방한계이다.

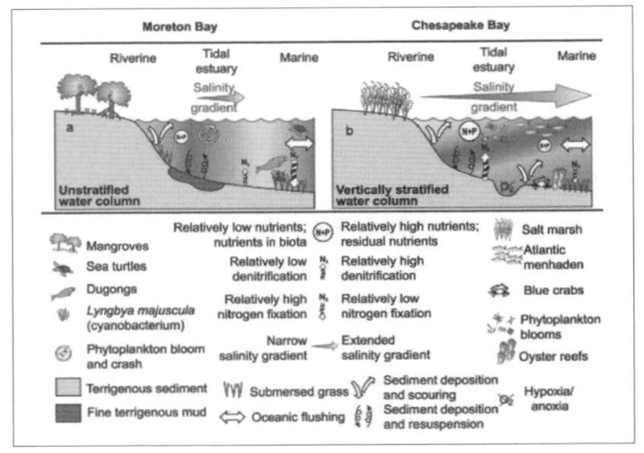

그림 5-30. 분달습지의 다양한 생태계 현황(왼쪽), 모어튼만과 체사피크만의 생태 특성(오른쪽)(자료: Wong, 2004)

그림 5-31. 분달습지의 다양한 모습과 습지를 지키는 이들

1980년대 중반 호주 정부는 1992년 올림픽을 유치하기 위해 모어튼만에 있는 700ha 규모의 분달습지를 매립해 올림픽경기장을 짓겠다는 계획을 세웠다. 그러나 습지를 사랑하는 주민들과 시민단체, 전문가들의 반대 여론에 밀려 결국 유치를 포기하였고, 그 대신 1996년에 환경올림픽이라 불리는 제6차 람사르총회를 이곳에서 개최하였다.

(참고로 호주에서는 2000년에 습지 회복을 포함한 프로그램으로 시드니 올림픽을 개최하여 최초의 친환경올림픽이라는 이름을 얻었다. 원래 시드니 지역에 분포하던 습지를 훼손하여 쓰레기매립장으로 사용되던 지역을 재생하여 올림픽경기장 및 올림픽공원으로 활용하고 일부 지역은 다시 습지로 회복하는 전략을 제시하였다.)

분달습지는 의사 결정 과정에서 습지의 절대적 훼손을 초래할 수밖에 없는 정책을 포기하고 오히

'동아시아 태평양 도요새 네트워크'

제6차 람사르협약 당사국총회에서 논의된 '아시아-태평양 철새 보전 전략'의 하나로서 도요새 네트워크가 구성되어, 동아시아~대양주간을 이동하는 도요새 기착지역의 지정 및 관리 계획, 모니터링, 정보 교환, 지역사회의 참여 등을 내용으로 하고 있다. 이 네트워크에는 우리나라를 비롯하여 호주, 일본, 중국(홍콩), 러시아, 필리핀, 캄보디아, 인도네시아, 파푸아뉴기니, 뉴질랜드의 10개국이 참여하여 총 21개 지역을 지정하였는데, 우리나라는 1997년 5월 동진강 하구를 대상지로 가입의향서를 제출하여, 1998년 4월 중국 상하이에서 개최한 1차 워킹그룹 회의에서 공식 가입되었다. 동아시아태평양 도요새 네트워크가 구성되면서 우리나라의 동진강 하구를 비롯하여, 홍콩 마이포 습지, 일본의 야츠 갯벌, 중국 황하강 삼각주, 파푸아뉴기니의 톤다Tonda 야생동물 관리지역 등을 지정하였으며, 호주에서는 모어튼만을 비롯하여 카카두 국립공원, 톰슨호, 패리석호 등 총 9개소를 지정하였다.

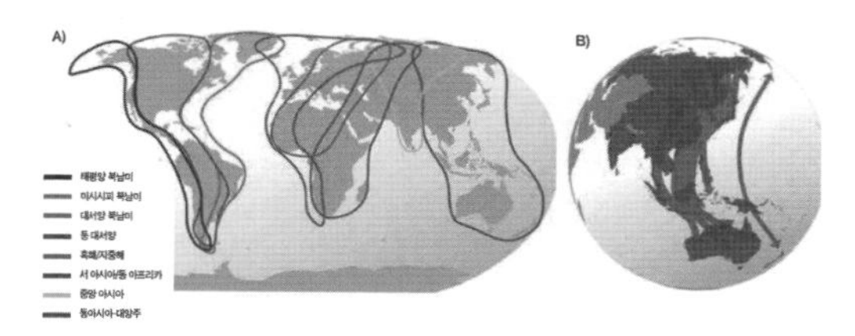

그림 5-32. 세계 8대 철새 이동 경로(좌) 및 오세아니아 철새 이동 경로(우)(자료: IUCN, 2012)

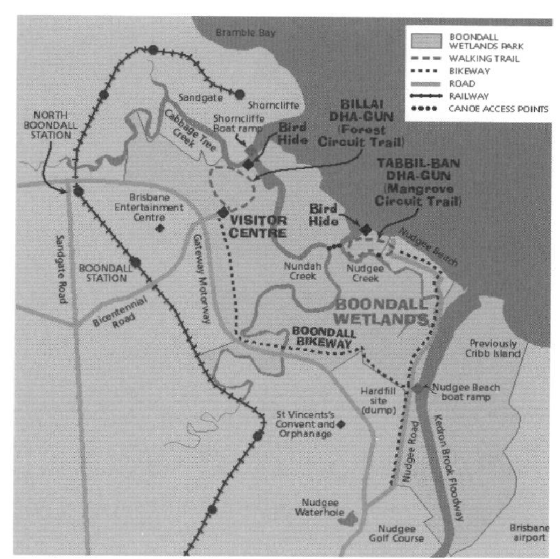

그림 5-33. 분달습지 탐방로(자료: boondallwetland.html)

려 습지를 적극적으로 보전하는 전략을 채택함으로써 생태 자원을 현명하게 이용하기 위한 모범적 사례로 꼽히고 있다. 이후 생태관광의 명소로서 어린이, 청소년, 일반인들을 위한 다양한 체험 프로그램이 진행되고 있으며, 지역 주민의 자발적 참여를 통해 생태학습, 체험, 관리 등의 자원봉사 활동이 활발하게 이루어지고 있는 대표적 사례로 인용되고 있다.

1960년대에 습지를 매입하여 개발 계획을 수립하는 등 분달습지를 다른 토지이용으로 전환하려는 정책을 추진하였다. 그러다 보니 분달습지는 인구 증가, 토지와 자원 수요 증가, 오염 및 불법 쓰레기투기 등 인위적 활동에 의해 심하게 위협받아 왔다. 습지의 가치가 새롭게 평가되고 인식이 변화된 1990년대 분달습지보호구를 설정하였고 1996년에는 람사르총회가 개최되면서 환경센터가 문을 열었다. 분달습지는 도보 탐방과 더불어 자전거 탐방이 가능하도록 경관을 고려한 자전거도로와 자전거주차장, 피크닉장 등이 조성되어 있고 수로를 따라 카약 등 물길을 이용한 답사도 가능하여 탐방객은 다양한 경험을 체험할 수 있다.

(4) 대만 관두자연보호구 습지 보전

관두자연공원은 대만 수도 타이베이 북서쪽 베이터우 지역에 위치한다. 타이베이 인근 기룽강과 담수하(딴수이강)가 만나 태평양으로 흘러드는 딴수이강 하구에 위치한 전형적인 강 하구 기수역으로서 갯벌과 맹그로브 숲, 갈대 숲, 담수습지, 염습지, 논이 조화를 이루며 여러 종의 새와 물고기, 게 등 풍부한 자연 생태를 가진 철새도래지이다.

관두자연공원은 대만의 대표적인 자연보호구로서 호주의 모어튼만이나 홍콩의 마이포자연보호구 등과 함께 국제적으로 중요한 물새 이동 경로에 속한다. 관두자연공원은 담수, 기수, 갯벌, 늪, 논, 숲 등으로 구성된 복합 경관이며, 다양한 서식처를 포함하고 있다. 이러한 가치 있는 자연자원을 보전하기 위한 전략으로 자연공원을 조성하였다. 관두자연공원 지역은 물새를 비롯한 철새의 이동경로 상에 위치하여 중간 기착지로서 매우 중요하다. 관두자연공원에서 기록된 조류는 229종으로서 국제조류협회Bird Life International에 의해 조류보호구Important Bird Area(IBA)로 지정되었다.

관두지역의 새를 관찰하는 모임에서 출발한 타이베이 야조회WBST가 1983년 관두지역의 생태적 가치에 주목하고 자연자원을 보존하기 위해서 시정부에 자연공원을 조성할 것을 건의하였고 시 정부에서는 제방을 기준으로 제외지는 맹그로브 숲과 갯벌 및 철새도래지를 관두자연보호구Guandu Nature Reserve로 지정하여 타이베이 시정부에서 관리하고, 제방 안쪽으로 자연보유구와 인접하여 급격

그림 5-34. 관두자연공원 전경

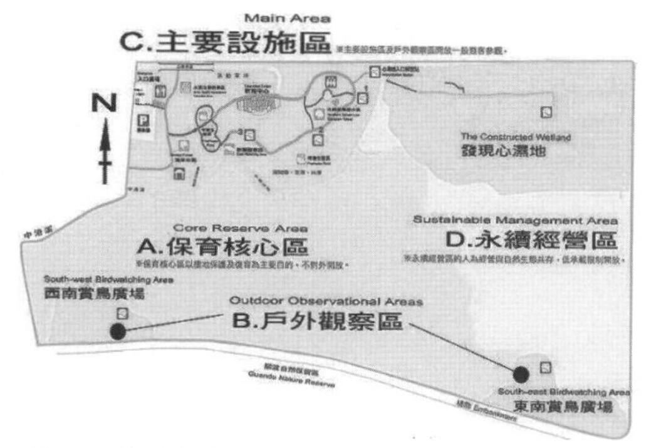

그림 5-35. 관두자연공원 공간 구분(자료: http://your.gd-park.org.tw/)

그림 5-36. 관두자연공원 핵심보호구역 및 안내문

그림 5-37. 관두자연공원 핵심보호구역을 배경으로

그림 5-38. 지속가능관리구역 내 수질정화습지 전경(좌) 및 해설판(우)

그림 5-39. 지속가능관리구역 수질정화습지(좌) 및 진입부 마음의 다리(우)

히 팽창하는 도시 사이에 완충지가 필요하다는 판단에 시 정부가 땅을 매입하여 자연공원을 조성하고 그 관리 운영을 타이베이 야조회에 위탁하게 되었다.

관두자연공원은 총면적 57ha(약 17만평)로서 시민들이 자유롭게 접근하여 이용할 수 있는 공원 및 생태 체험 이용시설이 설치된 주 시설구역을 비롯하여 핵심보호구역, 야외관찰구역, 지속가능한 관리구역 등으로 구분 보호하고 있다. 주 시설구역은 시민들이 관두자연보호구의 다양한 생태적 체험을 할 수 있도록 조성되었고 주된 시설로는 전시 및 학술회의 등이 가능한 네이처센터, 담수연못, 탐

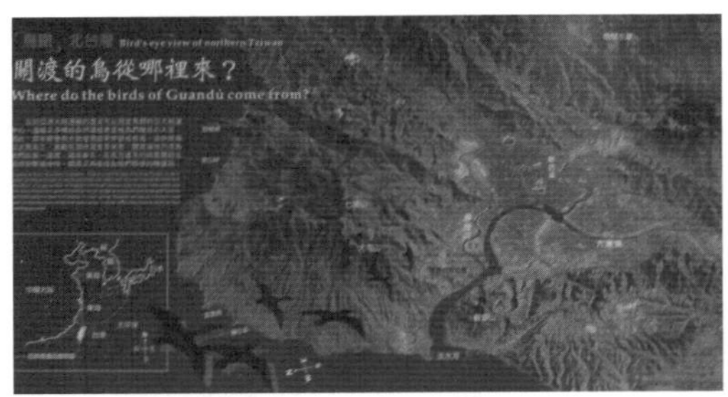

그림 5-40. 관두자연공원의 철새 이동 경로 안내문

그림 5-41. 방목된 물소에 의해 생태적 수용 능력 안에서 자연 스스로 조절

방 동선, 조류관찰대, 전망대, 생태 해설 시스템 등이 있다. 이곳에서는 북부 대만의 해안습지로부터 육상식생까지 분포되는 서식환경을 조성하여 옥외 수업이나 친수 경관을 위한 답사가 가능하다.

핵심보호구역은 자연습지, 연못, 늪지, 갯벌 등으로 구성되어 다양한 서식환경을 제공하고 있고 일정한 절차를 거쳐 허가를 받아야만 출입할 수 있는 지역으로서, 주 시설구역에 설치된 자연센터에서 망원경으로 관찰하면 갈대 군락, 생태연못, 갯벌 등 다양한 서식지를 관찰 가능하다. 야외 관찰구역은 타이베이 시가 관리하는 관두자연보유구와 제방으로 접해있는데 남동쪽과 남서쪽에 두 군데 조류관찰대가 있어 도보 또는 자전거도로를 통해 접근하여 조류 관찰을 할 수 있는 구간이다.

지속가능관리구역은 논습지를 포함하고 있으며, 수질정화 인공습지대를 포함한다. 지속가능관리구역 내 인공습지대는 하천으로 유입되는 수질을 개선하기 위해 지하침투식 수질정화 습지의 하나인 수직흐름식 습지로 조성되었는데, 주 오염원은 인근 공장과 마을, 매립지 등이며, 그 외에도 비지터 센터를 포함한 인근 건물 및 시설로부터 유입되는 오폐수를 정화하기 위한 습지들을 연속적으로 조성하였다. 지속가능관리구역에서는 대둔산으로 둘러싸인 관두평원의 아름다움을 조망할 수 있으며, 생태교육 프로그램 및 생태탐방 프로그램이 진행된다.

관두자연공원은 정부와 시민단체가 함께 자연의 힘을 모아 가꾸어가는 곳이다. 대만야조회를 중심으로 시민의 힘에 의해 자연공원으로 지정되고 관리 운영 또한 시민의 힘에 의해 지켜지고 있으며 자연 형성 과정에 의해 자연 스스로 만들어 가고 있다.

관두자연공원 곳곳에 방목되어 자유롭게 흩어져 다니는 물소는 생태적 수용 능력 범위에서 조절이 되고 있는데, 물소의 먹이 활동으로 인해 습지식생이 번성하는 것을 억제하면서 한편으로는 육화가 진행되는 것을 방지하는 효과가 있다. 이와 같이 인위적으로 직접적 수단에 의하지 않고 수용 능력 범위 내에서 개체수를 자연 스스로 조절함으로써 습지의 생태적 기능을 유지하는 것은 생태적 목적으로 보전, 보호, 관리되고 있는 생태공간에서 매우 효과적인 생태적 관리 수법이라고 하겠다.

(5) 한카호(Lake Khanka)

한카호Lake Khanka는 중국과 러시아의 국경에 놓인 호수형 습지로서 중국에서는 싱카이후興凱湖라고 부르며, 아시아 북동부에서는 가장 큰 규모이다. 약 1200만 년 전에 지면이 가라앉아 수위가 급격히 변하여 만들어졌다고 추정되며, 사구를 경계로 대한카호와 소한카호로 구분된다. 즉, 한카호 북쪽에 사구가 발달해 있으며, 작은 소한카호가 위치한다.

만주언어로 한카는 물이 높은 곳에서 낮은 곳으로 흐른다는 의미이다. 한카호는 한때 중국 영토에 속했으나, 1860년 북경에서 진행된 중러협정에 의해 중국과 러시아 국경으로 결정되었다. 한카호는 당나라 때는 미니호(Meituo Lake, 湄沱湖)라고 불리다가, 금나라 때는 북금해(Beiqin Sea, 北琴海)로 불렀고 청나라에 이르러 한카호(싱카이후)로 부르게 되었다.

중국 헤이룽장성과 러시아 프로모르스키(연해주) 지역 사이에 위치하며, 주변 지역인 우스리스크는 '습지대'라는 의미에서 비롯되었다. 한카호로 들어오는 강은 20여개에 이르며, 중국과 러시아의 국경

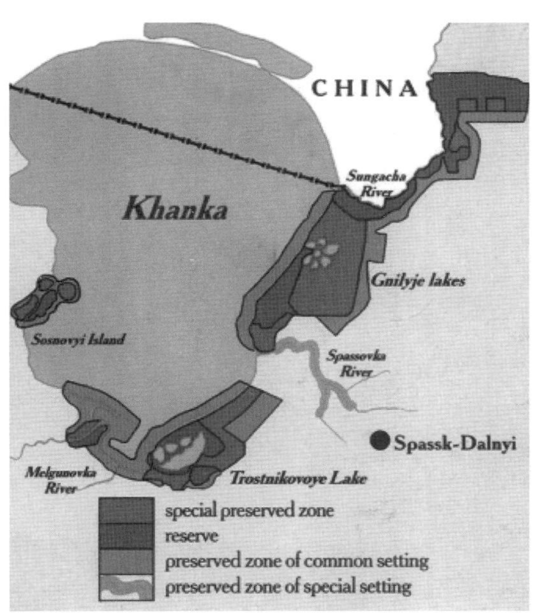

그림 5-42. 한카호 보호지역 지정 현황(자료: 러시아 자연보전국)

그림 5-43. 한카호 보호 행사(자료: 러시아 자연보전국)

그림 5-44. 한카호 일대 백두산호랑이(아무르호랑이) 박제

을 이루는 우수리강이 시작된다. 주변에는 러시아 최대 규모의 대규모 석회암지대가 발달해 있다.

1996년 중국과 러시아가 한카호 환경보호 협약에 서명함으로써 공동보호협정을 맺어 매년 4월 25일은 한카호의 날로 정하여 중국과 러시아에서 각각 기념행사를 개최한다. 한카호는 중국과 러시아 양국에 의해 모두 보호지역으로 지정되었다. 러시아에는 103개 보호구역이 지정된 바 한카호는 1999년 보호구역으로 지정되었고, 1976년에는 람사르습지로 지정 관리되고 있다. 한카호 대표 식물로는 러시아의 희귀식물인 가시연꽃과 아무르호랑이 등 멸종위기종이 분포한다. 조류는 280여종이 분포하며 그중 255종이 한카호 근처에서 서식한다. 어류는 75종의 어류가 분포하며 그중 69종이 희귀종이다.

그림 5-45. 한카호 입구 상징조형물

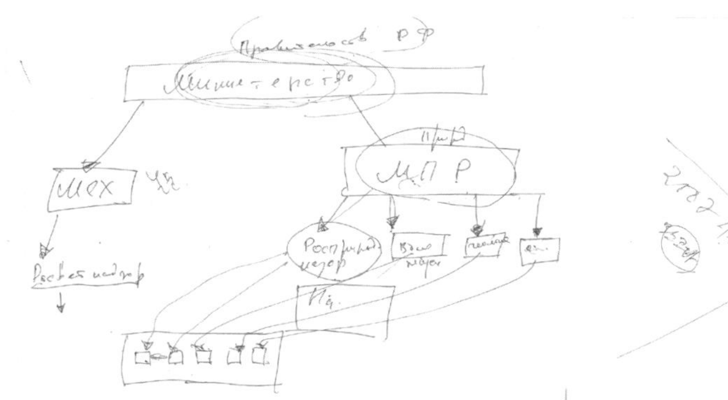
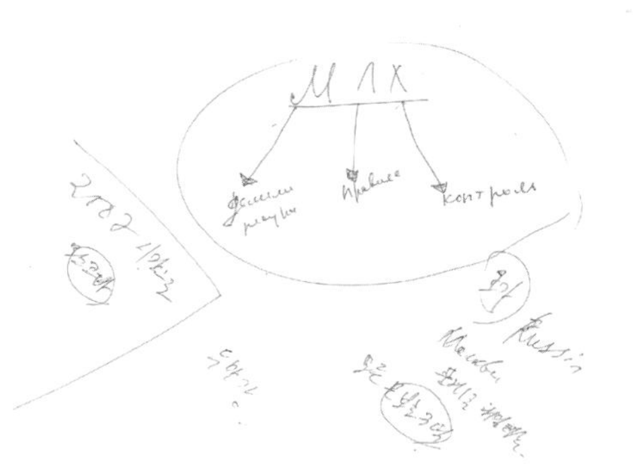
그림 5-46. Vladimir P. Karakin 박사가 설명하면서 그린 생태관리 체계 모식도

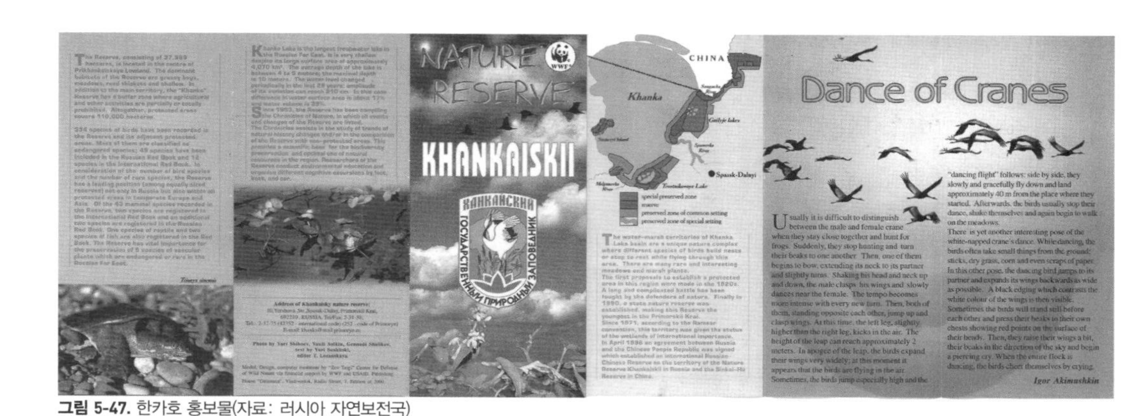

그림 5-47. 한카호 홍보물(자료: 러시아 자연보전국)

한카호는 동아시아~오세아니아 철새 이동경로의 중요한 최종 기착지의 하나로 꼽히고 있다. 특히 겨울철에 우리나라로 날아오는 두루미, 재두루미, 느시 등 주요 철새들이 한카호 및 그 인근에서 서식하는 것으로 알려지고 있다. 러시아 우수리강, 아무르강, 한카호 일대의 두루미류 등이 한카호 인근 광활한 습지와 논 지역으로 모여 지내다가 우리나라를 향해 남하하게 된다.

몇 종의 멸종 이유로 첫째로는 한카호 근처에 갈대가 너무 많았고, 둘째는 경작지가 많았으나 일손이 부족하여 항공에서 뿌린 제초제 때문이다. 1985년에는 이러한 사항을 제한하고 한카호수를 보호구역으로 정하였다. 지난 100여 년간 일 년에 두 번씩 불을 내고 있기 때문에 식물의 생장 공간이 부족하게 되었다. 봄에 불을 태우게 되면 더욱 빨리 자라게 되는 현상을 이용하기 위한 인위적인 화재로 교목류의 정착이 어렵고 초본류 중심으로 형성되고 있다. 두 번째 문제는 20년 동안 항공으로 제초제를 뿌리기 때문에 식물이 자라지 못하고 초원이 계속되어 35년 전에는 30~35%가 모두 숲이었으나 현재는 10%의 숲밖에 남지 않았다.

(6) 중국의 습지 보전 및 상해 총밍(숭명)동탄습지

중국에는 6천6백만ha에 이르는 면적의 습지가 있는 것으로 알려져 있는데, 이는 전세계 습지 면적의 10%에 해당된다. 중국 동부는 주로 하천형 습지가 많이 발달해 있고, 북동부는 소택형 습지, 중부 내륙과 양자강 하류 및 티벳 고원 일대는 호수형 습지, 해남도 등 남부 아열대 지역은 맹그로브 습지와 인공습지가 많이 분포한다. 그러나 최근 습지의 급격한 감소로 인해 보전 복원을 위한 다양한 정책을 마련하고 있으며, 1992년 람사르 협약에 가입하는 등 국가 차원의 보호 노력을 기울이고 있다. 중국 양자강 하구에 위치한 총밍(숭명도 Chongming Island) 및 그 일대에는 하구습지가 발달해있다. 총밍동탄습지Chongming Dongtan Wetland는 람사르습지 1144호로 지정되어 있으며, 상하이 최대의 야생동물 서식처로서 동아시아~오세아니아 조류 이동 통로EAAF에 속하여 이동성 조류의 중요한 기착지로서 조류자연보호구로 지정되어 있다. 양자강 하구 및 상하이 시 인근에는 그 외에도 많은 습지들이 분포하고 있다.

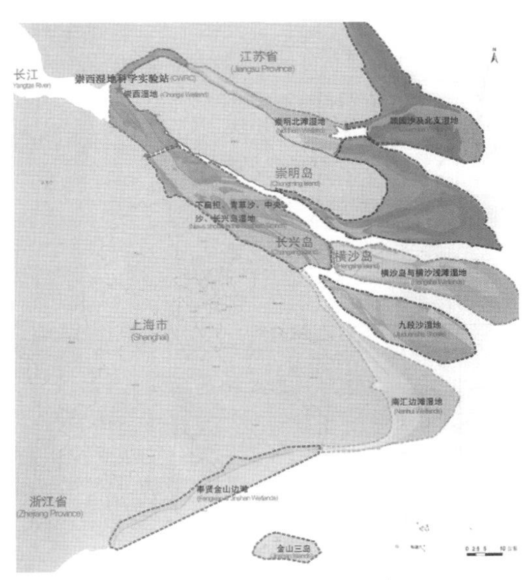

그림 5-48. 숭명 일대 습지 분포도. (자료: JianJian Lu)

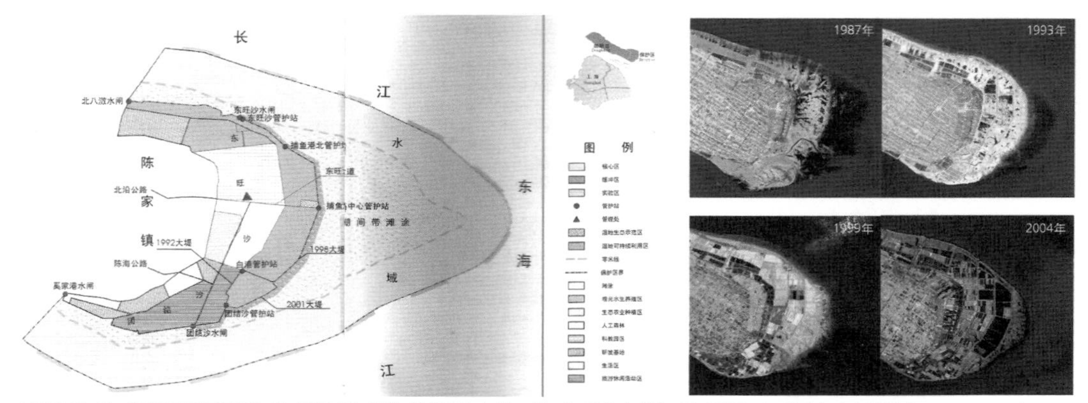

그림 5-49. 좌: 총밍습지 보전등급(노랑: 핵심구역, 청색: 완충구역, 녹색: 지속가능이용지, 분홍: 전이구역), 우: 총밍습지의 변화(자료: JianJian Lu)

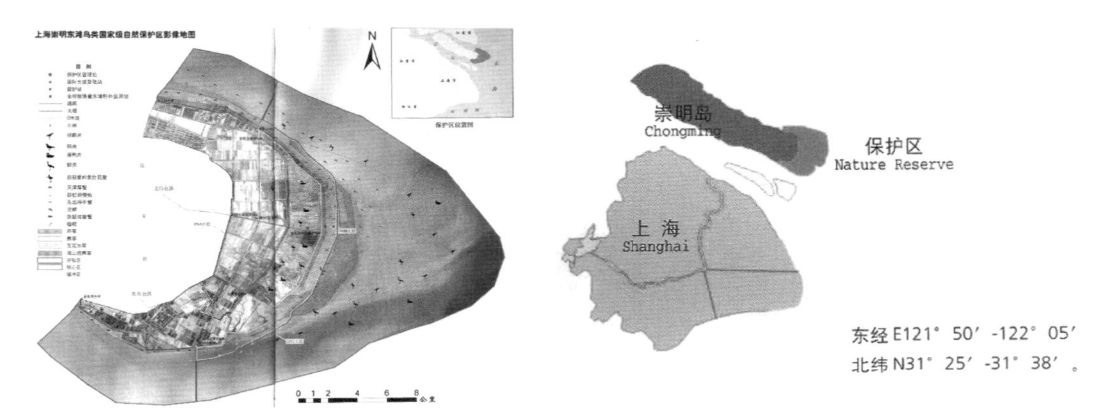

그림 5-50. 총밍자연보호구 위치 및 분포(자료: JianJian Lu)

습지 복원

V-2

생물 서식 공간으로서의 생태계 복원을 위해서는 자연스런 종의 유입, 서식 장소 조성에 따른 종의 정착 촉진, 종의 의도적인 도입 등의 단계가 필요하며, 먼저 어떤 종이 자연스럽게 정착하고 무엇이 정착했는지를 알고, 그 차이를 초래하는 원인을 생태학적으로 해명하는 것이 중요하다(沼田, 1995). 특히 각 종의 생육 특성을 밝히는 것과 아울러 각 생물간의 먹이 연쇄 과정을 밝히는 것이 매우 중요하다. 일반적으로는 각 단위 생태계 별로 그 생태계를 대표하는 최상위 소비자인 대표종을 결정한 후 그 대표종이 생육 가능한 규모와 구조를 가진 생태계를 구성한다.

가. 복원 목표

(1) 표준습지

표준습지reference wetland는 인공습지 조성 및 습지 복원을 위해서는 조성 및 복원 모델이 되는 습지로서 앞에서 정의한 바와 같이 자연습지의 원형에 가까운 습지생태계의 전형prototype이다(USEPA, 1996). 표준습지는 훼손이 없거나 적어 자연생태계를 비교적 온전히 유지하고 있는 습지로서 특정 유형의 습지 기능을 대표하기도 하며 성능평가 지표 또는 기준으로 활용하여 습지의 생태적 기능을 향상시키거나 개선할 수 있다. 그러므로 습지 복원 및 인공습지 조성을 위해서는 대상 습지와 같은 생태권역의 같은 유형의 표준습지를 선정하여 정밀 조사를 통해 조성 및 복원 모델을 구축하는 것이 중요하다(표준습지에 대해서는 이 책 "4장 습지 생태계 평가, 2. 습지 성능 평가"에서 상세히 다루고 있다).

(2) 복원 목표 및 과정

훼손된 습지는 기본적으로는 훼손 이전의 원생태계의 구조와 기능을 회복하는 것을 목표로 설정하게 된다. 예를 들어 이탄습지 복원 목표는 이탄습지 고유의 독특한 기능 즉, 자연 그대로의 이탄습지 기능과 유사한 기능을 목표로 한다. 구체적으로는 물 순환 체계 개선을 통한 물 저장 능력 향상, 종다양성 증진을 위한 이탄습지 고유 식생 복원 및 야생동물 서식처 조성, 장기적인 탄소 저장 및 이탄 축적 능력 향상 등을 목표로 하며, 단기 목표와 중장기 목표로 구분하고 있다.

GRET(2008)에 의하면 물이끼 복원을 핵심으로 한 이탄습지 복원은 다음과 같은 과정을 거쳐 진행되었다.

① 문제 인식 및 계획, ② 대상지 지표면 정리, ③ 자연 이탄습지로부터 물이끼 채집, ④ 물이끼 포설, ⑤ 멀칭재 포설, ⑥ 시비, ⑦ 배수로 차단으로 지하수위 유지, ⑧ 모니터링

나. 습지 복원 계획 및 설계

(1) 석호 복원: 미국 펠리컨 아일랜드

플로리다 주 남동부 해안지역의 인디언 강Indian River 내 석호에 위치한 펠리컨 아일랜드Pelican Island는 연방정부 차원에서 섬에 서식하던 펠리컨과 다양한 야생생물과 그 서식처들을 보호하기 위해 첫 번째 NWR(National Wildlife Refuge)[1]로 지정되었다. 펠리컨 아일랜드 면적은 약 1ha 남짓으로서 인디언 강 석호Indian River Lagoon 및 생태계를 포함하여 NWR로 지정된 면적은 21.8km²에 이르며 1만여년 전부터 원주민인 "Ais" 인디언들이 거주하던 땅이었다. 펠리컨 아일랜드는 IUCN 카테고리 '1b 야생지역wilderness area'으로 분류되며, 1993년 람사르습지로 지정되어 있다.

그림 5-51. 펠리컨 아일랜드의 수호자 Paul Kroegel

펠리컨 아일랜드는 유럽 이민자들이 급증하던 1800년대

1. 구본학(2014) 「에코스케이프」에 기고한 내용을 요약

그림 5-52. 펠리컨 아일랜드 100주년 타임캡슐

그림 5-53. NWR 전체 목록이 새겨진 센테니얼 트레일

중반부터 여성들의 모자에 새의 깃털을 장식하기 위해 사냥꾼들에 의해 펠리컨, 백로, 왜가리 등의 야생조류들이 대량 학살당하게 되었다. 1858년의 기록에 의하면 펠리컨 아일랜드에서 하루에 60마리 이상의 저어새가 사냥꾼들에게 희생되었다(www.nbbd.com). 1881년 독일 이민자인 Paul Kroegel은 뉴욕 자연사박물관 큐레이터로서 오듀본 소사이어티Audubon Society 멤버인 프랭크 채프먼Frank Chapman 등 조류학자들과 함께 활동을 하면서 플로리다 동부 해안에 남아있는 갈색펠리컨brown pelican의 유일한 서식처인 펠리컨 아일랜드를 적극적으로 보호하기 시작하였다.

1900년 최초의 연방 법안인 '야생생물법Lacey Act'이 제정되어 조류와 다른 야생동물의 포획, 운송, 판매 및 주간interstate 거래를 금지하였고, 1901년에는 플로리다 오듀본 소사이어티 및 미국 조류협회 등의 노력에 의해 조류보호구를 지정하여 비사냥용 조류를 보호하는 법안이 통과되었다. 나아가 1902년 Kroegel이 오듀본 소사이어티 관리관으로 근무하면서 조류 깃털 사냥꾼 및 새알 수집가로부터 펠리컨 아일랜드를 지킬 수 있게 되었다.

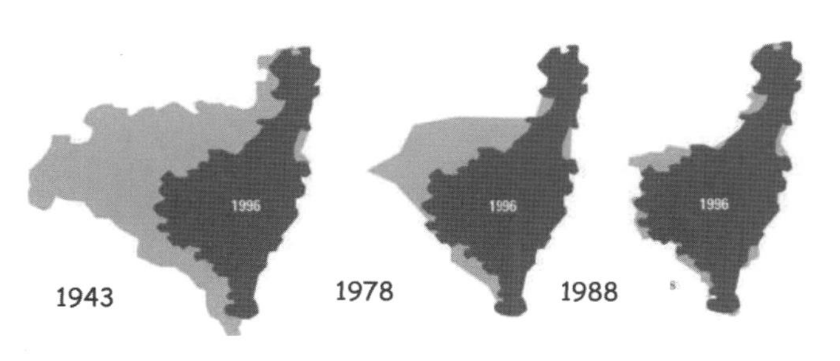

그림 5-54. 왼쪽: 펠리컨 아일랜드 면적 변화(자료: http://www.oyster-restoration.org), 오른쪽: 생태 복원을 위한 자생종 식재 (자료: http://www.mangroverestoration.com/)

1903년 3월 14일 루즈벨트 대통령이 서명하면서 펠리컨 아일랜드를 첫 번째 NWR로 지정하였고, Kroegel은 미 연방 최초의 야생생물 관리관으로 임명되었다. 이후 NWR 시스템은 지속적인 보호지역 지정을 통해 세계에서 가장 광대한 야생생물 서식처 네트워크로 정립되었다.

지난 2003년에는 NWR 지정 100주년을 기념하여 최초 NWR인 펠리컨 아일랜드 NWR에 타임캡슐을 설치하였다.

그림 5-55. 생태 복원 전 후의 펠리컨 아일랜드(위: 1900년대, 아래: 2000년대)

또한 탐방객을 위해 센테니얼 트레일Centennial Trail, 조 마이클 메모리얼 트레일Joe Michael Memorial Trail, 히스토릭 정글 트레일Historic Jungle Trail, 야생탐방로, 관찰타워 등을 설치하였으며, 특히 센테니얼 트레일에는 데크 표면의 각 쪽마다 NWR 전체의 목록을 새겨놓음으로써 기념하고 있다.

펠리컨 아일랜드는 1900년대 중반 무렵부터 농업용으로 개간되어 지속적인 침식으로 60% 감소하였다. 농업용 감귤나무, 방풍용 호주 소나무, 원예장식용 브라질리안 고추 등으로 유입된 외래종이 우점하고 인공수로 및 일부 염습지가 맹그로브 습지로 대체되는 등 고유의 생태계가 훼손되었다.

생태 복원 사업의 결과 외래종의 제거 및 조절, 습지 복원, 스파르티나spartina 및 맹그로브 등 플로리다 고유 식생의 도입 등의 복원이 진행되어, 매너티Manatee, 미국의 상징 흰머리독수리 등이 돌아왔고, 염습지, 내륙습지 등 다양한 습지가 복원되었다.

(2) 사구 및 배후습지 복원

1) 사구 복원

해안사구는 해수욕장으로 이용되어 원형이 상당 부분 훼손되고 있으며 배후 해송군락도 탐방객의 출입과 건축물, 도로 등이 설치되어 사구 훼손을 가중시키는 실정이다. 심지어 집단시설지구 자체가 사구 위에 형성되어 있는 경우도 있는데 인공구조물은 자연스러운 지형 형성을 방해한다. 또한 사구 형성의 중요한 공급원인 모래 공급이 방조제 및 매립 사업으로 급격히 줄어 사구가 계속 감소하고 있다. 이렇게 사구가 훼손되면 주변 생태계에 큰 영향을 미치게 되고, 자연방파제로서의 기능을 잃게 되며 무엇보다 깨끗한 지하수가 고갈되게 된다.

해안사구는 해안습지 및 배후습지와 생태적으로 관련되어 있고, 해양생태계로부터 내륙생태계로 이행되는 과정의 생태계로서 풍부한 생물다양성을 지니고 있다. 그러나 사구는 개발로 인해 급격히 소멸되고 있으며 생물종의 손실이 급진적으로 발생하며 생물상의 변화가 현저하다. 이를 복원하기 위한 대표적인 시설로는 모래 포집기sand trap를 들 수 있다. 강한 모래바람은 돌이나 식생 등의 장애물에 부딪치면 풍속이 감소되면서 이동 에너지가 저하되고 바람에 이동된 모래 알갱이를 떨어뜨리게 된다. 이러한 원리를 이용하여 모래 포집기를 울타리 형태로 조성하면 장애물이 되어 모래바람의 풍속을 떨어뜨려 모래가 쌓이게 된다.

① 모래 포집기 설치

모래의 이동이 활발한 지역을 대상으로 바람에 의한 모래 이동이 주로 일어나는 지표면에 대나무나 그물 등으로 인위적 구조물sand trap을 설치하여 모래를 집적하는 방법이다. 이러한 구조물의 설치에 앞서 대상 지역에 대한 지형 요소, 기후(풍향, 풍속) 등이 고려되어야 하며, 구조물의 종류, 크기, 유형별로 다양한 형태의 적용을 검토하여 설치한다.

② 인위적 사구 육성 Nourishment

사구 훼손이 진행되고 있는 지역에 외부로부터 모래를 반입 혹은 해양의 모래를 이용하여 인위적으로 사구를 만들고 사구식물을 식재하여 사구를 안정화 시키는 방법으로 모래 공급원 및 재원 확보가 중요하다.

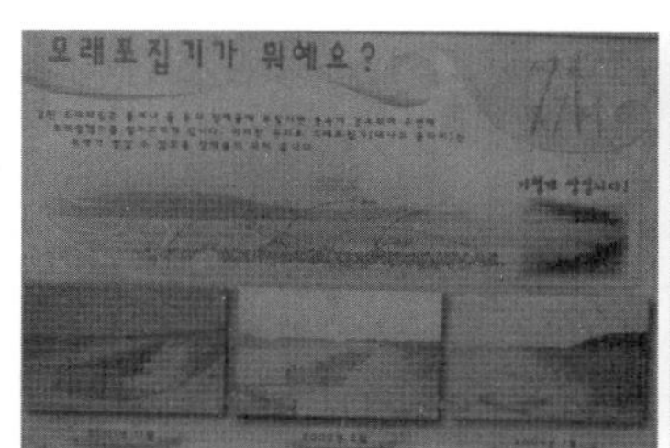

그림 5-56. 모래 포집기(충남 태안 기지포). 왼쪽부터 안내판, 효과, 세부 구조

그림 5-57. 해안사구 복원 및 탐방 시설. 왼쪽: 사구 탐방 데크 및 펜스(충남 태안 기지포), 가운데 및 오른쪽: 해안사구 복원을 위한 모래 포집기(미국 아나스타샤 주립 공원)(자료: 강서병)

③ **사구식물 식재**

사구 복원은 사구식물 식재가 복원과 병행하여 실시되어야 하며, 식생은 기 조성된 사구 표면을 안정화시키고 사구 성장을 돕는 역할을 한다. 사구의 성장 단계별로 사구식물의 선택적 식재를 위한 연구와 사구식물 증식 방안 연구가 병행되어야 한다.

2) 두웅습지

■ **훼손 현황**

두웅습지는 신두리사구와 배후산지의 경계 부분에 담수가 고여 형성된 습지로서, 생성원인 및 지형적 측면에서 국내 유일의 독특한 사구 배후습지로서 보전 가치가 높은 지역이다. 길이 200m, 폭 100m, 수심 3m 크기로 규모가 작은 습지이지만 우리나라 해안사구에 인접한 습지로는 규모가 제일 크고 멸종위기종을 비롯한 수백 종의 생물이 서식하고 있어 다양한 수서생물의 산란지 및 서식지로서 그 가치가 매우 높다. 금개구리나 맹꽁이 등과 같은 멸종위기 양서류와 수서곤충의 산란지이며 삵, 표범장지뱀, 붉은배새매, 검은등뻐꾸기, 두견, 파랑새, 종다리, 명주잠자리, 날개날도래 등의 서

그림 5-58. 두웅습지 전경 변화

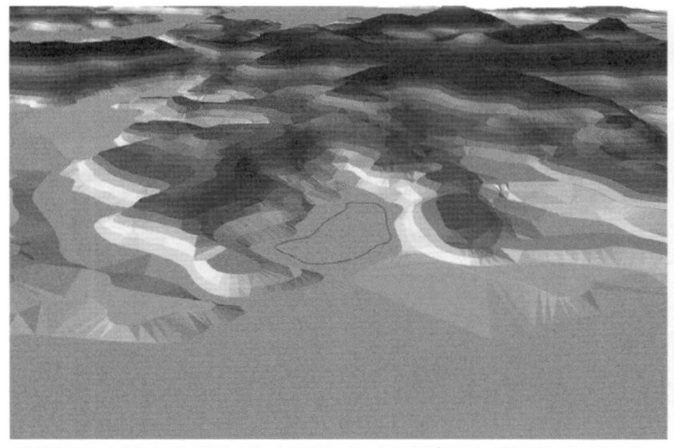

그림 5-59. 두웅습지 지형. 좌: 남서쪽, 우: 북동쪽(자료: 구본학 등, 2014)

식이 확인된 생물다양성과 고유성이 높은 지역으로서, 2002년 습지보호지역, 2007년 람사르습지로 등록되었다. 그 외에도 1990년 태안해안국립공원, 2001년 천연기념물, 2002년 신두리사구 생태경관보전지역 등 관련 법령에 의해 여러 형태의 보호지역으로 지정되어 있다.

그림 5-60. 두웅습지 유입부 외곳골에 흩어져 있는 농약병

습지의 퇴적층 꽃가루를 분석한 결과 신석기 초기 시대인 7000년 전부터 퇴적되기 시작한 것으로 알려졌다(최광희 등, 2011). 하층부에서 9000~5000년 전 사이 한반도에서 살고 있던 참나무속 식물과 꽃가루를 발견했고, 중간층 흙에서는 소나무속 식물들이 발견됐다.

두웅습지는 해안사구지대가 확장되어 배후산지로부터 유입되는 소하곡의 유로를 차단하여 형성된 사구호dune-damned lake로서 주 수원은 배후사면에 유입되는 지표수와 지중수 용출에 의존하고 있는 담수습지이며, 지하수면 변동에 따라 두웅습지의 저류량과 물리·화학적 환경이 변화된다. 두웅습지 주변 사구는 투수성이 우수한 사질토로 구성되어, 장마철에 사구로부터 지하수가 호소로 유입되며 사구 지하수면이 낮아지는 갈수기에는 두웅습지 표층수가 사구로 침투하는 물순환 기구를 가지고 있다. 두웅습지로 유입되는 집수 유역은 배후산지의 능선을 경계로 하고 있으며, 이 경계를 따라 보호지역이 설정되어 있다. 지형학적 및 수문학적인 측면에서 두웅습지는 규모가 작고 유역 면적이 작기 때문에 하천을 통한 지표수 유입이 없고 대부분 유역에 내린 빗물이 유입된다. 따라서 두웅습지는 수위 변동 가능성이 크고 그 결과 두웅습지에 서식하는 생물들에게는 매우 큰 위협 요인으로 작용한다. 주민들의 증언에 의하면 1980년대 이후 두웅습지가 메마른 적이 거의 없었다는 점으로 미루어 볼 때, 전면의 해안사구와 수위가 연계되어 있을 것으로 판단되며, 반대로 전면 해안사

그림 5-61. 두웅습지 주변 농경지

그림 5-62. 두웅습지 옆을 지나는 4륜 바이크

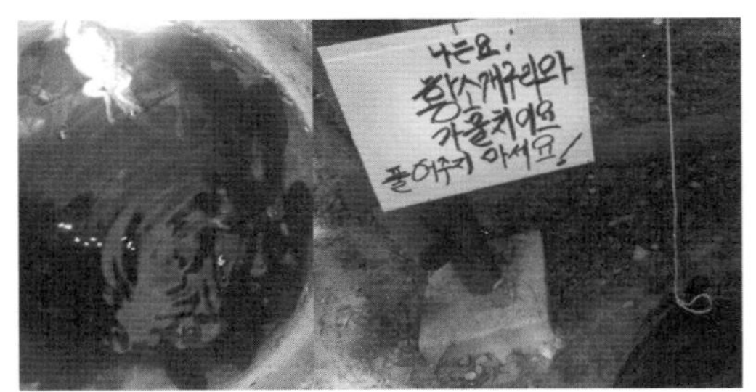

그림 5-63. 두웅습지의 탐방객 전시용 황소개구리

구지대에서의 지하수 부족이 두웅습지에도 영향을 줄 수 있다.

두웅습지 생태계에 직접적인 영향을 끼치는 위협 요인은 유역 내 농경지에서 유입되는 농약, 비료, 기타 오염물질들이다. 두웅습지 동쪽 계곡부 기슭에서 정상부까지 농경지의 농약과 비료 외에도 농사철 이후 농작물을 수확한 이후에 노출된 나지에서 토사가 두웅습지로 유입될 수 있다. 유기농 친환경영농법도 습지에 영양염류가 과다하게 집적되어 훼손 요인이 되므로 사유지를 매입하여 습지 및 주변 산림생태계 원형으로 복원할 필요가 있다. 논의 경우 두웅습지를 수원으로 하여 농사철에 물을 끌어들임으로써 두웅습지의 자연적 물순환체계에 영향을 주는 변수로 작용한다. 수면에 인접하여 농경지가 분포하여 농약, 비료 및 폐기물 등 오염원이 되어 수질에 악영향을 주고 있고, 경작 과정에서 습지 및 주변 산림 생태계를 교란할 우려가 높다.

습지 내 과도한 출입과 잘 닦여진 진입도로가 두웅습지 훼손 요인이 되고 있다. 탐방 데크를 통해 방문객들이 두웅습지의 안쪽까지 진입하여 순환 동선을 따라 두웅습지를 한 바퀴 순환할 수 있어 생태계 훼손과 수질 오염을 가속화하고 있다.

습지까지 차도를 통해 대형 차량 진입이 가능하여 탐방객 접근성이 편리한 점은 있으나 두웅습지의 훼손을 가속화하고 습지생태계에 심각한 영향을 끼치고 있다. 대형 관광버스를 포함한 차량통행 및 4륜 바이크가 빠른 속도로 진행하여 노면 침식, 비산먼지, 외부 토양 및 동식물 자원 진입 통로로 작용한다. 또한 도로가 사구-두웅습지-산림으로 이어지는 생태축을 단절하고 있어 소형 야생동물의 이동을 방해한다.

생물학적 훼손 요인으로 생태계 교란종 및 외래종 유입이 심각하다. 법정 교란종을 포함하여 두웅습지의 생태계 교란의 원인이 되는 종으로는 황소개구리, 칡, 돌콩, 환삼덩굴 등이 있다. 두웅습지는 칡이 우점하고 있어 원래 식물들을 덮어 시각적인 훼손뿐만 아니라 자연 생태계에도 악영향을 미치고 있다. 또한 배롱나무, 동백나무, 수련, 영산홍 등 인위적으로 도입한 식생이 습지 및 주변 산림의 생태계와 조화되지 않고 인위적인 경관을 형성하고 있어 적절한 제거를 통한 관리가 필요하며, 두웅습지 인근 신두리 해안은 해수욕장 및 대규모 펜션단지 건설로 인해 급속도로 개발이 진행되고 있어, 이들과 인접한 신두리사구는 물론 두웅습지에도 영향을 끼치고 있다.

그 외에도 농경지, 산소 등 지역주민의 생활과 관련한 진입도로가 물리적으로 훼손하거나 토사 침식 등으로 습지에 토사와 오염원이 유입되기도 한다. 기타 인간의 행위, 매립, 간척, 굴착 및 활용 목적을 띤 습지의 토지 용도 변경, 논, 밭 등의 경작지, 목축용지 등과 같은 주변 토지의 이용으로 발생하는 비점오염원과 점오염원에 의한 습지 훼손이 우려된다. 인근의 산림 내부에는 탐방객들의 무분별한 출입과 그들이 버리고 간 쓰레기 등으로 심각하게 훼손되어 오염원이 되고 있다.

■ **복원 계획**

두웅습지 보전 복원의 비전은 "인간과 자연과 문화가 어우러진 한국형 사구습지"로 설정하였다. 구체적인 목표로는

- 신두리사구 배후습지로서의 독특한 생태 자원이라는 생태적 지속성 유지
- 생태 자원과 더불어 살아 온 지역 주민의 문화적 지속성
- 두웅습지의 고유성을 회복하고 보전하며, 수용 능력 범위에서 생태적 형성 과정에 기반을 두고 사람들의 생태적 욕구를 충족시킬 수 있는 현명한 이용 추구
- 계획적 토지이용과 생태문화자원 네트워크 구축
- 민관 파트너십을 통한 자발적 관리 체계 구축

등으로 설정하였다.

지적도 필지 경계선과 도로선을 기준으로 두웅습지 관리 권역을 핵심, 완충, 전이지역으로 구분하고 각 관리 권역별로 생태 기능 향상을 위한 기본 방향을 설정하였다.

핵심지역

① 생물종다양성 증진 위한 서식처 조성: 목표종 및 일반종 서식처를 조성하고, 목표종의 생태적 특성을 고려한 서식 공간을 조성하여 사람들의 인위적인 접근 차단

- 교란종 및 망초, 개망초 군락 제거: 습지보전법 상의 행위 제한으로 인해 귀화식물의 제거가 어려운 상태로서 잠재 환경을 조성해 다른 식생으로 대체되어 자연스럽게 귀화식

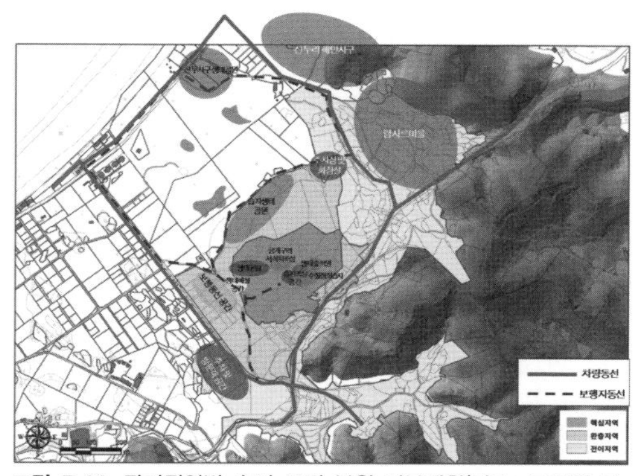

그림 5-64. 관리권역별 습지 보전 복원 기본계획(자료: 구본학 등, 2014)

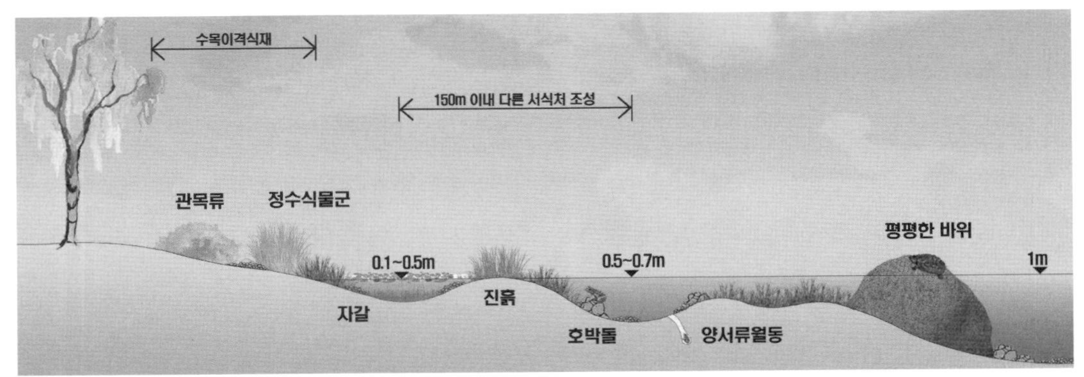

그림 5-65. 양서류 서식처 기본 모델(자료: 구본학 등, 2009)

그림 5-66. 금개구리 서식처 조성. 왼쪽: 2006년 조성 당시, 오른쪽: 2014년 모습

물 제거 유도

- 황소개구리 등 생태계교란종 퇴치 및 유입 억제를 통해 습지 내 서식하고 있는 토착 어류, 양서·파충류 및 저서생물 보호
- 일반종을 위한 다양한 서식 환경 조성을 통한 다양성 증진
- 목표종 선정: 목표종으로 가능한 종은 금개구리, 맹꽁이, 표범장지뱀, 쇠똥구리 등이 있으며 두웅습지의 고유성과 문화적 의미를 고려하여 금개구리와 맹꽁이, 표범장지뱀을 목표종으로 설정
- 금개구리 산란이 이루어지지 않아 기능을 유지하지 못하고 있는 금개구리 서식처 구조를 개선하고, 계곡 입구 부들군락지 묵논습지와 북쪽 논습지에 금개구리 대체서식처 조성(그림 5-66)

② 물순환체계 개선

- 지하수위, 강우량, 유사량 등 지속적인 모니터링을 통해 물수지를 분석하고 물순환체계 개선
- 신두리사구 209개의 지하수 관정에서 일 3,000톤 이상의 지하수가 양수되고 있으므로(국립환경과학원, 2009), 사구 훼손을 억제하고 지하수 양수 최소화

③ 생태관찰 탐방

- 단기적으로 탐방 데크를 통해 습지 안쪽으로 진입한 방문객이 농경지 제방 쪽으로 순환하지 못하도록 제한하며, 장기적으로 습지 안쪽 1일 탐방객 통행량을 수용력 범위에서 조절
- 습지 입구에 관람용 및 탐방용 대체 데크를 조성하여 내부 진입 억제

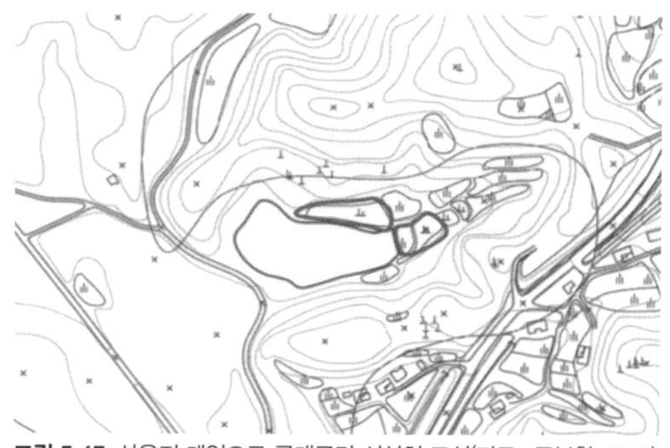

그림 5-67. 사유지 매입으로 금개구리 서식처 조성(자료: 구본학, 2014)

④ 오염 및 훼손 원인이 되는 사유지를 매입하여 논은 금개구리 서식처 등 논습지로 유지하고, 밭은 자연 식생으로 복원

⑤ 유입부 자연 발생 웅덩이 및 수로부 주변에는 농약병이 흩어져 있고 웅덩이 수질이 매우 악화되어 있으며 오염원이 그대로 습지로 유입되는 통로가 되고 있으므로, 웅덩이에 수질정화 습지를 조성하고 습지까지 연결되는 생태적 계류를 조성하여 밭과 묵논에서 강우 시 내려오는 오염원 유입 방지

완충지역

① 진입도로 주차장 및 방문객 센터, 화장실 등 생태계 훼손 요인은 전이지역 시설지구로 이동하고, 간이 목재 스탠드 시설을 보완하여 간이 생태해설 공간으로 이용

② 습지생태공원 및 습지 복원

- 북쪽 저습지는 여름철 우기에 일시적으로 물이 고여 있다가 유출되어 대부분의 기간 동안 건조지 상태로 유지되므로 습지생태공원을 조성하고 두웅습지와 물순환체계를 연결하여 단일 생태 공간으로 관리
- 습지생태공원에 생태학습원을 조성하고 습지 복원을 통해 목표종인 금개구리와 맹꽁이 및 일반종 서식처 조성, 자생식물원, 수생식물원, 논습지 등 다양한 서식 환경 조성. 아울러 생태체험 및 생태프로그램을 운영하여 현명한 습지 이용 도모

그림 5-68. 습지생태공원 공간 계획(자료: 구본학 등, 2014)

그림 5-69. 두웅습지 생태습지학습원 후보지 현황

전이지역

① 안내 및 관리시설 이전

- 주차장, 방문객 센터 및 화장실 등 시설을 전이지역으로 이전
- 전이지역은 남쪽 넝배골습지 주변 시설지구 및 북쪽 습지 생태공원 입구 주차장에 조성

② 람사르마을 조성

- 두웅습지 주변 신두리사구 입구마을을 람사르마을로 지정하고 장기적으로 주변 전이지역 내 분포하는 마을로 확대
- 람사르마을로 지정된 마을은 람사르 로고를 사용할 수 있도록 하고 생태마을 개념을 적용하며 농산물 등 경제 활동 지원

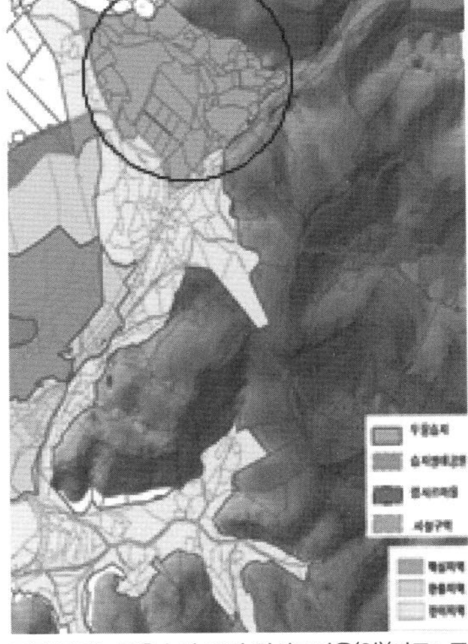

그림 5-70. 두웅습지 주변 람사르마을(안)(자료: 구본학 등, 2014)

3) 두만강 강변사구

두만강 하류 양안을 따라 북한, 중국 및 러시아 지역에 각각 강변사구와 배후습지가 발달해 있어 독특한 자연 경관을 형성하고 있다. 사구는 이동성 사구active dune와 정착 사구passive dune 및 사구 배후 습지가 각각 발달되었다. 사구 모래의 염분 농도가 높아 과거 이곳이 해안에서 가까운 곳이었음을 알 수 있었고, 지금은 건천화된 구 하도의 흔적이 발견되어 두만강이 지금보다 북동쪽 러시아 방향으로 흘렀음을 암시하고 있다. 즉, 두만강 하류 유역은 광활한 평지로서 홍수기를 반복적으로 거치면서 작은 지형의 변화와 퇴적된 사구의 영향으로 두만강 하류부의 흐름이 변화하였고 배후 습지들이 발달하였음을 알 수 있다. 이동성 사구의 경우 북서풍의 영향으로 남동쪽 농경지와 도로 등 방향으로 지속적으로 침입하고 있다. 또한 생태관광이 활성화되고 훈춘시 등 도시가 발달하면서 고속도

그림 5-71. 사구의 발달로 배후습지에 영향(왼쪽), 사구 지역으로 도로가 관통되어 훼손 가속화(오른쪽)

로 및 일반도로 건설이 활성화되어 사구를 직접적으로 훼손하는 사례가 빈번하고 있으며, 그런 한편으로 훼손된 사구를 생태적으로 복원하기 위한 노력이 이루어지고 있다.

또한 두만강 하류 강변사구 배후습지의 하나로 연화호(연꽃늪)는 오래 전부터 친수 및 생태관광 활동이 이루어져 왔는데, 특히 이곳에서 자생하는 연꽃은 두만강홍련이라 불리는 희귀종으로서 두루미, 검은목두루미, 재두루미, 청둥오리, 갈매기, 왜가리, 쇠백로 등이 찾아오는 야생동물의 서식처로서 매우 중요한 기능을 한다. 그러나 사람들의 발길, 사구 발달, 반복된 홍수에 의한 물길 변환 및 외래종 유입 등으로 연꽃이 거의 사라지고 생태 기능이 훼손되어 친수 및 생태 기능을 중심으로 복원의 필요성이 제기되어 왔다. 필자는 여러 차례 연화호의 복원에 대한 자문 및 기본계획 등을 통해 생태 복원에 대한 중요성을 강조한 바 있는데, 2010년 연화호 생태 복원을 통해 본래의 연꽃 자생지 및 습지를 복원하면서 습지환경전시센터와 다양한 생태보전이용시설들이 조성되어 이용객에게 친수, 생태 및 어메니티를 제공할 수 있는 기반을 마련하였다.

그림 5-72. 연화호 생태 복원의 의미와 중요성에 대해 연길 지역 언론과 인터뷰 하는 필자(왼쪽)

그림 5-73. 연화호 복원 사업으로 건립된 습지환경전시장

(3) 하구습지 복원

하구습지는 기수역이라는 생태적 장점을 지니고 있으면서 대부분의 경우 도시화, 산업화 등으로 급격하게 훼손되고 있어 원래의 습지로 복원하거나 대체습지를 조성하기 위한 국제적, 국가적 노력들이 진행되고 있다.

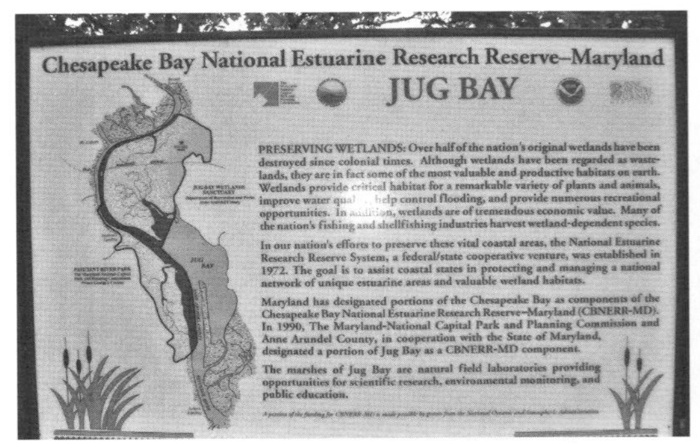

그림 5-74. 하구습지 복원 사례(Chesapeake Bay)(사진: 강서병)

1) 메콩강 삼각주 맹그로브 습지

메콩강은 국제야생동물기금WWF에서 발표한 '위기에 처한 세계 10대강The Top 10 Rivers at Risk'의 하나로서, 댐 구조물, 과도한 수자원의 유출, 기후변화, 외래종의 침입, 과도한 어로 행위, 수질 오염 등에 의해 생태적으로나 문화적으로 악영향을 끼치고 있다. 메콩강 외 위기에 처한 강으로는 살윈강, 라플라타강, 다뉴브강, 리오그란데강, 갠지스강, 머레이달링강, 인더스강, 나일강, 양쯔강 등을 들고 있다.

그림 5-75. 메콩강 하류 삼각주에 발달한 맹그로브 습지

메콩강은 캄보디아 프놈펜 주변에서 앙코르 문명의 본거지인 시엠립 톤레삽호수에서 내려오는 톤레삽강과 합류했다가 다시 갈라지면서 4개의 흐름이 K자 모양을 하고 있기 때문에 4개의 팔이라 불린다. 하구에 이르러서는 폭 2km의 메콩 삼각주의 무논지대가 펼쳐지면서 9개의 강으로 갈라지며 구룡강이라고 불린다. 메콩강 하구 삼각주 열대우림은 자기복제 도마뱀Leiolepis ngovantrii(수컷이 없고 암컷만 있어 자기복제를 통해 번식), 사이키델릭 도마뱀붙이Cnemaspis psychedelica, 난초류Dendorbium

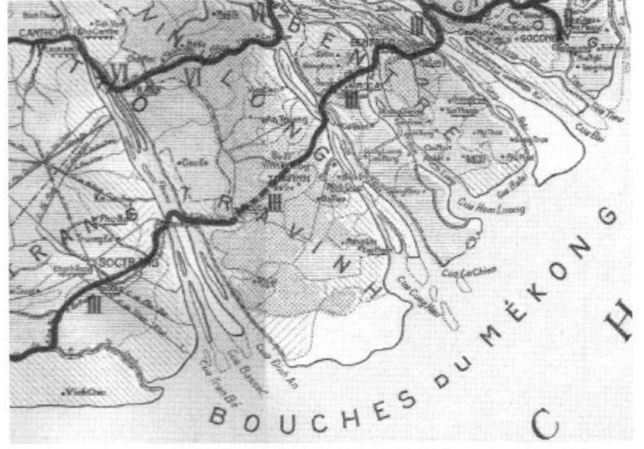

그림 5-76. 1910년 무렵의 메콩강 하구 삼각주(자료: ODSAS)

그림 5-77. 메콩강 하구 맹그로브 숲 복원. 베트남 전쟁으로 훼손된 맹그로브 숲(왼쪽), 복원 진행(가운데), 복원된 맹그로브 숲(오른쪽)

dalakense, 원숭이Rhinopithecus strykeri, 5종의 식충 낭상엽 식물, 늑대 뱀Lycodon synator, 기타 과학적으로 보고되지 않았던 토착종들이 발견되고 있는 생태계의 보고이다.

그런데 메콩강 삼각주 일대는 군사적 요충지로서 껀저 지역에 월맹군 정글사령부가 위치하였고, 엄청난 폭격과 함께 고엽제 살포로 인해 열대우림의 정글을 이루던 맹그로브 습지는 황폐해졌다. 지금은 맹그로브 숲을 복원하기 위한 베트남 정부와 전문가, 시민단체 등 인간의 노력과 도움으로 생태계를 회복해가고 있다

2) 스페인 도냐나 국립공원 습지

도냐나 국립공원Doñana National Park은 스페인 안달루시아 지역에 위치하며 세비야Seville에서 카디즈Cadiz에 걸쳐 있는 스페인 최대의 국립공원으로서 유럽과 아프리카의 생태계를 연결하는 징검다리 역할을 한다. 면적 542km²로서 보호구역은 135km²에 이른다. 하구, 석호, 소택, 해변, 고착사구 및 이동성 사구, 미퀴스(지중해연안 관목지대) 등과 같이 다양한 서식처를 포함하며, 해안사구는 유럽의 마지막 아프리카 사막 경관으로 불리고 있을 정도로 사막 특유의 생태적 경관적 특성을 나타내고 있다.

도냐나는 1961년 창립된 세계야생생물기금WWF의 모태이며, 국립공원(1969), 생물권보전지역(1981), 람사르습지(1982), 유럽공동체특별보호지역(1988), 세계자연유산(1994) 등으로 지정되었다. 대표적인 멸종위기종으로는 이베리아삵Iberian lynx, Lynx pardinus을 들 수 있는데, IUCN 보전등급에서 심각한 멸종위기종CR으로 지정되어 있다. 1980년 무렵 이베리아반도에 넓게 분포하며 개체수도 1500~2000에 이르다가 2000년대 이후 급격히 감소하여 현재는 200개체 내외가 살고 있다. 또한 스페인독수리 등 멸종위기종 5종을 포함한 조류 서식지로서 약 50만 마리의 물새가 해마다 이곳에서 겨울을 나고 있다. 그 외에도 도냐나 국립공

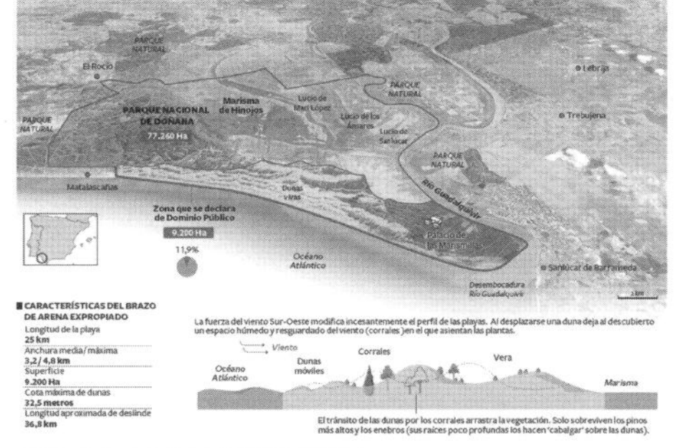

그림 5-78. 도냐나 국립공원 생태계
(자료: http://perjudicadosporlaleydecostas.blogspot.kr)

그림 5-79. 도냐나 국립공원 해안사구

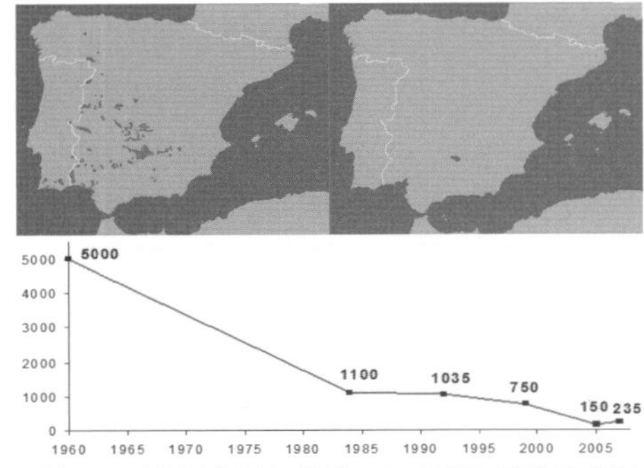

그림 5-80. 이베리아살쾡이의 분포(왼쪽: 1980, 오른쪽: 2003) 및 개체수 변화(1960~2007)(자료: http://en.wikipedia.org/wiki/Iberian_lynx)

그림 5-81. 도냐나 국립공원 철새 이동 경로

원에 서식하고 있는 동물들은 어류 8종, 양서류 10종, 파충류 19종, 포유류 30종, 조류 360종에 이른다.

도냐나 주변 지역의 습지가 광범위하게 개간되어 농업용지로 이용되면서 습지 면적이 급격히 감소하고 지금은 도냐나 일대만 보호지역으로 지정되어 남아 있다. 특히 최근 인근 지역의 도시화가 확산되면서 원래 어부들이 갈대초가집을 짓고 살던 도냐나 외곽에 리조트 타운이 조성되면서 야생동식물의 보호 관리 및 삶에 혼란이 초래되었다. 도냐나 국립공원 생태계를 위협하는 요소로는 엘로씨오El Locio 성모 순례자, 인근 아즈날콜라 광산Aznalcollar Mine에서 유입되는 폐광물질, 영농 활동 등을 들 수 있다.

엘로씨오 순례는 도냐나 국립공원 과달퀴비르 강 삼각주에 위치한 알몬테 마을의 '눈물 흘리는 성모상'으로 유명한 엘로시오 사원에서 매년 봄 수십만 명의 신자들이 모여 '로시오 성모'를 경배하는 행사로 인해 도냐나 국립공원의 생태계는 부정적 영향을 받고 있다.

또한 1988년 도냐나 인근 아즈날콜라 폐광에서 오염 물질이 과디아마르 강Guadiamar River을 통해 국립공원으로 밀려들면서 생태계가 교란되었고, 1990년 몽트뢰 목록Montreux record에 포함된 바 있다. 응급조치로 과디아마르 강을 통해 보호구역으로 흘러가던 오염물질을 과달퀴비르 강으로 돌려 하수를 처리하고, 환경변화로 서식 환경이 줄어들자 인공저수지를 만들어 철새 서식지를 제공하는 등의 응급조치와 더불어 다양한 복원 노력을 하고 있다.

마지막으로 습지 개간을 통한 농경지 전환, 방목, 어업, 광물 채취, 염전, 사냥, 습지식물 수확, 조림지 조성, 농약 사용, 도시 개발, 도로 건설, 관광 등의 용도로 이용되고 있다. 스페인에서 생산되는 딸기의 95%가 도냐나 국립공원 일대에서 재배되고 있는데 지난 2007년 WWF에서는 딸기농장이 지하수 고갈, 농약, 쓰레기 등으로 인해 큰 위협 요인이 된다고 경고한 바 있다.

도냐나 국립공원의 생태계를 교란시키는 또 다른 원인으로 외래종의 침입을 들 수 있다. 애완용으로 수입된 플로리다 거북이, 미국쥐, 습생식물인 사자의 이 등이 생태계를 교란시키는 주된 원인이 되고 있다.

이와 같이 훼손된 도냐나의 생태계를 복원하기 위해서 스페인 정부는 도냐나 국립공원과 인근의 시에라모레나 산맥 사이에 완충지역을 조성하여 오염원을 차단하고 생태적 훼손 압력을 최소화하기 위한 'Guadiamar Green Corridor Project', 도냐나의 염습지를 유지하기 위한 물순환체계 및 수문학적 수용력을 복원하기 위한 'Donana 2005 Project' 등을 수립하였다. 이들 복원 계획의 성공적 추진을 위해 세비야 등 도냐나 인근 지역의 농업 종사자들이 주축이 되어 설립된 Seville Young Farmer's Association 등과의 협력 체계를 구축하였고 유럽연합의 환경기금LIFE Program, 안달루시아 지방 환경청, 세비야 지방정부, 세비야 올리브유 생산조합OPRACOL-Sevilla 등의 예산 지원

그림 5-82. 멸종위기종 스페인독수리 분포. 위: 독극물 중독(자료: europeanraptors.org/) 아래: 분포도(자료: www.birdlife.org/)

그림 5-83. 폐광으로부터 오염물질의 유입으로 생태계 훼손(자료: LIFE00 ENV/E/547 Sustainable Doñana)

그림 5-84. 도냐나 국립공원 바다거북이 라우구

을 받아 지속가능한 도냐나 등의 프로젝트를 추진하였다.

그 외에도 도로에 의해 국립공원 지역이 둘로 나뉘어 생태계가 단절되고 서식지가 위협받고 있기 때문에 도로변에 울타리로 차단하고 야생동물 이동통로를 터널형 및 교량형으로 조성하고 있다. 또한 도냐나 주변 도시는 위협 요인이지만 개발을 집중하고 나머지 해안지역 대부분을 개발에서 회피하고 보전할 수 있다는 점에서 개발과 보전의 조화를 꾀하려는 시도로 평가되고 있다. 공원 지역에는 여름철 건조기 강수량이 적어 물이 부족한 반면 지하수는 비교적 풍부하여 조절 사용하고 있는데, 인근 골프장이 1만 명분의 지하수를 사용하여 물 부족을 가속화하고 바닷물이 지하로 유입되는 원인이 되므로 도시의 폐수를 재활용하는 전략을 수행하고 있다. 그 외에도 바다거북이 '라우구'보호, 원주민 가옥 보존 및 전통 어업법 유지, 낚시면허제 등을 통해 생태 자원을 보전하고 있다.

3) 대만 관두자연보호구 맹그로브 습지 복원

대만 수도 타이베이 북서부 탄수이강 하구 관두평원은 'Jiang Jiang茳茳鹹草'이라 부르는 내염성 초본이 생육하며 지역 주민들이 햇빛에 말려 매트나 로프를 만들어 사용해왔다. 또한 탄수이강 하구는 'Hua-cur'를 먹이원으로 하는 오리류들이 알을 낳아 크고 맛있고 영양분이 풍부한 '염분에 절은 오리알salted duck eggs'로 유명하다. 1963년 대규모 태풍 '글로리아'가 휩쓸고 지나가면서 타이베이 지역에 큰 홍수가 발생하자 시민들은 이 지역의 대표적인 자연유산이며 문화유산인 '사자와 코끼리의 문Lion and Elephant Gate'의 폭이 좁아 홍수가 발생했다고 주장하였고 결국 1966년 '사자와 코끼리의 문' 양안을 50m씩 후퇴시키고 제방을 축조하여 직강화하였다. 그러나 인위적 하천 개수는 오히려 타이베이에 홍수가 더 심해지고, '사자와 코끼리 문' 및 월풀 등 자연 경관 요소만 사라지는 등 생태적으로 급속한 훼손을 초래하였다.

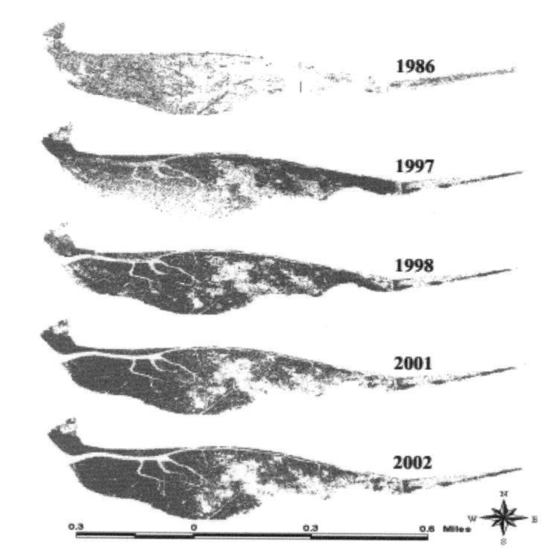

그림 5-85. 관두지역 맹그로브 숲의 분포 변화(자료: Shih & Lee, 2005)

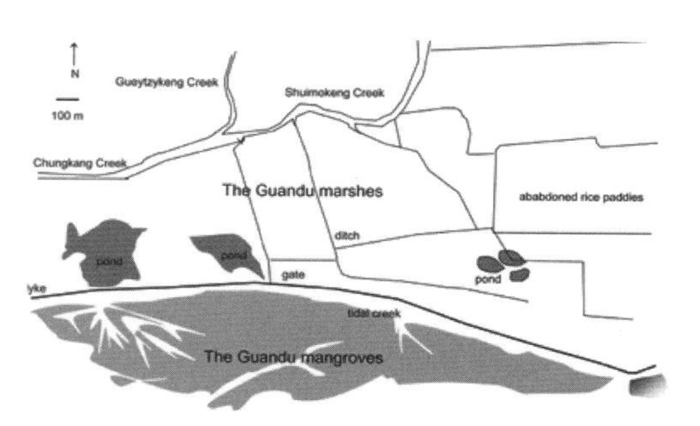

그림 5-86. 관두습지와 맹그로브 숲의 발달(자료: Lin et al., 2007)

관두평원 일대는 탄수이강과 키룽강 합류지점

으로서 해안까지 4km 정도에 불과한 기수습지가 발달되었는데 '사자와 코끼리의 문'의 폭이 넓어지면서 밀물 때 조수의 영향을 더욱 심하게 받게 되었고 토양 염분 농도 또한 1%에서 3.5%수준으로 높아지게 되었다. 생산성 높은 농경지도 사라지고 염생식물인 Jiangjiang, local clamp(Hua-cur) 및 어패류 등 지역의 고유종들이 멸절되었고 내염성 강한 맹그로브 등이 빠른 속도로 토착종 자리를 대신 차지하는 등 관두평원의 생태 환경이 급격하게 변화되었다. 나아가 1860년 건설된 탄수이항구가 모래가 퇴적되어 탄수이강은 더 이상 주운이 지속될 수 없게 되었고 상류로부터 오염물질이 급격히 증가되면서 전통적 오리 농사도 점차 사라지게 되었다. 외래종인 아프리카 틸라피아, 붉은귀거북 등이 있으며, 아프리카따오기Sacred Ibis 및 들개 등도 생태계에 심각한 악영향을 끼친다.

관두자연공원의 멸종위기종으로는 황새, 저어새, 청다리도요, 송골매 등이 있으며, 보전 가치가 높은 종으로는 노랑부리저어새, 노랑부리백로, 가창오리, 쇠제비갈매기, 붉은배새매, 솔개, 관수리, 물수리, 참매, 호사도요 등이 있다.

한편, 제방을 중심으로 갯벌지역에는 맹그로브 숲이 발달하여 1996년 맹그로브 숲은 문화유산 보존법에 의해 맹그로브 자연보호구로 지정되었다.

4) 숭명(총민) 숭서 습지 복원

숭명도의 숭서Chongxi 습지는 원래 습지였다가 양어장으로 이용되어 오던 곳을 2006년부터 생태적인 수법을 도입하여 조류 서식 환경을 조성하여 새들을 유치하는 복원 전략을 도입하였다. 식물다양성을 높이고 수질정화 습지를 조성하였으며, 기존의 습지를 보전하고 훼손된 습지를 복원하여 환경교육, 과학연구, 여가관광 등 다양한 기능을 갖춘 다기능 습지생태시범구로 건설하고 있다.

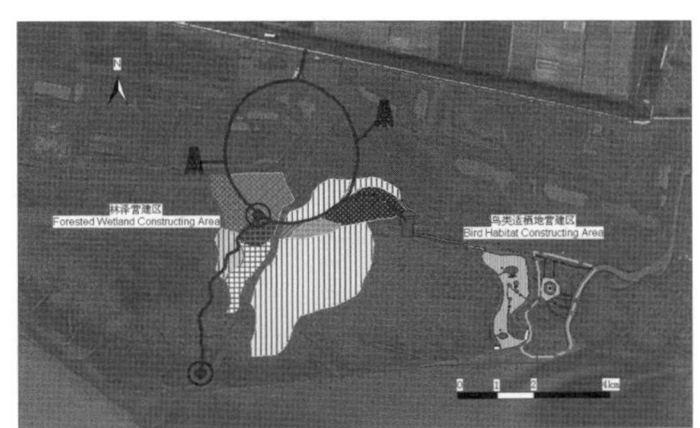

그림 5-87. 숭서 습지공원 복원 계획도(자료: JianJian Lu)

(4) 이탄습지 복원[2]

1) 신데렐라 생태계, 이탄습지 특성 및 훼손

이탄습지가 온실효과를 저감하는 능력이 잘 평가되지 않아 연구가 활성화되지 않고 보전 노력도

2. 『에코스케이프』 생태복원 생태문화 연재 원고 요약(구본학, 2014)

그림 5-88. 이탄습지 훼손 현황. 왼쪽으로부터 건조화, 서릿발, 훼손 생태계 방치(자료: GRET, 2008)

소홀한 결과 지난 20년간 이탄습지가 훼손되었거나 메말라 습지에 축적되었던 탄소가 대기 중으로 유리되었다. 또한 인위적 배수 체계로 지하수위를 저하시켜 물 순환 체계가 교란되고 이탄층 기반을 파괴함은 물론 물이끼류의 생육 환경이 훼손되었다. 결국 수많은 이탄습지들이 탄소 저장소에서 배출원으로 변하여 연간 이탄습지에서 방출되는 이산화탄소량이 2Gt에 이른다. 이렇게 이탄습지의 중요성에 주목하지 않고 간과하는 경우가 많아 '신데렐라 생태계'라고 빗대어 부르기도 한다.

최근에서야 이탄습지의 생태적 중요성과 탄소 저장 능력 등에 주목하기 시작하였으며, 람사르협약에서는 이탄습지를 특이한 생태계를 가진 보전해야 할 중요한 습지 자원으로 인정하여 "Guidelines for Global Action on Peatlands(GAP) (Resolution VIII.17, 2002)"을 제정하는 등 적극적인 보전 노력을 하고 있다.

2) 캐나다 Bois-des-Bel 이탄습지 복원

■ 훼손 현황 및 복원 계획

캐나다는 냉대, 아한대, 한대 등 기후 특성상 이탄습지인 Bog, Fen 등이 집중적으로 발달하고 있고, 일부 Swamp 및 Marsh 형태의 습지가 부분적으로 분포한다. 이러한 이탄습지는 에너지원으로

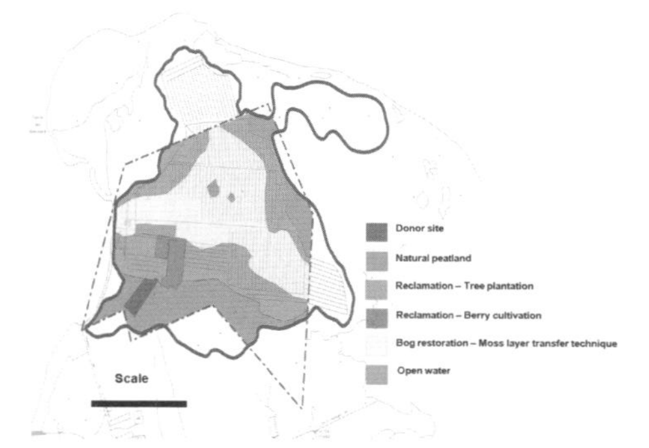

그림 5-89. 캐나다 Nova Scotia 주 이탄습지 복원 계획도(자료: GRET, 2008)

그림 5-90. 이탄습지 자생 물이끼 생산시설. 왼쪽 위: 물관리 시스템, 오른쪽 위: 물이끼 및 끈끈이주걱, 아래: 물관리 조건과 물이끼 종을 다양하게 조합하여 생육 실험

이용되거나, 쌀농사를 짓거나 숲을 조성하고, 야자나무를 심기 위해서 파괴되고, 작게는 밭농사를 짓거나 집을 짓고 살기 위해 파괴되기도 한다. 또한 허술한 산림 관리로 이탄지대가 파괴되기도 하며, 심지어 정원용, 미용이나 위스키용으로도 채굴되는 경우도 많다. 이렇게 심각하게 훼손되고 있는 이탄습지를 복원하기 위한 노력들이 진행되어 훼손 이전의 원생태계로서의 이탄습지 고유의 구조와 기능을 회복하기 위한 복원 노력이 진행되었다.

자연 상태 또는 복원된 이탄습지를 건전하게 관리하기 위해서 물이끼의 지속적 생산 공급이 필요하며, 지속적인 물관리가 물이끼 생육에 가장 중요한 요인으로 알려졌다. 또한 물이끼 종별 물 관리 시스템과의 최적의 조합을 찾아내는 것이 중요하다. 캐나다 이탄습지 시범지역인 Nova Scotia에서 이탄습지 복원 후 효과를 검증한 결과 다음과 같은 결론을 얻을 수 있었다(GRET, 2008).

생물상 복원 효과

물이끼가 꾸준히 증가하여 6~7년 이후에는 자연의 이탄습지와 유사한 수준으로 증가하였으나 복원되지 않은 훼손습지에서는 물이끼가 전혀 남아있지 않았다. 물이끼가 회복된 것은 습지의 이탄 축적 시스템이 정상화된 것을 의미한다.

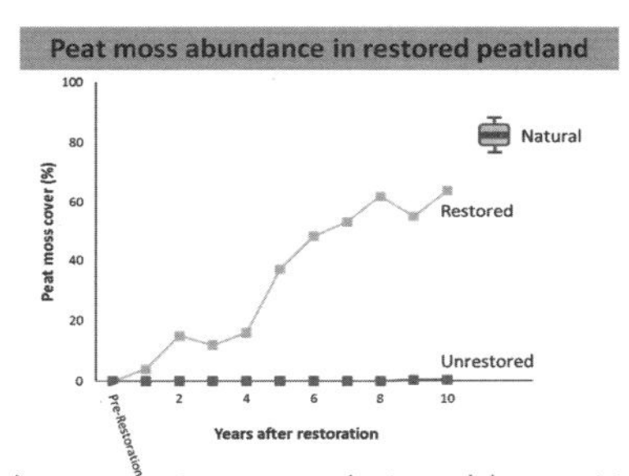

그림 5-91. 복원된 Bois-des-Bel 습지의 이끼류 피도 변화(자료: GRET, 2008)

식물 종다양도의 경우 자연습지에 비해 복원된 습지에서 가장 높게 나타났다. 이는 이탄습지 고유 식생은 자연습지와 복원습지에서 모두 우점한 반면, 복원습지에서는 이탄습지 고유 식생 외에도 일반 수생식물들이 풍부하게 나타난 결과이다. 또한 훼손된 습지에서는 이탄습지 고유 식생이나 수생식물이 자라지 못하고 육상 식생이 우점하였다.

그림 5-92. 복원된 이탄습지의 물이끼 및 끈끈이주걱, 캐나다 Bois-des-Bel 이탄습지

한편, 이탄습지를 농업적 작물 생산으로 이용하여 왔으나 훼손된 이후 생산량이 급격히 저감되었다가 습지 회복과 더불어 생산량도 증가하였다. 이와 같이 이탄습지를 지속가능하게 이용하기 위한 다양한 노력 중 작물 생산에 이용하는 것을 습지농업Paludiculture이라고 부른다. 습지농업은 습지를 기반으로 하는 농업적 행위

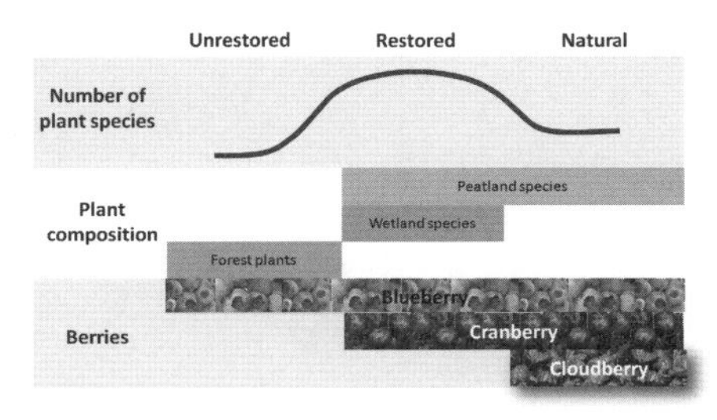

그림 5-93. 습지 농업적 이용. 복원된 습지, 자연습지, 훼손된 습지 식물상 비교(자료: GRET, 2008)

로서, 이탄층이 산화되는 것을 억제하고 지속적인 농업적 생산이 가능하도록 도와주게 된다. 종별로는 장과류berry의 경우 블루베리는 훼손 여부에 관계없이 모두 잘 자라나, 크랜베리는 자연습지 및 복원습지에서 생육하고, 클라우드베리는 자연습지에서만 나타났다.

물순환체계 복원 효과

습지 복원에서 중요한 요소 중의 하나는 물순환체계의 복원이다. 이탄층의 90%가 물로 채워져 있어 깊이 발달한 이탄층에는 다량의 물을 저장하고 유지하고 있으며 이탄습지는 홍수 시 다량의 물을 저장하여 홍수를 저감시키고 연중 맑은 물을 공급할 수 있다.

자연 상태의 이탄습지는 기본적으로 물이끼 등 생명체를 포함하는 Acrotelm(표면 물이끼층) 및 물로 침수되어 죽은 생명체를 포함하는 이탄층인 Catotelm 등 2개의 층으로 이루어진다. 일반적으로 자연 상태의 이탄습지에서는 지하수위가 Acrotelm층까지 상승되며 혐기성 환경과 호기성 환경이 반복되어 나타난다. 습지가 교란되어 표면 물이끼층인 Acrotelm의 손실과 배수 침하로 인해 이탄층이 대기 중에 노출되어 분해가 이루어지고 이탄층의 물 저장 능력을 급격히 저감시키게 된다. 훼손된 이탄습지에서는 물의 손실을 최소화하고 저장 능력을 극대화하는 것이 매우 중요한 목표가 된다.

교란된 습지를 복원하기 위해서는 단기간에 물 저장 능력을 회복할 수 있도록 배수로를 차단하여 가능한 많은 물을 저장하여 물수지 균형을 유지하는 것이 중요한 대안이 될 수 있다. 이를 위해서는 배수로 차단과 같은 방법에 의해 지표수의 흐름에 의한 손실을 억제하는 것이 매우 효과적이다(그림 5-94). 습지 복원 과정에서 멀칭재를 이용하여 습지 표면을 덮어주는 것도 증발량을 최소화하기 위해 매우 효과적인 방법이 될 수 있다.

자연습지에서는 지하수위가 표면 가까운 acrotelm에서 형성되며 이끼층이 사라진 훼손습지에서는 배수가 급속히 이루어져 지하수위가 이탄층으로 낮게 형성된다. 복원된 이탄습지에서는 훼손

그림 5-94. 지하수위 유지를 위한 배수로 차단 (자료: GRET, 2008)

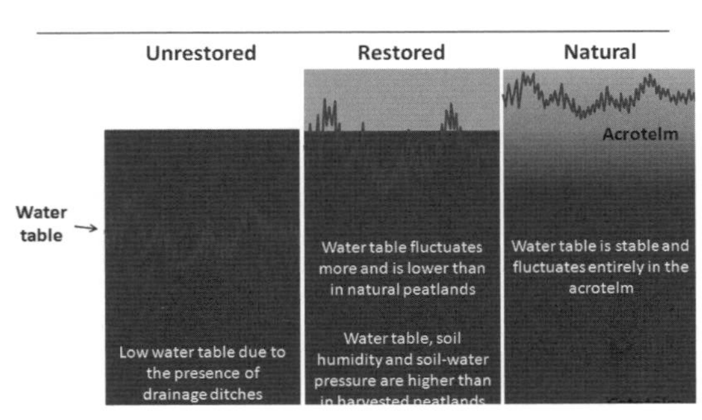

그림 5-95. 이탄습지 수문 특성(좌: 훼손 습지, 가운데: 복원 습지, 오른쪽: 자연습지)(자료: GRET, 2008)

습지보다 지하수위가 높고 토양수분 및 토양수압이 높게 나타난다. 자연습지보다는 지하수위가 낮은 위치에 형성되며 수위변동이 심하고, 대체로 새로 형성된 이끼층 보다는 기존 이탄층에서 이루어진다.

이탄습지 복원 여부에 따라 자연습지, 훼손된 습지 및 복원된 습지에서 각각 물순환체계가 변하게 된다(그림 5-95). 자연습지에서는 지하수위가 표면 이끼층인 Acrotelm에서 형성되며, 이끼층이 사라진 훼손습지에서는 배수가 급속히 이루어져 지하수위가 이탄층인 Catotelm으로 낮게 형성된다. 복원된 이탄습지에서는 훼손습지보다 지하수위가 높고 토양수분 및 토양수압이 높게 나타난다. 지하수위 수위변동이 심하고, 자연습지와는 달리 지하수위가 Acrotelm에 형성되지 않고 대체로 자연습지에 비해 낮은 위치인 새로 형성된 이끼층과 이탄층 사이에서 이루어진다.

3) 캐나다 Wainfleet Bog 이탄습지 복원

Wainfleet Bog는 온타리오 주 캐롤리니언에 위치한 이탄습지로서 인위적인 수문 환경 및 식생 등 훼손된 이탄습지를 복원한 사례이다. 마지막 빙하기인 1만 년 전부터 형성되어 이탄층은 5천 년

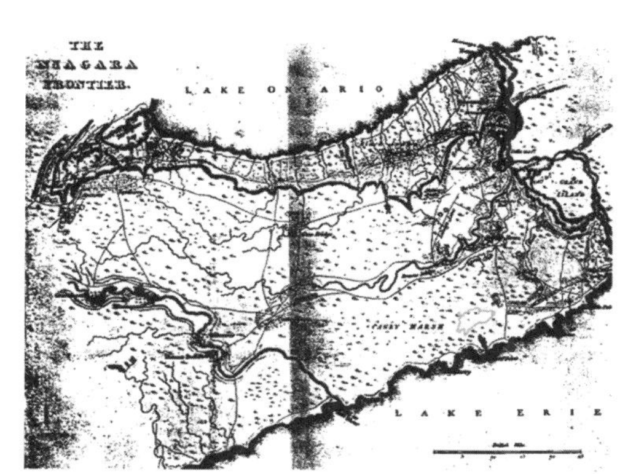

그림 5-96. Wainfleet Bog(자료: NPCA). 굵은 선이 원 습지 경계, 오른쪽 아래 작은 타원이 현재 남은 습지 범위

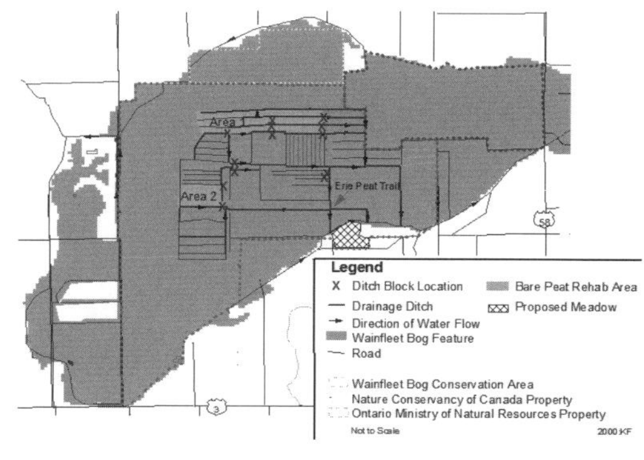

그림 5-97. Wainfleet Bog 복원 개념(자료: NPCA)

그림 5-98. Wainfleet Bog 현황(왼쪽), 습지 내 이탄(오른쪽)

이상 축적되었으며, 한때 면적 21,000ha에 이르렀으나 이탄층 채굴, 물이끼 채취, 외래종 유입, 잦은 산불 등에 의해 훼손되어 1,500ha만 남아있다.

물이끼, 끈끈이주걱, 황새풀 등의 사초류를 비롯한 이탄습지 고유의 식생 및 450여종의 식물, 90여종의 새와 방울뱀, 거북 등 멸종위기종의 서식처이며, 이탄층 복원, 물순환체계 구축, 비버댐, 식생 도입 등으로 생태계 복원 및 모니터링이 진행되고 있다.

Wainfleet Bog는 운하 등 인공수로 축조로 물순환체계 교란, 건조화 및 산성화되었으며, 농지 개간, 이탄층 채굴, 물이끼 채취, 외래종 및 육상식생 침입, 잦은 산불 및 인식 부족 등에 의해 생태계 훼손이 진행되었다. 또한 이탄 채굴 및 이끼 채취를 위한 철로궤도 건설로 운반 차량이 습지 내부까지 진입하여 이탄층 및 이끼층이 급격히 훼손되었다.

4) 대암산 용늪 복원[3]

■ **훼손 현황**

대암산 용늪은 '하늘로 올라가는 용이 쉬었다 가는 곳', '하늘과 맞닿은 하늘 위의 은밀하게 숨은 정원' 등으로 불린다. 작은용늪과 큰용늪, 심적리습지(애기용늪)로 구성되어 있다. 대암산(1,316m)은 강원도 양구군 동면 팔랑리와 해안면 만대리, 인제군 서화면의 경계에 위치하고 있으며 인제군과 양구군의 분수령을 이루고 있다. '도솔산재 양구동 사십리'라는 삼국유사 기록으로 도솔산이라고도 불린다. 1973년에 대우산(1,178m)과 함께 천연기념물(제246호-대암산 대우산 천연보호구역)로 지정되었다.

용늪은 대암산 정상 부근 서북 사면 1,280m 지점에 위치하여 냉대기후대에 속한다. 일 년 중 170일 이상 안개에 덮이고, 5개월 이상 영하에 머무는 곳으로서, 기후변화와 관련하여 용늪과 같은 이탄습지의 중요성은 탄소 순환에 있다. 1997년 우리나라 람사르습지 1호로 등록되었으며, 1999년 습지보전법에 의한 습지보호지역으로 지정되었다. 또한 산림유전자보호구역으로 지정되는 등 엄격하게 보호되고 있다. 용늪은 이탄층과 물이끼, 사초기둥, 통발 등 벌레잡이 식물, 그 외 다른 유형의 습지에서 보기 힘든 독특한 식물상의 보고이다. 용늪이 위치한 곳은 산지로 둘러싸인 분지로서 주로 빗물에 의존하지만 그 외에도 유역에서 유입되는 지표수, 지하수 등이 산지의 경사면을 따라 흘러들어와 물이 늘어남에 따라 습지식물의 개체수가 증가하여 형성되었다.

용늪은 1968년 한국자연보존연구회와 미국의 스미소니언 연구소가 공동으로 실시한 비무장지대 인접지역 종합 학술조사를 통해 처음으로 세상에 알려졌는데, 1977년 큰 용늪 바닥의 이탄을 채취

---

3. 구본학(2014) 『에코스케이프』 연재 원고 요약

그림 5-99. 큰용늪 전경. 위: 가을철, 아래: 겨울철

그림 5-100. 훼손된 이탄층

그림 5-101. 용늪 전경. 스케이트장의 흔적이 뚜렷하게 나타나며, 오른쪽 육화 진행과 더불어 왼쪽으로 습지가 확산

하여 둑을 쌓아 스케이트장을 조성하면서 용늪의 물순환체계가 크게 교란되었다. 이때 만들어진 둑은 지금도 남아 있고 그 위로 탐방을 위한 데크가 조성되어 있다. 또한 한쪽으로는 계단식으로 이탄층을 깎아 사격장을 조성하기도 하였다. 용늪의 상류부에 위치한 시설과 도로로부터 오염물질과 토사가 용늪으로 유입되어 육화가 진행되고 있고, 육상식생이 침투하고 있다.

■ 복원 계획

습지가 육화되고 육상식생이 침입하여 산림으로 바뀌는 과정을 일반적으로 습생천이라고 하여 자연에서 볼 수 있는 정상적인 생태적 형성 과정이라고 할 수 있다. 그러나 용늪의 변화는 생태적 천이가 아닌 인위적인 훼손이 주 원인이며, 인위적 환경압에 노출되어 급격하게 훼손되고 있다는 점에서 육화를 억제하고 육상식생을 제거하며 물순환 체계를 회복하는 등의 노력이 중요하다. 전체적으로 용늪은 현재 상당히 교란된 상태로서 원래의 지형 및 식생 복원을 통해 우기 시 인근 건물 부지로부터 지속적으로 유입되는 토사를 차단하여 습지 원형이 유지됨과 동시에 교란의 제거에 따른 장

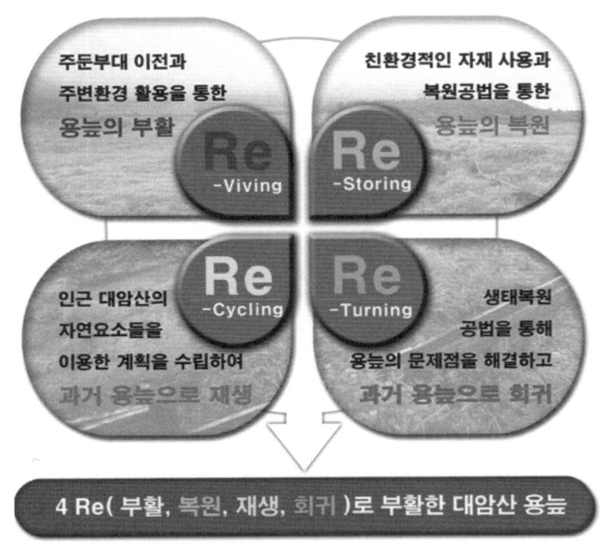

그림 5-102. 용늪 복원 개념(자료: 구본학 등, 2014)

그림 5-103. 용늪 복원 계획 수립 위한 토양 및 수질 조사

표 5-2. 용늪 시설 이전지 생태 복원 기본 방향(구본학 등, 2014)

구분	전략	세부 전략
목표	4Re(부활, 복원, 재생, 회귀) : 장기적이며 지속가능한 생태 복원	
기본 방향	① 습지 및 자연산림 원형 복원	• 습지 훼손지 및 이탄습지 원형 복원 • 산림 훼손지 원형 복원
	② 지형 복원 및 비탈면 생태 복원	• 비탈면의 침식 방지 및 안정 • 야생동물의 먹이와 은신처 제공 • 지형 경관 향상
	③ 자연형 침사지 및 습지조성	• 토사 유입 방지 및 수질 개선을 위한 인공습지 조성 • 습지 복원의 천이 형성 과정 유도
	④ 외래종 유입을 차단한 식생 복원	• 용늪 자생종 및 생물종의 보전 및 고유 식생 복원 • 야생동물 서식처 창출 • 생태계 교란 방지
	⑤ 인위적인 요소를 지양하고 환경친화적 재료 활용	• 산책로 조성을 위한 기존 자연석 판석 포장과 연계

기적인 복원 계획이 추진되었다. 용늪 훼손의 원인 중 하나는 능선부에 위치한 시설과 도로 등에서 유입되는 토사와 오염원들로서, 생태 복원 기본 방향을 〈표 5-2〉와 같이 제안한 바 있다.

■ **물 순환 및 기반 토양 복원**

과거에도 용늪 복원 사업이 단편적으로 진행된 바, 2000년에는 큰용늪에 유입된 토사와 자갈 및 육상식생을 제거하고 사초류 등 습지식물들을 식재하였다. 용늪 출입 시 생태계가 훼손되지 않도록 스케이트 제방 위로 목도를 설치하여 답압에 의한 훼손을 억제하고자 하였으며 물길을 완화하기 위한 목책 등을 설치하여 용늪 수문 환경이 급격히 악화되는 것을 억제하였다. 2003년에는 이탄층 슬라이딩 방지를 위한 목책을 설치하고 유속 완화를 위한 물막이를 설치하여 물길에 저장된 물이 다시 용늪으로 되돌아 갈 수 있도록 조성하였다.

그 외에도 용늪 주변 경사면 훼손지의 안정성을 확보하고 토사 유입을 억제하기 위한 토사 유출 방지시설 등을 설치하여 자연적 인위적 원인으로 용늪 훼손이 가속화되는 현상을 억제하고 물순환체계 및 고유 식생을 복원하기 위한 다양한 노력들이 진행되었다. 또한 정부, 지자체와 용늪 관련 기관이

그림 5-104. 큰용늪 훼손 방지를 위한 데크와 유속 완화를 위한 물막이 시설

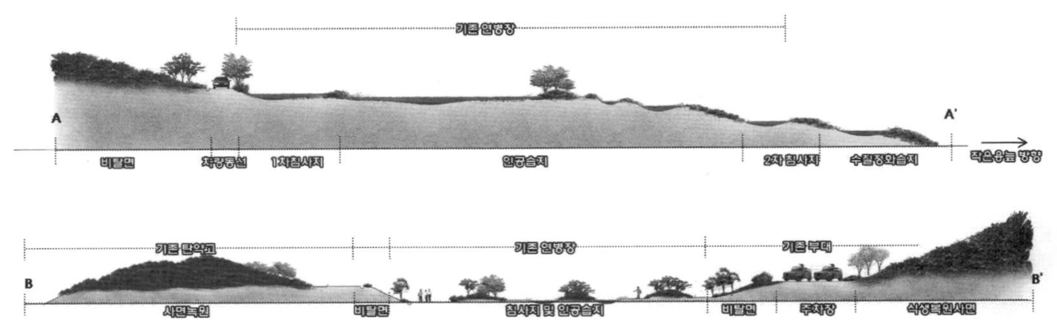

그림 5-105. 용늪 시설 이전지 생태 복원 종횡단면 계획도(구본학 등, 2014)

그림 5-106. 용늪 잔존 이탄습지 전경 및 토양 조사

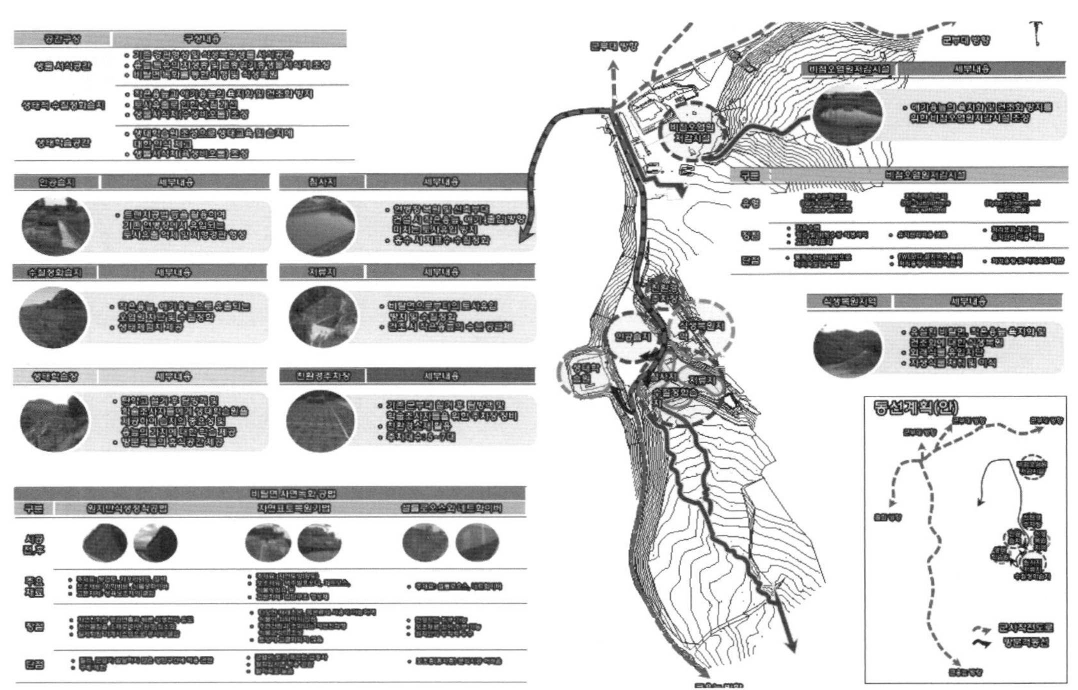

그림 5-107. 용늪 시설 이전지 생태 복원 기본구상(구본학 등, 2014)

참여하는 녹색협약, 관계기관협의체 등을 구성하는 MOU를 체결하는 등 공동의 노력을 하고 있다.

한편, 용늪 생태 복원 계획 수립 과정에서 용늪의 훼손 과정을 보여주는 잔존 습지의 흔적이 발견되었다(구본학 등, 2014). 작은용늪 북서측 능선을 깎아 설치한 탄약고의 서측 능선부 하단 완만한 비탈에서 면적 약 1,500m^{2}로 추정되는 소규모 이탄습지 원형을 발견하였다. 습지는 완만한 구릉에 형성되었는데 과거에는 소규모 습지의 형태를 나타내었을 것으로 예상되지만 지금의 훼손 상태는 시설 건설을 위한 절토와 성토로 인해 본래의 지형이 훼손되었고, 이 과정에서 발생된 토사가 습지로 유입되어 육화 과정을 밟은 것으로 판단된다.

식생 조사 결과 목본식물로는 댕댕이나무, 소영도리나무, 꽃개회나무, 쉬땅나무, 갯버들, 매발톱나무 등이 유입되어 용늪 일원에서 관찰되는 식생과는 상당히 차이가 있는 것으로 보였다. 그 외에도 육상식생 초본류들이 높은 빈도로 출현하였고 생태계 교란종인 미국쑥부쟁이를 비롯하여 서양민들레, 개망초, 오리새 등 외래식물이 확인되었다. 새로 발견된 이탄습지는 규모가 작고 훼손 상태가 심하지만 남아있는 부분에 대한 보전 노력과 더불어 훼손된 부분에 대한 적극적인 복원 노력이 필요하다.

(5) 호소 및 하천 습지 복원

1) 미국 에버글레이즈 습지

■ **생태적 특징 및 훼손 현황**

미국 플로리다 주에 위치한 에버글레이즈Everglades 국립공원은 초원의 강River of Grass이라는 애칭으로 불리며 국립공원(1947), 유네스코 생물권보전지역(1976), 세계유산(1979), 람사르습지(1984) 및 National Wildlife Refuge로 지정되었다.

에버글레이즈는 플로리다 중북부의 도시 올란도 인근에서부터 흘러내려오는 키시미 강Kissimmee River과 오키초비 호Lake Okeechobee의 물줄기에 의해 유지된다. 그런데 미국 정부에서는 에버글레이즈의 잦은 홍수 범람을 억제한다는 명분으로 하천 직강화, 수로 건설 등 수량 관리를 위한 프로젝트를 진행하였다. 결과적으로 에버글레이즈로 유입되는 물의 상당 부분이 멕시코만이나 대서양으로 빠져나가면서 홍수는 줄었지만 에버글레이즈의 상당 부분이 습지로서의 기능을 상실하였다. 한때 남부 플로리다의 대부분에 이를 정도로 광범위하게 분포하던 에버글레이즈의 물순환체계가 교란되면서 습지 면적이 축소되고 습지를 서식기반으로 살아오던 희귀동식물을 포

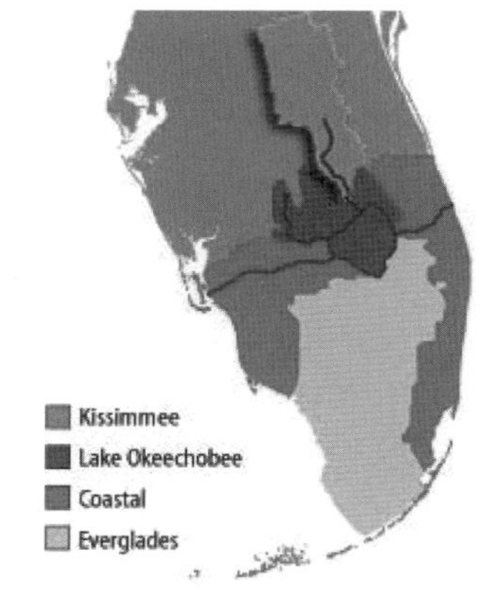

그림 5-108. Kissimmee River, Lake Okeechobee, Everglades(자료: http://www.sfwmd.gov)

함하여 종의 90%가 소멸되었다. 이제 에버글레이즈의 가장 중요한 과제는 물순환체계의 회복 및 생태 기능의 복원이며, 이는 현재 진행형이다.

■ **생태 복원 계획**

에버글레이즈 생태 기능의 훼손은 1948년 남부 플로리다 수자원 관리를 위한 '플로리다 중남부 프로젝트(C & SF 프로그램; The Restudy: Central & Southern Florida Project)'가 제정되면서 시작되었다. C & SF 프로젝트에 의해 수로와 제방, 이치수 시설이 설치되어 물 공급, 홍수 조절, 수자원 관리 등의 효과가 있었지만, 에버글레이즈를 비롯한 남부 플로리다의 독특한 생태계를 훼손하고 기능이 저하되었다.

에버글레이즈 복원을 위한 종합계획Comprehensive Everglades Restoration Plan(CERP)이 수립되었는데, CERP 프로그램은 에버글레이즈를 포함한 중남부 플로리다 지역의 수자원을 보전, 보호, 복원하기 위한 기본적인 틀과 방향을 제시하고 있다. 이 프로그램은 2000년 수자원개발법Water Resources Development Act, 1992(WRDA)에 의해 승인 받았는데 총60개 이상의 항목으로 구성되어 있으며, 30년 이상의 장기 플랜

그림 5-109. Shark Valley 전망대에서 본 에버글레이즈

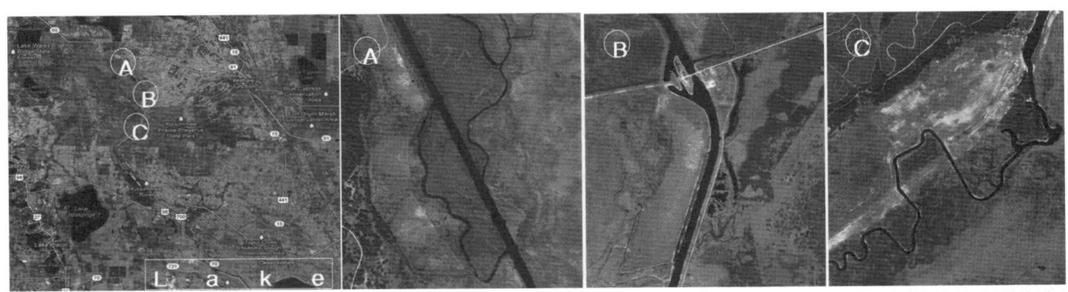

그림 5-110. 키시미 강 직강화 및 하도 복원. 왼쪽: 키시미 호에서 오키초비 호로 흘러가는 키시미 강의 직강화 현황. A, B, C는 직강화 및 하도복원의 세부 위성영상(자료: 구본학, 2013)

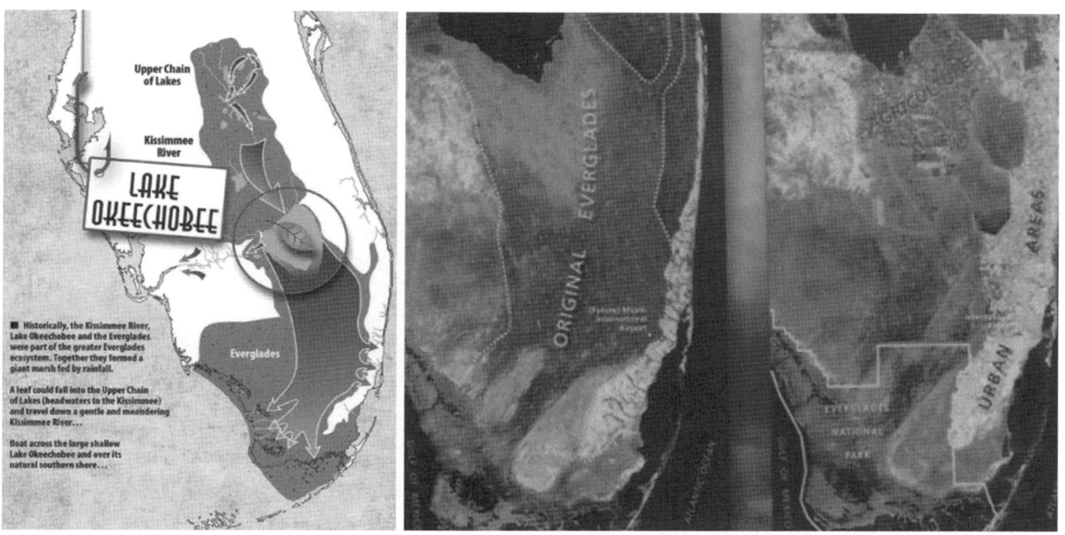

그림 5-111. 광역 에버글레이즈는 상류 키시미 강에서 오키초비 호수를 거쳐 에버글레이즈 습지에 이르기까지 연속적 흐름을 갖는다. 광역 에버글레이즈는 도시화와 각종 개발, 교란 등으로 인해 현재의 모습으로 축소되었다. 왼쪽: 1880년대 이전의 에버글레이즈, 오른쪽: 현재의 에버글레이즈, 흰 선이 국립공원 경계

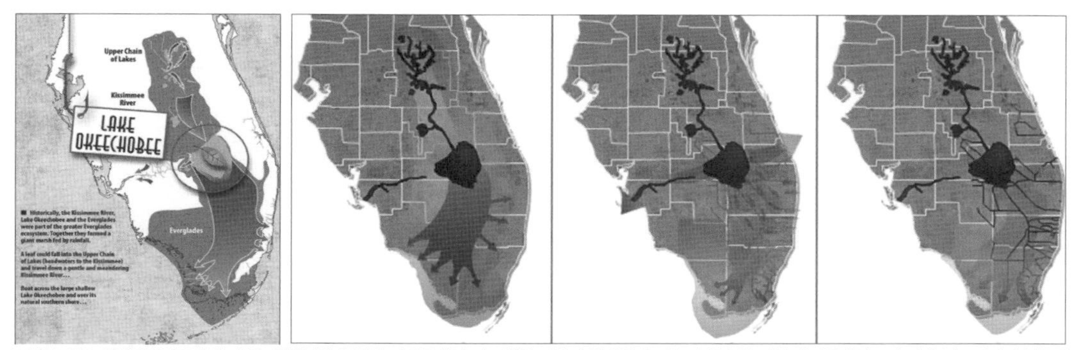

그림 5-112. 에버글레이즈의 물 흐름. 왼쪽부터 ①광역 에버글레이즈는 상류 키시미 강에서 오키초비 호수를 거쳐 에버글레이즈 습지에 이르기까지 연속적 흐름, ②과거의 물 흐름, ③현재의 물 흐름, ④복원 후 물 흐름(자료: Everglades N.P.)

을 제공하고 있다. C & SF의 생태적 문제를 진단 처방하기 위해 1996년부터 WRDA에 의해 미공병단US Army Corps of Engineers에서 C & SF 프로젝트의 성과와 영향들을 재평가하였고, 생태계 복원을 주 목적으로 정립한 개선 및 수정 계획을 수립하게 되었다.

CERP는 대서양과 멕시코만으로 무의미하게 흘러가는 물길을 되돌려 활용을 극대화하기 위한 방향을 설정하였으며, 이전까지 바다로 버려지던 물을 가두고 저장하여 수량, 수질, 물 공급 주기 등을 모두 고려하여 재분배하였다. 이렇게 되돌려진 물길은 죽어가던 생태계에 새로운 생명의 근원이 되고 복원에 기여하며 인근 도시와 농업에 물 공급을 확대하여 남부 플로리다의 경제 활성화에도 도움이 될 것을 기대하고 있다.

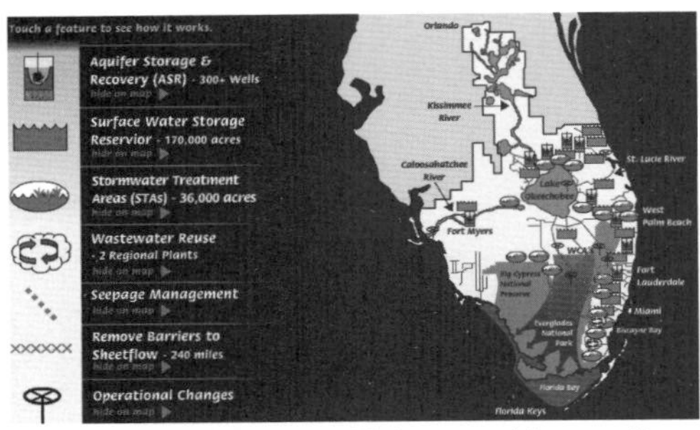

그림 5-113. 에버글레이즈 복원 계획의 주요 요소(자료: http://www.evergladesplan.org)

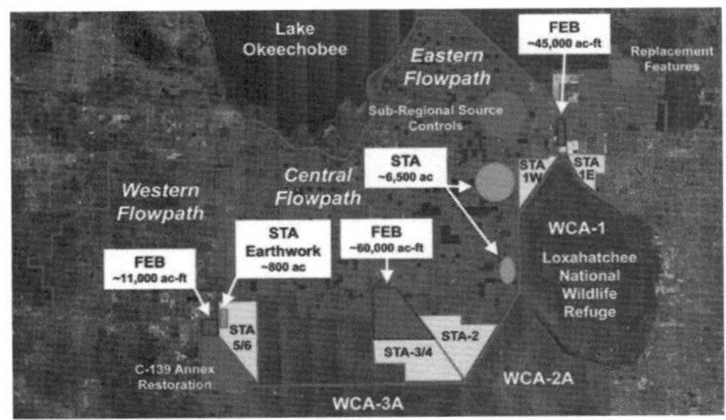

그림 5-114. Restoration Strategies Key Projects(자료: http://www.sfwmd.gov)

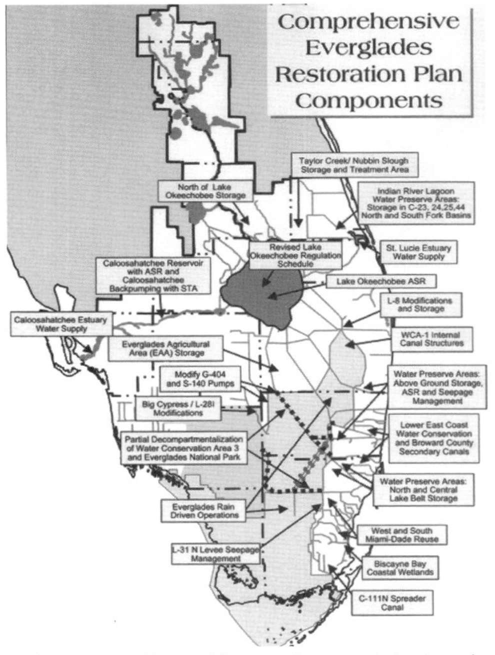

그림 5-115. CERP 주요 요소(자료: http://www.evergladesplan.org)

계획안의 핵심적 내용을 요약해보면

① 지표수 저장을 위한 저수 시스템, ② 물(수자원) 보존지역, ③ 오키초비 호수를 생태 자원으로 관리, ④ 지하 저류 시스템, ⑤ 수질정화습지, ⑥ 에버글레이즈와 강어귀로 물 공급 체계 개선, ⑦ 하수 재활용

등이며 파일럿 실험을 통한 실현 가능성 등 다양한 검토를 하고 있다.

C & SF 프로젝트가 실행되기 전까지 남부 플로리다의 대부분 지역은 습지로 형성되어 사람들이 살기에 적합하지 않았다. 특히 1920년대와 40년대의 허리케인에 의해 큰 피해를 입게 된 주민들은 반복되는 홍수를 조절하고 피해를 저감시키는 대책을 요구하는 진정서를 제출하였고, 1948년 C & SF 프로젝트가 의회의 승인을 거쳐 미공병단과 남 플로리다 물관리국the South Florida Water Management District(SFWMD)에 의해 추진되게 되었다. 이들의 노력은 당시 세계에서 가장 앞선 기술로서 효과적인 물 관리 시스템으로 평가되었으나 에버글레이즈와 남부 플로리다 생태계에 대한 부정적 영향으로 인해 C & SF의 주체들은 이제는 역설적으로 CERP 즉 에버글레이즈의 생태 복원 프로그램에 투입되었다.

에버글레이즈 생태계를 교란하는 외래종에 의해 생태적 건강성이 위협받고 있는 대표적인 사례로서 미얀마비단뱀Burmese Python은 급속한 성장과 놀라운 번식력, 왕성한 식욕 등으로 에버글레이즈에 사는 작은 동물들을 닥치는 대로 포식한다. 심지어 지난 2005년에는 아직 성장하지 않은 작은 악어를 통째로 삼켜 뱃속의 악어와 함께 같이 죽은

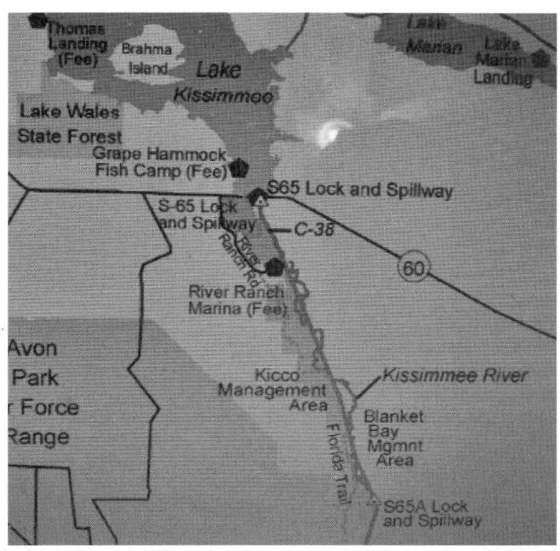

그림 5-116. 직강화된 키시미 강 하도 복원 프로젝트(C-38)(자료: 구본학, 2013)

그림 5-117. 1920년대 플로리다 지역 태풍 피해(자료: http://www.evergladesplan.org)

그림 5-118. 에버글레이즈의 훼손된 생태계를 회복하기 위한 자원봉사 활동(자료: Everglades National Park)

그림 5-119. 외래종에 의해 토종 어류의 피해를 소개한 안내판

그림 5-120. 악어와 함께 죽은 Burmese Python(자료: Everglades N.P.)

사례가 에버글레이즈 관리자들에 의해 발견됐다.

현재 에버글레이즈는 물순환체계와 원지형, 식물 등을 복원하고 야생동물 서식처를 복원하기 위한 노력을 하고 있다. 특히 이러한 노력은 행정기관뿐만 아니라 자원봉사자의 자발적 참여를 통해 더욱 효과적으로 진행되고 있다. 훼손지에 자생식물을 식재함으로써 침식을 억제하고 있으며 에버글레이즈 고유의 악어인 Crocodile이나 물새들을 위한 다양한 서식처를 제공해주고 있다.

2) 일본 쿠시로 습지

■ 생태적 특성 및 훼손 현황

쿠시로 습지Kushiro-shitsugen는 일본 홋카이도의 동쪽 지역에 위치하며 총 면적 268.61km^2에 이르는 일본 최대의 자연습지이다. 쿠샤로 호Lake Kussharo에서 흘러나온 쿠시로 천Kushiro River이 습지 복판을 사행하천을 이루며 쿠시로 시를 거쳐 북태평양으로 흘러나간다.

그림 5-121. 북두전망대에서 본 쿠시로 습지 전경

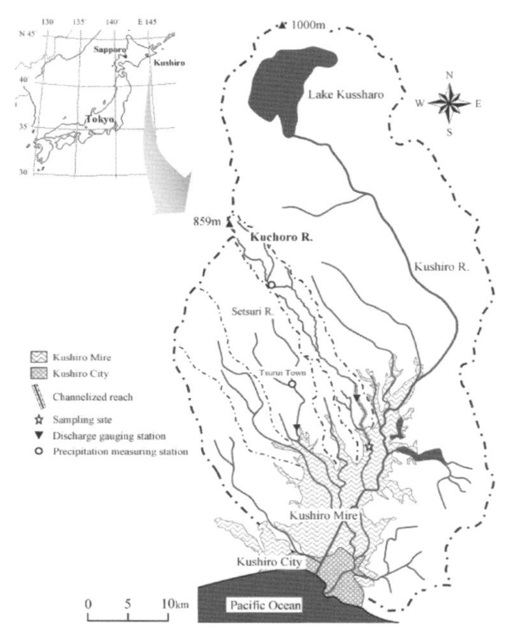

그림 5-122. 쿠시로 습지 및 쿠시로 천 개황(자료: Mizugakia et al., 2006)

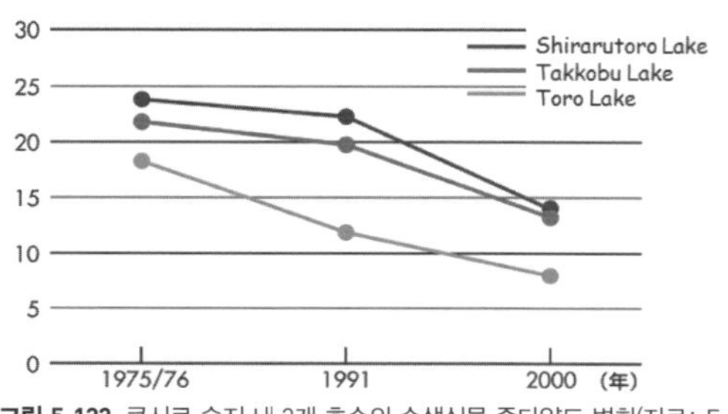

그림 5-123. 쿠시로 습지 내 3개 호수의 수생식물 종다양도 변화(자료: F. Nakamura)

IUCN Category II(국립공원)에 속하며, 두루미의 주요 서식처로서 매우 중요한 습지로서 천연기념물로도 지정되었다. 1980년 람사르습지로 지정되었고, 1987년 국립공원으로 지정되는 등 가능한 많은 보호 정책에 의해 중복 지정되어 다양한 보전 복원 전략이 수립되고 있다. 지정 면적은 습지 18,290ha, 람사르습지 7,726ha, 국립공원 26,861ha 등이다.

쿠시로 습지는 일본 습지 면적의 60%에 이를 정도로 대표적인 습지로서 원시의 모습을 간직하고 있으나 각종 개발 등으로 인해 빠른 속도로 면적이 감소하고 있고 급격히 육화가 진행되고 있다. 쿠시로 습지 주변의 산림은 1960년대부터 대규모 농지 개발로 많은 산림이 농경지로 전환되었으며 곡선형의 자연하천 유로를 직선화하였다. 또한 전형적인 사행하천인 쿠시로 천을 직강화하고 하류의 쿠시로 시를 우회하는 직선의 신쿠시로 천을 인공적으로 조성하였다. 이로 인해 홍수는 저감되었지만 습지 내 급격한 물 순환 교란을 초래하여 육화가 급속히 진행되었다. 농경지 등 유역에서 발

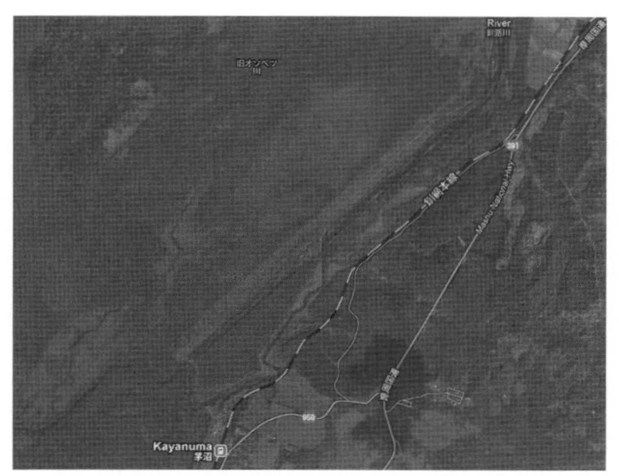

그림 5-124. 쿠시로천 직강화 흔적(구본학, 2013)

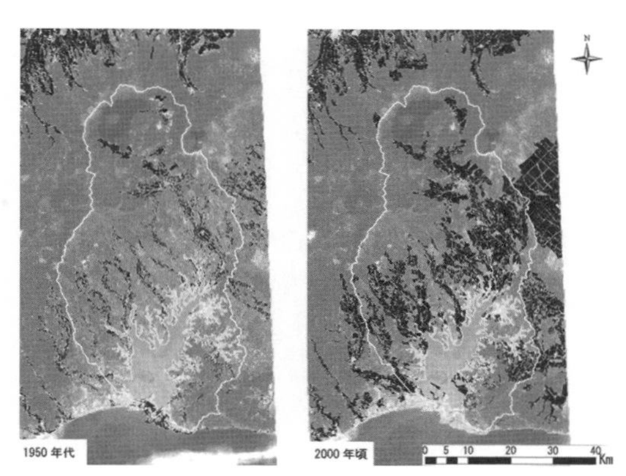

그림 5-125. 육화가 진행된 쿠시로 습지. 1950년대(왼쪽)에 비해 2000년대(오른쪽)에 육화가 진행되어 육지식생의 침입 흔적이 나타남(자료: Futhshi Nakamura)

생한 부유토사 등 오염물질들이 쉽게 습지로 유입되어 다량의 부유토사 퇴적으로 하천 바닥이 2m 이상 상승하였고, 습지 표면에 근접하던 지하수위는 점차 낮아져 습지 토양이 건조화되기 시작하였다. 이러한 환경 변화로 인해 습지식물보다는 건조에 강한 식물이 생육하기 알맞은 환경을 제공하게 되어 갈대군락이 넓게 분포하던 쿠시로 습지는 오리나무군락 침입이 점점 확대되고 있다.

1940년대 습지 면적은 25,000ha였는데 1990년대 19,000ha까지 감소하여 약 50년 동안 20%가 소실되었다. 또한 습지 내 희귀한 수생식물, 어류, 양서류 등 물을 이용하는 생물들의 서식처를 파괴하고 있다.

■ **복원 계획**

2001년 쿠시로 습지 복원 프로젝트의 목표는 람사르협약에 등록되었던 1980년 당시의 모습으로 습지를 복원하는 것으로서, 자연환경의 보호 및 보전, 복원과 농업과의 조화, 지역사회로의 기여 등

그림 5-126. 쿠시로 습지 복원 전략. 식생 복원(왼쪽 위), 토사 유입 방지용 저류지(오른쪽 위), 천변식생대 조성(왼쪽 아래), 사행하도 복원(오른쪽 아래)(자료: Futhshi Nakamura)

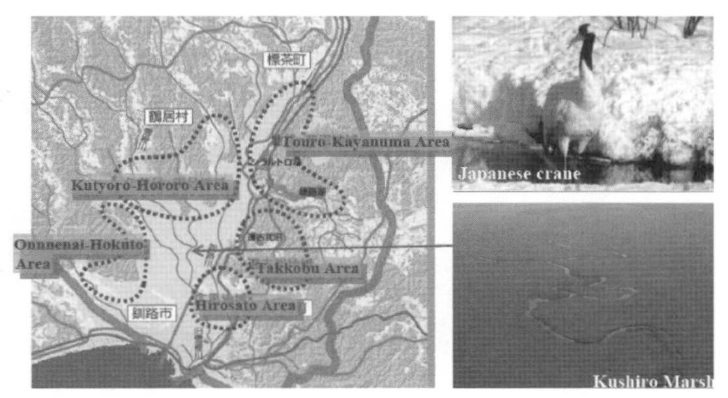

그림 5-127. 쿠시로 습지 복원 5프로젝트(자료: Isao Yamashita)

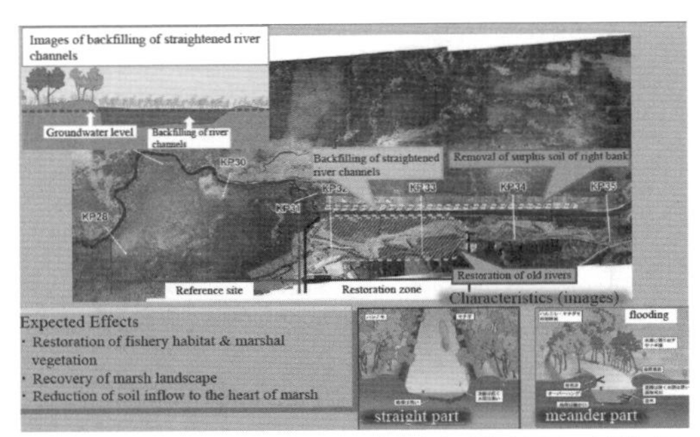

그림 5-128. 쿠시로 습지 Kayanuma 지역에서 진행된 구하도 복원(자료: Isao Yamashita)

그림 5-129. Kayanuma에서 진행된 구하도 복원에 대해 설명하는 관계자

3대 세부 목표를 설정하고 있다.

또한 세부 목표를 달성하기 위한 8가지의 행동 목표를 수립했는데, 그 기준들은 프로젝트의 절차, 조직의 구성, 지역 주민과 지역 사회와의 협력 등을 중심으로 설정되었고 2003년 자연복원촉진법에 따라 습지, 구하도, 유사체제, 식생, 유량 복원, 공공협력에 대한 6개의 소위원회로 구성된 쿠시로 습지 자연복원 위원회가 설립됐다.

쿠시로 습지 복원을 위해 유역 내 식생복원, 토사유입을 억제하기 위한 저류지 조성, 천변 식생대 조성, 원래의 사행 하도 복원 등의 전략이 추진되었고 크게 5개 권역으로 나누어 진행되었다.

Kayanuma Area는 원래 사행으로 흐르던 구하도의 복원을 목표로 하고 있다. 사행구간을 표준생태계Reference Ecosystem로 설정하여 구하도의 횡단면과 종단면 등 구조와 수 환경, 식생, 토양 등 제반 환경을 복원하였다.

Hirosato Area는 원래 습지였으나 농지로 개간된 지역을 1960년대 이전의 원래의 모습으로 되돌리는 것이 목표이다. 원 생태계와 유사한 대상지를 표준습지Reference Wetland로 설정하여 원 습지의 구조와 기능을 바탕으로 침입 식생 및 신초를 제거하고 원식생을 복원한 후 지하수위, 식생 등의 영향을 모니터링을 통해 규명하고 있다.

Takkobu Area는 습지 유역권 산림 복원을 주요 목표로 진행되었는데, 자생수종으로의 복원을 위해 종자 채취 및 매토종자의 적극적 활용과 더불어 침입종의 제거 등이 병행되었으며, 지역의 NPO 단체들의 적극적인 참여와 생태교육 등의 프로그램이 함께 진행되었다.

■ 시베츠 강 복원

쿠시로 습지의 동쪽 시레토코 반도 인근에 있는 시베츠 강은 연어의 강으로 불릴 만큼 연어 회귀로 알려진 강으로서, 시베츠 강 복원은 구하도의 사행 흐름과 홍수터의 생태계를 복원한 사례이다.

그림 5-130. Takkobu 지역에서 진행되는 식생 복원에 대해 설명하는 관계자

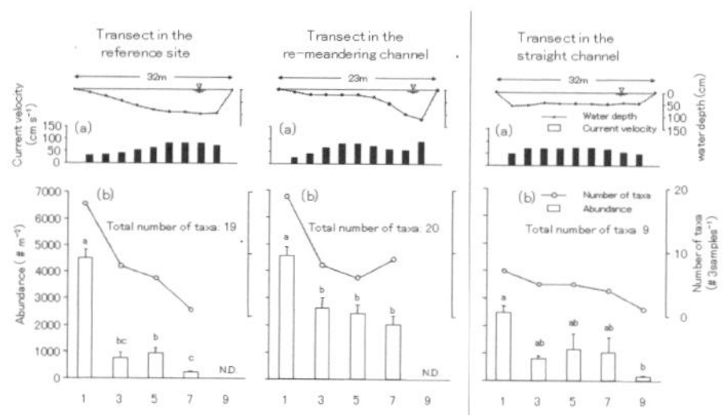

그림 5-132. 시베츠 강 구하도 복원 후 효과. 표준하천(왼쪽), 복원 후(가운데), 복원 전 직강하천(오른쪽)(자료: F. Nakamura)

그림 5-131. 시베츠 강 구하도 복원(자료: F. Nakamura)

복원 후 모니터링 결과에 의하면 무척추동물의 종다양도가 높아진 것은 물론 표준하천reference river에 비해 상승한 것으로 나타나고 있다.

세부적인 복원 기법의 하나로서 하천과 습지를 복원하는 과정에서 큰 나무를 베어 하천에 던져둠으로써 어류의 서식처를 제공한 결과 점차 생물의 개체수와 종의 다양도가 향상되었는데 이와 같이 생물이 살아 숨 쉴 수 있는 공간으로 만드는 것이 하천 복원에서는 매우 중요한 과제이다.

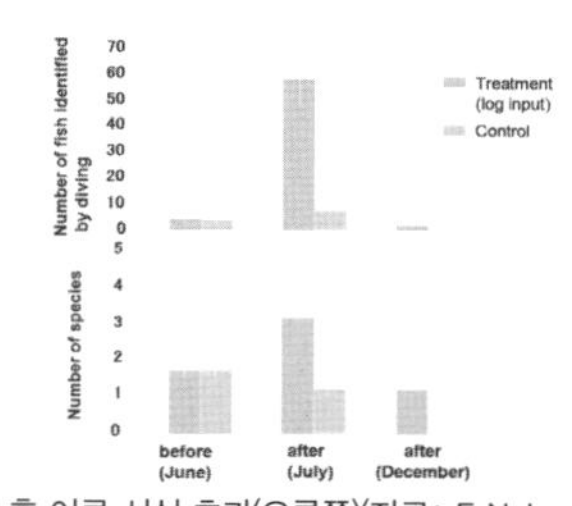

그림 5-133. 야생동물 서식처 복원을 위해 하천에 고사목 등을 배치(왼쪽), 어류 서식처를 제공(가운데), 복원 후 어류 서식 효과(오른쪽)(자료: F. Nakamura)

3) 스웨덴 혼볼가 습지

■ 훼손 현황 및 복원 계획

스웨덴 남서부에 위치한 혼볼가Hornborga 호수는 검은목두루미, 큰고니 등 50여종의 서식처이며 철새들의 중간기착지로서, 1974년 람사르습지, 1997년에는 자연보호구역으로 지정되었다. 33km²의 습지를 포함한 41.24km²에 이르는 보호지역은 한때 농업용 배수 프로젝트에 의해 매립되면서 심각하게 훼손되었다가 대대적인 복원 사업을 통해 유럽에서 가장 중요한 습지로 다시 탄생하였다. 빙하시

대가 끝날 무렵 혼볼가는 북해바다로 연결되는 강어귀였으나 1천 년 후 지반이 융기하면서 호수로 남았다. 눈과 얼음이 녹으면서 반복해서 범람하면서 광범위한 습지를 이루었다.

그림 5-134. 혼볼가 습지 전경 및 동식물상

혼볼가 습지는 넓이 35km²에 이르는 넓은 습지로서 평균 최대 수심은 1.5m 내외이다. 한때 혼볼가는 북서유럽에서 물새 서식처로서 가장 중요한 습지로 평가되었으나 1802~1936년까지 5회에 걸쳐 배수와 매립 프로젝트를 진행하여 습지의 물을 신속히 배출하기 위한 수로가 축조되었고, 호수 주위의 습초지도 개간되었다. 1930~1960년대 중반에 이르기까지 혼볼가는 수심이 얕아져 정수식물들이 과도하게 번성하였다. 갈대군락이 우점하면서 바닥에 갈대줄기들이 퇴적되었고 주변에서 유입된 유기물질이 퇴적되면서 홍수가 빈번해졌고 영농 행위가 점차 어려워졌다.

이와 같이 혼볼가 습지의 구조와 기능이 저하되면서 물새 서식처로서의 혼볼가의 뛰어난 가치를 상실하게 되었고 1967년에는 호수 면적의 거의 대부분에 갈대군락이 덮고 버드나무군락을 포함한 식생군락이 빽빽하게 들어섰다. 물순환체계의 교란으로 개방 수면이 사라지면서 갈대, 사초류, 기타 초본류와 목본류 등 육상식생이 침입하였고 수위가 얕아지면서 생태공학적 기술을 적용한 복원 노력이 시도되었고, 1980년대 후반에 조류 서식 기능 회복을 목표로 복원 프로그램이 시작되었다.

급류 복원, 수문학적 적지의 유출입구, 홍수와 빙하 등 일단의 요소들은 물질을 호수 밖으로 효율적으로 배출시키면서 식생의 번성을 억제시키는 반면 정수식물들은 호안을 보호하기 위한 방풍 역할을 할 수 있다. 물속에 지나치게 번성한 침수식물에서 생성된 유기물질들은 호수 부영양화의 원인이 되는데 이러한 유기물질들을 호수 밖으로 배출시키게 되며, 탄산칼슘$CaCO_3$ 입자들이 이들 식생에 덮여 바닥으로 침전된다.

■ **식생 복원**

혼볼가 호수의 생태 복원 계획은 1973년 수립되었다(Plan/73). 혼볼가 호수의 입출수를 포함한 물 순환 시스템 등 호수 생태학적 변화에 대한 육수학적 연구가 진행되었다. 바닥의 지형, 침전물, 이탄, 동식물상 등이 연구되었고 조류학, 수문학 등의 관점에서 분석되었다. 혼볼가 습지의 수위가 낮아지고 식물로 수면이 덮이면서 복원 목표는 개방수면 조성, 개방수면과 수생식물이 혼재한 모자이크형 경관 조성 등으로 설정하였다. 혼볼가 습지의 훼손 현황에 근거하여 육수학적 복원 방법과 발달 과정이 제시되었고 일년 동안의 시범 연구를 통해 습지 복원 방법론이 정립되었다.

사초류나 갈대군락 위로 수위가 상승되면 메탄가스 등 가스들이 바닥에 축적된 뿌리섬유에서 발생되며, 뿌리섬유들이 수면 위로 떠오르면 다른 새로운 식생이 정착하게 된다. 혼볼가 습지에는 사초류들의 뿌리가 18km^{2}에 이를 정도로 폭넓게 분포해 이를 제거하는 데 많은 비용과 노력이 소모되었다.

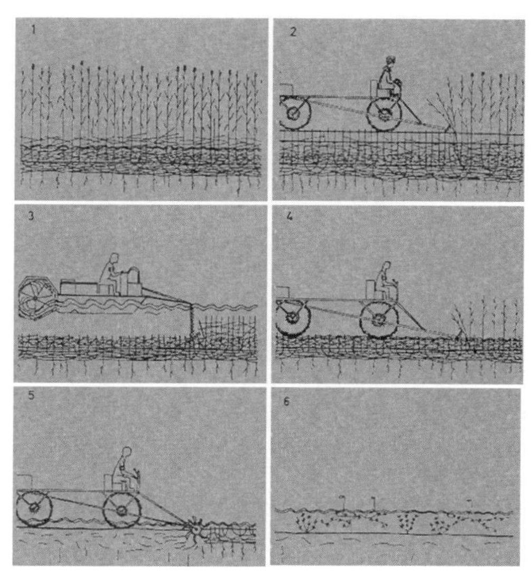

그림 5-135. 혼볼가 습지 복원 프로젝트(자료: http://www.vesan.se/3Bjork/hornborga/ 필자 편집)

수체가 작은 경우 드래그라인을 이용하거나 뿌리를 잘게 작아서 제거하거나 거두어들일 수 있다. 갈대 뿌리들은 특별히 혼볼가 습지에 사용하기 위해 제작된 수륙양용 회전날이 달린 경운기인 로터베이터를 이용해서 쉽게 제거할 수 있었다. 1,200ha에 이르는 갈대가 특별히 고안된 수륙양용 기계로 제거되었고, 700ha에 이르는 숲과 덤불이 벌채되었으며, 7km의 수로를 축조하였다. 수위가 상승하면서 사초류 뿌리 섬유가 수면으로 떠올라 수륙양용 굴착기에 의해 제거되며 갈대군락과 부들, 골풀 등의 정수식물들로 다시 점유될 것이다. 수위가 상승한 이후에는 일정한 면적의 개방수면이 유지되면서 갈대군락이 넓게 자리 잡고 조류들을 유인하게 된다.

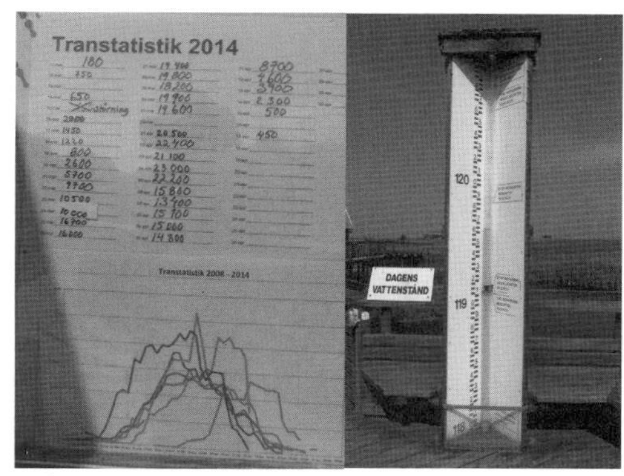

그림 5-136. 관찰된 조류 개체수와 수위표

혼볼가 습지는 일종의 문화 경관으로서 소떼의 방목을 통해 호수가의 습초지를 자연적으로 관리하고 있다. 혼볼가 습지 복원 사례는 스웨덴뿐만 아니라 여러 나라 습지 복원의 모델이 되고 있다. 갈대를 제거하기 위해 특별히 고안된 로터리와 굴착기 등이 다른 여러 습지의 복원에서도 사용되고 있고 많은 습지들이 복원되었다.

(6) 토지이용 변경된 습지 복원

1) 호주 시드니올림픽공원 습지

시드니올림픽공원은 원래 습지였다가 쓰레기 매립 등으로 훼손된 곳을 다시 습지로 복원한 사례이다. 호주에서는 2000년 시드니올림픽을 '녹색 올림픽', '친환경 올림픽'으로 선언하였다. 시드니올림픽을 준비하는 과정에서 호주 연방정부와 뉴 사우스 웨일스 주에서는 기능이 상실된 습지를 복원하는 계획을 수립하여 습지로 복원하고 공원을 조성한 것이다.

그림 5-137. Bicentennial Park의 맹그로브 숲

시드니올림픽공원이 위치한 Homebush Bay 지역은 1788년 영국에서 건너 온 첫 이주민들이 거주하면서 19세기 후반 경에는 늪과 강이었던 대부분의 지역이 1975년까지 쓰레기장으로 사용되었다. 1996년 초부터 쓰레기를 모두 제거하고 100ha에 달하는 습지 서식지를 복원하여 1988년 '200주년 기념공원Bicentennial Park'을 조성하였다. 시드니올림픽공원은 Homebush Bay 연안에 있는 200주년 기념공원을 중심으로 Blaxland Riverside Park, Cathy Freeman Park, Wentworth Common, Newington Armory Park 등으로 구성되었다.

Homebush Bay 지역은 생태적으로 가치가 높은 지역으로서 많은 토착 야생동물과 철새들에게 생태적으로 민감한 서식 공간을 제공하며 지역의 대표 식생인 유칼립투스 군락이 남아있는 생태 공간이나, 도시화가 진행되고 해군 무기고, 도살장 등의 시설로 이용되었으며 특히 지난 50년 동안 쓰레기 매립장으로 이용되어 숲과 습지가 파괴되고 생태계 기능이 급속히 훼손되었다.

시드니올림픽을 그린 올림픽으로 선언하면서 국제적 환경단체인 그린피스와의 교류를 통해 복원 및 친환경 전략을 도출하였고 초기에는 환경친화적 선수촌 건설 정도로 적용되었으나 점차 개념이 확대되어 올림픽 경기 자체를 환경 올림픽으로 하겠다는 종합적 계획이 수립되었다. 특히 습지 지역을 중심으로 조성된 200주년 기념공원은 갯벌로 이어지는 맹그로브 습지와 인공습지의 조화를 통해 생태계의 가치를 다시 확인하는 계기가 되고 있다. 테니스코트 예정지에서 토종 개구리가 발견되면서 개구리 서식처 및 이동통로 복원을 중심으로 습지가 조성되었고 습지에 사용되는 모든 물의 재활용, 친환경건축, 물새 등 야생동물 서식처 조성, 멸종위기 개구리 보호 관리, 태양광에너지 사용, 자연채광 등의 목표를 갖고 사업을 추진하여 많은 비용이 들었지만 원래 모습에 가깝게 복원시켰다. 원시 상태로 온전하게 복원restoration할 수는 없었지만 상당 부분이 부분 복원rehabilitation되었다.

2) 호주 시드니 100주년 기념공원

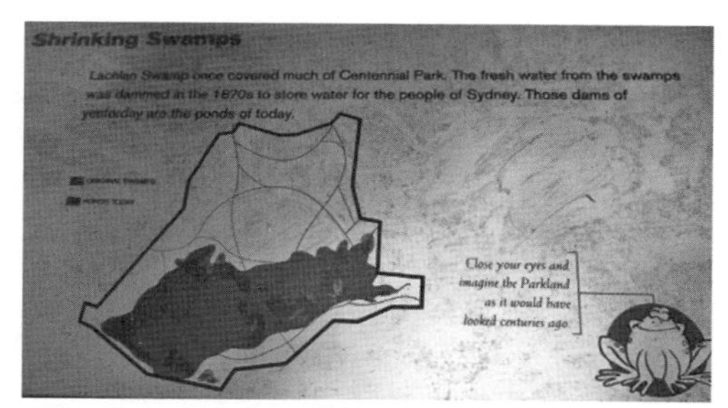

그림 5-138. 100주년 기념 공원이 Lachlan Swamp에 조성되었음을 안내하는 해설판

시드니 '100주년 기념 공원Centennial Park'은 원래는 Lachlan Swamp로 불리던 습지대로서 호주 이민 100주년을 기념하여 1888년 조성된 도심 상징공원이다. 원습지의 구조와 습지식생인 Paperbark (Acer Macrophyllum) 숲을 일부나마 원래의 모습으로 복원한 대표적인 사례로서, 습지의 동식물상과 자연 형성 과정에 의한 습지의 발달 과정 등을 도심에서 경험할 수 있는 생태학습의 장이다.

100주년 기념공원에는 Lachlan Swamp의 흔적이 남아있는데, 도시민의 식수원으로 이용되어 유량이 줄고 산업화 등으로 오염된 습지이다. 초기 호주 이민자들을 위한 식수원인 Tank Stream의 수원이 부족해지고 오염되면서 Lachlan Swamp가 시드니 지역의 주 식수원으로 사용되었다. 당시 정부에서 파견한 John Busby에 의하면 Lachlan Swamp는 맑고 깨끗한 물이 넘치는 저습지였으며 맛과 냄새가 없고 어떤 용도로도 사용할 수 있는 물이었다고 기록하고 있다. 산업화가 진행되고 습지 주변의 방목 등으로 인해 습지의 물이 오염되어 상수원으로 사용할 수 없게 되면서 시민들은 습지 지역을 공원으로 조성해줄 것을 건의하였는데, 이 지역이 지리적으로 시드니 시내 중심이면서 도시의 허파로서 기능할 수 있을 것이라는 기대가 있었다.

영국의 Regent's Park, Kew Garden 등을 거쳐 시드니 왕립식물원을 담당하던 Charles Moore와

그림 5-139. 원시 상태를 유지하고 있는 Lachlan Swamp(왼쪽), 습지의 원식생 및 생태계 복원을 위해 출입 금지 구역 설정(오른쪽)

그림 5-140. 습지를 묘사한 원주민의 작품과 원주민의 삶 표현

영국 및 프랑스 등에서 활약했던 Botanic Garden의 수석 조경가 James Jones 등을 중심으로 공원이 조성되었다. 다양한 녹지와 수경시설, 못, 습지 등이 조성되었는데, 기존에 분포하던 소규모의 7개의 댐 저수지는 친수 경관 및 야생동물 서식처 제공을 위한 습지로 재탄생하였고, 전체적으로 빅토리아풍의 디자인으로 통합됨과 아울러 다양한 수생 생태계를 조성하여 서식 환경을 제공하였다.

3) 중국 상해 파오타이완(포태만) 습지산림공원 습지

양쯔강 하류 모래톱이던 파오타이완 습지산림공원PaoTaiWan Wetland Forest Park은 면적 53.4ha인데 50ha가 넘는 원래의 습지와 2km의 제방라인을 포함하고 있는데 1960년대 이래 광석의 폐기물인 슬래그로 메워졌다. 포태만은 황포강과 양자강이 만나는 중국의 관문으로서 오랜 기간 해안 방위를 위한 군사기지로 활용되어 왔는데 청나라 때 해안 방어를 위한 포기지가 배치되면서 포태만paotaiwan이라고 불리기 시작하였다. 아편전쟁, 일본 침략전쟁, 중국 내전 등을 거치면서 군사적 중요성이 부각되었고, 습지 주변에 철광석 슬래그 쓰레기장으로 이용되면서 생태 환경이 급격하게 훼손되었다. 이후 강재 적치장, 주차장, 모래채취장, 넝마주이 주거 등으로 변하여 생태 환경이 심각하게 훼손되었고, 주변 지

그림 5-141. 포태만 습지공원 위성영상

역에도 악영향이 미치는 결과를 초래했다. 철광석 쓰레기 더미가 10m 이상 높이로 쌓였고, 쓰레기 더미는 점차 습지를 덮어나갔다. 비가 오면 철광석 쓰레기가 하천으로 흘러들어 검고 더러운 물이 흘렀고, 바람에 날린 슬래그 분말이 대기 중에 섞여 호흡이 곤란하였다.

2005년 복원 계획을 수립하면서 포태만에 일부 남아있는 원 습지를 보존하고 표준습지reference wetland로 설정하여 복원 목표를 설정하였다. 공원 설계 개념은 "환경 개선, 생태 복원, 문화 복원"이다. 철광석 슬래그는 깊이 매립되었고, 복토와 더불어 식생이 복원되고 습지공원이 하천변에 조성되었다. 양쯔강 모래톱의 원래 경관을 유지하고 있으며, 지역문화, 군대의 역사와 애국심 고취 교육을 위한 레저시설들을 잘 갖추어 놓고 있다. 슬래그는 화학적 원인과는 달리 깊이 매립될 경우 환경에 영향을 거의 주지 않는다는 판단에서 매립하였고, 토양과 식생에 의해 정화될 수 있을 것이다.

4) 상해 빈장(병강) 산림공원 습지

빈장산림공원Shanghai Binjiang Forest Park은 과거 묘포장으로 활용되던 습지를 공원으로 만든 습지 복원 사례이다. 황포강, 장강과 서해바다가 합류하는 상해시 포동신구에 위치하고 있으며 면적은 120ha이다. 공원의 설계 개념은 '자연, 생태, 야생'이 함께하는 것이며 '보호, 혁신, 개발'의 조화를 추구하였다.

공원의 주요 경관요소는 해안 도시 근교 습지생태계 특성을 반영하고 있다. 황포강의 물을 끌어들여 만든 수로가 공원 전체를 관통하며 공원을 분할하고 있다. 습생식물관상구, 생태림보호구, 빈장해안경관구, 특색식물관상구, 두견원(철쭉군락), 과수원, 서남구와 동남구의 대초원으로 이루어져 있다.

공원 위치가 철새 이동 경로 상에 위치하기 때문에 야생조류를 비롯한 야생생물의 서식 환경이 될 수 있는 다양한 유형의 습지와 산림 등이 조성되어 종다양도가 매우 높다. 또한 탐방객을 위한 생

그림 5-142. 상해 빈장산림공원 위성영상

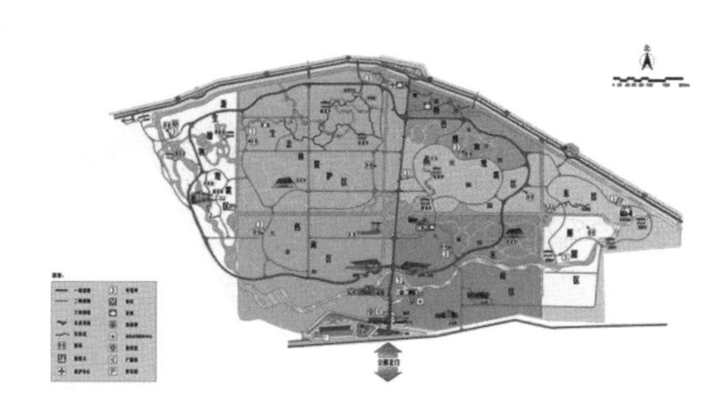

그림 5-143. 빈장산림공원 평면도(자료: http://en.bjfp.sh.cn)

그림 5-144. 공원 내 습지 전경

태관광 프로그램이 개발되어 범퍼카, 전지보트, 2인자전거, 전지카트 등 친환경적인 이동 수단이 도입되어 편리함과 더불어 자연생태계의 훼손을 최소화하고 있다.

울창한 숲과 다양한 초화류, 교목, 관목, 지피류가 어우러진 다층구조의 식생, 잔디 일색의 지피식재를 지양하고 잔디와 자생초화류를 적절히 조합하여 공원의 지표면 지도를 형성한 지피식생, 폭포, 공원의 규모와 분위기에 걸맞게 만들어진 목재 휴게시설, 깔끔하게 설치된 목재데크, 다양한 자연친화적인 포장재를 사용하여 잘 끝마무리된 산책로 등이 인상적이다.

(7) 하천습지 복원

1) 사람이 만든 청계천, 자연이 만든 청계천

직선수로 속의 사행 흐름

자연하천에서의 모래톱은 하천의 흐름에 의해서 모래 및 자갈 등이 이동하면서 하천 곡류부에 자연스럽게 생성 및 소멸되는 중요한 서식처이다. 청계천과 같은 도시 복원 하천의 경우에도 시간이 지남에 따라 모래톱 및 자갈톱 등의 미소 지형이 형성되어 서식지로서의 역할을 수행하고 있다. 청계천의 경우에서도 지형 환경에서 다양한 변화가 관찰되고 있으며 특히 모래톱이 계절적 혹은 주기적으로 변화되는 현상이 나타나고 있다. 특히, 집중호우 전·후로 많은 변화가 일어나고 있으며, 수질 정화, 식생 종다양성 증진, 생물 서식처, 유속의 조절 기능 등의 중요한 역할을 한다.

그림 5-145. 모래톱에는 식생이 정착하고 조류 서식처로 기능(청계천)

생물상 변화 외에 모래톱의 변화상과 그에 따른 동·식물들의 이용 행태를 살펴보고, 집중호우 전 후 모래톱의 기능 변화 여부를 분석하기 위하여 주요 모래톱 구간을 선정하여 소키아Sokkia 광파기를 이용해 측량을 실시하였다. 대부분의 모래톱은 곡류부 또는 다른 지천과의 합류부 등에 형성되고

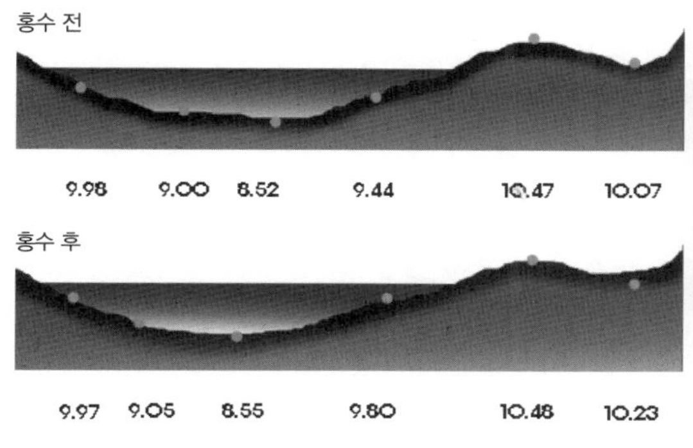

그림 5-146. 무학교 인근의 모래톱 단면도 및 현황

있었고, 대표적으로 황학교 인근은 복원 초기부터 지속적으로 모래톱이 형성되어온 구간으로서, 우안 곡류부 저수로에 모래톱이 형성되어 달뿌리풀이 피복하여 활착하였고 해오라기, 쇠백로 등이 지속적으로 관찰되었으며 특히 붉은머리오목눈이의 산란처인 것으로 확인되었다.

이와 같이 인위적인 직강화와 하상 및 호안 정비 등 자연하천과는 거리가 먼 청계천이었지만, 불과 10~20m 정도의 하천 폭임에도 불구하고 하천생태계 스스로의 힘에 의해 자연 형성 과정natural process 또는 생태학적 형성 과정ecological process을 거쳐 모래톱 및 자갈톱 등의 미소 지형이 형성되었다. 또한 크게는 청계천 전체 구간 및 그 주변 환경에서부터 작게는 미소 지형을 중심으로 다양한 생물 서식처 및 휴식처 등을 제공하고 하천의 흐름을 조절하여 곡류 흐름과 급류(여울) 및 정체수역(못) 등 다양한 유형의 하천 구조를 형성할 수 있어 다양한 동식물들의 서식 환경을 제공하는 등 생물다양성 증진이라는 중요한 가치를 지니고 있다.

동식물

청계천의 경우 하천 폭이 좁고 유속이 빠르며 홍수기 범람원과 같은 수문 환경을 안정시키기 위한 조건이 갖추어져 있지 못하기 때문에 집중호우 이후에 호안식물의 피해 정도는 심각하게 나타난다. 집중호우 이전의 안정된 생육 모습에서 식물포기 전체가 소실되거나 모래에 덮여 일부 종을 제외하고는 형체를 알아 볼 수 없을 정도로 회복 불가능한 상태로서 외래종이나 교란종의 침입을 허용하는 통로로 나타났다.

인위적이거나 자연적인 영향을 받아 교란 후 복원되었거나 새롭게 조성된 생태계의 경우 초기 2~3년 동안 급격한 생태적 변화를 보이다가 그 이후로는 대체로 안정적 구조와 기능을 나타내는 것으로 보고되고 있으며 청계천에서도 유사한 경향을 보이고 있다.

청계천 준공 이후 유지관리 과정에서 조성된 인공습지원을 포함하여 몇 차례 인위적으로 식재한 식물을 배제하고 자연 침입종을 대상으로 볼 때 5년 동안 매년 230~320종 내외로 조사되었고, 특히 첫 해 조사된 230여종을 제외한다면 이후 4년간 매년 300종 내외로 안정적인 식물상을 나타내고 있었다. 특히 생태계 변화의 지표가 될 수 있는 초본류의 경우 1, 2년생 초본은 첫 1, 2년에 급증하였다가 3년차 이후 다소 감소하면서 종 수의 변화가 적었으나, 다년생 초본류는 지속적으로 증가하는 추세를 보이고 있었다. 전체적으로 볼 때 종 구성에서는 다소 변화가 있었고 교잡종 및 분류오류 등 불확실한 잠재적 문제까지 고려하더라도 생태계의 구조와 기능이라는 측면에서 안정적으로 정착되고 있다고 판단된다. 한편으로는 갯버들 등 식재된 수종이 번성하여 오히려 일부 이용객들의 시야를 차단하기도 하였다.

그림 5-147. 홍수 전후 교란

그림 5-148. 안정된 군락을 형성한 도루박이와 매자기

동물상의 경우도 생태계가 안정적으로 정착하는 과정에서 의미 있는 변화가 나타났다. 조류의 경우 매년 30~35종 내외가 꾸준히 관찰되었으며 박새, 딱새, 직박구리, 참새, 붉은머리오목눈이 및 청둥오리, 흰뺨검둥오리, 고방오리, 쇠오리 등 겨울철 우리나라에 도래하는 대표적인 겨울철새가 주로 나타났다. 전체적으로 개체군의 크기가 초기 2, 3년차에 급증했으나 이후로는 서서히 감소하여 안정 상태를 보이고 있다.

이러한 현상은 청계천의 생태적 수용 능력에 의해 적정 개체수를 조절하기 때문으로 판단된다. 청계천은 비교적 규모가 작은 하천이다 보니 복원 후 2년차인 2007년에는 일시적으로 조류의 전체 개체수가 증가하였으나 이후 청계천 수용 능력에 맞추어 개체수가 조절되고 있는 것으로 보인다. 하천에 형성된 모래톱이 조류 서식에 중요한 역할을 하며, 하천을 주로 이용하는 중대백로, 해오라기, 비오리 등이 지속적으로 이용하였다. 따라서 하천에 형성된 모래톱의 유지 또는 이들 조류가 먹이 활동을 할 수 있는 얕은 수심을 유지할 필요가 있다.

어류는 변화가 심하여 20~40종이 조사되었다. 그 중에서도 잉어, 붕어, 참붕어, 돌고기, 누치, 버들치, 피라미, 밀어, 참갈겨니는 해마다 나타나고 당년생 치어들이 꾸준히 조사되는 점으로 미루어

그림 5-149. 갯버들이 시야 차단

청계천 내에서 산란이 이루어지고 있으며 안정적으로 서식하고 있는 것으로 파악되어 산란장을 확보하고 치어들의 생육지를 조성하였다. 일부 종들은 그 개체수가 매우 적고 조사 시마다 새롭게 출현하거나 다시 사라지고 있는 것으로 보아 일시적으로 하류로부터 올라왔거나 방류(방생)에 의한 출현으로 판단되었다.

한강에 서식하는 참갈겨니는 하천 중·상류의 빠른 여울부에서 주로 서식하는 특성이 있어 빠르게 흐르는 청계천의 서식 환경에 잘 적응하고 있었다. 반면에 갈겨니는 참갈겨니보다 물 흐림이 느린 하천에 주로 서식하는 종으로서 방류를 통해 청계천에 도입했으나 잘 적응하지 못하고 있었다. 이는 생태적 지위가 유사한 두 종이 동일한 서식공간 내에서 서식지나 먹이 등을 두고 경쟁하다가 경쟁배타의 원리에 따라 갈겨니가 참갈겨니와의 경쟁에서 밀리면서 그 개체수가 감소하고 있는 것으로 판단된다.

양서파충류의 경우 청계천의 물살이 빠르고 하상이 단조로우며 옹벽이 높고 산책로가 조성되어 있는 등 구조적으로 이들이 서식하기에는 매우 불리한 조건이며 주변 녹지도 거의 없어 양서파충류의 서식에는 한계가 있다. 종 수는 첫 해 8종에서 15종까지 증가하였으나 각 종별 개체수가 1~2개체에 불과하여 아직까지는 중랑천 본류나 유입 지천으로부터 우연히 유입된 종으로 판단된다.

육상곤충류는 초기에 급격하게 증가하다가 이후로 안정적으로 유지되고 있으며, 자연하천에 비해 종다양도는 낮지만 도심 속 육상곤충 비오톱으로는 충분한 기능을 하고 있었다. 서식 공간이 좁고

유동 인구가 많은 점 등 제한적인 환경에서도 다양성을 유지할 수 있는 것은 서식지 보호를 위한 출입통제구역 지정, 보행로와 다소 이격된 식재 구역 조성 등의 특징에 의해 가능했던 것으로 보인다.

저서 무척추동물의 경우 외부 환경에 의한 교란 요인이 많거나 다양한 미소 환경 생물서식처가 부족한 도심 지역 주요 하천에 주로 출현하는 내성이 비교적 강한 종들이 청계천의 열악한 환경 조건에서도 지속적으로 나타나고 있었다. 청계천 수질은 일부 저서성 대형무척추동물을 제외하고는 서식 자체에는 문제없으며, 생물다양성 증진을 위해서는 다양한 미소 서식처 추가 조성, 먹이원의 유입 등이 필요하였다.

보호종 및 교란종

보호종 식물로는 2년차부터 산림청 보호식물로 지정된 쥐방울덩굴 1종이 출현하였다. 쥐방울덩굴은 꼬리명주나비의 산란장소로 알려져 있어 생물다양성 증진을 위해 가치가 있다. 조류는 멸종위기종인 말똥가리와 새홀리기, 천연기념물인 원앙과 황조롱이가 발견되었다. 그 외에도 서울시 보호종인 물총새, 제비, 개개비, 박새, 꾀꼬리 등이 나타났다.

어류의 경우 한국고유종은 각시붕어, 줄납자루, 가시납지리, 몰개, 긴몰개, 참갈겨니, 참종개, 얼룩동사리 등이 분포하였으나 참갈겨니 외에는 극히 적은 개체수만 발견되어 안정적인 서식처를 제공하지는 않는 것으로 보였다. 양서파충류로는 서울시 보호종인 줄장지뱀이 지속적으로 발견되었다. 곤충류로는 서울시 보호종인 풀무치와 왕잠자리가 발견되었다.

생태계교란종 등 생태 기능을 저하시키는 요인들이 꾸준히 발생하고 있다. 식물의 경우 초기부터 돼지풀, 단풍잎돼지풀, 서양등골나물 등이 지속적으로 발생하였고, 이후 도깨비가지, 가시박 등이 추가로 출현하여 5종 내외가 지속적으로 나타났다. 그런데 이들의 확산 속도가 매우 빠르고 분포 범위가 넓어 교란 정도가 심하였으며 인위적인 관리를 통해서 제어할 필요가 있었다. 그 외에도 홍수기 이후에는 일부 생육 부진 군락을 중심으로 환삼덩굴, 돌콩, 실새삼, 둥근잎나팔꽃, 칡, 가중나무 등 생태계에 부정적 영향을 끼치는 종의 침입이 두드러졌다.

조류는 위해종인 까치, 집비둘기 등이 우점종으로 나타났으며, 어류로는 인위적으로 방생한 것으로 보이는 비단잉어, 이스라엘잉어, 잉붕어, 떡붕어, 제브라다니오, 블랙니그로 등 외래종이 발견되었다. 양서파충류로는 붉은귀거북과 노란귀거북, 황소개구리가 발견되었고, 곤충류로는 꽃매미가 점차 확산되고 있었다.

잠재 생물부양능 증진

청계천은 양안으로 산책로가 조성되어 사람들이 자유롭게 출입할 수 있으나, 상류부 중 일부구간(세운상가 앞 나래교~두물다리)에는 출입이 통제된 구간이 설정되어 있다. 폭이 좁고 주변 생태계와 단절되어 생태 환경이 열악하지만 인위적 영향을 거의 받지 않고 있기 때문에 제한적으로나마 곤충류, 조류의 서식처를 제공하며, 수원 확보 및 통로 등 일부 구조적 개선을 통하여 양서류의 도입도 가능하다. 먹이사슬의 높은 곳에 위치하는 최상위포식자인 목표종을 보호하는 방법보다는 곤충 서식지를 조성하고 보호하는 것이 종다양성 확보 측면에서 더욱 효과적인 수단이 될 수 있다.

그림 5-150. 잠재적 서식 환경이 가능한 출입제한구간

청계천은 낙엽류의 자연적 유입이 거의 이루어지지 않고 유지용수인 한강원수는 기본적으로 매우 미세한 입자성 먹이인 FPOM(Fine Particulate Organic Matter)의 형태로서 먹이로서는 미흡하므로, 상류역 수변 공간에 낙엽활엽수를 식재하거나 일정한 관리를 통해 낙엽을 투여하는 등 특정한 유기물을 공급하여 저서성 대형무척추동물의 서식을 유도하고 저서성 대형무척추동물을 먹이원으로 하는 상위 포식자인 어류의 서식 및 분포를 확대할 수 있을 것이다.

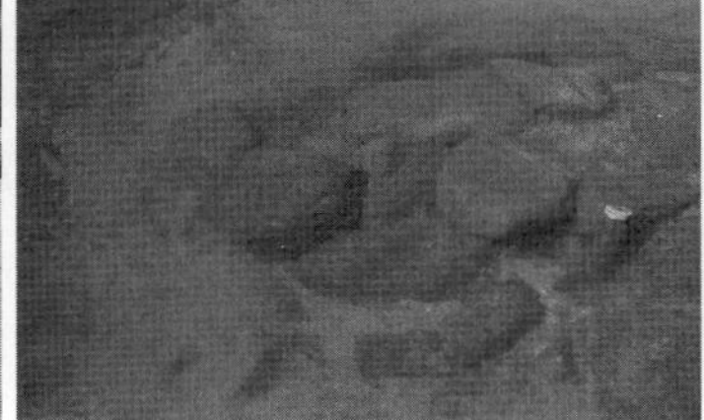

그림 5-151. 청계천에 도입된 어류 서식 환경

다. 순응형 관리

잘 보전된 습지의 생태계 기능을 유지하거나 복원 또는 조성된 습지가 자연습지로서의 생태적 구조와 기능에 도달할 수 있도록 하기 위해서는 정기적인 모니터링을 통해 진단하고 생태적 형성 과정에 의해 유지 관리하는 순응형 관리Adaptive Management가 중요하다.

(1) 생물다양성 관리

1) 보호야생생물

국내외 법령에 의해 특별히 보호되어야 할 생물자원으로 지정된 동식물에 대한 보전 방안이 필요하다.

- '생물다양성 보전 및 이용에 관한 법률'에 의한 국외반출 승인대상 생물자원
- '야생생물 보호 및 관리에 관한 법률'에 의한 멸종위기 야생생물 I, II급
- '멸종위기에 처한 야생동식물 종의 국제거래에 관한 협약'에 의해 국제거래가 금지된 국제적 멸종위기종
- IUCN Red List에 의한 멸 및 멸종위기종
- 문화재보호법에 의한 천연기념물
- 산림청 희귀식물
- 기타 법률에 의해 지정되지는 않았지만 지역의 특성을 반영하고 있거나 학술적으로 보호가치가 있다고 제기된 동식물

2) 생태계 교란 야생생물 및 유해 야생동물

국내외 법령에 의해 생태계를 교란시키거나 사람의 생명과 재산에 해를 끼쳐 특별히 제거 또는 관리되어야 할 생물자원으로 지정된 동식물에 대한 조절 방안이 필요하다.

- '생물다양성 보전 및 이용에 관한 법률'에 의한 생태계 교란 야생생물 및 위해 우려종
- '야생생물 보호 및 관리에 관한 법률'에 의한 유해 야생동물
- 기타 법률에 의해 지정되지는 않았지만 지역의 생태계를 교란하고 있거나 학술적으로 위해 우려가 있다고 제기된 동식물

귀화식물의 경우 망초, 개망초 군락을 그대로 방치할 경우 억새나 칡의 유입을 거쳐 양수성 목본식물이 유입되는 건생천이 과정을 거치는 경우가 일반적이다. 이렇게 생태계에 악영향을 끼치는 귀화식물의 제거가 어려운 경우 교란환경을 습지 본래의 잠재환경으로 개선함으로써 다른 식생으로 대체되어 자연스럽게 귀화식물 제거가 가능하다.

특히 습지의 대표적인 외래종 동물이며 생태계 교란종인 황소개구리를 비롯한 배스, 블루길 등의 퇴치 및 유입 억제를 통해 습지 내 서식하고 있는 다른 양서·파충류를 보호한다. 황소개구리의 개체수를 조절하는 방안으로 유입되고 있는 도로변과 주변 황소개구리 서식지에 황수개구리 이동방

지 펜스를 설치하고, 습지와 주변 서식지에 서식하고 있는 생태계 교란종들은 사람이 인위적으로 제거한다. 그 외의 생태계 교란종들의 라이프사이클을 고려하여 유년기 등 취약한 시기에 제거하는 것이 바람직하다.

3) 육지화

습지는 자연적 천이과정을 거쳐 육화가 진행될 수 있다. 그러나 인위적이거나 급격한 자연적 원인에 의해 육화가 가속되는 경우 고유의 습지생태계를 유지하기 위한 노력이 필요하다.

- 외부로부터 유입되는 토사를 방지하기 위한 침전지
- 내부 토사의 제거
- 습지 내로 침입한 육상식물 제거 등

4) 일반종을 위한 서식처

국내외 법령에 의해 특별히 보호되어야 할 생물자원으로 지정된 동식물 외 일반종에 대한 보전 방안도 고려한다.

- 극미소서식처supramicro habitat - 미소서식처micro habitat - 서식처habitat - 비오톱biotop - 비오톱시스템biotop system 등 규모별 위계별 다양한 서식 환경을 고려한다.
- 수면 - 전이대ecotone - 산림 등 주변 생태계로 연결되는 횡적, 종적 생태적 연결성을 고려한다.

5) 수질정화습지

습지 주변에 자연적으로 발달한 웅덩이나 인공적으로 조성된 웅덩이 등 저류 기능이 있는 웅덩이를 포함한 주변 지역의 지형적 특성을 고려하여 습지로 유입되는 오염원을 제거 및 완화할 수 있는 수질정화습지로 조성한다.

인공습지 및 대체습지

V-3

가. 인공습지

구본학 등(2011)에 의하면 인공습지는 "자연습지natural wetlands와 구별하여 '인공적으로 조성된 습지'의 한 유형으로서, 생태적 목적에 의해 인공적으로 조성된 습지"를 의미한다. 인공습지는 훼손된 습지의 기능을 회복하기 위한 복원습지restored wetlands와 새롭게 조성된 습지created or constructed wetlands를 의미하며(Hammer, 1992), Ramsar Convention(2008)에서는 'Human-made Wetlands'로 분류한다.

Campbell & Ogden(1999)에 의하면 독일에서 'Constructed Wetlands'라는 용어로 수생식물 수질정화 목적의 인공습지를 조성한 이래, 1970년대 초반부터 TVA, NASA, USEPA 등에서 정책적으로 추진하였다. 초기의 인공습지들의 조성 목적이 대부분 수질정화 목적으로서 인공습지는 곧 수질정화습지constructed wetlands를 의미하는 용어로 정착되었으나, 이후 개념이 확대되어 서식처, 수자원 공급 등의 목적으로 조성된 습지를 포함하게 되었다.

Hammer(1992)는 인공습지를 수질정화습지constructed wetland, 야생동물 서식처로서의 습지created wetland로 구분하였으나, Kadlec & Knight(1996)은 이러한 분류 방법이 인공습지의 특성을 충분히 설명하지 못한다고 비판하면서 'Constructed Wetlands'를 인공습지 전체를 지칭하는 용어로 정의하였다. 또한 이를 다시 목적(기능)에 따라 세분하여 수질정화 목적의 습지를 'Treatment Wetland', 야생동물 서식처 제공 목적의 습지를 'Habitat Wetland', 홍수조절 습지를 'Flood Control Wetlands', 내수면 산업 등을 목적으로 하는 'Aquaculture Wetlands' 등으로 구분하였다.

그러나 'Created Wetlands', 'Constructed Wetlands' 및 'Artificial Wetlands'를 구별하지 않고 같은 의미로 사용하는 경우도 있다(Mitsch & Gosselink, 1993).

표 5-3. 인공습지의 유형 구분 및 대체습지의 범위(구본학 등, 2011)

<table>
<tr><th rowspan="2">구분</th><th colspan="6">인공습지Artificial, Human-made, Constructed Wetlands</th></tr>
<tr><th colspan="3">복원습지ⓐRestored Wetlands</th><th colspan="3">창출습지ⓑCreated (Constructed) Wetlands</th></tr>
<tr><td>보상 전략(mitigation)
compensation wetlands</td><td>향상습지
Enhanced Wetlands</td><td colspan="2">복원습지
Restored Wetlands</td><td colspan="2">창출습지
Created Wetlands</td><td>대체습지
Replaced Wetlands</td></tr>
<tr><td rowspan="6">조성 목적*
(목표로 하는 기능)</td><td colspan="6">수질정화습지 Treatment Wetlands</td></tr>
<tr><td colspan="2">자유수면형습지 FWS
Free Water Surface Wetlands</td><td colspan="2">지하침투형습지 SSF
Subsurface Flow Wetlands</td><td colspan="2">복합형습지
Hybrid Treatment Wetlands</td></tr>
<tr><td colspan="6">서식처 습지 Habitat Wetlands</td></tr>
<tr><td colspan="6">홍수 조절 습지 Flood Control Wetlands</td></tr>
<tr><td colspan="6">내수면산업 습지 Aquaculture Wetlands</td></tr>
<tr><td colspan="6">기타 (목적에 따라 세분 가능)</td></tr>
</table>

*조성 목적(기능)에 의한 습지 분류는 주로 창출습지ⓑ에 적용되며 복원습지ⓐ의 경우는 제한적으로 적용될 수 있음.

한편, 수질정화습지는 일반적으로 자유수면형습지Free Water Surface Wetlands(FWS), 지하침투형습지Subsurface Flow Wetlands(SSF)로 구분되며 이를 복합적으로 구성한 복합형 습지(Hybrid Treatment Wetlands)가 있다(Kadlec & Knight, 1990; Campbell & Ogden, 1999; DeBusk & DeBusk, 2001).

이와 같이 인공습지, 대체습지 등에 관한 정의 및 개념을 바탕으로 구본학 등(2011)은 다음 〈표 5-3〉과 같이 구분하였다.

나. 대체습지

대체습지는 인공습지의 하나로서, 대체습지Replacement Wetland는 건설 과정에서 불가피하게 훼손된 습지를 보상하기 위해 조성되는 습지compensatory wetlands이다(구본학 등, 2011). 대체습지는 이 책 1장에서 기술한 습지총량제 및 'No Net Loss of Wetland' 정책과 관련하여 회피, 최소화 등의 조치가 이루어지기 어려운 불가피한 습지 훼손에 따른 대안으로 설정되고 있다.

그림 5-152. 도시 내 조성된 대체습지 사례(자료: 강서병)

Kentula et al.(1993), Cylinder et al.(1995), Admiraal et al.(1997) 등은 대체습지 유형을 향상enhancement, 복원restoration, 창출creation 등으로 구분하였고, 자연환경보전법에서는 유사한 개념인 '대체자연'을 "기존

그림 5-153. 도로변 측구를 빗물의 저류 침투가 가능한 구조로 조성한 사례(자료: 강서병)

그림 5-154. 인터체인지에 조성된 대체습지 사례(자료: 강서병)

의 생태계와 유사한 기능을 수행하거나 보완적 기능을 수행하도록 하기 위해서 조성하는 것"이라고 정의하였다. 습지보전법 8조에서는 습지보호지역[4] 또는 습지개선지역[5] 중 일정 비율 이상의 습지를 훼손하게 되는 경우 당해 습지보호지역 또는 습지개선지역 중 일정 면적의 습지를 존치하도록 규정하고 있고, 자연환경보전법에서는 대체자연을 조성할 수 있도록 규정하고 있다.

이 책에서는 대체습지를 '훼손된 자연습지와 유사한 생태적 기능을 수행하도록 조성된 습지로서 자연습지와 동등 또는 그 이상의 구조와 기능을 갖는 습지'로 정의한다(구본학 등, 2011).

(1) 두루미 대체서식지

국제적으로 멸종위기종인 두루미류를 위협하는 가장 중요한 요인은 서식처가 점차 사라지는 것이다. 두루미의 번식, 채식, 휴식, 중간 기착지 등을 위해서는 방해받지 않는 충분히 넓은 습지가 필요하나 이미 대부분의 습지들이 개발되어 사라졌거나 훼손될 처지에서 위협받고 있는 실정이다. 또한 농약이나 밀렵과 같은 직접적인 위협 요인과 더불어 폐기물 투기로 인한 오염과 심지어 고압선과 같은 대규모 인공시설도 두루미에게 간접적인 영향을 주고 있다. 생물학적 요인으로는 천적인 포식자들이 두루미 서식지와 둥지 등을 훼손하거나 외래종의 유입, 질병, 개체수 감소로 이한 유전적 교란 등을 들 수 있다.

4. ①자연 상태가 원시성을 유지하고 있거나 생물다양성이 풍부한 지역, ②희귀하거나 멸종위기에 처한 야생동 · 식물이 서식 · 도래하는 지역, ③특이한 경관적 · 지형적 또는 지질학적 가치를 지닌 지역

5. ①습지보호지역 중 습지의 훼손이 심화되었거나 심화될 우려가 있는 지역, ②습지생태계의 보전 상태가 불량한 지역 중 인위적인 관리 등을 통하여 개선할 가치가 있는 지역

■ **군남 두루미 대체서식지**

철원과 더불어 우리나라의 대표적인 두루미 월동지가 연천군 지역을 흐르는 임진강의 빙애여울과 장군여울 일대이다. 빙애여울과 장군여울은 물이 맑고 수심이 20~30cm로 낮으며 물살이 빨라 겨울철 영하 20℃에서도 잘 얼지 않기 때문에 두루미들이 먹이 활동을 하고 잠자리로 사용하기에 최적의 장소이다. 폭 300~500m 길이 1km 정도로서 매년 11월 중순부터 이듬해 3월 중순까지 두루미가 월동한다. 주 먹이는 율무로서 임진강 여울에서 물고기를 잡아먹고 휴식을 취하며 잠자리로 이용하는데, 이 일대가 민통선 지역으로서 일반인 출입이 제한되다 보니 두루미들이 안심하고 쉬거나 먹이를 공급 받을 수 있는 최적의 장소이다.

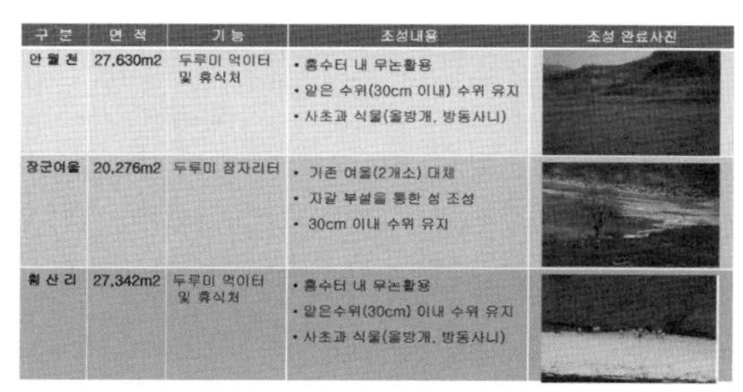

구 분	면 적	기 능	조성내용	조성 완료사진
안 월 천	27,630m2	두루미 먹이터 및 휴식처	• 홍수터 내 무논활용 • 얕은 수위(30cm 이내) 수위 유지 • 사초과 식물(올방개, 방동사니)	
장군여울	20,276m2	두루미 잠자리터	• 기존 여울(2개소) 대체 • 자갈 부설을 통한 섬 조성 • 30cm 이내 수위 유지	
횡 산 리	27,342m2	두루미 먹이터 및 휴식처	• 홍수터 내 무논활용 • 얕은수위(30cm) 이내 수위 유지 • 사초과 식물(올방개, 방동사니)	

그림 5-155. 군남 두루미 대체서식지 현황(자료: 한국수자원공사)

2010년 완공된 군남댐이 담수를 시작하면서 빙애여울과 장군여울이 수몰되어 수심이 깊어지고 얼음이 어는 등 두루미 서식 환경에 영향을 끼치고 있다. 상류쪽 빙애여울보다 하류쪽 댐에 가까운 장군여울이 이미 상당히 수몰되어 두루미 서식처로서의 기능을 상실하였고 빙애여울도 담수의 영향을 받을 수 있어 두루미를 보호하기 위한 노력이 요구되었다. 이에 인근에 두루미 대체서식지와 두루미 테마파크를 조성하였다.

대체서식지는 안월천, 장군여울, 횡산리 등이다. 안월천 대체서식지는 수몰되는 농경지의 일부를 활용하여 미꾸라지와 같은 동물성 먹이를 공급하고, 수심이 얕은 지역은 두루미들의 잠자리로 이용한다. 장군여울 대체서식지는 길이 500미터 정도의 섬을 조성하였다. 또한 두루미 먹이터가 될 수 있는 율무밭을 조성하고, 주민 협조로 먹이주기 행사를 개최하였다. 그 결과 두루미 개체수가 점차 증가하고 있으며, 군남댐 수위를 계절적으로 조절하게 되면 기존 빙애여울과 장군여울의 수몰도 최소화하면서 두루미 개체수를 극대화할 수 있을 것으로 기대하고 있다.

표 5-4. 군남 두루미 대체서식지 개체수 변화(자료: 한국수자원공사)

구분	2007	2008	2009	2010	2011	2012
개체수	145마리	266마리	362마리	309마리	411마리	425마리

■ **일본 쿠시로 습지, 아칸 국제두루미센터 두루미 서식지 복원**

일본에서 두루미는 옛날부터 '사루룬 카무이(습지의 신sarurun kamui)'로 인식되어 원주민 아이누족에게

그림 5-156. 학(두루미)의 생태문화적 의미. 구애 춤을 일상생활에 도입. 고속도로 통행카드(좌, 한국), 1000엔 구권(우, 일본)

존경받는 좋은 징조의 새로 불려왔다. 두루미는 홋카이도 동쪽지역의 습지와, 특히 쿠시로 습지의 중심부에 둥지를 틀고 있다. 홋카이도 지역의 두루미는 인공서식지와 먹이주기 등에 익숙하고 번식지와 월동지가 같은 홋카이도 지역 내에 있기 때문에 철새로서의 계절적 이동이 잘 나타나지 않는다. 우리나라와 마찬가지로 일본에서도 두루미는 수많은 민담과 설화에 등장한다. 특히 두루미의 구애춤은 우리나라의 고속도로 통행카드와 일본의 1,000엔 지폐(구권)에 도안되기도 하는 등 인류 문화 깊숙이 자리 잡고 있다.

쿠시로 습지와 홋카이도의 두루미는 무분별한 사냥 등의 원인으로 멸종위기에 처하게 되었고 1889년 두루미 포획금지령이 내려졌다. 1924년에는 쿠시로 습지에서 굶어죽기 직전에 있는 두루미 10여 마리가 발견되어 이듬해부터 쿠시로 습지 지역을 두루미 번식지로 지정하고 사냥 금지 구역으로 선포했다. 정부와 시민들에 의한 먹이 배분 프로그램으로 겨울철에 먹이가 부족할 때 지역 주민들은 두루미에게 옥수수를 주는 보호 활동을 계속했다. 1935년 두루미와 서식지가 천연기념물로 지정되면서 '쿠시로 두루미 보호회'가 결성되어 더욱 적극적인 보호 노력이 진행되었고, 1952년 특별자연유산으로 지정되었다. 이와 같이 주민과 정부 등이 협력하여 두루미 보호를 위한 노력 끝에 현재 쿠시로 습지 지역에 약 600~700개체가 서식하고 있으며 홋카이도 지역 전체에는 1,200개체 이상의 두루미가 서식하는 것으로 파악되고 있다.

또한 특이한 것은 계절에 따라 대륙 간 이동을 하는 두루미 본래 특성과는 달리 이 지역의 두루미는 홋카이도 지역에서만 이동하는 텃새화 되었다는 것이다. 우리나라에도 겨울이면 두루미, 재두루미, 흑두루미 등이 러시아 시베리아 지역에서 날아오는 중간 기착지 또는 겨울철 서식처로서 철원평야, 임진강, 사천, 순천만 등이 잘 알려져 있고, 일본의 경우 쿠시로 습지와 이즈미 시가 국제적으로 유명하다.

■ 아칸 국제두루미센터

아칸 두루미센터는 일본 최초로 두루미 먹이주기를 시작한 야마자키 사다지로山崎定次郎씨와 장남인 야마자키 데이사쿠山崎定作 씨의 개인적 노력이다. 1950년 1월 우연히 농장으로 날아온 몇 마리의 두루미에게 소먹이로 저장했던 옥수수를 주면서 두루미는 계속 그의 농장을 찾아오기 시작했다. 이후 지역의 많은 사람들이 먹이주기에 참가하여 이 지역은 먹이주기의 고향으로 불린다. 그 결과 두루미 개체수가 급격히 증가하였고, 두루미뿐만 아니라 흰꼬리수리, 흰죽지참수리 등도 날아온다.

그림 5-157. 아칸 두루미센터

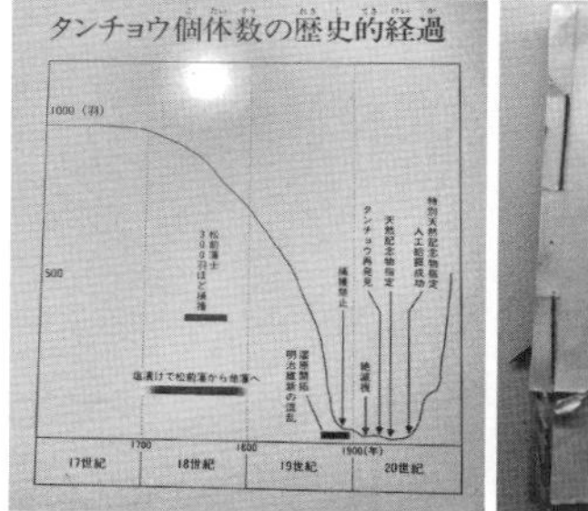

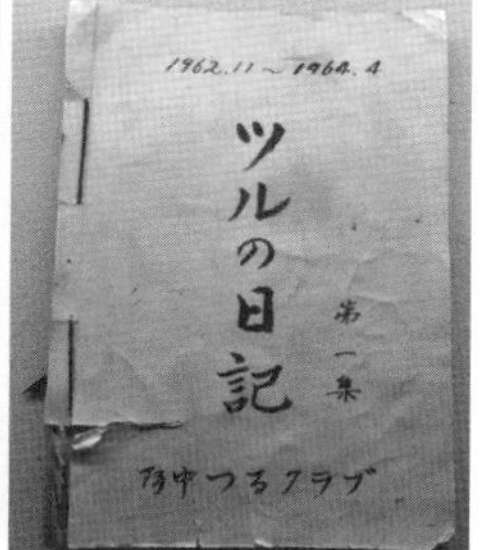

그림 5-158. 두루미 개체수 변화에 따른 보호 복원 정책 변화와 두루미 개체수 기록 일기(아칸 두루미센터)

■ 이즈미

일본 가고시마 북부의 이즈미는 아시아 최대의 흑두루미 및 재두루미 도래지로 알려져 있다. 10

그림 5-159. 이즈미의 흑두루미와 재두루미

월 하순경부터 시베리아에서 남하한 약 1만 마리의 흑두루미와 3천 마리 내외의 재두루미가 우리나라를 거쳐 남하하여 겨울을 나고 2월에서 3월에 걸쳐 다시 우리나라를 거쳐 북상한다. 이는 전 세계 흑두루미의 약 80%, 재두루미의 약 33%에 이르는 것으로 추산된다.

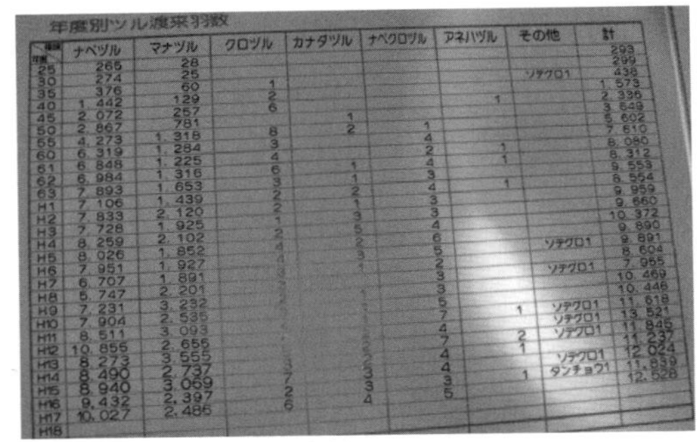

年度別ツル渡来羽数

年度	ナベヅル	マナヅル	クロヅル	カナダヅル	ナベクロヅル	アネハヅル	その他	計
25	265	28						293
30	274	25						299
35	376	60	1				ソデグロ1	438
40	1,442	129	2					1,573
45	2,072	257	6			1		2,336
50	2,867	781		1				3,649
55	4,273	1,318	8	2	1			5,602
60	6,319	1,284	3		4			7,610
61	6,848	1,225	4		2	1		8,080
62	6,984	1,316	6	1	4	1		8,312
63	7,893	1,653	3	1	3			9,553
H1	7,106	1,439	2	2	4	1		8,554
H2	7,833	2,120	2	1	3			9,959
H3	7,728	1,925	1	3	3			9,660
H4	8,259	2,102	2	5	4			10,372
H5	8,026	1,852	4	2	6			9,890
H6	7,951	1,927	4	3	5		ソデグロ1	9,891
H7	6,707	1,891	[illegible]	[illegible]	2			8,604
H8	5,747	2,201	[illegible]	[illegible]	3		ソデグロ1	7,955
H9	7,231	3,232	[illegible]	[illegible]	3			10,469
H10	7,904	2,535	[illegible]	[illegible]	5			10,446
H11	8,511	3,093	[illegible]	[illegible]	7	1	ソデグロ1	11,618
H12	10,855	2,656	[illegible]	[illegible]	4		ソデグロ1	13,521
H13	8,273	3,555	[illegible]	[illegible]	7	2	ソデグロ1	11,845
H14	8,490	2,737	3	[illegible]	4	1		11,237
H15	8,940	3,059	7	3	4		ソデグロ1	12,024
H16	9,432	2,397	2	3	3	1	タンチョウ1	11,839
H17	10,027	2,485	6	4	5			12,528
H18								

그림 5-160. 이즈미 두루미류 개체수

재두루미와 흑두루미 월동지로서 약 245ha에 이르는 농경지를 인위적으로 관리하고 있다. 두루미들에게 적합한 수심은 5~20cm 내외이므로 농경지에 깊이 30cm 정도의 물을 채워주어 두루미류가 천적으로부터 위협받지 않고 편안하게 잠을 잘 수 있게 한다.

부록

참고문헌

동양문헌

- 강서병, 차대현. 2007. 습지의 경계설정에 관한 연구. 한국환경복원기술학회 학술대회.
- 강수학, 김형국, 구본학. 2007. 청계천 복원 전후의 식물상 변화 연구. 한국환경복원녹화기술학회지 10(3) : 8-13.
- 강수학, 김형국, 구본학. 2008. 청계천 복원 후의 식물상 변화 연구. 한국조경학회 학술대회 논문집 pp. 112-113.
- 경기개발연구원. 2008. DMZ 살아있는 생태문화 박물관. 경기도.
- 고승관, 구본학, 최종희. 2011. 조선왕릉 연지의 생태적 특성과 전형. 한국전통조경학회지 29(3) : 116-123.
- 구본학. 1997. 댐저수지 비탈면 수위변동구간 생태적 복구 방안. 대전전문대 논문집.
- 구본학. 2000. 습지형 비오톱의 유형 및 기능 평가 모델. 서울대학교 대학원 박사과정 세미나 발표 자료.
- 구본학. 2001a. 하천범람지에 형성된 습지의 기능 평가 연구 : HGM 기법의 적용. 한국조경학회 추계 학술논문발표회 논문집 : 24-27.
- 구본학. 2001b. HGM을 이용한 습지 기능 평가. 혜천대학 논문집.
- 구본학. 2002. 습지유형 분류 및 도면화 방법에 관한 연구. 서울대학교 대학원 박사학위 논문.
- 구본학. 2003. 묵논에 형성된 자운늪의 유형분류 및 기능 평가. 한국환경복원녹화기술학회지 6(1) : 65-70.
- 구본학. 2007a. 습지의 현명한 이용을 위한 툴킷. UNDP/GEF 환경부 국가습지보전사업관리단.
- 구본학. 2007b. 우리나라 습지유형분류체계(안). UNDP/GEF 환경부 국가습지보전사업관리단.
- 구본학. 2008a. 우리나라 습지유형분류체계(수정안). UNDP/GEF 환경부 국가습지보전사업관리단.
- 구본학. 2008b. 국가 습지 유형 분류 체계 연구. UNDP/GEF 환경부 국가습지보전사업단.
- 구본학. 2008c. 한국의 습지유형분류 체계 및 국가 습지목록 구축. 하천과 지형. 한국하천학회 학술세미나.
- 구본학. 2016. 환경생태학. 문운당.
- 구본학, 김귀곤. 1999. 습지형 비오톱 기능 모델 구성 : 방동소택지를 사례로. 한국환경복원녹화기술학회지 2(2) : 1-8.
- 구본학, 김귀곤. 2000. HGM 모델을 적용한 습지형 비오톱 기능평가 : 방동소택지를 사례로. 미발표 자료.
- 구본학, 김귀곤. 2001a. 우리나라의 습지 유형 분류 연구 : DMZ, 한강수변구역내 습지를 중심으로. 한국환경복원녹화기술학회 춘계학술발표회 논문집 : 72-77.
- 구본학, 김귀곤. 2001b. 우리나라 습지 유형별 분류 특성에 관한 연구 : 내륙습지를 대상으로. 한국환경복원녹화기술학회지 4(2) : 11-25.
- 구본학, 김귀곤. 2001c. 습지기능 및 가치 평가를 위한 방법론에 대한 고찰. 한국환경복원녹화기술학회 하계학술발표 논문집 : 42-46.
- 구본학, 김귀곤. 2001d. RAM(일반기능평가기법)을 이용한 내륙습지 기능 평가. 한국환경복원녹화기술학회지 4(3) : 38~48.
- 구본학, 김민수, 이상석, 김성용. 2008. 성능중심의 건설기술기준 작성지침 pp.8-10. 건설기술연구원.
- 구본학, 박미옥, 정진용, 이란, 임수현, 김보희. 2014. 두웅습지 습지보호지역 보전계획 수립을 위한 연구. 금강유역환경청.
- 구본학, 정진용, 박미옥. 2011. 표준습지 분석을 통한 대체습지의 생태 성능 기준 개발. 한국환경복원기술학회지 14(1) : 11-22.
- 구본학, 박은경, 박미옥, 이란, 임수현, 김보희, 양승빈. 2014. 용늪 생태복원을 위한 생태조사 및 기본계획. 환경부 원주지방환경청.
- 구본학, 유영한, 김해동, 김재근, 양희선, 노백호, 조동길, 제종길, 주기재, 도윤호. 2013. 습지이해. 국립습지센터, 환경부.
- 구자용, 박의준, 김영택. 2005. GIS의 공간중첩 기법을 이용한 내륙습지 경계 재설정. 국토지리학회지 39(4) : 563-574.
- 구자용, 서종철. 2007. 위성영상과 지리정보를 이용한 우리나라의 산지습지 가능지 추출. 한국지형학회지 14(1) : 53-65.
- 국립환경과학원, 2002. 태안반도 신두리 사구습지(두웅습지) 자연생태계 조사보고서.
- 국립환경과학원. 2013. 2013 습지보호지역 정밀조사–담양하천습지·두웅습지.
- 국립환경과학원, 영산강물환경연구소. 2007. 습지기능평가방법론 –수문지형학적(HGM)접근법–. 영산강물환경연구소.
- 국립환경과학원, 국립습지센터. 2015. 내륙습지 생태복원을 위한 안내서. 국립환경과학원, 국립습지센터.
- 권동민, 권순효, 구본학. 2012. 식생섬에 의한 중수처리 효과 검증과 적용에 관한 연구. 한국환경복원기술학회지 15(6) : 53-59.
- 권순효. 2013. 습지유형분류체계별 내륙습지 유형분류. 상명대학교 대학원 석사학위논문.
- 권영한, 최홍근. 2009. 기후변화가 생태계에 미치는 영향 고찰; 습지식물상을 중심으로. 한국정책평가평가연구원(기초연구2009-7).
- 권효진. 2011. 옥상 내 인공습지 조성에 적용 가능한 식물종 선발. 삼육대학교 대학원 석사학위논문.
- 권효진, 김성희, 구본학. 2013. 수리모형을 이용한 호안녹화기반재의 수리적 안정성 분석. 한국환경복원기술학회지 16(4) : 15-26.
- 김귀곤. 2000. '자연보전 차원에서 본 비무장지대'. 비무장지대의 합리적 보전 및 관리. 63-86.
- 김귀곤. 2001a. 'DMZ 일원의 자연생태 현황과 관리방안'. DMZ 일원의 평화적 이용을 위한 대토론회 자료집 : 1-88.
- 김귀곤. 2001b. 남북한간의 DMZ 접경생물권 보전지역 지정을 위한 조작적 전략과 타당성에 관한 연구. 유네스코.
- 김귀곤. 2003. 습지와 환경. 아카데미서적.
- 김귀곤. 2005. 국가습지 유형분류 체계구축. UNDP/GEF 환경부 국가습지보전사업관리단.
- 김귀곤, 구본학. 2001. 댐건설에 따른 생태환경의 변화와 생태복원 전략 : 용담댐을 사례로. 한국환경복원녹화기술학회 특별 심포지

엄. 환경복원녹화기술학회 하계총회 및 하계학술발표회 논문집 : 19-32.
- 김귀곤 등. 2001. 내륙습지의 유형별 평가기법 및 관리방안에 관한 연구. 환경부.
- 김귀곤 등. 2005. 한국의 습지 유형분류 체계 구축. UNDP/GEF 환경부 국가습지보전사업단.
- 김민수. 2007. 조경분야 성능중심의 건설기술기준 개발방안. 한국조경학회 2007년도 추계학술대회 논문집 pp.24-30. 한국조경학회.
- 김병선, 구자용. 2005. 수치고도모델을 이용한 내륙습지 관리권역 설정. 한국공간정보학회지 13(2) : 167-183.
- 김보희. 2015. 도시 내 습지생태계의 탄소저감형 식생모델 개발 연구. 상명대학교 대학원 석사학위논문.
- 김예화, 김형국, 구본학. 2011. 수리산 습지 보전방안을 위한 유형분류 및 기능평가. 한국조경학회 학술대회논문집. pp. 145-148.
- 김예화, 이란, 문상균, 구본학. 2013. HGM을 이용한 질날늪 기능평가 연구. 한국환경복원기술학회지 16(2) : 13-22.
- 김용규, 구본학, 안동만. 2001. 인공섬 수생식물 생육특성에 관한 연구. 한국환경복원기술학회지 4(4) : 25-35.
- 김준범, 구본학. 2009. 한국적 생태철학의 모색을 위한 동서양 자연관 고찰. 한국전통조경학회지 27(4) : 40-50.
- 김태송. 2008. 건설공사 성능보증계약제도 도입방안 연구. 중앙대학교 박사학위논문.
- 김형국, 구본학. 2010. 청계천 복원 후 3년간 식물상 변화. 한국환경복원기술학회지 13(6) : 107-115.
- 김형국, 정영선, 구본학. 2008. 충주 및 주변지역 산지습지의 판별 및 식생 구조. 한국환경복원기술학회지 11(2) : 55-65.
- 김형국, 정진용, 구본학. 2010. 단양 및 주변 산지습지의 판별 및 식생 구조. 한국환경복원기술학회지 13(1) : 1-13.
- 김형대, 구본학. 2016. 저수지 수변 식생 건강성 평가. 한국환경복원기술학회지 19(6) : 101-109.
- 김희정, 류충걸, 온염령. 2002. 연변 관광자원과 리용. 연변대학출판사.
- 문상균. 2008. GIS를 이용한 산지습지 분포 가능지역 추출방안에 관한 연구. 인천대학교 대학원 석사학위논문.
- 문상균. 2014. 습지경계설정에 대한 연구. 상명대학교 대학원 박사학위논문.
- 문상균, 구본학. 2014a. AHP를 이용한 산지습지 가능지역 평가. 한국환경복원기술학회지 17(1) : 27-43.
- 문상균, 구본학. 2014b. 한국 내륙습지 경계설정에 대한 제언. 한국환경복원기술학회지 17(2) : 15-30.
- 문석기, 구본학, 심상렬, 차대현, 김진선. 1998. 조경설계지침. 도서출판 조경.
- 박경훈, 김경태, 곽행구, 이우성. 2007. Topographic Position Index를 활용한 산지습지 분포예측. 한국지리정보학회지 10(1) : 194-204.
- 박미란. 2008. 충남 내륙습지 유형분류 및 기능평가. 상명대학교 대학원 석사학위논문.
- 박미영. 2008. 습지기능평가를 위한 대조습지 개발에 관한 연구—HGM 접근에 따른 비무장지대 및 민통지역을 사례로. 서울대학교 대학원 박사학위논문.
- 박미영, 조동길, 김귀곤. 2005. DMZ 산지습지의 식생 현황과 특성에 관한 연구. 한국환경복원녹화기술학회지 8(5) : 28-38.
- 박미옥. 2018. GIS를 기반으로 한 농촌 마을습지 판별 및 분포 특성 연구 —충남 서천군을 사례로—
- 박미옥, 박미란, 구본학. 2007. 생태네트워크 구축을 위한 해안습지 기능평가 연구—충남 서해안을 대상으로. 한국환경복원기술학회지 10(6) : 70-80.
- 박미옥, 구본학, 김하나. 2009. 충청남도 내륙습지 특성 및 기능평가. 한국환경복원기술학회지 12(5) : 92-100.
- 박미옥, 양승빈, 구본학. 2015. 기능평가를 이용한 마을습지 생태계서비스 평가지표 기초연구. 한국환경복원기술학회지 21(1) : 119-132.
- 박미옥, 양승빈, 황유리, 서효선, 구본학. 2015. GIS를 이용한 아산시 마을습지 인벤토리 구축 및 관리 방안 연구. 한국환경복원기술학회지 18(6) : 167-177.
- 박미옥, 임수현, 이란, 김보희, 양승빈, 구본학. 2014. 천안시 마을습지 인벤토리 구축 및 보전전략. 한국환경복원기술학회지 17(6) : 39-50.
- 박은경, 구본학. 2013. 동강 생태경관보전지역 내 비오톱 조성 계획. 한국환경복원기술학회지 16(4) : 115-124.
- 반권수, 김준수, 강서병. 2014. 지역적 멸절위험에 처한 도심속 금개구리의 서식환경 개선방안 —안산시 수인선 폐철도변 금개구리 서식처 복원계획 사례—. 2014 한국조경학회 학술발표논문집. pp.89-90.
- 방상원, 신가은. 2009. 우리나라의 습지보전에 관한 국민인식도 분석. 한국습지학회지 11(1) : 83-90.
- 방상원, 안선영, 박주연. 2006. 습지보전을 위한 정책방안 연구—습지은행제도를 중심으로. 한국환경정책평가연구원.
- 변무섭, 이명우, 구본학. 2001. 댐유역 환경복원 계획 수립을 위한 생태계 모니터링 수행 방향 : 용담댐 유역을 사례로. 한국환경복원녹화기술학회 하계학술발표 논문집 : 60-64.
- 사공정희. 2015. 충남 논습지의 생태계서비스 가치 평가. 충남연구원.
- 산림청. 2011. 보전산지 지정, 변경지정 및 해제지침. 산림청지침 제275호.
- 산림청, 국립수목원. 2006. 산지습지조사매뉴얼.
- 서종철. 2001. 서해안 신두리 해안사구의 지형변화와 퇴적물 수지. 서울대학교 대학원 박사학위논문.
- 서종철. 2002. 원격탐사와 GIS 기법을 이용한 신두리 해안사구지대의 지형변화 분석. 한국지역지리학회지 8(1) : 98-109.
- 신영규, 윤광성, 2005. 한강하구역의 수질 및 퇴적물 특성의 공간적 분포. 한국지형학회지 12(4) : 13-23.
- 신영호, 김성환, 박수진. 2005. 신불산 산지습지의 지화학적 특성과 역할. 한국지형학회지 12(1) : 133-149 .
- 신한규, 김덕길, 김재근, 김형수, 안재현, 유병국, 안경수, 박두호.

2009. 댐습지의 기능 및 가치평가 연구(1) –HGM을 이용한 기능 평가 : 보령댐을 대상으로–. 한국습지학회지 11(3) : 115-132.
- 안경수, 김형수, 김재근, 구본학 등. 2016. 습지학. 라이프사이언스.
- 안산시. 2012. 2020 안산도시기본계획.
- 안지홍, 임치홍, 정성희, 이창석. 2017. 습지 복원을 위해 하나의 대조지소로 선정된 둠벙의 식생. 한국습지학회지 19(2) : 193-201.
- 양덕석, 구본학. 2016. 지역적 절멸 위험에 처한 도심 속 금개구리의 서식처 개선방안 연구 –수인선 폐철도변을 사례로–. 한국환경복원기술학회지 19(2) : 95-107.
- 양병호, 조운식, 구본학. 2005. 댐 저수지 내 습지 유형 및 기능평가 연구–보령호를 중심으로. 한국환경복원녹화기술학회지 8(6) : 80-91.
- 양해근, 김종일. 2009. 영산권권역 내륙습지의 가치평가 및 관리 방안. 리전인포 제184호.
- 유인표, 구본학, 이재근. 2006. 고대 저수지의 명승적 가치 –의림지를 사례로–. 한국전통조경학회지 영문판 vol.4. pp. 8-17.
- 윤소원, 강수학, 구본학. 2007. 청계천 생태해설 프로그램 만족도 분석 연구. 한국환경복원녹화기술학회지 10(5) : 10-19.
- 이강현, 조현정, 노백호, 이창희. 2012. 하구 환경관리를 위한 관리구역 경계 설정방안. 한국해양학회지 17(4) : 203-224.
- 이란, 구본학. 2017. 동강유역 생태·경관보전지역 내 매수토지 생태복원사업 인식도 연구. 한국환경복원기술학회지 20(4) : 15-28.
- 이란, 권효진, 김형국, 박미옥, 구본학, 최일기. 2013. 수환경 적응도에 따른 식물 목록 구축 및 도시 수공간에 적용 가능한 식물 분류 특성. 한국환경복원기술학회지 16(2) : 93～104.
- 이란, 문상균, 구본학. 2013. HGM을 이용한 질날늪 기능평가 연구. 한국환경복원기술학회지 16(2) : 13～22.
- 이란, 박은경, 박미옥, 구본학. 2014. 대암산 작은용늪 및 애기용늪 생태현황 분석. 한국환경복원기술학회지 17(4) : 43-56.
- 이우성, 박경훈, 정성관. 2009. 산지습지의 보전가치 평가를 통한 관리권역 설정 –경상남도 재약산의 산들늪을 대상으로– .한국지리정보학회지. 12(2) : 52-68
- 이은엽, 현경학, 허진성, 박미옥, 구본학. 2014. 식생기반형 LID 시설의 식재식물 선정을 위한 내침수성 비교. 환경영향평가 23(6) : 466-476.
- 이창복. 2006. 원색 대한식물도감. 향문사.
- 이효혜미. 2000. 한국의 습지 분류. 인하대학교 대학원 석사학위 논문.
- 정영선, 박미옥, 구본학. 2013. 습지를 기반으로 하는 맹꽁이 대체 서식처 조성 계획. 한국환경복원기술학회지 16(1) : 1-15.
- 정영선, 조운식, 구본학, 변우일. 2006. 경안천 유역 하천습지 평가 연구. 한국조경학회 2006년도 춘계 학술논문발표회 논문집. pp.127-130.
- 조강현, 민병미. 2001. 우포늪의 식물상 및 식생구조. 우포늪 생태계보전지역 관리 및 복원 전략(중간보고서). 미발간.
- 전성률, 구본학. 2017. 다공성 세라믹과 제올라이트를 활용한 수질정화미디어블럭의 효과 연구. 한국환경복원기술학회지 20(5) : 59-66.
- 정진용. 2009. 대체습지의 성능기준 개발. 상명대학교 박사학위논문.
- 주위홍. 2002a. 중국 두만강 하류 유역의 습지분류특성에 관한 연구. 한국환경복원녹화기술학회지 5(1) : 35-50.
- 주위홍. 2002b. 두만강하류와 DMZ 동부 습지 유형 및 분포특성 비교 연구. 서울대학교 박사학위논문.
- 주위홍, 구본학. 2006. 습지 유형 분류 체계별 습지 분류 특성 –두만강과 한강을 중심으로–. 한국환경복원녹화기술학회지 9(6) : 152-161.
- 한국수자원공사. 2005. 야생동물서식환경 설계 가이드라인.
- 한국환경정책평가연구원. 2007. 습지총량제 도입 방안 구축사업. 환경부, UNDP/GEF 국가습지보전사업단.
- 홍문기, 김재근. 2017. 습지 기능 평가의 동향 분석 및 제언. 한국습지학회지 19(1) : 1-15.
- 환경부. 1987. 우포늪·주남저수지 생태계 조사.
- 환경부. 1996. 한국의 늪.
- 환경부. 1998. 대암산 용늪 복원 타당성 조사 연구. 환경부 보고서.
- 환경부. 1998. 제주도 물영아리 오름 습지 현황.
- 환경부. 2000a. 대암산 용늪 생태계 보존을 위한 복원사업 : 기본 및 실시설계. 환경부 보고서.
- 환경부. 2000b. 접경지역 환경보전 대책. 환경부 자연정책.
- 환경부. 2000c. 전국 내륙습지 조사 지침.
- 환경부·국립환경과학원. 2009. 2009 습지보호지역 정밀조사–담양하천습지·두웅습지.
- 환경부. 2010. 국가습지의 유형별 등급별 분류 및 유형별 습지복원 매뉴얼 작성 연구. 환경부.
- 환경부. 2011. 제 3차 전국내륙습지 조사지침 작성 연구.
- 高瑋. 1998. 東北濕地鳥類多樣性研究. 東北師範大學生命科學大學. 中國濕地研究和保護. 華東大學出版社.
- 具本學. 2004. 关于东亚生态文化认识的基础研究-以湿地生态系统为中心–. 東亞論壇 第2輯. 283-295.
- 呂憲國. 2001. 濕地對全地球變化的影響和響應. 中國國家科學協會學術年會論文集: 584.
- 田竹君. 2001. 수자원과 습지의 보호. 中國國家科學協會學術年會論文集: 585.
- 周密 등. 1998. 向海濕地環境와 保護對策. 東北師範大學城市環境學院. 中國濕地研究和保護. 華東大學出版社.
- 金敏洙. 1992. 熱と水の流れから見た霜柱の發生及び生長に關する研究. 千葉大學大學院自然科學研究科 環境科學專攻環境計劃學 博士學位論文.
- 道路綠化保存協會(1989) 高速道路と野生動物. 日本道路公團.
- 杉山惠一, 進士五十八. 1995. 自然環境復元の 技術. 朝倉書店.
- 杉山惠一 外. 1997. ビオトプの 計劃と 設計 –生物生息環境創造. 工業技術會.
- 三浦,藤井(譯). 1997. 河川·法面工法にみる 工學的生物學の實踐.

彰國社.
- 小橋, 村井(編). 1995. のり面緑化の最先端 : 生態, 景觀, 安定技術. ソフトサイエンッス社.
- 水資源開發公團. 1995. 環境と水資源開發 : 潤を未來に. 水資源開發公團 刊行物.
- 奧田, 佐木(編). 1996. 河川環境と水邊植物 : 植生の保全と管理. ソフトサイエンッス社.
- 森下强, 鄭鐘烈. 1996. 東アジア地域のツル類の重要生息地保全に關する保全計劃報告書. 財團法人 日本野鳥の會.
- 編輯委員會. 1997. 應用生態工學序說. 信山社.
- 輿水, 吉田(編). 1998. 綠の創る植栽基盤 : その整備手法と適應事例. Tokyo : Soft Science, Inc.
- いきものまちつくり研究會 編. 1992. エコロジカル デザイン. ぎようせい.

서양문헌

- Adamus, P.R., L.T., Stockwell, E.J.Jr., Clairain, M.E., Morrow, L.P., Rozad and R.D. Smith. 1987. Wetland evaluation technique(WET), Vol. II, Technical Report Y-87, U.S. Army Engineer Waterways Experiment Station, Vicksburg, MS.
- Adimraal, A.N., M.J., Morris, T.C. Brooks, J.W. Olson and M.V. Miller. 1997. Illinois Wetland Restoration & Creation Guide. Illinois Natural History Survey Special Publication 19.
- Ainslie, W.B., R.D. Smith, B.A. Pruitt, T.H. Roberts, E.J. Sparks, L. West, G.L. Godshalk and M.V. Miller. 1999. A Regional Guidebook for Assessing the Functions of Low Gradient, Riverine Wetlands in Western Kentucky. TEchnical report WRP-DE-17. USACE.
- Allaby, M.(ed.) 1994. The Concise Oxford Dictionary of Ecology. Oxford University Press.
- Anderson, S.H. and K.J. Gutzwiller. 1996. "Habitat Evaluation Methods". Research and Management Techniques for Wildlife and Habitats. Bookhout,T.A.(ed.). The Wildlife Society. pp. 592-606.
- Arber, J.D. and J.M. Melillo. 1991. Terrestrial Ecosystems. Sounders College Publishing.
- Arbuckle, C.J. 1998. Applications of Remote Sensing and GIS to Wetland Inventory: upland bogs. 10th Colloquium of the Spatial Information Research Centre, University of Otago, New Zealand, pp: 15-24.
- Baines, C. & J. Smart. 1991. A Guide to Habitat Creation. A London Ecology Unit Publication.
- Bartoldus, C.C., E.W., Garbish and M.L Kraus. 1994. Evaluation for Planned Wetlands (EPW), Environmental Concern, Inc., St. Michaels, MD.
- Begg, G., A. Lopez, J. Lowry. 2001. Presentation on the Asian Wetland Inventory to the Mekong River Commission. Wetlands International, AWI.
- Benfield, F.K., M.D. Raimi and D.D. TChen. 1999. Once There Were Greenfields : How Urban Sprawl Is Undermining America's Environment, Economy, and Social Fabric. Natural Resources Defense Council Surface Transportation Policy Project.
- Bennet G. 1998. The Pan-European Ecological Network, Questions and Answers No.4, Council of Europe.
- Beven, K.J. and M.J. Kirkby. 1979. A physically based, variable contributing area model of basin hydrology. Hydrological Sciences Journal 24:43-69.
- Blab, J. 1999. 비오토프의 이해 : 생물서식공간 보호를 위한 입문서. 이동근, 윤소원 역. 서울 : 도서출판 대윤.
- Boardman, J.(ed.) 1998. Modelling Soil Erosion by Water. Springer.
- Böhm M. et al. 2013. The conservation status of the world's reptiles. Biological Conservation. 157: 372–385.
- Bon, K.W. 2001. Upper Yellowstone River Mapping Project. USFWS.
- Bookhout, T.A.(ed.). 1996. Research and Management Techniques for Wildlife and Habitats. The Wildlife Society.
- Boorman, LA and DS Ranwel. 1977. ECOLOGY OF MAPLIN SANDS and the coastal zones of Suffolk, Essex and North Kent. Institute of Terrestrial Ecology.
- Boyce, M.S. and A.Haney(ed.). 1997. Ecosystem Management:Applications for Sustainable Forest and Wildlife Resources. Yale University Press.
- Bradshaw, A.D, and M.J. Chadwick. 1980. The Restoration of Land : The ecology and reclamation of derelict and degraded land. London : Blackwell Scientific Publications.
- Brinson, M.M. 1993. Hydrogeomorphic Classification for Wetlands. Wetlands Research Program Technical Report WRP-DE-4. U.S. Army Corps of Engineers.
- Brinson, M.M., R.D. Rheinhardt, F.R. Hauer, L.C. Lee, W.L. Nutter, R.D. Smith and D. Whigham. 1995. A Guidebook for Application of Hydrogeomorphic Assessments to Riverine Wetlands. Wetlands Research Program Technical Report WRP-DE-11. U.S. Army Corps of Engineers.
- Cable, T.T., Brack, V.Jr. and Holmes, V.R. 1989. Simplified Method for Wetland Habitat Assessment, Environmental Management 13, 207-213.
- California Resources Agency, 1999. California's Valuable Wetlands.
- Campbell, C. S., and M. Ogden. 1999. Constructed Wetlands in the Sustainable Landscape. John Wiley & Sons, Inc.
- Canadian Wildlife Service. 1993. Estuaries : habitat for

wildlife. Environment Canada.
- Canadian Wildlife Service. 1995. The benefits of wildlife. Environment Canada.
- Canadian Wildlife Service. 1999. Wetlands. Environment Canada.
- Canadian Wildlife Service. 2000. Strategic Plan 2000 : The Path Forward for Environment Canada Wildlife Conservation Program. Minister of Public Works and Government Services Canada.
- Carter, R.W.G. 1988, Coastal Environments : An Introduction to the Physical, Ecological and Cultural Systems of Coastlines, Academic Press
- Carter, V. 1999. "Technical Aspects of Wetlands : Wetland Hydrology, Water Quality, and Associated Functions." United States Geological Survey Water Supply Paper 2425. U.S. Geological Survey.
- Chapra, S.C. 1997. Surface Water-Quality Modelling. The MacGraw-Hill Companies, INC.
- Chris, J. A. 1998. Applications of Remote Sensing and GIS to Wetland Inventory: upland bogs. 10th Colloquium of the Spatial Information Research Centre, University of Otago, New Zealand, pp: 15-24
- Corps of Engineers, 1987, Wetlands Delineation Manual.
- Coombs, J. and D.O. Hall. 1982. Techniques in Bioproductivity and Photosynthesis. Pergamon Press.
- Cox, G.W. 1993. Conservation Ecology. Wm.C.Brown Publishers.
- Cox, J.E. 1996. "Management Goals and Functional Boundaries of Riparian Forested Wetlands." Wetlands : Environmental Gradients, Boundaries, and Buffers. Lewis Publishers. pp. 153-161.
- Cox, K.W. and A. Grose (ed.) 2000. WETLAND MITIGATION IN CANADA : A FRAMEWORK FOR APPLICATION. North American Wetlands Conservation Council (Canada).
- Cowardin, L.M., V. Carter and E.T. LaRoe. 1979. CLASSIFICATION OF WETLANDS AND DEEPWATER HABITATS OF THE UNITED STATES. U.S. Department of the Interior Fish and Wildlife Service Office of Biological Services. FWS/OBS-79/31, Washington, DC.
- Cylinder, P.D., K.M. Bogdan, E.M. Davis and A.I. Herson. 1995. Wetlands Regulation : A Complete Guide to Federal and California Programs. Point Arena : Solano Press Books.
- Dahl TE. 2009. Status and Trends of Wetlands in the Conterminous United States 2004 to 2009. US Fish and Wildlife Service.
- Darby, S. E. 1999. Effect of riparian vegetation on flow resistance and flood potential. *J. of Hydraulic Engineering*, ASCE, 125(5) : 443- 454.
- Davis, T.J. 1993. Towards the wise use of wetlands : report of the Ramsar Convention Wise Use Project. Ramsar Convention Bureau.
- DeBusk, T. A., & W. F. DeBusk. 2001. "Wetlands for Water Treatment". Applied Wetlands Science and Technology. Kent, D.M. (ed.). Lewis Publishers. pp.241-279.
- Donald, H. et al. 1993. Landscape Restoration. Lewis Pub.
- Dramstad, W.E., J.D. Olson and R.T.T. Forman. 1996. Landscape Ecology Principles in Landscape Architecture and Land-Use Planning. Washington D.C. : Island Press.
- Dresser, C. & McKee. 2000. Blue River Watershed Study : Model Application Presentation. JCPW.
- Dugan, P.J. (Ed.). 1990. Wetland Conservation : A Review of Current Issues and Required Action. IUCN, Grand, Switzerland.
- Dunne, K.P., A.M. Rodrigo and E. Samanns. 1998. "Engineering Specification Guidelines for Wetland Plant Establishment and Subgrade Preparation." Wetlands Research Program Technical Report WRP-RE-19. US Army Corps of Engineers.
- Dyne, G.M.V.(ed.) 1969. The Ecosystem Concept in Natural Resource Management. Academic Press.
- Elliott, C.R. and M. Heckner. 2000. Wetland Resources of Yellowstone National Park. Yellowstone National Park, Wyoming. 32 pp.
- Emery, M., Ecological Parks Trust. 1986. Promoting Nature in Cities and Towns : A Practical Guide. Croom Helm.
- Esser, G. and D. Overdieck(eds.) 1991. Modern Ecology : Basic and Applied Aspects. Elsevier Applied Science.
- Finlayson, CM, Davidson, NC & Stevenson, NJ (eds) 2001. Wetland inventory, assessment and monitoring: Practical techniques and identification of major issues. Proceedings of Workshop 4, 2nd International Conference on Wetlands and Development, Dakar, Senegal, 8.14 November 1998, Supervising Scientist Report 161, Supervising Scientist, Darwin.
- Finlayson, C.M., G.W. Begg, J. Howes, J. Davis, K. Tagi and J. Lowry. 2002. A Manual for an Inventory of Asian Wetlands. Wetlands International Global Series 10.
- Finlayson, C.M., R. D'Cruz, N. Davidson. 2005 Wetlands and water : ecosystem services and human well-being. World Resources Institute. Washington, DC.
- Fischer, R.A., C.O. Martin, K. Robertson, W.R. Whitworth, and M.G. Harper. 1999. "Management of Bottomland Hardwoods and Deepwater Swamps for Threatened and Endangered Species". Technical Report SERDP-99-5. US Army Corps of Engineers. Engineer Research and Development Center.
- Fiuzat, A. A. and Skogerboe, G. V. 1983. Comparison of open

channel conrichtion ratings. J. of Hydraulic Engineering. 109(12) : 1589-1602.

- Forman, R.T.T. and M. Godron. 1986. Landscape Ecology. John Wiley & Sons.
- Fortier, S and Scobey, F. C. 1926. "Permissible Canal Velocities", Transactions, ASCE, 89 (1588)
- France, R. L. 2003. Wetland Design : Principles and Practices for Landscape Architects and Land-Use Planners. W.W Norton.
- Galatowitsch, S.M., A.G. van der Valk and R.A. Budelsky. 1998. Decision-Making for Prairie Wetland Restorations. Great Plains Research 8.
- Gibbons J. W., E. S. David, J. R. Travis, A. B. Kurt, D. T. Tracey, S. M. Brian and L. Judith. 2000. The Global decline of reptiles, Déjà Vu Amphibians. BioScience. 50(8): 653-666.
- Gilman, K. 1994a. Hydrology and Wetland Conservation. John Wiley & Sons.
- Gilman, K. 1994b. "Water balance of wetland areas". Wetland and Water : Helping to Conserve Britain's Wetlands.
- Gilmer, D. S., et al. 1980. Enumeration of prairie wetlands with Landsat and aircraft data. Photogrammetric Engineering and Remote Sensing 46(5): 631 – 634.
- Gopal, B.(compiler) 1995. Handbook of Wetland Management. World Wide Fund for Nature-India. New Deli.
- Gray, A.G., R.P. Brooks. D.H. Wardrop, J.K. Perot. 1998. Pennsylvania's Adopt-a-Wetland Program : Wetland Education and Monitoring Module. Student Manual. Penn State Cooperative Wetlands Center.
- Gray, A. G., Brooks, R. P., Wardrop, D. H., Perot, J. K. 1998. Pennsylvania's Adopt-a-Wetland Program : Wetland Education and Monitoring Module. Student Manual. Penn State Cooperative Wetland Center.
- Hammer. D.A. 1996. Creating Freshwater Wetlands. (2nd. ed.). Lewis Publishes.
- Hansen, J.H. and F.di Castri. (ed.). 1992. Landscape Boundaries : Consequences for Biotic Diversity and Ecological Flows. New York : Springer-Verlag.
- Hansen, P., R. Pfister, K. Boggs, B. Cook, J. Joy and D. Hinckley. 1995. Classification And Management Of Riparian And Wetland Sites In Montana. Montana Riparian And Wetland Association, Montana Forest and Conservation Experiment Station School of Forestry, University of Montana, Missola, MT.
- Hansson, L. (ed.) 1992. Ecological Principles of Nature Conservation : Applications in temperate and boreal environments. London & New York : Elsevier Applied Science.
- Hansson, A.J. and F. di Castri (eds.). 1992. Landscape Boundaries : Consequences for Biotic Diversity and Ecological Flows. in Ecological Studies : Analysis and Synthesis. Billings, W.D., F. Golley, O.L. Lange, J.S. Olson, H. Remmert. (eds.). Vol 92. London & New York : Elsevier Applied Science.
- Haslam, S.M. and P.A. WOLSELEY. 1981. River vegetation : its identification, assessment and management. A Field guide to the macrophytic vegetation of British Watercourses. Cambridge University Press.
- Hefner, J.M., B.O. Wilen, T.E. Dahl and W.E. Frayer. 1994. Southeast Wetlands : status and trends, mid-1970's to mid-1980's. United States Department of the Interior Fish and Wildlife Service.
- Heyer W. R., M. A. Donnelly, R. W. McDiarmid, L. A. C. Hayek and M. S. Foster. 1994. Measuring and monitoring biological diversity, Standard methods for amphibians. Washington & London: Smithsonian Institution Press.
- Holdgate, M.W. and M.J. Woodmann.(eds.) 1978. The Breakdown and Restoration of Ecosystems. New York : Plenum Press.
- Hruby, T., T. Granger, K. Bruner, S. Cooke, K. Dublanica, R. Gersib, L. Reinelt, K. Richter, D. Sheldon, E. Teachout, A. Wald and F. Weinmann. 1999. Methods for Assessing Wetland Functions. Volume I : Riverine and Depressional Wetlands in the Lowlands of Western Washington. WA State Department Ecological Publication #99-115.
- Hydrologic Engineering Center. 2010. HEC-RAS River Analysis System : User's Manual (ver.4.1). USACE.
- Hydrologic Engineering Center. 2013. Basin Model, Precipitation Model, Control Specifications : User's Manual(ver. 4.0). USACE.
- IEEP, Ramsar Secretariat. 2013. The Economics of Ecosystems and Biodiversity for Water and Wetlands.
- IUCN. 2008. 보호지역 카테고리 적용을 위한 가이드라인. 한국보호지역포럼 역. IUCN.
- Jordan III, W.R., M.E. Gilpin and J.D. Arber. 1987. Restoration ecology : A synthetic approach to ecological research. Cambridge University Press.
- Jorgensen, S.E. and W.J. Mitsch.(eds.) 1983. Application of Ecological Modelling in Environmental Management. Developments in the Environmental Modelling, 4. Elsevier Scientific Publishing Company.
- Kadlec, R. H., and R. L. Knight. 1996. Treatment Wetlands. Lewis Publishers.
- Kantor, R. A., and D. J. Charette. 1986. Wetlands Mitigation in New Jersey's Coastal Management Program. National Wetlands Newsletter, Vol. 8, No. 5. Environmental Law Institute, Washington, DC.

- Kent, D.M. 1995. Applied Wetlands Science and Technology. LEWIS publishers.
- Kent, D.M.(ed.). 2001. Applied Wetlands Science and Technology(2nd ed.) LEWIS publishers.
- Kentula, M.E., R.P. Brooks, S.E. Gwin, C.C. Holland, A.D. Sherman, J.C. Sifneos. 1993. An Approach to Improving Decision Making in Wetland Restoration and Creation. Wetland's Research Program, U.S. Environmental Protection Agency. C.K. SMOLEY, INC.
- Kimmins, J.P. 1996. Forest Ecology : A Foundation for Sustainable Management(2nd ed.). Prentice Hall.
- Kirby, K., P. Horton, 1997. The Habitat Restoration Corporate Project : "Restoring Links and Stepping Stones for Wildlife." English Nature.
- Koo, B.H. 2007. A Citizens' Toolkit for an Wise Use of Wetlands in Korea. UNDP/GEF.
- Krantzberg, G. & Boer, C.D. A valuation of ecological services in the Laurentian Great Lakes Basin with an emphasis n Canada. American Water Works Association.
- Kruczynski, W. L. 1990. Options to be Considered in Preparation and Evaluation of mitigation plans. Island Press, Washington, DC, USA.
- Ku, C.Y. 2005. Establishment of Ecological Atlas for National Inland Wetland. UNDP/GEF National Wetland Project Management Unit.
- Kusler, J. and T. Opheim. 1996. Our National Wetland Heritage : A Protection Guide (2nd. ed.). An Environmental Law Institute Publication.
- Landphair, H.C. and F. Klatt, Jr. 1979. Landscape Architecture Construction. New York : Elsevier.
- Lathrop, R. G., et al. 2005. Statewide mapping and assessment of vernal pools: A New Jersey case study. Journal of Environmental Management 76: 230 – 238.
- Lauenroth, W.K., G.V. Skogerboe and M. Flug.(ed.) 1983. Analysis of Ecological Systems : State-of-the-Art in Ecological Modelling. Developments in the Environmental Modelling, 5. Elsevier Sciencific Publishing Company.
- Lin, JP. 2006. A Regional Guidebook for Applying the Hydrogeomorphic Approach to Assessing Wetland Functions of Depressional Wetlands in the Upper Des Plaines River Basin. FRDC/EL TR-06-4. USACE.
- Lowry, J. 2010. A Framework for a Wetland Inventory Metadatabase. Ramsar Technical Report No. 4. Ramsar Convention Secretariat, Gland, Switzerland.
- Lynch, P., I. Kessel and C. Rubec. 1999. WETLANDS AND GOVERNMENT : POLICY AND LEGISLATION FOR WETLAND CONSERVATION IN CANADA. North American Wetlands Conservation Council(Canada).
- MacArthur, R.H. 1972. Geographical Ecology : Pattern in the Distribution of Species. Harper & Row, Publishers.
- McArthur, R. H. and E. O. Wilson. 1967. The Theory of Island Biogeography. Princeton, NJ; Princeton University Press.
- McKenzie, L. 1994. Yosemite : The Continuing Story(4th ed.). KC Publications.
- Mahler, 2012, LiDAR Based Delineation of Depressional Wetlands.
- Marble, A.D. 1991. A Guide to Wetland Functional Design. London : Lewis Publishers.
- Mark W. Bowen. 2012. A GIS-based Approach to Identify and Map Playa wetlands on the High Plains, Kansas, USA. Wetlands 30(4): 675-684.
- McHarg, I. 1969. Design with nature. MIT Press.
- Millennium Ecosystem Assessment. 2005 Ecosystems and human well-being : Wetlands and water Synthesis : a report of the Millenium Ecosystem Service Assessment. World Resources Institute. Washington, DC.
- Miller, R.E.Jr. and B.E. Gunsalus, 1997. Wetland Rapid Assessment Procedure(WRAP). Technical Publication REG-001, Natural Resource Management Division Regulation Department.
- Miller, R.E.Jr. and B.E. Gunsalus. 1999. WETLAND RAPID ASSESSMENT(2nd. ed.). PROCEDURE TECHNICAL PUBLICATION REG-001. NATURAL RESOURCE MANAGEMENT DIVISION REGULATION DEPARTMENT.
- Miller, R.I.(ed.) 1994. Mapping the Diversity of Nature. Chapmann & Hall.
- Ministry of the Enviroment, Japan. 2008. Ramsar Sites in Japan.
- Mitchell, J. C., S. C. Rinehart, J. F. Pagels, K. A. Buhlmann, C. A. Pague. 1997. Factors influencing amphibian and small mammal assemblages in central Appalachian forests. Forest Ecology and Management 96 : 65-76.
- Mitsch, W.J. and J.G. Gosselink. 1993. Wetlands(2nd ed.). John Wiley & SONS, INC.
- Mitsch, W.J., R.W. Bosserman and J.M. Klopatek.(ed.) 1981. Energy and Ecological Modelling. Developments in the Environmental Modelling 1. Elsevier Sciencific Publishing Company.
- Miyamoto. 2002. Vegetation Mapping for Conservation of Kushiro Wetland, Northeastern Hokkaido, JAPAN: Application of SPOT Images, CASI Data, CNIR Video Images And Balloon Aerial Photography
- Morrimoto, Y. 1998. Wildlife Habitat Restoration Practices in Urban Area of Japan. in the Proceedings of The International Symposium on the Conservation & Creation of Wildlife Habitat in Urban Areas. 43-48.

- Morrison, M.L., B.G. Marcot, R.W. Mannan. 1998. Wildlife-Habitat Relationships : Concepts and Applications(2nd ed.). The University of Wisconsin Press.
- Moulds, S., H. Milliken, J. Sidleck and B. Winn. 2005. Restoring Virginia's Wetlands : A Citizen's Tool Kit. Virginia Department of Environmental Quality.
- Muenscher, W. C. 1944. Aquatic plants of the United States. p. 347. Comstock Publishing Company, Inc., Ithaca, N.Y.
- Mulamoottil, G., B.G. Warner, E.A. McBean. 1996. Wetlands : Environmental Gradients, Boundaries, and Buffers. Lewis Publishers.
- Murray, AB., P. Pradhan, A.K. Thaku. 2009. A Manual for an Inventory of Greater Himalayan Wetlands. International Centre for Integrated Mountain Development.
- Nakamura, F. 1998. Application of Landscape Ecology to Watershed Management - How can We Restore Ecological Functions in Fragmented Landscape?. Journal of Ecology 21(4) : 373 - 382.
- Nakayama, T. 2008. Shrinkage of shrub forest and recovery of mire ecosystem by river restoration in northern Japan. Forest Ecology and Management 256(2008): 1927-1938.
- Naveh, Z. and A.S. Lieberman. 1994. Landscape Ecology : Theory and Application(2nd ed.). Springer-Verlag.
- Nelischer, M.(ed.) 1985. The Handbook of Landscape Architectural Construction. Vol. 1. Landscape Architecture Foundation.
- Novitzki, R.P., R.D. Smith and J.D. Fretwell. 1997. Restoration, Creation, and Recovery of Wetlands : Wetland Functions, Values, and Assessment. USGS.
- NRCS(Natural Resources Conservation Service). 1994. Field Indicators of Hydric Soils in the United States.
- NWWG. 1997. The Canadian Wetland Classification System. Second Edition.
- Odum, E.P. 1971. Fundamentals of Ecology. W.B.Sounders.
- Odum, E.P. 1983. Basic Ecology. Saunders College Publishing.
- Odum, E.P. 1994. Ecology & Our Endangered Life-Support Systems.
- Odum, H.T. 1983. Systems Ecology : An Introduction, John Wiley & Sons,
- Oglethorpe, D.R. & R.A. Sanderson. 1996. An Ecological, economic Model for Environmental Policy Analysis. Models of Ecology. http://www.feem.com
- O'Neil, K. 2011. Estimating Climate Change's Effects on Gulf Wetlands. Chemical & Engineering News.
- O'Hara, 2001, Remote Sensing and Geospatial Applications for Wetland mapping and Assesment
- Osborn, R. G. 1996. Ecological Criteria for Evaluating Wetlands. Midcontinent Ecological Science Center. National Biological Service.
- Patton, D.R. 1992. Wildlife Habitat Relationships in Forest Ecosystems. Timber Press.
- Pearsell, W.G. & G. Mulamoottil. 1996. "Toward the integration of wetland functional boundaries into suburban landscapes". Wetlands : Environmental Gradients, Boundaries, and Buffers. Lewis Publishers. pp. 139-151.
- Ramsar Convention. 1993. Towards the Wise Use of Wetlands : Report of the Ramsar convention Wise Use Project.
- Ramsar Convention. 1997. The Ramsar Convention Manual : a Guide to the Convention on Wetlands. 2nd. ed.
- Ramsar Convention. 1998. The Criteria for Identifying Wetlands of International Importance.
- Ramsar Convention. 2002. A Ramsar Framework for Wetland Inventory.
- Ramsar Convention. 2006. The Ramsar Convention Manual, 4th. ed.
- Ramsar Convention. 2008. Strategic Framework and guidelines for the future development of the List of Wetlands of International Importance of the Convention on Wetlands (3rd. ed.). Ramsar Convention.
- Ramsar Convention Secretariat. 2004. Wetland inventory : A Ramsar framework for wetland inventory, Ramsar handbooks for the wise use of wetlands, 2nd edition, vol. 10. Ramsar Convention Secretariat, Gland, Switzerland.
- Ramsar Convention Secretariat. 2007. Wetland inventory: A Ramsar framework for wetland inventory. Ramsar handbooks for the wise use of wetlands, 3rd. edition, vol. 12. Ramsar Convention Secretariat, Gland, Switzerland.
- Ramsar Convention Secretariat. 2010. Wetland inventory: A Ramsar framework for wetland inventory and ecological character description. Ramsar handbooks for the wise use of wetlands, 4th edition, vol. 15. Ramsar Convention Secretariat, Gland, Switzerland.
- Ramsar Convention Secretariat, 2011. The Ramsar Convention Manual: a guide to the Convention on Wetlands (Ramsar, Iran, 1971), 5th ed. Ramsar Convention Secretariat, Gland, Switzerland.
- Ramsar Convention Secretariat. 2013. The Ramsar Convention Manual : a Guide to the Convention on Wetlands (Ramsar, Iran, 1971), 6th ed. Ramsar Convention Secretariat, Gland, Switzerland.
- Ranwell, DS. 1972. Ecology of salt marshes and sand dunes. Chapman and Hall.
- Raven, P.H., L.R. Berg and G.B. Johnson. 1998. Environment(2nd ed.). Saunders College Publishing.
- Richard Jeffries. Stephen E Darby, David A Sear. 2003. The

influence of vegetation and organic debris on flood-plain sediment dynamics : case study of a low-order stream in the New Forest, England. Geomorphology 51(1-3) : 61-80.
- Romanowski, N. 1998. Planting Wetland + Dams : A Practical Guide to Wetland Design, Construction + Propagation. Sydney : UNSW PRESS.
- Rubino, M. J.,.G. R Hess. 2003. Planning open spaces for wildlife 2 : Modeling and verifying focal species habitat. Landscape and Urban planning 64 : 89-104.
- Satty, 1977, A scaling method for priorities in hierarchical structures, J. Math. Psychology 15, 234-281.
- Schneider, D.C. 1994. Quantitative Ecology. Academic Press.
- Schneider, C.B. and S.W. Sprecher. 2000. Wetlands Management Handbook. Wetlands Regulatory Assistance Program. US Army Corps of Engineers.
- Sculthorpe, C.D. 1967. The biology of aquatic vascular plants. London : Edward Amold. London.
- Selassie, T.G., J.J. Jurinak and L.M. Dudley. 1992, Saline and Sodic-Saline Soil, Reclamation : First Order Kinetic Model. Soil Science 154(1) : 1-7.
- Shaler, N. S. 1890. General Account of the Freshwater Morasses of the United States, with a Description of the Dismal Swamp District of Virginia and North Carolina. US Geological Survey, Washington DC. 10th. Annual Report, 1888-1889.
- Shaw, J.H. 1985. Introduction to Wildlife Management. McGraw-Hill Book Company.
- Smith, R.D. 1995. A PROCEDURE FOR ASSESSING WETLAND FUNCTIONS BASED ON FUNCTIONAL CLASSIFICATION AND REFERENCE WETLANDS. Environmental Laboratory, US Army Engineer Waterways Experiment Station.
- Smith, R.D, A. Ammann, C. Bartoldus and M.M. Brinson. 1995. An Approach for Assessing Wetland Functions Using Hydrogeomorphic Classification, Reference Wetlands, and Functional Indices. Wetlands Research Program Technical Report WRP-DE-9.
- Spellerberg, I.F.(ed.) 1996. Conservation Biology. LONGMAN.
- Spruce, J., Wu, R., Berry, R., 1996. GIS Techniques for Evaluating Wetland Maps Derived from Remotely Sensed Data.
- Starfield, A.M. and A.L. Bleloch. 1991. Building Models for Conservation and Wildlife Management(2nd. ed.). Brgess International Group.
- Sterrett-Isley, E., Steinman, A., Thompson, K., Vander, M. J, Koches, J. 2009. Alternative stormwater management practices that address the environmental, social and economic aspects of water resources in the Spring Lake Watershed(MI).
- Stewart, R.E.Jr. 2001. "Technical Aspects of Wetlands : Wetlands as Bird Habitat". United States Geological Survey Water Supply Paper 2425. U.S. Geological Survey.
- Sugg, D.W. 1996. Types of Models : Ecological Modelling. Biology 30.http://darwin.bio.geneseo.edu/~sugg/classes/EcoModel/Lectures /Class_2.htm.
- Tchobanoglous, G. and F.L. Burton. 1991. Wastewater Engineering : Treatment, Disposal, and Reuse(3rd. ed.) Metcalf & Eddy Inc.
- Thomas C. D. et al. 2004. Extinction risk from climate change. Nature. 427(6970): 145-148.
- Tilton, D.L., K. Shaw, B. Ballard, W. Thomas. 2001. A Wetland Protection Plan for the lower One Subwatershed of the Rouge River. RPO-NPS-SR28. Rouge River National Wet Weather Demonstration Project.
- Tiner, R. W. 1988. Fish and Wildlife Service. Field Guide to Nontidal Wetland Identification.
- Tiner, R.W. 1996. "Practical Considerations for Wetland Identification and Boundary Delineation." Wetlands : Environmental Gradients, Boundaries, and Buffers. Lewis Publishers. pp. 113-137.
- Tiner, R.W. 1997. Technical Aspects of Wetlands : Wetland Definitions and Classifications in the United States. United States Geological Survey Water Supply Paper 2425. USGS.
- Tiner, R.W. 1999a. Wetland Indicators : A Guide to Wetland Identification, Delineation, Classification, and Mapping. Lewis Publishers.
- Tiner, R.W. 1999b. Technical Aspects of Wetlands : Wetland Definitions and Classifications in the United States. United States Geological Survey Water Supply Paper 2425. USGS.
- Tiner, R.M.S., H. Bergquist and J. Swords. 2000. Watershed-based Wetland Characterization for Maryland's Nanticoke River and Coastal Bays Watersheds: A Preliminary Assessment Report. U.S. Fish and Wildlife Service. National Wetlands Inventory (NWI) Program, Northeast Region, Hadley, MA. Prepared for the Maryland Department of Natural Resources, Coastal Zone Management Program (pursuant to National Oceanic and Atmospheric Administration award). NWI technical report.
- Turk, J., A. Turk, K. Arms. 1984. Environmental Science(3rd. ed.). Saunders College Publishing.
- Ubranska, K.M., N.R. Webb and P.J. Edwards.(eds.) 1997. Restoration Ecology and Sustainable Development. Cambridge University Press.
- Um et al., 2013, Elicitation of Ecological Wetland's Creating & Maintaining Conditions through GIS & AHP Analysis, 3(1), 29-40.
- UNEP. 1994 The Pollution of Lakes and Reservoirs. UNEP

Environment Library No.12. UNEP.
- Uzarski, D. 2010. Wetland Types: Succession and Hydrology. Central Michigan University.
- US Army Corps of Engineers. 1982. Generalized Computer Program : HEC-2 Water Surface Profiles Programmers Manual. The Hydrologic Engineering Center, US Army Corps of Engineers
- US Army Corps of Engineers. 1987. "Wetlands Delineation Manual". Wetlands Research Program Technical Report Y-87-1. Corps of Engineers Environmental Laboratory.
- USACE. 1992. Wetlands Engineering: Design Sequence for Wetlands Restoration and Establishment. WRP Technical Note WG-RS-3.1. USACE.
- USACE. 1993. The Young Scientist's Introduction to Wetlands. USACE.
- USACE. 1994. Methods for Evaluating Wetland Functions. WRP Technical Note WG-EV-2.2. USACE.
- US Army Corps of Engineers. 1996a. WETLANDS: Water, Wildlife, Plants & People. Poster Series; MIDDLE SCHOOL.
- US Army Corps of Engineers. 1996b. National Action Plan to Develop the Hydrogeomorphic Approach for Assessing Wetland Functions. Regulatory Program of the US Army Corps of Engineers.
- US Army Corps of Engineers. 1998. Recognizing Wetlands. US Army Corps of Engineers.
- USDOE. 1999. Environmental Assessment for the Implementation of the Wetland Mitigation Bank Program at the Savannah River Site. US Department of Energy.
- USEPA. 1996a. Wetlands : Biological Assessment Methods and Criteria Development Workshop. Proceedings. U.S. Environmental Protection Agency.
- USEPA. 1996b. Biological Criteria : Technical Guidance for Streams and Small Rivers, EPA 822-B-96-001. U.S. Environmental Protection Agency. Office of Water. Washington, D.C. p.17-38.
- USEPA. 1998. Wetland Biological Assessments and HGM Functional Assessment. Wetland Bioassessment Fact Sheet 6. USEPA.
- U.S. EPA. 2002. Methods for Evaluating Wetland Condition: Using Vegetation To Assess Environmental Conditions in Wetlands. Office of Water, U.S. Environmental Protection Agency, Washington, DC. EPA-822-R-02-020.
- U.S. Fish and Wildlife Service. 1980. Habitat evaluation procedures (HEP) manual. Ecol. Services Manual 102. U.S. Fish and Wildlife Service. Washington, DC.
- US Fish and Wildlife Service. National Wetlands Inventory : A Strategy for the 21st Century.
- U.S. Fish and Wildlife Service, 1988. National List of Plant Species That Occur in Wetlands : 1988 National Summary. Biological Report 88(24).
- USFWS. 1997. A System for Mapping Riparian Areas in the Western United States.
- USGS. 1999. Restoration, Creation, and Recovery of Wetlands Wetland Functions, Values, and Assessment. National Water Summary on Wetland Resources. United States Geological Survey Water Supply Paper 2425.
- Villeneuve, J. 2005. Delineating wetlands using geographic information system and remote sensing technologies. Master's thesis, Texas A&M University. Texas A&M University. Available electronically from http://hdl .handle.net/1969.1/3135.
- Vitt, L.J., J.P. Caldwell, H.M. Wilbur and D. C. Smith. 1990. Amphibians as harbingers of decay. BioScience 40(6): 418.
- Warner, B. G. and Rubec, C.D.A.. 1997. The Canadian Wetland Classification System.
- Washington Environmental Council. 2004. Habitat Protection Tool Kit.
- Welch 1952; Zhadin and Gerd 1963; Sculthorpe 1967, The 2-m lower limit for inland wetlands was selected because it represents the maximum depth to which emergent plants normally grow.
- WetlandInfo. 2013. Assessing wetland values and services, Department of Environment and Heritage Protection, Queensland
- Weyembergh, G., S. Godefroid, N. Koedam. 2004. Restoration of small-scale forest wetland in a Belgian nature reserve : a discussion of factors determining wetland vegetation establishment. Aquatic Conservation : Marine and Freshwater Ecosystem. 14 : 381-394.
- Wheeler, B.D., S.C. Shaw, W.J. Fojt and R.A. Robertson. 1995. Restoration of Temperate Wetlands. John Wiley & Sons.
- Wilen, B. O., & R. W. Tiner. 1993. Wetlands of the United States. Pages 515-636 in D. F. Whigham et. al., eds. Wetland of the World I. Kluwer Academic Publishers, Netherlands.
- Wilen, B.O., V. Carter and J.R. Jones. 1999. "Wetland Management and Research : Wetland Mapping and Inventory". National Water Summary on Wetland Resources. United States Geological Survey Water Supply Paper 2425.
- WRAP. 2000. "Guidelines for Conducting and Reporting Hydrologic Assessments of Potential Wetland Sites". Wetlands Regulatory Assistance Program. ERDC TN-WRAP-00-01.
- WRP. 1999. Case Study: Application of the HGM Western Kentucky Low-Gradient Riverine Guidebook to Monitoring of Wetland Development. WRP Technical Note WG-EV-2.3.
- WSDE(Washington State Department of Ecology), 1993.

Washington State Wetlands Rating System Western Washington, https://fortress.wa.gov /ecy/publications/publications/93074.pdf.
- Young, W. 2013, A Dune, A Dune! My Kingdome for a Dune!, Land and Water march/april 2013.
- Xiaozhi T. and Sajid A. 2011. Recent advances in starch, polyvinyl alcohol based polymer blends, nanocomposites and their biodegradability. carbohydrate Polymers. 85 (1) : 7-16.
- Xu, N., Zhou, D., Li, L., He, J., Chen, W., Wan, F. and Xue, G. 2003. Physical Properties of PVA/PSSNa Blends. Journal of applied polymer science. 88(1) : 79-87.
- Zhong, B. & Y.J. Xu. 2011. Risk of Inundation to Coastal Wetlands and Soil Organic Carbon and Organic Nitrogen Accounting in Louisiana, USA. Environ. Sci. Technol. 45 (19) : 8241-8246.
- Zonneveld, I.S. 1998. Landscape Ecology ; Concept, Principles and Its Relation to Monothematic(e.g. Vegetation) Survey. Journal of Ecology 21(4). 357 - 372.
- ____________. 1999. Friends of Wetlands : Newsletter 99/6.
- ____________. Organic Soil flats(Michigan) (ver. 1.0). Interim Wetland Functional Assessment Model.
- ____________. 1999. Friends of Wetlands : Newsletter 99/6.

Web Sites

- 람사르홈페이지 **http://www.ramsar.org/**
- 국가습지보전사업관리단 **http://www.koreawetland.org/**
- Wetlands International **http://www.wetlands.org/**
- Asian Wetland Inventory **http://www.wetlands.org/RSIS/WKBASE/awi/**
- 미국 National Wetland Inventory **http://www.fws.gov/nwi/**
- 미공병단 **http://www.usace.army.mil/**
- HGM Approach **http://el.erdc.usace.army.mil/wetlands/hgmhp.html**

찾아보기

ㅇ

ㅈ

ㅊ

ㅋ

ㅌ

ㅍ

ㅎ

A

B

C

D

E

F

G

H

I

K

L

M

N

O

P

R

S

T

U

V

W